理论物理导论

（第3版）

仲顺安　田黎育
刘义荣　谢君堂　编著

北京理工大学出版社
BEIJING INSTITUTE OF TECHNOLOGY PRESS

内容简介

本书内容包括：经典力学，量子力学，热力学与统计物理，固体物理的基本概念和基础知识（如能带论、晶格振动、固体比热等）则以理论应用的形式融入各部分之中，为工科院校的本科生提供一本较为适用的理论物理教材，内容简明扼要，易于接受，便于自学。

本书可作为高等学校工科电子类微电子技术专业教材，亦可供电子元件与材料专业、激光专业及有关工程技术人员参考。

图书在版编目（CIP）数据

理论物理导论／仲顺安等编著．—3版．—北京：北京理工大学出版社，2014.4（2022.1重印）
ISBN 978-7-5640-6950-6

Ⅰ．①理…　Ⅱ．①仲…　Ⅲ．①理论物理学－高等学校－教材
Ⅳ．①O41

中国版本图书馆CIP数据核字（2012）第252540号

出版发行／北京理工大学出版社有限责任公司
社　　址／北京市海淀区中关村南大街5号
邮　　编／100081
电　　话／（010）68914775（总编室）
（010）82562903（教材售后服务热线）
（010）68948351（其他图书服务热线）
网　　址／http://www.bitpress.com.cn
经　　销／全国各地新华书店
印　　刷／北京国马印刷厂
开　　本／787毫米×1092毫米　1/16
印　　张／23.5
字　　数／540千字
版　　次／2014年4月第3版　2022年1月第6次印刷
定　　价／49.80元

责任编辑／周艳红
文案编辑／周艳红
责任校对／陈玉梅
责任印制／李志强

第 3 版前言

本教材系按信息产业部的《2006—2010 年全国电子信息类专业教材编审出版规划》，由微电子技术专业教学指导委员会编审、推荐出版。本教材由北京理工大学仲顺安、刘义荣、田黎育、谢君堂合编，主审为北京大学曹健老师。

本教材 1994 年出版第 1 版；在 1994 年版基础上修订而成的第 2 版于 1998 年作为原电子工业部“九五”规划教材出版；2007 年列为“十一五”国家级规划教材。

本教材第 2 版是在 1994 年第 1 版的基础上修订而成，第 2 版的主要特点是：在内容的介绍方法上，在概念的引入和阐述的深入浅出上，做了较多的改写，使之简明扼要，易于接受，便于自学。第 3 版沿用第 2 版的基本框架，由于前两版教材得到使用者的良好反馈，所以第 3 版教材对第 2 版的体系结构、主要内容未做变动；仅对部分章节做了改写；增加了部分章节，对每章习题做了改写，增加了思考题、部分实验内容；加入了部分习题选解；纠正了原书中的印刷错误。

本教材第 1、第 2 版由刘义荣老师编写量子力学部分；李卫老师编写第 1 章及热力学、统计物理部分。本次教材的修订是完全建立在李卫先生、刘义荣先生先期开拓性工作基础上的，晚辈向先生表示衷心的感谢。

编者对于为本书的编写提供帮助的同志，在此表示诚挚的感谢。由于编者水平有限，书中难免还存在一些缺点甚至错误，殷切希望广大读者批评指正。

编　者

第 2 版前言

本教材由原电子工业部微电子技术专业教学指导委员会编审、推荐出版。由北京理工大学李卫、刘义荣合编，主审为清华大学王天爵教授，责任编委为清华大学顾祖毅教授。

本教材的参考学时数为 72 学时，其主要内容为三部分：量子力学；热力学和统计物理；另有一章介绍拉格朗日方程和哈密顿方程，提供教材自身需要的基础知识。在各部分介绍的基本理论中，以理论应用的形式溶入若干固体物理的内容，如量子力学部分的能带论、统计物理部分的晶格振动与固体比热等。编写的出发点是为工科需要物理基础较多的各专业提供一本比较紧凑的中级理论物理教材，利用有限的学时为专业课程的学习做好铺路工作。在编写上，起点为工科本科普通物理和高等数学，在本科二年级开设本课程即可与专业课直接衔接。一些需要补充的数学内容，以附录的形式列于有关各章之后，可供讲授、自学或参考。

使用本教材时注意，凡标题上加*号者均为选学内容，是否列入课堂讲授计划由教师掌握。附录中除介绍在本课程开设之前学生尚未接触过的数学内容之外，也有部分属复习性质，如全微分与线积分，排列、组合等；另有一部分是一些较长的数学计算，是为保持在对问题的阐述过程中，不致因长篇计算而导致思路中断，而列入附录中的，但这些内容并非全属累赘，原则上仍属选学内容，或在教师指导下由学生自学，可根据实际需要而定。

本教材由刘义荣编写量子力学部分；李卫编写第 1 章及热力学、统计物理部分。对于为本书的编写提供许多帮助的同志，在此表示诚挚的感谢。由于编者水平有限，书中难免还存在一些缺点和错误，殷切希望广大读者批评指正。

编　者

目　　录

第 1 章　拉格朗日方程与哈密顿方程

我们熟知牛顿运动定律，$m\frac{\mathrm{d}}{\mathrm{d}t}\left(\frac{\mathrm{d}\boldsymbol{r}}{\mathrm{d}t}\right)=\boldsymbol{F}$。但牛顿力学还有其他表达方式，继牛顿（I. Newton，1643—1727）之后的一个世纪里，经过像拉格朗日（J. L. Lagrange，1736—1813）、哈密顿（W. R. Hamilton，1805—1865）等多人的努力，在牛顿所创建的基础之上建立了“分析力学”体系。时至今日，尽管相对论和量子力学的问世对牛顿力学给予了带根本性的冲击，但在一定的范围内，牛顿力学仍有其不可取代的地位。为了后续学习上的需要，本章将介绍分析力学中的两部分重要内容——拉格朗日函数与拉格朗日方程及哈密顿函数与哈密顿方程，并应用拉格朗日方程讨论多粒子系统的小振动问题，这能为分析晶格振动提供一个简明有力的方法，而了解晶格振动对研究固体物理问题来说是不可或缺的。在量子力学部分，可以看到本章中所介绍的哈密顿函数这样的力学量将以一种新的形式——算符的形式出现在量子力学的基本方程——薛定谔方程之中。

§1-1　自由度　约束与广义坐标

为了确定一个质点在空间的位置，常需要三个坐标 x、y、z。假如质点是完全自由的，即 x、y、z 彼此独立，则可称该质点有三个自由度。但常有这样的情形，质点限制在某一特定的轨道上运动，则 x、y、z 三变量之间存在着一定的关联，而并非彼此独立。例如，限制质点在平面上运动，由一般的平面方程 $Ax+By+Cz+D=0$，可见质点的位置坐标 x、y、z 已不可能彼此完全无关，独立地确定了 x、y，则 z 就确定了。所以该质点的自由度就只剩下两个，该平面方程即称为“约束方程”。不难想象，如限制质点只在一条直线上运动，设想这条直线为二平面之交线，即此直线由 $A_1x+B_1y+C_1z+D_1=0$ 及 $A_2x+B_2y+C_2z+D_2=0$ 联立确定，则约束方程现在是两个，可供独立选择的坐标变量只剩下一个，于是该质点的自由度即为 1。一般说来，由 N 个质点组成的系统，如果各个质点彼此无影响，每个质点均不受任何约束，则此系统由 $3N$ 个独立坐标来描述；如果有形式为 $f_i(x_1,y_1,z_1,\cdots,x_{3N},y_{3N},z_{3N})=0(i=1,2,\cdots,k)$ 的 k 个约束方程，则此系统只需 $3N-k$ 个独立坐标来描述，称此系统具有 $3N-k$ 个自由度。为单值地确定一个系统的位置所必需给定的独立变量的数目，叫做这个系统的“自由度”数。这些独立变量不一定非是笛卡儿直角坐标不可，根据问题的具体情况，选择某种其他的坐标可能更合适。例如研究单摆，用摆球偏离铅直方向的角度 θ 来表示摆球的位置就足够了，又如研究除彼此相互吸引的作用外，无其他作用力的二质点系统的运动，利用球面坐标更为方便（后面有专门一节来讨论）。所以，为了方便，用足够描述有 s 个自由度的系统位置的 s 个变量 q_1、q_2、q_3、…、q_s 来表示，称为该系统的 s 个广义坐标，广义坐标对时间 t 的微商，$\mathrm{d}q/\mathrm{d}t$，记以 $\dot{q}$，称为广义速度。以后即采用如下的规定，在量的符号 x 的上方加一个点，$\dot{x}$，

代表 x 对 t 的一次导数，加两个点，$\ddot{x}$，代表 x 对 t 的二次导数。

§1–2 拉格朗日方程

应用牛顿运动定律解力学问题时，首先需要知道物体所受的力，由此建立起运动方程，再由求解运动微分方程而得到物体运动的规律。但在有约束存在的情况下，应用这套方法会有一定的困难，因为我们只有知道了作用于物体上的所有的力才能建立运动方程，而所有的力也应当包括约束作用于物体上的力在内，但这往往是不能预先知道的，于是就不能不把表示约束条件的方程式与描述运动的方程式联立求解，结果是研究的系统越复杂，求解越难。拉格朗日所提出的路线是不涉及矢量性质的力，而引用纯量性质的动能与势能来描述运动，这样写出的方程是关于整个力学系统的，无需对系统中的每一个质点单独去列运动方程，这样也就避免了约束作用所造成的困难。

1. 用拉格朗日函数表示牛顿运动方程

设有由 N 个质点构成的质点系，其第 i 个质点的三个直角坐标为 x_i、y_i、z_i，质量为 m_i，则 N 个质点的牛顿运动方程为

$$m_i\ \ddot{x}_i = X_i,\ m_i\ \ddot{y}_i = Y_i,\ m_i\ \ddot{z}_i = Z_i,\ (i=1,2,\cdots,N) \tag{1-1}$$

式中 $\ddot{x}_i$、$\ddot{y}_i$、$\ddot{z}_i$ 代表第 i 个质点的加速度在 x、y、z 三个方向上的分量，X_i、Y_i、Z_i 则代表作用于该质点的力的三个分量，对于每一个质点都有类似的方程，所以含有 N 个质点的该力学系统应有 $3N$ 个这样的方程来描述其运动。

定义用直角坐标表示的质点系的动能 T 为

$$\begin{aligned} T &= \frac{1}{2}m_1(\dot{x}_1^2+\dot{y}_1^2+\dot{z}_1^2)+\cdots+\frac{1}{2}m_N(\dot{x}_N^2+\dot{y}_N^2+\dot{z}_N^2) \\ &= \frac{1}{2}\sum_{i=1}^{N} m(\dot{x}_i^2+\dot{y}_i^2+\dot{z}_i^2) \end{aligned} \tag{1-2}$$

同时，如果我们讨论的是所谓“保守力系”①，则可以引入一个势函数 $U(x、y、z)$，而有

$$X_i = -\frac{\partial U}{\partial x_i}, Y_i = -\frac{\partial U}{\partial y_i}, Z_i = -\frac{\partial U}{\partial z_i}, (i=1,2,3,\cdots,N) \tag{1-3}$$

成立。在把静电场中电场强度表示为电势梯度的负值的关系中，我们曾经遇到过这种表示方法。

由式（1-2）可得

---

① 此处，保守力系即指此力学系统中的力所作之功，仅与起末位置有关，而与具体的途径无关。具有此性质的力场，一定可以引入一位置函数 $U(x、y、z)$，而此力所作之功为

$$F_x\mathrm{d}x + F_y\mathrm{d}y + F_z\mathrm{d}z = -\mathrm{d}U \tag{a}$$

按功与途径无关的性质，$\mathrm{d}U$ 应为一全微分

$$\mathrm{d}U = \frac{\partial U}{\partial x}\mathrm{d}x + \frac{\partial U}{\partial y}\mathrm{d}y + \frac{\partial U}{\partial z}\mathrm{d}z \tag{b}$$

（a）、（b）二式相比较，可得关系式（1-3）。

$$\frac{\partial T}{\partial \dot{x}_i} = \frac{1}{2} m_i \times 2\dot{x}_i = m_i \dot{x}_i$$

由此得到

$$\frac{\mathrm{d}}{\mathrm{d}t}\left(\frac{\partial T}{\partial \dot{x}_i}\right) = \frac{\mathrm{d}(m_i \dot{x}_i)}{\mathrm{d}t} = m_i \frac{\mathrm{d}(\dot{x}_i)}{\mathrm{d}t} = m_i \ddot{x}_i$$

而 $m_i \ddot{x}_i$，由式（1-1），正等于 X_i，于是

$$\frac{\mathrm{d}}{\mathrm{d}t}\left(\frac{\partial T}{\partial \dot{x}_i}\right) = X_i$$

再结合式（1-3），得到

$$\frac{\mathrm{d}}{\mathrm{d}t}\frac{\partial T}{\partial \dot{x}_i} + \frac{\partial U}{\partial x_i} = 0 \tag{1-4}$$

同样可以写出其余两个分量的式子

$$\frac{\mathrm{d}}{\mathrm{d}t}\frac{\partial T}{\partial \dot{y}_i} + \frac{\partial U}{\partial y_i} = 0 \tag{1-4$'$}$$

$$\frac{\mathrm{d}}{\mathrm{d}t}\frac{\partial T}{\partial \dot{z}_i} + \frac{\partial U}{\partial z_i} = 0 \tag{1-4$''$}$$

引入拉格朗日函数（以后简称拉氏函数）L，定义为

$$\begin{aligned} L &= L(x_1, y_1, z_1, \cdots, x_N, y_N, z_N, \dot{x}_1, \dot{y}_1, \dot{z}_1, \cdots, \dot{x}_N, \dot{y}_N, \dot{z}_N) \\ &= T - U \end{aligned} \tag{1-5}$$

由于动能 T 只是速度 $\dot{x}_1, \cdots, \dot{z}_N$ 的函数，而 U 又限于只是坐标 $x_1, \cdots, z_N$ 的函数，因此在引入 L 之后，式（1-4）、式（1-4）$'$、式（1-4）$''$ 可以写成

$$\left.\begin{aligned} \frac{\mathrm{d}}{\mathrm{d}t}\frac{\partial L}{\partial \dot{x}_i} - \frac{\partial L}{\partial x_i} = 0 \\ \frac{\mathrm{d}}{\mathrm{d}t}\frac{\partial L}{\partial \dot{y}_i} - \frac{\partial L}{\partial y_i} = 0 \\ \frac{\mathrm{d}}{\mathrm{d}t}\frac{\partial L}{\partial \dot{z}_i} - \frac{\partial L}{\partial z_i} = 0 \end{aligned}\right\} \quad (i = 1, 2, \cdots, N) \tag{1-6}$$

式（1-6）即用拉氏函数表示的牛顿运动定律的形式。

2. 拉格朗日方程

方程式（1-6）就是用直角坐标 x、y、z 表示的拉氏方程。可以证明，用广义坐标表示的一般形式的拉氏方程与式（1-6）形式一样，只是把 x、y、z 换成 q_1、q_2、…，如下式所示

$$\frac{\mathrm{d}}{\mathrm{d}t}\frac{\partial L}{\partial \dot{q}_j} - \frac{\partial L}{\partial q_j} = 0 \quad (j = 1, 2, \cdots, s) \tag{1-7}$$

式（1-7）即是描述具有 s 个自由度的系统的拉氏方程。对于有 s 个自由度的系统的 s 个广义

坐标，对其每一个写出其拉氏方程，共得到 s 个方程式，它们可以代替牛顿运动定律来求解系统的运动方程。式中 L 是由系统的动能和势能定义的一个函数，$L = T - U = L(q,\dot{q})$，T 是系统的总动能，U 则代表势函数，$-\partial U/\partial q$ 代表广义力。

可以看出，用拉氏方程处理问题时，只需要与系统的自由度数一样多的方程式就够了。如果想要得到完全确定的解，还必须给出各 q 和 $\dot{q}$ 的初始值，这相当于确定拉氏方程的积分常数。

得到拉氏方程的途径不止一个。通过坐标变换从牛顿运动定律导出用广义坐标表示的拉氏方程将在附录 1-Ⅰ中介绍。

*§1–3　小振动问题

对于最简单形式的小振动问题，如一维振子的简谐振动和单摆等，我们已比较熟悉。现在要讨论的是多粒子系统的小振动问题。这里所说的多粒子系统，是指各粒子并非彼此独立，而是在它们之间存在着相互作用的系统。粒子间的相互作用也即是一种约束，所以处理问题将求助于拉格朗日方程。对这些问题的分析，可应用于了解分子的振动、固体的晶格振动等。在本节中先用一个简单的例子说明处理问题的方法，并初步涉及晶格振动问题。此后，在量子力学和统计物理部分，将介绍谐振子的能量量子化和玻色—爱因斯坦统计方法，对于晶格振动问题即能做进一步的分析和讨论。

1. 一个简单的例子

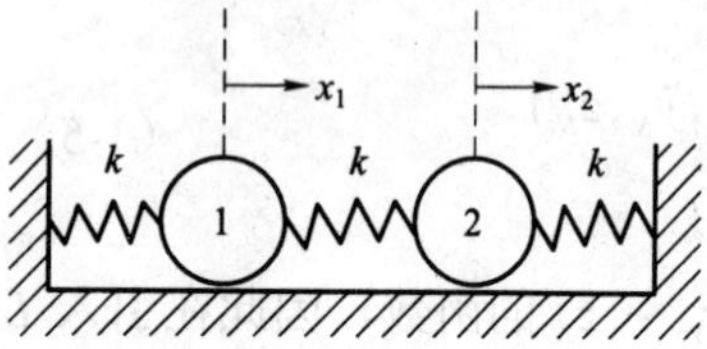

图 1-1

讨论用性质完全相同，质量可以忽略不计的弹簧连接的两个小球的振动问题，以显示处理问题的方法。如图 1-1，两球以弹簧耦合在一起，在无摩擦平面上运动，图中标出的 x_1、x_2 代表球离开平衡位置的位移，两小球质量相同，以 m 代表，弹簧的倔强系数用 k 代表，由两球及弹簧组成的这一系统的弹性势能为

$$\begin{aligned} U &= \frac{1}{2}kx_1^2 + \frac{1}{2}k(x_1 - x_2)^2 + \frac{1}{2}kx_2^2 \\ &= kx_1^2 + kx_2^2 - kx_1x_2 \end{aligned} \tag{1-8}$$

动能为

$$T = \frac{1}{2}m\dot{x}_1^2 + \frac{1}{2}m\dot{x}_2^2 \tag{1-9}$$

于是，拉格朗日函数为

$$L = T - U = \frac{1}{2}m(\dot{x}_1^2 + \dot{x}_2^2) - \frac{1}{2}k[x_1^2 + (x_1 - x_2)^2 + x_2^2] \tag{1-10}$$

两球的运动方程则为

$$\begin{aligned} \frac{\mathrm{d}}{\mathrm{d}t}\frac{\partial L}{\partial \dot{x}_1} - \frac{\partial L}{\partial x_1} &= m\ \ddot{x}_1 + kx_1 + k(x_1 - x_2) \\ &= m\ \ddot{x}_1 + 2kx_1 - kx_2 = 0 \end{aligned} \tag{1-11}$$

$$\frac{\mathrm{d}}{\mathrm{d}t}\frac{\partial L}{\partial \dot{x}_2}-\frac{\partial L}{\partial x_2}=m\ddot{x}_2+kx_2+k(x_2-x_1) \\ =m\ddot{x}_2+2kx_2-kx_1=0 \tag{1-12}$$

把式（1-11）写成

$$\ddot{x}_1+\frac{2k}{m}x_1-\frac{k}{m}x_2=0$$

或

$$\ddot{x}_1+\omega_0^2x_1-\frac{k}{m}x_2=0 \tag{1-13}$$

其中把 $2k/m$ 写成 ω_0^2。同样，可以把式（1-12）写成

$$\ddot{x}_2+\omega_0^2x_2-\frac{k}{m}x_1=0 \tag{1-14}$$

把（1-13）、（1-14）二式联立，取试探解

$$x_1=A_1\mathrm{e}^{\mathrm{i}\omega t},\qquad x_2=A_2\mathrm{e}^{\mathrm{i}\omega t}$$

代入（1-13）、（1-14）二式后，消去公共因子 $\mathrm{e}^{\mathrm{i}\omega t}$，可得

$$(\omega_0^2-\omega^2)A_1-\frac{k}{m}A_2=0 \tag{1-15}$$

$$-\frac{k}{m}A_1+(\omega_0^2-\omega^2)A_2=0 \tag{1-16}$$

由式（1-15）得

$$\frac{A_1}{A_2}=\frac{k/m}{\omega_0^2-\omega^2}$$

由式（1-16）得

$$\frac{A_1}{A_2}=\frac{\omega_0^2-\omega^2}{k/m}$$

因系从联立方程得出，故二者不能矛盾，所以应有

$$\frac{k/m}{\omega_0^2-\omega^2}=\frac{\omega_0^2-\omega^2}{k/m}$$

即

$$(\omega_0^2-\omega^2)^2-(k/m)^2=0 \tag{1-17}$$

其实，把（1-15）、（1-16）二式看做未知量 A_1、A_2 的联立方程，欲使此联立方程（线性齐次方程）有异于零的解，须有

$$\begin{vmatrix}\omega_0^2-\omega^2 & -k/m \\ -k/m & \omega_0^2-\omega^2\end{vmatrix}=0 \tag{1-18}$$

展开此行列式，即得式（1-17）。由式（1-17）可以解出 ω，得到

$$\omega^2=\omega_0^2\pm\frac{k}{m}=\frac{2k}{m}\pm\frac{k}{m}=\begin{cases}k/m\\3k/m\end{cases} \tag{1-19}$$

由此得到两个圆频率值为

$$\omega_1=\sqrt{\omega_0^2-\frac{k}{m}}\ \text{和}\ \omega_2=\sqrt{\omega_0^2+\frac{k}{m}} \tag{1-20}$$

又由 $\omega=2\pi f$，得到两个频率值为

$$f_1=\frac{1}{2\pi}\sqrt{\omega_0^2-\frac{k}{m}},\quad f_2=\frac{1}{2\pi}\sqrt{\omega_0^2+\frac{k}{m}}$$

注意不要把 f_1、f_2 误会为小球 1 和小球 2 各自的振动频率，而是这两个耦合在一起的小球作为一个系统，可能存在的两种不同的振动频率，一个是 f_1，另一个是 f_2。把 ω_1、ω_2 代回解式（1-15）或式（1-16），可以解得 A_1、A_2 的相对值。把 ω_1 代回式（1-15）中，得到

$$\left[\omega_0^2-\left(\omega_0^2-\frac{k}{m}\right)\right]A_1-\frac{k}{m}A_2=0$$

化简，得

$$A_1=A_2 \tag{1-21}$$

如以 ω_2 代回式（1-15）中，得到

$$\left[\omega_0^2-\left(\omega_0^2+\frac{k}{m}\right)\right]A_1-\frac{k}{m}A_2=0$$

得

$$A_1=-A_2 \tag{1-22}$$

从以上分析可以看出，这个耦合在一起的振动系统具有两个不同的频率，它们被称为此系统的“简正频率”（也称系统的“固有频率”）。当系统以较小的频率 f_1 振动时，$A_1=A_2$，即二球同时向右或向左得到相同的位移，表示两个小球有相同的位相；如系统以较大的频率 f_2 振动时，$A_1=-A_2$，则表示两球的位相正好差 180°。

前面得到的是方程式（1-13）、式（1-14）的特解，这些特解的线性组合即为满足原微分方程的通解（注意方程为二次线性齐次方程）。为此，引入初相 δ_1、δ_2

$$A_1=a_1\mathrm{e}^{\mathrm{i}\delta_1};\quad A_2=a_2\mathrm{e}^{\mathrm{i}\delta_2}$$

于是，解 x_1、x_2 可以写为（取指数函数的实部）

$$x_1=a_1\cos(\omega_1 t+\delta_1) \tag{1-23}$$

$$x_2=a_2\cos(\omega_2 t+\delta_2) \tag{1-24}$$

通解的形式应为上两式的叠加，如

$$x_1=a_1\cos(\omega_1 t+\delta_1)+a_2\cos(\omega_2 t+\delta_2)$$
$$x_2=a_1\cos(\omega_1 t+\delta_1)+a_2\cos(\omega_2 t+\delta_2)$$

将式（1-23）、式（1-24）的叠加结果仍用 x_1、x_2 表示，是为了强调它们是式（1-13）、式（1-14）的通解。

给定初始条件，如给定 $t=0$ 时刻的 x_1、x_2、$\dot{x}_1$、$\dot{x}_2$ 的值，则能确定 a_1、a_2、δ_1、δ_2 诸值，可以得到完整的解。具体的计算留作练习（本章习题 12）。

耦合振子的能量已经计算过，为

势能

$$U=kx_1^2+kx_2^2-kx_1x_2$$

利用 $\omega_0^2=2k/m$，可以写成

$$U=\frac{1}{2}m\omega_0^2x_1^2+\frac{1}{2}m\omega_0^2x_2^2-\frac{1}{2}m\omega_0^2x_1x_2$$

其中最后一项，即反映了组成耦合振子的两球之间的相互作用。

动能

$$T=\frac{1}{2}m\dot{x}_1^2+\frac{1}{2}m\dot{x}_2^2$$

所以耦合振子的总能量可以写成

$$T+U=\frac{1}{2}m\dot{x}_1^2+\frac{1}{2}m\dot{x}_2^2+\frac{1}{2}m\omega_0^2x_1^2+\frac{1}{2}m\omega_0^2x_2^2-\frac{1}{2}m\omega_0^2x_1x_2 \tag{1-25}$$

如果引入新坐标 Q_1、Q_2，Q_1、Q_2 与 x_1、x_2 之间的变换关系为

$$Q_1=\frac{1}{\sqrt{2}}(x_1+x_2),\ Q_2=\frac{1}{\sqrt{2}}(x_1-x_2)$$

或

$$x_1=\frac{1}{\sqrt{2}}(Q_1+Q_2),\ x_2=\frac{1}{\sqrt{2}}(Q_1-Q_2)$$

它们之间且存在关系

$$\dot{x}_1^2+\dot{x}_2^2=\dot{Q}_1^2+\dot{Q}_2^2,\quad x_1^2+x_2^2=Q_1^2+Q_2^2$$

$$x_1x_2=\frac{1}{2}(Q_1^2-Q_2^2)$$

（读者不难验证这些关系的成立）利用新坐标 Q_1、Q_2 来表示式（1-25）所表示的振子能量，可得

$$\begin{aligned}T+U&=\frac{1}{2}m(\dot{Q}_1^2+\dot{Q}_2^2)+\frac{1}{2}m\omega_0^2(Q_1^2+Q_2^2)-\frac{1}{4}m\omega_0^2(Q_1^2-Q_2^2)\\&=\frac{1}{2}m\dot{Q}_1^2+\frac{1}{2}m\omega_0^2\left(Q_1^2-\frac{1}{2}Q_1^2\right)+\frac{1}{2}m\dot{Q}_2^2+\frac{1}{2}m\omega_0^2\left(Q_2^2+\frac{1}{2}Q_2^2\right)\\&=\frac{1}{2}m\dot{Q}_1^2+\frac{1}{4}m\omega_0^2Q_1^2+\frac{1}{2}m\dot{Q}_2^2+\frac{3}{4}m\omega_0^2Q_2^2\end{aligned} \tag{1-26}$$

因为 $\omega_0^2=2k/m$，并利用（1-19）、（1-20）两式，应有

$$\frac{1}{4}\omega_0^2=\frac{1}{2}\frac{k}{m}=\frac{1}{2}\left(\sqrt{\omega_0^2-\frac{k}{m}}\right)^{1/2}=\frac{1}{2}\omega_1^2$$

及

$$\frac{3}{4}\omega_0^2=\frac{3}{2}\frac{k}{m}=\frac{1}{2}\left(\sqrt{\omega_0^2+\frac{k}{m}}\right)^{1/2}=\frac{1}{2}\omega_2^2$$

于是

$$T+U=\frac{1}{2}m\dot{Q}_1^2+\frac{1}{2}\omega_1^2Q_1^2+\frac{1}{2}m\dot{Q}_2^2+\frac{1}{2}\omega_2^2Q_2^2 \tag{1-27}$$

根据我们已经熟悉的简谐运动，从这个结果可以看出，这是两个分别以圆频率 ω_1 和 ω_2 振动的独立振子的能量之和。而且还可以看出，这两个振动的运动方程应当分别为

$$\ddot{Q}_1+\omega_1^2Q_1=0\quad 及\quad \ddot{Q}_2+\omega_2^2Q_2=0 \tag{1-28}$$

这就是说，经过坐标变换，引入一种新的坐标，可以把一个耦合振子的振动化解为用新坐标表示的独立振子的振动，这一新坐标即称为“简正坐标”。换言之，可以用以简正坐标表示的独立振子的运动去等效一耦合振子系统的运动。这个结果是由两个小球构成的耦合振子这一特例中得来的，但是可以证明它对于多个耦合在一起的粒子系统的振动问题仍能成立，即也可以用引入简正坐标的办法，把多粒子系统的振动化解为多个独立振子的振动。

2. 多粒子系统的小振动问题

设系统的粒子总数为 N，粒子的质量以 m 代表，系统的动能和势能用广义坐标的一般表

示式的推导如下。

系统的动能应当等于组成系统的各个粒子的动能之总和

$$T=\frac{1}{2}\sum m_i\boldsymbol{r}_i\cdot\dot{\boldsymbol{r}}_i \tag{1-29}$$

式中 $\boldsymbol{r}_i$ 为粒子 i 的位置矢量，$\dot{\boldsymbol{r}}_i$ 是位置矢量对时间的一次导数，即粒子的速度，在直角坐标系中 $\boldsymbol{r}_i$ 的三个分量为 x_i、 y_i、 z_i，直角坐标与广义坐标之间存在着关系

$$x_i=x_i(q_1,q_2,\cdots,q_s);\quad y_i=y_i(q_1,q_2,\cdots,q_s)$$

$$z_i=z_i(q_1,q_2,\cdots,q_s)$$

或

$$\boldsymbol{r}_i=\boldsymbol{r}_i(q_1,q_2,\cdots,q_s)\quad(i=1,2,\cdots,N)$$

这种关系称为“变换方程”，其中 s 代表自由度数。

$\dot{\boldsymbol{r}}_i$ 可以写成

$$\dot{\boldsymbol{r}}_i=\frac{\partial\boldsymbol{r}_i}{\partial q_1}\dot{\boldsymbol{q}}_1+\frac{\partial\boldsymbol{r}_i}{\partial q_2}\dot{\boldsymbol{q}}_2+\cdots+\frac{\partial\boldsymbol{r}_i}{\partial q_s}\dot{\boldsymbol{q}}_s=\sum_{j=1}^{s}\frac{\partial\boldsymbol{r}_i}{\partial q_j}\dot{\boldsymbol{q}}_j$$

代回式（1-29），动能 T 表示为

$$\begin{aligned}T&=\frac{1}{2}\sum_{i=1}^{N}m_i\left(\sum_{j=1}^{s}\frac{\partial\boldsymbol{r}_i}{\partial q_j}\dot{\boldsymbol{q}}_j\right)\cdot\left(\sum_{k=1}^{s}\frac{\partial\boldsymbol{r}_i}{\partial q_k}\dot{\boldsymbol{q}}_k\right)\\&=\frac{1}{2}\sum_{j=1}^{s}\sum_{k=1}^{s}\left(\sum_{i=1}^{N}m_i\frac{\partial\boldsymbol{r}_i}{\partial q_j}\cdot\frac{\partial\boldsymbol{r}_i}{\partial q_k}\right)\dot{\boldsymbol{q}}_j\dot{\boldsymbol{q}}_k\\&=\frac{1}{2}\sum_{j=1}^{s}\sum_{k=1}^{s}a_{jk}\dot{\boldsymbol{q}}_j\dot{\boldsymbol{q}}_k\end{aligned}\tag{1-30}$$

式中的 a_{jk} 代表 $\sum_{i=1}^{N}m_i\frac{\partial\boldsymbol{r}_i}{\partial q_j}\cdot\frac{\partial\boldsymbol{r}_i}{\partial q_k}$。不难看出，$a_{jk}=a_{kj}$。在小振动情形，即粒子偏离平衡位置的幅度很小的情况下，可视 a_{jk} 为一常量，后面将要说明这一点。

再来看势能项，把势能 $U=U(q_1,q_2,\cdots,q_s)$ 在平衡位置附近按泰勒级数展开，得到

$$\begin{aligned}U(q_1,q_2,\cdots,q_s)&=U(q_{01},q_{02},\cdots,q_{0s})+\sum_{k=1}^{s}\left.\frac{\partial U}{\partial q_k}\right|_{q_k=q_{0k}}(q_k-q_{0k})+\\&\frac{1}{2!}\sum_{k=1}^{s}\sum_{l=1}^{s}\left.\frac{\partial^2U}{\partial q_k\partial q_l}\right|_{\substack{q_k=q_{0k}\\q_l=q_{0l}}}(q_k-q_{0k})(q_l-q_{0l})+\cdots\end{aligned}\tag{1-31}$$

其中各广义坐标下角标有 0 者均代表平衡位置的坐标。因为我们讨论的是小振动，粒子偏离平衡位置的移动很小，所以已将级数中的更高次项略去。式（1-31）级数中的第一项代表平衡位置处的势能，应为常量，取其为零并不因之而丧失普遍性，因为可以把势能的参考点——零势能点取得与平衡位置一致，而使平衡位置的势能为零。第二项当然应为零，因为平衡位置处势能一定最低，即 $\partial U/\partial q_k$ 应等于 0，于是

$$U=\frac{1}{2!}\sum_{k=1}^{s}\sum_{l=1}^{s}\left.\left(\frac{\partial^2U}{\partial q_k\partial q_l}\right)\right|_{\substack{q_k=q_{0k}\\q_l=q_{0l}}}(q_k-q_{0k})(q_l-q_{0l})\tag{1-32}$$

或写成

$$U=\frac{1}{2!}\sum_{k=1}^{s}\sum_{l=1}^{s}b_{kl}(q_k-q_{0k})(q_l-q_{0l}) \tag{1-33}$$

其中用 b_{kl} 代表诸 $\left.\frac{\partial^2 U}{\partial q_k \partial q_l}\right|_{\substack{q_k=q_{0k}\\ q_l=q_{0l}}}$，很明显，应当有 $b_{kl}=b_{lk}$，b_{kl} 只与平衡位置的坐标 q 有关，为一常量，称为倔强系数。由此结果，不难使我们想到在一弹簧振子所做的简谐振动中，其弹性势能为 $\frac{1}{2}kx^2$，正是式（1-33）的简单情况。①

现在来看式（1-30）中的 $a_{ij}=\sum m_i \frac{\partial \boldsymbol{r}_i}{\partial q_j}\cdot\frac{\partial \boldsymbol{r}_i}{\partial q_k}$，此量不仅与粒子质量有关，且是广义坐标的函数。将 a_{jk} 在平衡位置附近按泰勒级数展开

$$a_{jk}(q_1\cdots q_s)=a_{jk}(q_{01}\cdots q_{0s})+\sum_{m=1}^{s}\left.\frac{\partial a_{jk}}{\partial q_m}\right|_{q_m=q_{0m}}(q_m-q_{0m})+\cdots \tag{1-34}$$

式中已将二次及二次以上各项略去。所谓可视 a_{jk} 为常量者，即在小振动情况下，$a_{ij}(q_m)$ 可以 $a_{jk}(q_{0m})$ 近似之；这是因为在平衡位置处，取诸 q 均为 q_0，则任何 $(q-q_0)^2$ 均为零，即势能为零；也即全部振动能量均为动能。从 a_{jk} 的展开式（1-34）可见所剩只有 $a_{jk}(q_{01}\cdots q_{0s})$ 项，换言之，即

$$\frac{1}{2}\sum_{j=1}^{s}\sum_{k=1}^{s}a_{ij}(q_{01}\cdots q_{0s})\,\dot{q}_j\dot{q}_k \tag{1-35}$$

即是系统动能之全部。所以，在式（1-34）中把含 (q_m-q_{0m}) 诸项均舍去，以 $a_{jk}(q_{01}\cdots q_{0s})$ 近似代表 a_{jk}，故 a_{jk} 可视为常量。于是

$$T=\frac{1}{2!}\sum_{j=1}^{s}\sum_{k=1}^{s}a_{jk}\dot{q}_j\dot{q}_k \tag{1-36}$$

将式（1-33）并列写出

$$U=\frac{1}{2!}\sum_{k=1}^{s}\sum_{l=1}^{s}b_{kl}(q-q_{0k})(q-q_{0l})$$

令 $q_k-q_{0k}=\xi_k$；$q_l-q_{0l}=\xi_l$，则因 $\frac{\partial}{\partial q}$ 相当于 $\frac{\partial}{\partial \xi}$，$\frac{\partial^2 U}{\partial q_k \partial q_l}$ 可以写成 $\frac{\partial^2 U}{\partial \xi_k \partial \xi_l}$，同样用 b_{kl} 代表，于是

---

① 在前一段所举的简单例子中，对于势能直接引用了 $\frac{1}{2}kx^2$，因为根据 $F=-kx$ 及 $U=-\int F\mathrm{d}x$ 得到 $U=\frac{1}{2}kx^2$ 是我们已经熟悉的。如果用级数展开 $U=U(x_0)+\left.\frac{\mathrm{d}U}{\mathrm{d}x}\right|_{x=x_0}+\left.\frac{1}{2!}\frac{\mathrm{d}^2U}{\mathrm{d}x^2}\right|_{x=x_0}(x-x_0)^2+\cdots$，略去高次项，取 $U(x_0)=0$，在平衡位置处 $\frac{\mathrm{d}U}{\mathrm{d}x}=0$，则 $U=\frac{1}{2}\left.\frac{\mathrm{d}^2U}{\mathrm{d}x^2}\right|_{x=x_0}(x-x_0)^2$，令 $\left.\frac{\mathrm{d}^2U}{\mathrm{d}x^2}\right|_{x=x_0}=k$，可得 $U=\frac{1}{2}k(x-x_0)^2$。取 $x_0=0$，即得 $U=\frac{1}{2}kx^2$。且从 $U=\frac{1}{2}kx^2$，由 $-\frac{\mathrm{d}U}{\mathrm{d}x}=F$，又得到 $F=-kx$。

$$U=\frac{1}{2!}\sum_{k=1}^{s}\sum_{l=1}^{s}b_{kl}\xi_k\xi_l$$

又因为 $\dot{\xi}_k=\dot{q}_k$；$\dot{\xi}_l=\dot{q}_l$，在把脚标 j、k 换成 k、l 后，则 T 可以写成

$$T=\frac{1}{2!}\sum_{k=1}^{s}\sum_{l=1}^{s}a_{kl}\dot{\xi}_k\dot{\xi}_l$$

至此，多粒子系统做小振动时的拉氏函数可以写成

$$L=T-U=\sum_{k=1}^{s}\sum_{l=1}^{s}\frac{1}{2!}(a_{kl}\dot{\xi}_k\dot{\xi}_l-b_{kl}\xi_k\xi_l) \tag{1-37}$$

由此得出拉氏方程为

$$\frac{\mathrm{d}}{\mathrm{d}t}\frac{\partial}{\partial\dot{\xi}_j}\sum_{k=1}^{s}\sum_{l=1}^{s}\frac{1}{2!}a_{kl}\dot{\xi}_k\dot{\xi}_l=\frac{\partial}{\partial\xi_j}\left(-\sum_{k=1}^{l}\sum_{l=1}^{l}\frac{1}{2!}b_{kl}\xi_k\xi_l\right)$$

或

$$\frac{\mathrm{d}}{\mathrm{d}t}\sum_{l=1}^{s}a_{jl}\dot{\xi}_l=-\sum_{l=1}^{s}b_{jl}\xi_l \quad (j=1,2,\cdots,s) \tag{1-38}$$

式（1-38）是 s 个二阶常系数齐次微分方程的联立方程组，是具有 s 个自由度的粒子系统的运动方程。

从式（1-38）已经可以看出，其中的每一个方程式与一维简谐振子的运动方程形式上是一样的。因为形式上它相当于 $\frac{\mathrm{d}}{\mathrm{d}t}(m\ \dot{x})=-kx$。

对于式（1-38）的求解，基本上已属于数学问题，从原则上说，与前面简单例子中所介绍的方法并无二致，最终要引入简正坐标来表示系统的振动。解法的较为细致的说明将置于本章的附录 1-Ⅱ，此处只把重要的结论综述如下：

引入简正坐标 $Q_l(l=1,2,\cdots,s)$ 之后（引入方法见本章附录 1-Ⅱ），拉氏函数成为

$$L=\frac{1}{2}\sum_{l=1}^{s}(\dot{Q}_l^2-\omega_l^2Q_l^2) \tag{1-39}$$

ω_l 为简正频率，系统的总能量为

$$E=\frac{1}{2}\sum_{l=1}^{s}(\dot{Q}_l^2+\omega_l^2Q_l^2) \tag{1-40}$$

由式（1-38）看出：由 N 个粒子组成、具有 s 个自由度（或可用 s 个独立坐标表示）的系统可由 s 个拉氏方程描述其运动，这一系统的总能量由式（1-40）表示，而式（1-40）所表示的正是 s 个独立谐振子的能量之和。

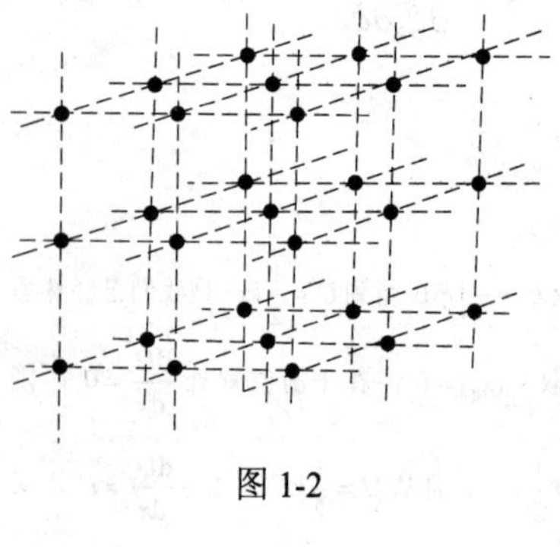

图 1-2

多粒子系统的小振动问题的讨论对于分析晶格振动提供了一个简明有力的方法。试想如图 1-2 所示的晶格模型，小点代表原子，点间虚线表示原子间的相互作用，这是一个靠原子间力耦合在一起的多粒子系统，这样的系统的小振动问题，按上述分析，可以用 s 个独立振子的振动来描述，如系

统的原子总数为 N，则 s 等于 $3N$，系统的振动能量，可以用式（1-40）来表示，换言之，对问题的处理结果是相当于使 N 个相互作用的原子系统的振动与 $3N$ 个独立振子等效。

在量子力学中，将介绍谐振子能量的量子化，晶格振动的能量子称为“声子”，在统计物理部分，将继续讨论晶格振动以说明固体的比热。

§1–4　哈密顿函数　哈密顿方程

哈密顿方程（以后简称哈氏方程），也称正则方程，是牛顿力学的另一种表达方式。它与拉氏方程一样，为我们提供了一种有力的方法。本节将介绍从拉氏函数经数学变换而导出哈密顿函数及哈密顿方程。所以，在导出哈氏方程之前需介绍一个有关概念和所用数学方法。

另外，从“哈密顿原理”可以导出哈氏方程，这将作为参考内容放在本章附录 1-III中。

1. 广义动量

对于一个质量为 m 的质点，其动能若用直角坐标表示为 $T=\dfrac{1}{2}m(\dot{x}^2+\dot{y}^2+\dot{z}^2)$，不难看出，将 T 对各速度分量取偏导数，可得动量的分量

$$\frac{\partial T}{\partial \dot{x}}=m\dot{x}=p_x\,;\quad \frac{\partial T}{\partial \dot{y}}=m\dot{y}=p_y\,;\quad \frac{\partial T}{\partial \dot{z}}=m\dot{z}=p_z$$

对于势函数 U 只与位置有关的保守系①，因 U 与速度无关，可见

$$\frac{\partial (T-U)}{\partial \dot{x}}=\frac{\partial L}{\partial \dot{x}}=p_x$$

$$\frac{\partial (T-U)}{\partial \dot{y}}=\frac{\partial L}{\partial \dot{y}}=p_y$$

$$\frac{\partial (T-U)}{\partial \dot{z}}=\frac{\partial L}{\partial \dot{z}}=p_z$$

由此式的启示，可以写出

$$\frac{\partial L}{\partial \dot{q}_j}=p_j \tag{1-41}$$

$\partial L/\partial \dot{q}_j$ 即称为广义动量。由于广义坐标 q 的量纲不一定是长度，所以广义动量的量纲也不一定是[M][L][T]$^{-1}$，例如我们熟悉的角动量的量纲即为[M][L]^2[T]$^{-1}$。

2. 勒让德变换

设有一函数 $f(x,y)$，其全微分为

$$\mathrm{d}f(x,y)=\frac{\partial f}{\partial x}\mathrm{d}x+\frac{\partial f}{\partial y}\mathrm{d}y$$

写成

$$\mathrm{d}f(x,y)=X\mathrm{d}x+Y\mathrm{d}y \tag{1-42}$$

其中 $X=\partial f/\partial x$，$Y=\partial f/\partial y$。如果我们想把函数 $f(x,y)$ 换成以 X、Y 作独立变量来表示的形

① 对于非保守系情形，此处不予讨论。

式，可以采取以下的方法。令

$$G(X,Y)=f(x,y)-xX-yY \tag{1-43}$$

则应有

$$\mathrm{d}G=\mathrm{d}f-\mathrm{d}(xX)-\mathrm{d}(yY)$$

把 $\mathrm{d}f$ 用式（1-42）代入，同时将 $\mathrm{d}(xX)=X\mathrm{d}x+x\mathrm{d}X$，及 $\mathrm{d}(yY)=Y\mathrm{d}y+y\mathrm{d}Y$ 也代入 $\mathrm{d}G$ 式中，得到

$$\mathrm{d}G=-x\mathrm{d}X-y\mathrm{d}Y \tag{1-44}$$

与 $\mathrm{d}G(X,Y)=\dfrac{\partial G}{\partial X}\mathrm{d}X+\dfrac{\partial G}{\partial Y}\mathrm{d}Y$ 相比，可得

$$\frac{\partial G}{\partial X}=-x\,,\quad \frac{\partial G}{\partial Y}=-y \tag{1-45}$$

可见，在函数 G 中，X、Y 已取代原来函数 f 中 x、y 的地位，G 满足了要求。G 即称为函数 f 的勒让德（A. M. Legendre，1752—1833）变换，变换公式即如式（1-43）所示。

也可以只换一个变量，这时新函数所取形式如

$$B=f(x,y)-xX\,,\quad C=f(x,y)-yY \tag{1-46}$$

由此二式，可以得到

$$\mathrm{d}B=-x\mathrm{d}X+Y\mathrm{d}y\,,\quad \mathrm{d}C=X\mathrm{d}x-y\mathrm{d}Y \tag{1-47}$$

即 B 为以 X 及 y 为独立变量的函数；C 为以 x 及 Y 为独立变量的函数。与 f 相比，可见只调换了一个变量。勒让德变换可以推广到两个变量以上的情形，在本书以后的热力学部分中也用到这种变换。

有了以上两点准备，我们对拉氏函数 $L(q_j,\dot{q}_j)$ 进行勒让德变换，以导出哈氏函数及哈氏方程。

3. 哈密顿函数与哈密顿方程

对拉氏函数 $L(q_j,\dot{q}_j)$ 进行勒让德变换，保留变量 q_j，换掉其中的 $\dot{q}_j$，并将变换所得到的函数换号（乘以–1），这样得到的新函数，即为哈密顿函数，用 H 代表。据式（1-46）中的第二式，取 L 与 f 相当，$\dot{q}_j$ 相当于 y，Y 则对应于 $\partial L/\partial\dot{q}_j$，于是

$$H=(-1)\left(L-\sum_{j=1}^{s}\frac{\partial L}{\partial\dot{q}_j}\dot{q}_j\right)=-L+\sum_{j=1}^{s}\frac{\partial L}{\partial\dot{q}_j}\dot{q}_j \tag{1-48}$$

但 $\partial L/\partial\dot{q}_j$ 为广义动量 p_j，所以哈氏函数 H 是广义坐标 q_j 和广义动量 p_j 的函数，q 与 p 称为共轭变量。将 H 写成

$$H(q_j,p_j)=-L+\sum_{j=1}^{s}p_j\dot{q}_j \tag{1-49}$$

对上式两端求微分，得到

左方：
$$\mathrm{d}H(q_j,p_j)=\sum_{j=1}^{s}\frac{\partial H}{\partial q_j}\mathrm{d}q_j+\sum_{j=1}^{s}\frac{\partial H}{\partial p_j}\mathrm{d}p_j \tag{1-50}$$

右方：
$$\mathrm{d}H=-\sum_{j=1}^{s}\frac{\partial L}{\partial q_j}\mathrm{d}q_j-\sum_{j=1}^{s}\frac{\partial L}{\partial \dot{q}_j}\mathrm{d}\dot{q}_j+\sum_{j=1}^{s}\dot{q}_j\mathrm{d}p_j+\sum_{j=1}^{s}p_j\mathrm{d}\dot{q}_j \tag{1-51}$$

由于式（1-51）右方的第二项中的$\partial L/\partial\dot{q}_j$即是$p_j$，所以第二项与最后一项相消；同时，因$\partial L/\partial\dot{q}_j=p_j$，代入拉氏方程
$$\frac{\mathrm{d}}{\mathrm{d}t}\frac{\partial L}{\partial \dot{q}_j}-\frac{\partial L}{\partial q_j}=0$$
得到
$$\frac{\mathrm{d}p_j}{\mathrm{d}t}-\frac{\partial L}{\partial q_j}=0$$
即
$$\frac{\partial L}{\partial q_j}=\dot{p}_j$$

于是式（1-51）的右方第一项可以改写成$-\sum_{j=1}^{s}\dot{p}_j\mathrm{d}q_j$，最后得到
$$\mathrm{d}H=-\sum_{j=1}^{s}\dot{p}_j\mathrm{d}q_j+\sum_{j=1}^{s}\dot{q}_j\mathrm{d}p_j \tag{1-52}$$

与式（1-50）相比，得到
$$\frac{\partial H}{\partial q_j}=-\dot{p}_j；\quad \frac{\partial H}{\partial p_j}=-\dot{q}_j\ (j=1,\cdots,s) \tag{1-53}$$

这 $2s$ 个一阶微分方程即称为哈密顿正则方程或哈密顿运动方程，式（1-53）表明有 s 个自由度的系统可由 s 个广义坐标和 s 个广义动量的一阶微分方程来描述其运动状态，对此 $2s$ 个方程求解，解中含 $2s$ 个积分常数，为得到完全确定的解，需要知道系统的最初状态，即 t=0 时刻的 s 个 q 及 s 个 p 的值。一旦系统的初始状态完全确定，则可由式（1-53）得到系统的任何时刻的运动状态。牛顿力学对于运动的描述方法中包括两个基本要素：一个是运动方程。迄今为止，我们已经认识了三种形式：一种是$\boldsymbol{F}=m\frac{\mathrm{d}^2\boldsymbol{r}}{\mathrm{d}t^2}$，一种是拉氏方程，还有就是刚介绍过的哈氏方程；另一个要素是被研究对象的初始状态，即所谓$t=0$时的位置与速度。牛顿力学的出现使“决定论”的思想在经典物理领域中占统治地位，直到量子理论的出现才受到挑战。

§1–5　哈密顿函数的物理意义

把拉氏函数$L=T-U$代入式（1-49），并考虑到对于保守力系 U 只与坐标有关而与速度无关，则
$$H=-(T-U)+\sum_{j=1}^{s}\frac{\partial(T-U)}{\partial\dot{q}_j}\dot{q}_j=-T+U-\sum_{j=1}^{s}\frac{\partial T}{\partial\dot{q}_j}\dot{q}_j \tag{1-54}$$

取
$$T=\sum_{i=1}^{s}\frac{1}{2}m_i\,\boldsymbol{r}_i\bullet\dot{\boldsymbol{r}}_i$$
其中
$$\boldsymbol{r}_i=\boldsymbol{r}_i[q_1(t),q_2(t),\cdots,q_s(t)]$$

此处有意表示 $\boldsymbol{r}$ 不是 t 的显函数①。在前面已导出式（1-30），T 可以表示成

$$T=\frac{1}{2}\sum_{j=1}^{s}\sum_{k=1}^{s}a_{jk}\dot{q}_j\dot{q}_k$$

$$a_{jk}=\sum_{i=1}^{N}m_i\frac{\partial \boldsymbol{r}_i}{\partial q_j}\frac{\partial \boldsymbol{r}_i}{\partial q_k}$$

可见，对于 $\boldsymbol{r}$ 不是 t 的显函数的情形，动能可以表示为广义速度 $\dot{q}$ 的二次齐次函数形式，利用关于齐次函数的欧勒（L. Euler，1707—1783）定理，这个定理说，假如 f（x，y，z，…）是 n 次的齐次函数，则

$$x\frac{\partial f}{\partial x}+y\frac{\partial f}{\partial y}+z\frac{\partial f}{\partial z}+\cdots=nf$$

现在，将式（1-54）中的 $\sum\limits_{j=1}^{s}\dfrac{\partial T}{\partial \dot{q}_j}\dot{q}_j$ 展开写成

$$\frac{\partial T}{\partial \dot{q}_1}\dot{q}_1+\frac{\partial T}{\partial \dot{q}_2}\dot{q}_2+\cdots+\frac{\partial T}{\partial \dot{q}_s}\dot{q}_s$$

T 是 $\dot{q}_j$ 的二次齐次函数，上式应等于 $2T$，代回式（1-54），得到

$$H=-T+U+2T=U+T=E\ （总能量）$$

即 H 正好是系统的势能与动能的总和。所以对于一个保守系，并且 $\boldsymbol{r}_i$ 不是 t 的显函数的情况下，写出哈密顿函数有一条简单的办法——把系统的总能量用广义坐标和广义动量表示出来即可。

现在论证，只要 H 仅仅是 p_i 和 q_i 的函数，而不是 t 的显函数，则 $\mathrm{d}H/\mathrm{d}t=0$，即 $H=H(q_j,p_j)$ 是一个不随时间而变的常量。

因为

$$\frac{\mathrm{d}H}{\mathrm{d}t}=\frac{\partial H}{\partial q_1}\dot{q}_1+\frac{\partial H}{\partial q_2}\dot{q}_2+\cdots+\frac{\partial H}{\partial p_1}\dot{p}_1+\frac{\partial H}{\partial p_2}\dot{p}_2+\cdots$$
$$=\sum_{j=1}^{s}\left(\frac{\partial H}{\partial q_j}\dot{q}_j+\frac{\partial H}{\partial p_j}\dot{p}_j\right)$$

当把 $\partial H/\partial p_j=\dot{q}_j$ 及 $\partial H/\partial q_j=-\dot{p}_j$ 代入上式时，即可看出

$$\frac{\mathrm{d}H}{\mathrm{d}t}=\sum_{j=1}^{s}(-\dot{p}_j\dot{q}_j+\dot{p}_j\dot{q}_j)=0$$

这里需要指出，H 等于系统的总能量与 H 等于常量（守恒）并非同一件事，哈密顿函数不等于系统的总能量但仍旧守恒的情况，与哈密顿函数等于系统的总能量仍并不守恒的情况，都是存在的，此处不可能再进一步讨论，希望深入了解的读者可以参看书后所附经典力学部分的参考书目[2]、[3]。

① 此处 $\boldsymbol{r}$ 是通过 q 以隐函数的形式与时间 t 有关，如果遇到所谓“非定常约束”，即约束条件本身就是时间的显函数的情形，例如一个带孔小珠穿在一本身就在运动中的环上滑动，则 $\boldsymbol{r}$ 应写为 $\boldsymbol{r}=\boldsymbol{r}[q_1(t),q_2(t),\cdots,q_s(t),t]$，对此不进行讨论。

§ 1-6 例　　题

下面要讨论的问题，在力学中叫做“有心力场问题”。这个问题之所以重要，是因为在自然界中存在着不少这种类型的力，例如：引力、静电力等。具体地说，如果力的方向是沿着作用物体之间的连线方向，并且其大小只是距离的函数，都属于有心力问题的范围。

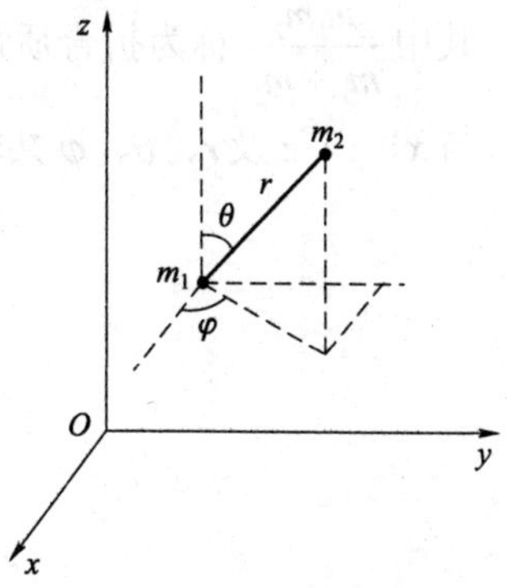

图 1-3

两个质点，质量分别为 m_1 及 m_2，它们在相互吸引的作用下运动，作用力可由势函数 $U(r)$ 给出，r 代表两质点的距离。设 m_1、m_2 的直角坐标分别为 x_1,y_1,z_1 和 x_2,y_2,z_2，同时选用以一个质点，如 m_1 的位置为极的球面坐标，则 m_2 相对于以 m_1 为极的球坐标为 r、θ、φ，如图 1-3 所示。

此系统之拉氏函数为

$$L=T-U=\frac{m_1}{2}(\dot{x}_1^2+\dot{y}_1^2+\dot{z}_1^2)+\frac{m_2}{2}(\dot{x}_2^2+\dot{y}_2^2+\dot{z}_2^2)-U(r) \tag{1-55}$$

两质点系统的质心坐标设为 x、y、z，与 x_1、y_1、z_1 和 x_2、y_2、z_2 的关系是

$$m_1x_1+m_2x_2=(m_1+m_2)x$$

$$m_1y_1+m_2y_2=(m_1+m_2)y$$

$$m_1z_1+m_2z_2=(m_1+m_2)z$$

极坐标 r、θ、φ 与直角坐标之间的关系是

$$x_2-x_1=r\sin\theta\cos\varphi$$

$$y_2-y_1=r\sin\theta\sin\varphi$$

$$z_2-z_1=r\cos\theta$$

由此上两组方程消去 x_2、y_2、z_2 得到

$$x_1=x-\frac{m_2}{m_1+m_2}r\sin\theta\cos\varphi$$

$$y_1=y-\frac{m_2}{m_1+m_2}r\sin\theta\sin\varphi$$

$$z_1=z-\frac{m_2}{m_1+m_2}r\cos\theta$$

同样，消去 x_1、y_1、z_1，可得

$$x_2=x+\frac{m_1}{m_1+m_2}r\sin\theta\cos\varphi$$

$$y_2=y+\frac{m_1}{m_1+m_2}r\sin\theta\sin\varphi$$

$$z_2=z+\frac{m_1}{m_1+m_2}r\cos\theta$$

把 x_1、y_1、z_1，x_2、y_2、z_2 对 t 求导，代入拉氏函数（1-55）得到

$$L=\frac{1}{2}(m_1+m_2)(\dot{x}^2+\dot{y}^2+\dot{z}^2)+\frac{1}{2}\frac{m_1m_2}{m_1+m_2}(\dot{r}^2+r^2\dot{\theta}^2+r^2\sin\theta\dot{\varphi}^2)-U(r) \tag{1-56}$$

其中 $\frac{m_1m_2}{m_1+m_2}$ 称为折合质量，用 μ 代表，则上式右方第二项改写为 $\frac{1}{2}\mu(\dot{r}^2+r^2\dot{\theta}^2+r^2\sin\theta\dot{\varphi}^2)$，与 x、y、z 及 r、θ、φ 共轭[①]的 p_x、p_y、p_z、p_r、p_θ 及 p_φ 应为

$$\left.\begin{aligned}
p_x&=\frac{\partial L}{\partial\dot{x}}=(m_1+m_2)\dot{x}\\
p_y&=\frac{\partial L}{\partial\dot{y}}=(m_1+m_2)\dot{y}\\
p_z&=\frac{\partial L}{\partial\dot{z}}=(m_1+m_2)\dot{z}\\
p_r&=\frac{\partial L}{\partial\dot{r}}=\mu\dot{r}\\
p_\theta&=\frac{\partial L}{\partial\dot{\theta}}=\mu r^2\dot{\theta}\\
p_\varphi&=\frac{\partial L}{\partial\dot{\varphi}}=\mu r^2\sin^2\theta\dot{\varphi}
\end{aligned}\right\} \tag{1-57}$$

因而哈密顿函数 $H=\sum_{i=1}^{s}p_i\dot{q}_i-L$ 及式（1-57），应为

$$H=(m_1+m_2)(\dot{x}^2+\dot{y}^2+\dot{z}^2)+\mu(\dot{r}^2+r^2\dot{\theta}^2+r^2\sin^2\theta\dot{\varphi}^2)-L$$

把 L 的表示式（1-56）代入，得到

$$H=\frac{1}{2}(m_1+m_2)(\dot{x}^2+\dot{y}^2+\dot{z}^2)+\frac{1}{2}\mu(\dot{r}^2+r^2\dot{\theta}^2+r^2\sin^2\theta\dot{\varphi}^2)+U(r)$$

再次利用式（1-57），H 又可以写成

$$H=\frac{1}{2}\left(\frac{1}{m_1+m_2}\right)(p_x^2+p_y^2+p_z^2)+\frac{1}{2\mu}\left(p_r^2+\frac{p_\theta^2}{r^2}+\frac{p_\varphi^2}{r^2\sin^2\theta}\right)+U(r) \tag{1-58}$$

于是，正则方程即可写出

$$\dot{p}_x=-\frac{\partial H}{\partial x}=0\text{；}\quad \dot{p}_y=-\frac{\partial H}{\partial y}=0\text{；}\quad \dot{p}_z=-\frac{\partial H}{\partial z}=0$$

$$\dot{p}_r=-\frac{\partial H}{\partial r}=\frac{1}{\mu}\left(\frac{p_\theta^2}{r^3}+\frac{p_\varphi^2}{r^3\sin^2\theta}\right)-\frac{\partial U}{\partial r}$$

$$\dot{p}_\theta=-\frac{\partial H}{\partial\theta}=\frac{1}{\mu}\frac{p_\varphi^2\cos\theta}{r^2\sin^3\theta}$$

$$\dot{p}_\varphi=-\frac{\partial H}{\partial\varphi}=0$$

① 每一 q_i、p_i 组合称为一对共轭变量。

$$\dot{x}=\frac{\partial H}{\partial p_x}=\frac{p_x}{m_1+m_2};\quad \dot{y}=\frac{\partial H}{\partial p_y}=\frac{p_y}{m_1+m_2};\quad \dot{z}=\frac{\partial H}{\partial p_z}=\frac{p_z}{m_1+m_2}$$

$$\dot{r}=\frac{\partial H}{\partial p_r}=\frac{p_r}{\mu};\quad \dot{\theta}=\frac{\partial H}{\partial p_\theta}=\frac{p_\theta}{\mu};\quad \dot{\varphi}=\frac{\partial H}{\partial p_\varphi}=\frac{p_\varphi}{\mu r^2\sin^2\theta} \tag{1-59}$$

下面对式（1-57）的六个方程和式（1-59）的十二个方程进行讨论：

（1）从式（1-57）的前三个方程中，看出这个二质点系统（m_1+m_2）的整体运动，相当于二质点的总质量位于质心处（x、y、z）的运动。

（2）由式（1-59）的前三个方程，p_x、p_y、p_z全等于零，表明这一系统的质心或作等速直线运动或静止。这不难理解，因为所讨论的系统中，唯一的力是m_1、m_2之间的相互作用，这对于整个系统来说，属于“内力”，没有外力作用于m_1、m_2组成的整体上。

（3）从式（1-57）的后三个方程，可以得到p_r、p_θ、p_φ对时间的导数$\dot{p}_r$、$\dot{p}_\theta$、$\dot{p}_\varphi$，其中$\dot{p}_r=\mu\ddot{r}$，式（1-59）中的第四个方程为由正则方程得到的$\dot{p}_r$的表示式，可见$\dot{p}_r$的表示式中有一项$-\partial U/\partial r$，代表沿r方向的作用力（尚有其余两项的物理意义请读者考虑），可见此处的二体问题可以等同于一个质量等于折合质量的质点，被一个势函数为U的力束缚在一个定点上的运动。

（4）值得注意的是，从式（1-59）的第六个方程$\dot{p}_\varphi=0$可以看出，p_φ不随时间改变，即角动量p_φ守恒。用符号k表示p_φ，把它代入式（1-59）的$\dot{p}_r$及$\dot{p}_\theta$中，得到的结果

$$\dot{p}_r=\frac{1}{\mu}\left(\frac{p_\theta^2}{r^3}-\frac{k^2}{r^3\sin^2\theta}\right)-\frac{\partial U}{\partial r}$$

$$\dot{p}_\theta=\frac{1}{\mu}\frac{k^2\cos\theta}{r^2\sin^3\theta}$$

明显与量φ无关，因而r、θ、φ三个变量中只剩下r及θ，这意味着运动限于在一个平面之内，参看图 1-3，可见运动是限制在由z轴及r所决定的平面zm_1m_2内，这是不难理解的。由于力只沿r的方向存在，所以垂直于zm_1m_2平面的力为零，因而相对于z轴的力矩也为零，所以对应于坐标φ的角动量是不可能变的。

（5）既然m_1m_2的运动限于平面zm_1m_2内，则φ即为恒定，于是$\dot{\varphi}=0$，由式（1-57）的最后一个方程看出p_θ为 0，由式（1-59）的第五个式子看出$\dot{p}_\theta$与p_φ^2成正比，由此得出$\dot{p}_\theta$也等于 0，通常称$\dot{p}_\theta$为轨道角动量，$\dot{p}_\theta=0$，即表示“轨道角动量守恒”。

（6）由于哈密顿函数中不出现x、y、z和φ，才导致$\dot{p}_x=0$，$\dot{p}_y=0$，$\dot{p}_z=0$，$\dot{p}_\varphi=0$，可见凡是在H中不出现的广义坐标所对应的广义动量均不随时间改变，这种不进入H式中的坐标叫做可遗坐标，也称循环坐标。

在前面的讨论中，没有给出势函数的具体形式，但有些肯定是我们比较熟悉的，如引力势、静电势等，力的作用即符合所谓“反平方定律”。实际上，从天体运动到原子结构以及分子间力等问题中，都可能遇到有心力的情形，在后面的量子力学部分，讨论库仑有心力场中的电子时，仍会见到形式如$-\dfrac{ze^2}{4\pi\varepsilon_0 r^2}$的势。不过那时处理问题的方法会与经典力学有所不同，如动量、角动量等力学量，都要用“算符”来表示；经典力学中的哈密顿函数也成了“哈密顿算符”。

本章介绍了拉氏方程和哈氏方程，二者都避开了“力” 而引用能量作为基本量建立起一组运动方程，形式上虽与牛顿运动定律 $F = m\ddot{r}$ 不同，但物理实质并无根本变化。如定义了 $\partial L/\partial \dot{q}_i$ 为广义动量 p_i，则拉氏方程

$$\frac{\mathrm{d}}{\mathrm{d}t}\left(\frac{\partial L}{\partial \dot{q}_i}\right) - \frac{\partial L}{\partial q_i} = 0$$

即为

$$\frac{\mathrm{d}p_i}{\mathrm{d}t} = \frac{\partial L}{\partial q_i}$$

而 $\partial L/\partial \dot{q}_i$ 是可以视为广义力的，参看附录 1- Ⅰ 的公式［附 1-8，附 1-9，附 1-10］，所以又得到

$$\frac{\mathrm{d}p_i}{\mathrm{d}t} = f_i$$

的形式。

附录 1- Ⅰ　拉氏方程的导出

取 N 个质点组成的质点系，设其具有 s 个自由度，即由 s 个广义坐标确定其位置，且在质点的三个直角坐标 x_i 、 y_i、 z_i 与广义坐标之间存在着如下的变换关系：

$$\left.\begin{aligned} x_i &= x_i(q_1, q_2, \cdots, q_s) \\ y_i &= y_i(q_1, q_2, \cdots, q_s) \\ z_i &= z_i(q_1, q_2, \cdots, q_s) \end{aligned}\right\}(i = 1, 2, \cdots, N) \qquad \text{（附 1-1）}$$

x_i 、 y_i、 z_i 可以决定一个位置矢量 $\boldsymbol{r}_i$，于是有

$$\boldsymbol{r}_i = \boldsymbol{r}_i(q_1, q_2, \cdots, q_s) \quad (i = 1, 2, \cdots, N)$$ [①]

将牛顿运动定律写成

$$m_i \frac{\mathrm{d}}{\mathrm{d}t}\left(\frac{\mathrm{d}\boldsymbol{r}_i}{\mathrm{d}t}\right) = \boldsymbol{F}_i \quad (i = 1, 2, \cdots, N) \qquad \text{（附 1-2）}$$

将上式两边同取与 $\dfrac{\partial \boldsymbol{r}_i}{\partial q_j}$ 的内积，并对全部质点求和，得

$$\sum_{i=1}^{N} m_i \frac{\mathrm{d}}{\mathrm{d}t}\left(\frac{\mathrm{d}\boldsymbol{r}_i}{\mathrm{d}t}\right) \cdot \frac{\partial \boldsymbol{r}_i}{\partial q_j} = \sum_{i=1}^{N} \boldsymbol{F}_i \cdot \frac{\partial \boldsymbol{r}_i}{\partial q_j} \quad (j = 1, 2, \cdots, s) \qquad \text{（附 1-3）}$$

上式的右方可视为广义力。利用求积的导数的法则 $\dot{U}V = (U\dot{V}) - (U\dot{V})$，则式（附 1-3）的左方为

$$\sum_{i=1}^{N} m_i \left[\frac{\mathrm{d}}{\mathrm{d}t}\left(\frac{\mathrm{d}\boldsymbol{r}_i}{\mathrm{d}t}\right) \cdot \frac{\partial \boldsymbol{r}_i}{\partial q_j} - \frac{\mathrm{d}\boldsymbol{r}_i}{\mathrm{d}t} \cdot \frac{\mathrm{d}}{\mathrm{d}t}\left(\frac{\partial \boldsymbol{r}_i}{\partial q_j}\right)\right] \qquad \text{（附 1-4）}$$

① 在本章 § 1-5 的注①中已表明，我们所讨论的只限于 $\boldsymbol{r}_i = \boldsymbol{r}_i(q_1(t), q_2(t), \cdots, q_s(t))$ 的情形。

利用下面导出的两个关系，将上式改写

（1）由于

$$\frac{\mathrm{d}\boldsymbol{r}_i}{\mathrm{d}t}=\dot{\boldsymbol{r}}_i=\sum_{k=1}^{s}\frac{\partial \boldsymbol{r}_i}{\partial q_k}\cdot\frac{\mathrm{d}q_k}{\mathrm{d}t}=\sum_{k=1}^{s}\frac{\partial \boldsymbol{r}_i}{\partial q_k}\dot{q}_k$$

将 $\dot{\boldsymbol{r}}$ 对 $\dot{q}_j$ 求偏导数

$$\frac{\partial \dot{\boldsymbol{r}}_i}{\partial \dot{q}_j}=\sum_{j=1}^{s}\frac{\partial \boldsymbol{r}_i}{\partial q_k}\frac{\partial \dot{q}_k}{\partial \dot{q}_j}$$

由于选定各 q 是彼此独立的，所以 $\partial\dot{q}_k/\partial\dot{q}_j$ 形式的项只有在 $k=j$ 时等于 1，其余 $k\neq j$ 时均等于零，所以

$$\frac{\partial \dot{\boldsymbol{r}}_i}{\partial \dot{q}_j}=\frac{\partial \boldsymbol{r}_i}{\partial q_j} \tag{附 1-5}$$

（2）还可以导出

$$\frac{\partial \dot{\boldsymbol{r}}_i}{\partial q_k}=\frac{\mathrm{d}}{\mathrm{d}t}\left(\frac{\partial \boldsymbol{r}_i}{\partial q_k}\right) \tag{附 1-6}$$

因为

$$\frac{\partial \dot{\boldsymbol{r}}_i}{\partial q_k}=\sum_{j=1}^{s}\frac{\partial}{\partial q_k}\left(\frac{\partial \boldsymbol{r}_i}{\partial q_k}\right)\dot{q}_j=\sum_{j=1}^{s}\frac{\partial}{\partial q_j}\left(\frac{\partial \boldsymbol{r}_i}{\partial q_k}\right)\dot{q}_k$$

其中利用了 $\boldsymbol{r}_i$ 对 q_k、q_j 依次求导与次序无关，又因为

$$\sum_{j=1}^{s}\frac{\partial}{\partial q_j}\left(\frac{\partial \boldsymbol{r}_i}{\partial q_k}\right)\dot{q}_k=\frac{\mathrm{d}}{\mathrm{d}t}\left(\frac{\partial \boldsymbol{r}_i}{\partial q_k}\right)$$

故式（附 1-6）得证。此式表明运算 d/dt 与 $\partial/\partial q_k$ 可以交换。由式（附 1-5）及式（附 1-6）两式，式（附 1-4）可以写成

$$\begin{aligned}&\sum_{i=1}^{N}m_i\left[\frac{\mathrm{d}}{\mathrm{d}t}\left(\dot{\boldsymbol{r}}_i\cdot\frac{\partial \dot{\boldsymbol{r}}_i}{\partial \dot{q}_j}\right)-\dot{\boldsymbol{r}}_i\cdot\left(\frac{\partial \dot{\boldsymbol{r}}_i}{\partial \dot{q}_j}\right)\right]\\&=\sum_{i=1}^{N}m_i\left[\frac{\mathrm{d}}{\mathrm{d}t}\frac{1}{2}\frac{\partial}{\partial \dot{q}_j}(\dot{\boldsymbol{r}}_i\cdot\dot{\boldsymbol{r}}_i)-\frac{1}{2}\frac{\partial}{\partial q_j}(\dot{\boldsymbol{r}}_i\cdot\dot{\boldsymbol{r}}_i)\right]\\&=\frac{\mathrm{d}}{\mathrm{d}t}\frac{\partial}{\partial \dot{q}_j}\left[\sum_{i=1}^{N}\frac{1}{2}m_i(\dot{\boldsymbol{r}}_i\cdot\dot{\boldsymbol{r}}_i)\right]-\frac{\partial}{\partial q_j}\left[\sum_{i=1}^{N}\frac{1}{2}m_i(\dot{\boldsymbol{r}}_i\cdot\dot{\boldsymbol{r}}_i)\right]\\&=\frac{\mathrm{d}}{\mathrm{d}t}\frac{\partial}{\partial \dot{q}_i}T-\frac{\partial}{\partial \dot{q}_j}T\end{aligned} \tag{附 1-7}$$

式中之 $T=\frac{1}{2}\sum_{i=1}^{N}m_i(\dot{\boldsymbol{r}}_i\cdot\dot{\boldsymbol{r}}_i)$ 是系统的总动能，于是式（附 1-3）成为

$$\frac{\mathrm{d}}{\mathrm{d}t}\frac{\partial}{\partial \dot{q}_j}T-\frac{\partial}{\partial q_j}T=Q_j\quad(j=1,2,\cdots,s) \tag{附 1-8}$$

式中右方的 Q_j 代表广义力。在导出式（附 1-8）中，出发点是牛顿运动定律，对于力的性

质未加任何限制，所以这 s 个二阶微分方程对于保守力与非保守力应当都适用，即对 Q_j 没有任何限制，如果用于保守力系，则可以用势函数 U 的梯度的负值来代替 Q_j，于是式（附1-8）又可以写成

$$\frac{\mathrm{d}}{\mathrm{d}t}\frac{\partial}{\partial \dot{q}_j}T-\frac{\partial}{\partial q_j}T=-\frac{\partial U}{\partial q_j}$$

或写成

$$\frac{\mathrm{d}}{\mathrm{d}t}\frac{\partial}{\partial \dot{q}_j}T-\frac{\partial}{\partial q_j}T+\frac{\partial U}{\partial q_j}=0 \tag{附 1-9}$$

因为 U 不是广义速度 $\dot{q}$ 的函数，所以 $\partial U/\partial \dot{q}_j=0$，$-\frac{\mathrm{d}}{\mathrm{d}t}\left(\frac{\partial U}{\partial \dot{q}_j}\right)$ 当然也等于零，把此项写入上式，得

$$\frac{\mathrm{d}}{\mathrm{d}t}\frac{\partial}{\partial \dot{q}_j}T-\frac{\mathrm{d}}{\mathrm{d}t}\frac{\partial}{\partial \dot{q}_j}U-\frac{\partial}{\partial q_j}T+\frac{\partial}{\partial q_j}U=0$$

即

$$\frac{\mathrm{d}}{\mathrm{d}t}\frac{\partial}{\partial \dot{q}_j}(T-U)-\frac{\partial}{\partial q_j}(T-U)=0 \tag{附 1-10}$$

引入拉氏函数 $L=L(q,\dot{q})=T-U$ ①，由此得到

$$\frac{\mathrm{d}}{\mathrm{d}t}\frac{\partial L}{\partial \dot{q}_j}-\frac{\partial L}{\partial q_j}=0 \quad (j=1,2,\cdots,s)$$

这就是拉氏方程。

附录 1–Ⅱ　多粒子系统振动问题的解

这是对式（1-38）求解的说明。

式（1-38）为

$$\frac{\mathrm{d}}{\mathrm{d}t}\sum_{l=1}^{s}a_{jl}\dot{\xi}_l=-\sum_{l=1}^{s}b_{jl}\xi_l \quad (j=1,2,\cdots,s) \tag{附 1-11}$$

解的方法与§1-3之1的简单例子中所用的方法基本一样。取试探解

$$\xi_l=A_l\mathrm{e}^{\mathrm{i}\omega t} \tag{附 1-12}$$

其中 A_l 为待定常量，把式（附 1-12）代入式（附 1-11），约去公共因子 $\mathrm{e}^{\mathrm{i}\omega t}$，可以得到 A_l 应满足的代数方程组

$$\sum_{l=1}^{s}(-\omega^2 a_{kl}+b_{kl})A_l=0 \quad (k=1,2,\cdots,s) \tag{附 1-13}$$

要使方程组有异于零的解，其系数构成的行列式须等于零，即

$$|b_{kl}-\omega^2 a_{kl}|=0$$

展开写成

---

① 对最一般情形，应写 $L=L(q,\dot{q},t)$，但因只限于讨论 L 不为 t 的显函数的情形，故写成 $L=L(q,\dot{q})$。

$$
\begin{vmatrix} b_{11}-\omega^2 a_{11} & \cdots & b_{1s}-\omega^2 a_{1s} \\ \vdots & & \vdots \\ b_{s1}-\omega^2 a_{s1} & \cdots & b_s-\omega^2 a_{ss} \end{vmatrix} \tag{附 1-14}
$$

将式（附 1-13）行列式展开后，得到ω^2的 s 次方程，一般情况下，能求得ω^2的 s 个解：ω_1^2，ω_2^2，…，ω_s^2。这样确定的ω称为系统的简正频率或固有频率，对于一个总能量 $T+U$ 不随时间改变的系统（如不存在摩擦阻力等耗散作用而使 $T+U$ 守恒的系统）来说，ω^2应为正实数。我们可以从物理的角度来看，如果$\omega^2<0$，则可以得到ω是一个虚数，比方说形式为$\pm \mathrm{i}\omega_\alpha$，从解的形式$q=A\mathrm{e}^{\mathrm{i}\omega t}$不难看出，如果把$\pm \mathrm{i}\omega_0$代入 q 中，得到的 q 将是一个按指数规律随时间增加或减少的量，$\dot{q}$也同样是这样，而这必然会引起系统的总能量 $U+T$ 随时间增加或减少，这对于一个能量守恒的系统来说是不可能的。所以ω^2只能是正实数。所求得的ω可能全不相同，也可能部分相同，而把求得的每一个ω值，代回式（附 1-11）中，均能求得一个特解，代回式（附 1-12），可以求得各个 A 的相对值。在§1-3 之 1 的简单例子中，已经看到，只求得 A_1 与 A_2 之比为+1 或–1，而 A_1、A_2 的绝对大小只有给定初始条件之后才能确定，或者说，仅仅决定了 A 之比，则可能的解有无数个。在多粒子系统也是这样，把求得的任一ω值代入式（附 1-13）可求出 $A_1,A_2,\cdots,A_s$ 的相对大小，如以任意常数 C 乘 $A_1,A_2,\cdots,A_s$，所得 $CA_1,CA_2,\cdots,CA_s$ 仍满足式(附 1-13)。根据线性代数中关于齐次线性方程组的求解问题的结果，可知式（附 1-13）中 $A_1,A_2,\cdots,A_s$ 之比是行列式（附 1-14）中任一行的第 1、第 2、…、第 s 个元素的余子式之比，当然也是各余子式乘以同一任意公共常数之比。

每对应一个ω值，可以求得一组 A_l 的相对值，与简单的例子中同样的方法，可以写出多粒子系统的运动方程的普解为

$$
\xi_l=\sum_{j=1}^{s}C_j a_{lj}\cos(\omega_j t+\delta_j) \quad (l=1,2,\cdots,s) \tag{附 1-15}
$$

其中已引入初相，C_j 代表诸 A 的比例因子，从这个结果可以看出的是：多粒子系统的每一个广义坐标随时间的变化，是 s 个简谐振动的合成。

在§1-5 的简单例子中，已经看到简正坐标的作用，对于一个多粒子系统，同样也可以用简正坐标来表示系统的振动，从式（附 1-15）看出，如果用η_l表示 $a_{lj}\cos(\omega_j t+\delta_j)$，则 $\xi_l=\sum\limits_{j=1}^{s}C_j\eta_l$，这实际上相当于一个变换，如果求出以$\xi$表示的$\eta$，则$\eta$可以作为新的广义坐标，从$\eta$的定义公式可见，$\eta$所表示的是一个简谐振动，即$\eta$所满足的方程为

$$
\ddot{\eta}_l+\omega_l^2\eta_l=0 \quad (l=1,2,\cdots,s) \tag{附 1-16}
$$

新坐标η即简正坐标。应用简正坐标，运动方程已经换成 s 个独立的方程式，根据式（附 1-16）不难看出，用简正坐标表示的系统的拉氏函数应为

$$
L=\sum_{l=1}^{s}\frac{m_l}{2}(\dot{\eta}_l^2-\omega_l^2\eta_l^2) \tag{附 1-17}
$$

式中的 m_l 是常量，不要简单地认为它代表粒子的质量。将式（附 1-17）与式（1-37）的拉氏函数相比，可见用简正坐标表示的拉氏函数只包含$\dot{\eta}^2$及η^2的项，式（1-37）中凡属$\xi_k\xi_l$及$\xi_k\xi_l(k\neq l)$形式的交叉项均已不见，这表明坐标变换的作用在于把一个矩阵对角线化。

在选定简正坐标时，还有意取$Q_l=\sqrt{m_l\eta_l}$，则拉氏函数为

$$L=\frac{1}{2}\sum_{l=1}^{s}(\dot{Q}_l^2-\omega_l^2Q_l^2) \tag{附 1-18}$$

结果系统的总能量则为

$$E=\frac{1}{2}\sum_{l=1}^{s}(\dot{Q}_l^2+\omega_l^2Q_l^2) \tag{附 1-19}$$

附 1–Ⅲ　哈密顿原理与变分法的初步概念

在人类研究自然界的历史中，很早就出现了一类原理，这类原理可称为“最小原理”，即自然界所发生的一些物理过程常与某种物理量取极小值相联系。这种思想可以一直追溯到古希腊。17 世纪，费马（P. de Fermat，1601—1665）提出的最小光程原理——光线从任意一点到另一点是沿着所费时间最短的路程传播，就是这方面的一个极好例证。作为一种研究问题的指导思想，提出问题的方式是：选择什么样的物理量保持最小才能适合反映物理过程进行的情况。在力学中，按照最小原理提出问题的方式，把运动问题提为：给出系统在时刻 t_1 和 t_2 的位置坐标，那么连接这两点的所有路径中，系统运动所取的实际路径区别于其他的路径是使什么保持最小呢？哈密顿原理是这样回答的：系统从 t_1 到 t_2 的一定时间内，由一点到另一点的许多可能路径中，实际进行的路径是使得积分

$$I=\int_{t_1}^{t_2}(T-U)\mathrm{d}t \tag{附 1-20}$$

为一个极值（极大或极小）。其中 $T–U$ 就是拉格朗日函数。（$T–U$）对 t 的积分有时称为“作用”，所以哈密顿原理有时也被称为“最小作用原理”①，因为在大多数实际遇到的情况中，极值是一个“极小”，所以才有“最小作用”原理之称。

哈密顿原理用数学的语言来说，就是：在固定的 t_1 与 t_2 之间，积分 I 的变分为 0，写作

$$\delta I=\delta\int_{t_1}^{t_2}L(q,\dot{q},t)\,\mathrm{d}t=0 \tag{附 1-21}$$

δ 即变分符号，L 仍代表拉氏函数。

下面先简单地介绍一下数学方法。

在微积分中，有求一函数 $y(x)$ 的极大极小的方法；在 $x=a$ 处存在极大或极小所必须的条件是 $y'(a)=0$。现在的问题与之相像，但要复杂些，我们要找一个函数，使得作为这个函数的定积分取极值。定义凡是一个变量的值由一个（或几个）函数的选取而确定者，这个变量叫做泛函，所谓“变分法”，就是求泛函的极值的方法。在现在面临的问题中，积分 I 就是一个依赖于 $q(t)$ 的泛函，$q(t)$ 表示广义坐标对时间的函数关系，即是运动路径。为了说明上的方便，从对一个问题的分析来入手。

现在提出的问题是：希望找到在两个定点 x_1、x_2 之间的一个路径 $y=y(x)$，能使某一函数 $f(y,\dot{y},x)$ 的线积分为极值，其中 $\dot{y}$ 代表 $\mathrm{d}y/\mathrm{d}x$，即对于一个满足要求的 $y(x)$，应当有积分

$$\int_{x_1}^{x_2}f(y,\dot{y},x)\mathrm{d}x \tag{附 1-22}$$

为极值。

---

① 其实，哈密顿原理与最小作用原理并非同一原理，但这对我们以后的讨论无大影响，对此不再深入分析讨论。

把所有可能的曲线用一个参数α来标志，于是y即可写成是x及α的函数，当α对应某一个值，如$\alpha=0$，所对应的曲线即为我们所求，则可以把y写成

$$y(x,\alpha)=y(x,0)+\alpha\eta(x) \tag{附 1-23}$$

$\eta(x)$是x的函数，当$x=x_1$及$x=x_2$时它等于零，式（附 1-23）即代表以α为参数的曲线族，如附图 1-1。于是式（附 1-22）之积分可以写成

$$I(\alpha)=\int_{x_1}^{x_2} f[y(x,a),\dot{y}(x,a),x]\,\mathrm{d}x$$

求得极值的条件可以写成

$$\left(\frac{\partial I}{\partial\alpha}\right)_{\alpha=0}=0 \tag{附 1-24}$$

为得到I取极值所需满足的条件，计算$\left(\frac{\partial I}{\partial\alpha}\right)_{\alpha=0}\mathrm{d}\alpha$，即在所求曲线附近$I$值的改变量。称$\left(\frac{\partial I}{\partial\alpha}\right)_{\alpha=0}\mathrm{d}\alpha$为$I$的变分，记以$\delta I$；同样，称$\left(\frac{\partial y}{\partial\alpha}\right)_{\alpha=0}\mathrm{d}\alpha$为$y$的变分，记以$\delta y$；称$\left(\frac{\partial\dot{y}}{\partial\alpha}\right)_{\alpha=0}\mathrm{d}\alpha$为$\dot{y}$的变分，记以$\delta\dot{y}$，至此，我们得到的一个结果是，求一个积分的变分$\delta I$相当于求$\left(\frac{\partial I}{\partial\alpha}\right)_{\alpha=0}\mathrm{d}\alpha$，表示为相当的关系：

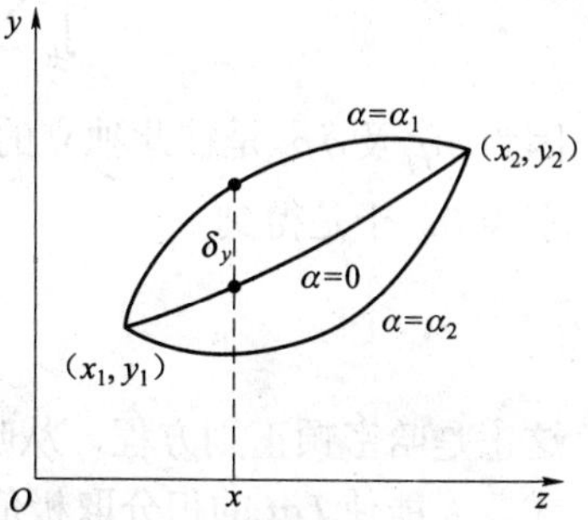

附图 1-1

$$\delta(\quad)\longrightarrow\frac{\partial(\quad)}{\partial\alpha}\mathrm{d}\alpha$$

现在可以回到哈密顿原理问题上来。

利用前面式（1-49），将L写成

$$L=\sum_{j=1}^{s}p_j\dot{q}_j-H(q_j,p_j) \tag{附 1-25}$$

于是哈密顿原理可以写成

$$\delta I=\delta\int_{t_1}^{t_2}L\mathrm{d}t=\delta\int_{t_1}^{t_2}\left[\sum_{j=1}^{s}p_j\dot{q}_j-H(q_j,p_j)\right]\mathrm{d}t=0 \tag{附 1-26}$$

利用$\delta I=\frac{\partial I}{\partial\alpha}\mathrm{d}\alpha$，得到

$$\delta I=\mathrm{d}\alpha\frac{\partial}{\partial\alpha}\int_{t_1}^{t_2}\left[\sum p_j\dot{q}_j-H(q_j,p_j)\right]\mathrm{d}t=0$$

因为在积分上下限的时间是不变的，因而也就不是α的函数，可以在积分号内取微分，得到

$$\mathrm{d}\alpha\int_{t_1}^{t_2}\sum\left(\frac{\partial p_j}{\partial\alpha}\dot{q}_j+p_j\frac{\partial\dot{q}_j}{\partial\alpha}-\frac{\partial H}{\partial q_j}\frac{\partial p_j}{\partial\alpha}-\frac{\partial H}{\partial q_j}\frac{\partial p_j}{\partial\alpha}\right)\mathrm{d}t=0 \tag{附 1-27}$$

括号中的第二项$p_j\frac{\partial\dot{q}_j}{\partial\alpha}\mathrm{d}t$的积分可以计算如下

$$\int_{t_1}^{t_2} p_j \frac{\partial \dot{q}_j}{\partial \alpha} \mathrm{d}t = \int_{t_1}^{t_2} p_j \frac{\mathrm{d}}{\mathrm{d}t} \frac{\partial q_j}{\partial \alpha} \mathrm{d}t = p_i \frac{\partial q_j}{\partial \alpha}\bigg|_{t_1}^{t_2} - \int_{t_1}^{t_2} \dot{p}_j \frac{\partial q_j}{\partial \alpha} \mathrm{d}t \tag{附 1-28}$$

其中利用了对 t 及对 α 求导顺序互换和分部积分法。因为所有的路径都具有相同的端点，所以在 t_1，t_2，$\partial q_j / \partial \alpha = 0$，因而，只余 $-\int_{t_1}^{t_2} \dot{p}_j \frac{\partial p_j}{\partial \alpha} \mathrm{d}t$，又因为 $\delta q_j = \mathrm{d}\alpha \frac{\partial q_j}{\partial \alpha}$；$\delta p_j = \mathrm{d}\alpha \frac{\partial p_j}{\partial \alpha}$，把这些关系都代入式（附 1-27）中，再经化简，得到

$$\mathrm{d}\alpha \int_{t_1}^{t_2} \sum \left(\frac{\partial p_j}{\partial \alpha} \dot{q}_j - \dot{p}_j \frac{\partial q_j}{\partial \alpha} - \frac{\partial H}{\partial q_j} \frac{\partial q_j}{\partial \alpha} - \frac{\partial H}{\partial p_j} \frac{\partial p_j}{\partial \alpha} \right) \mathrm{d}t = 0$$

即

$$\int_{t_1}^{t_2} \sum \left[\delta p_j \left(\dot{q}_j - \frac{\partial H}{\partial p_j} \right) - \delta q_j \left(\dot{p}_j + \frac{\partial H}{\partial p_j} \right) \right] \mathrm{d}t = 0$$

因为 δq_j 及 δp_j 是彼此独立的，欲上式积分为 0，只能是 δp_j 与 δq_j 的系数（括号内的项）分别为 0，于是得到

$$\dot{q}_j = \frac{\partial H}{\partial p_j}；\ p_j = -\frac{\partial H}{\partial q_j}$$

这正是哈密顿正则方程，从哈密顿原理出发又得到它——只有运动方程为哈氏正则方程的形式，才能使 $L\mathrm{d}t$ 的积分取极值。

从哈密顿原理出发还能导出拉氏方程，此处从略。

这里对于变分法未做系统介绍，只能算是一个可供思考的简略图画，如果能启发读者进一步钻研的欲望，那正是我们所希望的。

思考题与习题

1. 什么是自由度？什么是广义坐标？什么是广义速度？
2. 牛顿运动方程与拉格朗日方程的区别是什么？
3. 用拉格朗日方程求解系统时需要哪些条件？
4. 什么是简正坐标？
5. 如何写系统的拉格朗日函数？
6. 如何写系统的哈密顿函数及哈密顿方程？
7. 哈密顿函数的物理意义是什么？
8. 请分别用拉格朗日方程和哈密顿正则方程来讨论：

（1）自由粒子的运动；

（2）在忽略空气阻力的情况下的抛射体运动。

（因为问题的结果是读者所熟悉的，所以分析讨论的正确与否可以自己核对）

9. 写出下列几种情况的哈密顿函数：

（1）质点在势函数为 U 的场中；

（2）电子在库仑场中；

（3）线性谐振子。

（所用符号由读者自选）

10. 两个质量为 m_1， m_2 的质点固定于一长为 R 的轻杆两端，杆的质量可以忽略不计，这个系统在重力作用下，在一铅直面内运动，请分别用拉氏方程和哈氏方程分析其运动。

11. 一长为 $2l$ 的均匀杆，质量为 m，可绕其一端之轴（轴垂直于纸面）自由转动，如题图 1-11 所示。请写出拉氏方程并讨论其运动。（提示：此棒是均匀的，其质心在 $2l/2=l$ 处）

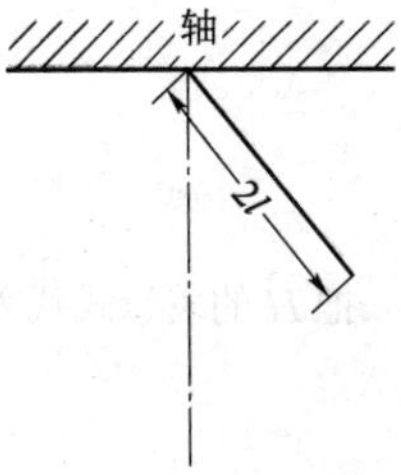

题图 1-11

12. 对本章 § 1-3 所举的两个小球的振动，给出初始条件如下：

$$t=0\begin{cases}x_1=a;\ \dot{x}_1=0\\x_2=0;\ \dot{x}_2=0\end{cases}$$

试求 a_1， a_2， δ_1， δ_2 并讨论两球各自的位移与时间的关系。

13. 请阅读朗道，栗弗席兹：《力学》（高等教育出版社 1959 年 4 月第一版，系 1958 年俄文版的中译本，已列入书末本章参考书目［5］）的第一章 § 1 和 § 2，可以学习到如何从哈密顿原理得到拉氏方程。请写出学习的收获。

例题与习题选解

例 1 设电荷为 $-e$ 的电子，在电荷为 Ze 的核力场中运动，Z 为原子序数，试用正则方程研究电子的运动。

解：本问题中，采用球面坐标 r，θ，φ 为广义坐标，取 Z 轴垂直于 XOY 平面，r 与 Z 轴夹角为 θ，φ 是 r 与 X 轴的夹角，并设电子的质量为 m。

我们知道，在球面坐标系中，质点速度的平方为

$$v^2=\dot{s}^2=\dot{r}^2+\dot{r}^2\dot{\theta}^2+r^2\sin^2\theta\dot{\varphi}^2 \tag{1}$$

故质量为 m 的电子在核力场中以速度 v 运动时，它的动能 T 为

$$T=\frac{1}{2}mv^2=\frac{1}{2}m(\dot{r}^2+\dot{r}^2\dot{\theta}^2+r^2\sin^2\theta\dot{\varphi}^2) \tag{2}$$

因电荷间相互作用的库仑力是保守力，故势能 V 为

$$V=-\frac{1}{4\pi\varepsilon_0}\frac{Ze^2}{r}=-\frac{\alpha}{r} \tag{3}$$

而拉格朗日函数 L 则为

$$L=T-V=\frac{1}{2}m(\dot{r}^2+\dot{r}^2\dot{\theta}^2+r^2\sin^2\theta^2\dot{\varphi}^2)+\frac{\alpha}{r} \tag{4}$$

现在来计算 p_α，并进而求哈密顿函数 H：

$$\left.\begin{aligned}p_r&=\frac{\partial L}{\partial r}=m\dot{r}\\p_\theta&=\frac{\partial L}{\partial\theta}=mr^2\dot{\theta}\\p_\varphi&=\frac{\partial L}{\partial\dot{\theta}}=mr^2\sin^2\theta\dot{\varphi}\end{aligned}\right\} \tag{5}$$

$$H=-L+p_r\dot{r}+p_\theta\dot{\theta}+p_\varphi\dot{\varphi}=\frac{1}{2}m(\dot{r}^2+\dot{r}^2\dot{\theta}^2+r^2\sin^2\theta\dot{\varphi}^2)-\frac{\alpha}{r}$$
$$=\frac{1}{2m}\left(p_r^2+\frac{p_\theta^2}{r^2}+\frac{p\varphi^2}{r^2\sin^2\theta}\right)-\frac{\alpha}{r} \tag{6}$$

把 H 的表示式代入正则方程式（1-59）中，得

$$\left.\begin{aligned}
&\dot{p}_r=-\frac{\partial H}{\partial r}=\frac{p_\theta^2}{mr^3}+\frac{p_\varphi^2}{r^2\sin^2\theta}-\frac{\alpha}{r^2},\ r=\frac{\partial H}{\partial p_r}=\frac{p_r}{m}\\
&\dot{p}_\theta=-\frac{\partial H}{\partial \theta}=\frac{p_\varphi^2\cos\theta}{mr^2\sin^3\theta},\ \dot{\theta}=\frac{\partial H}{\partial p_\theta}=\frac{p_\theta}{mr^2}\\
&\dot{p}_\varphi=-\frac{\partial H}{\partial \varphi}=0,\ \dot{\varphi}=\frac{\partial H}{\partial p_\varphi}=\frac{p_\varphi}{mr^2\sin^2\theta}
\end{aligned}\right\} \tag{7}$$

这就是由哈密顿正则方程求出的电子在核力场中的运动方程，因 H 中不含 φ，$\dot{p}_\varphi=0$，故 $p_\varphi=c=$ 常数，而 $\dot{\varphi}=\dfrac{c}{mr^2\sin^2\theta}$，由式（7）中第一对方程及式（5），可得

$$m\ddot{r}-mr\dot{\theta}^2-\frac{c^2}{mr^2\sin^2\theta}+\frac{\alpha}{r^2}=0 \tag{8}$$

由式（7）的第二对方程，得

$$\frac{\mathrm{d}}{\mathrm{d}t}(mr^2\dot{\theta})=\frac{c^2\cos\theta}{mr^2\sin^3\theta} \tag{9}$$

式（8）和式（9）都不含 φ，故知电子是在一平面内运动，这正是我们所预期的，因电子所受的力是有心力，如果我们令此平面为 $\varphi=0$ 的平面，则 $\dot{\varphi}=0$，c=0，而电子在此平面内的运动方程变为

$$\left.\begin{aligned}
&m\ddot{r}-mr\dot{\theta}^2+\frac{\alpha}{r^2}=0\\
&\frac{\mathrm{d}}{\mathrm{d}t}(mr^2\dot{\theta})=0
\end{aligned}\right\} \tag{10}$$

这是我们很熟悉的结果。

第 2 章　薛定谔方程

在 19 世纪末和 20 世纪的初期，经典物理学（牛顿力学、经典统计物理学和经典电磁理论）的理论体系已经达到了相当完美和谐的程度，并在当时的应用领域取得了辉煌的成就。众多的物理学家为这些成就过分陶醉，甚至认为已找到认识世界的“终极真理”。然而，对客观世界的认识是无穷尽的。恰好在这个时候，经典物理学在一些新的实验现象面前遇到了严重的挑战：它不能解释诸如黑体辐射、光电效应和原子光谱等方面的实验结果，因而它在这些微观领域的适用性便理所当然地受到怀疑。人们经过不断的艰苦探索，在大量的实验基础上，在 20 世纪 20 年代，终于诞生了一种认识微观世界的新理论——量子力学。作为基础理论，量子力学一经诞生，就显示出旺盛的生命力，并不断地向前发展，促进着现代科学技术的诞生和蓬勃发展。

量子力学的波动力学描述(另一种是矩阵力学描述)，是从认识光的波粒二象性受到启发，进而认识到所有的微观粒子也应具有波粒二象性而建立起来的。

§ 2–1　光的波粒二象性

光具有波动性早已为光的干涉和衍射实验所证实。光不仅具有波动性，同时还具有粒子性，则是通过从理论上解释黑体辐射、光电效应和康普顿散射等实验而被证实的。

1. 黑体辐射

能够完全吸收一切频率入射电磁波（广义的光波）的物体称为绝对黑体（简称黑体）。在一定温度下，黑体吸收电磁波的能量与黑体辐射出的电磁波的能量达到平衡时，可以测量出黑体辐射出来的能量按电磁波频率分布的实验曲线（图 2-1）。为了从理论上解释这一曲线，维恩（W. Wien，1864—1928）曾经从热力学出发导出了维恩公式。但这个公式只在高频部分与实验曲线较为符合，而在低频部分却相差很远。瑞利（J. W. Ray leigh，1842—1919）和金斯（J. H. Jeans，1877—1946）从经典统计物理出发，得到的瑞利—金斯公式，则只是在低频部分与实验曲线较为符合，而在高频部分却差得很远。

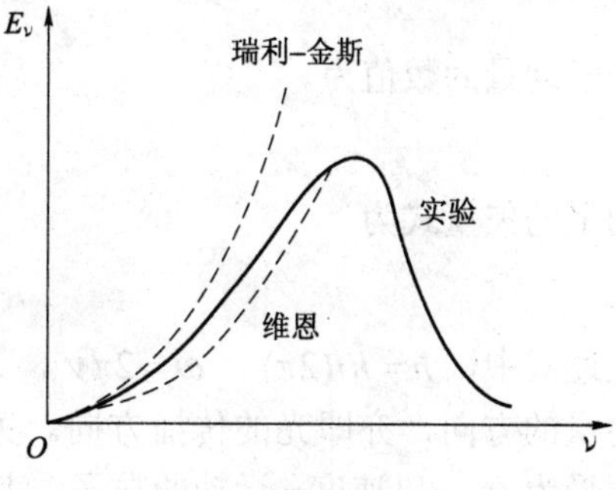

图 2-1

鉴于上述情况，普朗克（M. Planck，1858—1947）于 1900 年用数学方法把上述两个公式结合成一个经验公式，发现竟与实验曲线惊人地符合。为了从理论上得到这一公式，普朗克从经典统计物理出发，认为黑体由大量微小的带电谐振子组成。他先假设在谐振子具有不连续的能量的情况下进行计算，准备在最后的结果中再令谐振子的能量连续化。出乎普朗克意料的是，只有令谐振子具有不连续的能量，才能得到与实验一致的理论公式。

普朗克只好正式假设：黑体的带电谐振子吸收或辐射电磁波时，所吸收或辐射的能量不能连续变化，只能吸收或辐射某一最小能量 ε_0 或整数倍 ε_0 的能量，即

$$\varepsilon_0, 2\varepsilon_0, 3\varepsilon_0, \cdots, n\varepsilon_0, \cdots$$

不能吸收或辐射非整数倍 ε_0 的能量。因此，微观谐振子本身的能量也是不连续的。对频率为 ν 的谐振子，能吸收或辐射的最小能量单元为

$$\varepsilon_0 = h\nu \tag{2-1}$$

称为频率为 ν 的能量量子，h 称为普朗克常数。

普朗克黑体辐射的理论公式与实验曲线符合，证明了普朗克假设成立，微观带电谐振子具有不连续的能量，宣告微观物理学进入量子化的新纪元。微观粒子能量量子化（即能量取不连续的分立值）的概念与经典物理学格格不入，但它从理论上解决了黑体辐射这一当时的科学大难题，从此才真正打开了进入微观世界的大门。

2. 光电效应

用光照射金属，如果有电子逸出金属表面，称为光电子。实验发现，对一定的金属，只有当入射光的频率 ν 大于某一定值 ν_0 时，才能有光电子从金属表面逸出。而且，逸出电子的能量只与 ν 有关，与入射光的强度无关。不同的金属有不同的 ν_0 值。

按经典电磁理论，光是电磁波，不论什么频率的入射光，都应是连续地向金属中的电子供给能量，金属中的电子也是连续地吸收入射光的能量。所以入射光愈强，电子得到的能量应愈多，只要电子积累了足够的能量，就能从金属表面逸出。因此，各种频率的入射光都应能使金属发射光电子，不应该有入射光的频率 ν 必须 $\nu \geqslant \nu_0$ 的限制。但是，这个结论与实验事实矛盾。

1905 年，爱因斯坦（A. Einstein，1879—1955）发展了普朗克的能量子假设，提出了光量子假设，认为光（电磁波）是由光粒子流组成。对频率为 ν 的光，每一个光子微粒的能量

$$\varepsilon = h\nu = \hbar\omega \tag{2-2}$$

光子动量的数值为

$$p = h/\lambda \tag{2-3}$$

动量的矢量式为

$$\boldsymbol{p} = \hbar\boldsymbol{k} \tag{2-4}$$

上述式中，$\hbar = h/(2\pi)$，$\omega = 2\pi\nu$，λ 为光的波长，$|\boldsymbol{k}| = 2\pi/\lambda$，$\boldsymbol{k}$ 称为波矢量，方向为光子动量的方向，亦即光的传播方向。关系式（2-3）可从狭义相对论用式（2-2）得出。对静止质量为 μ_0，以速度 v 运动的粒子，其能量

$$E = \frac{\mu_0}{\sqrt{1-\left(\dfrac{v}{c}\right)^2}}c^2$$

对于光子，v 等于光速 c，因为 E 不可能为无穷大，所以在上式成立的条件下，必有光子的静止质量 $\mu_0 = 0$。由相对论能量与动量的关系式

$$E^2 = \mu_0^2 c^4 + c^2 p^2$$

对于光子，可得 $E=cp$，所以光子的动量

$$p=\frac{E}{c}=\frac{h\nu}{c}=\frac{h}{\lambda}$$

爱因斯坦认为，金属中的电子从光子吸收能量 $h\nu$ 以后，其中一部分用于电子克服从金属中逸出表面受到的阻力而作的功 A，其余部分则成为电子逸出表面后的动能，即

$$h\nu=A+\frac{1}{2}\mu v^2$$

式中 μ 为电子质量，v 为电子逸出金属表面后的速度。显然，只有入射光子的能量 $h\nu \geqslant A$，即 $\nu \geqslant A/h=\nu_0$ 时，才能使电子逸出金属表面。对一定的金属，A 取一定值，所以按上式，光电子的能量 $\mu v^2/2$ 只与入射光的 v 有关。当 $\nu \geqslant \nu_0$，光愈强，只表明单位时间内入射到金属表面的光子数愈多，单位时间内产生的光电子也愈多。爱因斯坦的光子概念轻而易举地解释了光电效应。

3. 康普顿散射

光的粒子性的更直接的证明，来自康普顿（A. H. Compton，1892—1962）的 X 射线散射实验（1923 年）。当用波长为 λ 的 X 射线（一种电磁波）照射轻元素物质中的电子时，发现散射波的波长变为 $\lambda',\lambda'>\lambda$，而且 $\Delta\lambda=\lambda'-\lambda$ 随散射角的增加而增加。

经典电磁理论无法解释这一实验结果。按照这一理论，入射 X 光使原子产生强迫振动，这一振动的传播形成散射波。强迫振动的频率应等于入射波的频率，散射波的频率应等于强迫振动的频率，所以散射波的频率应等于入射波的频率，即应有 $\lambda'=\lambda$，而实验结果却是 $\lambda'>\lambda$。

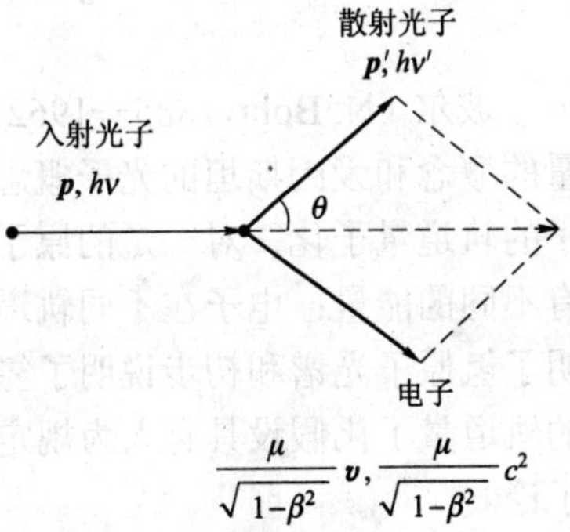

图 2-2

康普顿认为，如果把 X 光看成光子流，把电子对 X 光的散射看成光子微粒与电子微粒之间的碰撞，碰撞过程服从能量守恒定律和动量守恒定律，就可以说明实验结果。设碰撞前可视电子为静止，碰撞后电子的速度为 v，质量按相对论变化（图 2-2）。碰撞前后，光子的能量分别为 $h\nu$ 和 $h\nu'$，动量分别为 $\hbar k$ 和 $\hbar k'$。由能量守恒和动量守恒分别得到

$$h\nu+\mu c^2=h\nu'+\frac{\mu}{\sqrt{1-\left(\frac{v}{c}\right)^2}}c^2 \tag{2-5}$$

$$\hbar k=\hbar k'+\frac{\mu}{\sqrt{1-\left(\frac{v}{c}\right)^2}}v \tag{2-6}$$

式中 μ 为电子的静止质量，μc^2 为碰撞前电子的能量。联立解这两个方程，可得 $\Delta\lambda$ 与光子的散射角 θ 之间的关系式

$$\Delta\lambda=\lambda'-\lambda=\frac{2h}{\mu c}\sin^2\frac{\theta}{2} \tag{2-7}$$

上式与实验符合得很好。但得到这一关系式的前提，是把光子作为具有一定能量和一定动量的粒子来处理，而且又是用体现粒子典型特性的碰撞过程来处理的，所以康普顿散射实验直接地证实了光的粒子特性。

光的粒子性虽然被康普顿实验和以后的许多其他实验证实，但并不能因此否定光的波动特性，因为光的波动特性不仅长期以来被大量的干涉和衍射实验证实，而且成功地应用于各种光学和电磁波技术，所以光的波动性和粒子性都具有坚实的实验基础。因此，我们必须承认：光既具有波动性，又同时具有粒子性。光的这种“双重”性质，称为光的波粒二象性。

光集波动与粒子特性于一身，似乎不可思议，但看似矛盾，实为对立的统一，康普顿实验本身就说明这一点。在式（2-7）中，$\sin^2(\theta/2)\leqslant 1$，代入$\mu$、$c$、$h$的值，得到

$$\lambda'=\lambda+5\times10^{-6}\sin^2(\theta/2)(\mu\text{m})$$

以$\theta=180°$的散射光为例，$\lambda'=\lambda+5\times10^{-6}\,\mu\text{m}$。当入射 X 光的$\lambda=1\times10^{-5}\,\mu\text{m}$，则上式中显示粒子特性的第二项（正因为这一项不为零才证实了光的粒子性）不可忽略，说明这种 X 光在散射实验中，同时显现出了波动和粒子特性。但当入射光的波长较长，例如为$\lambda=0.400\ \mu\text{m}$的紫光时，第二项可以忽略，$\lambda'\approx0.400\ \mu\text{m}=\lambda,\lambda'$几乎与$\lambda$完全相等，可以完全认为光只显现了其波动性的一面，而可以忽略其粒子特性，这时就与经典电磁理论一致了。

§ 2–2　微观粒子的波粒二象性

玻尔（N. Bohr，1885—1962）利用普朗克关于实物粒子（$m\neq0$的粒子）可具有不连续能量的概念和爱因斯坦的光子概念，提出了他的原子模型以解释原子光谱。玻尔假设原子中电子的轨道量子化：对一定的原子，电子只能在一些特定的轨道上运动；不同轨道上的电子具有不同的能量；电子在不同轨道之间跃迁时伴随着光的吸收和辐射。玻尔假设比较成功地说明了氢原子光谱和初步说明了氢原子结构，可是不能说明更复杂原子的光谱和原子结构。他的轨道量子化假设具有人为规定的痕迹，没有提出理论上的根据。人们把玻尔理论称为旧量子论。

在光的波粒二象性和玻尔理论对实物粒子氢原子取得成功的启发下，德布罗意（L. V. de Broglie，1892—1987）于 1923 年提出了德布罗意假设：一切微观粒子都具有波粒二象性。他的思维逻辑是：对于电磁波，人们过去否认其粒子性，因而在微观领域出现了困难。当承认其波粒二象性以后，困难就解决了。那么，对于实物粒子（$m\neq0$），人们是否存在着相反的认识错误呢？人们过去从不认为它们还具有波动性，经典物理学在微观领域遇到困难的症结是否就在于没有认识到粒子也具有波动性呢？

对于不受外场作用的自由粒子，德布罗意假设爱因斯坦关于光子的能量和动量的公式也适用于自由粒子，即

$$E=\hbar\omega \tag{2-8}$$

$$\boldsymbol{p}=\hbar\boldsymbol{k} \tag{2-9}$$

E 为粒子能量，$\boldsymbol{p}$ 为粒子动量。体现这种自由粒子波动性的波为一平面波，圆频率为ω，称为德布罗意波（物质波），波长和频率分别为

$$\lambda = \frac{h}{p}, \quad \nu = \frac{E}{h} \tag{2-10}$$

大量实验证实了德布罗意假设。例如，当自由粒子的速度远小于光速时，$E = p^2/2\mu$（$p = \mu v, \mu$ 为粒子质量），所以其德布罗意波长

$$\lambda = \frac{h}{p} = \frac{h}{\mu v} = \frac{h}{\sqrt{2\mu E}} \tag{2-11}$$

以电子为例，对于受到 V 伏特电压加速以后的自由电子，其能量 $E= eV$，e 为电子电量，所以

$$\lambda = \frac{h}{\sqrt{2\mu eV}} = \frac{1.225}{\sqrt{V}}\ \text{nm} = \sqrt{\frac{15\,000}{V}} \times 10^{-2}\ \text{nm} \tag{2-12}$$

当 V=150 V，自由电子的 $\lambda = 0.1$ nm；当 $V = 15\,000$ V，$\lambda = 0.01$ nm。可见，电子的德布罗意波长很短，其他微观粒子的波长就更短了，因为它们的 μ 比电子要大得多。因此，用观测微观粒子的干涉或衍射图形的方法来证实其波动性相当困难。直到 1927 年，戴维逊（C. J. Davisson，1881—1958）和革末（L. H. Germer，1896—1971）利用电子束来代替 X 射线射向晶体，让晶体对电子进行衍射，结果得到类似于对 X 射线进行衍射时所产生的衍射图形，第一次证明了电子像 X 射线一样具有波动性。图 2-3 是自由电子束通过极薄的金箔产生衍射图形的示意图，感光板上出现明暗相间的衍射条纹。许多这类实验都无可辩驳地证实了电子的波动性，用衍射图形计算的波长与用式（2-12）得到的波长相符合。电子显微镜的发明正是利用了电子的波动的属性。电子的波长可以比可见光的波长短得多，所以用电子束代替可见光的电子显微镜，可以得到比可见光显微镜高得多的分辨率。后来，质子、中子、原子和分子的波动性也相继被证实。尽管不可思议，微观粒子的波动属性无可动摇地屹立于其牢不可破的实验基础之上。

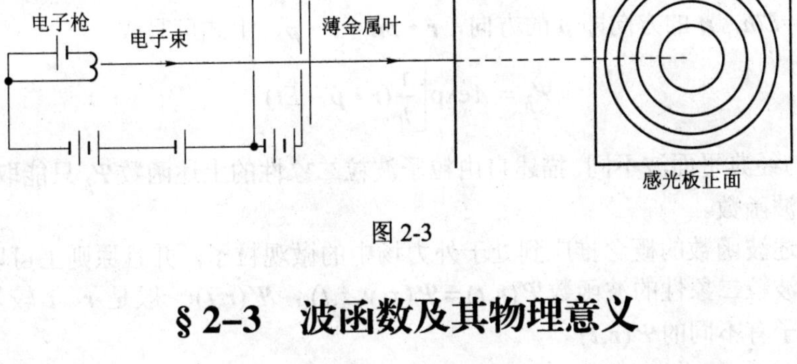

图 2-3

§ 2–3 波函数及其物理意义

在经典意义上，某一种波是用相应的物理量随时间和空间而变化的关系式来描述的。例如，对频率为 ν，波长为 λ，沿 x 方向传播的平面机械波，传播此平面波的质点都围绕各自的平衡位置振动，人们用质点偏离平衡位置的位移 y 随 x（不同质点平衡位置的坐标）和时间 t 而变化的函数关系

$$y = a\cos\left[2\pi\left(\frac{x}{\lambda} - \nu t\right) - \delta\right]$$

来描述平面机械波。式中 a 为质点振幅，δ 为初位相。这种波的波动就是位移 y 的值在波动。对于沿 x 方向传播的平面电磁波，是用 x 处电场强度 E 和磁场强度 H 随空间和时间而变化的函数

$$E = E_0\cos\left[2\pi\left(\frac{x}{\lambda} - \nu t\right) - \delta\right]$$

$$H = H_0\cos\left[2\pi\left(\frac{x}{\lambda} - \nu t\right) - \delta\right]$$

来描述。这种波的波动就是 E 和 H 的值在波动。

对于三维情况，沿 $\boldsymbol{n}$（单位矢量）方向传播的、经典意义下的平面波，其一般函数形式可表示为

$$\boldsymbol{\Phi} = A\cos\left[2\pi\left(\frac{\boldsymbol{r}\cdot\boldsymbol{n}}{\lambda} - \nu t\right) - \delta\right]$$

为便于运算，在经典理论中通常把上式写成复指数形式

$$\boldsymbol{\Phi} = A\exp\left[\mathrm{i}2\pi\left(\frac{\boldsymbol{r}\cdot\boldsymbol{n}}{\lambda} - \nu t\right)\right] \tag{2-13}$$

但在最后的运算结果中只取实数部分（上式把 $\mathrm{e}^{\mathrm{i}\delta}$ 归入了系数 A 中）。

对于表征自由粒子波粒二象性的德布罗意波，用什么物理量随空间和时间而变化的函数关系来描述它呢？德布罗意假设：具有动量为 $\boldsymbol{p}$，能量为 E 的自由粒子，可用一频率为 ν，波长为 λ 的平面波来描述其波动性和粒子性，ν 和 λ 服从式（2-8）和式（2-9）。仿照经典平面波的式（2-13），描述自由粒子波粒二象性的平面波可写成

$$\boldsymbol{\Psi}_p = A\exp\left[\mathrm{i}2\pi\left(\frac{\boldsymbol{r}\cdot\boldsymbol{n}}{\lambda} - \nu t\right)\right] \tag{2-14}$$

式中 $\lambda=h/p$，$\nu=E/h$，$\boldsymbol{n}$ 的方向即 $\boldsymbol{p}$ 的方向，$\boldsymbol{r}\cdot p\boldsymbol{n}=\boldsymbol{r}\cdot\boldsymbol{p}$，上式可写成

$$\boldsymbol{\Psi}_p = A\exp\left[\frac{\mathrm{i}}{\hbar}(\boldsymbol{r}\cdot\boldsymbol{p} - Et)\right] \tag{2-15}$$

后面将看到，与经典平面波不同，描述自由粒子波粒二象性的上述函数 $\boldsymbol{\Psi}_p$ 只能取复指数形式，称为自由粒子波函数。

人们把上述波函数的概念推广到处于外力场中的微观粒子，并且原则上可以找到相应于描述这种粒子波粒二象性的波函数 $\boldsymbol{\Psi}(\boldsymbol{r},t)=\boldsymbol{\Psi}(x,y,z,t)$，$\boldsymbol{\Psi}(\boldsymbol{r},t)$ 一般是 $\boldsymbol{r}$、t 较复杂的函数，不同情况的粒子有不同的 $\boldsymbol{\Psi}(\boldsymbol{r},t)$。

波函数 $\boldsymbol{\Psi}$ 的物理意义是什么？这是学习量子力学要认真弄清楚的首要问题。在经典波动的表示式中，例如前面提到的 y、E、H 是具有明确物理意义的物理量，所说的波动就是指这些量随空间和时间而波动。$\boldsymbol{\Psi}$ 的含义是什么？下面用电子束的衍射实验来分析 $\boldsymbol{\Psi}$ 的物理意义。

设具有一定能量 E 和一定动量 $\boldsymbol{p}$ 的自由电子束垂直射向一个有一小圆孔的屏（图 2-4）。

屏后有一感光板，当某个电子打在感光板上的某一点，则在该处出现一个感光点。下面分别从波动性和粒子性的观点来分析这个实验。

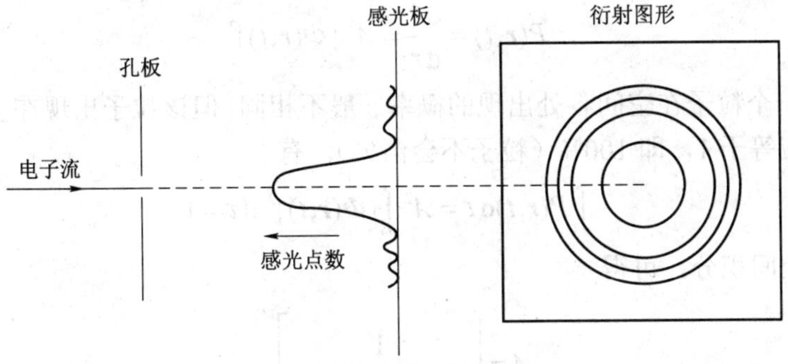

图 2-4

从波动性的观点看，由于电子的波动性，通过圆孔的电子束像光波一样产生衍射，在感光板上显示的环形衍射条纹证实了这一点。我们知道，对光的明暗衍射条纹，是用光强表示某点明暗的程度。光强正比于光波波幅的平方。光强在明条纹处取极大值，在暗条纹处取极小值。对于上面用波函数 $\boldsymbol{\Phi}$ 描述的电子波，与光波类比，则电子波的强度应正比于 $\boldsymbol{\Phi}$ 的波幅的平方，即正比于 $\boldsymbol{\Phi}$ 的绝对值的平方 $|\boldsymbol{\Phi}|^2$。在感光板上感光最强的地方（亮环），$|\boldsymbol{\Phi}|^2$ 应取极大值；感光最弱的地方（暗环），$|\boldsymbol{\Phi}|^2$ 应取极小值。同时，通过测量衍射条纹计算出来的波长，与由 $\lambda = h/p$ 得到的一致。

从粒子性的观点看，由于电子的粒子性，通过圆孔的每一个电子只在感光板上各自形成一个感光点，一个电子绝不会在板上形成整个衍射条纹。当通过圆孔的电子束的流量很大，短时间内就有大量电子打在板的各个位置上，板上显示出清晰的衍射条纹，亮环处感光点的密度大，暗环处感光点的密度小。当让电子单个单个地通过圆孔时，感光板上记录下一个一个的感光点。当以这种方式通过圆孔的电子数还较少时，感光点的分布杂乱无章，每个电子出现在板上什么地方，完全是随机的，看不出有什么分布规律，看不出有衍射条纹。但是，只要实验进行足够长的时间，电子虽然是逐个通过圆孔，也能使通过圆孔的总电子数足够大，感光点的总数足够多。这相当于以同一个电子进行大量的重复实验。这时，大量的感光点就显示出环形衍射条纹分布，而且分布图形与短时间大流量电子束形成的衍射条纹完全相同，亮环处感光点的密度取极大值，而在暗环处取极小值。这两种电子流量的实验表明，就一个电子而言，电子究竟出现在什么地方，是随机的，无法预言，但相同条件下的大量电子，或同一电子在相同条件下的大量重复行为，是有规律的，服从几率统计，即在明条纹处，电子出现的几率取极大值，而在暗条纹处，电子出现的几率取极小值。

对同一实验结果，综合上述两种观点，既要认为电子具有粒子性，又要认为电子具有波动性，所以结论必然是：感光点极其密集的地方，就是电子出现几率取极大值的地方，同时又是电子波函数的 $|\boldsymbol{\Phi}|^2$ 取极大值的地方；感光点极其稀疏的地方，就是电子出现几率取极小值的地方，同时又是 $|\boldsymbol{\Phi}|^2$ 取极小值的地方。所以，有充足的理由断定：

微观粒子出现在空间某处的几率与该微观粒子波函数 $\boldsymbol{\Phi}$ 在该处的 $|\boldsymbol{\Phi}|^2$ 成正比。

用 $\mathrm{d}P(\boldsymbol{r}, t)$ 表示微观粒子 t 时刻在空间 $\boldsymbol{r}$ 处体积元 $\mathrm{d}\tau$ 内出现的几率，则 $\mathrm{d}P$ 与该处 t 时刻微观粒子的 $|\boldsymbol{\Phi}(\boldsymbol{r},t)|^2$ 和 $\mathrm{d}\tau$ 成正比

$$\mathrm{d}P(\boldsymbol{r},t)=A^2\,|\Phi(\boldsymbol{r},t)|^2\,\mathrm{d}\tau \tag{2-16}$$

A^2为比例系数。在时刻 t，$\boldsymbol{r}$ 处单位体积内出现微观粒子的几率称为几率密度 $P(\boldsymbol{r},t)$

$$P(\boldsymbol{r},t)=\frac{\mathrm{d}P}{\mathrm{d}\tau}=A^2\,|\Phi(\boldsymbol{r},t)|^2 \tag{2-17}$$

在时刻 t，一个粒子在空间各处出现的概率一般不相同，但该粒子出现在整个空间所有 $\mathrm{d}\tau$ 内的概率总和应等于 1，即 100%（粒子不会消失），有

$$\int_\tau P(\boldsymbol{r},t)\mathrm{d}\tau=A^2\int_\tau|\Phi(\boldsymbol{r},t)|^2\,\mathrm{d}\tau=1 \tag{2-18}$$

上式是对整个空间积分，可得

$$A=\left[\frac{1}{\int_\tau|\Phi(\boldsymbol{r},t)|^2\,\mathrm{d}\tau}\right]^{1/2} \tag{2-19}$$

令

$$\Psi(\boldsymbol{r},t)=A\Phi(\boldsymbol{r},t) \tag{2-20}$$

则有

$$\int_\tau P\mathrm{d}\tau=\int_\tau|A\Phi|^2\,\mathrm{d}\tau=\int_\tau|\Psi|^2\,\mathrm{d}\tau=1$$

符合条件

$$\int_\tau|\Psi(\boldsymbol{r},t)|^2\,\mathrm{d}\tau=\int_\tau\Psi^*(\boldsymbol{r},t)\Psi(\boldsymbol{r},t)\mathrm{d}\tau=1 \tag{2-21}$$

的波函数 $\Psi(\boldsymbol{r},t)$ 称为归一化波函数，上式称为波函数的归一化条件，$\Psi^*(\boldsymbol{r},t)$ 是 $\Psi(\boldsymbol{r},t)$ 的复共轭函数。式（2-18）、式（2-20）和式（2-21）表明，Φ 虽然是描述粒子状态的波函数，但尚未归一化，必须乘以由式（2-19）决定的常数 A，才能成为归一化波函数 Ψ，A 称为归一化常数。

对已归一化的波函数 Ψ，按式（2-17），几率密度

$$P(\boldsymbol{r},t)=\Psi^*(\boldsymbol{r},t)\Psi(\boldsymbol{r},t)=|\Psi(\boldsymbol{r},t)|^2 \tag{2-22}$$

所以，波函数的物理意义在于：$|\Psi|^2=\Psi^*\Psi$ 表示微观粒子在 t 时刻出现在 $\boldsymbol{r}$ 处单位体积内的几率。这一解释称为波函数的统计解释，是玻恩（M. Born，1882—1970）于 1926 年提出的。量子力学在实际中的应用表明，这一解释是正确的。

应该指出，上面用 $\Psi=A\Phi$ 代替 Φ 作为描述粒子状态的波函数，必须有一个前提：Φ 与 $A\Phi$ 描述的必须是粒子的同一状态。的确是同一状态。因为 $A\Phi$ 只不过是把波函数 $\Phi(\boldsymbol{r},t)$ 的波幅在空间各处都同样增大为原来的 A 倍，因而同时把波在空间各处的强度由原来的 $|\Phi|^2$ 增大为 $|A\Phi|^2=|\Psi|^2$。在电子束的衍射实验中，这相当于增大电子流量或延长衍射时间，使到达感光板上的电子总数增大为原来的 A^2 倍。增加的这部分电子在感光板上的分布规律与先到达板上那些电子的分布规律相同，并不改变感光点密度的相对分布，即在任意 a、b 两点处，几率密度的相对比值没有变化

$$\frac{|\Phi_a|^2}{|\Phi_b|^2}=\frac{A^2\,|\Phi_a|^2}{A^2\,|\Phi_b|^2}=\frac{|\Psi_a|^2}{|\Psi_b|^2}$$

既然粒子的相对分布状态没有变化，仍与原来一样，因而只差一常因子的两个波函数 $\Psi=A\Phi$ 与 Φ 所描述的是同一状态。

如果描述同一状态的 Φ 与 Ψ 都已归一化，则必有 $\Psi=\Phi$，A=1。这就避免了同一状态用

差一个常因子的不同波函数进行描述（上述$\boldsymbol{\Phi}$与$\boldsymbol{\Psi}$各自归一化以后，还可以相差一个相因子$e^{i\alpha}$，α为实数，但因为$|e^{i\alpha}\boldsymbol{\Psi}|^2=|\boldsymbol{\Psi}|^2$，所以$\boldsymbol{\Psi}$与$e^{i\alpha}\boldsymbol{\Psi}$描述的是同一状态）。

从上面的讨论可知，波函数$\boldsymbol{\Psi}(\boldsymbol{r},t)$本身并没有什么物理含义，$\boldsymbol{\Psi}$并不代表某一物理量，但$|e^{\alpha}\boldsymbol{\Psi}|^2=\boldsymbol{\Psi}^*\boldsymbol{\Psi}$有实质的物理含义：粒子在$t$时刻出现在$\boldsymbol{r}$处单位体积内的几率，微观粒子的波动性就体现在几率密度$|\boldsymbol{\Psi}|^2$在波动。因此，$\boldsymbol{\Psi}(\boldsymbol{r},t)$描述的波又称为几率波。显然，经典波不具有几率性质。

虽然$\boldsymbol{\Psi}$本身没有什么物理含义，但知道了$\boldsymbol{\Psi}(\boldsymbol{r},t)$，就知道了微观粒子的几率分布$|\boldsymbol{\Psi}(\boldsymbol{r},t)|^2\,\mathrm{d}\tau$，以及$t$时刻在整个空间的几率分布状态。以后还将看到，通过$\boldsymbol{\Psi}(\boldsymbol{r},t)$还可以得到描述粒子性质的各种物理量各自的量子化取值系列、该量取各量子化值的相应几率，以及该量的平均值。所以，从这一意义上，微观粒子的波函数$\boldsymbol{\Psi}(\boldsymbol{r},t)$完全可以描述微观粒子的状态。因此，$\boldsymbol{\Psi}(\boldsymbol{r},t)$又称为态函数。

例如，已知粒子的$\boldsymbol{\Psi}(x,y,z,t)$，不仅可以知道$t$时刻粒子$x$坐标取各种值的几率分布，还可以求得$t$时刻粒子$x$坐标的平均值$\overline{x}(t)$。

在时刻t，出现在x_1、y_1、z_1处体积元$\mathrm{d}\tau_1$内的粒子，它们的x坐标必定在$x_1\sim x_1+\mathrm{d}x$范围内。因为粒子出现在该体元$\mathrm{d}\tau_1$内的几率为$P(x_1,y_1,z_1,t)\mathrm{d}\tau_1$，所以这个几率也是粒子$x$坐标取值在$x_1\sim x_1+\mathrm{d}x$内的几率。同理，粒子$x$坐标取值在$x_2\sim x_2+\mathrm{d}x$内的几率为$P_2(x_2,y_2,z_z,t)\,\mathrm{d}\tau_2$，粒子$x$坐标取值在$x_i\sim x_i+\mathrm{d}x$内的几率为$P_i(x_i,y_i,z_i,t)\,\mathrm{d}\tau_i$。按由几率求平均值的方法，有

$$\begin{aligned}\overline{x}(t)&=\sum_{i=1}^{\infty}x_iP_i\mathrm{d}\tau_i=\int_\tau xP(x,y,z,t)\mathrm{d}\tau\\&=\int_\tau x\Psi^*\Psi\mathrm{d}\tau=\int\Psi^*x\Psi\mathrm{d}\tau\\&=\iiint_{-\infty}^{\infty}\Psi^*x\Psi\,\mathrm{d}x\mathrm{d}y\mathrm{d}z\end{aligned}\tag{2-23}$$

求$\overline{y}$、$\overline{z}$的方法类似。

又如，当描述粒子某一性质的物理量$f=f(x,y,z)$仅是坐标的函数时（如静电势能），则对于出现在x、y、z处体积元$\mathrm{d}\tau$内的那些粒子，f的取值必为$f(x,y,z)$，而粒子在此$\mathrm{d}\tau$内出现的几率$P(x,y,z,t)\ \mathrm{d}\tau$，也就是$f$取值为$f(x,y,z)$的几率。因此，$f$的平均值

$$\overline{f}=\int_\tau\Psi^*(\boldsymbol{r},t)f(\boldsymbol{r})\Psi(\boldsymbol{r},t)\mathrm{d}\tau\tag{2-24}$$

如果f不仅是粒子$\boldsymbol{r}$的函数，而且还是粒子动量$\boldsymbol{p}$的函数时，用$\boldsymbol{\Psi}(\boldsymbol{r},t)$求$f(\boldsymbol{r},\boldsymbol{p})$的平均值的方法将在第3章介绍。

在经典力学中，用粒子的坐标$\boldsymbol{r}$和动量$\boldsymbol{p}$描述粒子的运动状态，原则上可以无限精确地追踪粒子的运动轨迹。但是，这种描述只反映了粒子性，而且是经典的粒子性，当然不可能反映波粒二象性，量子力学的波函数才满足了同时反映波粒二象性的要求。一方面，承认粒子是一颗一颗的，具有颗粒性，这是粒子性的最根本的内容。另一方面，粒子在空间某$\mathrm{d}\tau$内出现的几率随$|\boldsymbol{\Psi}|^2$而波动，可以解释干涉和衍射等波动现象。

微观粒子运动的几率性质，使粒子并没有确定的运动轨道（在时刻t，粒子肯定只出现在某一个$\mathrm{d}\tau$内，但粒子此时刻出现在某一特定$\mathrm{d}\tau$内的几率又不会是百分之百）。式（2-23）只是粒子x坐标的平均值，并不是t时刻粒子x坐标的确定值。在t时刻，粒子在空间各体积

元 $d\tau$ 内出现的几率各有确定值 $P(\boldsymbol{r},t)d\tau$，完全不会以百分之百的几率出现在某一特定 $d\tau$ 内，更不用说出现在某一特定点上。所以，微观粒子任何时刻都没有确定的坐标，因而不可能有确定的轨道。在以后的学习中，还将逐步加深关于对微观粒子波粒二象性的认识，既有别于经典的粒子性，又有别于经典的波动性。

§2-4 薛定谔方程

薛定谔方程是量子力学的基本方程。既然用波函数才能描述微观粒子的状态，如何得到微观粒子的波函数 $\Psi(\boldsymbol{r},t)$ 呢？$\Psi(\boldsymbol{r},t)$ 是薛定谔方程的解。薛定谔方程是薛定谔（E. Schrödinger，1887—1961）于 1926 年提出的描写物质波的波动方程。

1. 方程的引入

先从自由粒子入手，由已知的自由粒子的波函数 Ψ_p 式（2-15），反过去找 Ψ_p 满足的微分方程，然后把它修改推广成为适用于有外力场作用于粒子的微分方程——薛定谔方程。

（1）**自由粒子的方程** 已知自由粒子的波函数为

$$\begin{aligned}\Psi_p &= A e^{-\frac{i}{\hbar}(Et-\boldsymbol{p}\cdot\boldsymbol{r})} \\ &= A e^{-\frac{i}{\hbar}(Et-xp_x-yp_y-zp_z)}\end{aligned} \tag{2-25}$$

找 Ψ_p 满足的微分方程就是找出 Ψ_p 对 t、x、y、z 的偏微商之间的关系式。由上式可得

$$i\hbar\frac{\partial\Psi_p}{\partial t} = E\Psi_p \tag{2-26}$$

$$\frac{\partial^2\Psi_p}{\partial x^2} = -\frac{p_x^2}{\hbar^2}\Psi_p,\quad \frac{\partial^2\Psi_p}{\partial y^2} = -\frac{p_y^2}{\hbar^2}\Psi_p,\quad \frac{\partial^2\Psi_p}{\partial z^2} = -\frac{p_z^2}{\hbar^2}\Psi_p$$

后面这三个式子相加，得

$$\frac{\partial^2\Psi_p}{\partial x^2}+\frac{\partial^2\Psi_p}{\partial y^2}+\frac{\partial^2\Psi_p}{\partial z^2} = -\frac{p^2}{\hbar^2}\Psi_p \tag{2-27}$$

自由粒子的能量 E 只含有动能 T（无外力作用，势能为零），当质量为 μ 的自由粒子的速度远小于光速时

$$E = T = \frac{p^2}{2\mu}$$

再引入拉普拉斯算符

$$\nabla^2 = \frac{\partial^2}{\partial x^2}+\frac{\partial^2}{\partial y^2}+\frac{\partial^2}{\partial z^2}$$

则式（2-27）可改写为

$$-\frac{\hbar^2}{2\mu}\nabla^2\Psi_p = E\Psi_p \tag{2-28}$$

比较式（2-26）和式（2-28），就得到自由粒子 Ψ_p 满足的方程

$$\mathrm{i}\hbar\frac{\partial\Psi_p}{\partial t}=-\frac{\hbar^2}{2\mu}\nabla^2\Psi_p \tag{2-29}$$

只要把式（2-25）代入这个方程的两边，就可确认Ψ_p是它的解。

（2）*外力场中粒子的方程*　当粒子处于外力场中，且粒子的势能为$U(\boldsymbol{r})$ 时，则粒子的总能量

$$E=T+U=\frac{p^2}{2\mu}+U(\boldsymbol{r}) \tag{2-30}$$

设外力场中粒子的波函数用$\Psi(\boldsymbol{r},t)$表示，并设自由粒子的式（2-26）、式（2-27）对外力场中的粒子也成立，有

$$\mathrm{i}\hbar\frac{\partial\Psi}{\partial t}=E\Psi \tag{2-31}$$

$$\nabla^2\Psi=-\frac{p^2}{\hbar^2}\Psi \tag{2-32}$$

把式（2-30）中的p^2代入式（2-32），得

$$-\frac{\hbar^2}{2\mu}\nabla^2\Psi+U(\boldsymbol{r})\Psi=E\Psi \tag{2-33}$$

比较式（2-31）和式（2-33），就得到当粒子处于势场$U(\boldsymbol{r})$中，其波函数必须满足的方程——薛定谔方程

$$\mathrm{i}\hbar\frac{\partial\Psi}{\partial t}=-\frac{\hbar^2}{2\mu}\nabla^2\Psi+U(\boldsymbol{r})\Psi \tag{2-34}$$

对一定的粒子，当$U(\boldsymbol{r})$表达式已知，原则上可以通过解薛定谔方程得到描述粒子状态的波函数$\Psi(\boldsymbol{r},t)$。所以，薛定谔方程是量子力学的基本方程。显然，方程的解$\Psi(\boldsymbol{r},t)$与$U(\boldsymbol{r})$的具体函数形式直接有关。

必须指出，不要把上面关于薛定谔方程的引入方式误会成是对薛定谔方程的证明，那只不过是为了初学者易于接受。基本方程的正确性只能由方程的解是否与实验一致来检验。

还要指出，薛定谔方程中有虚数 i，所以它的解总是复函数。这是因为，为了只由$\Psi(\boldsymbol{r},t)$就能完全决定粒子随t而变的运动状态，方程中不能有Ψ对t的二阶和二阶以上的偏微商。当方程中只有一阶$\partial\Psi/\partial t$时，只要已知$\Psi(\boldsymbol{r},0)$就可决定对t的积分常数。当方程中有对t的二阶、三阶、…偏微商时，就还需要知道$\partial\Psi/\partial t|_{t=0}$、$\partial^2\Psi/\partial t^2|_{t=0}$…等才能决定对$t$的二次积分常数、三次积分常数、…。这就违背了只由$\Psi(\boldsymbol{r},t)$就可完全描述粒子运动状态的条件。对只含一阶$\partial\Psi/\partial t$的方程，要能得到描述波动过程的解，而不是描述不可逆过程（如热传导、扩散）的解，方程中出现虚数 i 是必要的。这也说明了为什么自由粒子的波函数Ψ_p不能只取实数部分。

2. 波函数的标准条件

波函数$\Psi(\boldsymbol{r},t)$是薛定谔方程的解，可以完全描述粒子的状态，$|\Psi|^2$具有实际的物理意义。因此，$\Psi(\boldsymbol{r},t)$应满足一些带有普遍性的条件，称为波函数的标准条件：在r的变化范围内，$\Psi(\boldsymbol{r},t)$必须有限、单值和连续（包括Ψ对$\boldsymbol{r}$分量的一级偏微商连续）。

$|\Psi|^2$是t时刻粒子在空间r处单位体积内出现的几率，自然要求$\Psi(\boldsymbol{r},t)$ 应该处处有限和单值。特别是当Ψ已归一化，$|\Psi|^2$已化为百分比几率，要求Ψ只能取有限值。在同一时刻和同一$\mathrm{d}\tau$内，粒子出现的几率只能有唯一值，不能有多个值，否则$|\Psi|^2$值不确定，粒子的状态也就不确定了，所以Ψ必须单值。方程中有Ψ对坐标的二阶偏微商，所以不仅要求Ψ连续，还应要求$\partial\Psi/\partial x$、$\partial\Psi/\partial y$、$\partial\Psi/\partial z$也连续。

可见，对薛定谔方程求解时，必须应用上述标准条件，才能得到满足该问题的有物理意义的解。求出解后，还须利用归一化条件求出归一化常数，把解归一化。

3. 态的叠加原理

在数学上，薛定谔方程是线性偏微分方程，在一定的势场$U(\boldsymbol{r})$下，方程往往有多个特解Ψ_1、Ψ_2、…、Ψ_n、…。对线性偏微分方程，这些解的线性叠加

$$\begin{aligned}\Psi &= c_1\Psi_1 + c_2\Psi_2 + \cdots + c_n\Psi_n + \cdots \\ &= \sum_n c_n\Psi_n\end{aligned} \tag{2-35}$$

也必然是方程的解。式中c_1、c_2、…、c_n、…为叠加系数。把Ψ_1、Ψ_2、…、Ψ_n、…分别代入式（2-34），并在两端同乘以相应的叠加系数，再相加这些方程，就可知道式（2-35）的确是薛定谔式（2-34）的解。

在物理意义上，式（2-35）意味着，当Ψ_1、Ψ_2、…、Ψ_n、…是微观粒子可能具有的一系列状态，则这些状态的线性叠加Ψ也是微观粒子的一个可能态。这就是量子力学中态的叠加原理。态函数$\Psi=\sum_n c_n\Psi_n$描述的态称为线性叠加态。

经典波动有波的叠加原理。态函数反映了对微观粒子波动性的描述，所以态函数服从态的叠加原理不会令人奇怪。但态的叠加原理与经典波的波的叠加原理有本质的不同。当微观粒子处于态Ψ_1时，测得粒子的某一力学量（描述粒子性质的量统称力学量）A的值为a_1，处于Ψ_2态时测得为a_2，处于Ψ_n态时测得为a_n。但当粒子处于线性叠加态$\Psi=\sum_n c_n\Psi_n$时，测量A时得到的值就不确定了，既可能测得的值是a_1，也可能是a_2，也可能是a_n，…，决不会是a_1、a_2、…、a_n、…之外的任何值。而且，这些测量值各自出现的几率为恒定，因而A的平均值也是恒定的。经典波动的叠加波不含有这些特点，所以不能把几率波等同于经典波。这两种波的共同特点只是：都具有可叠加性，但叠加的含义又有本质的不同。

4. 定态薛定谔方程

当薛定谔方程式（2-34）中的势能$U(\boldsymbol{r})$不显含时间 t，则可以把方程化简。这时方程的解可分解成两个因式

$$\Psi(\boldsymbol{r},t)=\Psi(\boldsymbol{r})f(t) \tag{2-36}$$

代入式（2-34），得恒等式

$$\mathrm{i}\hbar\frac{1}{f(t)}\frac{\mathrm{d}f}{\mathrm{d}t}=\frac{1}{\psi(\boldsymbol{r})}\left[-\frac{\hbar^2}{2\mu}\nabla^2\psi(\boldsymbol{r})+U(\boldsymbol{r})\psi(\boldsymbol{r})\right]$$

上式右边只是$\boldsymbol{r}$的函数，左边只是t的函数。作为方程，这个等式应对$\boldsymbol{r}$、t的任何值都成立，

但这只有在等式两边都同等于一个与 $\boldsymbol{r}$、t 无关的常数时才成立。设用 E 表示这个常数，得两个方程

$$\mathrm{i}\hbar\frac{\mathrm{d}f}{\mathrm{d}t}=Ef(t) \tag{2-37}$$

$$-\frac{\hbar^2}{2\mu}\nabla^2\psi(\boldsymbol{r})+U(\boldsymbol{r})\psi(\boldsymbol{r})=E\psi(\boldsymbol{r}) \tag{2-38}$$

式（2-37）的解为

$$f(t)=C\mathrm{e}^{-\frac{\mathrm{i}}{\hbar}Et} \tag{2-39}$$

C 为积分常数。于是，薛定谔方程式（2-34）的解在形式上可写为

$$\Psi(\boldsymbol{r},t)=\psi(\boldsymbol{r})\mathrm{e}^{-\frac{\mathrm{i}}{\hbar}Et} \tag{2-40}$$

式中 $\psi(\boldsymbol{r})$ 是式（2-38）的解，$f(t)$ 中的常数 C 已包含在 $\psi(\boldsymbol{r})$ 中。

式（2-38）称为定态薛定谔方程（简称定态方程）。因为从式（2-40）可知，这时的几率密度

$$|\Psi(\boldsymbol{r},t)|^2=|\psi(\boldsymbol{r})f(t)|^2=|\psi(\boldsymbol{r})|^2 \tag{2-41}$$

与时间无关，表明粒子在空间任一体积元 $\mathrm{d}\tau$ 内出现的几率都不随时间变化，亦即粒子的状态不随时间变化，粒子处于定态。$\psi(\boldsymbol{r})$ 称为定态波函数。显然，作为解的 $\psi(\boldsymbol{r})$ 直接与 $U(\boldsymbol{r})$ 的具体函数有关。

式（2-37）和式（2-38）中常数 E 的物理意义就是粒子的能量。薛定谔方程应适用于自由粒子，这时 $U(\boldsymbol{r})=0$，方程变为式（2-29），它的解当然就是自由粒子的波函数

$$\Psi_p=A\mathrm{e}^{\frac{\mathrm{i}}{\hbar}\boldsymbol{p}\cdot\boldsymbol{r}}\mathrm{e}^{-\frac{\mathrm{i}}{\hbar}Et}=\psi_p(\boldsymbol{r})\mathrm{e}^{-\frac{\mathrm{i}}{\hbar}Et}$$

而式中的 E 代表粒子的能量。把上式与式（2-40）比较，就可知道式（2-37）和式（2-38）引进的常数 E 就是粒子的能量。

解定态方程式（2-38）得到 $\psi(\boldsymbol{r})$，代入式（2-40）就得到 $\psi(\boldsymbol{r},t)$。

一般来说，解定态方程式（2-38）时，由于要使 $\psi(\boldsymbol{r})$ 满足波函数的标准条件：有限、单值和连续，这往往使粒子的能量只能取某些特定的、不连续的分立值 E_1、E_2、…、E_n、…，定态方程才有满足标准条件的解 ψ_1、ψ_2、…、ψ_n、…。这就很自然地得出了微观粒子的能量量子化的结论，因为满足标准条件是十分自然的理由，而不是像旧量子论那样人为地规定微观粒子只能能量量子化。至于 E 具体取什么样的一些量子化值，这与具体问题中 $U(\boldsymbol{r})$ 的具体函数有关。

下面几节将通过几个简单的例子，学习和掌握解定态方程的过程，怎样利用波函数的标准条件来求得该具体问题中描述粒子状态的波函数 $\psi_n(\boldsymbol{r})$，以及相应状态下粒子的能量 E_n（特别要注意 E 是怎样量子化的）。同时还可以了解到，量子力学与经典力学的本质区别，但在一定意义上又不是完全不相容的。量子力学在结论的描述上并没有完全否定经典力学，而是指出了经典力学的局限性和适用范围。对于质量较大和速度远小于光速的物体，经典力学是正确的。

§ 2–5　一维无限深势阱中的粒子

设粒子处于一维势场（图 2-5）

$$U(x)=\begin{cases}0 & (0<x<a)\\ \infty & (x\leqslant 0, x\geqslant a)\end{cases}$$

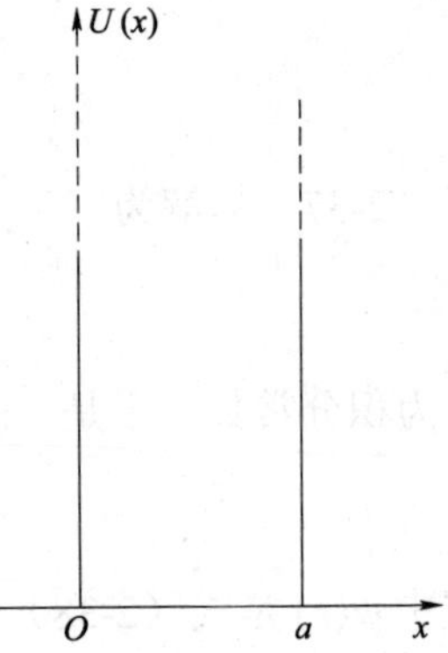
图 2-5

微观粒子只能在 $0<x<a$ 范围内运动，不能运动到这一范围之外，因为粒子必须具有无限大的能量才能运动到这个范围之外，而使粒子具有无限大的能量是不可能的。原子中的内层电子需要很大的能量才能使它电离，说明内层电子处于很深的势阱之中，很难运动到势阱之外，不同的是内层电子是处于有限深势阱，而本节讨论的是无限深势阱。势阱是指 $U(x)\sim x$ 曲线的形状像阱，是势能的阱，是指粒子的经典势能怎样随 x 变化，并不存在一个用有形物质形成的井壁把这个范围与别的空间隔开。

因所给 $U(x)$ 不显含时间，属于定态问题，可用定态薛定谔方程求解。把 $U(x)=0$ 代入定态方程式（2-38），得

$$-\frac{\hbar^2}{2\mu}\frac{\mathrm{d}^2\psi}{\mathrm{d}x^2}=E\psi \quad (0<x<a)$$

令 $2\mu E/\hbar^2=k^2$，方程可改写为

$$\frac{\mathrm{d}^2\psi}{\mathrm{d}x^2}+k^2\psi=0 \quad (0<x<a)$$

这是二阶常微分方程，它的一般解可写为

$$\psi(x)=A\sin kx+B\cos kx \quad (0<x<a) \tag{2-42}$$

由于粒子不能跑到阱外去，所以阱外的解为

$$\psi(x)=0 \quad (x\leqslant 0, x\geqslant a) \tag{2-43}$$

式（2-42）中的 A、B 两个积分常数由 Ψ 必须满足的标准条件和归一化条件决定。按波函数的标准条件，在 x=0 和 x=a 两点，阱内外的波函数应分别在该两点连续。所以由式（2-42）和式（2-43），在 x=0 处应有

$$\psi_{内}\big|_{x=0}=\psi_{外}\big|_{x=0}$$

即

$$(A\sin kx+B\cos kx)_{x=0}=0$$

得

$$B=0 \tag{2-44}$$

因已有 B=0，在 x=a 处应有

$$\psi_{内}\big|_{x=a}=\psi_{外}\big|_{x=a}$$

即

$$A\sin ka=0$$

这里必须取 $A\neq 0$，因为如果取 $A=0$，又已有 $B=0$ 和式（2-43），则会有阱内外波函数皆有 $\psi(x)\equiv 0$，这将表明在整个空间的任何区域都没有粒子出现：$|\psi(x)|^2\equiv 0$! 但粒子消失是不可

能的，所以必有 $A \neq 0$，因而必有

$$\sin ka = 0$$

必有

$$ka = n\pi$$

或

$$k_n = \frac{n\pi}{a} \quad n = 1, 2, \cdots \tag{2-45}$$

可见，k 值量子化了（取不连续的分立值）。

把式（2-45）和式（2-44）代入式（2-42），得因 n 不同而不同的一系列特解

$$\psi_n(x) = A\sin\frac{n\pi}{a}x\text{，}n=1\text{，}2\text{，}\cdots \quad (0 \leqslant x \leqslant a) \tag{2-46}$$

上式中不含 $n=0$，即阱内不包含 $\psi(x)=0$ 的解，理由已于上述。另外，n 也不取负整数，因为 ψ_{-n} 与 ψ_n 只差一负号，描述的是同一状态，不给出新的解。

积分常数 A 可由归一化条件确定

$$\int_0^a \psi_n^*(x)\psi_n(x)\mathrm{d}x = 1$$

$$A^2\int_0^a\left(\sin\frac{n\pi}{a}x\right)^2\mathrm{d}x = 1$$

得

$$A = \sqrt{2/a}$$

把 A 值代入式（2-46），得一维无限深势阱中粒子的定态波函数

$$\psi_n(x) = \sqrt{\frac{2}{a}}\sin\frac{n\pi}{a}x\text{，}n=1\text{，}2\text{，}\cdots \quad (0 \leqslant x \leqslant a) \tag{2-47}$$

由式（2-45），$k_n = n\pi/a$，可得阱中粒子的能量。因 $k^2 = 2\mu E/\hbar^2$，k 受 n 的限制而取量子化值，所以 E 也受 n 的限制而取量子化值

$$E_n = \frac{\hbar^2}{2\mu}k_n^2 = \frac{\pi^2\hbar^2}{2\mu a^2}n^2 = n^2E_1\text{，}\quad n=1\text{，}2\text{，}\cdots \tag{2-48}$$

这一能量量子化的结论是求解定态方程的过程中自然而然得到的：由 ψ 必须满足标准条件中的连续性条件而得 k 值量子化，否则会得出 $\psi(x)\equiv 0$ 这一不合理的解。上式中 E_1 为无限深势阱中粒子的基态（能量最低的状态）能量。

在 $0 \leqslant x \leqslant a$ 区域内，ψ_n 与 E_n 一一对应：

$$\psi_1, E_1; \psi_2, E_2; \cdots; \psi_n, E_n; \cdots$$

即阱内粒子处于 ψ_1 态时，粒子的能量为 E_1；处于 ψ_n 态时，粒子能量为 E_n。相应的 $\psi_n \sim x$ 曲线和能级图如图 2-6。

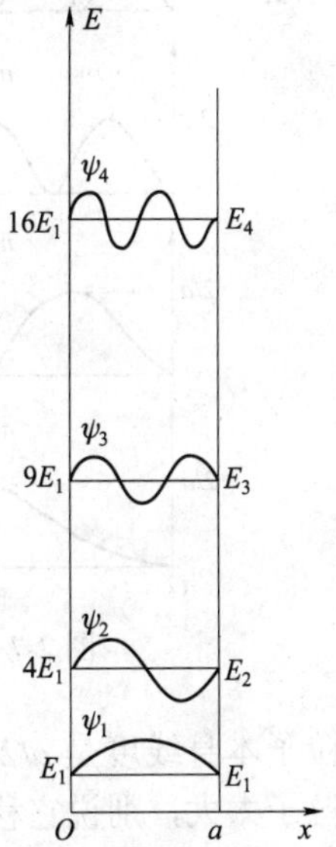

图 2-6

下面把势阱中的微观粒子与宏观盒子中的宏观粒子作一比较，以加深理解。

1. 能量

无限深势阱中粒子的能量只能按式（2-48）取不连续的量子化值 E_1、E_2、…、E_n、…，而不能具有任何别的值。这种能量量子化特

性是一切被限制在微小空间运动的微观粒子（束缚态粒子）的共性。相邻能级能量差的大小，可以反映能量不连续性的程度。设阱中粒子为电子，势阱宽度 $a=1\times10^{-7}$ cm，约为原子线度，$n\gg1$ 时，相邻能级能量差

$$\begin{aligned}\Delta E_n &= E_{n+1}-E_n=(2n+1)E_1\\ &\approx 2nE_1=2n\frac{\pi^2\hbar^2}{2\mu a^2}\\ &=\frac{h^2}{4\mu a^2}n=1.2n\times10^{-19}\ \mathrm{J}\\ &=n\times0.75\ \mathrm{eV}\geqslant0.75\ \mathrm{eV}\end{aligned}$$

这样的能量差是容易测量的，所以能量量子化特点很显著。但是，ΔE_n 与 a^2 成反比，当势阱宽度增大到宏观范围，例如示波管中的电子，设 a=10 cm，则 $\Delta E_n\approx n\times0.75\times10^{-16}$ eV。这样小的能量差别是难以观测的，也就是说，虽然同样是电子，但在无限深宏观势阱中，其能量量子化特点极不显著。ΔE_n 还与 μ 成反比，宏观粒子的 μ 比电子大得多，势阱宽度也要比 10^{-7} cm 大得多（宏观粒子本身线度大），所以观察不到宏观盒子中宏观粒子能量的不连续性。

2. 几率分布

当势阱中的粒子处于 ψ_n 态时，粒子在 $x\sim x+\mathrm{d}x$ 之间出现的几率

$$P\mathrm{d}x=|\psi_n(x)|^2\,\mathrm{d}x=\frac{2}{a}\sin^2\left(\frac{n\pi}{a}x\right)\mathrm{d}x$$

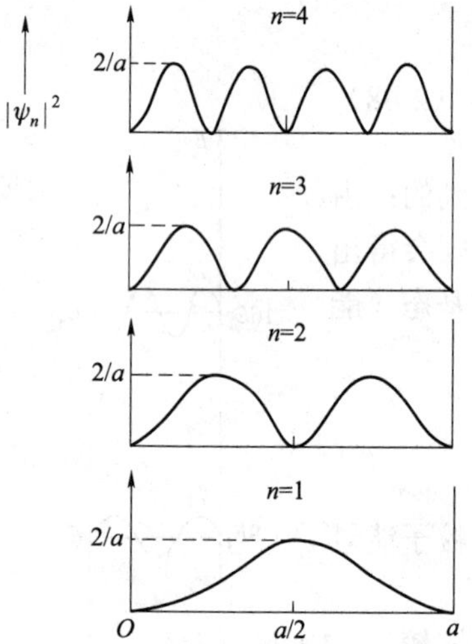

图 2-7

n=1、2、3、4 时，$|\psi_n|^2$ 随 x 的变化曲线如图 2-7 所示。粒子出现的几率密度随 x 而波动，存在极大值和极小值。随着 n 的增加，极大值和极小值的数目增多。极大值与相邻极小值之间的间距为 $a/2n$。对微观粒子，粒子本身的线度比 $a/2n$ 小得多，粒子出现的几率 $|\psi_n|^2\,\mathrm{d}x$ 随 x 不同而不同就能显示出来。

对宏观盒子中的宏观粒子，其 $|\psi_n|^2\,\mathrm{d}x$ 虽然也随 x 而变，但宏观粒子的线度远大于 $a/2n$，也就显示不出 $|\psi_n|^2\,\mathrm{d}x$ 随 x 的变化。例如，一微小粒子，线度约 1×10^{-3} m，$\mu=1\times10^{-5}$ kg，$v=1\times10^{-3}\ \mathrm{m\cdot s^{-1}}$，在 $a=5\times10^{-2}$ m 的盒子中运动。因 $k_n=n\pi/a$，$k_n=(2\mu E/\hbar^2)^{1/2}$，$E=\mu v^2/2$，可得相应能级情况的

$$\frac{a}{2n}=\frac{\pi\hbar}{2\mu v}\approx1.5\times10^{-26}\ \mathrm{m}\ll \text{粒子线度}$$

粒子本身线度是 $a/2n$ 的 7×10^{22} 倍！表明粒子本身就占据了这么多个 $a/2n$ 的范围，相对 $a/2n$，粒子太大，别说它移动半个 $a/2n$ 间距，就是移动 10^{10} 个间距也觉察不出来，因而不能发觉其出现几率随 x 的变化。

§ 2–6　一维线性谐振子

这是一个有实际应用意义的例子。

在经典力学中，当粒子的势能$U(x)=kx^2/2$，则该粒子绕平衡位置 x=0 作谐振动，称为一维线性谐振子。晶体中的原子绕平衡位置的振动，在形式上与经典振子的振动有些类似，但原子的振动本质上是一种量子谐振子。认识量子谐振子，对研究晶体的性质有实际意义。

1. 写出定态方程

设一维微观谐振子受势场

$$U(x)=\frac{1}{2}kx^2 \tag{2-49}$$

的作用（图 2-8）。$U(x)$ 不显含 t，是一维定态问题，定态方程为

$$-\frac{\hbar^2}{2\mu}\frac{\mathrm{d}^2\psi}{\mathrm{d}x^2}+\frac{1}{2}kx^2\psi=E\psi \tag{2-50}$$

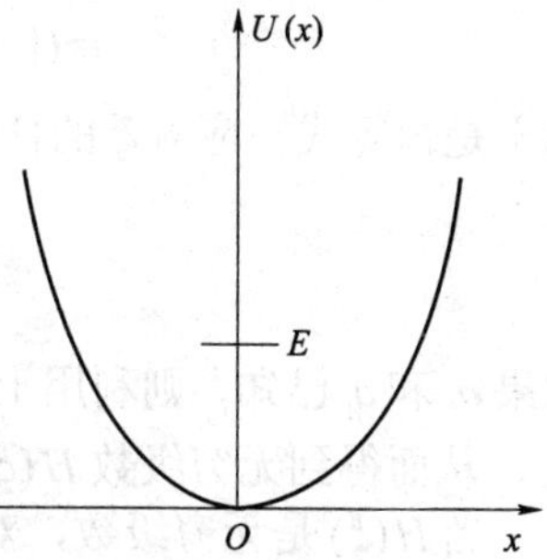

图 2-8

2. 求解

（1）更换变量　令

$$\omega=\left(\frac{k}{\mu}\right)^{1/2},\ \alpha=\left(\frac{\mu\omega}{\hbar}\right)^{1/2},\ \lambda=\frac{2E}{\hbar\omega} \tag{2-51}$$

引入新变量

$$\xi=\alpha x \tag{2-52}$$

把以上二式代入式（2-50），得新变量下的定态方程

$$\frac{\mathrm{d}^2\psi}{\mathrm{d}\xi^2}+(\lambda-\xi^2)\psi=0 \tag{2-53}$$

在$\xi\to\pm\infty$时，上式中的λ可以略去，方程可变得简单一些

$$\frac{\mathrm{d}^2\psi}{\mathrm{d}\xi^2}-\xi^2\psi=0 \tag{2-54}$$

因为

$$\frac{\mathrm{d}^2\psi}{\mathrm{d}\xi^2}(\mathrm{e}^{\pm\xi^2/2})=\pm\mathrm{e}^{\pm\xi^2/2}+\xi^2\mathrm{e}^{\pm\xi^2/2}\xrightarrow[\xi\to\pm\infty]{}\xi^2\mathrm{e}^{\pm\xi^2/2}$$

可见，$\psi=\mathrm{e}^{\pm\xi^2/2}$是式（2-54）在$\xi\to\pm\infty$时的渐近解，因而也是式（2-53）在$\xi^2\gg\lambda$时的近似解。但是，作为波函数的$\Psi$，在$\xi\to\pm\infty$时还应该保持有限，所以只能取$\psi=\mathrm{e}^{-\xi^2/2}$为式(2-54)的渐近解。

由渐近解的启发，式（2-53）的解中应含有上述渐近解作为一个因式，不妨设方程一般解的形式为

$$\psi(\xi)=C\mathrm{e}^{-\xi^2/2}H(\xi) \tag{2-55}$$

把上式代入式（2-53），得 $H(\xi)$ 应满足的方程

$$\frac{\mathrm{d}^2H}{\mathrm{d}\xi^2}-2\xi\frac{\mathrm{d}H}{\mathrm{d}\xi}+(\lambda-1)H=0 \tag{2-56}$$

（2）**试求 $H(\xi)$**　暂设解 $H(\xi)$ 具有幂级数形式，即令

$$H(\xi)=\sum_{\nu=0}^{\infty}a_\nu\xi^\nu \tag{2-57}$$

把上式代入式（2-56），得恒等式

$$\begin{aligned}&2a^2+6a_3\xi+\cdots+(\nu+2)(\nu+1)a_{\nu+2}\xi^\nu+\cdots\\ &\equiv(1-\lambda)a_0+(3-\lambda)a_1\xi+\cdots+(2\nu-\lambda+1)a_\nu\xi^\nu+\cdots\end{aligned}$$

由于是恒等式，应对 ξ 的任何值都成立，所以等式两边 ξ 幂次相同的项，其系数应相等，有

$$a_{\nu+2}=\frac{2\nu-\lambda+1}{(\nu+1)(\nu+2)}a_\nu \tag{2-58}$$

如果 a_0 和 a_1 已知，则利用上式可由 a_0 得出 ν 为偶数的所有 a_ν；由 a_1 又可得出 ν 为奇数的所有 a_ν，从而得到无穷级数 $H(\xi)$。

当 $H(\xi)$ 是无穷级数，对于幂次愈高的项，对级数贡献愈大，高次项的系数比

$$\frac{a_{\nu+2}}{a_\nu}=\frac{2-(\lambda/\nu)+(1+\nu)}{\nu+3+(2/\nu)}\xrightarrow[\nu\to\infty]{}\frac{2}{\nu} \tag{2-59}$$

把 $H(\xi)$ 与下述级数展开式对比

$$\begin{aligned}\mathrm{e}^{\xi^2}&=b_0+b_2\xi^2+b_4\xi^4+\cdots+b_\nu\xi^\nu+b_{\nu+2}\xi^{\nu+2}+\cdots\\ &=1+\frac{1}{1!}\xi^2+\frac{1}{2!}\xi^4+\cdots+\frac{1}{(\nu/2)!}\xi^\nu+\frac{1}{[1+(\nu/2)]!}\xi^{\nu+2}+\cdots\end{aligned}$$

其系数比

$$\frac{b_{\nu+2}}{b_\nu}=\frac{(\nu/2)!}{(\nu/2)!(\nu/2)+1}=\frac{1}{(\nu/2)+1}\xrightarrow[\nu\to\infty]{}\frac{2}{\nu} \tag{2-60}$$

当 ξ 很大时，ξ 的高次项贡献最大，而对于高次项，比较式（2-59）和式（2-60），这时 $H(\xi)$ 的行为与 e^{ξ^2} 的行为非常相近，将使

$$\psi(\xi)=\mathrm{e}^{-\xi^2/2}H(\xi)\approx\mathrm{e}^{-\xi^2/2}\mathrm{e}^{\xi^2}=\mathrm{e}^{\xi^2/2}\xrightarrow[\xi\to\pm\infty]{}\infty$$

可见，当 $H(\xi)$ 为包含高次项的无穷级数时，$\psi(\xi)$ 不满足波函数标准条件中关于波函数应在整个空间保持有限性的要求。

（3）**$H(\xi)$ 必须为多项式**　如果式（2-57）的 $H(\xi)$ 能在某一项 n 中止，以去掉高次项，成为一个多项式 $H_n(\xi)=\sum_{\nu=0}^{n}a_\nu\xi^\nu$，而不再是无穷级数，在 $\xi\to\pm\infty$ 时，就可使 $\psi(\xi)$ 保持有限。当要使式（2-57）在幂次为 $\nu=n$ 的项中止，由式（2-58），就等于要求系数 $a_{\nu+2}=0$，即

$$2\nu-\lambda+1=2n-\lambda+1=0$$

得

$$\lambda=2n+1，n=0，1，2，\cdots \tag{2-61}$$

这样，当式（2-57）终止于 ξ^n 项，则所有高于 ξ^n 的幂次项的系数 $a_{\nu+2}$、$a_{\nu+4}$、…都等于零。

可取 a_0 按式（2-58）表出 ν 为偶数的系数，得解

$$H_n(\xi)=a_0+a_2\xi^2+a_4\xi^4+\cdots+a_n\xi^n\text{，}n=0\text{，}2\text{，}4\text{，}\cdots\text{，}n$$

取 a_1 按式（2-58）表出 ν 为奇数的系数，得解

$$H_n(\xi)=a_1\xi+a_3\xi^3+\cdots+a_n\xi^n\text{，}n=1\text{，}3\text{，}5\text{，}\cdots\text{，}n$$

以上二式是式（2-56）的两个线性无关解，a_0 和 a_1 可分别由 $\psi(\xi)$ 的归一化条件决定。

（4）$H_n(\xi)$ 的表达式　前面那样求 $H_n(\xi)$ 多项式比较麻烦，实际上 $H_n(\xi)$ 称为厄米多项式。把式（2-61）代入式（2-56），得 $H_n(\xi)$ 应满足的方程

$$\frac{\mathrm{d}^2H_n}{\mathrm{d}\xi^2}-2\xi\frac{\mathrm{d}H_n}{\mathrm{d}\xi}+2nH_n=0 \tag{2-62}$$

$H_n(\xi)$ 的一般表达式可用下述方法得到。令 $u=\mathrm{e}^{-\xi^2}$，则

$$\frac{\mathrm{d}u}{\mathrm{d}\xi}=-2\xi u$$

$$\frac{\mathrm{d}^{n+2}u}{\mathrm{d}\xi^{n+2}}=-2\xi\frac{\mathrm{d}^{n+1}u}{\mathrm{d}\xi^{n+1}}-2(n+1)\frac{\mathrm{d}^nu}{\mathrm{d}\xi^n} \tag{2-63}$$

令

$$\frac{\mathrm{d}^nu}{\mathrm{d}\xi^n}=(-1)^n\mathrm{e}^{-\xi^2}H_n(\xi)$$

把上式代入式（2-63），即得式（2-62），可见上式成立，所以

$$H_n(\xi)=(-1)^n\mathrm{e}^{\xi^2}\frac{\mathrm{d}^nu}{\mathrm{d}\xi^n}=(-1)^n\mathrm{e}^{\xi^2}\frac{\mathrm{d}^n}{\mathrm{d}\xi^n}(\mathrm{e}^{-\xi^2})\quad n=0\text{，}1\text{，}2\text{，}\cdots \tag{2-64}$$

这就是 $H_n(\xi)$ 的一般表达式。n 为 $H_n(\xi)$ 多项式的最高幂次，取零和正整数，是终止项的幂次。由于 $H_n(\xi)$ 中止于 ξ^n 项，才使 $\psi_n(\xi)$ 保持有限，所以 n 只能取上述值。

把上式代入式（2-55）再归一化，就得一维线性微观谐振子的定态波函数

$$\psi_n(x)=\psi_n(\xi)=C_n\mathrm{e}^{-\xi^2/2}H_n(\xi) \tag{2-65}$$

$$C_n=\left(\frac{\alpha}{\sqrt{\pi}2^nn!}\right)^{1/2}\text{，}\quad n=0\text{，}1\text{，}2\cdots$$

可以证明，相邻 $H_n(\xi)$ 的多项式之间满足递推公式

$$H_{n+1}(\xi)-2\xi H_n(\xi)+2nH_{n-1}(\xi)=0 \tag{2-66}$$

已知 H_{n-1} 和 H_n，就可由上式求得 H_{n+1}。当 n=0、1、2，由式（2-64）可得

$$H_0(\xi)=1\text{，}\ H_1(\xi)=2\xi\text{，}\ H_2(\xi)=4\xi^2-2$$

$$\psi_0(x)=\sqrt{\frac{\alpha}{\sqrt{\pi}}}\mathrm{e}^{-\frac{1}{2}\alpha^2x^2}$$

$$\psi_1(x)=\sqrt{\frac{2\alpha}{\sqrt{\pi}}}\alpha x\mathrm{e}^{-\frac{1}{2}\alpha^2x^2} \tag{2-67}$$

$$\psi_2(x)=\sqrt{\frac{\alpha}{2\sqrt{\pi}}}(2\alpha^2x^2-1)\mathrm{e}^{-\frac{1}{2}\alpha^2x^2}$$

还应求出谐振子的能量。由 $\lambda=2E/\hbar\omega$ 和 $\lambda-1=2n$，可得谐振子处于 ψ_n 态时的能量

$$E_n=\left(n+\frac{1}{2}\right)\hbar\omega,\quad n=0,1,2\cdots \tag{2-68}$$

可见，与经典振子不同，微观振子的能量是量子化的，量子数 n 是因为需要保持波函数的有限性而自然出现的。微观振子的能级间隔等距，为 $\hbar\omega$。

3. 讨论

下面把微观谐振子与经典谐振子作一比较。

（1）能量　经典谐振子的能量可以连续变化，最小能量可以等于零。微观谐振子的能量量子化，基态能量

$$E_0=\frac{1}{2}\hbar\omega \tag{2-69}$$

这是最小能量。如果把固体中的原子视为微观振子，上式预言，当温度趋于绝对零度时，原子也不会停止振动，因为这时振子处于基态，仍具有不为零的能量 E_0，而且各处的 $|\psi_0(x)|^2\neq 0$，说明粒子不是静止于一点。基态能量 E_0 称为零点能，零点能的存在为后来的实验证实。

对于宏观谐振子，由于相邻能级的能量差 $\Delta E=\hbar\omega=h\nu$ 太小，比宏观振子本身的能量 E 小得多，变化 $h\nu$ 的能量是难以觉察其不连续性的。ΔE 太小主要是 h 太小，$h=6.6\times10^{-34}\ \text{J}\cdot\text{s}$。当振动频率高达 $\nu\sim10^4\ \text{s}^{-1}$，$h\nu\sim6.6\times10^{-30}\ \text{J}\ll$ 可觉察的宏观振子能量 E。

（2）几率分布　按照经典理论，振幅为 a 的一维宏观谐振子，只在围绕平衡点的 $(-a,a)$ 区间内运动，绝不会出现在这一范围之外。但是，对于微观谐振子，却可以出现在 $(-a,a)$ 范围之外，如图 2-9 所示。图中能级 E_n 水平线与曲线 $U(x)=kx^2/2$ 交点所对应的 x 值，就是能量为 E_n 的宏观振子运动区间 $(-a_n,a_n)$ 的两个端点。可是，在这一范围之外，$|\psi_n(x)|^2\neq 0$，说明能量为 E_n 的微观振子出现在这一范围之外的几率不等于零。这似乎不可思议。因为按经典理论，振幅为 a_n 的振子，其总能量 $E=ka_n^2/2$，$E=T+U$。如果粒子出现在 $(-a_n,a_n)$ 之外的一点 b，因 $|b|>a_n$，则这时的 $U=kb^2/2>E$，导致 $T<0$，振子速度 $v=(2T/m)^{1/2}$ 成为虚数，而这是不可能的，所以经典力学认为振子绝不会出现在 $(-a_n,a_n)$ 之外。如何认识?

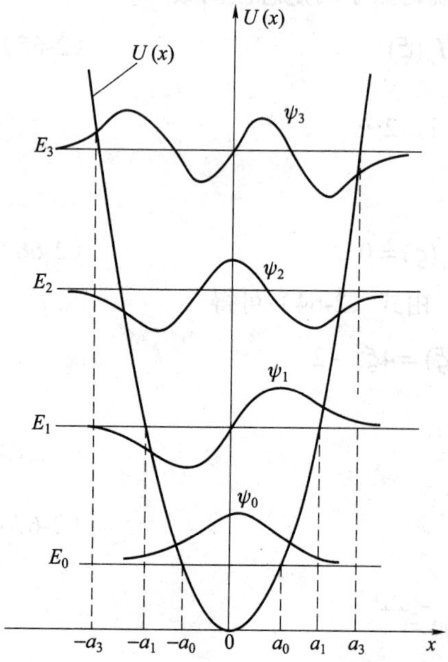

图 2-9

首先，只要承认谐振子同时还具有波动属性，问题就不难解决。微观粒子在这里相当于在抛物线形的势阱中运动。抛物线把空间分成了两部分：在 $(-a_n,a_n)$ 之内，$E>U(x)$；在 $(-a_n,a_n)$ 之外，$E<U(x)$。所以抛物线相当于两种不同介质的界面，光波可以通过不同介质的界面，振子波也应一样，并通过界面以后很快衰减。振子能量愈高，衰减愈快，因为这时 a_n 愈大，$|\psi_n|^2_{x=a_n}\propto e^{-\alpha^2a_n^2}$ 愈小，而

$\left|\psi_n\right|^2_{x=b>a_n} \propto e^{-a^2b^2}$ 更小。

其次，宏观振子的 μ 比微观振子大得不可比拟，而且宏观振子的线度也大于微观振子，这就使宏观振子的 a_n 也要大得多才能发觉宏观振子在振动。这样，对于宏观振子，由于 μa_n^2 非常大，$\left|\psi_n\right|^2 \propto e^{-\frac{\omega}{\hbar}\mu a_n^2}$ ，可觉察其出现在 $(-a_n, a_n)$ 之外的几率趋于零。

第三，在下一章将会看到，经典力学中表示各量关系的公式，在量子力学中是以各量运算符号之间的关系式出现，原来意义下的公式不再成立。对于 $E=T+U$ ，只有统计平均值的关系式 $\bar{E}=\bar{T}+\bar{U}$ 成立，而且总有 $\bar{T}>0$ 。再有，在下一章还会看到，粒子的 T 和 U 不可能同时有确定值，对没有确定值的量，却要求严格按有确定值的量遵守的定量公式去讨论，怎么能得到正确结果呢?

§ 2–7 不确定关系式

前面提到在量子力学中，认为 T 和 U 不可能同时有确定值，像经典力学那样利用 $E=T+U$ 讨论问题，可能会得出错误的结论。为什么会这样?

经典力学中，用坐标 $\boldsymbol{r}$ 和动量 $\boldsymbol{p}$ 描述粒子的运动状态（其他力学量都是 $\boldsymbol{r}$ 和 $\boldsymbol{p}$ 的函数）。量子力学认为，微观粒子的运动状态必须用波函数 $\Psi(\boldsymbol{r},t)$ 描写，$\boldsymbol{r}$ 和 $\boldsymbol{p}$ 只能描述经典粒子的粒子性，不能描述波粒二象性。

如果一定要同时用 $\boldsymbol{r}$ 和 $\boldsymbol{p}$ 描述微观粒子，则所得到的 $\boldsymbol{r}$ 和 $\boldsymbol{p}$ 不可能同时有确定值，必然存在某种程度的不确定性。描述这种不确定程度的关系式最初称为测不准关系式，并被沿用下来，但称为不确定关系式更为确切，这是海森伯（W. Heisenberg，1901—1976）于 1927 年提出的。下面用一个简单的实验引入这个关系式，下一章再严格地证明。

考虑电子束的单缝衍射，如图 2-10。通过单缝以前，动量为 $\boldsymbol{p}$ 的电子流沿 y 方向向右运动。带单缝的屏垂直 y 轴，单缝沿 z 轴垂直于纸面，x 轴垂直于 y 轴和单缝，单缝宽度为 a，单缝右边有一感光板。现在试图确定电子穿过单缝以后最初瞬间的坐标和动量。如果用单缝来确定这一时刻电子的 x 坐标（坐标原点在缝中央），因在 x 方向，从 $-a/2 \sim a/2$ 范围内都有电子通过，因此这些电子的 x 坐标值不确定，不确定程度为

$$\Delta x = a/2$$

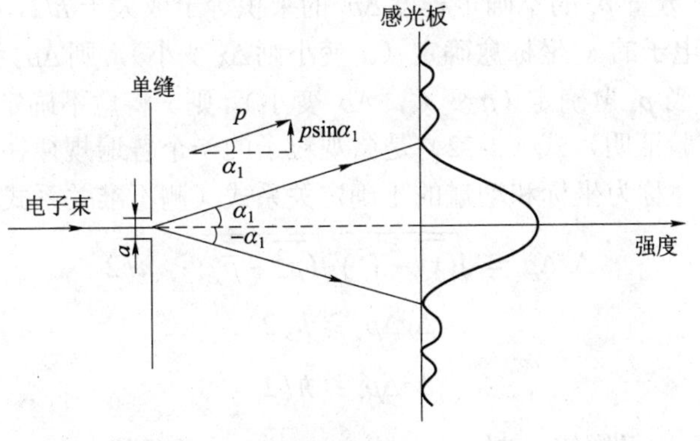

图 2-10

缩小缝宽可以使过缝电子的 x 坐标值更精确，但不能把 a 缩成无限小。

在穿过缝以前，电子动量的分量 $p_x = 0$， $p_z = 0$， $p_y = |\boldsymbol{p}|$，三个分量都有确定值。由于电子的波动属性，穿过缝的电子一定会发生衍射，而且过缝后的最初一瞬间就会发生衍射，出现偏离 y 方向的运动， $p_x \neq 0$。感光板上的光点偏离中心线的分布说明了这一点。感光板上的衍射条纹与光的单缝衍射条纹相似，是一些互相平行、垂直于纸面、明暗相间的直线条纹。现在讨论到达感光板上衍射图形第一个极小值范围内的电子，即在 $(-\alpha_1, \alpha_1)$ 角范围内运动的电子。其中那些穿过缝后最初一瞬间恰好以角 α_1 运动的电子，其动量的 x 分量为

$$p_x = p\sin\alpha_1$$

式中 $p = h/\lambda$，数值上与电子通过缝以前的动量相同（单缝衍射不改变波长）。以小于 $|\alpha_1|$ 角运动的那些电子，其 p_x 必定为 $0 \sim p\sin\alpha_1$ 之间的不同值。因此，对于在 $(-\alpha_1, \alpha_1)$ 内运动的这部分电子， p_x 没有确定值，不确定程度为

$$\Delta p_x = p\sin\alpha_1$$

由波（例如光波）的单缝衍射规律，单缝衍射条纹极小值满足的关系式是

$$a\sin\alpha = \frac{n}{2}2\lambda，n=1，2，\cdots \tag{2-70}$$

对第一个极小，n=1，有 $a\sin\alpha_1 = \lambda$，于是

$$\Delta p_x = p\frac{\lambda}{a} = \frac{h}{a} \tag{2-71}$$

这样，在发生衍射的最初一瞬间，电子 x 坐标与 x 方向动量分量间不确定程度的乘积

$$\Delta x \Delta p_x = \frac{h}{2}$$

上式只是针对在角 $(-\alpha_1, \alpha_1)$ 内运动的电子。当把在 $(-\alpha_1, \alpha_1)$ 之外运动的一切衍射电子也计入，这些电子的 Δx 仍是 $a/2$，但对于以 $\alpha > \alpha_1$ 运动的电子，其 $p_x = a\sin\alpha > a\sin\alpha_1$， $\Delta p_x = a\sin\alpha$，即计入全部衍射电子以后，式（2-70）中的 n>1， p_x 的不确定程度增大，使得 $\Delta p_x > h/a$，乘积

$$\Delta x \Delta p_x \geqslant \frac{h}{2} \tag{2-72}$$

上式的物理意义是：本实验中，在电子通过单缝刚发生衍射的最初时刻，电子 x 坐标值的不确定程度 Δx 与动量 x 分量 p_x 的不确定程度 Δp_x 的乘积等于或大于 $h/2$，而绝不会小于 $h/2$。从式（2-72）可见，当电子的 x 坐标愈确定（a 变小则 Δx 变小），则 Δp_x 将愈不确定（ Δx 变小则 Δp_x 变大）；反之，当 p_x 愈确定（a 变大，Δp_x 变小），则 x 将愈不确定（a 变大，Δx 变大）。

严格的理论和实验证明，式（2-72）是微观粒子的一个普遍规律在电子单缝衍射实验中的反映。这一普遍规律称为坐标和动量的不确定关系式（测不准关系式）

$$\begin{aligned} \Delta x \Delta p_x = \sqrt{(\overline{x^2} - \overline{x}^2)}\sqrt{(\overline{p_x^2} - \overline{p}_x^2)} \geqslant \hbar/2 \\ \Delta y \Delta p_y \geqslant \hbar/2 \\ \Delta z \Delta p_z \geqslant \hbar/2 \end{aligned} \tag{2-73}$$

式中，$\overline{x}$ = 粒子 x 坐标的平均值，$\overline{x}^2 = \overline{x}$ 的平方，$\overline{x^2} = x^2$ 的平均值，$\overline{p}_x$ = 粒子 p_x 的平均值，$\overline{p}_x^2 = \overline{p}_x$ 的平方，$\overline{p_x^2} = p_x^2$ 的平均值。在测量中，通常用均方根偏差表示测量值的不确定程度

$$\begin{aligned}\Delta x &= [\overline{(x-\overline{x})^2}]^{1/2} = [\overline{(x^2-2x\,\overline{x}+\overline{x}^2)}]^{1/2} \\ &= [\overline{x^2}-2\overline{x}\,\overline{x}+\overline{x}^2]^{1/2} = (\overline{x^2}-\overline{x}^2)^{1/2}\end{aligned} \tag{2-74}$$

$$\Delta p_x = [\overline{(p_x-\overline{p}_x)^2}]^{1/2} = (\overline{p_x^2}-\overline{p}_x^2)^{1/2} \tag{2-75}$$

这就是式（2-73）中 Δx 和 Δp_x 的定义。因为 $h/2>\hbar/2$，所以单缝衍射的电子满足普遍的测不准关系式（2-73）。

不确定关系式（2-73）说明：微观粒子的坐标和相应动量分量不可能同时有确定值（Δx 和 Δp_x 不可能同时为零），当粒子的 x 坐标愈确定，则其 p_x 就愈不确定。反之亦然。

对不确定关系式，还应说明以下几点：

（1）*不确定关系式本身的正确性是无可怀疑的*　在下一章还要进行严格的证明，但对不确定关系式的解释还是一个有争论的问题。一种意见认为，不确定关系式的存在是测量仪器与被测粒子有不可避免的相互作用的结果。例如单缝实验中，用单缝测量电子的坐标，但由于单缝本身的原子与过缝电子间的相互作用，因而才会有单缝衍射中的测不准关系式（2-72）的出现。换句话说，“测不准”是因为测量仪器的“干扰”，所以称为“测不准关系式”是再恰当不过了。另一种意见认为，测不准关系式是微观粒子波粒二象性的必然反映，与测量仪器无关。虽然任何测量仪器都避免不了仪器与被测微观粒子的相互作用，但下一章对测不准关系式的严格证明，并不依赖于任何实验仪器，只用到了量子力学的基本原理，所以不是因为仪器原子的干扰而测不准，而是微观粒子波粒二象性本性的反映。因此，把测不准关系式称为不确定关系式更为恰当。因为用描述经典粒子状态的 $\boldsymbol{r}$ 和 $\boldsymbol{p}$ 去描述有波粒二象性的微观粒子，必然会带来某种程度的不确定性。上述两种意见的争论涉及量子力学的理论解释这一深层次的问题，但是量子力学和测不准关系式本身的正确性是实验证明了的，也是争论双方都接受的，争论的焦点只在于对测不准关系式的理论解释。

（2）*测不准关系式指出了经典理论的适用范围*　当由测不准关系式所确定的不确定程度在所考虑的问题中可以忽略时，才可以用经典理论描述微观粒子。

例如，设示波管中电子在荧光屏 x 方向的速度 $v_x\sim 5\times10^5\ \mathrm{m\cdot s^{-1}}$，$v_x$ 的测量可准确到 10^{-4}，即 $\Delta v_x\sim 50\ \mathrm{m\cdot s^{-1}}$，则电子动量 x 分量的不确定程度为 $\Delta p_x=\mu\Delta v_x$。由 $\Delta x\Delta p_x\geqslant\hbar/2$ 可估算最小的不确定程度 Δx 为

$$\Delta x=\frac{\hbar}{2\Delta p_x}=\frac{\hbar}{2\mu\Delta v_x}\sim\frac{1.0\times10^{-34}}{2\times9\times10^{-31}\times50}\sim1\times10^{-6}\ \mathrm{m}$$

上述 Δx 值与荧光屏上一小格的宽度 $1\times10^{-3}\ \mathrm{m}$ 相比，或与光点能达到的聚焦程度相比，这样小的 x 坐标不确定程度完全可以忽略，而不影响信号测量的准确性。所以，对示波管中的电子，完全可以用经典理论描述其运动。

对氢原子中的电子，设坐标的不确定程度小到电子的第一玻尔轨道半径 $\Delta x\sim5\times10^{-11}\ \mathrm{m}$，则电子速度的不确定程度

$$\Delta v=\frac{\hbar}{2\mu\Delta x}\sim1.1\times10^{6}\ \mathrm{m\cdot s^{-1}}$$

由旧量子论可估算得相应的电子速度 $v\sim2\times10^{6}\ \mathrm{m\cdot s^{-1}}$。与 v 相比，v 的不确定程度 Δv 显然不可忽略。所以，与上述示波管中的电子不同，对氢原子中的电子不能用经典理论。

对于宏观粒子，其质量 μ 比微观粒子大得多，由测不准关系式决定的不确定程度 Δx 与

Δp_x 都非常小，不仅相对于 x 和 p_x 分别可以忽略，而且难以观测，也就显示不出波动性，因而完全可以用经典理论描述。甚至一颗极细的尘粒，设尺寸 $\sim 10^{-7}$ m，$\mu \sim 10^{-14}$ kg，$v \sim 10^{-2}\ \text{m}\cdot\text{s}^{-1}$，$\Delta v \sim 10^{-6}\ \text{m}\cdot\text{s}^{-1}$，则尘粒坐标的不确定程度

$$\Delta x = \frac{\hbar}{2\mu\Delta v} \sim 5\times 10^{-15}\ \text{m}$$

与尘粒本身的尺寸比，Δx 完全可以忽略。至于子弹、卫星和天体的运动，更可以毫无疑义地用经典理论作精确描述了。

（3）测不准关系式否定了微观粒子的“轨道运动” 经典力学认为，在一定的条件下，粒子准确地沿一定的轨道运动。但测不准关系认为，粒子的坐标和动量不可能同时有确定值，二者不确定程度的乘积满足测不准关系式。粒子 t 时刻出现在某体积元 $\mathrm{d}\tau$ 内只有几率意义，它同时还有出现在其他 $\mathrm{d}\tau$ 内的几率，所以恒有 $\Delta x \neq 0$，粒子的坐标总是没有确定值，当然也就没有确定的轨道了。只有粒子坐标的不确定程度可以忽略时（如示波管中的电子），微观粒子才可以近似地用轨道描述。原子中的电子本质上并没有确定的轨道，电子是按其波函数确定的几率分布出现在原子核周围。第 5 章将更具体地说明：玻尔在旧量子论中提出的电子轨道是不存在的，只在少数情况下，电子出现几率取极大值的区域与玻尔轨道大致相符。

（4）势能和动能不可能同时有确定值 在经典力学中，力学量是坐标和动量的函数。对于微观粒子，由于坐标和动量不可能同时有确定值，于是作为坐标函数的力学量 A，和作为动量函数的力学量 B，这一对力学量 A、B 也不可能同时有确定值。势能 $U(\boldsymbol{r})$ 和动能 $T(\boldsymbol{p})$ 就是这样一对力学量，即 T 和 U 不可能同时有确定值，例如上一节微观谐振子的 T 和 U。这样，两个没有确定值的量被当作有确定值的量来分析问题时，必然会得出错误的结论。对于宏观粒子，T 和 U 的不确定程度 ΔT 和 ΔU 都小到可以忽略，以致可以近似认为 T 和 U 同时有确定值。对于微观粒子，ΔT 和 ΔU 经常不能忽略，如果这时仍认为 T 和 U 同时有确定值，就会得出荒谬的结论。

（5）利用测不准关系式可以说明一维线性谐振子零点能的存在 谐振子的平均能量

$$\overline{E} = \overline{T} + \overline{U} = \frac{1}{2\mu}\overline{p^2} + \frac{1}{2}k\overline{x^2}$$

对处于基态 ψ_0 的一维谐振子，由式（2-24）

$$\overline{x} = \int_{-\infty}^{\infty} x|\psi_0|^2\,\mathrm{d}x = \frac{\alpha}{\sqrt{\pi}}\int_{-\infty}^{\infty} x\mathrm{e}^{-\alpha^2x^2}\,\mathrm{d}x = 0$$

$$\overline{x^2} = \int_{-\infty}^{\infty} x^2|\psi_0|^2\,\mathrm{d}x = \frac{\alpha}{\sqrt{\pi}}\int_{-\infty}^{\infty} x^2\mathrm{e}^{-\alpha^2x^2}\,\mathrm{d}x = \frac{1}{2\alpha^2}$$

所以基态谐振子 x 坐标的不确定程度的平方

$$(\Delta x)^2 = \overline{x^2} - \overline{x}^2 = \overline{x^2} = \frac{1}{2\alpha^2} = \frac{\hbar}{2\mu\omega}$$

至于 $\overline{p^2}$，因是一维情况，$p = p_x$，$\overline{p^2} = \overline{p_x^2}$。$p_x$ 不确定程度的平方 $(\Delta p_x)^2 = \overline{p_x^2} - \overline{p}_x^2$。下一章将介绍用 $\psi(\boldsymbol{r},t)$ 计算动量或动量函数平均值的方法，从而可算得 $(\Delta p_x)^2$。不过，这里可用另一种方法判断 $\overline{p_x^2}$。因为 $\overline{p_x^2} > 0$，$\overline{p}_x^2 > 0$，$(\Delta p_x)^2 > 0$，必有 $\overline{p_x^2} > \overline{p}_x^2$，于是

$$(\Delta p_x)^2 = \overline{p_x^2} - \overline{p}_x^2 \leqslant \overline{p_x^2} - \overline{p^2}$$

在 $\bar{E}$ 式中，用 $(\Delta x)^2$ 代替 $\overline{x^2}$，用 $(\Delta p_x)^2$ 代替 $\overline{p^2}$，则从此替代可判断谐振子基态能量

$$\bar{E} \geqslant \frac{1}{2\mu}(\Delta p_x)^2 + \frac{1}{2}k(\Delta x)^2 \tag{2-76}$$

按测不准关系式

$$(\Delta p_x)^2 \geqslant \frac{\hbar^2}{4(\Delta x)^2}$$

基态能量应取式（2-76）中 $\bar{E}$ 的最小值，这必须 $(\Delta p_x)^2$ 取最小值，即上式取等号，就可得到基态能量

$$E_0 = \frac{1}{2\mu}\frac{\hbar^2}{4(\Delta x)^2} + \frac{1}{2}k(\Delta x)^2$$

把前面求得的 $(\Delta x)^2$ 和 $k = \mu\omega^2$ 代入上式，得

$$E_0 = \frac{1}{2}\hbar\omega$$

这正是一维线性谐振子的基态能量。可见，只要测不准关系式成立，谐振子必然存在上述零点能，而零点能的客观存在（有关实验证实），又是对测不准关系式正确性的证明。

§ 2–8　隧道效应

设有一维势场

$$U(x) = \begin{cases} U_0 & 0 \leqslant x \leqslant a \\ 0 & x < 0, x > a \end{cases}$$

如图 2-11 所示，在 $(0,a)$ 之间的势能曲线为一方形势垒。这里的问题是：现有已知能量为 E 的粒子流从势垒左边向右运动，求粒子被势垒反射时的反射系数 R（被反射粒子数占入射粒子数的百分比）和粒子透过势垒的透射系数 D（透过势垒的粒子数占入射粒子数的百分比）。势垒区的势场对入射粒子的作用称为势垒对粒子的散射。在导体和半导体中，不规则势场对电子的散射将影响其电学性质。

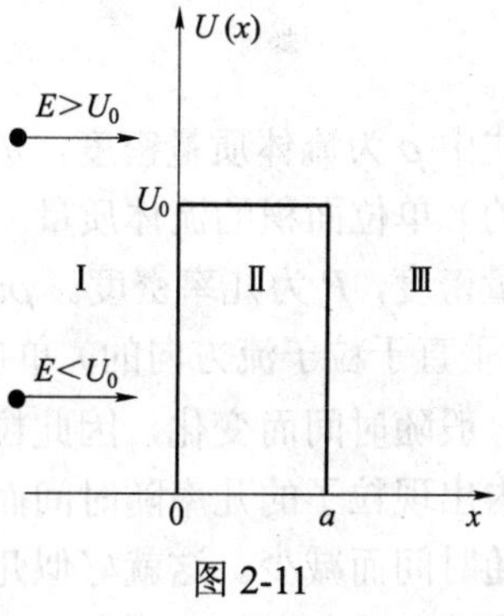

图 2-11

在经典理论中，能量 $E > U_0$ 的粒子可以“越过”势垒，不会被势垒反射；而 $E < U_0$ 的粒子将全部在 $x = 0$ 的势垒边界被反射，不可能透过势垒。但在下面将会看到，按量子力学理论，$E > U_0$ 的粒子也可能在 x=0 处被反射，$E < U_0$ 的粒子也能透过势垒，这是经典理论所不能解释的。

对散射问题，是由已知入射粒子的能量 E 和势场 $U(x)$，求被散射粒子在空间的几率分布。在考虑这个问题以前，应先介绍几率流密度的概念。

1. 几率流密度

在时刻 t，粒子在 $\boldsymbol{r}$ 处单位体积内出现的几率为

$$P(\boldsymbol{r},t)=\Psi^*(\boldsymbol{r},t)\Psi(\boldsymbol{r},t)$$

几率密度 P 随时间的变化率

$$\frac{\partial P}{\partial t}=\Psi^*\frac{\partial \Psi}{\partial t}+\frac{\Psi^*}{\partial t}\Psi \tag{2-77}$$

由薛定谔方程

$$\frac{\partial \Psi}{\partial t}=\frac{\mathrm{i}\hbar}{2\mu}\nabla^2\Psi+\frac{1}{\mathrm{i}\hbar}U(\boldsymbol{r})\Psi$$

$$\frac{\partial \Psi^*}{\partial t}=-\frac{\mathrm{i}\hbar}{2\mu}\nabla^2\Psi^*-\frac{1}{\mathrm{i}\hbar}U(\boldsymbol{r})\Psi^*$$

把这两个式子代入式（2-77），得

$$\begin{aligned}\frac{\partial P}{\partial t}&=\frac{\mathrm{i}\hbar}{2\mu}(\Psi^*\nabla^2\Psi-\Psi\nabla^2\Psi^*)\\&=\frac{\mathrm{i}\hbar}{2\mu}(\Psi^*\nabla^2\Psi-\Psi\nabla^2\Psi^*+\nabla\Psi^*\nabla\Psi-\nabla\Psi^*\nabla\Psi)\\&=\frac{\mathrm{i}\hbar}{2\mu}\nabla\cdot(\Psi^*\nabla\Psi-\Psi\nabla\Psi^*)\\&=-\nabla\cdot\boldsymbol{J}\end{aligned} \tag{2-78}$$

或

$$\frac{\partial P}{\partial t}+\nabla\cdot\boldsymbol{J}=0 \tag{2-79}$$

式中

$$\boldsymbol{J}=\frac{\mathrm{i}\hbar}{2\mu}(\Psi\nabla\Psi^*-\Psi^*\nabla\Psi) \tag{2-80}$$

式（2-79）具有流体力学中描述流体运动的连续性方程的形式

$$\frac{\partial \rho}{\partial t}+\nabla\cdot(\rho v)=0 \tag{2-81}$$

式中 ρ 为流体质量密度，v 为流体的流速，ρv 为质量流密度：在单位时间内流过（垂直于 v 的）单位面积的流体质量。比较式（2-79）和式（2-81），P 与 ρ 对应，$\boldsymbol{J}$ 与 ρv 对应。ρ 为质量密度，P 为几率密度。ρv 为质量流密度，则 $\boldsymbol{J}$ 应称为几率流密度：即 $\boldsymbol{J}$ 为单位时间内流过（垂直于粒子流方向的）单位面积的几率。怎样理解几率的流动？因为 $\boldsymbol{r}$ 处的几率密度 $P(\boldsymbol{r},t)$ 一般随时间而变化，因此粒子出现在某一定空间区域内的几率也随时间而变化。如果该区域内出现粒子的几率随时间而增加，则在同一时间间隔内，粒子出现在该区域之外的几率必将随时间而减少。这就好似几率通过该区域的分界面，从该区域外流入该区域内，形成几率的流动。反之亦然。

2. 粒子流密度

设入射的粒子总数为 N，则 $\boldsymbol{r}$ 处单位体积内的粒子数 $P_N=NP$，粒子流密度（单位时间内通过垂直于粒子运动方向单位面积的粒子数）$\boldsymbol{J}_N=N\boldsymbol{J}$。用 N 乘式（2-79）两边，得

$$\frac{\partial P_N}{\partial t}+\nabla\cdot\boldsymbol{J}_N=0 \tag{2-82}$$

把上式与式（2-81）比较，可知 J_N 确为粒子流密度，上式为粒子流的连续性方程。

现在回到本节开头提到的方势垒散射问题，分两种情况讨论：入射粒子能量 $E > U_0$ 和 $E < U_0$。

3. $E>U_0$ 的散射

当 $E>U_0$，因为在势垒左边、势垒区和势垒右边有不同的 $U(x)$，应在这三个区域分别解定态方程。设粒子在这三个区域的波函数相应为 ψ_1、ψ_2 和 ψ_3，有

$$-\frac{\hbar^2}{2\mu}\frac{\mathrm{d}^2\psi_1}{\mathrm{d}x^2} = E\psi_1,\ x<0$$

$$-\frac{\hbar^2}{2\mu}\frac{\mathrm{d}^2\psi_2}{\mathrm{d}x^2} + U_0\psi_2 = E\psi_2,\ 0\leqslant x\leqslant a \tag{2-83}$$

$$-\frac{\hbar^2}{2\mu}\frac{\mathrm{d}^2\psi_3}{\mathrm{d}x^2} = E\psi_3,\ x>a$$

令

$$k_1^2 = \frac{2\mu E}{\hbar^2},\ k_2^2 = \frac{2\mu(E-U_0)}{\hbar^2} \tag{2-84}$$

式（2-83）的三个方程可改写为

$$\frac{\mathrm{d}^2\psi_1}{\mathrm{d}x^2} + k_1^2\psi_1 = 0,\ \ x<0$$

$$\frac{\mathrm{d}^2\psi_2}{\mathrm{d}x^2} + k_2^2\psi_2 = 0,\ \ 0\leqslant x\leqslant a$$

$$\frac{\mathrm{d}^2\psi_3}{\mathrm{d}x^2} + k_1^2\psi_3 = 0,\ \ x>a \tag{2-85}$$

这三个方程的通解分别为

$$\psi_1(x) = A\mathrm{e}^{\mathrm{i}k_1x} + A'\mathrm{e}^{-\mathrm{i}k_1x},\ \ x<0 \tag{2-86}$$

$$\psi_2(x) = B\mathrm{e}^{\mathrm{i}k_2x} + B'\mathrm{e}^{-\mathrm{i}k_2x},\ \ 0\leqslant x\leqslant a \tag{2-87}$$

$$\psi_3(x) = C\mathrm{e}^{\mathrm{i}k_1x} + C'\mathrm{e}^{-\mathrm{i}k_1x},\ \ x>a \tag{2-88}$$

与自由粒子的 $\psi_p(x)$ 表示式相比，这三个式中的第一项分别对应于在该区域内沿 $+x$ 方向传播的平面波，第二项分别对应于在该区域内沿 $-x$ 方向传播的平面波。

下面用波函数标准条件决定上述三式中的 6 个积分常数。当入射粒子到达Ⅲ区以后，不会再遇到两种不同 $U(x)$ 区域的交界面，就不会再有反射波，因此 Ψ_3 式中应有 $C'=0$，所以

$$\psi_3(x) = C\mathrm{e}^{\mathrm{i}k_1x},\ \ \ x>a \tag{2-89}$$

在界面 $x=0$ 和 $x=a$ 处，ψ 和 $\mathrm{d}\psi/\mathrm{d}x$ 应分别连续。在 $x=0$ 处应有

$$\psi_1\big|_{x=0} = \psi_2\big|_{x=0},\ \ \left.\frac{\mathrm{d}\psi_1}{\mathrm{d}x}\right|_{x=0} = \left.\frac{\mathrm{d}\psi_2}{\mathrm{d}x}\right|_{x=0}$$

由这两个条件可得两个方程

$$A + A' = B + B'$$

$$k_1A - k_1A' = k_2B - k_2B'$$

在 $x=a$ 处应有

$$\psi_2\Big|_{x=a}=\psi_3\Big|_{x=a}, \quad \frac{\mathrm{d}\psi_2}{\mathrm{d}x}\Big|_{x=a}=\frac{\mathrm{d}\psi_3}{\mathrm{d}x}\Big|_{x=a}$$

由这两个条件又可得两个方程

$$Be^{ik_2a}+B'e^{-ik_2a}=Ce^{ik_1a}$$
$$k_2Be^{ik_2a}-k_2B'e^{-ik_2a}=k_1Ce^{ik_1a}$$

上述四个方程有 5 个未知数 A、A'、B、B'、C，解出用 A 表示的 A' 和 C，得

$$A'=\frac{2i(k_1^2-k_2^2)\sin k_2a}{(k_1-k_2)^2e^{ik_2a}-(k_1+k_2)^2e^{-ik_2a}}A \tag{2-90}$$

$$C=\frac{4k_1k_2e^{-ik_1a}}{(k_1+k_2)^2e^{-ik_2a}-(k_1-k_2)^2e^{+ik_2a}}A \tag{2-91}$$

按透射系数的定义

$$D=\frac{\text{透射粒子流密度}}{\text{入射粒子流密度}}=\frac{J_{Nt}}{J_{Ni}}=\frac{NJ_t}{NJ_i}=\frac{J_t}{J_i}=\frac{|C|^2}{|A|^2} \tag{2-92}$$

这是因为，按式（2-86）在 $x=0$ 处，入射波 Ψ_i 应为该式的第一项，而透过势垒的波 Ψ_t 应为式（2-89），所以

$$\Psi_i=A''e^{ik_1x}e^{-\frac{i}{\hbar}Et}$$

$$J_i=\left|\frac{i\hbar}{2\mu}(\Psi_i\nabla\Psi_i^*-\Psi_i^*\nabla\Psi_i)\right|=\frac{\hbar k_1}{\mu}|A|^2$$

$$\Psi_t=Ce^{ik_1x}e^{-\frac{i}{\hbar}Et}$$

$$J_t=\left|\frac{i\hbar}{2\mu}(\Psi_t\nabla\Psi_t^*-\Psi_t^*\nabla\Psi_t)\right|=\frac{\hbar k_1}{\mu}|C|^2$$

把 J_i 和 J_t 代入式（2-92），并由式（2-91）得

$$D=\frac{4k_1^2k_2^2}{(k_1^2-k_2^2)^2\sin^2k_2a+4k_1^2k_2^2} \tag{2-93}$$

入射粒子在 $x=0$ 处还会受到反射。反射系数

$$R=\frac{\text{反射粒子流密度}}{\text{入射粒子流密度}}=\frac{J_{Nr}}{J_{Ni}}=\frac{NJ_r}{NJ_i}=\frac{J_r}{J_i}=\frac{|A'|^2}{|A|^2} \tag{2-94}$$

这是因为 $x=0$ 处的反射波 Ψ_r 为式（2-86）的第二项，入射波仍为此式的第一项，所以

$$\Psi_r=A'e^{-ik_1x}e^{-\frac{i}{\hbar}Et}$$

$$J_r=\left|\frac{i\hbar}{2\mu}(\Psi_r\nabla\Psi_r^*-\Psi_r^*\nabla\Psi_r)\right|=\frac{\hbar k_1}{\mu}|A'|^2$$

J_i 已在前面求出。由式（2-90）和式（2-94），得反射系数

$$R=\frac{(k_1^2-k_2^2)^2\sin^2 k_2a}{(k_1^2-k_2^2)^2\sin^2 k_2a+4k_1^2k_2^2}=1-D \tag{2-95}$$

可见，入射粒子的 $E>U_0$ 时，入射粒子的一部分 D 透过势垒区进入势垒右边的区域，入射粒子的另一部分 R 在势垒左边界被反射。

$E>U_0$ 时，粒子会受到势垒界面的反射是经典力学解释不了的。但是，如果承认粒子同时具有波动性，波遇到不同物理性质两个区域的交界面必然会受到反射（例如光波），就不难理解了。

4. $E<U_0$ 的散射

对 $E<U_0$ 的情况，这时

$$k_2=\left[\frac{2\mu(E-U_0)}{\hbar^2}\right]^{1/2}=\mathrm{i}\left[\frac{2\mu(U_0-E)}{\hbar^2}\right]^{1/2}$$

是虚数。令

$$k_2=\mathrm{i}k_3,\quad k_3=\left[\frac{2\mu(U_0-E)}{\hbar^2}\right]^{1/2} \tag{2-96}$$

把 $E>U_0$ 时的 ψ_2 中的 k_2 换成 $\mathrm{i}k_3$，就得到了 $E<U_0$ 时势垒区的解

$$\psi_2(x)=B\mathrm{e}^{-k_3x}+B'\mathrm{e}^{k_3x},\ 0\leqslant x\leqslant a \tag{2-97}$$

在Ⅰ区和Ⅲ区，$E<U_0$ 时的 ψ_1 和 ψ_3 与 $E>U_0$ 时的 ψ_1 和 ψ_3 分别有相同的函数形式

$$\psi_1=A\mathrm{e}^{\mathrm{i}k_1x}+A'\mathrm{e}^{-\mathrm{i}k_1x},\ x<0 \tag{2-98}$$

$$\psi_3=C\mathrm{e}^{\mathrm{i}k_1x},\ x>a \tag{2-99}$$

这里的 5 个积分常数显然与 $E>U_0$ 时的不同。

与 $E>U_0$ 时的讨论类似，利用在 $x=0$ 和 $x=a$ 处，ψ 和 $\mathrm{d}\psi/\mathrm{d}x$ 应连续的条件，可得 $E<U_0$ 情况下关于上述 5 个新常数的 4 个方程，解出用 A 表示的 A' 和 C，就可得 $E<U_0$ 情况下的 D 和 R。

实际上，D 和 R 还可通过简单比较而直接得出。与 $E>U_0$ 的情况相比，只有 $k_2=\mathrm{i}k_3$ 这一点不同，所以只需在式（2-91）中把 k_2 换成 $\mathrm{i}k_3$，就可得到 $E<U_0$ 时的 C

$$C=\frac{2\mathrm{i}k_1k_3\mathrm{e}^{-\mathrm{i}k_1a}}{(k_1^2-k_3^2)\mathrm{sh}k_3a+2\mathrm{i}k_1k_3\mathrm{ch}k_3a}A \tag{2-100}$$

式中双曲函数

$$\mathrm{sh}x=\frac{1}{2}(\mathrm{e}^x-\mathrm{e}^{-x}),\quad \mathrm{ch}x=\frac{1}{2}(\mathrm{e}^x+\mathrm{e}^{-x})$$

于是 $E<U_0$ 时的透射系数

$$D=\frac{|C|^2}{|A|^2}=\frac{4k_1^2k_3^2}{(k_1^2+k_3^2)^2\mathrm{sh}^2k_3a+4k_1^2k_3^2} \tag{2-101}$$

当 $E\ll U_0$，但 a 又不太小，以致可以使 $k_3a\gg 1$，则 $\mathrm{e}^{k_3a}\gg\mathrm{e}^{-k_3a}$，$\mathrm{sh}^2k_3a\approx\mathrm{e}^{2k_3a}/4$，可得

$$D=\frac{1}{\frac{1}{16}\left(\frac{k_1}{k_3}+\frac{k_3}{k_1}\right)^2 e^{2k_3a}+1}$$

因 $(k_1/k_3)+(k_3/k_1)>1$，$e^{2k_3a}\gg 1$ 上式分母中的 1 可以略去，得

$$\begin{aligned}D&=\frac{16k_1^2k_3^2}{(k_1^2+k_3^2)^2}e^{-2k_3a}\\&=\frac{16E(U_0-E)}{U_0^2}e^{-\frac{2}{\hbar}\sqrt{2\mu(U_0-E)}a}\\&=D_0e^{-\frac{2}{\hbar}\sqrt{2\mu(U_0-E)}a}\end{aligned}\qquad(2\text{-}102)$$

可见，$E\ll U_0$ 时，粒子的透射系数随势垒宽度 a 的加宽而指数下降。对式（2-102）的经简化的导出方法，在本章附录中给出。

由式（2-101）和式（2-102），能量 $E<U_0$ 的入射粒子可以穿透势垒而出现在势垒另一侧，好似火车穿过隧道一样。这就是微观粒子的隧道效应。不过，这只是形象化的比喻，这里并不存在一个有形的山峰和有形的隧道，只存在一条无形的势场分布曲线。经典物理无法解释 $E<U_0$ 的粒子可以透过势垒。应该从粒子同时还具有波动性去理解隧道效应，波原则上可以透过不同物理性质区域之间的界面。也不能从 T 和 U 同时有确定值的错误看法出发，用 $E=T+U$ 得出在势垒区 $T<0$ 的结论。实际上，T 和 U 不可能同时有确定值，所以不能用 $E=T+U$ 的经典含义讨论 T 值。总有 $\bar{T}>0$，不会 $\bar{T}<0$。量子力学只能用 E 描述粒子的能量确定值。

从透射系数的含义，又可称它为透射几率：有多大比例的入射粒子可能透过势垒。为了在数量级上对透射几率有一个概念，下面以电子透射方势垒为例。设 U_0=1.10 eV，E=0.10 eV，对不同的势垒宽度，电子的透射几率为

a/nm:	0.10	0.20	0.50	1.0	5.0
D:	0.37	0.14	0.007	4.5×10^{-5}	2×10^{-22}

可见，a=5 nm 时，电子的透射几率实际上已趋于零了。宏观粒子的质量比电子的质量大很多，宏观势垒也比 5 nm 厚得很多，因此日常生活中不会出现宏观粒子的隧道效应。

在微观领域，隧道效应已为大量实验证实，并被实际应用，例如金属电子的冷发射、金属–半导体欧姆接触、隧道二极管和扫描隧道电子显微镜等。

把 $k_2=\mathrm{i}k_3$ 代入式（2-95），可得 $E<U_0$ 情况下的反射系数

$$R=\frac{(k_1^2+k_3^2)^2\mathrm{sh}^2k_3a}{(k_1^2+k_3^2)^2\mathrm{sh}^2k_3a+4k_1^2k_3^2}\qquad(2\text{-}103)$$

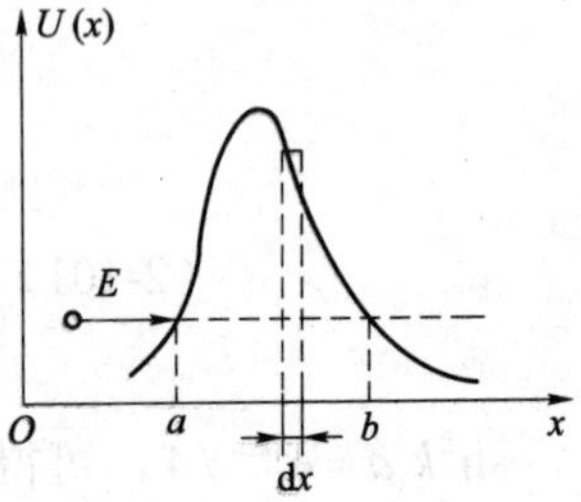

图 2-12

5. 任意形状势垒的透射系数

当势垒曲线为任意形状 $U(x)$ 时（图 2-12），可以证明，能量 $E\ll U_0$ 的粒子的透射系数为

$$D=e^{-\frac{2}{\hbar}\int_a^b\sqrt{2\mu[U(x)-E]}dx}\qquad(2\text{-}104)$$

式中 a 为粒子进入势垒处的坐标，b 为粒子穿出势垒处的坐标，

由粒子 E 的大小决定：在 $U(x) \sim x$ 表达式中，令 $U(x)=E$，可解出 a、b。

附录 2–I　利用 WKB 近似导出式（2–102）

这里主要介绍的是推导的思路，对数学上的严密性做了一些牺牲。所谓“WKB 近似”是指一种近似求解一维薛定谔方程的方法。WKB 为对此方法作出贡献的三位科学家——G.Wentzel、H.A.Kramers 和 L.Brillouin 的姓氏的第一个字母。

取一维薛定谔方程

$$\frac{\mathrm{d}^2\psi}{\mathrm{d}x^2}+\frac{2\mu}{\hbar^2}[E-U(x)]\psi=0 \qquad \text{（附 2-1）}$$

这种方程的解显然依赖于函数 $E-U(x)$ 的具体形式，但我们可以采用一种试探解

$$\psi = \mathrm{e}\psi \qquad \text{（附 2-2）}$$

ψ 为 x 的函数，利用式（附 2-2）及正文中的图 2-12，可以把投射系数（或称隧道概率）D 表示为

$$D=\left|\frac{\psi(b)}{\psi(a)}\right|^2=\mathrm{e}\{2[\psi(b)-\psi(a)]\} \qquad \text{（附 2-3）}$$

式中 a 及 b 为电子进入势垒区和离开势垒区的边界（见图 2-12）。

把式（附 2-2）代入式（附 2-1），且消去公有项 $\mathrm{e}\psi$（建议读者亲自动手演算一遍），可得

$$\frac{\mathrm{d}^2\psi}{\mathrm{d}x^2}+\left(\frac{\mathrm{d}\psi}{\mathrm{d}x}\right)^2+\frac{2\mu}{\hbar^2}[E-U(x)]=0 \qquad \text{（附 2-4）}$$

由式（附 2-2）可见 ψ 对应 $\ln\psi$，这表明这样一种变换，实际上是把一个快变化的函数 ψ 变成慢变化的 ψ，而一个慢变化的函数的高阶导数趋于变小，所以对于式（附 2-3）可以认为，其中

$$\frac{\mathrm{d}^2\psi}{\mathrm{d}x^2}\ll\left(\frac{\mathrm{d}\psi}{\mathrm{d}x}\right)^2$$

成立，于是略去式（附 2-3）中的 $\frac{\mathrm{d}^2\psi}{\mathrm{d}x^2}$ 项，可得

$$\left(\frac{\mathrm{d}\psi}{\mathrm{d}x}\right)^2=\frac{2\mu}{\hbar^2}[U(x)-E] \qquad \text{（附 2-5）}$$

从而

$$\frac{\mathrm{d}\psi}{\mathrm{d}x}=\pm\sqrt{\frac{2\mu}{\hbar^2}[U(x)-E]} \qquad \text{（附 2-6）}$$

从物理的角度看，我们只能取“–”号解（随即说明），即

$$\frac{\mathrm{d}\psi}{\mathrm{d}x}=-\left(\frac{2\mu}{\hbar^2}\right)^{1/2}[U(x)-E]^{1/2}$$

由此可得

$$\mathrm{d}\psi=-\left(\frac{2\mu}{\hbar^2}\right)^{1/2}[U(x)-E]^{1/2}\mathrm{d}x \qquad \text{（附 2-7）}$$

积分之，积分限取为从 a 到 b，得

$$\psi(b)-\psi(a)=-\left(\frac{2\mu}{\hbar^2}\right)^{1/2}\int_a^b[U(x)-E]^{1/2}\,\mathrm{d}x \tag{附 2-8}$$

代回式（附 2-3），同时将 a、b 换成一般的变量 x_1、x_2，可得

$$D=\mathrm{e}\left\{-2\left(\frac{2\mu}{\hbar^2}\right)^{1/2}\int_{x_1}^{x_2}[U(x)-E]^{1/2}\,\mathrm{d}x\right\} \tag{附 2-9}$$

前已指出，$E<U(x)$ 的入射粒子的投射系数随势垒宽度的加大而下降，假如在式（附 2-6）中对 $\mathrm{d}\psi/\mathrm{d}x$ 的解取“+”号，必然会有入射粒子的投射系数随势垒宽度加大而加大的结果，这是不合乎物理事实的，这就是为什么我们说“从物理的角度看，只能取‘–’号解”的原因。

举例 1：计算三角形势垒的穿透系数。

三角形势垒 $U(x)$ 如附图 2-1，取 $x_1=0$，$x_2=-\Delta x$，在 x_1 与 x_2 之间的 $U(x)-E$ 可以表示为

$$U(x)-E=-\frac{E_g}{\Delta x}x$$

代入式（附 2-9）可以求得

$$D=\mathrm{e}\left\{-2\left(\frac{2\mu E_g}{\hbar^2}\right)^{1/2}\Delta x\right\}$$

此即前面的式（2-102），此处有意将势垒之高写成 E_g，E_g 通常代表半导体的禁带宽度，在今后学习半导体器件的工作原理时，这些结果有用。

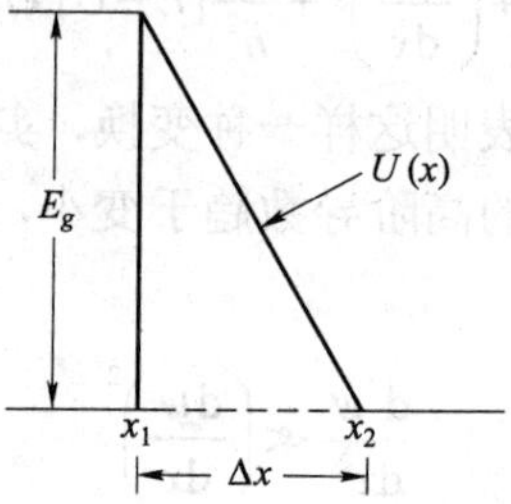

附图 2-1

思考题与习题

1. 怎样认识光的粒子性？
2. 光的粒子性是否否定了光的波动性？
3. 德布罗意受到怎样的启发而提出“一切微观粒子都具有波粒二象性”这一假设的？
4. 微观粒子具有波粒二象性的观点有坚实的实验基础吗？
5. 描述微观粒子状态的波函数的物理意义是什么？怎样得出这一结论的？
6. 为什么把微观粒子波动性叫物质波或几率波？
7. 微观粒子的波粒二象性等于经典粒子性加经典波动性吗？
8. 在§2-4 引入薛定谔方程的方式是一种对它的证明吗？
9. 波函数为什么必须满足标准条件和归一化条件？

10. 求解薛定谔方程的过程中，微观粒子的能量取量子化值的结论是人为规定的吗？

11. 为什么微观粒子会服从不确定关系式？

12. 隧道效应中的微观粒子为什么可以“穿过”势垒？

13. 定态方程式（2-38）中的 E 是个什么量？是变量还是常量？怎样进入方程？物理意义是什么？

14. 一维运动的粒子处于

$$\Psi(x)=\begin{cases}Axe^{-\lambda x} & (x\geqslant 0)\\ 0 & (x\leqslant 0)\end{cases}$$

的状态，式中 $\lambda>0$，求

（1）归一化因子 A；

（2）粒子的几率密度；

（3）粒子出现在何处的几率最大?

15. 一维线性谐振子处于状态

$$\Psi(x,t)=Ae^{-\frac{1}{2}a^2x^2-\frac{1}{2}i\omega t}$$

（1）求归一化因子 A；

（2）求谐振子坐标 x 的平均值；

（3）求谐振子势能的平均值。

16. 设把宽为 a 的一维无限深势阱的坐标原点取在势阱中点，有

$$U(x)=\begin{cases}0, & (-\dfrac{a}{2}<x<a/2)\\ \infty, & (|x|\geqslant a/2)\end{cases}$$

试通过具体解定态方程，证明势阱中粒子的波函数为

$$\Psi(x)=\begin{cases}\sqrt{\dfrac{2}{a}}\cos\dfrac{n\pi}{a}x, & n=1,3,5,\cdots\\ \sqrt{\dfrac{2}{a}}\sin\dfrac{n\pi}{a}x, & n=2,4,6,\cdots\end{cases}\quad |x|\leqslant\frac{a}{2}$$

粒子的能量为

$$E_n=\frac{\pi^2\hbar^2}{2\mu a^2}n^2,\ n=1,2,3,\cdots$$

17. 带电荷 q 的一维谐振子在外电场 E 作用下运动，$U(x)=(\mu\omega^2x^2/2)-q\varepsilon x$，试证明粒子的能量和波函数分别为

$$E_n=\left(n+\frac{1}{2}\right)\hbar\omega-\frac{q^2\varepsilon^2}{2\mu\omega^2}$$

$$\psi_n(x)=N_n e^{-\frac{1}{2}\alpha^2x_1^2}H(\alpha x_1),\ x_1=x-\frac{q\varepsilon}{\mu\omega^2}$$

18. 有一维势垒如右图，自由粒子沿+x 方向向势垒运动，$E\ll U_0$，求粒子的透射系数 D。提示：写出 $U(x)$ 表达式；令 $U(x)=E$，解出积分限 b；利用式（2-104）得 D，并注意化简计算。

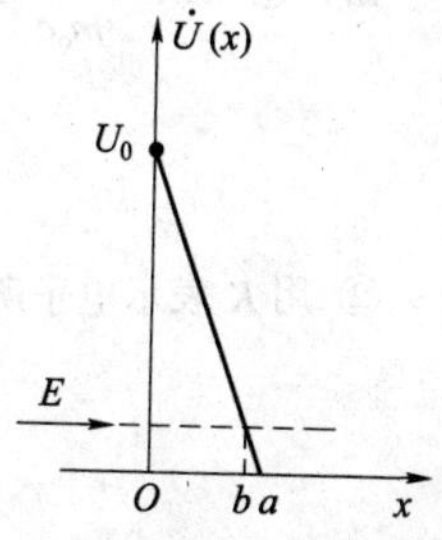

图题 2-18

19. 粒子在三维无限深势阱中运动，在区域$-a/2<x<a/2$、$-b/2<y<b/2$、$-c/2<z<c/2$ 内 $U=0$，在上述区域之外，$U=\infty$。求粒子的波函数和能量。

20. 设氢原子的速度分别为 1×103 m • s^{-1} 和 1×107 m • s^{-1}，试利用测不准关系式，判断在这两种情况下，氢原子的波动性是否显著。

例题与习题选解

例 1 设用钾做光电阴极靶，实验发现使钾发射光电子的最大波长为 5 620 Å（1 Å = 10^{-8} cm），求钾的功函数。

解：$A_k = h\nu = h\dfrac{c}{\lambda} = 6.626\times10^{-34}\ \text{J}\cdot\text{s}\times\dfrac{3\times10^{8}\ \text{m}\cdot\text{s}^{-1}}{5\,620\times10^{-8}\times10^{-2}\ \text{m}} = 0.003\,5\times10^{-16}\ \text{J}$。

因为 1 eV = 1.602 J；所以钾金属的功函数 $A_k = \dfrac{0.003\,5\times10^{-16}}{1.602\times10^{-19}} \approx 2.21\ \text{eV}$ 。

例 2 接上题，如用波长为 2 500Å 的紫外线照射钾靶，求发射的光电子的最大动能。

解：发射的光电子的最大动能 $(E_K)_m = h\nu - A = h\dfrac{c}{\lambda} - A$ ，以数字代入，$(E_K)_m = \dfrac{6.626\times10^{-34}\times3\times10^{8}}{2\,500\times10^{-8}\times10^{-2}}\times$

$\dfrac{1}{1.602\times10^{-19}} - 2.21 = 4.96 - 2.21 = 2.75\ \text{eV}$ 。

例 3 假如距离钾表面 1 m 远放置一个 100 W 灯泡，且设输入该灯泡的能量转换成光的效率只有 5%，用此灯泡照射钾表面，把钾原子视为直径为 1 Å 的圆盘。试根据光的波动理论计算每个原子吸收相当于 2.21 eV 的能量所需的时间。

解：把灯泡当做一个点光源，在距离灯泡 1 m 处，在单位时间内、单位球面积上所接受的光能应为

$$\frac{100\ \text{W}\times0.05}{4\pi\times(1\ \text{m})^2} = \frac{5}{4\pi}\ \text{J/s}\cdot\text{m}^2 = 0.4\ \text{J/(s}\cdot\text{m}^2)$$

投射到每个钾原子上的功率应为

$$0.4\ \text{J/(s}\cdot\text{m}^2)\times\pi\times\left(\frac{1\times10^{-10}}{2}\text{m}\right)^2 = 3.14\times10^{-21}\ \text{W}$$

所以积累 2.21 eV 的能量，所需时间为

$$t = \frac{2.21\times1.6\times10^{-19}\ \text{J}}{3.14\times10^{-21}} \approx 1.13\times10^{2}\ \text{s}$$

例 4 以 $\lambda = 1.00$ Å 的 X 射线射向石墨，求：

① 与 X 射线方向成 90° 的散射方向上，康普顿波长移动 $\Delta\lambda$ 有多大？

② 分配给电子的动能有多大？

解：① $\Delta\lambda = \dfrac{h}{m_0c}(1-\cos\phi)$ ，$\phi = 90°, (1-\cos\phi) = 1$ ，所以

$$\Delta\lambda = \frac{h}{m_0c} = 0.024\,3\ \text{Å} = 2.43\times10^{-12}\ \text{m}$$

② 用 K 表示电子所得到的动能，按能量守恒，应有 $\dfrac{hc}{\lambda_0} = \dfrac{hc}{\lambda_0} + K$ ；又因 $\lambda = \lambda_0 + \Delta\lambda$ ，则有

$$\frac{hc}{\lambda_0} = \frac{hc}{\lambda_0 + \Delta\lambda} + K$$

所以

$$K=\frac{hc}{\lambda_0}-\frac{hc}{\lambda_0+\Delta\lambda}=\frac{hc\Delta\lambda}{\lambda_0(\lambda_0+\Delta\lambda)}$$

以数字代入，得

$$K=\frac{6.63\times10^{-34}\times3\times10^{8}\times2.43\times10^{-12}}{1.00\times10^{-10}\times(1.00+0.0243)\times10^{-10}}=4.78\times10^{-10}\text{ J}$$

相当于 2.95×10^{2} eV。

例 5 为使电子的德布罗意波长为 1 Å，需要多大的加速电压？

解：根据 $\frac{1}{2}m_0v^2=eV$，及 $\frac{1}{2}m_0v^2=\frac{1}{2}\frac{m_0^2v^2}{m_0}=\frac{1}{2}\frac{p^2}{m_0}$，由 $p=h/\lambda$，得到 $\frac{1}{2}m_0v^2=\frac{1}{2m_0}\left(\frac{h}{\lambda}\right)^2=eV$。把 $\lambda=1$ Å 及 e、m_0、h 各量代入，解得 V 为

$$V=\frac{h^2}{2m_0e\lambda^2}=\frac{(6.63\times10^{-34}\text{ J/s})^2}{2\times9.11\times10^{-31}\text{ kg}\times1.6\times10^{-19}\text{ C}\times(1\times10^{-10}\text{ m})^2}$$
$$=151\text{ V}$$

注意：电子的动能应为 151 eV，相当于 $1.6\times10^{-19}\text{ C}\times151\text{ V}=241.6\times10^{-19}$ J，与电子的静能 $m_0c^2=9.11\times10^{-31}\text{ kg}\times(3\times10^{8}\text{ m/s})^2=82\times10^{-15}\text{ J}=\frac{82\times10^{-15}}{1.6\times10^{-19}}=0.51\times10^{6}$ eV 相比，可见电子的动能甚小，这表明在计算电子动能时，不考虑 m 随速度 v 的改变是可以允许的。或者说，由电子动能等于 241.6×10^{-19} J，可以算出电子速度为 7.3×10^{6} m/s，所以 $v/c=2.43\times10^{-2}$，$\left(\frac{v}{c}\right)^2$ 是 10^{-4} 量级，$m=\frac{m_0}{\sqrt{1-v^2/c^2}}$ 的分母仍可看作为 1。下面的一个题目要说明的正是 m 随 v 的变化，如何求得动能与动量的关系。

例 6 在必须考虑 $m=\frac{m_0}{\sqrt{1-v^2/c^2}}$ 的情况下，如何求得相对论中的能量与动量的关系？

解：把 $m=\frac{m_0}{\sqrt{1-v^2/c^2}}$ 两边平方，得到

$$m^2=m_0^2(1-v^2/c^2)^{-1}$$

两边同乘以 $(1-v^2/c^2)c^4$，得到

$$m^2c^4(1-v^2/c^2)=m_0^2c^4$$

$$m^2c^4-m^2v^2c^2=m_0^2c^4 \qquad \text{(A)}$$

因 $p=mv$，所以 $m^2v^2c^2=(pc)^2$

令 $E=mc^2$；$E_0=m_0c^2$（静能），由（A），得到

$$E^2=(pc)^2+E_0^2 \qquad \text{(B)}$$

注意：按相对论，物体的动能 $K=mc^2-m_0c^2$，故

$$K+m_0c^2=mc^2 \qquad \text{(C)}$$

代回（B），得

$$(K+m_0c^2)^2=(pc)^2+(m_0c^2)^2 \qquad \text{(D)}$$

当物体高速运动，其速度 v 相对于光速 c 不能忽略时，必须利用上式。

例 7 计算波长为 0.5×10^{-15} m 的质子能量。

解：先求质子的静能 m_0c^2，已知质子的静质量 m_0 为 1.673×10^{-27} kg，则 $m_0c^2=1.673\times10^{-27}\times(2.99\times10^{8})^2=14.95\times10^{-11}\text{ J}=938\times10^{6}$ eV（938 MeV）。

再由 $\lambda=\dfrac{h}{p}=\dfrac{hc}{pc}$，求出 pc，把 $\lambda=0.5\times10^{-15}$ m 代入，$\lambda=0.5\times10^{-15}=\dfrac{6.63\times10^{-34}\ \text{J}\cdot\text{s}\times2.99\times10^{8}\text{m}\cdot\text{s}}{pc}$ 得

$pc=\dfrac{19.82\times10^{-26}\ \text{J}\cdot\text{s}}{0.5\times10^{-15}\ \text{m}}=39.64\ \text{J}\approx24.8\times10^{8}\ \text{eV}$（约 2 480 MeV），已求得 $E_0=m_0c^2$ 为 938 MeV，所以必须利用上面的公式（B），可以解出，得 $E^2=(2\,480\times10^6)^2+(938\times10^6)^2$

解出，得 $E=2\,650\times10^6\ \text{eV}$，再利用

$$K=E-E_0=2\,650\times10^6-938\times10^6=1\,712\times10^6\ \text{eV}$$

例 8 设有一个质量为 0.2 g 的粒子，以±1 μm/s 的精确度去测量它的 x 方向的速度分量。如此，沿 x 方向确定该粒子位置所能达到的精确度的极限是多少？

解：根据速度测量的精确度为±1 μm/s，所以 Δv_x 应为 2 μm/s=2×10^{-6} m/s，Δp_x=2×10^{-4} kg×2×10^{-6} m/s=4×10^{-10} kg・m/s。根据 $\Delta p_x\Delta x\geqslant\dfrac{h}{4\pi}$，可得

$$\Delta x=\frac{h}{4\pi\Delta p_x}=\frac{6.63\times10^{-4}}{4\pi\times4\times10^{-10}}=1.32\times10^{-25}\ \text{m}$$

例 9 如果一个原子处于某激发态的时间平均为 10^{-11} s，试求这个能量状态的能量的最小不确定量。

解：根据 $\Delta E\Delta t\geqslant\dfrac{h}{4\pi}$，为求能量的最小不确定量，取等号，则

$$\Delta E=\frac{h}{4\pi\Delta t}=\frac{6.63\times10^{-34}}{4\pi\times10^{-11}}=0.53\times10^{-23}\ \text{J}$$

相当于 $0.53\times10^{-23}/1.6\times10^{-19}=3.3\times10^{-5}\ \text{eV}$。

例 10 一个光子的波长为 3 000 Å，如测量此波长的精确度为 10^{-6}，试求此光子位置的不确定量。

解：光子动量 $p=h/\lambda=6.63\times10^{-34}/3\,000\times10^{-10}=2.21\times10^{-27}\ \text{kg}\cdot\text{m/s}$，动量的不确定（取绝对值）$\Delta p=|-h/\lambda^2|\Delta\lambda=p\Delta\lambda/\lambda$，$\Delta\lambda/\lambda$ 的值题示为 10^{-6}，所以 $\Delta p=p\times10^{-6}=2.21\times10^{-27}\times10^{-6}=2.21\times10^{-33}\ \text{kg}\cdot\text{m/s}$，所以，

$$\Delta x=\frac{h}{4\pi\Delta p}=\frac{6.63\times10^{-34}}{4\pi\times2.21\times10^{-33}}=0.239\times10^{-1}\text{m}=23.9\ \text{mm}$$

例 11 在 0 K 附近，钠的价电子能量约为 3 eV，求其德布罗意波长。

解 根据德布罗意波粒二象性的关系，可知 $E=h\nu$，$P=\dfrac{h}{\lambda}$

如果所考虑的粒子是非相对论性的电子（$E_{动}\ll\mu_ec^2$），那么

$$E=\frac{p^2}{2\mu_e}$$

如果我们考察的是相对性的光子，那么 $E=pc$。

注意到本题所考虑的钠的价电子的动能仅为 3 eV，远远小于电子的质量与光速平方的乘积，即 $0.51\times10^6\ \text{eV}$，因此利用非相对论性的电子的能量—动量关系式，这样就有：

$$\begin{aligned}\lambda&=\frac{h}{p}=\frac{h}{\sqrt{2\mu_eE}}=\frac{hc}{\sqrt{2\mu_ec^2E}}\\&=\frac{1.24\times10^{-6}}{\sqrt{2\times0.51\times10^6\times3}}\ \text{m}\\&=0.71\times10^{-9}\ \text{m}\\&=0.71\ \text{nm}\end{aligned}$$

在这里，利用了 $hc = 1.24\times10^{-6}$ eV • m 以及

$$\mu_e c^2 = 0.51\times10^6 \text{ eV}$$

最后，对 $\lambda = \dfrac{hc}{\sqrt{2\mu_e c^2 E}}$ 讨论，从上式可以看出，当粒子的质量越大时，这个粒子的波长就越短，因而这个粒子的波动性较弱，而粒子性较强；同样的，当粒子的动能越大时，这个粒子的波长就越短，因而这个粒子的波动性较弱，而粒子性较强，由于宏观世界的物体质量普遍很大，因而波动性极弱，显现出来的都是粒子性，这种波粒二象性，从某种意义来说，只有在微观世界才能显现。

例 12 氦原子的动能是 $E = \dfrac{3}{2}kT$（k 为玻尔兹曼常数），求 T=1 K 时，氦原子的德布罗意波长。

解 根据

$$1k \bullet \text{K} = 10^{-3} \text{ eV}$$

知本题的氦原子的动能为

$$E = \frac{3}{2}kT = \frac{3}{2}k \bullet \text{K} = 1.5\times10^{-3} \text{ eV}$$

显然远远小于 $\mu_{核}c^2$，这样便有

$$\begin{aligned}\lambda &= \frac{hc}{\sqrt{2\mu_{核}c^2 E}} \\ &= \frac{1.24\times10^{-6}}{\sqrt{2\times3.7\times10^9\times1.5\times10^{-3}}} \text{ m} \\ &= 0.37\times10^{-9} \text{ m} \\ &= 0.37 \text{ nm}\end{aligned}$$

这里利用了 $\mu_{核}c^2 = 4\times931\times10^6 \text{ eV} = 3.7\times10^9 \text{ eV}$。

对德布罗意波长与温度的关系作一讨论：由某种粒子构成的温度为 T 的体系，其中粒子的平均动能的数量级为 kT，这样，其相应的德布罗意波长就为

$$\lambda = \frac{hc}{\sqrt{2\mu c^2 E}} = \frac{hc}{\sqrt{2\mu k c^2 T}}$$

由此可知，当体系的温度越低，相应的德布罗意波长就越长，这时这种粒子的波动性就越明显，特别是当波长长到比粒子间的平均距离还长时，粒子间的相干性就尤为明显，因此这时就能用经典的描述粒子统计分布的玻尔兹曼分布，而必须用量子的描述粒子的统计分布——玻色分布或费米分布。

例 13 当无磁场时，在金属中的电子的势能可近似视为

$$U(x) = \begin{cases} 0, & x \leqslant 0 \quad (\text{在金属内部}) \\ U_0, & x \geqslant 0 \quad (\text{在金属外部}) \end{cases}$$

其中 $U_0 > 0$，求电子在均匀场外电场作用下穿过金属表面的透射系数。

解：设电场强度为 ε，方向沿 x 轴负向，则总势能为

$$V(x) = -e\varepsilon x \quad (x \leqslant 0),$$
$$V(x) = U_0 - e\varepsilon x \quad (x \geqslant 0)$$

则透射系数为

$$D \approx e\left[-\frac{2}{\hbar}\int_{x_2}^{x_1}\sqrt{2\mu(U_0 - e\varepsilon x - E)}\,\mathrm{d}x\right]$$

式中 E 为电子能量。$x_1 = 0$，x_2 由下式确定

$$p=\sqrt{2\mu(U_0-e\varepsilon\, x-E)}=0$$

$$x_2=\frac{U_0-E}{e\varepsilon}$$

令 $x=\frac{U_0-E}{e\varepsilon}\sin^2\theta$，则有

$$\int_{x_2}^{x_1}\sqrt{2\mu(U_0-e\varepsilon\, x-E)}\,\mathrm{d}x=\int_0^{2\pi}\sqrt{2\mu(U_0-E)}\cdot\frac{U_0-E}{e\varepsilon}2\sin^2\theta\,\mathrm{d}\theta$$

$$=2\frac{U_0-E}{e\varepsilon}\sqrt{2\mu(U_0-E)}\left(-\frac{\cos^3\theta}{3}\right)\Bigg|_0^{2\pi}$$

$$=\frac{2}{3}\frac{U_0-E}{e\varepsilon}\sqrt{2\mu(U_0-E)}$$

所以，透射系数 $D\approx e\left[-\frac{2}{3\hbar}\frac{U_0-E}{e\varepsilon}\sqrt{2\mu(U_0-E)}\right]$。

例 14 一维运动粒子处于 $\psi(x)=\begin{cases}Ax\mathrm{e}^{-\lambda x} & (x>0)\\ 0 & (x\leqslant 0)\end{cases}$

的状态，式中 $\lambda>0$，求

（1）归一化因子 A；

（2）粒子的几率密度；

（3）粒子出现在何处的几率最大？

解：（1） $\int_{-\infty}^{\infty}\psi^*(x)\psi(x)\mathrm{d}x=A^2\int_0^{\infty}x^2\mathrm{e}^{-2\lambda x}\mathrm{d}x$

令 $\xi=2\lambda x$，则

$$A^2\int_0^{\infty}x^2\mathrm{e}^{-2\lambda x}\mathrm{d}x=\frac{A^2}{8\lambda^3}\int_0^{\infty}\xi^2\mathrm{e}^{-\xi}\mathrm{d}\xi$$

$$=\frac{A^2}{8\lambda^3}\Gamma(3)=\frac{A^2}{8\lambda^3}\times 2!=\frac{A^2}{4\lambda^3}$$

由归一化的定义

$$\int_{-\infty}^{\infty}\psi^*(x)\psi(x)\mathrm{d}x=1$$

得

$$A=2\lambda^{3/2}$$

（2）粒子的几率密度

$$P(x)=\psi^*(x)\psi(x)=4\lambda^3x^2\mathrm{e}^{-2\lambda x}$$

（3）在极值点，由一阶导数

$$\frac{\mathrm{d}P(x)}{\mathrm{d}x}=0$$

可得方程

$$x(1-\lambda x)\mathrm{e}^{-2\lambda x}=0$$

而方程的根

$$x=0;\quad x=\infty;\quad x=1/\lambda$$

即为极值点。几率密度在极值点的值

$$P(0)=0;\quad \lim_{x\to\infty}P(x)=0;\quad P(1/\lambda)=4\lambda\mathrm{e}^{-2}$$

由于 $P(x)$ 在区间（0，$1/\lambda$）的一阶导数大于零，是升函数；在区间（$1/\lambda$，∞）的一阶导数小于零，

是减函数，故几率密度的最大值为$4\lambda e^{-2}$，出现在$x=1/\lambda$处。

例 15 一维线性谐振子处于状态

$$\psi(x,t)=A\mathrm{e}^{-\frac{1}{2}\alpha^2x^2-\frac{1}{2}\mathrm{i}\omega t}$$

（1）求归一化因子A；

（2）求谐振子坐标x的平均值；

（3）求谐振子势能的平均值。

解：（1）
$$\begin{aligned}\int_{-\infty}^{\infty}\psi^*\psi\,\mathrm{d}x&=A^2\int_{-\infty}^{\infty}\mathrm{e}^{-\alpha^2x^2}\mathrm{d}x\\&=2A^2\int_0^{\infty}\mathrm{e}^{-\alpha^2x^2}\mathrm{d}x\\&=\frac{2A^2}{\alpha}\int_0^{\infty}\mathrm{e}^{-\xi^2}\mathrm{d}\xi\\&=\frac{A^2\sqrt{\pi}}{\alpha}\end{aligned}$$

由归一化的定义

$$\int_{-\infty}^{\infty}\psi^*\psi\mathrm{d}x=1$$

得

$$A=\sqrt{\frac{\alpha}{\sqrt{\pi}}}$$

（2）$\bar{x}=\int_{-\infty}^{\infty}xP(x)\mathrm{d}x=A^2\int_{-\infty}^{\infty}x\mathrm{e}^{-\alpha^2x^2}\mathrm{d}x$

因被积函数是奇函数，在对称区间上积分应为 0，故

$$\bar{x}=0$$

（3）
$$\begin{aligned}\bar{U}&=\int_{-\infty}^{\infty}U(x)P(x)\mathrm{d}x\\&=\int_{-\infty}^{\infty}\frac{1}{2}kx^2\frac{\alpha}{\sqrt{\pi}}\mathrm{e}^{-\alpha^2x^2}\mathrm{d}x\\&=\frac{k\alpha}{\sqrt{\pi}}\int_0^{\infty}x^2\mathrm{e}^{-\alpha^2x^2}\mathrm{d}x\\&=\frac{k}{\alpha^2\sqrt{\pi}}\int_0^{\infty}\xi^2\mathrm{e}^{-\xi^2}\mathrm{d}\xi\\&=\frac{k}{\alpha^2\sqrt{\pi}}\frac{1}{2}\left[-\xi\mathrm{e}^{-\xi^2}\Big|_0^{\infty}+\int_0^{\infty}\mathrm{e}^{-\xi^2}\mathrm{d}\xi\right]\\&=\frac{k}{\alpha^2\sqrt{\pi}}\frac{1}{2}\int_0^{\infty}\mathrm{e}^{-\xi^2}\mathrm{d}\xi\\&=\frac{k}{\alpha^2\sqrt{\pi}}\frac{1}{2}\frac{\sqrt{\pi}}{2}\\&=\frac{k}{4\alpha^2}\end{aligned}$$

将$k=\mu\omega^2$、$\alpha^2=\dfrac{\mu\omega}{\hbar}$代入，可得

$$\bar{U}=\frac{1}{4}\hbar\omega=\frac{1}{2}E_0$$

是总能量的一半，由能量守恒定律

$$E_0=\bar{T}+\bar{U}$$

可知动能平均值

$$\bar{T} = E_0 - \bar{U} = \frac{1}{2}E_0 = \bar{U}$$

和势能平均值相等，也是总能量的一半。

例 16 设把宽为 a 的一维无限深势阱的坐标原点取在势阱中点，有

$$U(x) = \begin{cases} 0, & (|x| < a/2) \\ \infty, & (|x| \geqslant a/2) \end{cases}$$

试通过具体解定态薛定谔方程，证明势阱中粒子的波函数为

$$\psi_n(x) = \begin{cases} \sqrt{\frac{2}{a}}\cos\frac{n\pi}{a}x, & n = 1,3,5,\cdots \\ \sqrt{\frac{2}{a}}\sin\frac{n\pi}{a}x, & n = 2,4,6,\cdots \end{cases} \qquad |x| \leqslant a/2$$

粒子的能量为

$$E_n = \frac{\pi^2\hbar^2}{2\mu a^2}n^2, \qquad n = 1,2,3,4,\cdots$$

证明： 势函数与时间无关，是定态问题。

由于是无限深势阱，粒子不可能到达阱外，因此在阱外

$$\psi(x) = 0, \qquad |x| \geqslant a/2$$

在阱内，波函数满足定态薛定谔方程

$$-\frac{\hbar^2}{2\mu}\psi''(x) = E\psi(x) \qquad |x| \leqslant a/2$$

上式可变形为

$$\psi''(x) + \frac{2\mu E}{\hbar^2}\psi(x) = 0$$

令 $k^2 = \frac{2\mu E}{\hbar^2}$，则方程化为

$$\psi''(x) + k^2\psi(x) = 0$$

该方程的通解为

$$\psi(x) = A\sin kx + B\cos kx$$

在边界上，波函数应满足连续性条件，即

$$\psi(x)\big|_{x=-a/2} = 0$$
$$\psi(x)\big|_{x=+a/2} = 0$$

将通解代入有

$$-A\sin\frac{ka}{2} + B\cos\frac{ka}{2} = 0$$
$$A\sin\frac{ka}{2} + B\cos\frac{ka}{2} = 0$$

由此可得

$$A\sin\frac{ka}{2} = 0$$
$$B\cos\frac{ka}{2} = 0$$

A 和 B 不能同时为零，否则解无意义。$A \neq 0$，则必有

$$\sin\frac{ka}{2} = 0 \;\Rightarrow\; k_n = \frac{n\pi}{a}, \qquad n = 2,4,6,\cdots$$

$B \neq 0$，则必有

$$\cos\frac{ka}{2}=0 \quad \Rightarrow \quad k_n=\frac{n\pi}{a}, \qquad n=1,3,5,\cdots$$

由此可得方程的解为

$$\psi_n(x)=\begin{cases} B\cos\dfrac{n\pi}{a}x, & n=1,3,5,\cdots \\ A\sin\dfrac{n\pi}{a}x, & n=2,4,6,\cdots \end{cases}$$

由归一化条件

$$\int_{-\infty}^{\infty}\psi_n^*\psi_n \mathrm{d}x=1$$

可知

$$A^2\int_{-a/2}^{a/2}\left(\sin\frac{n\pi}{a}x\right)^2\mathrm{d}x=A^2a/2=1$$

$$B^2\int_{-a/2}^{a/2}\left(\cos\frac{n\pi}{a}x\right)^2\mathrm{d}x=B^2a/2=1$$

解得

$$A=B=\sqrt{2/a}$$

故在阱内的波函数为

$$\psi_n(x)=\begin{cases} \sqrt{\dfrac{2}{a}}\cos\dfrac{n\pi}{a}x, & n=1,3,5,\cdots \\ \sqrt{\dfrac{2}{a}}\sin\dfrac{n\pi}{a}x, & n=2,4,6,\cdots \end{cases}$$

粒子的能量

$$E_n=\frac{k^2\hbar^2}{2\mu}=\frac{\pi^2\hbar^2}{2\mu a^2}n^2, \qquad n=1,2,3,4,\cdots$$

波函数的两个表达式还可统一为一个表达式

$$\psi_n(x)=\sqrt{\frac{2}{a}}\sin\frac{n\pi}{a}\left(x+\frac{a}{2}\right), \qquad n=1,2,3,\cdots$$

书中例题与习题的不同是将坐标原点取在势阱的左边界上，其解为

$$\psi_n(x)=\sqrt{\frac{2}{a}}\sin\frac{n\pi}{a}x, \qquad n=1,2,3,\cdots$$

因此只要作坐标平移代换 $x=x_1+\dfrac{a}{2}$，将坐标原点移到势阱中心，立即可得到习题的结果。

例 17 带电荷 q 的一维谐振子在外电场 E 作用下运动，$U(x)=(\mu\omega^2x^2/2)-qEx$，试证明粒子的能量和波函数分别为

$$E_n=\left(n+\frac{1}{2}\right)\hbar\omega-\frac{q^2E^2}{2\mu\omega^2}$$

$$\psi_n(x)=N_n\mathrm{e}^{-\frac{1}{2}\alpha^2x_1^2}H_n(\alpha x_1), \qquad x_1=x-\frac{qE}{\mu\omega^2}$$

证明：势函数与时间无关，是定态问题。定态薛定谔方程为

$$-\frac{\hbar^2}{2u}\psi''(x)+\left(\frac{1}{2}\mu\omega^2x^2-qEx\right)\psi(x)=E\psi(x)$$

上式可改写为

$$-\frac{\hbar^2}{2u}\psi''(x)+\frac{1}{2}\mu\omega^2(x^2-2\frac{qE}{\mu\omega^2}x+\frac{q^2E^2}{\mu^2\omega^4})\psi(x)-\frac{q^2E^2}{2\mu\omega^2}\psi(x)=E\psi(x)$$

即

$$-\frac{\hbar^2}{2u}\psi''(x)+\frac{1}{2}\mu\omega^2\left(x-\frac{qE}{\mu\omega^2}\right)^2=\left(E+\frac{q^2E^2}{2\mu\omega^2}\right)\psi(x)$$

作代换 $x_1=x-\dfrac{qE}{\mu\omega^2}$，$E_\beta=E+\dfrac{q^2E^2}{2\mu\omega^2}$，则方程化为标准的一维谐振子方程

$$-\frac{\hbar^2}{2u}\psi''(x_1)+\frac{1}{2}\mu\omega^2x_1{}^2=E_\beta\psi(x_1)$$

其解为

$$\psi_n(x_1)=N_n\mathrm{e}^{-\frac{1}{2}\alpha^2x_1^2}H_n(\alpha x_1)$$

能量为

$$E_{\beta n}=\left(n+\frac{1}{2}\right)\hbar\omega$$

代换回去得能量

$$E=E_{\beta n}-\frac{q^2E^2}{2\mu\omega^2}=\left(n+\frac{1}{2}\right)\hbar\omega-\frac{q^2E^2}{2\mu\omega^2}$$

波函数

$$\psi_n(x)=N_n\mathrm{e}^{-\frac{1}{2}\alpha^2x_1^2}H_n(\alpha x_1),\qquad x_1=x-\frac{qE}{\mu\omega^2}$$

我们看一下谐振子所受的力

$$F=\frac{\mathrm{d}U(x)}{\mathrm{d}x}=\mu\omega^2x-qE=\mu\omega^2\left(x-\frac{qE}{\mu\omega^2}\right)=\mu\omega^2x_1$$

由 $F=0$ 可知谐振子的平衡点不再是

$$x=0$$

而是平移到

$$x=\frac{qE}{\mu\omega^2}$$

作代换 $x_1=x-\dfrac{qE}{\mu\omega^2}$，无非是将坐标原点移到新的平衡点 $\dfrac{qE}{\mu\omega^2}$，移到新的平衡点后，与标准谐振子的力函数表达式完全相同。

例 18 有一维势垒如下图所示，自由粒子沿 $+x$ 方向向势垒运动，$E\ll U_0$，求粒子的透射系数 D。提示：写出 $U(x)$ 表达式；令 $U(x)=E$，解出积分限 b；利用式（2-104）得 D，并注意简化运算。

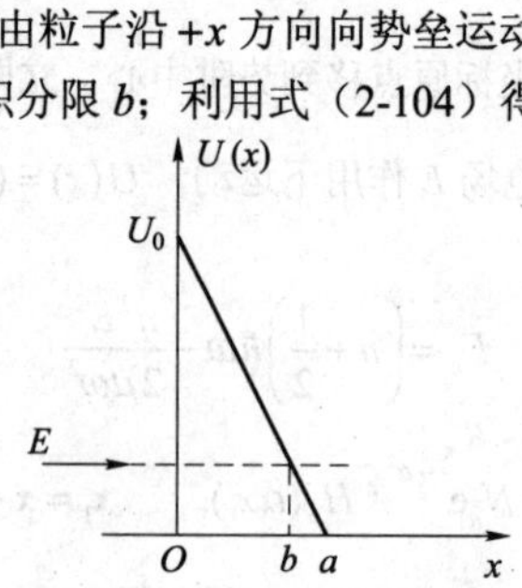

解:

$$U(x)=\begin{cases}U_0(1-x/a), & 0\leqslant x\leqslant a\\ 0, & x<0,x>a\end{cases}$$

$$
\begin{aligned}
D &= D_0 e^{\int_0^b -\frac{2}{\hbar}\sqrt{2\mu[U(x)-E]}\,dx} \\
&= D_0 e^{\int_0^b -\frac{2}{\hbar}\sqrt{2\mu[U_0(1-x/a)-E]}\,dx} \\
&= D_0 e^{\int_0^b -\frac{2\sqrt{2\mu}}{\hbar}\sqrt{U_0-E-\frac{U_0}{a}x}\,dx} \\
&= D_0 e^{\int_0^b \frac{2a\sqrt{2\mu}}{U_0\hbar}\sqrt{U_0-E-\frac{U_0}{a}x}\,d\left(-\frac{U_0}{a}x\right)} \\
&= D_0 e^{\frac{4a\sqrt{2\mu}}{3U_0\hbar}\left[\left(U_0-E-\frac{U_0}{a}b\right)^{3/2}-(U_0-E)^{3/2}\right]}
\end{aligned}
$$

由
$$E = U_0(1-b/a) = U_0 - \frac{U_0}{a}b$$

可得
$$U_0 - E - \frac{U_0}{a}b = 0$$

故
$$D = D_0 e^{-\frac{4a\sqrt{2\mu}}{3U_0\hbar}(U_0-E)^{3/2}}$$

例 19 粒子在三维无限深势阱

$$U(x,y,z)=\begin{cases}0, & (|x|<a/2, |y|<b/2, |z|<c/2) \\ \infty, & (|x|\geqslant a/2, |y|\geqslant b/2, |z|\geqslant c/2)\end{cases}$$

中运动，求粒子的波函数和能量。

解：势能不含时间是定态问题。在阱外，波函数

$$\psi(x,y,z)=0, \qquad |x|\geqslant a/2, |y|\geqslant b/2, |z|\geqslant c/2$$

在阱内，波函数满足定态薛定谔方程

$$-\frac{\hbar^2}{2\mu}\nabla^2\psi(x,y,z)=E\psi(x,y,z) \qquad |x|\leqslant a/2, |y|\leqslant b/2, |z|\leqslant c/2$$

令 $k^2=\frac{2\mu E}{\hbar^2}$，则方程可化为标准形式

$$\nabla^2\psi(x,y,z)+k^2\psi(x,y,z)=0$$

令

$$\psi(x,y,z)=X(x)Y(x)Z(z)$$

代入方程有

$$YZ\frac{d^2}{dx^2}X+XZ\frac{d^2}{dy^2}Y+XY\frac{d^2}{dz^2}Z+k^2XYZ=0$$

除以 XYZ，可得

$$\frac{1}{X}\frac{d^2}{dx^2}X+\frac{1}{Y}\frac{d^2}{dy^2}Y+\frac{1}{Z}\frac{d^2}{dz^2}Z+k^2=0$$

要使上式成立，必然有

$$
\begin{aligned}
\frac{1}{X}\frac{d^2}{dx^2}X &= -k_x^2 \\
\frac{1}{Y}\frac{d^2}{dy^2}Y &= -k_y^2 \\
\frac{1}{Z}\frac{d^2}{dz^2}Z &= -k_z^2
\end{aligned}
$$

即

$$\frac{d^2}{dx^2}X+k_x^2X=0$$
$$\frac{d^2}{dy^2}Y+k_y^2Y=0$$
$$\frac{d^2}{dz^2}Z+k_z^2Z=0$$

由波函数的连续性可知在边界上

$$X(-a/2)=X(a/2)=0$$
$$Y(-b/2)=Y(b/2)=0$$
$$Z(-c/2)=Z(c/2)=0$$

由方程和边界条件可得

$$X_n(x)=\begin{cases}A\cos\frac{n\pi}{a}x, & n=1,3,5,\cdots\\ A'\sin\frac{n\pi}{a}x, & n=2,4,6,\cdots\end{cases}$$

$$Y_m(y)=\begin{cases}B\cos\frac{m\pi}{b}x, & m=1,3,5,\cdots\\ B'\sin\frac{m\pi}{b}x, & m=2,4,6,\cdots\end{cases}$$

$$Z_l(x)=\begin{cases}C\cos\frac{l\pi}{c}x, & l=1,3,5,\cdots\\ C'\sin\frac{l\pi}{c}x, & l=2,4,6,\cdots\end{cases}$$

由归一化条件可得

$$A=A'=\sqrt{\frac{2}{a}};\quad B=B'=\sqrt{\frac{2}{b}};\quad C=C'=\sqrt{\frac{2}{c}}$$

$$X_n(x)=\begin{cases}\sqrt{\frac{2}{a}}\cos\frac{n\pi}{a}x, & n=1,3,5,\cdots\\ \sqrt{\frac{2}{a}}\sin\frac{n\pi}{a}x, & n=2,4,6,\cdots\end{cases}$$

$$Y_m(y)=\begin{cases}\sqrt{\frac{2}{b}}\cos\frac{m\pi}{b}x, & m=1,3,5,\cdots\\ \sqrt{\frac{2}{b}}\sin\frac{m\pi}{b}x, & m=2,4,6,\cdots\end{cases}$$

$$Z_l(x)=\begin{cases}\sqrt{\frac{2}{c}}\cos\frac{l\pi}{c}x, & l=1,3,5,\cdots\\ \sqrt{\frac{2}{c}}\sin\frac{l\pi}{c}x, & l=2,4,6,\cdots\end{cases}$$

或

$$X_n(x)=\sqrt{\frac{2}{a}}\sin\frac{n\pi}{a}\left(x+\frac{a}{2}\right),\qquad n=1,2,3,\cdots$$

$$Y_m(y)=\sqrt{\frac{2}{b}}\sin\frac{m\pi}{b}\left(y+\frac{b}{2}\right),\qquad m=1,2,3,\cdots$$

$$Z_l(z)=\sqrt{\frac{2}{c}}\sin\frac{l\pi}{c}\left(z+\frac{c}{2}\right),\qquad l=1,2,3,\cdots$$

波函数

$$\psi_{nml}(x,y,z)=\sqrt{\frac{8}{abc}}\sin\frac{n\pi}{a}\left(x+\frac{a}{2}\right)\sin\frac{m\pi}{b}\left(y+\frac{b}{2}\right)\sin\frac{l\pi}{c}\left(z+\frac{c}{2}\right),$$

$$n=1,2,\cdots;m=1,2,\cdots;l=1,2,\cdots$$

能量

$$E_{nml}=\frac{\hbar^2}{2\mu}k^2=\frac{\pi^2\hbar^2}{2\mu}(k_x^2+k_y^2+k_z^2)=\frac{\pi^2\hbar^2}{2\mu}\left(\frac{n^2}{a^2}+\frac{m^2}{b^2}+\frac{l^2}{c^2}\right)$$

第 3 章　力学量的算符

在量子力学的运算过程中，经典力学量以相应的运算符号的形式出现。在这一章将会看到，有了某一力学量的运算符号，就可以对处于态 $\boldsymbol{\Psi}(\boldsymbol{r},t)$ 中的粒子，用坐标表示的波函数 $\boldsymbol{\Psi}(\boldsymbol{r},t)$ 计算该力学量的平均值，使对该态粒子物理性质的描述更具体化。特别是，通过解某力学量算符（运算符号的简称）的本征方程，可得到该力学量的各种量子化取值。算符是用来进行某种数学运算的符号。例如，算符 $(\partial/\partial x)^2=\partial^2/\partial x^2$ 作用在 $\boldsymbol{\Psi}(\boldsymbol{r})$ 上，就是进行 $\partial^2\psi/\partial x^2$ 的运算。不过，对量子力学中用来代表力学量的算符，还有一些特殊要求，并应具有一些特殊性质。

§3–1　算符的引入

引入自由粒子的薛定谔方程时，曾得到

$$\mathrm{i}\hbar\frac{\partial}{\partial t}\Psi=E\Psi \tag{3-1}$$

$$-\hbar^2\nabla^2\Psi=p^2\Psi \tag{3-2}$$

分别比较这两个方程的各自两端，可以发现一个很有意思的等效关系：从对 $\boldsymbol{\Psi}$ 的运算效果看，算符 $\mathrm{i}\hbar\partial/\partial t$ 与粒子能量 E 等效，算符 $-\hbar^2\nabla^2$ 与粒子的 p^2 等效，即

$$\mathrm{i}\hbar\frac{\partial}{\partial t}\xleftrightarrow{\text{等效}}E$$

$$-\hbar^2\nabla^2\xleftrightarrow{\text{等效}}p^2$$

对式（3-2）两边同除以 2μ，得

$$-\frac{\hbar^2}{2\mu}\nabla^2\Psi=\frac{p^2}{2\mu}\Psi=T\Psi \tag{3-3}$$

式中 T 为粒子动能。可见，算符 $-\hbar^2\nabla^2/2\mu$ 的运算效果与动能 T 等效

$$-\frac{\hbar^2}{2\mu}\nabla^2\longleftrightarrow T$$

式（3-2）还可写成

$$[(-\mathrm{i}\hbar\nabla)\cdot(-\mathrm{i}\hbar\nabla)]\Psi=[\boldsymbol{p}\cdot\boldsymbol{p}]\Psi \tag{3-4}$$

可见，算符 $-\mathrm{i}\hbar\nabla$ 与粒子的动量 $\boldsymbol{p}$ 在运算效果上等效

$$-\mathrm{i}\hbar\nabla\longleftrightarrow\boldsymbol{p}$$

由定态薛定谔方程

$$\left[-\frac{\hbar^2}{2\mu}\nabla^2+U(\boldsymbol{r})\right]\psi(\boldsymbol{r})=E\psi(\boldsymbol{r}) \tag{3-5}$$

又可得出，算符 $-\hbar^2\nabla^2/2\mu+U(\boldsymbol{r})$ 与粒子的能量 E 等效

$$-\frac{\hbar^2}{2\mu}\nabla^2+U(\boldsymbol{r})\longleftrightarrow E$$

在量子力学中出现的力学量都有与该力学量在运算效果上等效的算符。以后，在力学量符号的上方加上一个“^”号，用来简化表示该量的算符。现在把上面已得到的力学量算符归纳如下：

$$\begin{aligned}\hat{\boldsymbol{p}}&=-\mathrm{i}\hbar\nabla\\&=-\mathrm{i}\hbar\left(\frac{\partial}{\partial x}\boldsymbol{i}+\frac{\partial}{\partial y}\boldsymbol{j}+\frac{\partial}{\partial z}\boldsymbol{k}\right)\\&=\hat{p}_x\boldsymbol{i}+\hat{p}_y\boldsymbol{j}+\hat{p}_z\boldsymbol{k}\end{aligned} \tag{3-6}$$

$$\hat{p}_x=-\mathrm{i}\hbar\frac{\partial}{\partial x},\quad \hat{p}_y=-\mathrm{i}\hbar\frac{\partial}{\partial y},\quad \hat{p}_z=-\mathrm{i}\hbar\frac{\partial}{\partial z} \tag{3-7}$$

$$\hat{p}^2=(-\mathrm{i}\hbar\nabla)\cdot(-\mathrm{i}\hbar\nabla)=-\hbar^2\nabla^2 \tag{3-8}$$

$$\hat{U}(\boldsymbol{r})=U(\boldsymbol{r}) \tag{3-9}$$

$$\hat{\boldsymbol{r}}=\hat{x}\boldsymbol{i}+\hat{y}\boldsymbol{j}+\hat{z}\boldsymbol{k}=x\boldsymbol{i}+y\boldsymbol{j}+z\boldsymbol{k}=\boldsymbol{r} \tag{3-10}$$

$$\begin{aligned}\hat{E}&=\hat{T}+\hat{U}=\frac{1}{2\mu}\hat{p}^2+U(\boldsymbol{r})\\&=-\frac{\hbar^2}{2\mu}\nabla^2+U(\boldsymbol{r})=\hat{H}\end{aligned} \tag{3-11}$$

下面引入一个新的算符 $\hat{H}$，它是经典力学中哈密顿函数 H 的算符。当粒子在保守力场中运动，粒子有动能 T 和势能 $U(\boldsymbol{r})$ 时，粒子的总能 E 为其动能与势能之和，等于哈密顿函数 H，

$$E=T+U(\boldsymbol{r})=H \tag{3-12}$$

这时，在量子力学中，H 的算符为

$$\hat{H}=\hat{T}+\hat{U}(\boldsymbol{r})=\hat{E} \tag{3-13}$$

并称 $\hat{H}$ 为能量算符。于是，保守力场中的薛定谔方程式（2-34）和定态方程式（2-38）分别写为

$$\mathrm{i}\hbar\frac{\partial\Psi}{\partial t}=\hat{H}\Psi \tag{3-14}$$

$$\hat{H}\psi=E\psi \tag{3-15}$$

当粒子在非保守力场中运动，力场的力函数为 $U(\boldsymbol{r},t)$ 时，则此时的哈密顿算符 $\hat{H}$ 为

$$\hat{H}(t)=\hat{T}+\hat{U}(\boldsymbol{r},t) \tag{3-16}$$

式中 $U(\boldsymbol{r},t)$ 是时间的显函数，与粒子在非保守力场中受的力 $\boldsymbol{F}$ 的关系为

$$\boldsymbol{F}=-\nabla U(\boldsymbol{r},t)$$

这里 $U(\boldsymbol{r},t)$ 不是粒子的势能，$\hat{H}$ 也不再是能量算符，称哈密顿算符。这时的薛定谔方程为

$$\mathrm{i}\hbar\frac{\partial\Psi}{\partial t}=\hat{H}(t)\Psi \tag{3-17}$$

上式中因 $\hat{H}$ 显含 t，$\Psi(\boldsymbol{r},t)$ 不能分离变量，粒子不再处于定态（比如电子不处于特定能级，而是在能级之间跃迁）。

对其他力学量的算符可由以上各算符导出，因为任何经典力学量总是 $\boldsymbol{r}$ 和 $\boldsymbol{p}$ 的函数。当力学量 $A(\boldsymbol{r})$只是 $\boldsymbol{r}$ 的函数，它的算符 $\hat{A}(\boldsymbol{r})$ 是 $A(\boldsymbol{r})$本身，即类似于式（3-9），有

$$\hat{A}(\boldsymbol{r}) = A(\boldsymbol{r})$$

当一个力学量 A 的经典表达式既是 $\boldsymbol{r}$ 的函数，又是动量 $\boldsymbol{p}$ 的函数，$A=A(\boldsymbol{r},\ \boldsymbol{p})$，则 $A(\boldsymbol{r},\ \boldsymbol{p})$ 的算符 $\hat{A}$ 可由把 A 经典表达式中的 $\boldsymbol{p}$ 换成 $-\mathrm{i}\hbar\nabla$ 而得到，即类似于式（3-11），有

$$\hat{A}(\boldsymbol{r},\boldsymbol{p}) = \hat{A}(\boldsymbol{r},-\mathrm{i}\hbar\nabla) \tag{3-18}$$

从式（3-6）到式（3-11），都符合上述结论。按式（3-18），可以得到在经典力学中有对应量的量子力学算符。

应该指出，上面介绍了在经典力学中有对应量的力学量时，得到相应算符的方法。但在量子力学中，这些量只有以算符的形式出现在运算中才有意义，原来力学量的经典意义和经典关系式不再成立，不能用来讨论问题。例如 $E=T+U$ 在量子力学中不再成立，但是按照这一经典形式写出的算符公式 $\hat{H}=\hat{T}+\hat{U}$ 成立。量子力学中只有粒子能量 E 的概念，没有动能和势能的区分（虽然公式在统计平均值的概念下成立：$\bar{E}=\bar{T}+\bar{U}$，但这已经属于量子态下的平均值了，可参看后面的§3-5）。

§ 3–2　算符的本征值和本征函数

引入能量算符 $\hat{H}$ 以后，定态方程可以写成如下形式

$$\hat{H}\psi = E\psi \tag{3-19}$$

从上一章知道，对于某一具体势场 $U(\boldsymbol{r})$ 求解这个方程，可得到描述粒子状态的一系列波函数 ψ_1、ψ_2、…、ψ_n、…。在这些态中，粒子的能量相应为 E_1、E_2、…、E_n、…。

在数学上，方程（3-19）具有本征方程的形式：一个算符作用在一个未知函数 ψ 上，等于一个常数乘以同一个函数 ψ。对于方程（3-19）的任一特解 ψ_n，显然有

$$\hat{H}\psi_n = E_n\psi_n \tag{3-20}$$

在态 ψ_n 中，粒子能量 E 具有确定值 E_n，绝不会是任何别的值。方程（3-19）称为能量算符 $\hat{H}$ 的本征方程，E_1、E_2、…、E_n、…称为算符 $\hat{H}$ 的本征值，ψ_n 称为算符 $\hat{H}$ 的、且属于本征值 E_n 的本征函数。

一般地，如果某一力学量 A 的算符为 $\hat{A}(\boldsymbol{r},\hat{\boldsymbol{p}})$，则 $\hat{A}$ 的本征方程为

$$\hat{A}\psi = \lambda\psi \tag{3-21}$$

式中 λ 为一常数。解上述算符 $\hat{A}$ 的本征方程，并使 ψ 满足波函数的标准条件，一般可得一系列特解 ψ_1、ψ_2、…、ψ_n、…，并得到在这些态中，力学量 A 的值相应为 λ_1、λ_2、…、λ_n、…。显然

$$\hat{A}\psi_n = \lambda_n\psi_n \tag{3-22}$$

在态 ψ_n 中，A 具有确定值 λ_n，绝不会是任何别的值。各 λ_n 称为算符 $\hat{A}$ 的本征值，ψ_n 称为算

符 $\hat{A}$ 的、属于本征值 λ_n 的本征函数，各 ψ_n 描述的态称为算符 $\hat{A}$ 的本征态。ψ_1、ψ_2、…、ψ_n、…组成算符 $\hat{A}$ 的本征函数系，λ_1、λ_2、…、λ_n、…组成算符 $\hat{A}$ 的本征值谱。

显然，不同的算符一般有不同的本征函数系和本征值谱，因为算符不同，本征方程的数学形式不同，因而解的函数形式不同。

当解 $\hat{A}$ 的本征方程时，可能得出 $\hat{A}$ 的某一本征值 λ_n 对应的不只是一个本征函数 ψ_n，而是 f 个线性无关的本征函数 ψ_{n1}、ψ_{n2}、…、ψ_{nf}，则称该本征值 λ_n 有 f 度简并，属于本征值 λ_n 的本征函数为 f 个。这时，当粒子处于该 f 个态中的任何一个 ψ_{ni}，力学量 A 的值都是 λ_n，即

$$\hat{A}\psi_{ni} = \lambda_n \psi_{ni},\ i = 1,2,\cdots,f \tag{3-23}$$

解算符 $\hat{A}$ 的本征方程，就可得到 $\hat{A}$ 的本征值谱和本征函数系，这说明了力学量的算符在量子力学中的重要性。上一章中的三个例子，就是能量算符本征方程式（3-19）应用的结果。

§ 3–3　算符运算规则　线性厄米算符

在一方程中或在量子力学的运算过程中，有时不只有一个算符，而是同时出现几个算符，因此必须有一套算符之间的运算规则。另外，表示力学量的算符还应该符合一定的条件。

1. 算符相等

当算符 $\hat{A}$ 和 $\hat{B}$ 分别作用在任意函数 u 上，如果总有

$$\hat{A}u = \hat{B}u$$

则称算符 $\hat{A}$ 和 $\hat{B}$ 相等（运算效果相等），表示为

$$\hat{A} = \hat{B} \tag{3-24}$$

显然，如果 $\hat{A}u = \hat{B}u$ 只对某一或某些特定函数 u 成立，则不能说 $\hat{A} = \hat{B}$。例如，虽然

$$\frac{\mathrm{d}}{\mathrm{d}x}(x^n) = xn^{n-1},\ \frac{n}{x}(x^n) = nx^{n-1}$$

就不能说算符 d/dx 与算符 n/x 相等，因为这两个算符只对特定的函数 x^n 的运算效果相等。

2. 算符相加

有算符 $\hat{A}$、$\hat{B}$、$\hat{C}$，当 u 为任意函数，如果总有

$$\hat{A}u + \hat{B}u = \hat{C}u$$

则表明算符 $\hat{A}+\hat{B}$ 的运算作用总与算符 $\hat{C}$ 的运算作用相等，表示为

$$\hat{A} + \hat{B} = \hat{C} \tag{3-25}$$

3. 算符相乘

有算符 $\hat{A}$、$\hat{B}$、$\hat{C}$，当 $\hat{B}$ 先作用于任意函数 u，得新函数 $\hat{B}u$，再把算符 $\hat{A}$ 作用于新函数 $\hat{B}u$ 上，得函数 $\hat{A}\hat{B}u$。如果总有

$$\hat{C}u = \hat{A}\hat{B}u$$

则称算符 $\hat{A}$ 和 $\hat{B}$ 的乘积与算符 $\hat{C}$ 的运算作用相等，表示为

$$\hat{C}=\hat{A}\hat{B} \tag{3-26}$$

应注意，两个算符乘积的运算效果一般与这两个算符的作用顺序有关，即 $\hat{A}\hat{B}u$ 与 $\hat{B}\hat{A}u$ 一般不相等。$\hat{A}\hat{B}u$ 是 $\hat{B}$ 先作用于 u，得 $\hat{B}u$ 以后，再把 $\hat{A}$ 作用于 $\hat{B}u$ 而得。$\hat{B}\hat{A}u$ 则是 $\hat{A}$ 先作用于 u，得 $\hat{A}u$ 以后，再把 $\hat{B}$ 作用于 $\hat{A}u$ 而得。当 $\hat{A}\hat{B}u\neq\hat{B}\hat{A}u$，则表示为

$$\hat{A}\hat{B}\neq\hat{B}\hat{A} \tag{3-27}$$

称为 $\hat{A}$ 和 $\hat{B}$ 不可对易（不能互相交换位置顺序）。例如，当 $\hat{A}=\mathrm{d}/\mathrm{d}x$，$\hat{B}=x$，则

$$\hat{A}\hat{B}u=\frac{\mathrm{d}}{\mathrm{d}x}(xu)=x\frac{\mathrm{d}u}{\mathrm{d}x}+u$$

$$\hat{B}\hat{A}u=x\left(\frac{\mathrm{d}}{\mathrm{d}x}u\right)=x\frac{\mathrm{d}u}{\mathrm{d}x}$$

可见，$\mathrm{d}/\mathrm{d}x$ 与 x 不可对易。

如果 $\hat{A}\hat{B}u=\hat{B}\hat{A}u$，则称算符 $\hat{A}$ 和 $\hat{B}$ 可对易，表示为

$$\hat{A}\hat{B}=\hat{B}\hat{A} \tag{3-28}$$

例如，$\partial/\partial x$ 与 $\partial/\partial y$ 就是可对易的

$$\frac{\partial}{\partial x}\left(\frac{\partial}{\partial y}u\right)=\frac{\partial^2 u}{\partial x\partial y},\ \frac{\partial}{\partial y}\left(\frac{\partial}{\partial x}u\right)=\frac{\partial^2 u}{\partial y\partial x}=\frac{\partial^2 u}{\partial x\partial y}$$

但是，当 $\hat{A}$ 和 $\hat{B}$ 可对易，$\hat{B}$ 和 $\hat{C}$ 可对易，$\hat{A}$ 和 $\hat{C}$ 却不一定可对易。即当 $\hat{A}\hat{B}u=\hat{B}\hat{A}u$，$\hat{B}\hat{C}u=\hat{C}\hat{B}u$，但不一定 $\hat{A}\hat{C}u=\hat{C}\hat{A}u$ 成立。

算符 $\hat{A}$ 的 n 次幂表示为 $\hat{A}^n$，即 n 个 $\hat{A}$ 连乘

$$\hat{A}^n=\hat{A}\hat{A}\cdots\hat{A} \tag{3-29}$$

例如，当 $\hat{A}=\partial/\partial x$，则 $\hat{A}^2=\partial^2/\partial x^2$，$\hat{A}^n=\partial^n/\partial x^n$。

有了以上三条算符的运算规则，就可以像代数运算那样，对算符本身进行加、减、乘的运算。唯一差别是，在算符的乘法中，算符之间的前后顺序在运算中不能随意改变，要注意是否可以对易。

例 证明

$$x\hat{p}_x-\hat{p}_x x=\mathrm{i}\hbar \tag{3-30}$$

$$x\hat{p}_x\psi=x\left(-\mathrm{i}\hbar\frac{\partial}{\partial x}\psi\right)=-\mathrm{i}\hbar x\frac{\partial\psi}{\partial x}$$

$$\hat{p}_x x\psi=-\mathrm{i}\hbar\frac{\partial}{\partial x}(x\psi)=-\mathrm{i}\hbar\left(\psi+x\frac{\partial\psi}{\partial x}\right)=-\mathrm{i}\hbar\psi-\mathrm{i}\hbar x\frac{\partial\psi}{\partial x}$$

$$x\hat{p}_x\psi-\hat{p}_x x\psi=(x\hat{p}_x-\hat{p}_x x)\psi=\mathrm{i}\hbar\psi$$

故

$$x\hat{p}_x-\hat{p}_x x=\mathrm{i}\hbar$$

由于 $x\hat{p}_x-\hat{p}_x x\neq 0$，可见 x 与 $\hat{p}_x$ 不互相对易。

4. 线性算符

当 u_1 和 u_2 是任意函数，c_1 和 c_2 是任意常数，如果

$$\hat{A}(c_1u_1+c_2u_2)=c_1\hat{A}u_1+c_2\hat{A}u_2 \tag{3-31}$$

则称 $\hat{A}$ 为线性算符。算符 $(\ )^2$ 不是线性算符。

在量子力学中，表示力学量的算符必须是线性算符。这是态的叠加原理的要求。以有简并的情况为例，设 $\hat{A}$ 的某一本征值 λ 为二度简并，即力学量 A 取同一确定值 λ 的态有两个，设为 ψ_1 和 ψ_2。按态的叠加原理，$\psi=c_1\psi_1+c_2\psi_2$ 也是 $\hat{A}$ 的本征态，即有

$$\hat{A}\psi=\lambda\psi$$

但只有当 $\hat{A}$ 为线性算符时，上述 ψ 才能适合上式

$$\begin{aligned}\hat{A}\psi&=\hat{A}(c_1\psi_1+c_2\psi_2)\\&=c_1\hat{A}\psi_1+c_2\hat{A}\psi_2\\&=c_1\lambda\psi_1+c_2\lambda\psi_2\\&=\lambda(c_1\psi_1+c_2\psi_2)\\&=\lambda\psi\end{aligned}$$

5. 厄米算符

当 $u(\boldsymbol{r})$ 与 $v(\boldsymbol{r})$ 是两个任意态函数，如果算符 $\hat{A}$ 满足下式

$$\int[\hat{A}u(\boldsymbol{r})]^*v(\boldsymbol{r})\mathrm{d}\tau=\int u^*(\boldsymbol{r})\hat{A}v(\boldsymbol{r})\mathrm{d}\tau \tag{3-32}$$

则称 $\hat{A}$ 为厄米算符。

在量子力学中表示力学量的算符必须是厄米算符。这是因为力学量算符本征值的物理意义是该力学量在本征态中的取值，所以本征值必须是实数，而厄米算符可以保证这一点，其本征值肯定是实数。

设 $\hat{A}$ 为厄米算符，其本征值为 λ，相应的本征函数为 ψ，$\hat{A}\psi=\lambda\psi$，按厄米算符定义，应有

$$\int(\hat{A}\psi)^*\psi\mathrm{d}\tau=\int\psi^*\hat{A}\psi\mathrm{d}\tau$$

由 $\hat{A}$ 的本征方程，上式改写为

$$\int(\lambda\psi)^*\psi\mathrm{d}\tau=\int\psi^*\lambda\psi\mathrm{d}\tau$$

$$\lambda^*\int\psi^*\psi\mathrm{d}\tau=\lambda\int\psi^*\psi\mathrm{d}\tau$$

$$\lambda^*=\lambda$$

因为上述等式必然成立，这表明 λ 必定是实数。

可见，量子力学中代表力学量的算符必须是线性厄米算符。

例 证明 $\hat{p}_x=-\mathrm{i}\hbar\dfrac{\partial}{\partial x}$ 是厄米算符。

设 $\psi_1(\boldsymbol{r})$ 和 $\psi_2(\boldsymbol{r})$ 是粒子的两个任意波函数，下面按厄米算符的定义进行证明。

$$
\begin{aligned}
&\int_{-\infty}^{\infty}\psi_1^*(\boldsymbol{r})\hat{p}_x\psi_2(\boldsymbol{r})\mathrm{d}\tau\\
&=\int\psi_1^*\left(-\mathrm{i}\hbar\frac{\partial}{\partial x}\right)\psi_2\mathrm{d}\tau\\
&=\iint\mathrm{d}y\mathrm{d}z\int_{-\infty}^{\infty}\psi_1^*(-\mathrm{i}\hbar)\frac{\partial\psi_2}{\partial x}\mathrm{d}x\\
&=\iint\mathrm{d}y\mathrm{d}z(-\mathrm{i}\hbar)\left[\psi_1^*\psi_2\Big|_{-\infty}^{\infty}-\int_{-\infty}^{\infty}\psi_2\frac{\partial\psi_1^*}{\partial x}\mathrm{d}x\right]\\
&=\iint\mathrm{d}y\mathrm{d}z\left[0+\int\psi_2\left(\mathrm{i}\hbar\frac{\partial}{\partial x}\right)\psi_1^*\mathrm{d}x\right]\\
&=\iint\mathrm{d}y\mathrm{d}z\int\psi_2\left(-\mathrm{i}\hbar\frac{\partial}{\partial x}\right)^*\psi_1^*\mathrm{d}x\\
&=\iint\mathrm{d}y\mathrm{d}z\int\psi_2\hat{p}_x^*\psi_1^*\mathrm{d}x=\int(\hat{p}_x\psi_1)^*\psi_2\mathrm{d}\tau
\end{aligned}
$$

与式（3-32）比较知，$\hat{p}_x$ 的确是厄米算符。式中利用了 $\psi_1^*\psi_2\Big|_{-\infty}^{\infty}=0$，因为粒子应该在有限范围内运动，所以在 $x=\pm\infty$ 处，波函数 ψ_1 和 ψ_2 都应为零。

§3–4 厄米算符本征函数的正交性和完全性

厄米算符的本征函数具有正交性和完全性，这是以后经常要用的两个重要性质，而且可以使一些运算过程简化。

1. 正交性

在数学上，如果两个函数 $\psi_1(\boldsymbol{r})$ 和 $\psi_2(\boldsymbol{r})$ 满足

$$\int\psi_1^*\psi_2\mathrm{d}\tau=0$$

就称函数 ψ_1 和 ψ_2 互相正交。下面先对本征值无简并的情况证明厄米算符的本征函数之间互相正交。

设厄米算符 $\hat{A}$ 的本征函数为 ψ_1、ψ_2、…、ψ_n、…，相应的本征值为 λ_1、λ_2、…、λ_n、…，各本征值之间互不相等（无简并）。对 $m\neq n$，应有

$$\hat{A}\psi_m^*=\lambda_m\psi_m,\ \hat{A}\psi_n=\lambda_n\psi_n$$

因 $\hat{A}$ 为厄米算符，按定义有

$$\int\psi_m^*\hat{A}\psi_n\mathrm{d}\tau=\int(\hat{A}\psi_m)^*\psi_n\mathrm{d}\tau$$

$$\int\psi_m^*\lambda_n\psi_n\mathrm{d}\tau=\int(\lambda_m\psi_m)^*\psi_n\mathrm{d}\tau$$

$$\lambda_n\int\psi_m^*\psi_n\mathrm{d}\tau=\lambda_m^*\int\psi_m^*\psi_n\mathrm{d}\tau=\lambda_m\int\psi_m^*\psi_n\mathrm{d}\tau$$

$$(\lambda_n-\lambda_m)\int\psi_m^*\psi_n\mathrm{d}\tau=0$$

因为 $\lambda_n\neq\lambda_m$，所以对 $\hat{A}$ 的本征函数系必有

$$\int \psi_m^* \psi_n \mathrm{d}\tau = 0 \tag{3-33}$$

对于$\hat{A}$的本征值有简并的情况只作一说明。设$\hat{A}$的某一本征值λ_n为f度简并，属于λ_n的本征函数有f个：ψ_{n1}、ψ_{n2}、…、ψ_{nf}。这f个本征函数之间有可能并不互相正交，即

$$\int \psi_{ni}^* \psi_{nj} \mathrm{d}\tau \neq 0 \quad (i \neq j)$$

但可以证明，可把λ_n的上述f个本征函数线性组合成f个独立的新函数

$$\varphi_{n\alpha} = \sum_{i=1}^{f} b_{ai} \psi_{ni}, \quad \alpha = 1, 2, \cdots, f \tag{3-34}$$

并且各$\varphi_{n\alpha}$之间互相正交

$$\int \varphi_{n\alpha}^* \varphi_{n\beta} \mathrm{d}\tau = 0 \quad (\alpha \neq \beta) \tag{3-35}$$

b_{ai}为叠加系数。显然，各$\varphi_{n\alpha}$仍是$\hat{A}$的本征函数

$$\begin{aligned} \hat{A}\varphi_{n\alpha} &= \hat{A}\sum_i b_{ai}\psi_{ni} = \sum_i b_{ai}\hat{A}\psi_{ni} \\ &= \sum_i b_{ai}\lambda_n\psi_{ni} = \lambda_n\varphi_{n\alpha} \end{aligned} \tag{3-36}$$

也就是说，总可以找到f个互相正交的本征函数$\varphi_{n\alpha}$来代替不互相正交的f个ψ_{ni}。

总之，当$\hat{A}$为厄米算符，不管其本征函数是否简并，都可以得到正交归一的本征函数系。正交性和归一性可以合并表示为

$$\int \psi_m^*(\boldsymbol{r})\psi_n(\boldsymbol{r})\mathrm{d}\tau = \delta_{mn} = \begin{cases} 1 & (m = n) \\ 0 & (m \neq n) \end{cases} \tag{3-37}$$

式中δ_{mn}称为δ符号，代表的意义是：$m = n$时，$\delta_{mn} = 1$；$m \neq n$时，$\delta_{mn} = 0$。

2. 完全性

本征函数的完全性是指：当$\hat{A}$为厄米算符，其本征态为ψ_1、ψ_2、…、ψ_n、…，则对于粒子的任意可能态$\psi(\boldsymbol{r})$，可以用本征态的线性叠加，把$\psi(\boldsymbol{r})$完全准确地表示出来，即有

$$\psi(\boldsymbol{r}) = \sum_n c_n \psi_n(\boldsymbol{r}) \tag{3-38}$$

这称为任意态用本征态展开。上式实际就是态的叠加原理的数学表示式（2-35），c_n为叠加系数。

求出c_n，代入式（3-38），就实现了对已知可能态$\psi(\boldsymbol{r})$的线性展开，或实现了对一未知可能态的求得。

当$\psi(\boldsymbol{r})$为一已知可能态，用某一本征态ψ_m的复共轭ψ_m^*乘式（3-38）两边，然后对$\boldsymbol{r}$变化的整个空间积分，并利用本征函数的正交性，得

$$\begin{aligned} \int \psi_m^* \psi_n \mathrm{d}\tau &= \int \psi_m^* \left(\sum_n c_n \psi_n\right) \mathrm{d}\tau = \sum_n c_n \int \psi_m^* \psi_n \, \mathrm{d}\tau \\ &= \sum_n c_n \delta_{mn} = c_m \end{aligned}$$

即

$$c_n = \int \psi_n^*(\boldsymbol{r})\, \psi(\boldsymbol{r}) \mathrm{d}\tau \tag{3-39}$$

综前所述，加上本征函数的归一性，厄米算符的本征函数系是正交归一完全系。厄米算符的这些性质可以在分析、证明和求解一些问题时很有用，并使运算大为简化。

§3–5　力学量平均值的计算

设算符 $\hat{A}$ 的本征态为 ψ_1、ψ_2、…、ψ_n、…，相应本征值为 λ_1、λ_2、…、λ_n、…。当粒子处于算符 $\hat{A}$ 的某一本征态 ψ_n 时，力学量 A 将具有确定值 λ_n，绝不会是任何别的值。例如，处于能量算符 $\hat{H}$ 本征态基态 $\psi_0(x)$ 的一维线性谐振子，其能量为 $E_0=\hbar\omega/2$，绝不会是任何别的值。对处于 ψ_0 态的一维线性谐振子进行 E 值测量时，将得到唯一的值 E_0。

$\hat{A}$ 的本征态 ψ_n 应满足

$$\hat{A}\psi_n(\boldsymbol{r})=\lambda_n\psi_n(\boldsymbol{r})$$

对上式两边左乘 $\psi_n^*(\boldsymbol{r})$，并对 $\boldsymbol{r}$ 变化的整个空间积分

$$\int\psi_n^*(\boldsymbol{r})\hat{A}\psi_n(\boldsymbol{r})\mathrm{d}\tau=\lambda_n\int\psi_n^*(\boldsymbol{r})\psi_n(\boldsymbol{r})\mathrm{d}\tau$$

当 ψ_n 已归一化，得

$$\lambda_n=\int\psi_n^*(\boldsymbol{r})\hat{A}\psi_n(\boldsymbol{r})\mathrm{d}\tau \tag{3-40}$$

这是在 $\hat{A}$ 的本征态 ψ_n 中，对 A 值测量结果的数学表达式：如果已知 $\hat{A}$ 的一个本征态 ψ_n，就可用上式求得在态 ψ_n 中力学量 A 的取值 λ_n。

但是，当粒子处于 $\hat{A}$ 的非本征态 $\psi(\boldsymbol{r})$ 时，力学量 A 取什么值呢？

按式（3-38），粒子的任一可能态可以表示为 $\hat{A}$ 的本征态的线性叠加：$\psi(\boldsymbol{r})=\sum\limits_n c_n\psi_n(\boldsymbol{r})$。由于 $\psi(\boldsymbol{r})$ 不是本征态，对 $\psi(\boldsymbol{r})$ 态进行 A 值测量时，将得不到确定值。但由于 $\psi(\boldsymbol{r})$ 又是各本征态的线性叠加，测量值中既有 λ_1，也有 λ_2，…，还有 λ_n，…，但绝不会出现 $\hat{A}$ 本征值谱以外的值。而且，测得 A 为各 λ_n 值的几率 P_n 虽各不相同，但各 P_n 分别有确定值，因而 A 的平均值 $\overline{A}$ 有确定值。实验表明，确是这样。按由几率求平均值的方法，A 的测量平均值为

$$\overline{A}=P_1\lambda_1+P_2\lambda_2+\cdots+P_n\lambda_n+\cdots \tag{3-41}$$

式中

$$P_1+P_2+\cdots+P_n+\cdots=1 \tag{3-42}$$

受式（3-30）数学形式的启发，是否可用一个类似的积分公式，求出在非本征态 $\psi(\boldsymbol{r})$ 中测量力学量 A 所得的平均值呢？的确是可行的。可以证明，对任意可能态 $\psi(\boldsymbol{r})$，计算力学量 $A(\boldsymbol{r},\boldsymbol{p})$ 的平均值 $\overline{A}$ 的公式为

$$\overline{A}=\int\psi_n^*(\boldsymbol{r})\ \hat{A}(\boldsymbol{r},-\mathrm{i}\hbar\nabla)\psi(\boldsymbol{r})\mathrm{d}\tau \tag{3-43}$$

有理由相信上式的正确性，严格证明将用到傅立叶变换和 δ 函数，下面只作简单说明。把 $\psi(\boldsymbol{r})$ 的展开式代入上式右边，得右边积分为

$$\begin{aligned}&\int(\sum_m c_m^*\psi_m^*)\hat{A}\,(\sum_n c_n\psi_n)\,\mathrm{d}\tau=\int(\sum_m c_m^*\psi_m^*)\,(\sum_n c_n\hat{A}\psi_n)\,\mathrm{d}\tau\\&=\int(\sum_m c_m^*\psi_m^*)\,(\sum_n c_n\lambda_n\psi_n)\,\mathrm{d}\tau=\int(\sum_n\sum_m c_m^*c_n\lambda_n\psi_m^*\psi_n)\,\mathrm{d}\tau\\&=\sum_n\sum_m c_m^*c_n\lambda_n\int\psi_m^*\psi_n\mathrm{d}\tau=\sum_n\sum_m c_m^*c_n\lambda_n\delta_{mn}\end{aligned}$$

$$=\sum_n c_n\lambda_n\sum_m c_m^*\delta_{mn}=\sum_n c_n^*c_n\lambda_n=\sum_n|c_n|^2\lambda_n$$
$$=|c_1|^2\lambda_1+|c_2|^2\lambda_2+\cdots+|c_n|^2\lambda_n+\cdots$$

与式（3-41）对比，只要能证明$|c_n|^2$就是测得λ_n的几率P_n，就可认为式（3-43）正确，但下面只从两方面进行说明。

首先，把$\psi(\boldsymbol{r})$展开式代入$\psi(\boldsymbol{r})$的归一化式$\int\psi^*(\boldsymbol{r})\psi(\boldsymbol{r})\,\mathrm{d}\tau=1$中，可得

$$|c_1|^2+|c_2|^2+\cdots+|c_n|^2+\cdots=1$$

可见，$|c_n|^2$有几率的含义。再与式（3-42）对比，有$|c_n|^2=P_n$。而且，归一化积分为

$$|c_1|^2\int\psi_1^*\psi_1\mathrm{d}\tau+|c_2|^2\int\psi_2^*\psi_2\mathrm{d}\tau+\cdots+|c_n|^2\int\psi_n^*\psi_n\mathrm{d}\tau+\text{交叉项积分}=1$$

由于正交性，各交叉项积分分别等于零，所以，$|c_1|^2$是态ψ_1的贡献，$|c_2|^2$是态ψ_2的贡献，$|c_n|^2$是态ψ_n的贡献，也有理由认为$|c_n|^2=P_n$。

其次，当$\psi(\boldsymbol{r})$中只含有态ψ_n时，式（3-43）应归结为特例式（3-40）。果然

$$\overline{A}=\int\psi_n^*(\boldsymbol{r})\hat{A}\psi_n(\boldsymbol{r})\mathrm{d}\tau=\lambda_n\int\psi_n^*\psi_n\mathrm{d}\tau=\lambda_n$$

的确，$\psi(\boldsymbol{r})$中展开系数$|c_n|^2$的物理意义为：$|c_n|^2$是在叠加态$\psi(\boldsymbol{r})$中测得λ_n值的几率P_n

$$P_n=|c_n|^2 \tag{3-44}$$

式（3-43）是利用$\psi(\boldsymbol{r})$求力学量$A(\boldsymbol{r},\boldsymbol{p})$（既是$\boldsymbol{r}$，又是$\boldsymbol{p}$的函数）在态$\psi(\boldsymbol{r})$中的平均值$\overline{A}$的普遍公式。其中$\hat{A}(\boldsymbol{r},-\mathrm{i}\hbar\nabla)$为$A(\boldsymbol{r},\boldsymbol{p})$的算符。

由上所述，正如引入波函数概念时提到过的：从$\psi(\boldsymbol{r})$不仅可以知道微观粒子在空间的几率分布，而且可以知道描述粒子性质的任一力学量A在该态中取其各种可能值的几率分布P_n和A的平均值。所以，从这个意义上，波函数的确能够完全描述微观粒子的状态，完全描述其波粒二象性。

§3–6 不同力学量同时有确定值的条件

在同一态中，粒子的坐标和动量不可能同时有确定值，动能和势能也不可能同时有确定值，但不等于说任何两个力学量都不可能同时有确定值。

力学量A和B在态$\psi(\boldsymbol{r})$中同时有确定值的条件是：算符$\hat{A}$和$\hat{B}$可以互相对易，$\hat{A}\hat{B}=\hat{B}\hat{A}$。而且，这样的$\hat{A}$和$\hat{B}$有共同的本征函数系。

设$\hat{A}$和$\hat{B}$可对易，ψ_n是$\hat{A}$的任一本征函数，相应的本征值为λ_n，λ_n无简并，则应有

$$\hat{A}\psi_n=\lambda_n\psi_n$$

用算符$\hat{B}$左乘上式两边

$$\hat{B}\hat{A}\psi_n=\lambda_n\hat{B}\psi_n$$

因$\hat{A}$和$\hat{B}$可对易，上式可改写为

$$\hat{A}\hat{B}\psi_n=\lambda_n\hat{B}\psi_n$$

把$\hat{B}\psi_n$看成一新函数，则由上式可知：$\hat{B}\psi_n$也是$\hat{A}$的、属于本征值λ_n的本征函数。但已知λ_n

无简并，则属于λ_n的本征函数只有一个，所以$\hat{B}\psi_n$与ψ_n描写的应是粒子的同一个状态，它们之间只能差一常数因子。设这个常数因子为η_n，则二者之间的关系为

$$\hat{B}\psi_n = \eta_n \psi_n$$

上式具有算符$\hat{B}$的本征方程的形式，说明ψ_n也是$\hat{B}$的本征函数，在态ψ_n中，$\hat{B}$的本征值为η_n。

可见，当$\hat{A}$和$\hat{B}$可对易，则$\hat{A}$的本征函数也是$\hat{B}$的本征函数，它们有共同的本征函数系；在同一态ψ_n中，力学量A具有确定值λ_n，力学量B具有确定值η_n。

当$\hat{A}$和$\hat{B}$可对易，使寻求本征函数的工作可以有所简化，得到了$\hat{A}$的本征函数也就得到了$\hat{B}$的本征函数。但有时$\hat{A}$的本征函数也是$\hat{B}$的本征函数，可是$\hat{B}$的本征函数却不是$\hat{A}$的本征函数。这出现在算符$\hat{A}$的表达式中含有算符$\hat{B}$的情况，例如下一章氢原子电子的能量算符和角动量算符就是这样。

§3–7 不确定关系式的严格证明

有了力学量平均值的公式（3-43），就可以对不确定关系式进行严格的证明了。

设算符$\hat{A}$和$\hat{B}$的不对易关系式为

$$\hat{A}\hat{B} - \hat{B}\hat{A} = \mathrm{i}\hat{C} \tag{3-45}$$

$\hat{C}$为厄米算符或实数。$\overline{A}$、$\overline{B}$、$\overline{C}$是力学量A、B、C在态ψ中的平均值。令

$$\Delta\hat{A} = \hat{A} - \overline{A}，\ \Delta\hat{B} = \hat{B} - \overline{B}$$

考虑积分

$$I(\xi) = \int |(\xi\Delta\hat{A} - \mathrm{i}\Delta\hat{B})\psi|^2\,\mathrm{d}\tau \geqslant 0$$

式中ξ为一实参数。显然，积分$I(\xi) \geqslant 0$，因为被积函数总是大于零或等于零。展开上式，按算符运算规则，得

$$\begin{aligned}
I(\xi) &= \int (\xi\Delta\hat{A}\psi - \mathrm{i}\Delta\hat{B}\psi)(\xi\Delta\hat{A}\psi - \mathrm{i}\Delta\hat{B}\psi)^*\mathrm{d}\tau \\
&= \int (\xi\Delta\hat{A}\psi - \mathrm{i}\Delta\hat{B}\psi)[\xi(\Delta\hat{A}\psi)^* + \mathrm{i}(\Delta\hat{B}\psi)^*]\,\mathrm{d}\tau \\
&= \xi^2 \int (\Delta\hat{A}\psi)(\Delta\hat{A}\psi)^*\mathrm{d}\tau - \mathrm{i}\xi \int [(\Delta\hat{B}\psi)(\Delta\hat{A}\psi)^* - \\
&\quad (\Delta\hat{A}\psi)(\Delta\hat{B}\psi)^*]\mathrm{d}\tau + \int (\Delta\hat{B}\psi)(\Delta\hat{B}\psi)^*\mathrm{d}\tau
\end{aligned}$$

$\Delta\hat{A}$和$\Delta\hat{B}$是厄米算符，按厄米算符$\hat{A}$的定义

$$\int (\hat{A}u)^* v\,\mathrm{d}\tau = \int u^*\hat{A}v\,\mathrm{d}\tau$$

于是

$$I(\xi) = \xi^2 \int \psi^*(\Delta\hat{A})^2\psi\,\mathrm{d}\tau - \mathrm{i}\xi \int \psi^*(\Delta\hat{A}\Delta\hat{B} - \Delta\hat{B}\Delta\hat{A})\psi\,\mathrm{d}\tau + \int \psi^*(\Delta\hat{B})^2\psi\,\mathrm{d}\tau$$

因为

$$\begin{aligned}
\Delta\hat{A}\Delta\hat{B} - \Delta\hat{B}\Delta\hat{A} &= (\hat{A} - \overline{A})(\hat{B} - \overline{B}) - (\hat{B} - \overline{B})(\hat{A} - \overline{A}) \\
&= \hat{A}\hat{B} - \overline{B}\hat{A} - \overline{A}\hat{B} + \overline{A}\overline{B} - \hat{B}\hat{A} + \overline{A}\hat{B} + \overline{B}\hat{A} - \overline{A}\overline{B} \\
&= \hat{A}\hat{B} - \hat{B}\hat{A} = \mathrm{i}\hat{C}
\end{aligned}$$

把上式代入 $I(\xi)$ 式的第二项，并利用力学量平均值的公式（3-43），得

$$
\begin{aligned}
I(\xi) &= \xi^2 \int \psi^* (\Delta\hat{A})^2 \psi \mathrm{d}\tau - \mathrm{i}\xi \int \psi^* (\mathrm{i}\hat{C}) \psi \mathrm{d}\tau + \int \psi^* (\Delta\hat{B})^2 \psi \mathrm{d}\tau \\
&= \overline{(\Delta A)^2}\xi^2 + \overline{C}\xi + \overline{(\Delta B)^2} \geqslant 0
\end{aligned}
$$

这是一个实参数 ξ 的二次不等式方程。我们知道，如果有 a、b、c 为实数，且 $ax^2+bx+c \geqslant 0$，当它对所有实数 x 都成立，则必有 $4ac \geqslant b^2$。因已知 ξ 为实参数，所以必有

$$
\overline{(\Delta A)^2}\ \overline{(\Delta B)^2} \geqslant \frac{1}{4}\overline{C}^2 \tag{3-46}
$$

式中 $\overline{(\Delta A)^2}$ 和 $\overline{(\Delta B)^2}$ 是力学量 A 和 B 的均方偏差

$$
\overline{(\Delta A)^2} = \overline{A^2} - \overline{A}^2,\quad \overline{(\Delta B)^2} = \overline{B^2} - \overline{B}^2 \tag{3-47}
$$

这可由前面 $\Delta\hat{A}$ 和 $\Delta\hat{B}$ 的定义和平均值公式得到。只要 $\overline{C} \neq 0$，则 $\overline{(\Delta A)^2}$ 和 $\overline{(\Delta B)^2}$ 就不可能同时为零，它们的乘积总是大于或等于一个正数 $\overline{C}^2/4$。

把式（3-46）应用于粒子的坐标 $\boldsymbol{r}$ 和动量 $\boldsymbol{p}$，已证明过

$$
x\hat{p}_x - \hat{p}_x x = \mathrm{i}\hbar
$$

按式（3-45），这里 $\hat{C} = \hbar$，于是得

$$
\overline{\Delta(x)^2}\ \overline{\Delta(p_x)^2} \geqslant \hbar^2/4 \tag{3-48}
$$

或

$$
\sqrt{\overline{\Delta(x)^2}}\ \sqrt{\overline{\Delta(p_x)^2}} \geqslant \hbar/2
$$

简记为

$$
\Delta x \Delta p_x \geqslant \hbar/2
$$

式（3-46）和式（3-48）的证明没有依赖于任何具体的或假想的测量仪器，因此可以认为，不确定关系式的出现并不是因为仪器对被测微观粒子的干扰而测不准，而是微观粒子固有属性——波粒二象性的反映。

思考题与习题

1. 算符的定义是什么？
2. 怎样得出在经典力学中有对应量的力学量在量子力学中的算符？
3. 力学量的本征方程有某一本征函数 ψ_n 以及对应的本征值 λ_n，说明 A、ψ_n、λ_n 间的物理意义。
4. 什么是算符的相等、相加、相乘？
5. 任意的两个算符 $\hat{A}$、$\hat{B}$，是否下式恒成立？

$$
\hat{A}\hat{B} = \hat{B}\hat{A}
$$

6. 什么是线性算符和厄米算符？
7. 什么是厄米算符本征函数的正交性和完全性？
8. 当粒子处于力学量 A 的非本征态 $\psi(\boldsymbol{r})$，A 是否有确定值？怎样得到在该 $\psi(\boldsymbol{r})$ 中，A 的统计平均值？
9. 粒子的不同力学量 A 和 B 在同一态中同时分别有确定值的条件是什么？
10. 为什么说不确定关系式的严格证明说明了“测不准”的本质原因？
11. 为什么本征态的线性叠加态也是粒子的一个可能态？
12. 线性叠加态 $\psi(\boldsymbol{r}) = \sum_n C_n \psi_n$，式中的 C_n 有什么物理意义？

13. 试用证明判断下列算符中哪些是厄米算符：

$$\frac{d}{dx}, i\frac{d}{dx}, \frac{d^2}{dx^2}, i\frac{d^2}{dx^2}$$

14. 一维线性谐振子处于能量算符的本征态

$$\psi(x)=\sqrt{\frac{\alpha}{\sqrt{2\pi}}}\,e^{-\frac{1}{2}\alpha^2x^2}(2\alpha^2x^2-1),\ \alpha=\sqrt{\frac{\mu\omega}{\hbar}}$$

求振子在此态的能量本征值。

15. 氢原子中电子势能 $U(r)=-e^2/(4\pi\varepsilon_0 r)$，当氢原子处于状态 $\psi(r,\theta,\varphi)=(\pi a_0^3)^{-1/2}e^{-r/a}$，求氢原子电子在此态中动能和势能各自的平均值。

16. 设 $\hat{A}$ 和 $\hat{B}$ 是可对易的厄米算符，试证：（1） $\hat{A}\hat{B}$ 是否厄米算符?（2） $(\hat{A}\hat{B}+\hat{B}\hat{A})/2$ 是否厄米算符?（3） $x\hat{p}_x$ 是否厄米算符?

17. 一维谐振子处于基态 $\psi_0(x)=\sqrt{\frac{\alpha}{\sqrt{\pi}}}\,e^{-\frac{1}{2}\alpha^2x^2}$，求此状态下谐振子的 $\overline{(\Delta x)^2(\Delta p_x)^2}=$?（提示：按定义计算。）

例题与习题选解

例 1 指出下列算符哪个是线性的，说明其理由。

① $4x^2\frac{d^2}{dx^2}$；　② $[\ ]^2$；　③ $\sum\limits_{K=1}^{n}$

解：① $4x^2\frac{d^2}{dx^2}$ 是线性算符。

$$4x^2\frac{d^2}{dx^2}(c_1u_1+c_2u_2)=4x^2\frac{d^2}{dx^2}(c_1u_1)+4x^2\frac{d^2}{dx^2}(c_2u_2)$$

$$=c_1\cdot 4x^2\frac{d^2}{dx^2}u_1+c_2\cdot 4x^2\frac{d^2}{dx^2}u_2$$

② $[\ ]^2$ 不是线性算符。

$$[c_1u_1+c_2u_2]^2=c_1^2u_1^2+2c_1c_2u_1u_2+c_2^2u_2^2\neq c_1[u_1]^2+c_2[u_2]^2$$

③ $\sum\limits_{K=1}^{n}$ 是线性算符。

$$\sum_{K=1}^{n}c_1u_1+c_2u_2=\sum_{K=1}^{N}c_1u_1+\sum_{K=1}^{N}c_2u_2=c_1\sum_{K=1}^{N}u_1+c_2\sum_{K=1}^{N}u_2$$

例 2 指出下列算符哪个是厄米算符，说明其理由。

$$\frac{d}{dx},\qquad i\frac{d}{dx},\qquad 4\frac{d^2}{dx^2}$$

解：① $\int_{-\infty}^{\infty}\psi^*\frac{d}{dx}\phi\,dx=\psi^*\phi\Big|_{-\infty}^{\infty}-\int_{-\infty}^{\infty}\frac{d}{dx}\psi^*\phi\,dx$

当 $x\to\pm\infty$，$\psi\to 0$，$\phi\to 0$

$$\int_{-\infty}^{\infty}\psi^*\frac{d}{dx}\phi\,dx=-\int_{-\infty}^{\infty}\frac{d}{dx}\psi^*\phi\,dx=-\int_{-\infty}^{\infty}\left(\frac{d}{dx}\psi\right)^*\phi\,dx$$

$$\neq\int_{-\infty}^{\infty}\left(\frac{d}{dx}\psi\right)^*\phi\,dx$$

所以 $\frac{\mathrm{d}}{\mathrm{d}x}$ 不是厄米算符。

② $$\int_{-\infty}^{\infty}\psi^* \mathrm{i}\frac{\mathrm{d}}{\mathrm{d}x}\phi\,\mathrm{d}x = \mathrm{i}\psi^*\phi\Big|_{-\infty}^{\infty} - \mathrm{i}\int_{-\infty}^{\infty}\frac{\mathrm{d}}{\mathrm{d}x}\psi^*\phi\,\mathrm{d}x$$
$$= -\mathrm{i}\int_{-\infty}^{\infty}\left(\frac{\mathrm{d}}{\mathrm{d}x}\psi\right)^*\phi\,\mathrm{d}x = \int_{-\infty}^{\infty}\left(\mathrm{i}\frac{\mathrm{d}}{\mathrm{d}x}\psi\right)^*\phi\,\mathrm{d}x$$

所以 $\mathrm{i}\frac{\mathrm{d}}{\mathrm{d}x}$ 是厄米算符。

③ $$\int_{-\infty}^{\infty}\psi^* 4\frac{\mathrm{d}^2}{\mathrm{d}x^2}\phi\,\mathrm{d}x = 4\psi^*\frac{\mathrm{d}\phi}{\mathrm{d}x}\Big|_{-\infty}^{\infty} - 4\int_{-\infty}^{\infty}\frac{\mathrm{d}\psi^*}{\mathrm{d}x}\frac{\mathrm{d}\phi}{\mathrm{d}x}\,\mathrm{d}x$$
$$= -4\int_{-\infty}^{\infty}\frac{\mathrm{d}\psi^*}{\mathrm{d}x}\frac{\mathrm{d}\phi}{\mathrm{d}x}\,\mathrm{d}x = 4\frac{\mathrm{d}\psi^*}{\mathrm{d}x}\phi + 4\Big|\int_{-\infty}^{\infty}\frac{\mathrm{d}^2\psi^*}{\mathrm{d}x^2}\phi\,\mathrm{d}x$$
$$= 4\int_{-\infty}^{\infty}\frac{\mathrm{d}^2}{\mathrm{d}x^2}\psi^*\phi\,\mathrm{d}x = \int_{-\infty}^{\infty}\left(4\frac{\mathrm{d}^2}{\mathrm{d}x^2}\psi\right)^*\phi\,\mathrm{d}x$$

所以 $4\frac{\mathrm{d}^2}{\mathrm{d}x^2}$ 是厄米算符。

例 3 下列函数哪些是算符 $\frac{\mathrm{d}^2}{\mathrm{d}x^2}$ 的本征函数，其本征值是什么？

① x^2， ② e^x， ③ $\sin x$， ④ $3\cos x$， ⑤ $\sin x+\cos x$

解： ① $\frac{\mathrm{d}^2}{\mathrm{d}x^2}(x^2)=2$

所以 x^2 不是 $\frac{\mathrm{d}^2}{\mathrm{d}x^2}$ 的本征函数。

② $\frac{\mathrm{d}^2}{\mathrm{d}x^2}\mathrm{e}^x=\mathrm{e}^x$

所以 e^x 是 $\frac{\mathrm{d}^2}{\mathrm{d}x^2}$ 的本征函数，其对应的本征值为 1。

③ $\frac{\mathrm{d}^2}{\mathrm{d}x^2}(\sin x)=\frac{\mathrm{d}}{\mathrm{d}x}(\cos x)=-\sin x$

可见，$\sin x$ 是 $\frac{\mathrm{d}^2}{\mathrm{d}x^2}$ 的本征函数，其对应的本征值为−1。

④ $\frac{\mathrm{d}^2}{\mathrm{d}x^2}(3\cos x)=\frac{\mathrm{d}}{\mathrm{d}x}(-3\sin x)=-3\cos x$

所以 $3\cos x$ 是 $\frac{\mathrm{d}^2}{\mathrm{d}x^2}$ 的本征函数，其对应的本征值为−1。

⑤ $$\frac{\mathrm{d}^2}{\mathrm{d}x^2}(\sin x+\cos x)=\frac{\mathrm{d}}{\mathrm{d}x}(\cos x-\sin x)=-\sin x-\cos x$$
$$=-(\sin x+\cos x)$$

所以 $\sin x+\cos x$ 是 $\frac{\mathrm{d}^2}{\mathrm{d}x^2}$ 的本征函数，其对应的本征值为−1。

例 4 试求算符 $\hat{F}=-\mathrm{i}\mathrm{e}^{\mathrm{i}x}\frac{\mathrm{d}}{\mathrm{d}x}$ 的本征函数。

解： $\hat{F}$ 的本征方程为

$$\hat{F}\phi=F\phi$$

即

$$-\mathrm{i}\mathrm{e}^{\mathrm{i}x}\frac{\mathrm{d}}{\mathrm{d}x}\phi = F\phi$$

$$\frac{\mathrm{d}\phi}{\phi} = \mathrm{i}F\mathrm{e}^{\mathrm{i}x}\mathrm{d}x = -\mathrm{d}\left(F\mathrm{e}^{\mathrm{i}x}\frac{\mathrm{d}}{\mathrm{d}x}\right) = \mathrm{d}\left(-F\mathrm{e}^{\mathrm{i}x}\frac{\mathrm{d}}{\mathrm{d}x}\right)$$

$$\ln\phi = -F\mathrm{e}^{\mathrm{i}x}\frac{\mathrm{d}}{\mathrm{d}x} + \ln c$$

$$\phi = c\mathrm{e}^{-F\mathrm{e}^{-\mathrm{i}x}}$$ （$\hat{F}$是F 的本征值）

例 5 证明：如果算符 $\hat{A}$ 和 $\hat{B}$ 都是厄米的，那么（$\hat{A}+\hat{B}$）也是厄米的。

证：
$$\begin{aligned}\int\psi_1^*(\hat{A}+\hat{B})\psi_2\mathrm{d}\tau &= \int\psi_1^*\hat{A}\psi_2\mathrm{d}\tau + \int\psi_1^*\hat{B}\psi_2\mathrm{d}\tau \\ &= \int\psi_2(\hat{A}\psi_1)^*\mathrm{d}\tau + \int\psi_2(\hat{B}\psi_1)^*\mathrm{d}\tau \\ &= \int\psi_2[(\hat{A}+\hat{B})\psi_1]^*\mathrm{d}\tau\end{aligned}$$

所以 $\hat{A}+\hat{B}$ 也是厄米的。

例 6 问下列算符是否是厄米算符：

① $\hat{x}\hat{p}_x$；② $\frac{1}{2}(\hat{x}\hat{p}_x+\hat{p}_x\hat{x})$

解：①
$$\begin{aligned}\int\psi_1^*(\hat{x}\hat{p}_x)\psi_2\mathrm{d}\tau &= \int\psi_1^*\hat{x}(\hat{p}_x\psi_2)\mathrm{d}\tau \\ &= \int(\hat{x}\psi_1)^*\hat{p}_x\psi_2\mathrm{d}\tau = \int(\hat{p}_x\hat{x}\psi_1)^*\psi_2\mathrm{d}\tau\end{aligned}$$

因为 $\hat{p}_x\hat{x} \neq \hat{x}\hat{p}_x$

所以 $\hat{x}\hat{p}_x$ 不是厄米算符。

②
$$\begin{aligned}\int\psi_1^*\left[\frac{1}{2}(\hat{x}\hat{p}_x+\hat{p}_x\hat{x})\right]\psi_2\mathrm{d}\tau &= \frac{1}{2}\int\psi_1^*(\hat{x}\hat{p}_x)\psi_2\mathrm{d}\tau + \frac{1}{2}\int\psi_1^*(\hat{p}_x\hat{x})\psi_2\mathrm{d}\tau \\ &= \frac{1}{2}\int(\hat{p}_x\hat{x}\psi_1)^*\psi_2\mathrm{d}\tau + \frac{1}{2}\int(\hat{x}\hat{p}_x\psi_1)^*\psi_2\mathrm{d}\tau \\ &= \int\left[\frac{1}{2}(\hat{x}\hat{p}_x+\hat{p}_x\hat{x}))\psi_1\right]^*\psi_2\mathrm{d}\tau \\ &= \int\left[\frac{1}{2}(\hat{p}_x\hat{x}+\hat{x}\hat{p}_x)\psi_1\right]^*\psi_2\mathrm{d}\tau\end{aligned}$$

所以 $\frac{1}{2}(\hat{x}\hat{p}_x+\hat{p}_x\hat{x})$ 是厄米算符。

例 7 如果算符 $\hat{\alpha}$、$\hat{\beta}$ 满足关系式 $\hat{\alpha}\hat{\beta}-\hat{\beta}\hat{\alpha}=1$，

求证 ① $\hat{\alpha}\hat{\beta}^2-\hat{\beta}^2\hat{\alpha}=2\hat{\beta}$

② $\hat{\alpha}\hat{\beta}^3-\hat{\beta}^3\hat{\alpha}=3\hat{\beta}^2$

证：①
$$\begin{aligned}\hat{\alpha}\hat{\beta}^2-\hat{\beta}^2\hat{\alpha} &= (1+\hat{\beta}^2\hat{\alpha})-\hat{\beta}^2\hat{\alpha} \\ &= \hat{\beta}^2+\hat{\beta}\hat{\alpha}\hat{\beta}-\hat{\beta}^2\hat{\alpha} \\ &= \hat{\beta}^2+\hat{\beta}(1+\hat{\alpha}\hat{\beta})-\hat{\beta}^2\hat{\alpha} \\ &= 2\hat{\beta}\end{aligned}$$

②
$$\begin{aligned}\hat{\alpha}\hat{\beta}^3-\hat{\beta}^3\hat{\alpha} &= (2\hat{\beta}+\hat{\beta}^2\hat{\alpha})\hat{\beta}-\hat{\beta}^3\hat{\alpha} \\ &= 2\hat{\beta}^2+\hat{\beta}^2\hat{\alpha}\hat{\beta}-\hat{\beta}^3\hat{\alpha} \\ &= 2\hat{\beta}^2+\hat{\beta}^2(1+\hat{\beta}\hat{\alpha})-\hat{\beta}^3\hat{\alpha} \\ &= 3\hat{\beta}^2\end{aligned}$$

例 8 一维谐振子处在基态$\psi(x)=\sqrt{\frac{\alpha}{\sqrt{\pi}}}\mathrm{e}^{-\frac{\alpha^2x^2}{2}-\frac{i}{2}\omega t}$，求：

① 势能的平均值$\bar{U}=\frac{1}{2}\mu\omega^2\overline{x^2}$；

② 动能的平均值$\bar{T}=\frac{\overline{p^2}}{2\mu}$。

解：① $\bar{U}=\frac{1}{2}\mu\omega^2\overline{x^2}=\frac{1}{2}\mu\omega^2\frac{\alpha}{\sqrt{\pi}}\int_{-\infty}^{\infty}x^2\mathrm{e}^{-\alpha^2x^2}\mathrm{d}x$

$$=\frac{1}{2}\mu\omega^2\frac{\alpha}{\sqrt{\pi}}\cdot 2\frac{1}{2^2\alpha^2}\frac{\sqrt{\pi}}{\alpha}=\frac{1}{2}\mu\omega^2\frac{1}{2\alpha^2}=\frac{1}{4}\mu\omega^2\cdot\frac{\hbar}{\mu\omega}$$

$$=\frac{1}{4}\hbar\omega$$

$$\int_0^{\infty}x^{2n}\mathrm{e}^{-ax^2}\mathrm{d}x=\frac{1\cdot 3\cdot 5\cdots(2n-1)}{2^{n+1}a^n}\sqrt{\frac{\pi}{a}}$$

② $\bar{T}=\frac{\overline{p^2}}{2\mu}=\frac{1}{2\mu}\int_{-\infty}^{\infty}\psi^*(x)\hat{p}^2\psi(x)\,\mathrm{d}x$

$$=\frac{\alpha}{\sqrt{\pi}}\frac{1}{2\mu}\int_{-\infty}^{\infty}\mathrm{e}^{-\frac{1}{2}\alpha^2x^2}\left(-\hbar^2\frac{\mathrm{d}^2}{\mathrm{d}x^2}\right)\mathrm{e}^{-\frac{1}{2}\alpha^2x^2}\mathrm{d}x$$

$$=\frac{\alpha}{\sqrt{\pi}}\frac{\hbar^2}{2\mu}\alpha^2\int_{-\infty}^{\infty}(1-\alpha^2x^2)\mathrm{e}^{-\alpha^2x^2}\mathrm{d}x$$

$$=\frac{\alpha}{\sqrt{\pi}}\frac{\hbar^2}{2\mu}\alpha^2\left[\int_{-\infty}^{\infty}\mathrm{e}^{-\alpha^2x^2}\mathrm{d}x-\alpha^2\int_{-\infty}^{\infty}x^2\mathrm{e}^{-\alpha^2x^2}\mathrm{d}x\right]$$

$$=\frac{\alpha}{\sqrt{\pi}}\frac{\hbar^2}{2\mu}\alpha^2\left[\frac{\sqrt{\pi}}{\alpha}-\alpha^2\cdot\frac{\sqrt{\pi}}{2\alpha^3}\right]$$

$$=\frac{\alpha}{\sqrt{\pi}}\frac{\hbar^2}{2\mu}\alpha^2\frac{\sqrt{\pi}}{2\alpha}=\frac{\hbar^2}{4\mu}\alpha^2=\frac{\hbar^2}{4\mu}\cdot\frac{\mu\omega}{\hbar}$$

$$=\frac{1}{4}\hbar\omega$$

或 $\bar{T}=E-\bar{U}=\frac{1}{2}\hbar\omega-\frac{1}{4}\hbar\omega=\frac{1}{4}\hbar\omega$

第 4 章　氢原子和类氢离子的波函数和能级

在前面的两章中，初步介绍了初等量子力学的基本理论。在以后几章中将着重介绍量子力学对实际问题的应用，在应用中加深对理论的理解和检验。把量子力学应用于固体研究，从而得到固体能带论，是我们学习量子力学的主要目的，因为它是形形色色各种固体敏感电子器件、微电子集成电路和大功率晶体管的理论基础。但面对复杂的固体，应用不可能一步到位。我们将从简单的氢原子中单个电子的能级开始，逐步深入到多电子原子中电子的能级研究，再进而研究大量原子组成的晶体，从而得到晶体中电子的能带图像。

氢原子中的电子在氢原子核的库仑场中运动，电子所受库仑力的方向总是指向氢原子核。这种总是指向一定中心的作用力称为有心力。氢原子的电子是在库仑有心力场中运动。

§ 4–1　有心力场中的电子

对于有心力场中的粒子，其势能函数形式的特点是 $U(\boldsymbol{r}) = U(r)$，即粒子的势能只与粒子到力心的距离 r 有关，与 $\boldsymbol{r}$ 的方向无关。这里，$\boldsymbol{r}$ 的原点取在力心上。由于 $U(r)$与 $\boldsymbol{r}$ 的方向无关，用球坐标表示的定态方程将更为方便。

由图 4-1，有

$$x = r\sin\theta\cos\varphi,$$
$$y = r\sin\theta\sin\varphi,$$
$$z = r\cos\theta,$$
$$r = (x^2+y^2+z^2)^{1/2},$$
$$\cos\theta = z/r,$$
$$\tan\varphi = y/x$$

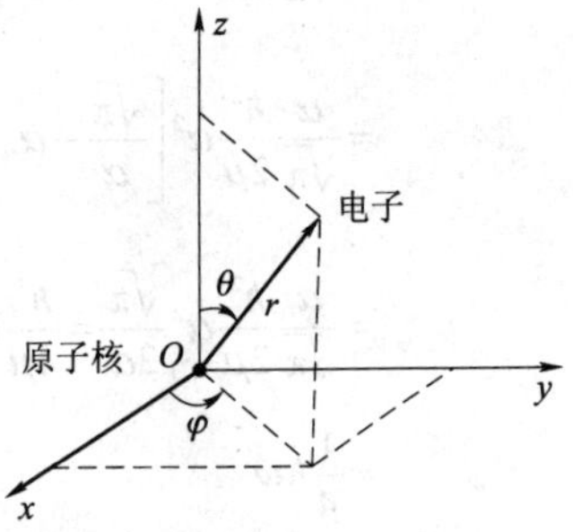

图 4-1

对复合函数 $u = u(r,\theta,\varphi)$ 的偏微商

$$\frac{\partial u}{\partial x} = \frac{\partial u}{\partial r}\frac{\partial r}{\partial x} + \frac{\partial u}{\partial \theta}\frac{\partial \theta}{\partial x} + \frac{\partial u}{\partial \varphi}\frac{\partial \varphi}{\partial x}$$

可得算符

$$\frac{\partial}{\partial x} = \frac{\partial r}{\partial x}\frac{\partial}{\partial r} + \frac{\partial \theta}{\partial x}\frac{\partial}{\partial \theta} + \frac{\partial \varphi}{\partial x}\frac{\partial}{\partial \varphi}$$

类似可得 $\partial/\partial y$ 和 $\partial/\partial z$，再进一步可得 $\partial^2/\partial x^2$、$\partial^2/\partial y^2$、$\partial^2/\partial z^2$，于是可得拉普拉斯算符的球坐标表示式

$$\begin{aligned}\nabla^2 &= \frac{\partial^2}{\partial x^2} + \frac{\partial^2}{\partial y^2} + \frac{\partial^2}{\partial z^2} \\ &= \frac{1}{r^2}\frac{\partial}{\partial r}\left(r^2\frac{\partial}{\partial r}\right) + \frac{1}{r^2\sin\theta}\frac{\partial}{\partial \theta}\left(\sin\theta\frac{\partial}{\partial \theta}\right) + \frac{1}{r^2\sin^2\theta}\frac{\partial^2}{\partial \varphi^2}\end{aligned} \tag{4-1}$$

把上式代入能量算符 $\hat{H}$ 的表达式（3-11）和能量本征方程中，可得球坐标表示的有心力场中粒子的能量本征方程

$$\left\{-\frac{\hbar^2}{2\mu}\left[\frac{1}{r^2}\frac{\partial}{\partial r}\left(r^2\frac{\partial}{\partial r}\right)+\frac{1}{r^2\sin\theta}\frac{\partial}{\partial\theta}\left(\sin\theta\frac{\partial}{\partial\theta}\right)+\frac{1}{r^2\sin^2\theta}\frac{\partial^2}{\partial\varphi^2}\right]+U(r)\right\}\psi=E\psi \quad (4\text{-}2)$$

方程（4-2）的解 $\psi(r,\theta,\varphi)$ 与有心力场的 $U(r)$ 有关，但因 U 与 r 的方向无关，这个方程可以分离变量，在 $U(r)$ 为未知的情况下，也可求得 ψ 的部分解。

1. 分离变量

方程（4-2）中的 $U(r)$ 与 θ、φ 无关，可用分离变量法求解。令解的形式为

$$\psi(r,\theta,\varphi)=R(r)Y(\theta,\varphi) \quad (4\text{-}3)$$

把上式代入方程（4-2），整理以后得

$$\frac{1}{R}\frac{\mathrm{d}}{\mathrm{d}r}\left(r^2\frac{\mathrm{d}R}{\mathrm{d}r}\right)+\frac{2\mu}{\hbar^2}r^2[E-U(r)]=-\frac{1}{Y}\left[\frac{1}{\sin\theta}\frac{\partial}{\partial\theta}\left(\sin\theta\frac{\partial Y}{\partial\theta}\right)+\frac{1}{\sin^2\theta}\frac{\partial^2 Y}{\partial\varphi^2}\right] \quad (4\text{-}4)$$

上式中，等号左边只与 r 有关，右边只与 θ、φ 有关，如果要等式对所有的 r、θ、φ 值都成立，只有两边同等于一个与 r、θ、φ 都无关的常数。设这个常数为 λ，上式就分解为两个方程

$$\frac{1}{r^2}\frac{\mathrm{d}}{\mathrm{d}r}\left(r^2\frac{\mathrm{d}R}{\mathrm{d}r}\right)+\left\{\frac{2\mu}{\hbar^2}r^2[E-U(r)]-\frac{\lambda}{r^2}\right\}R=0 \quad (4\text{-}5)$$

$$\frac{1}{\sin\theta}\frac{\partial}{\partial\theta}\left(\sin\theta\frac{\partial Y}{\partial\theta}\right)+\frac{1}{\sin^2\theta}\frac{\partial^2 Y}{\partial\varphi^2}=-\lambda Y \quad (4\text{-}6)$$

解这两个方程，把得到的 $R(r)$ 和 $Y(\theta,\varphi)$ 代入式（4-3）就得到 $\psi(r,\theta,\varphi)$。方程（4-5）的解与 $U(r)$ 的具体函数有关，所以 $R(r)$ 反映了该有心力场的具体特性。方程（4-6）与 $U(r)$ 无关，因而对不同的有心力场，解 $\psi(r,\theta,\varphi)$ 中的 $Y(\theta,\varphi)$ 因式总是相同的，所以 $Y(\theta,\varphi)$ 反映了各种有心力场的共性。

方程（4-6）还可以再分离变量。设

$$Y(\theta,\varphi)=\Theta(\theta)\Phi(\varphi) \quad (4\text{-}7)$$

把上式代入方程（4-6），可得

$$\frac{\sin\theta}{\Theta}\frac{\mathrm{d}}{\mathrm{d}\theta}\left(\sin\theta\frac{\mathrm{d}\Theta}{\mathrm{d}\theta}\right)+\lambda\sin^2\theta=-\frac{1}{\Phi}\frac{\mathrm{d}^2\Phi}{\mathrm{d}\varphi^2}$$

上式左边只与 θ 有关，右边只与 φ 有关，要等式成立，只有两边都同等于一个与 θ、φ 都无关的常数。设这一常数为 m^2，可得两个方程

$$\frac{1}{\sin\theta}\frac{\mathrm{d}}{\mathrm{d}\theta}\left(\sin\theta\frac{\mathrm{d}\Theta}{\mathrm{d}\theta}\right)+\left(\lambda-\frac{m^2}{\sin^2\theta}\right)\Theta=0 \quad (4\text{-}8)$$

$$\frac{\mathrm{d}^2\Phi}{\mathrm{d}\varphi^2}+m^2\Phi=0 \quad (4\text{-}9)$$

解这两个方程，可分别得到 $\Theta(\theta)$ 和 $\Phi(\varphi)$。这样，有心力场中粒子波函数具有的一般形式为

$$\psi(r,\theta,\varphi)=R(r)\Theta(\theta)\Phi(\varphi) \quad (4\text{-}10)$$

2. 求 $\boldsymbol{\Phi(\varphi)}$

方程（4-9）是一阶常微分方程，取复数形式的解

$$\Phi(\varphi)=A\mathrm{e}^{-\mathrm{i}m} \tag{4-11}$$

Φ 应满足单值条件，即应有 $\Phi(\varphi)=\Phi(\varphi+2\pi)$，代入上式，得

$$A\mathrm{e}^{\mathrm{i}m\varphi}=A\mathrm{e}^{\mathrm{i}m\varphi}\mathrm{e}^{\mathrm{i}2\pi m}$$

$$\mathrm{e}^{\mathrm{i}2\pi m}=1$$

要上式成立，则 m 必须取下列量子化值

$$m=0,\pm1,\pm2,\cdots \tag{4-12}$$

A 可由归一化条件决定

$$\int_0^{2\pi}\Phi^*\Phi\mathrm{d}\varphi=1$$

由此得 $A=1/\sqrt{2\pi}$，于是得

$$\Phi_m(\varphi)=\frac{1}{\sqrt{2\pi}}\mathrm{e}^{-\mathrm{i}m\varphi},m=0,\pm1,\pm2,\cdots \tag{4-13}$$

3. 求 $\boldsymbol{\Theta(\theta)}$

对方程（4-8）更换变量，令

$$\zeta=\cos\theta,\theta=\cos^{-1}\zeta,\Theta(\theta)=P(\zeta) \tag{4-14}$$

方程（4-8）就可改写成标准形式的方程

$$(1-\zeta^2)\frac{\mathrm{d}^2P}{\mathrm{d}\zeta^2}-2\zeta\frac{\mathrm{d}P}{\mathrm{d}\zeta}+\left(\lambda-\frac{m^2}{1-\zeta^2}\right)P=0 \tag{4-15}$$

在数学的特殊函数中，这个方程称为缔合勒让德（Legendre）方程。在数学中已证明，只有当

$$\lambda=l(l+1) \tag{4-16}$$

$$l=0,1,2,\cdots;m=0,\pm1,\pm2,\cdots,\pm l$$

时，方程（4-15）才有符合 P 保持有限性的解

$$P_l^{|m|}(\zeta)=(1-\zeta^2)^{\frac{|m|}{2}}\frac{\mathrm{d}^{|m|}}{\mathrm{d}\zeta^{|m|}}P_l(\zeta) \tag{4-17}$$

$$P_l(\zeta)=P_l(\cos\theta)=\frac{1}{2^l l!}\frac{\mathrm{d}^l}{\mathrm{d}\zeta^l}(\zeta^2-1)^l \tag{4-18}$$

所以方程（4-8）的解为

$$\Theta_{lm}(\theta)=(1-\cos^2\theta)^{\frac{|m|}{2}}\frac{\mathrm{d}^{|m|}}{\mathrm{d}(\cos\theta)^{|m|}}P_l(\cos\theta) \tag{4-19}$$

由式（4-13）和式（4-19），方程（4-6）的解为

$$Y_{lm}(\theta,\varphi)=N_{lm}\Theta_{lm}(\theta)\Phi_m(\varphi) \tag{4-20}$$

$$l=0,1,2,\cdots;m=0,\pm1,\pm2,\cdots,\pm l;\lambda=l(l+1)$$

式中 N_{lm} 为 Y_{lm} 的归一化因子，由 Y_{lm} 的归一化条件

$$\int_0^{2\pi}\mathrm{d}\varphi\int_0^{\pi}Y_{lm}^*(\theta,\varphi)Y_{lm}(\theta,\varphi)\sin\theta\mathrm{d}\theta=1$$

决定，得

$$N_{lm}=\left[\frac{(l-|m|)!(2l+1)}{(l+|m|)!4\pi}\right]^{1/2} \tag{4-21}$$

Y_{lm} 称为球谐函数。对不同有心力场 $U(r)$ 的粒子，Y_{lm} 是它们波函数 $\psi(r,\theta,\varphi)$ 的共同因式，只有 $R(r)$ 不相同。

§4-2 库仑有心力场中的电子

有心力场中粒子波函数 $\psi(r,\theta,\varphi)$ 的 $R(r)$ 部分称为径向波函数，按方程(4-5)，$R(r)$ 与 $U(r)$ 有关。这里以氢原子核或类氢离子势场中的电子为例。类氢离子是指带电荷+Ze 的原子核外只有一个电子的离子，例如 He^+、Li^{++}、Be^{+++}。这个电子在核电荷+Ze 产生的库仑场中运动，相互作用库仑势能

$$U(r)=-\frac{Ze^2}{4\pi\varepsilon_0 r} \tag{4-22}$$

r 的原点在原子核上。把上式和式（4-16）代入方程（4-5），得

$$\frac{\mathrm{d}^2R}{\mathrm{d}r^2}+\frac{2}{r}\frac{\mathrm{d}R}{\mathrm{d}r}+\frac{2\mu}{\hbar^2}\left[E-\frac{l(l+1)\hbar^2}{2\mu r^2}+\frac{Ze^2}{4\pi\varepsilon_0 r}\right]R=0 \tag{4-23}$$

这个方程的求解比较复杂，可参阅一般量子力学书籍，下面只介绍求解结果。

当 $E>0$，对任何大于零的 E 值，方程（4-23）都有符合波函数标准条件的解，即电子能量 E 可取任何大于零的连续值，这相当于电子被电离、完全脱离原子核束缚的情况。

当 $E<0$ 时，电子能量 E 只有取下列量子化值

$$E_n=-\frac{\mu e^4Z^2}{32\pi^2\varepsilon_0^2\hbar^2}\frac{1}{n^2},n=1,2,3,\cdots \tag{4-24}$$

（E_n 为负是相对于电子刚好被电离时作为 $E=0$ 而言）时，方程（4-23）才有符合波函数标准条件中，波函数必须保持有限性的解。而且，对于一个确定的 n 值，量子数 l 只能取下列 n 个值

$$l=0,1,2,\cdots,n-1 \tag{4-25}$$

由式（4-24），氢原子电子的能量 E_n 只与量子数 n 有关，与 l 和 m 无关。n 称为主量子数，l 称为角动量量子数（简称角量子数，又称轨道量子数），m 称为磁量子数。

属于 E_n 的径向波函数

$$R_{nl}(r)=N_{nl}\mathrm{e}^{-\frac{Z}{na_0}r}\left(\frac{2Z}{na_0}r\right)^l L_{n+l}^{2l+1}\left(\frac{2Z}{na_0}r\right) \tag{4-26}$$

$$a_0=\frac{4\pi\varepsilon_0\hbar^2}{\mu e^2} \tag{4-27}$$

a_0为玻尔第一轨道半径。$L_{n+l}^{2l+1}\left(\frac{2Z}{na_0}r\right)$称为缔合拉盖尔多项式

$$L_{n+l}^{2l+1}(\xi)=\frac{\mathrm{d}^{2l+1}}{\mathrm{d}\xi^{2l+1}}L_{n+l}(\xi),\xi=\frac{2Z}{na_0}r \tag{4-28}$$

式中$L_{n+l}(\xi)$称为拉盖尔（Laguerre）多项式

$$L_{n+l}(\xi)=\mathrm{e}^{\xi}\frac{\mathrm{d}^{n+l}}{\mathrm{d}\xi^{n+l}}(\mathrm{e}^{-\xi}\xi^{n+l}) \tag{4-29}$$

式（4-26）中的N_{nl}为$R_{nl}(r)$的归一化因子，由下式决定

$$\int_0^{\infty}R_{nl}^*(r)R_{nl}(r)r^2\mathrm{d}r=1 \tag{4-30}$$

$$N_{nl}=-\left\{\left(\frac{2Z}{na_0}\right)^3\frac{(n-l-1)!}{2n[(n+l)!]^3}\right\}^{1/2} \tag{4-31}$$

这样，氢原子电子或类氢离子电子的定态波函数为

$$\psi_{nlm}(r,\theta,\varphi)=R_{nl}(r)Y_{lm}(\theta,\varphi)=R_{nl}(r)\Theta_{lm}(\theta)\varPhi_m(\varphi) \tag{4-32}$$

$$n=1,2,3,\cdots;l=0,1,2,\cdots,n-1$$

$$m=0,\pm1,\pm2,\cdots,\pm l$$

可见，描述氢原子中电子的状态要用n、l、m三个量子数（如果计入以后要介绍的电子自旋，则还应加上自旋磁量子数m_s），因为n、l、m分别取确定值时，$\psi_{nlm}(r,\theta,\varphi)$和$E_n$这一对能量本征函数和能量本征值就确定了。

必须注意，氢原子中电子的能量本征值E_n是简并的，即对应于一个确定的E_n值，属于该E_n的本征函数ψ_{nlm}不止一个。或者说，对于某一确定的n值和E_n值，满足下述氢原子能量本征方程的本征函数ψ_{nlm}不止一个

$$\hat{H}\psi_{nlm}=E_n\psi_{nlm}$$

实际上，在n取确定值的条件下，式（4-32）中l和m取不同值的全部ψ_{nlm}都可满足这个方程。处于这些n相同，l取n个不同值，而同一个l，m又可取$2l+1$个不同值的ψ_{nlm}态中的电子，其能量都是E_n。

E_n的简并度是指属于同一E_n所对应的不同ψ_{nlm}态的个数。一个确定的n值，l可取n个不同值；而一个确定的l值，m又可取$2l+1$个不同值。所以，把每个l值各自的$2l+1$个不同m值的个数相加（共n项，因不同l值共n个），就得到E_n的简并度

$$\begin{aligned}&(2\times0+1)+(2\times1+1)+(2\times2+1)+\cdots+[2(n-1)+1]\\&=\sum_{l=0}^{n-1}(2l+1)=\frac{1+[2(n-1)+1]}{2}n=n^2\end{aligned} \tag{4-33}$$

即对于一个确定的n和E_n值，共有n^2个不同l和m的态ψ_{nlm}都具有相同的能量E_n，称E_n为n^2度简并。例如，对$n=3$，则氢原子电子的E_3能级为9度简并，氢原子电子处于这9个不同的ψ_{nlm}态时，都具有相同的能量E_3。这9个态是

$$l=0,m=0:\psi_{300}$$

$$l=1,m=0,\pm1:\psi_{31-1},\psi_{310},\psi_{311}$$

$$l=2, m=0,\pm1,\pm2: \psi_{32-2},\psi_{32-1},\psi_{320},\psi_{321},\psi_{322}$$

下面列出 $n=1$、2、3，$l=0$、1、2，$m=0$、±1、±2 的径向波函数和球谐函数，以供查用。

$$R_{10}(r)=\left(\frac{Z}{a_0}\right)^{3/2}2\mathrm{e}^{-\frac{Zr}{a_0}}$$

$$R_{20}(r)=\left(\frac{Z}{2a_0}\right)^{3/2}\left(2-\frac{Zr}{a_0}\right)\mathrm{e}^{-\frac{Zr}{2a_0}}$$

$$R_{21}(r)=\left(\frac{Z}{2a_0}\right)^{3/2}\frac{Zr}{a_0\sqrt{3}}\mathrm{e}^{-\frac{Zr}{2a_0}}$$

$$R_{30}(r)=\left(\frac{Z}{3a_0}\right)^{3/2}\left[2-\frac{4Zr}{3a_0}+\frac{4}{27}\left(\frac{Zr}{a_0}\right)^2\right]\mathrm{e}^{-\frac{Zr}{3a_0}}$$

$$R_{31}(r)=\left(\frac{2Z}{a_0}\right)^{3/2}\left[\frac{2}{27\sqrt{3}}-\frac{Zr}{81a_0\sqrt{3}}\right]\frac{Zr}{a_0}\mathrm{e}^{-\frac{Zr}{3a_0}}$$

$$R_{32}(r)=\left(\frac{2Z}{a_0}\right)^{3/2}\frac{1}{81\sqrt{15}}\left(\frac{Zr}{a_0}\right)^2\mathrm{e}^{-\frac{Zr}{3a_0}}$$

$$Y_{00}=\frac{1}{\sqrt{4\pi}},Y_{11}=\sqrt{\frac{3}{8\pi}}\sin\theta\mathrm{e}^{\mathrm{i}\varphi},Y_{10}=\sqrt{\frac{3}{4\pi}}\cos\theta$$

$$Y_{1-1}=\sqrt{\frac{3}{8\pi}}\sin\theta\mathrm{e}^{-\mathrm{i}\varphi},Y_{22}=\sqrt{\frac{15}{32\pi}}\sin^2\theta\mathrm{e}^{\mathrm{i}2\varphi}$$

$$Y_{21}=\sqrt{\frac{15}{8\pi}}\sin\theta\cos\theta\mathrm{e}^{\mathrm{i}\varphi},Y_{20}=\sqrt{\frac{5}{16\pi}}(3\cos^2\theta-1)$$

$$Y_{2-1}=\sqrt{\frac{15}{8\pi}}\sin\theta\cos\theta\mathrm{e}^{-\mathrm{i}\varphi},Y_{2-2}=\sqrt{\frac{15}{32\pi}}\sin^2\theta\mathrm{e}^{-\mathrm{i}2\varphi}$$

§ 4–3 轨道角动量算符

上一节介绍了要完全描述氢原子中电子的状态需要三个量子数 n、l、m、n 是能量 E 的量子数，l 和 m 是什么量的量子数呢？l 是电子角动量的量子数，m 是角动量 Z 分量的量子数。角动量是描述微观粒子性质的重要物理量，在描述复杂原子的状态时，更有重要作用。

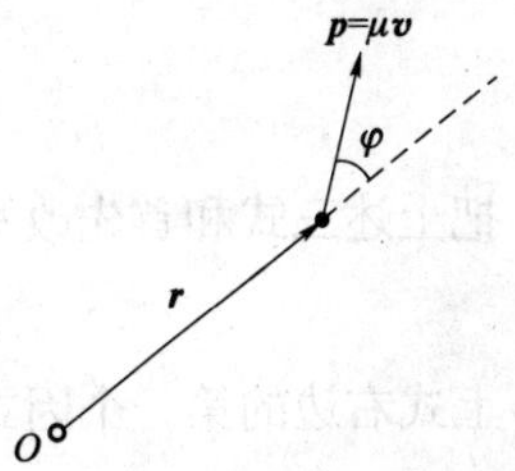

图 4-2

1. 角动量算符 $\hat{L}$

在经典力学中，当质点的坐标为 $\boldsymbol{r}$，动量为 $\boldsymbol{p}$，则质点相对于原点（图 4-2）的角动量 $L=r\times\hat{\boldsymbol{p}}$，所以角动量 $\boldsymbol{L}$ 的算符为

$$\hat{\boldsymbol{L}}=\boldsymbol{r}\times\hat{\boldsymbol{p}} \tag{4-34}$$

为写出 $\hat{\boldsymbol{L}}$ 的具体表达式，先写出 $\boldsymbol{L}$ 的分量式

$$\begin{aligned}\boldsymbol{L}=\boldsymbol{r}\times\boldsymbol{p}&=(x\boldsymbol{i}+y\boldsymbol{j}+z\boldsymbol{k})\times(p_x\boldsymbol{i}+p_y\boldsymbol{j}+p_z\boldsymbol{k})\\&=(yp_z-zp_y)\boldsymbol{i}+(zp_x-xp_z)\boldsymbol{j}+(xp_y-yp_x)\boldsymbol{k}\\&=L_x\boldsymbol{i}+L_y\boldsymbol{j}+L_z\boldsymbol{k}\end{aligned}$$

由上式 $\boldsymbol{L}$ 的三个分量，可得 $\boldsymbol{L}$ 三个分量的算符

$$\begin{aligned}\hat{L}_x&=y\hat{p}_z-z\hat{p}_y=-\mathrm{i}\hbar\left(y\frac{\partial}{\partial z}-z\frac{\partial}{\partial y}\right)\\\hat{L}_y&=z\hat{p}_x-x\hat{p}_z=-\mathrm{i}\hbar\left(z\frac{\partial}{\partial x}-x\frac{\partial}{\partial z}\right)\\\hat{L}_z&=x\hat{p}_y-y\hat{p}_x=-\mathrm{i}\hbar\left(x\frac{\partial}{\partial y}-y\frac{\partial}{\partial x}\right)\end{aligned}\tag{4-35}$$

2. $\hat{L}_x$、$\hat{L}_y$、$\hat{L}_z$ 间的关系

$\hat{L}$ 的三个分量算符之间互不对易

$$\begin{aligned}\hat{L}_x\hat{L}_y-\hat{L}_y\hat{L}_x&=\mathrm{i}\hbar\hat{L}_z\\\hat{L}_y\hat{L}_z-\hat{L}_z\hat{L}_y&=\mathrm{i}\hbar\hat{L}_x\\\hat{L}_z\hat{L}_x-\hat{L}_x\hat{L}_z&=\mathrm{i}\hbar\hat{L}_y\end{aligned}\tag{4-36}$$

下面只证明上式中的第一个式子，其余两个可类似证明。只要按算符的运算规则和算符本身所定义的运算作用就可证明。

$$\begin{aligned}\hat{L}_x\hat{L}_y-\hat{L}_y\hat{L}_x&=(y\hat{p}_z-z\hat{p}_y)(z\hat{p}_x-x\hat{p}_z)-(z\hat{p}_x-x\hat{p}_z)(y\hat{p}_z-z\hat{p}_y)\\&=y\hat{p}_zz\hat{p}_x-y\hat{p}_zx\hat{p}_z-z\hat{p}_yz\hat{p}_x+z\hat{p}_yx\hat{p}_z-z\hat{p}_xy\hat{p}_z+z\hat{p}_xz\hat{p}_y+x\hat{p}_zy\hat{p}_z-x\hat{p}_zz\hat{p}_y\end{aligned}\tag{4-37}$$

对后一等式右边的第一项

$$\begin{aligned}y\hat{p}_zz\hat{p}_x&=y(-\mathrm{i}\hbar)\frac{\partial}{\partial z}(z\hat{p}_x)=-\mathrm{i}\hbar\frac{\partial}{\partial z}(yz\hat{p}_x)\\&=\hat{p}_zyz\hat{p}_x\end{aligned}$$

同理，对第二、三、六、七项，分别有

$$y\hat{p}_zx\hat{p}_z=xy\hat{p}_z^2,\ z\hat{p}_yz\hat{p}_x=z^2\hat{p}_x\hat{p}_y$$

$$z\hat{p}_xz\hat{p}_y=z^2\hat{p}_x\hat{p}_y,\ x\hat{p}_zy\hat{p}_z=xy\hat{p}_z^2$$

把这 4 个式子代回式（4-37），二、七项相消，三、六项相消。对第四、五、八项，有

$$z\hat{p}_yx\hat{p}_z=zx\hat{p}_y\hat{p}_z=zx\hat{p}_z\hat{p}_y=z\hat{p}_zx\hat{p}_y$$

$$z\hat{p}_xy\hat{p}_z=z\hat{p}_zy\hat{p}_x,\ x\hat{p}_zz\hat{p}_y=\hat{p}_zzx\hat{p}_y$$

把上述三式和首先改写的第一项代回式（4-37），整理后可得

$$\hat{L}_x\hat{L}_y-\hat{L}_y\hat{L}_x=(z\hat{p}_z-\hat{p}_zz)(x\hat{p}_y-y\hat{p}_x)\tag{4-38}$$

上式右边的第一个因式，因为

$$z\hat{p}_z\psi=-\mathrm{i}\hbar z\frac{\partial\psi}{\partial z}$$

$$\hat{p}_z z\psi = -\mathrm{i}\hbar\frac{\partial}{\partial z}(z\psi) = -\mathrm{i}\hbar\psi - \mathrm{i}\hbar z\frac{\partial\psi}{\partial z}$$

$$(z\hat{p}_z - \hat{p}_z z)\psi = \mathrm{i}\hbar\psi$$

所以

$$z\hat{p}_z - \hat{p}_z z = \mathrm{i}\hbar$$

式（4-38）右边第二个因式等于 $\hat{L}_z$，式（4-38）可写为

$$\hat{L}_x\hat{L}_y - \hat{L}_y\hat{L}_x = \mathrm{i}\hbar\hat{L}_z$$

这就证明了式（4-36）的第一式。

3. $\hat{L}^2$ 与 $\hat{L}$ 分量算符的关系

因为角动量的平方 $L^2 = L_x^2 + L_y^2 + L_z^2$，所以 L^2 的算符

$$\hat{L}^2 = \hat{L}_x^2 + \hat{L}_y^2 + \hat{L}_z^2 \tag{4-39}$$

$\hat{L}^2$ 与 $\hat{L}_x^2$、$\hat{L}_y^2$、$\hat{L}_z^2$ 分别可以对易，即

$$\begin{aligned} \hat{L}^2\hat{L}_x - \hat{L}_x\hat{L}^2 &= 0 \\ \hat{L}^2\hat{L}_y - \hat{L}_y\hat{L}^2 &= 0 \\ \hat{L}^2\hat{L}_z - \hat{L}_z\hat{L}^2 &= 0 \end{aligned} \tag{4-40}$$

下面证明上式中的第一个式子

$$\begin{aligned} \hat{L}^2\hat{L}_x - \hat{L}_x\hat{L}^2 &= (\hat{L}_x^2 + \hat{L}_y^2 + \hat{L}_z^2)\hat{L}_x - \hat{L}_x(\hat{L}_x^2 + \hat{L}_y^2 + \hat{L}_z^2) \\ &= \hat{L}_x^3 + \hat{L}_y^2\hat{L}_x + \hat{L}_z^2\hat{L}_x - \hat{L}_x^3 - \hat{L}_x\hat{L}_y^2 - \hat{L}_x\hat{L}_z^2 + \hat{L}_y\hat{L}_x\hat{L}_y - \hat{L}_y\hat{L}_x\hat{L}_y + \hat{L}_z\hat{L}_x\hat{L}_z - \hat{L}_z\hat{L}_x\hat{L}_z \\ &= \hat{L}_y(\hat{L}_y\hat{L}_x - \hat{L}_x\hat{L}_y) + \hat{L}_z(\hat{L}_z\hat{L}_x - \hat{L}_x\hat{L}_z) - (\hat{L}_x\hat{L}_y - \hat{L}_y\hat{L}_x)\hat{L}_y - (\hat{L}_x\hat{L}_z - \hat{L}_z\hat{L}_x)\hat{L}_z \\ &= -\mathrm{i}\hbar\hat{L}_y\hat{L}_z + \mathrm{i}\hbar\hat{L}_z\hat{L}_y - \mathrm{i}\hbar\hat{L}_z\hat{L}_y + \mathrm{i}\hbar\hat{L}_y\hat{L}_z \\ &= 0 \end{aligned}$$

由式（4-40），因 $\hat{L}^2$ 分别与 $\hat{L}_x$、$\hat{L}_y$、$\hat{L}_z$ 对易，所以 $\hat{L}^2$ 分别与它们有共同的本征函数系。$\hat{L}^2$ 也分别与 L_x、L_y、L_z 同时有确定值（由于 $\hat{L}_x$、$\hat{L}_y$、$\hat{L}_z$ 之间不对易，所以 $\hat{L}^2$、$\hat{L}_z$ 之间，$\hat{L}^2$、$\hat{L}_x$ 之间，$\hat{L}^2$ 与 $\hat{L}_y$ 之间的三种共同本征函数系互不相同）。

4. $\hat{L}$ 分量算符及 $\hat{L}^2$ 的球坐标表示

对有心力场的问题，用球坐标表示的角动量算符更方便。当 $\boldsymbol{r}$ 的原点取在力心上，有

$$\begin{aligned} \hat{L}_x &= \mathrm{i}\hbar\left(\sin\varphi\frac{\partial}{\partial\theta} + \cot\theta\cos\varphi\frac{\partial}{\partial\varphi}\right) \\ \hat{L}_y &= -\mathrm{i}\hbar\left(\cos\varphi\frac{\partial}{\partial\theta} - \cot\theta\sin\varphi\frac{\partial}{\partial\varphi}\right) \\ \hat{L}_z &= -\mathrm{i}\hbar\frac{\partial}{\partial\varphi} \end{aligned} \tag{4-41}$$

$$\hat{L}^2 = -\hbar^2\left[\frac{1}{\sin\theta}\frac{\partial}{\partial\theta}\left(\sin\theta\frac{\partial}{\partial\theta}\right) + \frac{1}{\sin^2\theta}\frac{\partial^2}{\partial\varphi^2}\right] \tag{4-42}$$

5. $\hat{L}^2$ 和 $\hat{L}_z$ 本征方程的解

$\hat{L}^2$ 的本征方程为

$$\hat{L}^2 Y = L^2 Y \tag{4-43}$$

由式（4-42），上式为

$$\left[\frac{1}{\sin\theta}\frac{\partial}{\partial\theta}\left(\sin\theta\frac{\partial}{\partial\theta}\right)+\frac{1}{\sin^2\theta}\frac{\partial^2}{\partial\varphi^2}\right]Y = -\frac{L^2}{\hbar^2}Y = -\lambda Y \tag{4-44}$$

式中

$$\lambda = L^2/\hbar^2$$

式（4-44）实际上就是方程（4-6），它的解（$\hat{L}^2$ 的本征函数）就是球谐函数（4-20）。在方程（4-6）中，只有当 $\lambda = l(l+1)$ 时，才有符合标准条件的解，所以 $\hat{L}^2$ 的本征值

$$L^2 = \lambda\hbar^2 = l(l+1)\hbar^2 \tag{4-45}$$

$$L = \sqrt{l(l+1)}\hbar \tag{4-46}$$

$$l = 0, 1, 2, \cdots$$

可见，角动量 $\boldsymbol{L}$ 的值量子化，l 称为角动量量子数就不奇怪了。

对于算符 $\hat{L}_z$ 的本征方程

$$\hat{L}_z \Phi = L_z \Phi \tag{4-47}$$

把 $\hat{L}_z$ 的球坐标表示式代入上式，解这个方程，得 $\hat{L}_z$ 的本征函数

$$\Phi(\varphi) = A\exp\left[\mathrm{i}\frac{L_z}{\hbar}\varphi\right]$$

令

$$m = L_z/\hbar$$

并归一化 Φ，得 $\hat{L}_z$ 的本征函数和本征值

$$\Phi_m(\varphi) = \frac{1}{\sqrt{2\pi}}\mathrm{e}^{\mathrm{i}m\varphi} \tag{4-48}$$

$$L_z = m\hbar \tag{4-49}$$

$$m = 0, \pm 1, \pm 2, \cdots, \pm l$$

$\hat{L}_z$ 与 $\hat{L}^2$ 对易，应有共同的本征函数系，这就是 $\hat{L}^2$ 的本征函数系球谐函数 $Y_{lm}(\theta,\varphi) = \Theta_{lm}\Phi_m$。$m$ 称为磁量子数，因为当氢原子位于外磁场中时，电子的能量 E 不仅与 n 有关，而且还与 m 有关。

6. 有心力场中 $\hat{H}$ 、$\hat{L}^2$ 和 $\hat{L}_z$ 的关系

在球坐标中，有心力场中粒子的能量算符可写为

$$\hat{H} = -\frac{\hbar^2}{2\mu}\left[\frac{1}{r^2}\frac{\partial}{\partial r}\left(r^2\frac{\partial}{\partial r}\right)-\frac{1}{\hbar^2 r^2}\hat{L}^2\right]+U(r) \tag{4-50}$$

按 $\hat{L}^2$ 与 $\hat{L}_z$ 的球坐标表示式，$\hat{L}^2$ 和 $\hat{L}_z$ 都与 r 无关，所以 $\hat{H}$ 作用在 $\hat{L}^2$ 和 $\hat{L}_z$ 上时，如同作用在常数上一样（$\hat{H}$ 中的 $\hat{L}^2$ 分别与 $\hat{L}^2$ 、$\hat{L}_z$ 对易），因而 $\hat{H}$ 与 $\hat{L}^2$ 、$\hat{L}_z$ 分别对易

$$\hat{H}\hat{L}^2 - \hat{L}^2\hat{H} = 0, \hat{H}\hat{L}_z - \hat{L}_z\hat{H} = 0, \hat{L}^2\hat{L}_z - \hat{L}_z\hat{L}^2 = 0 \tag{4-51}$$

可见，在有心力场中，$\hat{H}$ 、$\hat{L}^2$ 、$\hat{L}_z$ 有共同的本征函数系。对氢原子，这一共同本征函数系就

是氢原子 $\hat{H}$ 算符的本征函数系 $\psi_{nlm}(r,\theta,\varphi)$。其中的 $\psi_{nlm}(\theta,\varphi)$ 就是 $\hat{L}^2$ 的本征函数，而 $\psi_{nlm}(\theta,\varphi)$ 中的 $\Phi_m(\varphi)$ 就是 $\hat{L}_z$ 的本征函数。在一确定的 ψ_{nlm} 中，E、L^2、L_z 同时有各自的确定值。

一般地，要完全确定一个微观体系的状态，需要有由一组量子数所表征的波函数（如确定氢原子电子的状态，需要由 n、l、m 为一组量子数表征的波函数 ψ_{nlm}）。这组量子数对应一组力学量算符及各自的本征值谱。同时有确定值的这一组算符的共同本征函数系及它们各自的本征值谱，完全描述了微观体系的状态。这样的一组力学量算符称为力学量的完全集合。$\hat{H}$、$\hat{L}^2$、$\hat{L}_z$ 是有心力场粒子力学量的完全集合，这是对 $\hat{L}^2$ 和 $\hat{L}_z$ 感兴趣的又一原因。

§ 4–4 核外电子的几率分布

量子力学否定了玻尔关于电子绕原子核作轨道运动的假设。这不等于说核外电子的运动毫无规律。在原子核周围，电子在哪些区域出现的几率大，在哪些区域出现的几率小，根据电子所处的不同状态，还是各自有一定规律的。

对于氢原子，处于态 ψ_{nlm} 的电子，出现在 $\boldsymbol{r}$ 处体积元 $\mathrm{d}\tau$ 内的几率为

$$\begin{aligned}P_{nlm}(r,\theta,\varphi)\mathrm{d}\tau &= |\psi_{nlm}(r,\theta,\varphi)|^2\mathrm{d}\tau \\ &= |R_{nl}(r)|^2|\Theta_{lm}(\theta)|^2|\Phi_m(\varphi)|^2\, r^2\sin\theta\mathrm{d}r\mathrm{d}\theta\mathrm{d}\varphi\end{aligned} \tag{4-52}$$

$|\Phi_m|^2=1/2\pi$，所以几率分布 P_{nlm} 与 φ 无关，说明 $|\psi_{nlm}|^2$ 相对于 z 轴具有旋转对称性。下面先把几率分布分解成径向分布几率和（立体）角分布几率进行讨论。

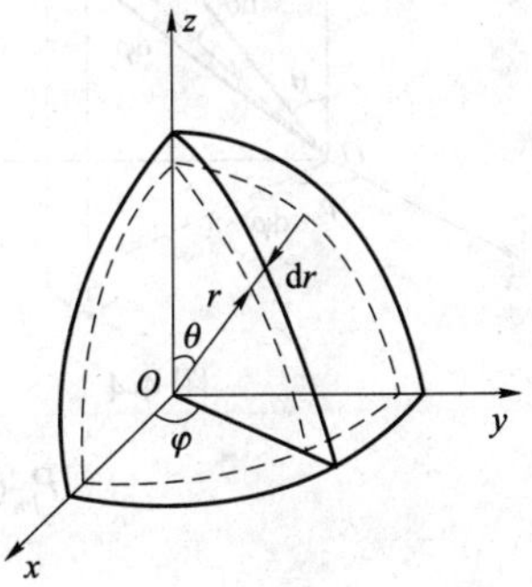

图 4-3

1. 径向分布几率

径向分布几率是指核外电子出现在半径为 r 和 $r+\mathrm{d}r$ 这两个球面之间这一夹层空间范围（图 4-3）内的几率 $P_{nl}(r)\mathrm{d}r$。显然，这应该是电子出现在上述两球面间全部体积元内的几率的和。在这两球面间的不同体积元 $\mathrm{d}\tau$ 有相同的 r 坐标和不同的 θ、φ 坐标，所以 $P_{nl}(r)\mathrm{d}r$ 应是式（4-52）对夹层内不同 θ、φ 的全部体积元积分

$$\begin{aligned}P_{nl}(r)\mathrm{d}r &= \int_\theta\int_\varphi |\psi_{nlm}(r,\theta,\varphi)|^2\, r^2\sin\theta\mathrm{d}r\mathrm{d}\theta\mathrm{d}\varphi \\ &= |R_{nl}(r)|^2 r^2\mathrm{d}r\int_0^\pi|\Theta_{lm}(\theta)|^2\sin\theta\mathrm{d}\theta\int_0^{2\pi}|\Phi_m|^2\mathrm{d}\varphi \\ &= [rR_{nl}(r)]^2\mathrm{d}r\end{aligned} \tag{4-53}$$

式中两个积分都等于 1，因为 Θ_{lm} 和 Φ_m 都已分别归一化。上式两边同除以 dr，$P_{nl}(r)$就是半径 r 处相距为单位距离的两球面之间出现电子的几率。

例 对氢原子处于 1 s 态（$n=1$，$l=0$）的电子，径向几率分布为（$Z=1$）

$$\begin{aligned}P_{10}(r) &= [rR_{nl}(r)]^2 = [rR_{10}(r)]^2 \\ &= (2ra_0^{-3/2}\mathrm{e}^{-r/a_0})^2 \\ &= \frac{4}{a_0^3}r^2\mathrm{e}^{-2r/a_0}\end{aligned}$$

P_{nl} 是 r 的函数，一般在某些 r 处有极值。令 $\mathrm{d}P_{10}/\mathrm{d}r=0$，得

$$re^{-2r/a_0}\left(1-\frac{r}{a_0}\right)=0$$

r 有三个解，即在 $r=0$、$r=a_0$、$r=\infty$ 处，P_{10} 有极值。在 $r=0$ 处，$P_{10}=0$；在 $r\to\infty$ 时，$P_{10}=0$；当 $r=a_0$ 时，P_{10} 有最大值

$$P_{10}(a_0)=\frac{4}{a_0 e^2}=P_{10}(r)_{\max}$$

上式表明，氢原子的 1 s 态电子出现在 $r=a_0$ 处相距为 $\mathrm{d}r$ 的两球面之间的几率为最大。a_0 为玻尔电子第一轨道半径。这一结果并不说明玻尔理论正确，只说明 1 s 电子出现几率最大的区域在 $r=a_0$ 附近的两个球面之间，并不说明在这一范围之外电子出现的几率为零，因为在 $0<r<\infty$ 的广泛空间内都有 $P_{10}(r)\neq 0$，所以 1 s 电子并没有确定的轨道。此外，玻尔理论预言的轨道半径经常不与径向几率最大值对应的半径相等。例如对 2 s 态（$n=2$，$l=0$）电子，玻尔认为该态电子的轨道半径为 $n^2a_0=4a_0$，但是由 $P_{20}(r)$ 取最大值得出的半径为 $r=5.24a_0$。之所以不一致，在于玻尔轨道半径仅与 n 有关，而 $P_{nl}(r)_{\max}$ 还与 l 有关。

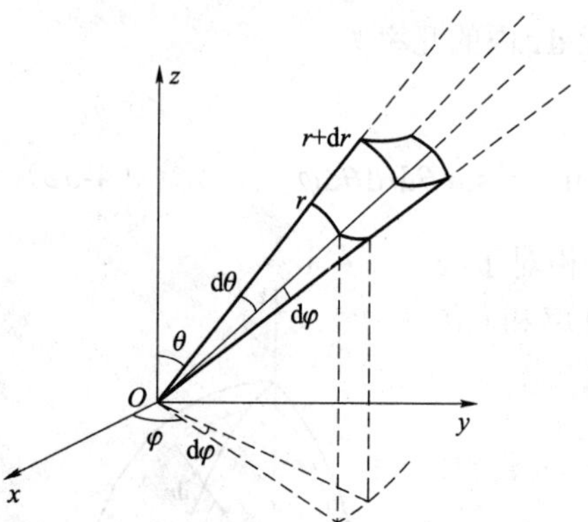

图 4-4

2. 角分布几率

角分布几率是指电子出现在 $\theta\sim\theta+\mathrm{d}\theta$、$\varphi\sim\varphi+\mathrm{d}\varphi$ 这一立体角内（图 4-4）的几率 $P_{lm}(\theta,\varphi)\mathrm{d}\Omega$，是该立体角内全部 $\mathrm{d}\tau$ 中电子出现几率的总和。这些 $\mathrm{d}\tau$ 有不同的 r，相同的 θ、φ，所以应对不同 r 的体积元求几率总和，即用式（4-52）对 r 积分

$$\begin{aligned}P_{lm}(\theta,\varphi)\mathrm{d}\Omega &= |\Theta_{lm}(\theta)|^2|\Phi_m(\varphi)|^2\,\mathrm{d}\Omega\int_0^\infty |R_{nl}(r)|^2\,r^2\mathrm{d}r\\ &= |\Theta_{lm}(\theta)|^2|\Phi_m(\varphi)|^2\,\mathrm{d}\Omega \qquad (4\text{-}54)\\ &= \frac{1}{2\pi}|\Theta_{lm}(\theta)|^2\,\mathrm{d}\Omega\end{aligned}$$

可见，角分布几率与 φ 无关，只与 θ 有关。只要 θ 相同，不同 φ 角的 P_{lm} 是相等的，对 z 轴有旋转对称性。这样，只要在 y–z 平面上绘出 $P_{lm}\sim\theta$ 曲线，再使此曲线绕 z 轴转 180°，就可得到角分布的立体图像。

例如，对处于 $l=1$，$m=1$，$n\geqslant 2$ 态中的电子

$$P_{11}(\theta)=\frac{1}{2\pi}|\Theta_{11}|^2=\frac{1}{2\pi}\left|\sqrt{\frac{3}{4}}\sin\theta\right|^2=\frac{3}{8\pi}\sin^2\theta$$

在 y–z 平面上，令该 θ 下的 $P_{11}=\overline{OA}$ 长度（图 4-5），把 θ 取不同值时，$\overline{OA}$ 端点的坐标描绘在 y–z 平面上。这些端点的连线就是 $P_{11}(\theta)\sim\theta$ 曲线。各 θ 值下的 $\overline{OA}$ 长度就代表该 θ 下，单位立体角内电子出现的几率 $P_{11}(\theta)$。由图可知，对 $l=1$，$m=1$ 态的电子，当 $\theta=\pi/2$ 时，电子出现在该立体角内的几率最大；当 $\theta=0$，π 时，

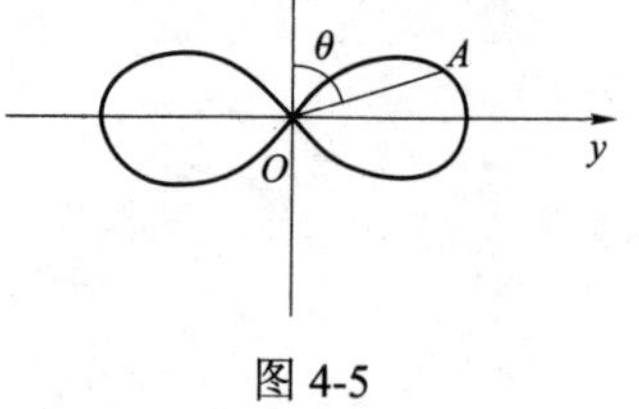

图 4-5

电子出现的几率最小。

3. 电子云

上面分别介绍了径向几率分布和角几率分布，但不要产生错觉，比如，对某态电子，其径向几率分布为 $P_{nl}(r)\mathrm{d}r$，并不意味着在这相距 dr 两球面之间的范围内，电子出现的几率密度 $|\psi_{nlm}|^2$ 处处相等。$P_{nl}(r)\mathrm{d}r$ 是电子出现在该球面夹层空间内的几率总和，电子出现在此夹层空间不同 dτ（当 θ 不同）内的几率仍是不相等的。同样，在同一立体角 dΩ 内的不同（当 r 不同）dτ，电子出现的几率也不相等。

为了得到电子几率分布的形象化完整的立体图像，有一种"电子云"表示法。考察几率密度 $|\psi_{nlm}|^2$ 的空间分布

$$P_{nlm}(r,\theta,\varphi)=|\psi_{nlm}(r,\theta,\varphi)|^2=\frac{1}{2\pi}|R_{nl}(r)|^2|\Theta_{lm}(\theta)|^2$$

所谓"电子云"，就是在立体空间内画上一些点子，用点的浓密或稀疏程度，表示该 r、θ、φ 处 $|\psi_{nlm}(r,\theta,\varphi)|^2$ 的大小。P_{nlm} 大的区域点的密度大一些，P_{nlm} 小的区域点的密度小一些。但在这里，一个点并不代表一个电子，大量点子并不是大量电子构成的"云"，只是人为地用点的疏密形象表示几率密度的大小而已。所以，这样的图像称为"几率云"更恰当。

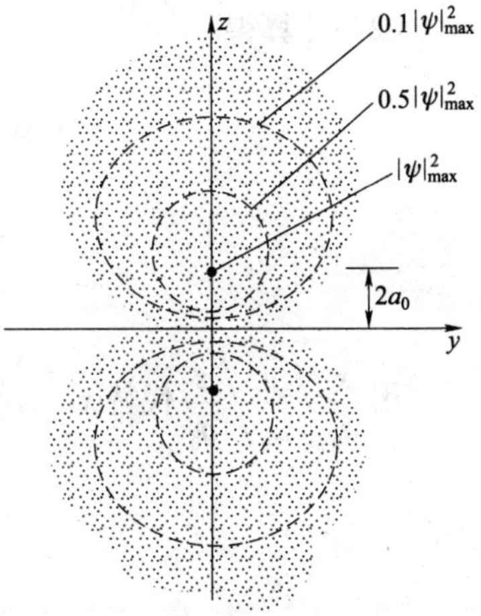

图 4-6

上述 P_{nlm} 实际与 φ 无关，相对于 z 轴旋转对称。所以可先在 y–z 平面上，对不同的 r、θ 绘出电子云，再把它绕 z 轴转 180° 角，就可得到三维空间电子云的图像。图 4-6 为处于态 ψ_{210} 的电子的电子云图像 $|\psi_{210}|^2$ 在 y–z 平面上的示意图。氢原子核位于坐标原点。y–z 平面的 $\varphi=\pi/2$，任何 φ 角平面上的电子云图像都与 y–z 平面上的相同。对上述 ψ_{210} 态，几个几率最大值位置是

$P_{nl|\max}：P_{21|\max}$　　位于 $r=4a_0$ 处的球壳

$P_{lm|\max}：P_{10|\max}$　　位于 $\theta=0$、π 时的立体角

$|\psi_{nlm}|^2_{\max}：|\psi_{210}|^2_{\max}$　位于 $r=2a_0$，$\theta=0$、π 处

图中还画出了 $0.5|\psi_{210}|^2_{\max}$ 和 $0.1|\psi_{210}|^2_{\max}$ 两条等几率密度线（虚线），在同一条线上的每一点，几率密度都相等。

附录 4–I　实验：用 MATLAB 绘制电子云图

一、实验要求

使用 MATLAB 绘制氢原子 $\phi 320$ 态和 $\phi 321$ 态的电子云图，用灰度图表示，约定：灰度越深的地方表示电子出现的几率大，灰度越浅的地方电子出现的几率越小。

$$\phi_{320}=R_{32}Y_{20}=\frac{1}{324\sqrt{3\pi}}\left(\frac{2Z}{a_0}\right)^{\frac{3}{2}}\left(\frac{Zr}{a_0}\right)^2\mathrm{e}^{-\frac{Zr}{3a_0}}(3\cos^2\theta-1)$$

$$\phi_{321}=R_{32}Y_{21}=\frac{1}{162\sqrt{2\pi}}\left(\frac{2Z}{a_0}\right)^{\frac{3}{2}}\left(\frac{Zr}{a_0}\right)^2\sin\theta\cos\theta e^{i\varphi}e^{-\frac{Zr}{3a_0}}$$

二、实验目的

（1）将氢原子核外电子分布形象化，加深对“电子云”概念的理解。

（2）锻炼自己发现问题、解决问题的能力。

（3）熟悉 MATLAB 的绘图方法。

三、实验思路

（1）核外电子的分布几率与波函数的平方成正比（归一化后等于波函数的平方），由于与ϕ有关的项为 $e^{i\varphi}$，其平方后为 1，因此，其分布几率与 ϕ 无关，只需绘制 y–z 平面的电子云图即可。

（2）计算得：

$$P_{320}\propto\left(\frac{1}{a_0}\right)^7(2z^2-x^2-y^2)^2 e^{-\frac{2\sqrt{x^2+y^2+z^2}}{3a_0}}$$

$$P_{321}\propto\left(\frac{1}{a_0}\right)^7 z^2(x^2+y^2)e^{-\frac{2\sqrt{x^2+y^2+z^2}}{3a_0}}$$

用 $\frac{x}{a_0}\Big/\frac{y}{a_0}\Big/\frac{z}{a_0}$ 代替 x，y，z 得：

$$P_{320}\propto(2z^2-x^2-y^2)^2 e^{-\frac{2\sqrt{x^2+y^2+z^2}}{3}}$$

$$P_{321}\propto z^2(x^2+y^2)e^{-\frac{2\sqrt{x^2+y^2+z^2}}{3}}$$

四、ϕ320 态时，电子云的参考程序

```
clear;
x=0;num=1000;
level=255;set=5.9343;
y=linspace(-15,15,num);z=linspace(-15,15,num);
for m=1:num
        for n=1:num
        g321(m,n)=(x^2+y(n)^2)*z(m)^2*exp(-2/3*(x^2+y(n)^2+z(m)^2)^0.5);
        end
    end;
g321a=level*ones(length(z),length(y))-g321/set*level;
image(y,z,g321a);colormap(gray(level));
```

对于ϕ321 态，当 $x=0$ 时，电子云的绘图结果如附图 4-1 所示。

对于ϕ321 态，当 $x=3$ 时，电子云的绘图结果如附图 4-2 所示。

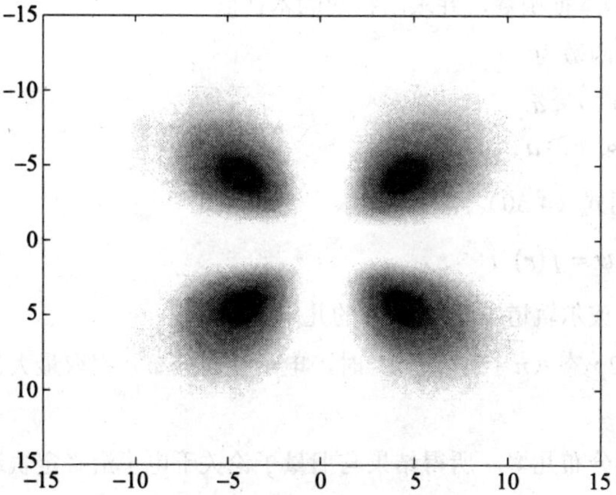

附图 4-1　$x=0$ 时，$\phi321$ 的电子云图

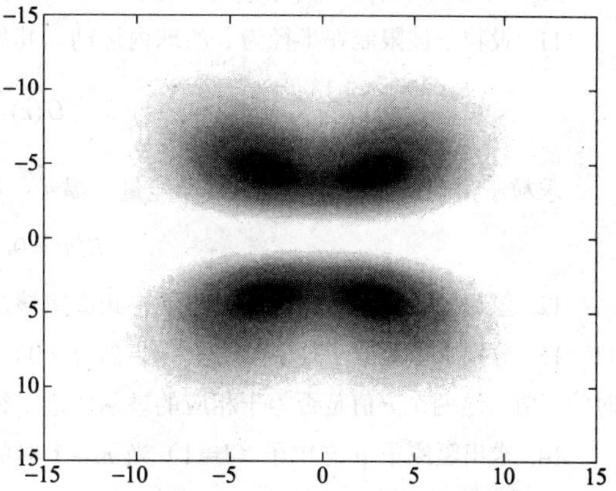

附图 4-2　$x=3$ 时，$\phi321$ 的电子云图

对于$\phi321$ 态，当 $x=5$ 时，电子云的绘图结果如附图 4-3 所示。

对于$\phi321$ 态，当 $x=9$ 时，电子云的绘图结果如附图 4-4 所示。

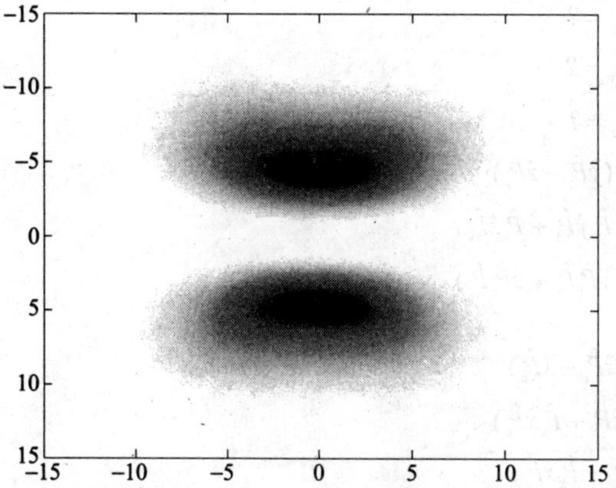

附图 4-3　$x=5$ 时，$\phi321$ 的电子云图

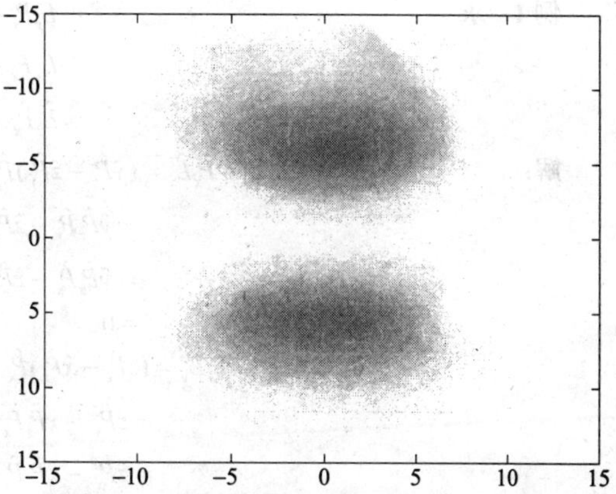

附图 4-4　$x=9$ 时，$\phi321$ 的电子云图

思考题与习题

1. 什么叫有心力场？

2. 在不同有心力场中运动的例子，其波函数 $\psi(r,\theta,\varphi)$ 在函数形式上的共性和个性是什么？为什么？

3. 氢原子电子的能量为 E_n 时，这个电子可能处于多少个不同的状态？

4. 在考虑库仑有心力场的情况下，氢原子电子的状态 $\psi(r,\theta,\varphi)$ 要用几个量子数的确定值才能描述某一个确定状态？这几个量子数是怎么得来的？

5. 为什么 $\hat{H}$ 、$\hat{L}^2$、L_z 算符称为有心力场力学量的完全集合？

6. 氢原子电子的径向分布几率有什么规律性？

7. 玻尔人为地规定氢原子只在 $r=n^2a_0$ 的轨道上运动，正确吗？

8. 氢原子电子的角分布几率有什么规律性？

9. 氢原子的 $|\psi_{nlm}|^2$ 的物理意义是什么？

10. 试证 $\psi(r,\theta,\varphi)=f(r)\sin^3\theta e^{i3\varphi}$ 为 $\hat{L}^2$ 和 $\hat{L}_z$ 的共同本征函数，并求出相应的本征值。

11. 设粒子被限制在半径为 a 的球内运动，其势能函数为

$$U(r)=\begin{cases}0, & r<a\\ \infty, & r\geqslant a\end{cases}$$

求粒子角动量为零时的波函数和能量。提示：利用式（4-50），注意到

$$\hat{L}^2\psi=0,\ 令\psi=f(r)/r$$

12. 氢原子处于基态，求电子出现在距离氢核二倍玻尔轨道半径 a_0 以外的几率。

13. 分别求出氢原子处于 2s 态（$n=2$，$l=0$）和 2p 态（$n=2$，$l=1$）时，电子径向分布几率取最大值时的 r 值。这两个 r 值是否等于相应的玻尔轨道半径?

14. 求出氢原子 p 态电子（$l=1$）当 $m=1$ 时的角分布几率。所得结果与旧量子论关于电子沿确定轨道运动的概念是否一致?

例题与习题选解

例 1 求

$$\hat{L}_x\hat{P}_x-\hat{P}_x\hat{L}_x=?$$
$$\hat{L}_y\hat{P}_x-\hat{P}_x\hat{L}_y=?$$
$$\hat{L}_z\hat{P}_x-\hat{P}_x\hat{L}_z=?$$

解:

$$\begin{aligned}\hat{L}_x\hat{P}_x-\hat{P}_x\hat{L}_x&=(\hat{y}\hat{P}_z-\hat{z}\hat{P}_y)\hat{P}_x-\hat{P}_x(\hat{y}\hat{P}_z-\hat{z}\hat{P}_y)\\&=\hat{y}\hat{P}_z\hat{P}_x-\hat{z}\hat{P}_y\hat{P}_x-\hat{P}_x\hat{y}\hat{P}_z+\hat{P}_x\hat{z}\hat{P}_y)\\&=\hat{y}\hat{P}_z\hat{P}_x-\hat{z}\hat{P}_y\hat{P}_x-\hat{y}\hat{P}_z\hat{P}_x+\hat{z}\hat{P}_y\hat{P}_x)\\&=0\end{aligned}$$

$$\begin{aligned}\hat{L}_y\hat{P}_x-\hat{P}_x\hat{L}_y&=(\hat{z}\hat{P}_x-\hat{x}\hat{P}_z)\hat{P}_x-\hat{P}_x(\hat{z}\hat{P}_x-\hat{x}\hat{P}_z)\\&=\hat{z}\hat{P}_x^2-\hat{x}\hat{P}_z\hat{P}_x-\hat{P}_x\hat{z}\hat{P}_z+\hat{P}_x\hat{x}\hat{P}_z)\\&=\hat{z}\hat{P}_x^2-\hat{x}\hat{P}_z\hat{P}_x-\hat{z}\hat{P}_x^2+\hat{P}_x\hat{x}\hat{P}_z)\\&=-(\hat{x}\hat{P}_x-\hat{P}_x\hat{x})\hat{P}_z\\&=-i\hbar\hat{P}_z\end{aligned}$$

$$\begin{aligned}\hat{L}_z\hat{P}_x-\hat{P}_x\hat{L}_z&=(\hat{x}\hat{P}_y-\hat{y}\hat{P}_x)\hat{P}_x-\hat{P}_x(\hat{x}\hat{P}_y-\hat{y}\hat{P}_x)\\&=\hat{x}\hat{P}_y\hat{P}_x-\hat{y}\hat{P}_x^2-\hat{P}_x\hat{x}\hat{P}_y+\hat{P}_x\hat{y}\hat{P}_x\\&=\hat{x}\hat{P}_x\hat{P}_y-\hat{y}\hat{P}_x^2-\hat{P}_x\hat{x}\hat{P}_y+\hat{y}\hat{P}_x^2\\&=(\hat{x}\hat{P}_x-\hat{P}_x\hat{x})\hat{P}_y\\&=i\hbar\hat{P}_y\end{aligned}$$

例 2 求

$$\hat{L}_x\hat{x}-\hat{x}\hat{L}_x=?$$
$$\hat{L}_y\hat{x}-\hat{x}\hat{L}_y=?$$
$$\hat{L}_z\hat{x}-\hat{x}\hat{L}_z=?$$

解:

$$\begin{aligned}\hat{L}_x\hat{x}-\hat{x}\hat{L}_x&=(\hat{y}\hat{P}_z-\hat{z}\hat{P}_y)\hat{x}-\hat{x}(\hat{y}\hat{P}_z-\hat{z}\hat{P}_y)\\&=\hat{y}\hat{P}_z\hat{x}-\hat{z}\hat{P}_y\hat{x}-\hat{x}\hat{y}\hat{P}_z+\hat{x}\hat{z}\hat{P}_y\\&=\hat{y}\hat{P}_z\hat{x}-\hat{z}\hat{P}_y\hat{x}-\hat{y}\hat{P}_z\hat{x}+\hat{z}\hat{P}_y\hat{x}\\&=0\end{aligned}$$

$$
\begin{aligned}
\hat{L}_y\hat{x}-\hat{x}\hat{L}_y &= (\hat{z}\hat{P}_x-\hat{x}\hat{P}_z)\hat{x}-\hat{x}(\hat{z}\hat{P}_x-\hat{x}\hat{P}_z) \\
&= \hat{z}\hat{P}_x\hat{x}-\hat{x}\hat{P}_z\hat{x}-\hat{x}\hat{z}\hat{P}_x+\hat{x}^2\hat{P}_z \\
&= \hat{z}(\hat{P}_x\hat{x}-\hat{x}\hat{P}_x) \\
&= -\mathrm{i}\hbar\hat{z}
\end{aligned}
$$

$$
\begin{aligned}
\hat{L}_z\hat{x}-\hat{x}\hat{L}_z &= (\hat{x}\hat{P}_y-\hat{y}\hat{P}_x)\hat{x}-\hat{x}(\hat{x}\hat{P}_y-\hat{y}\hat{P}_x) \\
&= \hat{x}^2\hat{P}_y-\hat{y}\hat{P}_x\hat{x}-\hat{x}^2\hat{P}_y+\hat{y}\hat{x}\hat{P}_x \\
&= -\hat{y}(\hat{P}_x\hat{x}\oplus\hat{x}\hat{P}_x) \\
&= \mathrm{i}\hbar\hat{y}
\end{aligned}
$$

例 3 利用测不准关系估计氢原子的基态能量。

解：设氢原子基态的最概然半径为 R，则原子半径的不确定范围可近似取为

$$\Delta r \approx R$$

由测不准关系

$$\overline{(\Delta r)^2}\cdot\overline{(\Delta p)^2} \geqslant \frac{\hbar^2}{4}$$

得

$$\overline{(\Delta p)^2} \geqslant \frac{\hbar^2}{4R^2}$$

对于氢原子，基态波函数为偶对称，而动量算符 $\overline{p}$ 为奇对称，所以

$$\overline{p}=0$$

又有

$$\overline{(\Delta p)^2}=\overline{p}^2-\overline{p^2}$$

所以

$$\overline{p^2}=\overline{(\Delta p)^2} \geqslant \frac{\hbar^2}{4R^2}$$

可近似取

$$\overline{p^2} \approx \frac{\hbar^2}{R^2}$$

能量平均值为

$$\overline{E}=\frac{\overline{P^2}}{2\mu}-\overline{\frac{e_s^2}{r}}$$

作为数量级估算可近似取

$$\overline{\frac{e_s^2}{r}} \approx \frac{e_s^2}{R}$$

则有

$$\overline{E} \approx \frac{\hbar^2}{2\mu R^2}-\frac{e_s^2}{R}$$

基态能量应取 $\overline{E}$ 的极小值，由

$$\frac{\partial\overline{E}}{\partial R}=-\frac{\hbar^2}{\mu R^3}+\frac{e_s^2}{R^2}=0$$

得

$$R=\frac{\hbar^2}{\mu e_s^2}$$

代入 $\overline{E}$，得到基态能量为

$$\overline{E_{\min}}=-\frac{\mu e_s^4}{2\hbar^2}$$

例 4 试以基态氢原子为例证明：ψ 不是 $\hat{T}$ 或 $\hat{U}$ 的本征函数，而是 $\hat{T}+\hat{U}$ 的本征函数。

解：

$$\psi_{100}=\frac{1}{\sqrt{4\pi}}\left(\frac{1}{a_0}\right)^{3/2}2\mathrm{e}^{-r/a_0} \quad \left(\frac{1}{a_0}=\frac{\mu\, e_s^2}{\hbar^2}\right)$$

$$\hat{T}=-\frac{\hbar^2}{2\mu}\frac{1}{r^2}\left[\frac{\partial}{\partial r}\left(r^2\frac{\partial}{\partial r}\right)+\frac{1}{\sin\theta}\left(\sin\theta\frac{\partial}{\partial\theta}\right)+\frac{1}{\sin^2\theta}\frac{\partial^2}{\partial\varphi^2}\right]$$

$$\hat{U}=-\frac{e_s^2}{r}$$

$$\hat{T}\psi_{100}=-\frac{\hbar^2}{2\mu}\frac{1}{r^2}\frac{\partial}{\partial r}\left(r^2\frac{\partial\psi_{100}}{\partial r}\right)$$

$$=-\frac{\hbar^2}{2\mu}\frac{1}{\sqrt{\pi}}\left(\frac{1}{a_0}\right)^{3/2}\cdot\frac{1}{r^2}\frac{\partial}{\partial r}\left(r^2\frac{\partial}{\partial r}\mathrm{e}^{-r/a_0}\right)$$

$$=-\frac{\hbar^2}{2\mu}\frac{1}{\sqrt{\pi}}\left(\frac{1}{a_0}\right)^{3/2}\left(\frac{1}{a_0^2}-\frac{2}{a_0 r}\right)\mathrm{e}^{-r/a_0}=-\frac{\hbar^2}{2\mu}\left(\frac{1}{a_0^2}-\frac{2}{a_0 r}\right)\psi_{100}$$

$$\neq \text{常数}\times\psi_{100}$$

ψ_{100}不是$\hat{T}$的本征函数

$$\hat{U}\psi_{100}=-\frac{e_s^2}{r}\psi_{100}$$

可见，ψ_{100}不是$\hat{U}$的本征函数 。

而

$$(\hat{T}+\hat{U})\psi_{100}=-\frac{\hbar^2}{2\mu}\frac{1}{\sqrt{\pi}}\left(\frac{1}{a_0}\right)^{3/2}\left(\frac{1}{a_0^2}-\frac{2}{a_0 r}\right)\mathrm{e}^{-r/a_0}-\frac{e_s^2}{r}\psi_{100}$$

$$=-\frac{\hbar^2}{2\mu}\frac{1}{a_0^2}\psi_{100}+\frac{\hbar^2}{\mu a_0 r}\psi_{100}-\frac{\hbar^2}{\mu a_0 r}\psi_{100}$$

$$=-\frac{\hbar^2}{2\mu}\frac{1}{a_0^2}\psi_{100}$$

可见，ψ_{100}是$(\hat{T}+\hat{U})$的本征函数。

例 5 证明氢原子中电子运动所产生的电流密度在球极坐标中的分量是

$$J_{er}=J_{e\theta}=0$$

$$J_{e\varphi}=-\frac{e\hbar m}{\mu r\sin\theta}|\psi_{nlm}|^2$$

证明：电流密度

$$\boldsymbol{J}_e=-e\boldsymbol{J}=-\frac{\mathrm{i}e\hbar}{2\mu}(\psi_{nlm}\nabla\psi_{nlm}^*-\psi_{nlm}^*\nabla\psi_{nlm})$$

在球极坐标中∇算符为

$$\nabla=\boldsymbol{e}_r\frac{\partial}{\partial r}+\boldsymbol{e}_\theta\frac{1}{r}\frac{\partial}{\partial\theta}+\boldsymbol{e}_\varphi\frac{1}{r\sin\theta}\frac{\partial}{\partial\varphi}$$

氢原子波函数为

$$\psi_{nlm}=R_{nl}(r)N_{lm}\Theta_{lm}(\theta)\boldsymbol{\Phi}_m(\varphi)$$

代入得电流密度分量

$$J_{er}=-\frac{\mathrm{i}e\hbar}{2\mu}\left(\psi_{nlm}\frac{\partial}{\partial r}\psi_{nlm}^*-\psi_{nlm}^*\frac{\partial}{\partial r}\psi_{nlm}\right)$$

$$=-\frac{\mathrm{i}e\hbar}{2\mu}|N_{lm}\Theta_{lm}(\theta)\Phi_m(\varphi)|^2\left[R_{nl}(r)\frac{\partial}{\partial r}R_{nl}^*(r)-R_{nl}^*(r)\frac{\partial}{\partial r}R_{nl}(r)\right]$$

因$R_{nl}(r)$是实函数，即

$$R_{nl}^*(r)=R_{nl}(r)$$

可知

$$J_{er}=0$$

电流密度分量

$$J_{e\theta} = -\frac{\mathrm{i}e\hbar}{2\mu r}\left(\psi_{nlm}\frac{\partial}{\partial\theta}\psi^*_{nlm} - \psi^*_{nlm}\frac{\partial}{\partial\theta}\psi_{nlm}\right)$$
$$= -\frac{\mathrm{i}e\hbar}{2\mu r}\left|R_{nl}(r)N_{lm}\Phi_m(\varphi)\right|^2\left[\Theta_{lm}(\theta)\frac{\partial}{\partial\theta}\Theta^*_{lm}(\theta) - \Theta^*_{lm}(\theta)\frac{\partial}{\partial\theta}\Theta_{lm}(\theta)\right]$$

因 $\Theta_{lm}(\theta)$ 是实函数，即

$$\Theta^*_{lm}(\theta) = \Theta_{lm}(\theta)$$

可知

$$J_{e\theta} = 0$$

电流密度分量

$$J_{e\varphi} = -\frac{\mathrm{i}e\hbar}{2\mu r\sin\theta}\left(\psi_{nlm}\frac{\partial}{\partial\varphi}\psi^*_{nlm} - \psi^*_{nlm}\frac{\partial}{\partial\varphi}\psi_{nlm}\right)$$
$$= -\frac{\mathrm{i}e\hbar}{2\mu r\sin\theta}\left|R_{nl}(r)N_{lm}\Theta_{lm}(\theta)\right|^2\left[\Phi_m(\varphi)\frac{\partial}{\partial\varphi}\Phi^*_m(\varphi) - \Phi^*_m(\varphi)\frac{\partial}{\partial\varphi}\Phi_m(\varphi)\right]$$

因

$$\frac{\partial}{\partial\varphi}\Phi_m(\varphi) = \frac{\mathrm{d}}{\mathrm{d}\varphi}\mathrm{e}^{\mathrm{i}m} = \mathrm{i}m\Phi_m(\varphi)\ ;\quad \frac{\partial}{\partial\varphi}\Phi^*_m(\varphi) = \frac{\mathrm{d}}{\mathrm{d}\varphi}\mathrm{e}^{-\mathrm{i}m} = -\mathrm{i}m\Phi_m(\varphi)$$

故

$$J_{e\varphi} = -\frac{\mathrm{i}e\hbar}{2\mu r\sin\theta}\left|R_{nl}(r)N_{lm}\Theta_{lm}(\theta)\right|^2[\Phi_m(\varphi)(-\mathrm{i}m)\Phi^*_m(\varphi) - \Phi^*_m(\varphi)(\mathrm{i}m)\Phi_m(\varphi)]$$
$$= -\frac{\mathrm{i}e\hbar}{2\mu r\sin\theta}\times(-2\mathrm{i}m)\left|R_{nl}(r)N_{lm}\Theta_{lm}(\theta)\right|^2\left|\Phi_m(\varphi)\right|^2$$
$$= -\frac{e\hbar m}{\mu r\sin\theta}\left|\psi_{nlm}\right|^2$$

例 6　一刚性转子转动惯量为 I，它的能量的经典表示式是 $H = \frac{L^2}{2I}$，L 为角动量。求与此对应的量子体系在下列情况下的定态能量和波函数：

（1）转子绕一固定轴转动；

（2）转子绕一固定点转动。

解： 由转子的能量经典表示式可知能量算符，即哈密顿算符为

$$H = \frac{L^2}{2I} \Rightarrow \hat{H} = \frac{\hat{L}^2}{2I}$$

（1）转子绕一固定轴转动。取转轴为 z 轴，则角动量只有 z 分量，即 $\boldsymbol{L} = \boldsymbol{e}_z L_z$，此时哈密顿算符为

$$\hat{H} = \frac{\hat{L}^2}{2I} = \frac{\hat{L}_z^2}{2I} = -\frac{\hbar^2}{2I}\frac{\mathrm{d}^2}{\mathrm{d}\varphi^2}$$

薛定谔方程

$$\hat{H}\psi = -\frac{\hbar^2}{2I}\frac{\mathrm{d}^2\psi}{\mathrm{d}\varphi^2} = E\psi$$

令 $m^2 = \frac{2IE}{\hbar^2}$，上式化为

$$\frac{\mathrm{d}^2\psi}{\mathrm{d}\varphi^2} + m^2\psi = 0$$

该方程是标准的波动方程，其解为

$$\psi_m(\varphi) = A\mathrm{e}^{\mathrm{i}m\varphi}$$

由周期性边界条件

$$\psi_m(\varphi+2\pi)=\psi_m(\varphi)$$

可知

$$e^{im(\varphi+2n\pi)}=e^{im\varphi}\Rightarrow e^{i2mn\pi}=1$$

m 只能取整数：$m=0,\pm1,\pm2,\cdots$。
由归一化条件

$$\int_0^{2\pi}|\psi_m(\varphi)|^2 d\varphi=A^2 2\pi=1$$

可得

$$A=\frac{1}{\sqrt{2\pi}}$$

波函数

$$\psi_m(\varphi)=\frac{1}{\sqrt{2\pi}}e^{im\varphi} \qquad m=0,\pm1,\pm2,\cdots$$

能量

$$E_m=\frac{m^2\hbar^2}{2I}$$

（2）转子绕一固定点转动，其薛定谔方程为

$$\hat{H}\psi=\frac{\hat{L}^2}{2I}\psi=E\psi$$

该方程可化为角动量算符的本征方程

$$\hat{L}^2\psi=2IE\psi=L^2\psi$$

角动量本征方程的解为球谐函数

$$\psi_{lm}(\theta,\varphi)=Y_{lm}(\theta,\varphi) \qquad l=0,1,2,\cdots;\quad m=0,\pm1,\pm2,\cdots$$

本征值

$$L^2=l(l+1)\hbar^2$$

能量

$$E_l=\frac{L^2\hbar^2}{2I}=\frac{l(l+1)\hbar^2}{2I}$$

我们看看电子的情况。假定势场为零，此时电子的哈密顿算符为

$$\hat{H}=-\frac{\hbar^2}{2\mu}\left[\frac{1}{r^2}\frac{\partial}{\partial r}\left(r^2\frac{\partial}{\partial r}\right)-\frac{1}{r^2\hbar^2}\hat{L}^2\right]$$

若电子限制在一球面上运动，则

$$\hat{H}=\frac{\hbar^2}{2\mu}\frac{1}{r^2\hbar^2}\hat{L}^2=\frac{1}{2\mu r^2}\hat{L}^2$$

电子的转动惯量

$$I=\mu r^2$$

哈密顿算符

$$\hat{H}=\frac{1}{2I}\hat{L}^2$$

同刚性转子。也就是说，若电子限制在一球面上运动，相当于一刚性转子。

习题 10　试证 $\psi(r,\theta,\varphi)=f(r)\sin^3\theta e^{i3\varphi}$ 为 $\hat{L}^2$ 和 $\hat{L}_z$ 的共同本征函数，并求出相应的本征值。

证明：

$$\begin{aligned}\hat{L}_z\psi(r,\theta,\varphi)&=-i\hbar\frac{\partial}{\partial\varphi}f(r)\sin^3\theta e^{i3\varphi}\\&=3\hbar f(r)\sin^3\theta e^{i3\varphi}\\&=3\hbar\psi(r,\theta,\varphi)\end{aligned}$$

满足 $\hat{L}_z$ 的本征方程，是 $\hat{L}_z$ 的本征函数，本征值是 $3\hbar$ 。

$$\begin{aligned}\hat{L}^2\psi(r,\theta,\varphi) &= -\hbar^2\left\{\frac{1}{\sin\theta}\frac{\partial}{\partial\theta}\left(\sin\theta\frac{\partial}{\partial\theta}\right)+\frac{1}{\sin^2\theta}\frac{\partial^2}{\partial\varphi^2}\right\}f(r)\sin^3\theta e^{i3\varphi}\\
&= -\hbar^2 f(r)\left\{\frac{1}{\sin\theta}\frac{\partial}{\partial\theta}(3\sin^3\theta\cos\theta)-9\sin\theta\right\}e^{i3\varphi}\\
&= -\hbar^2 f(r)\left\{\frac{1}{\sin\theta}(9\sin^2\theta\cos^2\theta-3\sin^4\theta)-9\sin\theta\right\}e^{i3\varphi}\\
&= -\hbar^2 f(r)(9\sin\theta\cos^2\theta-3\sin^3\theta-9\sin\theta)e^{i3\varphi}\\
&= -\hbar^2 f(r)\{9\sin\theta(\cos^2\theta-1)-3\sin^3\theta\}e^{i3\varphi}\\
&= -\hbar^2 f(r)\{9\sin\theta(-\sin^2\theta)-3\sin^3\theta\}e^{i3\varphi}\\
&= 12\hbar^2 f(r)\sin^3\theta e^{i3\varphi}\\
&= 12\hbar^2\psi(r,\theta,\varphi)\end{aligned}$$

满足 $\hat{L}^2$ 的本征方程，也是 $\hat{L}^2$ 的本征函数，本征值是 $12\hbar^2$ 。故 $\psi(r,\theta,\varphi)$ 为 $\hat{L}^2$ 和 $\hat{L}_z$ 的共同本征函数。

习题 11 设粒子被限制在半径为 a 的球内运动，其势能函数为

$$U(r)=\begin{cases}0, & r<a\\ \infty, & r\geqslant a\end{cases}$$

求粒子角动量为零时的波函数和能量。提示：利用式（4-50），注意到 $\hat{L}^2\psi=0$ ，令 $\psi=f(r)/r$ 。

解：在球外，波函数

$$\psi=0$$

在球内，波函数满足定态薛定谔方程

$$-\frac{\hbar^2}{2\mu}\left[\frac{1}{r^2}\frac{\partial}{\partial r}\left(r^2\frac{\partial}{\partial r}\right)-\frac{1}{\hbar^2 r^2}\hat{L}^2\right]\psi=E\psi$$

因角动量为零，即 $\hat{L}^2\psi=0$ ，方程变为常微分方程

$$-\frac{\hbar^2}{2\mu}\frac{1}{r^2}\frac{d}{dr}\left(r^2\frac{d}{dr}\right)\psi=E\psi$$

上式可改写为

$$-\frac{\hbar^2}{2\mu}\frac{d^2(r\psi)}{dr^2}=Er\psi$$

令 $f(r)=r\psi$ ，代入得

$$-\frac{\hbar^2}{2\mu}\frac{d^2f(r)}{dr^2}=Ef(r)$$

进一步改写为

$$\frac{d^2f(r)}{dr^2}+\frac{2\mu E}{\hbar^2}f(r)=0$$

令 $k^2=\dfrac{2\mu E}{\hbar^2}$ ，代入得标准二阶常微分方程

$$\frac{d^2f(r)}{dr^2}+k^2f(r)=0$$

方程的通解为

$$f(r)=A\sin(kr)+B\cos(kr)$$

在球心，由波函数 ψ 有限性可知 $f(0)=0$ （注意 $\psi(0)\neq0$ ），即

$$A\sin(k0)+B\cos(k0)=0$$

得

$$B=0$$

在边界上，由波函数连续性可知

$$\psi(a)=0$$

即

$$A\sin(ka)=0$$

得

$$k=\frac{n\pi}{a}\quad n=1,2,\cdots$$

$$f(r)=A\sin\frac{n\pi}{a}r\quad n=1,2,\cdots$$

波函数

$$\psi(r)=A\frac{1}{r}\sin\frac{n\pi}{a}r\quad n=1,2,\cdots$$

由归一化条件

$$\int_0^a\int_0^\pi\int_0^{2\pi}|\psi|^2r^2\sin\theta\mathrm{d}r\mathrm{d}\theta\mathrm{d}\varphi=4\pi A^2\int_0^a\sin^2\frac{n\pi r}{a}\mathrm{d}r=2\pi aA^2=1$$

可得

$$A=\frac{1}{\sqrt{2\pi a}}$$

波函数

$$\psi(r)=\frac{1}{\sqrt{2\pi a}}\frac{\sin\frac{n\pi}{a}r}{r}$$

$$=\frac{1}{\sqrt{2\pi a}}\frac{a}{n\pi}\frac{\sin\frac{n\pi}{a}r}{\frac{n\pi}{a}r}$$

$$=\frac{1}{\sqrt{2\pi a}}\frac{a}{n\pi}\sin c\frac{n\pi r}{a}\quad n=1,2,\cdots$$

能量

$$E=\frac{\pi^2\hbar^2n^2}{2\mu a^2}$$

在球心 $r=0$ 处，波函数

$$\psi(0)=\frac{1}{\sqrt{2\pi a}}\frac{a}{n\pi}\lim_{r\to0}\sin c\frac{n\pi r}{a}$$

$$=\frac{1}{\sqrt{2\pi a}}\frac{a}{n\pi}$$

习题 12 氢原子处于基态，求电子出现在距离氢核二倍玻尔轨道半径 a_0 以外的几率。

解：

$$P_{10}(r)=\int_{2a_0}^{\infty}|R_{10}|^2r^2\mathrm{d}r$$

$$=\frac{4}{a_0^3}\int_{2a_0}^{\infty}r^2\mathrm{e}^{-2r/a_0}\mathrm{d}r$$

$$=\frac{4}{a_0^3}\left(-\frac{a_0}{2}\right)^3\int_{-4}^{-\infty}\xi^2\mathrm{e}^{\xi}\mathrm{d}\xi$$

$$=-\frac{1}{2}(\xi^2\mathrm{e}^{\xi}-2\xi\mathrm{e}^{\xi}+2\mathrm{e}^{\xi})\Big|_{-4}^{-\infty}$$

$$=\frac{1}{2}\times\{(-4)^2-2\times(-4)+2\}\mathrm{e}^{-4}$$

$$=13\mathrm{e}^{-4}$$

习题 13 分别求出氢原子处于 2s 态 $(n=2,l=0)$ 和 2p 态 $(n=2,l=1)$ 时，电子径向分布几率取最大值时的 r 值。这两个 r 值是否等于相应的玻尔轨道半径?

解： 2s 态径向分布几率

$$P_{20}(r)=|R_{20}|^2r^2=\left(\frac{1}{2a_0}\right)^3\left(2-\frac{r}{a_0}\right)^2r^2\mathrm{e}^{-\frac{r}{a_0}}$$

令
$$\frac{dP_{20}}{dr}=0$$
即
$$\left(2-\frac{r}{a_0}\right)r\left(\frac{r^2}{a_0^2}-\frac{6}{a_0}r+4\right)e^{-\frac{r}{a_0}}=\frac{r}{a_0}(2a_0-r)(r^2-6a_0r+4a_0)e^{-\frac{r}{a_0}}=0$$
得
$$r_1=0$$
$$r_2=2a_0$$
$$r_3=(3+\sqrt{5})a_0$$
$$r_4=(3-\sqrt{5})a_0$$
$$r_5=\infty$$
因
$$P_{20}(r_1)=P_{20}(r_2)=P_{20}(r_5)=0$$
所以 r_1、r_2 和 r_5 不是最大点。因
$$P''_{20}(r_3)=(2a_0)^{-3}\times(3+\sqrt{5})\times(-1-\sqrt{5})\times2\times\sqrt{5}<0$$
$$P''_{20}(r_4)=(2a_0)^{-3}\times(3-\sqrt{5})\times(-1+\sqrt{5})\times2\times(-\sqrt{5})<0$$
所以 r_3 和 r_4 是概率极大值点。但 $P(r_3)>P(r_4)$，因此 $r_3=(3+\sqrt{5})a_0=5.24a_0$ 是概率最大值点，与相应的玻尔半径不同。

2p 态径向分布几率
$$P_{21}(r)=|R_{21}|r^2=\left(\frac{1}{2a_0}\right)^3\frac{r^4}{3a_0^2}e^{-\frac{r}{a_0}}=Cr^4e^{-\frac{r}{a_0}}$$
令
$$\frac{dP_{21}}{dr}=0$$
即
$$r^3\left(4-\frac{r}{a_0}\right)e^{-\frac{r}{a_0}}=0$$
得
$$r_1=0$$
$$r_2=4a_0$$
$$r_3=\infty$$
但
$$P_{21}(r_1)=P_{21}(r_3)=0$$
显然 r_1 和 r_3 不是概率最大点，而
$$P''_{21}(r_2)=C\times(4a_0)^3\times\frac{-1}{a_0}\times e^{-4}<0$$
故 $r_2=4a_0$ 是概率极大值点，也是最大值点，与相应的玻尔半径相等。

习题 14 求出氢原子 p 态电子（l=1）当 m=1 时的角分布几率，所得结果与旧量子论关于电子沿确定轨道运动的概念是否一致？

解：
$$P_{11}(\theta)=|Y_{11}(\theta,\varphi)|^2=\left|\sqrt{\frac{3}{8\pi}}\sin\theta e^{i\varphi}\right|^2=\frac{3}{8\pi}\sin^2\theta$$

若电子沿确定轨道运动，即沿确定空间曲线运动，则电子只应出现在该曲线上。但上式表明角分布几率与 φ 无关，电子不是分布在曲线上，而是分布在空间一个相当宽的区域。故电子不是沿确定轨道运动，与旧量子论概念不一致。

第 5 章　定态微扰论
原子的能级

量子力学用波函数描述微观粒子的状态。在定态问题中，通过解能量算符 $\hat{H}$ 的本征方程 $\hat{H}\psi = E\psi$，原则上可以得到 $\hat{H}$ 的本征值谱和本征函数系。当算符 $\hat{H}$ 比较简单（如一维无限深势阱、一维线性谐振子和氢原子），倒还可以求得 E 和 ψ 的精确表达式。但是，对于绝大多数问题，并不能解得 E 和 ψ 的精确表达式，因为 $\hat{H}$ 是能量算符，$\hat{H}$ 中不仅应包括所研究微观体系内所有粒子（比如氦原子中的两个电子，硅原子中的 14 个电子等）的动能（以算符形式出现在 $\hat{H}$ 中），还应包括体系内粒子间各种性质的一切相互作用的势能之和 $U(\boldsymbol{r})$，这就使 $\hat{H}$ 变得非常复杂。例如，对于由两个氢原子组成的氢分子，其 $U(\boldsymbol{r})$ 中，仅库仑相互作用能量就有六项，还没有包括与两个电子自旋磁矩有关的相互作用能量。对于复杂原子和由大量原子组成的固体，$\hat{H}$ 就更复杂了，也就更难于求得 $\hat{H}$ 本征方程的精确解。

但是，量子力学发展了很多求近似解的方法，如微扰论和各种形式的变分法。本书只介绍用得最多的微扰论，其他近似方法可参阅有关书籍。定态微扰论是 $\hat{H}$ 不显含时间 t 的情况下的微扰论（$\hat{H}$ 显含 t 的情况属于含时微扰论，将在第 8 章介绍）。

用定态微扰论近似求解 $\hat{H}$ 的本征方程

$$\hat{H}\psi = E\psi \tag{5-1}$$

时，对 $\hat{H}$ 算符有两点要求：

（1）$\hat{H}$ 可以分解成两部分

$$\hat{H} = \hat{H}_0 + \hat{H}' \tag{5-2}$$

方程（5-1）变为

$$(\hat{H}_0 + \hat{H}')\psi = E\psi \tag{5-3}$$

其中，$\hat{H}_0$ 的本征方程

$$\hat{H}_0\varphi = \varepsilon\varphi \tag{5-4}$$

必须能精确求解，或 $\hat{H}_0$ 的本征值 ε_1、ε_2、…、ε_n、…和本征函数 φ_1、φ_2、…、φ_n、…为已知。$\hat{H}'$ 称为微扰算符。

（2）$\hat{H}'$（与 $\hat{H}_0$ 相比）很小的具体要求是

$$\left|\frac{H'_{nk}}{\varepsilon_k - \varepsilon_n}\right| \ll 1 \tag{5-5}$$

其中

$$H'_{nk} = \int \varphi_n^* \hat{H}' \varphi_k \mathrm{d}\tau \tag{5-6}$$

式（5-5）的得出将在后面介绍。是否符合式（5-5），有时可用微扰能量 $H' \ll H_0$（无微扰能量）是否成立作为粗略判断。如成立，则可把微小能量 H' 看成对能量 H_0 的微扰。

定态微扰论求近似解，就是从无微扰 $\hat{H}_0$ 本征方程的已知精确解 ε_k、φ_k 出发，在有微扰 $\hat{H}'$ 时，用逐步逼近法求得 $\hat{H}$ 本征方程的近似解 E 和 ψ。

§ 5–1　无简并定态微扰论

无简并是指 $\hat{H}_0$ 的本征值谱中，所要研究的那个本征值 ε_k 无简并，即无微扰时，体系的 ε_k 只有一个波函数 φ_k

$$\hat{H}_0\psi_k = \varepsilon_k\varphi_k \tag{5-7}$$

定态微扰论相当于研究下述情况：体系没有受到 $\hat{H}'$ 的微扰时，体系的能量算符为 $\hat{H}_0$，体系处于 $\hat{H}_0$ 的本征态 φ_k，能量为 ε_k；当体系受到 $\hat{H}'$ 的微扰时，体系的能量算符变为 $\hat{H} = \hat{H}_0 + \hat{H}'$，体系的状态必然有所变化，能量由 ε_k 变为 E，波函数由 φ_k 变为 ψ；定态微扰论就是根据 $\hat{H}_0$ 和 $\hat{H}'$，研究怎样由已知的无微扰状态的 ε_k、φ_k，求出有微扰 $\hat{H}'$ 时，$\hat{H}$ 本征方程 E、ψ 的各级近似解。

1. 建立级数修正项方程

由于 $\hat{H}'$ 是微扰，$H' \ll H_0$，所以体系受微扰以后，其状态变化较小，即 E 与 ε_k 之间和 ψ 与 φ_k 之间，差别都较小。这样就可以把 E、ψ 分别展开成级数形式，求级数形式的解

$$E = \varepsilon_k + E' + E'' + \cdots \tag{5-8}$$

$$\psi = \varphi_k + \psi' + \psi'' + \cdots \tag{5-9}$$

式中，称 ε_k 为 E 的零级近似，E'、E''、…分别为 E 的一级修正、二级修正、…。相对 ε_k，E' 为一级小量，E'' 为二级小量，…。φ_k 为 ψ 的零级近似，ψ'、ψ''、…分别为 ψ 的一级修正、二级修正、…。相对 φ_k，ψ' 为一级小量，ψ'' 为二级小量，…。把式（5-8）和式（5-9）代入 $\hat{H}$ 的本征方程（5-3），再把同级小量分别集中加在一起，得

$$\begin{aligned}&\hat{H}_0\varphi_k + (\hat{H}_0\psi' + \hat{H}'\varphi_k) + (\hat{H}_0\psi'' + \hat{H}'\psi') + \cdots \\ =&\varepsilon_k\varphi_k + (\varepsilon_k\psi' + E'\varphi_k) + (\varepsilon_k\psi'' + E'\psi' + E''\varphi_k) + \cdots\end{aligned}$$

要恒等式成立，等式两边同级小量之和必须对应相等，于是得一系列求各级修正项的方程

$$\hat{H}_0\psi_k = \varepsilon_k\varphi_k \tag{5-10}$$

$$\hat{H}_0\psi' + \hat{H}'\varphi_k = \varepsilon_k\psi' + E'\varphi_k \tag{5-11}$$

$$\hat{H}_0\psi'' + \hat{H}'\psi' = \varepsilon_k\psi'' + E'\psi' + E''\varphi_k + \cdots \tag{5-12}$$

$$\cdots$$

式（5-10）是 $\hat{H}_0$ 的本征方程，按假设，ε_k、φ_k 为已知，或此方程能精确求解。

求 E'、ψ' 的方法是：把已知的 ε_k、φ_k 代入方程（5-11），解出 E' 和 ψ'。把 E'、ψ' 分别代入式（5-8）和式（5-9），就得到 E、ψ 的一级近似解

$$E \approx \varepsilon_k + E', \psi \approx \varphi_k + \psi' \tag{5-13}$$

求 E''、ψ'' 的方法是：把已知的 ε_k、φ_k、E'、ψ' 代入方程（5-12），解出 E''、ψ''。把 E''、ψ'' 分别代入式（5-8）和式（5-9），就得到 E、ψ 的二级近似解

$$E \approx \varepsilon_k + E' + E'', \psi \approx \varphi_k + \psi' + \psi'' \tag{5-14}$$

还可类似求得E'''、ψ'''等，直到求得的 E、ψ达到满意的精确度为止（能说明实际问题所要求的精确度）。所以，微扰法是一种逐步逼近法。

2. 一级修正的表达式

为求一级修正E'、ψ'的一般表达式，按$\hat{H}_0$本征函数φ_1、φ_2、…、φ_n、…的完全性，ψ'可以表示为

$$\psi' = \sum_n C_n^{(1)} \varphi_n \tag{5-15}$$

求出各叠加系数$C_n^{(1)}$即得ψ'。把上式代入方程（5-11），得

$$\sum_n C_n^{(1)} \hat{H}_0 \varphi_n + \hat{H}' \varphi_k = \varepsilon_k \sum_n C_n^{(1)} \varphi_n + E' \varphi_k$$

利用方程（5-10），上式可改写为

$$\sum_n C_n^{(1)} \varepsilon_n \varphi_n + \hat{H}' \varphi_k = \varepsilon_k \sum_n C_n^{(1)} \varphi_n + E' \varphi_k$$

用φ_m^*左乘上式两边，再对整个空间积分，利用本征函数的正交性和归一性化简，得

$$\begin{aligned} &\sum_n C_n^{(1)} \varepsilon_n \int \varphi_m^* \varphi_n \mathrm{d}\tau + \int \varphi_m^* \hat{H}' \varphi_k \mathrm{d}\tau \\ &= \varepsilon_k \sum_n C_n^{(1)} \int \varphi_m^* \varphi_n \mathrm{d}\tau + E' \int \varphi_m^* \varphi_k \mathrm{d}\tau \\ &\sum_n \varepsilon_n C_n^{(1)} \delta_{mn} + H'_{mk} = \varepsilon_k \sum_n C_n^{(1)} \delta_{mn} + E' \delta_{mk} \\ &\varepsilon_m C_m^{(1)} + H'_{mk} = \varepsilon_k C_m^{(1)} + E' \delta_{mk} \end{aligned} \tag{5-16}$$

式中H'_{mk}称为微扰矩阵元

$$H'_{mk} = \int \varphi_m^* \hat{H}' \varphi_k \mathrm{d}\tau \tag{5-17}$$

当$m=k$，即取$\varphi_m^* = \varphi_k^*$时，$\delta_{mk} = \delta_{kk} = 1$，于是从式（5-16）和式（5-17），得$E$的一级修正

$$E' = H'_{kk} = \int \varphi_k^* \hat{H}' \varphi_k \mathrm{d}\tau = \overline{H'} \tag{5-18}$$

可见，体系受微扰以后，体系能量的一级修正E'等于$\hat{H}'$在体系未受微扰时所处状态φ_k中的平均值。这就从已知的φ_k求得了E'。

为求ψ'，现在求式（5-15）中各叠加系数。当$m \neq k$，则$\delta_{mk} = 0$，可由式（5-16）得叠加系数

$$C_m^{(1)} = \frac{H'_{mk}}{\varepsilon_k - \varepsilon_m} \quad (m \neq k)$$

或

$$C_n^{(1)} = \frac{H'_{nk}}{\varepsilon_k - \varepsilon_n} \quad (n \neq k) \tag{5-19}$$

还有$C_k^{(1)}$没有求出，这可由归一化条件$\int \psi^* \psi \mathrm{d}\tau = 1$求得。如果只求到一级近似，则$\psi \approx \varphi_k + \psi'$，于是$\psi$的归一化条件为

$$\int (\varphi_k + \psi')^* (\varphi_k + \psi') \mathrm{d}\tau = 1$$

$$\int \varphi_k^* \varphi_k \mathrm{d}\tau + \int (\varphi_k^* \psi' + \psi_k \psi'^*) \mathrm{d}\tau + \int \psi'^* \psi' \mathrm{d}\tau = 1$$

因 φ_k 已归一化，$\int\varphi_k^*\varphi_k\mathrm{d}\tau=1$。上式第三个积分比第二个积分小得多，略去。这就必须

$$\int(\varphi_k^*\psi'+\varphi_k\psi'^*)\,\mathrm{d}\tau=1$$

把 $\psi'=\sum\limits_n C_n^{(1)}\varphi_n$ 代入上式，得

$$\int(\varphi_k^*\sum_n C_n^{(1)}\varphi_n)\mathrm{d}\tau+\int(\varphi_k\sum_n C_n^{(1)*}\varphi_n^*)\mathrm{d}\tau=0$$

$$\sum_n C_n^{(1)}\int\varphi_k^*\varphi_n\mathrm{d}\tau+\sum_n C_n^{(1)*}\int\varphi_n^*\varphi_k\mathrm{d}\tau=0$$

$$\sum_n C_n^{(1)}\delta_{kn}+\sum_n C_n^{(1)*}\delta_{nk}=0$$

$$C_k^{(1)}+C_k^{(1)*}=0$$

当 $C_k^{(1)}=0$ 或 $C_k^{(1)}$ 为纯虚数时上式成立。取 $C_k^{(1)}$ 为纯虚数时，只是使 ψ 增加一个相因子 $\mathrm{e}^{\mathrm{i}\alpha}$（$\alpha$ 为实数），不改变 $|\psi|^2$，所以选

$$C_k^{(1)}=0 \tag{5-20}$$

现在已求出 ψ' 的全部叠加系数，把式（5-19）和式（5-20）代入式（5-15），就得 ψ 的一级修正

$$\psi'=\sum_n{}'\ \frac{H'_{nk}}{\varepsilon_k-\varepsilon_n}\varphi_n\ \ (n\neq k) \tag{5-21}$$

式中，H'_{nk} 由式（5-17）决定，$\sum\limits_n{}'$ 的撇号表示求和不包括 $n=k$ 这一项（因为 $C_k^{(1)}=0$）。这样，就在已知无微扰本征值谱和本征函数系的基础上，求得有微扰时波函数 ψ 的一级修正 ψ'。

3. E'' 表达式

如果一级近似 $E\approx\varepsilon_k+E'$ 和 $\psi\approx\varphi_k+\psi'$ 不能满足精确度要求，可以利用式（5-12）进一步求 E 的二级修正 E''。

用 $\hat{H}_0$ 本征函数系的完全性表示 ψ''

$$\psi''=\sum_n C_n^{(2)}\varphi_n \tag{5-22}$$

把式（5-22）和式（5-21）代入求解 E''、ψ'' 的方程（5-12）中，得

$$\sum_n C_n^{(2)}\hat{H}_0\varphi_n+\sum_n{}'\ C_n^{(1)}\hat{H}'\varphi_n=\varepsilon_k\sum_n C_n^{(2)}\varphi_n+E'\sum_n{}'\ C_n^{(1)}\varphi_n+E''\varphi_k$$

用 φ_m^* 左乘上式两边，再对整个空间积分，并利用正交归一性化简

$$\sum_n C_n^{(2)}\int\varphi_m^*\varepsilon_n\varphi_n\mathrm{d}\tau+\sum_n{}'\ C_n^{(1)}\int\varphi_m^*\hat{H}'\varphi_n\mathrm{d}\tau$$
$$=\varepsilon_k\sum_n C_n^{(2)}\int\varphi_m^*\varphi_n\mathrm{d}\tau+E'\sum_n{}'\ C_n^{(1)}\int\varphi_m^*\varphi_n\mathrm{d}\tau+E''\int\varphi_m^*\varphi_k\mathrm{d}\tau$$

$$\sum_n C_n^{(2)}\varepsilon_n\int\varphi_m^*\varphi_n\mathrm{d}\tau+\sum_n{}'\ C_n^{(1)}H'_{mn}$$
$$=\varepsilon_k\sum_n C_n^{(2)}\delta_{mn}+E'\sum_n{}'\ C_n^{(1)}\delta_{mn}+E''\delta_{mk}$$

$$\varepsilon_m C_m^{(2)}+\sum_n{}'\ C_n^{(1)}H'_{mn}=\varepsilon_k C_m^{(2)}+E'C_n^{(1)}+E''\delta_{mk}$$

如果 $m=k$，即取 $\varphi_m^*=\varphi_k^*$，上式变为

$$\varepsilon_k C_k^{(2)}+\sum_n{}' C_n^{(1)}H'_{kn}=\varepsilon_k C_k^{(2)}+E'C_k^{(1)}+E''$$

由式（5-20）已知 $C_k^{(1)}=0$，并注意到式（5-19），就可由上式得到 E 的二级修正

$$\begin{aligned}E''&=\sum_n{}' C_n^{(1)}H'_{kn}=\sum_n{}' \frac{H'_{nk}}{\varepsilon_k-\varepsilon_n}H'_{kn}\\&=\sum_n{}' \frac{H'_{nk}}{\varepsilon_k-\varepsilon_n}H'^*_{nk}\\&=\sum_n{}' \frac{|H'_{nk}|^2}{\varepsilon_k-\varepsilon_n}\quad(n\neq k)\end{aligned}\tag{5-23}$$

式中利用了 $\hat{H}'$ 的厄米性，得到 $H'_{kn}=H'^*_{nk}$，因为

$$\begin{aligned}H'_{nk}&=\int\varphi_n^*\hat{H}'\varphi_k\mathrm{d}\tau\\H'^*_{nk}&=\int(\varphi_n^*H'\varphi_k)^*\mathrm{d}\tau=\int\varphi_n(\hat{H}'\varphi_k)^*\mathrm{d}\tau=\int(\hat{H}'\varphi_k)^*\varphi_n\mathrm{d}\tau\\&=\int\varphi_k^*H'\varphi_n\mathrm{d}\tau=H'_{kn}\end{aligned}$$

这样，能量 E 的二级近似为

$$E\approx\varepsilon_k+\int\varphi_k^*\hat{H}'\varphi_k\mathrm{d}\tau+\sum_n{}' \frac{|H'_{nk}|^2}{\varepsilon_k-\varepsilon_n}\quad(n\neq k)\tag{5-24}$$

通常，用微扰法对 E 最多计算到二级近似，对 ψ 则只计算到一级近似。如果还不够精确，则说明微扰法对该问题不大适用，E、ψ 的级数展开式（5-8）和式（5-9）收敛太慢，如要结果准确，还需要计算很多级修正，那就太复杂了。

4. 关于 $\hat{H}'$ 很小

从 E'' 和 ψ' 的表达式可知，微扰法对所讨论问题的适用条件之一之所以是

$$\left|\frac{H'_{nk}}{\varepsilon_k-\varepsilon_n}\right|\ll 1$$

是因为从式（5-23）和式（5-21）看出，这个条件可以保证 E'' 很小，ψ' 也很小。这时，在级数（5-8）和（5-9）中，E'' 之后各项都会比 E'' 小得多，ψ' 之后各项也都会比 ψ' 小得多，两个级数都收敛得很快，求到 E'' 和 ψ' 就已足够精确。这就是“$\hat{H}'$ 很小”的确切含义。

§5–2　氦原子的基态能量

作为一个例子，下面把无简并定态微扰法用于计算氦原子基态能量。氦原子有两个电子，把坐标原点取在氦原子核上（图 5-1），相当于设氦核不动。

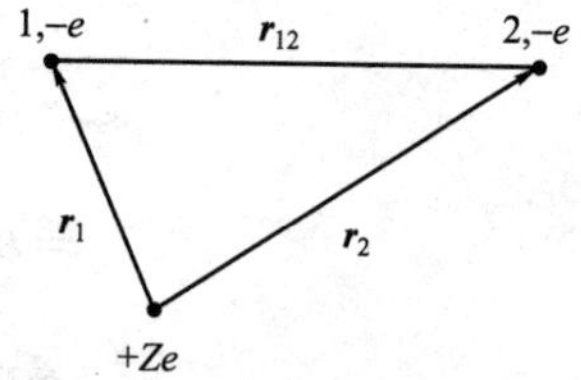

图 5-1

1. 写出 $\hat{H}$ 表达式

氦原子体系的能量算符

$$\hat{H} = \hat{T} + \hat{U}$$

$$= -\frac{\hbar^2}{2\mu}\nabla_1^2 - \frac{\hbar^2}{2\mu}\nabla_2^2 - \frac{Ze^2}{4\pi\varepsilon_0 r_1} - \frac{Ze^2}{4\pi\varepsilon_0 r_2} + \frac{e^2}{4\pi\varepsilon_0 r_{12}} \tag{5-25}$$

式中第一、二项分别为电子 1、2 的动能算符，第三、四项分别是电子 1、2 与氦核的库仑相互作用势能，第五项是两个电子之间的库仑相互作用势能。

2. 选择 $\hat{H}'$

解 $\hat{H}$ 的本征方程

$$\hat{H}\boldsymbol{\Phi}(\boldsymbol{r}_1, \boldsymbol{r}_2) = E\boldsymbol{\Phi}(\boldsymbol{r}_1, \boldsymbol{r}_2) \tag{5-26}$$

才能得到 $\hat{H}$ 的 E 和$\boldsymbol{\Phi}$。可是 $\hat{H}$ 中因含有 $\boldsymbol{r}_1$ 和 $\boldsymbol{r}_2$ 的交叉项 $1/\boldsymbol{r}_{12}$，使方程不能有精确解，下面用无简并定态微扰法求近似解。把 $\hat{H}$ 划分为 $\hat{H}_0$ 和 $\hat{H}'$ 两部分。可把第五项作为 $\hat{H}'$，即令

$$\hat{H}_0 = -\frac{\hbar^2}{2\mu}\nabla_1^2 - \frac{\hbar^2}{2\mu}\nabla_2^2 - \frac{Ze^2}{4\pi\varepsilon_0 r_1} - \frac{Ze^2}{4\pi\varepsilon_0 r_2} \tag{5-27}$$

$$\hat{H}' = \frac{e^2}{4\pi\varepsilon_0 r_{12}} \tag{5-28}$$

之所以把第五项划为 $\hat{H}'$，一是 $\hat{H}_0$ 的本征方程可精确求解，二是相对于前四项之和，第五项较小。粗略估计一下，氦原子 $Z=2$，设 $r_1 \approx r_2 \approx r_{12}$，则 $\hat{H}'$ 是 $\hat{H}$ 第三、四项之和的 1/4。再计入第一、二项（动能），所以 $\hat{H}'$ 相对于前四项之和是比较小的，可看成微扰。

3. 解 $\hat{H}_0$ 的本征方程

$\hat{H}_0$ 的本征方程可用分离变量法求得精确解。因为要计算的只是氦原子的基态能量，下面也就只求 $\hat{H}_0$ 的基态能量 E^0，以及受 $\hat{H}'$ 微扰以后，$\hat{H}$ 的基态能量 $E_{0\text{He}}$。设 $\hat{H}_0$ 的基态本征函数为$\boldsymbol{\Phi}_0(\boldsymbol{r}_1, \boldsymbol{r}_2)$，则应有

$$\hat{H}_0\boldsymbol{\Phi}_0(\boldsymbol{r}_1, \boldsymbol{r}_2) = E^0\boldsymbol{\Phi}_0(\boldsymbol{r}_1, \boldsymbol{r}_2) \tag{5-29}$$

$\hat{H}_0$ 中不含有两个电子的相互作用，相当于两个电子互不相干地各自在氦核的库仑场中运动，类似于氢原子的电子独自在氢核的库仑场中运动，所以能够把 $\hat{H}_0$ 分成两项：电子 1 的和电子 2 的，就有

$$\hat{H}_0 = \hat{H}_0(\boldsymbol{r}_1) + \hat{H}_0(\boldsymbol{r}_2) \tag{5-30}$$

$$\hat{H}_0(\boldsymbol{r}_1) = -\frac{\hbar^2}{2\mu}\nabla_1^2 - \frac{Ze^2}{4\pi\varepsilon_0 r_1} \tag{5-31}$$

$$\hat{H}_0(\boldsymbol{r}_2) = -\frac{\hbar^2}{2\mu}\nabla_2^2 - \frac{Ze^2}{4\pi\varepsilon_0 r_2} \tag{5-32}$$

$$\boldsymbol{\Phi}^0(\boldsymbol{r}_1, \boldsymbol{r}_2) = \varphi(\boldsymbol{r}_1)\varphi(\boldsymbol{r}_2) \tag{5-33}$$

$$E^0 = E^{01} + E^{02} \tag{5-34}$$

$$\hat{H}_0(\boldsymbol{r}_1)\varphi(\boldsymbol{r}_1) = E^{01}\varphi(\boldsymbol{r}_1) \tag{5-35}$$

$$\hat{H}_0(\boldsymbol{r}_2)\varphi(\boldsymbol{r}_2) = E^{02}\varphi(\boldsymbol{r}_2) \tag{5-36}$$

把方程（5-35）和（5-36）分别乘以$\varphi(\boldsymbol{r}_2)$和$\varphi(\boldsymbol{r}_1)$，再相加，即得方程（5-29），说明这两个方程确可从方程（5-29）分离变量而得。

方程（5-35）相当于氦核外只有电子 1 存在，方程（5-36）相当于氦核外只有电子 2 存在。这属于类氢离子的情况，所以E^{01}、$\varphi(\boldsymbol{r}_1)$、$E^{02}$、$\varphi(\boldsymbol{r}_2)$为已知。对类氢离子基态，$n=1$，$l=0$，$m=0$，有

$$E^{01}=E^{02}=-\frac{\mu Z^2 e^4}{32\pi^2\varepsilon_0^2\hbar^2}=-Z^2\,|E_H| \tag{5-37}$$

$$\varphi(\boldsymbol{r}_1)=\psi_{100}(\boldsymbol{r}_1)=\frac{1}{\sqrt{\pi}}\left(\frac{Z}{a_0}\right)^{3/2}\mathrm{e}^{-Zr_1/a_0} \tag{5-38}$$

$$\varphi(\boldsymbol{r}_2)=\psi_{100}(\boldsymbol{r}_2)=\frac{1}{\sqrt{\pi}}\left(\frac{Z}{a_0}\right)^{3/2}\mathrm{e}^{-Zr_2/a_0} \tag{5-39}$$

式中，$|E_H|$为氢原子基态能量的数值。所以，$\hat{H}_0$的基态本征能量和本征函数分别为

$$E^0=-2Z^2\,|E_H| \tag{5-40}$$

$$\boldsymbol{\Phi}^0(\boldsymbol{r}_1,\boldsymbol{r}_2)=\frac{Z^3}{\pi a_0^3}\mathrm{e}^{-Z(r_1+r_2)/a_0} \tag{5-41}$$

这就得到了$\hat{H}_0$本征方程的精确解，满足了微扰法适用的第一个条件。

$\hat{H}_0$的基态能量无简并，属于E^0的本征函数只有式（5-41）一个，因为$\varphi(\boldsymbol{r}_1)$和$\varphi(\boldsymbol{r}_2)$都分别只有一个。所以，$\hat{H}'$对$\hat{H}_0$的微扰是无简并微扰，可以用无简并定态（$\hat{H}$与$t$无关）微扰求$\hat{H}$本征方程的近似解：求$\hat{H}'$对态$\boldsymbol{\Phi}^0$微扰以后，体系能量怎样由$E^0$变为另外的值$E_{0\mathrm{He}}$。当然，这是按微扰论的规范说法。具体到这里讨论的问题是这样的：当不计入两个电子的库仑相互作用时，氦原子的能量算符为$\hat{H}_0$，基态能量为E^0，波函数为$\boldsymbol{\Phi}^0$；当计入两个电子的库仑相互作用$\hat{H}'$以后，氦原子的能量算符为$\hat{H}$，基态能量为一待求的$E_{0\mathrm{He}}$。现在是要用无简并微扰法，由$\hat{H}_0$的已知本征值E^0和属于E^0的本征态$\boldsymbol{\Phi}^0$，求得$E_{0\mathrm{He}}$。

4. 用微扰法求近似解

按无简并微扰论，有微扰时，能量的一级修正E'等于微扰$\hat{H}'$在无微扰状态$\boldsymbol{\Phi}^0$中的平均值，由式（5-18），有

$$E'=\int\boldsymbol{\Phi}^{0*}(\boldsymbol{r}_1,\boldsymbol{r}_2)\hat{H}'\boldsymbol{\Phi}^0(\boldsymbol{r}_1,\boldsymbol{r}_2)\mathrm{d}\tau$$

把式（5-28）和式（5-41）代入上式，这是一个六重积分，$\mathrm{d}\tau=\mathrm{d}\tau_1\mathrm{d}\tau_2$，$\mathrm{d}\tau_1=r_1^2\sin\theta_1\mathrm{d}r_1\mathrm{d}\theta_1\mathrm{d}\varphi_1$，$\mathrm{d}\tau_2=r_2^2\sin\theta_2\mathrm{d}r_2\mathrm{d}\theta_2\mathrm{d}\varphi_2$，积分后，得

$$E'=5Z\,|E_H|/4$$

$E_H=-13.6\,\mathrm{eV}$。于是，氦原子基态能量的一级近似值为

$$\begin{aligned}E_{0\mathrm{He}}&=E^0+E'\\&=-2Z^2\,|E_H|+5Z\,|E_H|/4=-74.8\,\mathrm{eV}\end{aligned}$$

实验测量值为−79.0 eV。上述理论值过于偏小，一方面是因为在这个例子中，$\hat{H}'$相对于$\hat{H}_0$还不够小，另一方面是上面只计算到一级近似。

§ 5–3　有简并定态微扰论

如果微扰还没有出现时，所研究的能级 ε_k 为 f 度简并，则不能用无简并微扰论求有微扰状态下的能级和波函数，而要用下面介绍的有简并定态微扰论。

1. 零级近似波函数

设无微扰时，能量算符 $\hat{H}_0$ 的、属于本征值 ε_k 的本征函数有 f 个：φ_{k1}、φ_{k2}、…、φ_{kf}，有

$$\hat{H}_0\varphi_{ki} = \varepsilon_k\varphi_{ki} \quad (i = 1, 2, \cdots, f) \tag{5-42}$$

有微扰 $\hat{H}'$ 时，能量算符 $\hat{H} = \hat{H}_0 + \hat{H}'$，本征方程为

$$\hat{H}\psi = E\psi \tag{5-43}$$

或

$$(\hat{H}_0 + \hat{H}')\psi = E\psi \tag{5-44}$$

把有微扰时的 E、ψ 表示为级数形式

$$E = \varepsilon_k + E' + E'' + \cdots \tag{5-45}$$

$$\psi = \psi^0 + \psi' + \psi'' + \cdots \tag{5-46}$$

与无简并情况不同的是，现在 ψ 的零级近似波函数 ψ^0 不止一个，而是 f 个：φ_{k1}、φ_{k2}、…、φ_{kf}。既然这 f 个 φ_{ki} 都是零级近似波函数，就没有理由排斥其中任何一个，则按态的叠加原理，ψ^0 应是 f 个 φ_{ki} 的线性叠加态，即

$$\psi^0 = \sum_{i=1}^{f} C_i^{(0)}\varphi_{ki} \tag{5-47}$$

式中 $C_i^{(0)}$ 为叠加系数。

2. 决定叠加系数的方程组

求出各 $C_i^{(0)}$ 即得 ψ^0。把式（5-45）和式（5-46）代入式（5-44），把方程两边的同级小量分别集中在一起，得到

$$\begin{aligned}&\hat{H}_0\psi^0 + (\hat{H}_0\psi' + \hat{H}'\psi^0) + (\hat{H}_0\psi'' + \hat{H}'\psi') + \cdots \\ &= \varepsilon_k\psi^0 + (\varepsilon_k\psi' + E'\psi^0) + (E'\psi' + E''\psi^0 + \varepsilon_k\psi'') + \cdots\end{aligned}$$

等式两边的同级小量应对应相等，得一系列方程

$$\begin{aligned}&\hat{H}_0\psi^0 = \varepsilon_k\psi^0 \\ &\hat{H}_0\psi' + \hat{H}'\psi^0 = \varepsilon_k\psi' + E'\psi^0 \\ &\cdots\end{aligned} \tag{5-48}$$

利用 $\hat{H}_0$ 本征函数系的完全性表示 ψ'

$$\psi' = \sum_n C_n^{(1)}\psi_n \tag{5-49}$$

把式（5-47）和式（5-49）代入方程（5-48），整理，并注意到

$$\hat{H}_0\varphi_n = \varepsilon_n\varphi_n \tag{5-50}$$

得

$$\sum_n C_n^{(1)}(\varepsilon_k-\varepsilon_n)\varphi_n=\sum_{i=1}^{f}C_i^{(0)}\hat{H}'\varphi_{ki}-\sum_{i=1}^{f}C_i^{(0)}E'\varphi_{ki} \tag{5-51}$$

用φ_{k1}^*、φ_{k2}^*、…、φ_{kf}^*中的某一个φ_{kj}^*左乘上式两边，再对整个空间积分，得

$$\begin{aligned}&\sum_n C_n^{(1)}(\varepsilon_k-\varepsilon_n)\int\varphi_{kj}^*\varphi_n\mathrm{d}\tau\\&=\sum_i C_i^{(0)}\int\varphi_{kj}^*\hat{H}'\varphi_{ki}\mathrm{d}\tau-\sum_i C_i^{(0)}E'\int\varphi_{kj}^*\varphi_{ki}\mathrm{d}\tau\end{aligned} \tag{5-52}$$

把上式左边 $n=k$ 的那一项从求和中分离出来，左边可写成两项，并注意到$\varphi_k=\psi^0$，得到

$$\left[C_n^{(1)}(\varepsilon_k-\varepsilon_n)\int\varphi_{kj}^*\psi^0\mathrm{d}\tau+\sum_{n\neq k}{}' C_n^{(1)}(\varepsilon_k-\varepsilon_n)\int\varphi_{kj}^*\varphi_n\mathrm{d}\tau\right] \tag{5-53}$$

把ψ^0的式（5-47）代入上面的第一项，这一项可写成

$$C_n^{(1)}(\varepsilon_k-\varepsilon_n)\int\varphi_{kj}^*\left(\sum_{i=1}^{f}C_i^{(0)}\varphi_{ki}\right)\mathrm{d}\tau=\left[\sum_{i=1}^{f}C_n^{(1)}C_i^{(0)}(\varepsilon_k-\varepsilon_n)\int\varphi_{kj}^*\psi_{ki}\mathrm{d}\tau\right]_{n=k}$$

由于$n=k$，$\varepsilon_k-\varepsilon_n=0$；$\varphi_{kj}$与$\varphi_{kj}$正交，积分等于零，所以式（5-53）的第一项等于零。在$n\neq k$的第二项中，φ_{kj}与φ_n正交，所以这第二项也等于零。这样，式（5-52）左边为零，右边也应等于零

$$\begin{gathered}\sum_i C_i^{(0)}\int\varphi_{kj}^*\hat{H}'\varphi_{ki}\mathrm{d}\tau-\sum_i C_i^{(0)}E'\int\varphi_{kj}^*\varphi_{ki}\mathrm{d}\tau=0\\\sum_i C_i^{(0)}H'_{kj,ki}-\sum_i C_i^{(0)}E'\delta_{ji}=0\end{gathered} \tag{5-54}$$

$$\sum_{i=1}^{f}C_i^{(0)}(H'_{ji}-E'\delta_{ji})=0\quad j=1,2,\cdots,f \tag{5-55}$$

式（5-55）是f个方程构成的方程组，因为不同的φ_{kj}^*有f个，每选其中一个左乘式（5-51）两边，化简以后，就可得到一个式（5-54）那样的方程，成为方程组（5-55）中的一个方程。式中

$$H'_{ji}=H'_{kj,ki}=\int\varphi_{kj}^*\hat{H}'\varphi_{ki}\mathrm{d}\tau \tag{5-56}$$

$$\delta_{ji}=\int\varphi_{kj}^*\varphi_{ki}\mathrm{d}\tau=\begin{cases}0 & i\neq j\\1 & i=j\end{cases} \tag{5-57}$$

为具体起见，写出方程组（5-55）各方程的具体表达式

$$\begin{gathered}C_1^{(0)}(H'_{11}-E')+C_2^{(0)}H'_{12}+\cdots+C_f^{(0)}H'_{1f}=0\\C_1^{(0)}H'_{21}+C_2^{(0)}(H'_{22}-E')+\cdots+C_f^{(0)}H'_{2f}=0\\\vdots\\C_1^{(0)}H'_{f1}+C_2^{(0)}H'_{f2}+\cdots+C_f^{(0)}(H'_{ff}-E')=0\end{gathered} \tag{5-58}$$

方程组（5-55）或（5-58）是决定未知叠加系数$\{C_i^{(0)}\}$的线性齐次方程组，只要E'已知即可[H'_{ji}可由式（5-56）决定]。

3. 决定E'的久期方程

显然，零级近似ψ^0是一个可能态，所以它的各叠加系数不会同时为零。由线性代数，要

各 $C_i^{(0)}$ 有不同时为零的解，就必须方程组（5-58）中 $C_i^{(0)}$ 的系数行列式等于零，即

$$\begin{vmatrix} H'_{11}-E' & H'_{12} & \cdots & H'_{1f} \\ H'_{21} & H'_{22}-E' & \cdots & H'_{2f} \\ \vdots & \vdots & \vdots & \vdots \\ H'_{f1} & H'_{f2} & \cdots & H'_{ff}-E' \end{vmatrix}=0 \tag{5-59}$$

上式称为久期方程。久期方程中的 f^2 个矩阵元 H'_{ji} 为已知，所以这是一个以 E' 为未知数的 f 次幂的方程，可以用来求解能量 E 的一级修正 E'。解久期方程，可得 E' 的 f 个根

$$E'_\alpha, \alpha=1,2,\cdots,f$$

把 E'_α 中的一个根 E'_1 代回方程组（5-58），可解得 ψ^0 的一组叠加系数 $\{C_{i1}^{(0)}\}$。把这一组 $\{C_{i1}^{(0)}\}$ 代入式（5-47），就得到一个与 E'_1 相对应的零级近似波函数 ψ_1^0。类似，把根 E'_2 代回方程组（5-58），又可求得另一组叠加系数 $\{C_{i2}^{(0)}\}$ 及与 E'_2 对应的 ψ_2^0，…。这样，由久期方程 f 个根 E'_α，可分别得到 ψ 的 f 个零级近似波函数

$$\{C_{i2}^{(0)}\},\ \alpha=1,2,\cdots,f$$

$$\psi_\alpha^0=\sum_{i=1}^{f} C_{i\alpha}^{(0)}\varphi_{ki},\ \alpha=1,2,\cdots,f \tag{5-60}$$

如果 f 个一级修正 E'_α 互不相等，则 E 共有 f 个不相等的一级近似能量

$$E_\alpha=\varepsilon_k+E'_\alpha \quad \alpha=1,2,\cdots,f \tag{5-61}$$

可见，当 f 个 E'_α 不相等，则未受微扰时的一个 f 度简并的能级 ε_k，在受到 $\hat{H}'$ 微扰以后，分裂成 f 个不相等的能级 E_α，并相应有 f 个零级近似波函数式（5-60）。这时，称 ε_k 的 f 度简并完全消除。如果 E'_α 中有一部分重根，则表明受微扰以后，ε_k 分裂成的能级少于 f 个，则 ε_k 的简并只是部分消除。

对有简并定态微扰论，通常只求到能量的一级近似和波函数的零级近似。

§5-4 氢原子的能级在均匀外电场中的分裂

作为有简并定态微扰论的一个例子，下面介绍氢原子的一级斯塔克（J.Stark，1874—1957）效应。这是指处于均匀电场中的氢原子发射的光谱线与没有外电场时不同：没有外电场时的一条光谱线，在有均匀外电场时，往往分裂成几条光谱线。下面的分析表明，这是处于均匀外电场中的氢原子，原来简并的能级，因均匀外电场的微扰而分裂成几个能级的结果。

以氢原子的第一激发态（$n=2$）为例。未受外电场微扰时，氢原子处于能量为 ε_2 的态，ε_2 为 4 度简并。把这种氢原子置于均匀外电场 $\mathscr{E}$ 中，$\mathscr{E}$ 沿 z 轴方向（图 5-2）。由于 ε_2 简并，必须用有简并定态微扰论分析受微扰以后，ε_2 能级和波函数的变化。

电子与均匀外电场 $\mathscr{E}$ 有相互作用势能 $U'=e\mathscr{E}z=e\mathscr{E}r\cos\theta$（电子受 $\mathscr{E}$ 的作用力 $F=-e\mathscr{E}$，而 $F=-\partial U'/\partial z$，积分就得 U'）。把 U' 看成微扰，即

$$\hat{H}'=e\mathscr{E}r\cos\theta \tag{5-62}$$

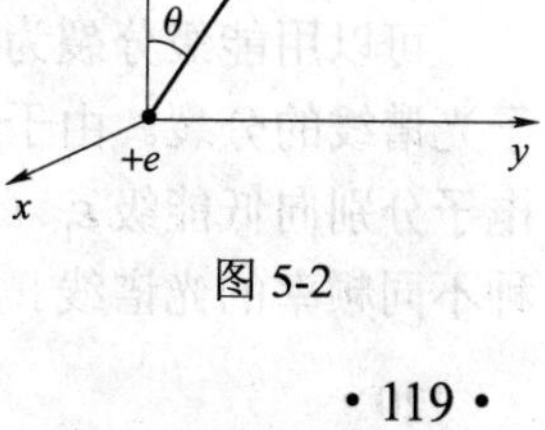

图 5-2

于是，外电场中氢原子电子的能量算符

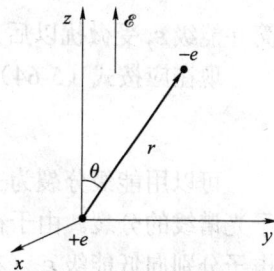

$$\hat{H}=\hat{H}_0+\hat{H}'=-\frac{\hbar^2}{2\mu}\nabla^2-\frac{e^2}{4\pi\varepsilon_0 r}+e\mathscr{E}r\cos\theta \tag{5-63}$$

坐标原点在氢原子核上。式中，$\hat{H}_0$ 就是无外电场时氢原子电子的能量算符，所以 $\hat{H}_0$ 的本征值和本征函数就是氢原子电子的能量本征值和能量本征函数 $\psi_{nlm}(r,\theta,\varphi)$，为已知。对能级 ε_2，属于 ε_2 的本征函数有 4 个（$f=n^2=4$）

$$\hat{H}_0\varphi_{2i}=\varepsilon_2\varphi_{2i} \quad i=1,2,3,4$$

$$\varphi_{21}=\psi_{200}=\frac{1}{4\sqrt{2\pi}}\left(\frac{1}{a_0}\right)^{3/2}\left(2-\frac{r}{a_0}\right)\mathrm{e}^{-r/2a_0}$$

$$\varphi_{22}=\psi_{210}=\frac{1}{4\sqrt{2\pi}}\left(\frac{1}{a_0}\right)^{3/2}\left(\frac{r}{a_0}\right)\mathrm{e}^{-r/2a_0}\cos\theta$$

$$\varphi_{23}=\psi_{211}=\frac{1}{8\sqrt{\pi}}\left(\frac{1}{a_0}\right)^{3/2}\left(\frac{r}{a_0}\right)\mathrm{e}^{-r/2a_0}\sin\theta\mathrm{e}^{\mathrm{i}\varphi}$$

$$\varphi_{24}=\psi_{21-1}=\frac{1}{8\sqrt{\pi}}\left(\frac{1}{a_0}\right)^{3/2}\left(\frac{r}{a_0}\right)\mathrm{e}^{-r/2a_0}\sin\theta\mathrm{e}^{-\mathrm{i}\varphi}$$

先解久期方程求能量的一级修正 E'。久期方程中的矩阵元 H'_{ji} 有 $f^2=16$ 个，其中

$$H'_{11}=H'_{21,21}=\int\varphi_{21}^*\hat{H}'\varphi_{21}\mathrm{d}\tau=0$$

$$H'_{12}=H'_{21,22}=\int\varphi_{21}^*\hat{H}'\varphi_{22}\mathrm{d}\tau=-3e\mathscr{E}a_0=H'_{21}$$

其余 13 个 H'_{ji} 都等于零。把各 H'_{ji} 代入久期方程（5-59），得

$$\begin{vmatrix} -E' & -3e\mathscr{E}a_0 & 0 & 0 \\ -3e\mathscr{E}a_0 & -E' & 0 & 0 \\ 0 & 0 & -E' & 0 \\ 0 & 0 & 0 & -E' \end{vmatrix}=0$$

解这个 E' 的四次幂方程，可得 E' 的四个根

$$3\mathrm{e}\mathscr{E}a_0,\ -3\mathrm{e}\mathscr{E}a_0,\ 0,\ 0$$

把这四个 E'_α 分别代入式（5-61），得到能级 ε_2 受微扰以后分裂成的三个能级，并按能级高低顺序排列如下

$$E_1=\varepsilon_2+3\mathrm{e}\mathscr{E}a_0,\ E_2=\varepsilon_2,\ E_3=\varepsilon_2-3\mathrm{e}\mathscr{E}a_0 \tag{5-64}$$

简并能级 ε_2 受微扰以后，简并只是部分解除。

现在应按式（5-64）顺序给 E' 编号，三个能级，三个 E'

$$E'_1=3\mathrm{e}\mathscr{E}a_0,\ E'_2=0,\ E'_3=-3\mathrm{e}\mathscr{E}a_0 \tag{5-65}$$

可以用能级分裂为三个以后，电子从这些不同能级向低能级的跃迁，解释外电场中氢原子光谱线的分裂。由于在均匀外电场中，ε_2 分裂成三个能级（图 5-3），处于这三个能级上的电子分别向低能级 ε_1（在外电场中 ε_1 不分裂）跃迁时，发射三种不同能量的光子，相应于三种不同频率的光谱线。

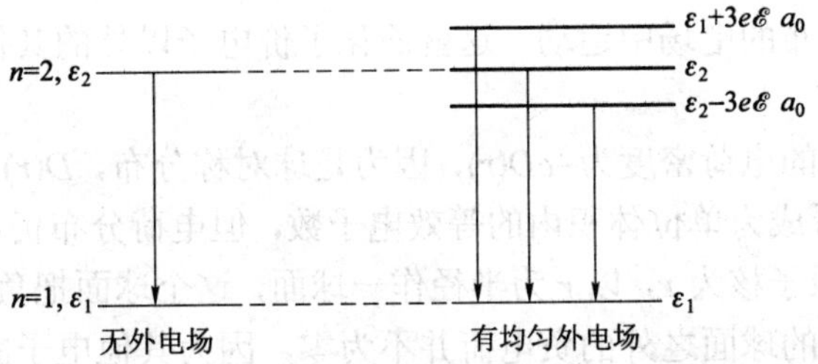

图 5-3

为求得ψ_α^0，需要解方程组（5-58），以确定叠加系数$\{C_{i\alpha}^{(0)}\}$，得方程组

$$-E'_\alpha C_{1\alpha}^{(0)} - 3e\mathscr{E}a_0 C_{2\alpha}^{(0)} = 0$$

$$-3e\mathscr{E}C_{1\alpha}^{(0)} - E'_\alpha C_{2\alpha}^{(0)} = 0$$

$$-E'_\alpha C_{3\alpha}^{(0)} = 0$$

$$-E'_\alpha C_{4\alpha}^{(0)} = 0$$

$$\sum_{i=1}^{f}|C_{i\alpha}^{(0)}|^2 = 1 \quad (\psi_\alpha^0\text{ 归一化条件})$$

把式（5-65）的E'_1代入上述方程组，解出一组$\{C_{i1}^{(0)}\}$，并代入式（5-60），可得ψ_1^0，对应于能级E_1的零级近似。再把$E'_2=0$代入上述方组，可解出一组$\{C_{i2}^{(0)}\}$，并得到对应于E_2的ψ_2^0。类似，由E'_3可求得一组$\{C_{i3}^{(0)}\}$，得到对应于E_3的ψ_3^0。

$$\varepsilon_2 + 3e\mathscr{E}a_0 : \psi_1^0 = \frac{1}{\sqrt{2}}(\psi_{200} - \psi_{210})$$

$$\varepsilon_2 : \psi_2^0 = C_{32}^{(0)}\psi_{211} + C_{42}^{(0)}\psi_{21-1}$$

$$\varepsilon_2 - 3e\mathscr{E}a_0 : \psi_3^0 = \frac{1}{\sqrt{2}}(\psi_{200} + \psi_{210})$$

ψ_2^0中的$C_{32}^{(0)}$与$C_{42}^{(0)}$不能同时为零，否则$\psi_2^0 \equiv 0$，将意味着这个态不存在，但实际上在有微扰以后，存在能量为ε_2的态。

§ 5–5　多电子原子中电子的能级

氢原子只有一个电子，在只考虑氢原子核与电子的库仑相互作用的情况下，电子的能级只与主量子数n有关，用以n为下标的E_n标记电子的不同能级就可以了。但是，对多电子原子，除了考虑电子与原子核的库仑相互作用以外，还必须考虑其他电子与这个电子之间的库仑相互作用。下面的讨论表明，这时电子的能量不仅与n有关，还与角量子数l有关，必须用E_{nl}标记原子中电子的不同能级。

以碱金属原子的价电子为例，钾、钠等碱金属原子只有一个价电子。这个价电子在原子核和其他电子的库仑场中运动。当去掉这个价电子，碱金属原子余下电子的排列和相应惰性气体原子中电子的排列一样。例如，失去价电子的钠离子Na^+，其电子数与氖原子相同，Na^+的电子排列与氖原子的电子排列一样。对惰性气体原子的测量表明，这些原子的电偶极矩等于零，说明它们的负电荷中心与正电荷中心重合，或者说负电荷运动形成的电子云相对于原子核为球对称分布。所以，可以把碱金属原子的价电子看成是在原子核的电场中和其他电子产生的球对称负电荷分布的电场中运动。这就简化了价电子以外的其他电子所产生库仑场表达式的计算。

设球对称电荷分布的电荷密度为$-eD(r)$，因为是球对称分布，$D(r)$只与 r 的大小有关，与 r 的方向无关。$D(r)$可看成为单位体积内的等效电子数，但电荷分布仍看成连续分布（电子几率云）。设价电子距离原子核为 r，以 r 为半径作一球面，这个球面把负电荷分布分为球面内、外两部分。价电子所处的球面之外的负电荷并不为零，因为其他电子的波函数在该球面之外不为零，它们出现在这个球面之外的几率就不为零。这样，位于球面上的价电子，其库仑相互作用势能可写成三部分

$$U(r)=-\frac{Ze^2}{4\pi\varepsilon_0 r}+\frac{(-e)}{4\pi\varepsilon_0 r}\int_0^r[-eD(r')]4\pi r'^2\mathrm{d}r'+(-e)\int_r^\infty\frac{[-eD(r')]}{4\pi\varepsilon_0 r'}4\pi r'^2\mathrm{d}r' \qquad (5\text{-}66)$$

式中第一项为价电子与钠原子核的库仑相互作用能；第二项为价电子与球面（半径为 r）之内的负电荷（等效于这些负电荷集中在球心的点电荷）之间的库仑相互作用势能；第三项为价电子与该球面之外的负电荷之间的库仑相互作用势能。第三项可以这样得出：半径为 r'，厚为 $\mathrm{d}r'$ 的均匀带电球壳［球壳上的总电荷为 $-eD(r')\cdot 4\pi r'^2\mathrm{d}r'$］在该球壳上每点产生的电势等效于把球壳电荷集中在球心时，这些电荷在离球心为 r' 处产生的电势。而且，在此带电球壳所包围的球形空间中的任一点，该球壳在该点产生的电势与在球壳上产生的电势相同。所以第三项的积分是把半径大于 r 的球壳在 r 处产生的电势求和，再乘以价电子电荷$-e$，就是这一部分负电荷与价电子的相互作用势能。

价电子以外的其他电子的总电量为$-(Z-1)e$，即

$$\int_0^\infty[-eD(r')]\,4\pi r'^2\mathrm{d}r'=-(Z-1)e$$

上式可改写成

$$\int_0^r[-eD(r')]\,4\pi r'^2\mathrm{d}r'+\int_r^\infty[-eD(r')]\,4\pi r'^2\mathrm{d}r'=-(Z-1)e$$

利用上式可把式（5-66）改写成

$$U(r)=-\frac{e^2}{4\pi\varepsilon_0 r}-\frac{e^2}{\varepsilon_0}\int_r^\infty D(r')\left(\frac{r'}{r}-1\right)r'\mathrm{d}r' \qquad (5\text{-}67)$$

于是价电子的能量算符

$$\hat{H}=-\frac{\hbar^2}{2\mu}\nabla^2-\frac{e^2}{4\pi\varepsilon_0 r}-\frac{e^2}{\varepsilon_0}\int_r^\infty D(r')\left(\frac{r'}{r}-1\right)r'\mathrm{d}r' \qquad (5\text{-}68)$$

令

$$\hat{H}_0=-\frac{\hbar^2}{2\mu}\nabla^2-\frac{e^2}{4\pi\varepsilon_0 r} \qquad (5\text{-}69)$$

$$\hat{H}'=-\frac{e^2}{\varepsilon_0}\int_r^\infty D(r')\left(\frac{r'}{r}-1\right)r'\mathrm{d}r'=V(r) \qquad (5\text{-}70)$$

显然，$\hat{H}_0$ 与氢原子电子的能量算符一样，所以 $\hat{H}_0$ 的本征值 ε_n 和本征函数 $\psi_{nlm}(r,\theta,\varphi)$ 为已知。这样，碱金属原子价电子的能量和波函数，可看成是相当于 $\hat{H}'$ 对氢原子 ε_n 能级的 ψ_{nlm} 态微扰的结果。不过，无微扰能级 ε_n 为 n^2 度简并，必须用有简并定态微扰法计算 $\hat{H}'$ 微扰引起 ε_n 的变化。

属于ε_n能级的波函数为

$$\varphi_{ni}=\psi_{nlm}(r,\theta,\varphi)=R_{nl}(r)Y_{lm}(\theta,\varphi)$$
$$i=1,2,\cdots,n^2 \tag{5-71}$$

φ_{ni}下标中的i表示n为一确定值时不同l、m值的组合。有微扰以后，能量E的一级修正值E'由解久期方程得出。久期方程中的矩阵元

$$\begin{aligned}H'_{ji}=H'_{nj,ni}&=\int\varphi_{nj}^{*}\hat{H}'\varphi_{ni}\mathrm{d}\tau=\int\psi_{nlm}^{*}\hat{H}'\psi_{nl'm'}\mathrm{d}\tau\\&=\int_0^\infty R_{nl}^{*}(r)V(r)R_{nl'}(r)r^2\mathrm{d}r\int_0^\pi\int_0^{2\pi}Y_{lm}^{*}(\theta,\varphi)Y_{l'm'}(\theta,\varphi)\cdot\sin\theta\mathrm{d}\theta\mathrm{d}\varphi\\&=\int_0^\infty R_{nl}^{*}(r)V(r)R_{nl'}(r)r^2\mathrm{d}r\delta_{ll'}\delta_{mm'}\\&=\begin{cases}V_{nl} & (l=l'\text{的同时，}m=m')\\0 & (l\neq l'\text{，或}m\neq m')\end{cases}\end{aligned} \tag{5-72}$$

可见，只有那些在$l=l'$的同时，$m=m'$的矩阵元才不等于零，即只有$i=j$的$H'_{jj}\neq0$

$$\begin{aligned}H'_{jj}=H'_{nj,nj}&=\int\varphi_{nj}^{*}\hat{H}'\varphi_{nj}\mathrm{d}\tau=\int\psi_{nlm}^{*}V(r)\psi_{nlm}\mathrm{d}\tau\\&=\int_0^\infty r^2[R_{nl}(r)]^2V(r)\mathrm{d}r=V_{nl},j=1,2,\cdots,n^2\end{aligned} \tag{5-73}$$

其余$j\neq i$（即$l\neq l'$，$m\neq m'$；或$l\neq l'$；或$m\neq m'$）的矩阵元H'_{ji}全等于零。V_{nl}与m无关，所以对一个确定的n值，对应于同一个l值，有$2l+1$个不同m值的$H'_{jj}=H'_{nlm,nlm}=V_{nl}$都相等，其中$m=0$，$\pm1$，$\pm2$，…，$\pm l$。在久期方程中，$H'_{ji}$全在行列式对角线上，共$n^2$个$H'_{ji}$（一个确定的$n$对应$n$个不同$l$，而一对确定的$n$和$l$对应$2l+1$个不同$m$），行列式为$n^2$行$n^2$列。在对角线上$n^2$个$H'_{ji}$中，按不同的$l$，有$2l+1$个相等的$H'_{ji}$挨个排列，例如当$l=0$、1、2，

$$H_{11}=V_{n0},H'_{22}=H'_{33}=H'_{44}=V'_{n1},H'_{55}=H'_{66}=\cdots=H'_{99}=V_{n2},\cdots$$

所以，久期方程

$$\begin{vmatrix}H'_{11}-E' & 0 & 0 & \cdots & 0\\0 & H'_{22}-E' & 0 & \cdots & 0\\0 & 0 & H'_{33}-E' & \cdots & 0\\\vdots & \vdots & \vdots & \vdots & \vdots\\0 & 0 & 0 & \cdots & H'_{n^2n^2}-E'\end{vmatrix}=0 \tag{5-74}$$

的展开式为

$$(V_{n0}-E')(V_{n1}-E')^3(V_{n2}-E')^5\cdots(V_{n(n-1)}-E')^{2(n-1)+1}=0 \tag{5-75}$$

这就得到E'的n^2个根，但其中很多重根，三重根、五重根…等，E'值不相同的根只有n个（V_{nl}的l有n个不同值）。于是，原来为n^2度简并的能级ε_n，有式（5-70）$\hat{H}'$的微扰以后，分裂成n个能级

$$E_{nl}=\varepsilon_n+E'_{nl}=\varepsilon_n+V_{nl},\ l=0,1,2,\cdots,n-1 \tag{5-76}$$

所以，碱金属原子的能级E_{nl}不仅与主量子数n有关，还与角量子数l有关（至于V_{nl}的具体值，当然与函数$V(r)$，因而与等效电荷分布$D(r)$有关）。这是用微扰论对碱金属原子得出的结论。

对于多电子原子中电子的能级，自洽场法是一种更好的近似方法。用自洽场法得到的结果表明：原子中电子的能级与量子数 n 和 l 都有关这一结论，适用于各种多电子原子。

思考题与习题

1. 什么叫定态微扰论？

2. 对所求解的定态方程，用定态微扰论方法求解的适用条件是什么？为什么？

3. 无简并定态微扰论中的“无简并”是针对什么情况说的？

4. 从§5-1 总结出用无简并定态微扰法求近似解的思路。

5. 对有简并定态微扰情况，能级 ε_h 无微扰时有 f 度简并，如何选择零级近似波函数？为什么？

6. 久期方程是怎么得来的？有什么用？

7. 什么叫能级分裂？

8. 微扰论真的有微扰 $\hat{H}$ 存在吗？

9. 用微扰论可以无限逼近精确解吗？

10. 在多电子原子中，电子的能级 E_{nl} 不但与 n 有关，还与 l 有关，为什么？

11. 碱金属原子中，“无微扰”时的一个能级 ε_n，在有微扰式（5-70）时，ε_n 分裂成多少个能级？

12. 一维非线性谐振子处于势场 $U(x)=kx^2/2+bx^3+cx^4, bx^3+cx^4 \ll kx^2/2$，求该非线性谐振子基态的一级近似能量。

13. 设把氢原子置于均匀磁场 $\boldsymbol{B}(0,0,B_z)$ 中，氢原子电子的轨道磁矩 M 与 B 的相互作用能量 $\varepsilon_B=\dfrac{e}{2\mu}L_zB_z$ 可视为微扰。试证：（1）此时氢原子能量与磁量子数 m 有关，能量精确解为 $E_{nm}=E_n+mB_ze\hbar/2\mu$；（2）用久期方程证明 $E'=mB_ze\hbar/2\mu$。

14. 由两个谐振子组成的耦合谐振子，其能量算符

$$\hat{H}=\frac{1}{2\mu}(\hat{p}_1^2+\hat{p}_2^2)+\frac{1}{2}\mu\omega_0^2(x_1^2+x_2^2)-\lambda x_1x_2$$

式中 $-\lambda x_1x_2$ 为两谐振子的相互作用能量，可视为 $\hat{H}'$。试证：

（1）此耦合谐振子的零级近似能量

$$E^0=(n_1+n_2+1)\hbar\omega_0=(N+1)\hbar\omega_0$$
$$n_1、n_2:0,1,2,\cdots;\ N=n_1+n_2=0,1,2,\cdots,$$

（2）此耦合谐振子第一激发态（$N=1$）能量的一级修正

$$E'=\pm\lambda\hbar/(2\mu\omega_0)$$

15. 在上题中进行坐标变换，令 $x_1=(\varepsilon+\eta)/2$，$x_2=(\varepsilon-\eta)/2$，试证：在新坐标中，能量本征方程可在数学形式上化为两个独立谐振子的能量本征方程。

16. 一体系的 ε_k 能级为二度简并，对应的本征函数为 φ_{k1}、φ_{k2}，试证此体系有微扰 $\hat{H}'$ 的作用时，体系能量的一级修正

$$E'_\pm=\frac{1}{2}\left[(H'_{11}+H'_{22})\pm\sqrt{(H'_{11}-H'_{22})^2+4H'_{12}H'_{21}}\right]$$

并写出各 H'_{ji} 的表达式。

17. 对有简并情况，当零级近似波函数为 ψ_α^0 已知。试证能量的一级修正

$$E'_\alpha=\int\psi_\alpha^{0*}\hat{H}'\psi_\alpha^0\mathrm{d}\tau$$

例题与习题选解

例 1 如果类氢原子的核不是点电荷，而是半径为 r_0、电荷均匀分布的小球，计算这种效应对类氢原子基态能量的一级修正。

解： 这种分布只对 $r < r_0$ 的区域有影响，对 $r \geqslant r_0$ 的区域无影响。据题意知

$$\hat{H}' = U(r) - U_0(r)$$

其中 $U_0(r)$ 是不考虑这种效应的势能分布，即

$$U(r) = -\frac{Ze^2}{4\pi\varepsilon_0 r}$$

$U(r)$ 为考虑这种效应后的势能分布，在 $r \geqslant r_0$ 区域，

$$U(r) = -\frac{Ze^2}{4\pi\varepsilon_0 r}$$

在 $r < r_0$ 区域，$U(r)$ 可由下式得出，

$$U(r) = -e\int_r^{\infty} E\mathrm{d}r$$

$$E = \begin{cases} \dfrac{1}{4\pi\varepsilon_0 r^2} \cdot \dfrac{Ze}{\frac{4}{3}\pi r_0^3} \cdot \dfrac{4}{3}\pi r^3 = \dfrac{Ze}{4\pi\varepsilon_0 r_0^3} r, & (r \leqslant r_0) \\ \dfrac{Ze}{4\pi\varepsilon_0 r^2} & (r \geqslant r_0) \end{cases}$$

$$\begin{aligned} U(r) &= -e\int_r^{r_0} E\mathrm{d}r - e\int_{r_0}^{\infty} E\mathrm{d}r \\ &= -\frac{Ze^2}{4\pi\varepsilon_0 r_0^3}\int_r^{r_0} r\mathrm{d}r - \frac{Ze^2}{4\pi\varepsilon_0}\int_{r_0}^{\infty}\frac{1}{r^2}\mathrm{d}r \\ &= -\frac{Ze^2}{8\pi\varepsilon_0 r_0^3}(r_0^2 - r^2) - \frac{Ze^2}{4\pi\varepsilon_0 r_0} = -\frac{Ze^2}{8\pi\varepsilon_0 r_0^3}(3r_0^2 - r^2) \quad (r \leqslant r_0) \end{aligned}$$

$$\hat{H}' = U(r) - U_0(r) = \begin{cases} -\dfrac{Ze^2}{8\pi\varepsilon_0 r_0^3}(3r_0^2 - r^2) + \dfrac{Ze^2}{4\pi\varepsilon_0 r} & (r \leqslant r_0) \\ 0 & (r \geqslant r_0) \end{cases}$$

由于 r_0 很小，所以 $\hat{H}' \ll \hat{H}^{(0)} = -\dfrac{\hbar^2}{2\mu}\nabla^2 + U_0(r)$，可视为一种微扰，由它引起的一级修正为（基态 $\psi_1^{(0)} = \left(\dfrac{Z^3}{\pi a_0^3}\right)^{1/2} \mathrm{e}^{-\frac{Z}{a_0}r}$）

$$\begin{aligned} E_1^{(1)} &= \int_{\infty} \psi_1^{(0)*}\hat{H}'\psi_1^{(0)}\mathrm{d}\tau \\ &= \frac{Z^3}{\pi a_0^3}\int_0^{r_0}\left[-\frac{Ze^2}{8\pi\varepsilon_0 r_0^3}(3r_0^2 - r^2) + \frac{Ze^2}{4\pi\varepsilon_0 r}\right]\mathrm{e}^{-\frac{2Z}{a_0}r} 4\pi r^2\mathrm{d}r \end{aligned}$$

所以 $r \ll a_0$，故 $\mathrm{e}^{-\frac{2Z}{a_0}r} \approx 1$。

所以 $E_1^{(1)} = -\dfrac{Z^4 e^2}{2\pi\varepsilon_0 a_0^3 r_0^3}\displaystyle\int_0^{r_0}(3r_0^2 r^2 - r^4)\mathrm{d}r + \dfrac{Z^4 e^2}{\pi\varepsilon_0 a_0^3}\int_0^{r_0} r\mathrm{d}r$

$$=-\frac{Z^4e^2}{2\pi\varepsilon_0 a_0^3 r_0^3}\left(r_0^5-\frac{r_0^5}{5}\right)+\frac{Z^4e^2}{2\pi\varepsilon_0 a_0^3}r_0^2$$

$$=\frac{Z^4e^2}{10\pi\varepsilon_0 a_0^3}r_0^2$$

$$=\frac{2Z^4e_s^2}{5a_0^3}r_0^2$$

例 2 转动惯量为 I、电偶极矩为 $\boldsymbol{D}$ 的空间转子处在均匀电场在 $\boldsymbol{\varepsilon}$ 中，如果电场较小，用微扰法求转子基态能量的二级修正。

解：取 $\boldsymbol{\varepsilon}$ 的正方向为 Z 轴正方向建立坐标系，则转子的哈米顿算符为

$$\hat{H}=\frac{\hat{L}^2}{2I}-\boldsymbol{D}\cdot\boldsymbol{\varepsilon}=\frac{1}{2I}\hat{L}^2-D\varepsilon\cos\theta$$

取 $\hat{H}^{(0)}=\frac{1}{2I}\hat{L}^2,\ \hat{H}'=-D\varepsilon\cos\theta$，则

$$\hat{H}=\hat{H}^{(0)}+\hat{H}'$$

由于电场较小，又把 $\hat{\boldsymbol{H}}'$ 视为微扰，用微扰法求得此问题。

$\hat{\boldsymbol{H}}^{(0)}$ 的本征值为

$$E_l^{(0)}=\frac{1}{2I}l(l+1)\hbar^2$$

本征函数为

$$\psi_l^{(0)}=Y_{lm}(\theta,\varphi)$$

$\hat{\boldsymbol{H}}^{(0)}$ 的基态能量为 $E_0^{(0)}=0$，为非简并情况。根据定态非简并微扰论可知

$$E_0^{(2)}=\sum_l{}'\frac{|H'_{l0}|^2}{E_0^{(0)}-E_l^{(0)}}$$

$$H'_{l0}=\int\psi_l^{*(0)}\hat{H}'\psi_0^{(0)}\mathrm{d}\tau=\int Y_{lm}^*(-D\varepsilon\cos\theta)Y_{00}\sin\theta\mathrm{d}\theta\mathrm{d}\varphi$$

$$=-D\varepsilon\int Y_{lm}^*(\cos\theta Y_{00})\sin\theta\mathrm{d}\theta\mathrm{d}\varphi$$

$$=-D\varepsilon\int Y_{lm}^*\sqrt{\frac{4\pi}{3}}Y_{10}\frac{1}{\sqrt{4\pi}}\sin\theta\mathrm{d}\theta\mathrm{d}\varphi$$

$$=-\frac{D\varepsilon}{\sqrt{3}}\int Y_{l0}^*Y_{10}\sin\theta\mathrm{d}\theta\mathrm{d}\varphi$$

$$=-\frac{D\varepsilon}{\sqrt{3}}\delta_{l1}$$

$$E_0^{(2)}=\sum_l{}'\frac{|H'_{l0}|^2}{E_0^{(0)}-E_l^{(0)}}=-\sum_l{}'\frac{D^2\varepsilon^2\cdot 2I}{3l(l+1)\hbar^2}|\delta_{l1}|^2=-\frac{1}{3\hbar^2}D^2\varepsilon^2 I$$

例 3 基态氢原子处于平行板电场中，若电场是均匀的且随时间按指数下降，即

$$\varepsilon=\begin{cases}0, & \text{当}t\leqslant 0\\ \varepsilon_0\mathrm{e}^{-t/\tau}, & \text{当}t\geqslant 0(\tau\text{为大于零的参数})\end{cases}$$

求经过长时间后氢原子处在 2p 态的几率。

解：对于 2p 态，$l=1$，m 可取 0，±1 三值，其相应的状态为

$$\psi_{210}\qquad\psi_{211}\qquad\psi_{21-1}$$

氢原子处在 2p 态的几率也就是从 ψ_{100} 跃迁到 ψ_{210}、ψ_{211}、ψ_{21-1} 的几率之和。

由

$$a_m(t)=\frac{1}{\mathrm{i}\hbar}\int_0^t H'_{mk}\mathrm{e}^{\mathrm{i}\omega_{mk}t'}\mathrm{d}t'$$

$$H'_{210,100}=\int\psi^*_{210}\hat{H}'\psi_{100}\mathrm{d}\tau \qquad (\hat{H}'=e\varepsilon(t)r\cos\theta)$$

$$=\int R_{21}Y^*_{10}e\varepsilon(t)r\cos\theta\, R_{10}Y_{00}\mathrm{d}\tau \quad (\text{取}\,\boldsymbol{\varepsilon}\,\text{方向为}\,Z\,\text{轴方向})$$

$$=e\varepsilon(t)\int_0^\infty R_{21}r^3R_{10}\mathrm{d}r\int_0^{2\pi}\int_0^\pi Y^*_{10}Y_{00}\cos\theta\sin\theta\mathrm{d}\theta\mathrm{d}\varphi \left(\cos\theta Y_{00}=\frac{1}{\sqrt{3}}Y_{10}\right)$$

$$=e\varepsilon(t)f\int_0^{2\pi}\int_0^\pi Y^*_{10}\frac{1}{\sqrt{3}}Y_{10}\sin\theta\mathrm{d}\theta\mathrm{d}\varphi$$

$$=\frac{1}{\sqrt{3}}e\varepsilon(t)f$$

$$f=\int_0^\infty R^*_{21}(r)R_{10}(r)r^3\mathrm{d}r=\frac{256}{81\sqrt{6}}a_0$$

$$=\left(\frac{1}{2a_0}\right)^{3/2}\frac{2}{\sqrt{3}a_0}\cdot\left(\frac{1}{a_0}\right)^{3/2}\int_0^\infty r^4\mathrm{e}^{-\frac{3}{2a_0}r}\mathrm{d}r$$

$$=\frac{1}{\sqrt{6}}\frac{1}{a_0^4}\cdot\frac{4!\times 2^5}{3^5}a_0^5=\frac{256}{81\sqrt{6}}a_0$$

$$H'_{210,100}=\int\psi^*_{210}\hat{H}'\psi_{100}\mathrm{d}\tau=\frac{1}{\sqrt{3}}e\varepsilon(t)f$$

$$=\frac{e\varepsilon(t)}{\sqrt{3}}\frac{256}{81\sqrt{6}}a_0=\frac{128\sqrt{2}}{243}e\varepsilon(t)a_0$$

$$H'_{211,100}=e\varepsilon(t)\int_0^\infty\psi^*_{211}r\cos\theta\psi_{100}\mathrm{d}\tau$$

$$=e\varepsilon(t)\int_0^\infty R_{21}r^3R_{10}\mathrm{d}r\int_0^{2\pi}\int_0^\pi Y^*_{11}\cos\theta Y_{00}\sin\theta\mathrm{d}\theta\mathrm{d}\varphi$$

$$=e\varepsilon(t)\int_0^\infty R_{21}r^3R_{10}\mathrm{d}r\int_0^{2\pi}\int_0^\pi Y^*_{11}\frac{1}{\sqrt{3}}Y_{10}\sin\theta\mathrm{d}\theta\mathrm{d}\varphi$$

$$=0$$

$$H'_{21-1,100}=\int\psi^*_{21-1}\hat{H}'\psi_{100}\mathrm{d}\tau$$

$$=e\varepsilon(t)\int_0^\infty R_{21}r^3R_{10}\mathrm{d}r\int_0^\pi\int_0^{2\pi}Y^*_{1-1}\cos\theta Y_{00}\sin\theta\mathrm{d}\theta\mathrm{d}\varphi$$

$$=e\varepsilon(t)\int_0^\infty R_{21}r^3R_{10}\mathrm{d}r\int_0^\pi\int_0^{2\pi}Y^*_{1-1}\frac{1}{\sqrt{3}}Y_{10}\sin\theta\mathrm{d}\theta\mathrm{d}\varphi$$

$$=0$$

由上述结果可知，$W_{100\to211}=0$，$W_{100\to21-1}=0$

$$W_{1\mathrm{s}\to2\mathrm{p}}=W_{100\to210}+W_{100\to211}+W_{100\to21-1}$$

$$=W_{100\to210}=\frac{1}{\hbar^2}\left|\int_0^t H'_{210,100}\mathrm{e}^{\mathrm{i}\omega_{21}t'}\mathrm{d}t'\right|^2$$

$$=\frac{2}{\hbar^2}\left(\frac{128}{243}\right)^2(ea_0\varepsilon_0)^2\left|\int_0^t\mathrm{e}^{\mathrm{i}\omega_{21}t'}\mathrm{e}^{-t'/\tau}\mathrm{d}t'\right|^2$$

$$=\frac{2}{\hbar^2}\left(\frac{128}{243}\right)^2e^2a_0^2\varepsilon_0{}^2\frac{|\mathrm{e}^{\mathrm{i}\omega_{21}t-\frac{t}{\tau}}-1|^2}{\omega_{21}^2+\frac{1}{\tau^2}}$$

当$t\to\infty$时，

$$W_{1\mathrm{s}\to2\mathrm{p}}=\frac{2}{\hbar^2}\left(\frac{128}{243}\right)^2e^2a_0^2\varepsilon_0{}^2\frac{1}{\omega_{21}^2+\frac{1}{\tau^2}}$$

其中 $$\omega_{21}=\frac{1}{\hbar}(E_2-E_1)=\frac{\mu e_s^4}{2\hbar^3}\left(1-\frac{1}{4}\right)=\frac{3\mu e_s^4}{8\hbar^3}=\frac{3e_s^2}{8\hbar a_0}$$

例 4 一维无限深势阱 $(0<x<a)$ 中的粒子受到微扰

$$H'(x)=\begin{cases}2\lambda\dfrac{x}{a} & (0\leqslant x\leqslant\dfrac{a}{2})\\ 2\lambda\left(1-\dfrac{x}{a}\right) & (\dfrac{a}{2}\leqslant x\leqslant a)\end{cases}$$

作用，试求基态能级的一级修正。

解： 基态波函数（零级近似）为

$$\psi_1^{(0)}=\sqrt{\frac{2}{a}}\sin\frac{\pi}{a}x\ \ (0\leqslant x\leqslant a)$$

$$\psi_1^{(0)}=0\ \ (x<0,\ x>a)$$

能量一级修正为

$$\begin{aligned}E_1^{(1)}&=\int\psi_1^{(0)*}H'\psi_1^{(0)}\mathrm{d}x\\&=\frac{2}{a}\int_0^{a/2}2\lambda\frac{x}{a}\sin^2\frac{\pi}{a}x\mathrm{d}x+\frac{2}{a}\int_{a/2}^{a}2\lambda\left(1-\frac{x}{a}\right)\sin^2\frac{\pi}{a}x\mathrm{d}x\\&=\frac{2\lambda}{a^2}\left[\int_0^{a/2}x\left(1-\cos\frac{2\pi}{a}x\right)\mathrm{d}x+a\int_{a/2}^{a}\left(1-\cos\frac{2\pi}{a}x\right)\mathrm{d}x-\int_{a/2}^{a}x\left(1-\cos\frac{2\pi}{a}x\right)\mathrm{d}x\right]\\&=\frac{2\lambda}{a^2}\left[\left(\frac{1}{2}x^2-\frac{a}{2\pi}x\sin\frac{2\pi}{a}x-\frac{a^2}{4\pi^2}\sin\frac{2\pi}{a}x\right)\Bigg|_0^{a/3}+a(x-\right.\\&\left.\frac{a}{2\pi}\sin\frac{2\pi}{a}x)\Bigg|_{a/2}^{a}\left(\frac{1}{2}x^2-\frac{a}{2\pi}x\sin\frac{2\pi}{a}x-\frac{a^2}{4\pi^2}\cos\frac{2\pi}{a}x\right)\Bigg|_{a/2}^{a}\right]\\&=\frac{2\lambda}{a^2}\left[\frac{1}{8}a^2+\frac{a^2}{2\pi^2}+\frac{a^2}{2}-\left(\frac{1}{8}a^2-\frac{a^2}{2\pi^2}\right)\right]\\&=\frac{2\lambda}{a^2}\left(\frac{a^2}{4}+\frac{a^2}{\pi^2}\right)=\lambda\left(\frac{1}{2}+\frac{2}{\pi^2}\right)\end{aligned}$$

例 5 电荷 e 的谐振子，在 $t=0$ 时处于基态，$t>0$ 时处于弱电场 $\varepsilon=\varepsilon_0\mathrm{e}^{-t/\tau}$ 之中（τ 为常数），试求谐振子处于第一激发态的几率。

解： 取电场方向为 x 轴正方向，则有

$$\hat{H}'=-e\varepsilon x=-e\varepsilon x\mathrm{e}^{-t/\tau}$$

$$\varphi_0=\sqrt{\frac{\alpha}{\sqrt{\pi}}}\mathrm{e}^{-\frac{1}{2}\alpha^2x^2}$$

$$\varphi_1=\sqrt{\frac{\alpha}{\sqrt{\pi}}}2\alpha x\mathrm{e}^{-\frac{1}{2}\alpha^2x^2}$$

$$\begin{aligned}H'_{10}&=\int\varphi_1^*H'(t)\varphi_0\mathrm{d}x\\&=\frac{2\alpha^2}{\sqrt{\pi}}\int_{-\infty}^{\infty}\mathrm{e}^{-\alpha^2x^2}(-e\varepsilon_0x\mathrm{e}^{-t/\tau})\mathrm{d}x\\&=\frac{e\varepsilon_0\alpha^2}{\sqrt{2\pi}}\mathrm{e}^{-t/\tau}\int_{-\infty}^{\infty}2x^2\mathrm{e}^{-\alpha^2x^2}\mathrm{d}x\\&=\frac{e\varepsilon_0\alpha^2}{\sqrt{2\pi}}\mathrm{e}^{-t/\tau}\left[-\frac{x}{\alpha^2}\mathrm{e}^{-\alpha^2x^2}\Bigg|_{-\infty}^{\infty}+\int_{-\infty}^{\infty}\frac{x}{\alpha^2}\mathrm{e}^{-\alpha^2x^2}\mathrm{d}x\right]\end{aligned}$$

$$=\frac{e\varepsilon_0\alpha^2}{\sqrt{2\pi}}\mathrm{e}^{-t/\tau}\frac{1}{\alpha^2}+\int_{-\infty}^{\infty}\mathrm{e}^{-\alpha^2x^2}\mathrm{d}x$$

$$=\frac{e\varepsilon}{\sqrt{2\pi}}\mathrm{e}^{-t/\tau}\frac{\sqrt{\pi}}{\alpha}=\frac{e\varepsilon_0}{\sqrt{2}\alpha}\mathrm{e}^{-t/\tau}$$

$$a_1(t)=\frac{1}{\mathrm{i}\hbar}\int_0^t H'_{10}\mathrm{e}^{\mathrm{i}\omega_{mk}t'}\mathrm{d}t'$$

$$=-\frac{e\varepsilon_0}{\mathrm{i}\sqrt{2}\hbar\alpha}\int_0^t \mathrm{e}^{\mathrm{i}\left(\omega t'-\frac{t'}{\tau}\right)}\mathrm{d}t'$$

$$=-\frac{e\varepsilon_0}{\sqrt{2}\alpha\mathrm{i}\hbar}\frac{1}{\left(\mathrm{i}\omega-\frac{1}{\tau}\right)}(\mathrm{e}^{\mathrm{i}\left(\omega t-\frac{t}{\tau}\right)}-1)$$

当经过很长时间以后，即当$t\to\infty$时，$\mathrm{e}^{-t/\tau}\to 0$。

$$a_1(t)=\frac{e\varepsilon_0}{\sqrt{2}\alpha\mathrm{i}\hbar}\frac{\tau}{(\mathrm{i}\omega\tau-1)}$$

$$\omega_{0\to 1}=\left|a_1(t)\right|^2=\frac{e^2\varepsilon_0^2\tau^2}{2\alpha^2\hbar^2(\omega^2\tau^2+1)}$$

$$=\frac{e^2\varepsilon_0^2\tau^2}{2\mu\omega\hbar(\omega^2\tau^2+1)}$$

实际上在$t\geqslant 5\tau$以后即可用上述结果。

习题 12 一维非线性谐振子处于势场$U(x)=kx^2/2+bx^3+cx^4, bx^3+cx^4\ll kx^2/2$，求该非线性谐振子基态的一级近似能量。

解:

$$\hat{H}=\hat{H}^0+\hat{H}'$$

无微扰项

$$\hat{H}^0=kx^2/2$$

为线性谐振子，其基态波函数

$$\varphi_0(x)=\sqrt{\frac{\alpha}{\sqrt{\pi}}}\mathrm{e}^{-\frac{1}{2}\alpha^2x^2}$$

微扰项

$$\hat{H}'=bx^3+cx^4$$

基态的一级近似能量

$$E'_0=H'_{00}=\int_{-\infty}^{\infty}\varphi_0^*\hat{H}'\varphi_0\mathrm{d}x$$

$$=\frac{b\alpha}{\sqrt{\pi}}\int_{-\infty}^{\infty}x^3\mathrm{e}^{-\alpha^2x^2}\mathrm{d}x+\frac{c\alpha}{\sqrt{\pi}}\int_{-\infty}^{\infty}x^4\mathrm{e}^{-\alpha^2x^2}\mathrm{d}x$$

因被积函数是奇函数，第一项积分

$$\frac{b\alpha}{\sqrt{\pi}}\int_{-\infty}^{\infty}x^3\mathrm{e}^{-\alpha^2x^2}\mathrm{d}x=0$$

因被积函数是偶函数，第二项积分

$$\frac{c\alpha}{\sqrt{\pi}}\int_{-\infty}^{\infty}x^4\mathrm{e}^{-\alpha^2x^2}\mathrm{d}x=\frac{2c\alpha}{\sqrt{\pi}}\int_0^{\infty}x^4\mathrm{e}^{-\alpha^2x^2}\mathrm{d}x$$

$$=\frac{2c}{\alpha^4\sqrt{\pi}}\int_0^{\infty}\xi^4\mathrm{e}^{-\xi^2}\mathrm{d}\xi$$

$$=\frac{2c}{\alpha^4\sqrt{\pi}}\times\frac{3\sqrt{\pi}}{8}$$

$$=\frac{3c}{4\alpha^4}$$

即
$$E_0'=\frac{3c}{4\alpha^4}$$

习题 14 有两个谐振子组成的耦合谐振子，其能量算符

$$\hat{H}=\frac{1}{2\mu}(\hat{p}_1^2+\hat{p}_2^2)+\frac{1}{2}\mu\omega_0^2(x_1^2+x_2^2)-\lambda x_1x_2$$

式中 $-\lambda x_1x_2$ 为两谐振子的相互作用能量，可视为 $\hat{H}$ 。

试证：（1）此耦合谐振子的零级近似能量

$$E^0=(n_1+n_2+1)\hbar\omega_0=(N+1)\hbar\omega_0$$

$$n_1,n_2=0,1,2,\cdots;\ N=n_1+n_2=1,2,\cdots$$

（2）此耦合谐振子第一激发态（$N=1$）能量的一级修正

$$E'=\pm\lambda\hbar/(2\mu\omega_0)$$

证明：

（1）
$$\hat{H}=\hat{H}^0+\hat{H}'$$

微扰项

$$\hat{H}'=-\lambda x_1x_2$$

无微扰项

$$\hat{H}^0=\frac{1}{2\mu}(\hat{p}_1^2+\hat{p}_2^2)+\frac{1}{2}\mu\omega_0^2(x_1^2+x_2^2)=\left(\frac{1}{2\mu}\hat{p}_1^2+\frac{1}{2}\mu\omega_0^2x_1^2\right)+\left(\frac{1}{2\mu}\hat{p}_2^2+\frac{1}{2}\mu\omega_0^2x_2^2\right)$$
$$=\hat{H}^{01}+\hat{H}^{02}$$

无微扰时的定态薛定谔方程

$$\hat{H}^0\psi(x_1,x_2)=\hat{H}^{01}\psi(x_1,x_2)+\hat{H}^{02}\psi(x_1,x_2)=E^0\psi(x_1,x_2)$$

因算符 $\hat{H}^{01}$ 仅与 x_1 有关、$\hat{H}^{02}$ 仅与 x_2 有关，可分离变量，令

$$\psi(x_1,x_2)=\varphi(x_1)\varphi(x_2)$$

则前述方程可分离为两个独立的方程

$$\hat{H}^{01}\varphi(x_1)=E^{01}\varphi(x_1)$$

$$\hat{H}^{02}\varphi(x_2)=E^{02}\varphi(x_2)$$

$$E^0=E^{01}+E^{02}$$

每一个独立的方程描述了一独立的一维谐振子，其能量

$$E^{01}=\left(n_1+\frac{1}{2}\right)\hbar\omega,\quad n_1=0,1,2,\cdots$$

$$E^{02}=\left(n_2+\frac{1}{2}\right)\hbar\omega,\quad n_2=0,1,2,\cdots$$

总能量

$$E^0=E^{01}+E^{02}=(n_1+n_2+1)\hbar\omega_0=(N+1)\hbar\omega_0,N=n_1+n_2=0,1,2,\cdots$$

（2）N=1 时，耦合谐振子有两种状态，即谐振子 1 处于第一激发态，谐振子 2 处于基态

$$\psi_{11}(x_1,x_2)=\varphi_1(x_1)\varphi_0(x_2)$$

谐振子 2 处于第一激发态，谐振子 1 处于基态

$$\psi_{12}(x_1,x_2)=\varphi_0(x_1)\varphi_1(x_2)$$

两种状态具有同样的能量，是简并的。微扰矩阵元

$$H'_{11}=\iint\psi_{11}^*\hat{H}'\psi_{11}\mathrm{d}x_1\mathrm{d}x_2=-\lambda\int_{-\infty}^{\infty}x_1\varphi_1^2(x_1)\mathrm{d}x_1\int_{-\infty}^{\infty}x_2\varphi_0^2(x_2)\mathrm{d}x_2$$

由于被积函数是奇函数，在对称区间上积分为 0，故

$$H'_{11}=0$$

同理

$$H'_{22}=\iint\psi_{12}^*\hat{H}'\psi_{12}\mathrm{d}x_1\mathrm{d}x_2=0$$

$$\begin{aligned}H'_{12}&=\iint\psi_{11}^*\hat{H}'\psi_{12}\mathrm{d}x_1\mathrm{d}x_2=-\lambda\int_{-\infty}^{\infty}x_1\varphi_1(x_1)\varphi_0(x_1)\mathrm{d}x_1\int_{-\infty}^{\infty}x_2\varphi_0(x_2)\varphi_1(x_2)\mathrm{d}x_2\\&=-\lambda\left(\int_{-\infty}^{\infty}x\varphi_0(x)\varphi_1(x)\mathrm{d}x\right)^2\end{aligned}$$

积分

$$\int_{-\infty}^{\infty}x\varphi_0(x)\varphi_1(x)\mathrm{d}x=\frac{\sqrt{2}\alpha^2}{\sqrt{\pi}}\int_{-\infty}^{\infty}x^2\mathrm{e}^{-\alpha^2x^2}\mathrm{d}x=\frac{\sqrt{2}\alpha^2}{\sqrt{\pi}}\frac{\sqrt{\pi}}{2\alpha^3}=\frac{\sqrt{2}}{2\alpha}$$

故

$$H'_{12}=-\frac{\lambda}{2\alpha^2}=-\frac{\lambda\hbar}{2\mu\omega_0}$$

同理

$$H'_{21}=-\frac{\lambda\hbar}{2\mu\omega_0}$$

代入久期方程有

$$\begin{vmatrix}-E' & -\dfrac{\lambda\hbar}{2\mu\omega_0}\\ -\dfrac{\lambda\hbar}{2\mu\omega_0} & -E'\end{vmatrix}=0$$

即

$$E'^2-\left(\frac{\lambda\hbar}{2\mu\omega_0}\right)^2=0$$

解得

$$E'=\pm\frac{\lambda\hbar}{2\mu\omega_0}$$

习题 16 一体系的 ε_k 能级为二度简并，对应的本征函数为 φ_{k1}、φ_{k2}，试证此体系有微扰 $\hat{H}'$ 作用时，体系能量的一级修正

$$E'_\alpha=\frac{1}{2}\left[(H'_{11}+H'_{22})\pm\sqrt{(H'_{11}-H'_{22})^2+4H'_{12}H'_{21}}\right]$$

并写出各 H'_{ji} 的表达式。

证明：由久期方程

$$\begin{vmatrix} H'_{11}-E' & H'_{12} \\ H'_{21} & H'_{22}-E' \end{vmatrix}=0$$

可得

$$(H'_{11}-E')(H'_{22}-E')-H'_{12}H'_{21}=0$$

展开化简得

$$E'^2-(H'_{11}+H'_{22})E'+H'_{11}H'_{22}-H'_{12}H'_{21}=0$$

代入二次方程求根公式有

$$E'_\alpha=\frac{1}{2}[(H'_{11}+H'_{22})\pm\sqrt{(H'_{11}+H'_{22})^2-4(H'_{11}H'_{22}-H'_{12}H'_{21})}]$$

$$=\frac{1}{2}[(H'_{11}+H'_{22})\pm\sqrt{(H'_{11}-H'_{22})^2+4H'_{12}H'_{21}}]$$

式中

$$H'_{11}=\int\varphi^*_{k1}\hat{H}'\varphi_{k1}\mathrm{d}\tau\text{；}\quad H'_{12}=\int\varphi^*_{k1}\hat{H}'\varphi_{k2}\mathrm{d}\tau$$

$$H'_{21}=\int\varphi^*_{k2}\hat{H}'\varphi_{k1}\mathrm{d}\tau\text{；}\quad H'_{22}=\int\varphi^*_{k2}\hat{H}'\varphi_{k2}\mathrm{d}\tau$$

习题 17 对有简并情况，当零级近似波函数 ψ^0_α 为已知。试证能量的一级修正

$$E'_\alpha=\int\psi^{0*}_\alpha\hat{H}'\psi^0_\alpha\mathrm{d}\tau$$

证明 1： $\hat{H}_0\psi'_\alpha+\hat{H}'\psi^0_\alpha=\varepsilon_k\psi'_\alpha+E'_\alpha\psi^0_\alpha$

两边乘 ψ^{0*}_α 并积分

$$\int\psi^{0*}_\alpha\hat{H}_0\psi'_\alpha\mathrm{d}\tau+\int\psi^{0*}_\alpha\hat{H}'\psi^0_\alpha\mathrm{d}\tau=\int\psi^{0*}_\alpha\varepsilon_k\psi'_\alpha\mathrm{d}\tau+\int\psi^{0*}_\alpha E'_\alpha\psi^0_\alpha\mathrm{d}\tau$$

由厄米算符的性质，积分

$$\int\psi^{0*}_\alpha\hat{H}_0\psi'_\alpha\mathrm{d}\tau=\int(\hat{H}_0\psi^0_\alpha)^*\psi'_\alpha\mathrm{d}\tau=\int\varepsilon_k\psi^{0*}_\alpha\psi'_\alpha\mathrm{d}\tau=\int\psi^{0*}_\alpha\varepsilon_k\psi'_\alpha\mathrm{d}\tau$$

故有

$$\int\psi^{0*}_\alpha\hat{H}'\psi^0_\alpha\mathrm{d}\tau=\int\psi^{0*}_\alpha E'_\alpha\psi^0_\alpha\mathrm{d}\tau=E'_\alpha\int\psi^{0*}_\alpha\psi^0_\alpha\mathrm{d}\tau$$

由零级近似波函数为 ψ^0_α 的正交归一性

$$\int\psi^{0*}_\alpha\psi^0_\alpha\mathrm{d}\tau=1$$

得

$$E'_\alpha=\int\psi^{0*}_\alpha\hat{H}'\psi^0_\alpha\mathrm{d}\tau$$

证明 2：

$$\int\psi^{0*}_\alpha\hat{H}'\psi^0_\alpha\mathrm{d}\tau=\int\sum_{j=1}^{f}c^{(0)*}_j\varphi^*_{kj}\hat{H}'\sum_{i=1}^{f}c^{(0)}_i\varphi_{ki}\mathrm{d}\tau$$

$$=\sum_{j=1}^{f}c^{(0)*}_j\sum_{i=1}^{f}c^{(0)}_i\int\varphi^*_{kj}\hat{H}'\varphi_{ki}\mathrm{d}\tau$$

$$=\sum_{j=1}^{f}c^{(0)*}_j\sum_{i=1}^{f}c^{(0)}_iH'_{ji}$$

因

$$\sum_{i=1}^{f}c^{(0)}_i(\hat{H}'-E'\delta_{ji})=0$$

故

$$\int\psi^{0*}_\alpha\hat{H}'\psi^0_\alpha\mathrm{d}\tau=\sum_{j=1}^{f}c^{(0)*}_j\sum_{i=1}^{f}c^{(0)}_iE'_{ji}\delta_{ji}$$

$$= \sum_{j=1}^{f} c_j^{(0)*} c_j^{(0)} E'$$

$$= E' \sum_{j=1}^{f} | c_j^{(0)} |^2$$

由归一化条件知 $\sum_{j=1}^{f} | c_j^{(0)} |^2 = 1$，故

$$\int \psi_\alpha^{0*} \hat{H}' \psi_\alpha^0 \mathrm{d}\tau = E'_\alpha$$

问题得证。

第 6 章　电子自旋　全同粒子 原子中电子的能级排列

原子中的电子绕原子核运动，描述这一运动的经典力学量是电子的轨道角动量$\boldsymbol{L}=\boldsymbol{r}\times\boldsymbol{p}$。电子不停地绕核运动形成电流，这一电流产生的磁矩称为轨道磁矩$\boldsymbol{M}_l$。$\boldsymbol{L}$和$\boldsymbol{M}_l$是一对相伴出现的量。

实验发现，电子还有另外一种磁矩——自旋磁矩$\boldsymbol{M}_s$，它在任意方向上的投影取两个不同的量子化值。按经典理论，磁矩只能由电荷的空间运动形成的电流产生，所以最初对自旋磁矩的解释是：把电子看成是有一定体积的小球，电子电荷按某种方式分布于小球之中，电子小球绕本身轴线旋转时，带动分布电荷旋转而产生电流，从而产生磁矩，故称之为自旋磁矩。可是，理论计算表明，电子小球自旋时，小球表面的速度必须超过光速才能产生与实验值相符的磁矩。但超光速运动与相对论矛盾，所以这种关于电子绕本身轴线自旋的假设不能成立。相对论量子力学证明，电子具有“自旋”角动量，但纯粹是一种相对论量子力学效应，不对应于电子的任何空间运动，与所谓电子自旋毫无关系。所以不能用描述电子空间运动来表达出电子的自旋角动量，并用以解释相应的自旋磁矩，但“自旋”这名称沿用了下来。

电子具有“自旋”是电子本身固有的属性，就像质量和电荷是电子本身固有的属性一样。但自旋角动量的投影可取两个量子化值，表明有两种自旋状态，因而自旋又是状态变量，波函数的变量中应增加自旋变量。

本章还将介绍全同粒子体系的一些性质。全同粒子是指粒子本身固有属性（静止质量、电荷、自旋等）完全相同的粒子。例如，所有电子互相是全同的粒子，所有α粒子也互相是全同粒子。由于波粒二象性，使全同粒子之间不可区分，从而使描述全同粒子体系的波函数应满足一些新的条件。

§ 6-1　电子自旋的实验证据

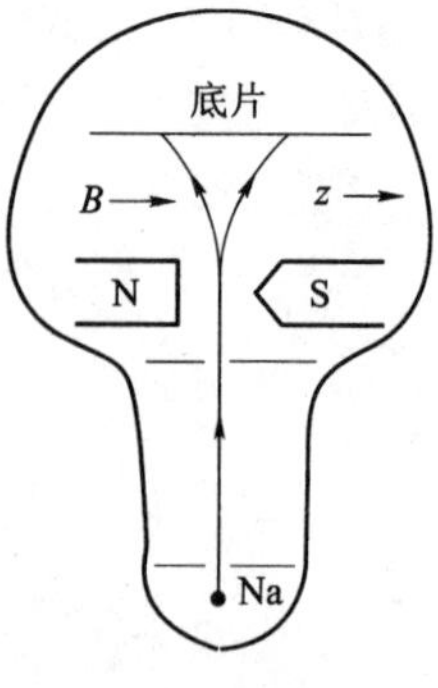

图 6-1

使处于 3 s 态（$n=3, l=0$）的钠原子束通过横向磁场，磁感应强度为$\boldsymbol{B}$，沿$\boldsymbol{B}$的方向（图 6-1），$\boldsymbol{B}$按均匀梯度变化。从底片上显示的两条痕迹，表明钠原子束通过上述磁场时分裂成两束，互相沿反方向偏转，而没有磁场时，底片上只有一条无偏转痕迹。这说明钠原子有磁性，即有磁矩，这磁矩在 z 方向（$\boldsymbol{B}$的方向）的投影只有两个值，且大小相等，方向相反，数值为

$$M_{sz}=\pm\frac{e}{\mu}\frac{\hbar}{2} \tag{6-1}$$

式中μ为电子质量。

这一磁矩的来源在哪里？钠原子的电子排列相当于氖原子的电子排

列加上一个 3 s 态的价电子。实验证明，氖原子的磁矩为零，所以不可能是 Na^+ 的磁矩。也不可能是钠原子核的磁矩，因为它的核磁矩比上述值小得多。唯一的解释是这个磁矩只能来自 3 s 态的价电子，但 s 态电子的轨道角动量等于零（$l=0$），因而也不可能是这个电子的轨道磁矩。由此看来，上述实验中发现的磁矩只能是电子本身固有的磁矩。最初称这个磁矩为电子的“自旋”磁矩，并沿用至今，但已绝不意味着电子自转之类的空间运动。

根据上述实验，在非相对论量子力学中假设：

（1）电子具有与自旋磁矩相对应的自旋角动量 $\boldsymbol{S}$，$\boldsymbol{S}$ 在空间任意方向 z 的投影 S_z 只有两个值。

$$S_z = \pm\frac{1}{2}\hbar = m_s\hbar,\ m_s = \pm\frac{1}{2} \tag{6-2}$$

m_s 称为自旋磁量子数（不同于 ψ_{nlm} 中的 m）。

（2）电子的自旋磁矩 $\boldsymbol{M}_s$ 与自旋角动量 $\boldsymbol{S}$ 的关系是

$$\boldsymbol{M}_s = -\frac{e}{\mu}\boldsymbol{S} \tag{6-3}$$

这样，

$$M_{sz} = -\frac{e}{\mu}S_z = \pm\frac{e}{\mu}\frac{\hbar}{2}$$

根据上述假设，可以说明原子、分子和物质的许多性质，所以自旋是一个重要的物理量。但上述假设有人为规定的性质，从理论上阐明自旋，需要相对论量子力学。

§ 6–2 角动量的普遍性质简介

电子有轨道角动量，还有自旋角动量；有轨道磁矩，还有自旋磁矩；这两个磁矩之间自然还会有相互作用。在多电子原子中，不同电子的自旋磁矩之间也有相互作用；一个电子的轨道磁矩和另一个电子的自旋磁矩之间也会有相互作用。在能量算符中计入这些与自旋有关的相互作用能量，才能反映到 $\hat{H}$ 的本征值和本征函数中去。但这样做使解 $\hat{H}$ 本征方程的问题变得极为复杂和困难，而更困难的是，与自旋相关的相互作用能量在非相对论量子力学中根本无法知道。如果从角动量叠加和角动量的共性出发考虑问题，往往可以使问题简化。

下面介绍角动量的普遍定义和它的本征值。

1. 角动量算符 $\hat{A}$ 的普遍定义

如果某一线性厄米算符 $\hat{\boldsymbol{A}}$ 满足下列关系式，则与 $\hat{\boldsymbol{A}}$ 相应的量 $\boldsymbol{A}$ 即为一角动量：

$$\begin{aligned}\hat{A}_x\hat{A}_y - \hat{A}_y\hat{A}_x &= \mathrm{i}\,\hbar\hat{A}_z\\ \hat{A}_y\hat{A}_z - \hat{A}_z\hat{A}_y &= \mathrm{i}\,\hbar\hat{A}_x\\ \hat{A}_z\hat{A}_x - \hat{A}_x\hat{A}_z &= \mathrm{i}\hbar\hat{A}_y\end{aligned} \tag{6-5}$$

$$\hat{A}^2 = \hat{A}_x^2 + \hat{A}_y^2 + \hat{A}_z^2 \tag{6-6}$$

由此可证

$$\hat{A}^2\hat{A}_x - \hat{A}_x\hat{A}^2 = 0,\ \hat{A}^2\hat{A}_y - \hat{A}_y\hat{A}^2 = 0,\ \ \hat{A}^2\hat{A}_z - \hat{A}_z\hat{A}^2 = 0 \tag{6-7}$$

这三式表明 $\hat{A}^2$ 与 $\boldsymbol{A}$ 分量的算符分别互相对易，因而分别有共同的本征函数系，并在共同的本征态中，同时有确定值。显然，以前介绍过的轨道角动量 $\hat{\boldsymbol{L}}$ 符合上述定义，把式（4-36）、式（4-39）和式（4-40）与上述三式对比就可知道。

2. $\hat{A}^2$ 与 $\hat{A}_z$ 的本征值

可以证明，对于 $\hat{A}^2$ 的本征方程 $\hat{A}^2\psi = A^2\psi$ 中，$\hat{A}^2$ 的本征值

$$A^2 = j(j+1)\hbar^2,\ \ A = \sqrt{j(j+1)}\hbar \tag{6-8}$$

式中量子数

$$j = 0, \frac{1}{2}, 1, \frac{3}{2}, 2, \cdots \tag{6-9}$$

在 A_z 的本征方程　$\hat{A}_z\psi = A_z\psi$ 中，本征值

$$A_z = m_j\hbar \tag{6-10}$$

式中量子数

$$m_j = -j, -j+1, -j+2, \cdots, j-1, j \tag{6-11}$$

以上两点为各种角动量的共性。但不同性质的角动量还有各自的个性，因为它们是不同的算符，其本征值的量子数必然有不同的取值范围。

例如，对轨道角动量 $\hat{L}$，它的量子数 l 就相当于 j, $\hat{L}_z$ 的量子数 m 相当于 m_j:

$$L^2 = l(l+1)\hbar^2, L = \sqrt{l(l+1)}\hbar, l = 0, 1, 2, \cdots, n-1$$

$L_z = m\hbar, m = -l, -l+1, -l+2, \cdots, l-1, l$（即 m=0, ±1, ±2, …, ±l）。可见，$\hat{\boldsymbol{L}}$ 本征值公式和 $\hat{L}_z$ 本征值公式的形式与 $\hat{\boldsymbol{A}}$ 和 $\hat{A}_z$ 的本征值公式对应相同，l 和 m 的取值也分别包含在 j 和 m_j 取值的序列之中，这是共性。不同之处是 l 的取值不含半整数，这是因为 $\hat{\boldsymbol{A}}$ 是泛指的普遍角动量，而 $\hat{\boldsymbol{L}}$ 仅指一种特定的角动量——轨道角动量。

§6–3　自旋算符和自旋波函数

实验已证实电子具有自旋磁矩，所以还应该存在相应的自旋角动量，就像有轨道磁矩，也就有相应的轨道角动量存在一样。

设 $\boldsymbol{S}$ 为自旋角动量，则 $\boldsymbol{S}$ 的算符 $\hat{S}$ 应满足上一节关于角动量的普遍定义和共性，即

$$\begin{aligned}\hat{S}_x\hat{S}_y - \hat{S}_y\hat{S}_x &= \mathrm{i}\hbar\hat{S}_z \\ \hat{S}_y\hat{S}_z - \hat{S}_z\hat{S}_y &= \mathrm{i}\hbar\hat{S}_x \\ \hat{S}_z\hat{S}_x - \hat{S}_x\hat{S}_z &= \mathrm{i}\hbar\hat{S}_y\end{aligned} \tag{6-12}$$

$$\hat{S}^2 = \hat{S}_x^2 + \hat{S}_y^2 + \hat{S}_z^2 \tag{6-13}$$

$$\hat{S}^2\hat{S}_x - \hat{S}_x\hat{S}^2 = 0,\ \hat{S}^2\hat{S}_y - \hat{S}_y\hat{S}^2 = 0,\ \hat{S}^2\hat{S}_z - \hat{S}_z\hat{S}^2 = 0 \tag{6-14}$$

$$S^2 = s(s+1)\hbar^2 \tag{6-15}$$

$$S_z = m_s \hbar \tag{6-16}$$

式中 s 称为自旋角动量量子数，相当于上一节的 j。m_s 称为自旋磁量子数，相当于上一节的 m_j。由式（6-2），$S_z = \pm\hbar/2$，所以按式（6-10）和式（6-11），有

$$m_s = -\frac{1}{2}, +\frac{1}{2} \tag{6-17}$$

与 j 和 m_j 的取值范围对比，m_s 应取值为：$-s, -s+1, \cdots, s-1, s$，所以由上式的 m_s 取值，可反推得 s 取值

$$s = \frac{1}{2} \tag{6-18}$$

即电子的自旋角动量量子数 s 只取一个唯一的值，则 m_s 可取两个值。

既然自旋是电子的固有属性，S_z 又可以取两个不同的值，反映两种不同的自旋状态，因此是描述电子状态的一个新变量，所以电子的波函数中应增加自旋变量。由于与 $\boldsymbol{S}$ 有关的相互作用能量在非相对论量子力学中不能表述成空间坐标的函数形式，因而无法写入 $\hat{H}$ 算符中，也就不能在 $\hat{H}$ 的本征函数中包含对自旋态的描写。这个问题在相对论性量子力学的狄拉克（P.Dirac, 1902—1984）方程中可得到解决，但超出了本书范围。本书只讨论与自旋有关的相互作用能可以忽略，但又在波函数中包含自旋变量 S_z 的情况。这时，波函数的形式写为

$$\Psi = \Psi(\boldsymbol{r}, S_z, t) = \begin{cases} \Psi(\boldsymbol{r}, -\hbar/2, t) \\ \Psi(\boldsymbol{r}, +\hbar/2, t) \end{cases} \tag{6-19}$$

当与自旋有关的相互作用可以忽略时，$\hat{H}$ 与自旋无关，$\hat{H}$ 的本征方程可以分离变量，把描写电子自旋状态的波函数从 ψ（$\boldsymbol{r}$，S_z，t）中分离出来，记为 $\chi(S_z)$

$$\Psi(\boldsymbol{r}, S_z, t) = \Psi(\boldsymbol{r}, t)\chi(S_z) \tag{6-20}$$

把上式代入 $\hat{H}$ 的本征方程，可确知上式是它的解

$$\hat{H}\Psi(\boldsymbol{r}, S_z, t) = E\Psi(\boldsymbol{r}, S_z, t) \tag{6-21}$$

$$\hat{H}[\Psi(\boldsymbol{r}, t)\chi(S_z)] = E\Psi(\boldsymbol{r}, t)\chi(S_z)$$

$$\chi(S_z)\hat{H}\Psi(\boldsymbol{r}, t) = E\Psi(\boldsymbol{r}, t)\chi(S_z)$$

$$\hat{H}\Psi(\boldsymbol{r}, t) = E\Psi(\boldsymbol{r}, t) \tag{6-22}$$

因为忽略了与自旋有关的相互作用能量，$\hat{H}$ 中不含自旋算符，所以可把 $\chi(S_z)$ 从 $\hat{H}$ 后面提到 $\hat{H}$ 前面，从而被消去。方程式（6-22）与不考虑自旋时的本征方程完全一样。可见，只要 $\Psi(\boldsymbol{r}, t)$ 是方程式（6-22）的解，则波函数 $\Psi(\boldsymbol{r}, t)\chi(S_z)$ 就是方程式（6-21）的解。$\Psi(\boldsymbol{r}, t)$ 可称为空间（坐标）波函数，以便在名称上区别于自旋波函数 $\chi(S_z)$。怎样得到 $\chi(S_z)$？

$\chi(S_z)$ 不能从方程式（6-21）解得，又不能用 $\boldsymbol{r}$ 的函数表达。当 $\chi(S_z)$ 可从 $\Psi(\boldsymbol{r}, S_z, t)$ 中分离出来，而电子的自旋态又只有两种，于是可以简单地把 $\chi(S_z)$ 记成符号“函数”，能区别两种自旋态就行，令

$\chi_{\frac{1}{2}}(S_z)$：表示 $\hat{S}^2$ 与 $\hat{S}_z$ 的共同本征自旋波函数，属于 $\hat{S}_z$ 的本征值 $m_s = 1/2$。

$\chi_{-\frac{1}{2}}(S_z)$：表示 $\hat{S}^2$ 与 $\hat{S}_z$ 的共同本征自旋波函数，属于 $\hat{S}_z$ 的本征值 $m_s = -1/2$。

把方程式（6-22）的解 $\boldsymbol{\Psi}(\boldsymbol{r},t)$ 和 $\chi_{\frac{1}{2}}(S_z)$ 或 $\chi_{-\frac{1}{2}}(S_z)$ 代入式（6-20），就得到考虑自旋，但忽略与自旋有关的相互作用时，描述电子状态的波函数。

$\hat{S}^2$ 与 $\hat{S}_z$ 可互相对易，它们有共同的本征函数 $\chi_{\frac{1}{2}}$、$\chi_{-\frac{1}{2}}$，因而有下列本征方程：

$$\hat{S}_z\chi_{\frac{1}{2}}(S_z)=\frac{\hbar}{2}\chi_{\frac{1}{2}}(S_z),\ \hat{S}_z\chi_{-\frac{1}{2}}(S_z)=-\frac{\hbar}{2}\chi_{-\frac{1}{2}}(S_z)$$

$$\hat{S}^2\chi_{\frac{1}{2}}(S_z)=\frac{3\hbar^2}{4}\chi_{\frac{1}{2}}(S_z),\ \hat{S}^2\chi_{-\frac{1}{2}}(S_z)=\frac{3\hbar^2}{4}\chi_{-\frac{1}{2}}(S_z) \tag{6-23}$$

式中 $\hat{S}^2$ 的本征值 $S^2=s(s+1)\hbar^2=3\hbar^2/4$，因为 $s=1/2$。

把上面的结果用于氢原子，忽略自旋—轨道相互作用，但在波函数中计入自旋变量，按式（6-20），氢原子的定态波函数应写为

$$\psi_{nlmm_s}(r,\theta,\varphi,S_z)=\Psi_{nlm}(r,\theta,\varphi)\chi_{m_s}(S_z) \tag{6-24}$$

式中 $m_s=\pm 1/2$。上式说明，计入自旋以后，氢原子波函数要用四个量子数 n、l、m、m_s 表征，才能完整描述其电子的状态。由于忽略了自旋—轨道相互作用，$\hat{H}$ 表达式与原来一样，方程式（6-22）也与原来一样，所以 $\hat{H}$ 的本征值谱 E_n 与本征函数系中的空间波函数系 $\psi_{nlm}(r,\theta,\varphi)$ 也与原来一样。但是，E_n 表达式虽未变，E_n 的简并度却由 n^2 个变为 $2n^2$，因为对确定的能级 E_n，除了有 n^2 个不同的 ψ_{nlm} 以外，同一个 ψ_{nlm} 还有两个不同的自旋态 $\chi_{\frac{1}{2}}(S_z)$ 和 $\chi_{-\frac{1}{2}}(S_z)$ 与它组合。

§ 6–4　全同粒子波函数　泡利原理

1. 全同粒子的不可区分性

在经典力学中，可以利用坐标和动量时时刻刻追踪任何质点的轨迹，即使是相同的质点。如果有多个相同的质点，仍始终能区分出哪一个质点是 a，哪一个质点是 b，…。但在量子力学中情况却完全不同，我们只知道 t 时刻粒子出现在 $\boldsymbol{r}$ 处 $\mathrm{d}\tau$ 内的几率，而不能肯定这个粒子此时刻一定就在这个 $\mathrm{d}\tau$ 内，而不是在别的 $\mathrm{d}\tau$ 内。当有 a、b 两个做一维运动的全同粒子，设在 t=0 时刻，粒子 a、b 的波函数分别是 $\psi_a(x,0)$ 和 $\psi_b(x,0)$，二者之间没有重叠区。这就可以根据 $|\psi_a(x,0)|^2$ 和 $|\psi_b(x,0)|^2$ 曲线区分哪一个是粒子 a，哪一个是粒子 b（图 6-2）。但 $\psi(x,t)$ 随时间而变，到 t 时刻，$|\psi_a(x,t)|^2$ 与 $|\psi_b(x,t)|^2$ 曲线可能发生交叠，如图 6-2 中 (x_1,x_2) 区域。这时，如果在这个交叠区内发现一个粒子，就不可能区分它是粒子 a 还是粒子 b，因为在这 t 时刻，两个粒子出现在该区域内的几率都不为零。而且又是全同粒子，不能根据固有属性来区分。所以，量子力学认为，全同粒子是不可区分的。

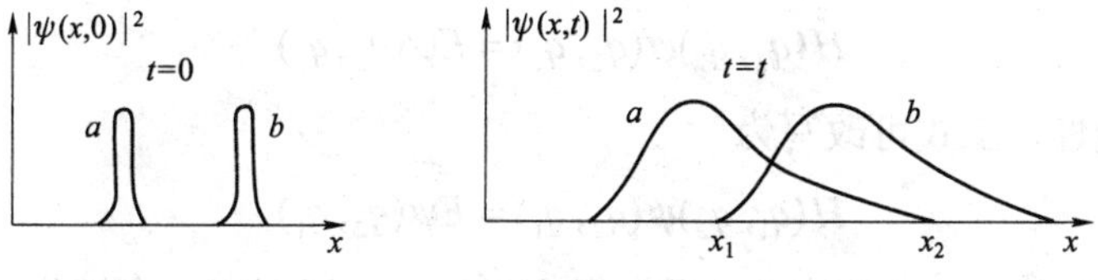

图 6-2

2. 全同粒子体系 $\hat{H}$ 的交换不变性

仍以两个全同粒子组成的体系为例。为简单起见，以 q_1 简化表示粒子 1 的 4 个坐标 x_1、y_1、z_1、S_{z1}，以 q_2 简化表示粒子 2 的 4 个坐标 x_2、y_2、z_2、S_{z2}。于是体系的能量算符

$$\hat{H}(q_1,q_2)=-\frac{\hbar^2}{2\mu}\nabla_1^2-\frac{\hbar^2}{2\mu}\nabla_2^2+U(q_1)+U(q_2)+V(q_1,q_2) \tag{6-25}$$

式中的第一、二项分别是粒子 1、2 的动能算符，第三、四项是粒子 1、2 分别与外场的相互作用势能，$V(q_1,q_2)$ 是粒子 1、2 的相互作用能量。现在，让粒子 1 和粒子 2 的坐标（包括 S_z）互换，粒子 1 处于粒子 2 原来的坐标 q_2，粒子 2 处于粒子 1 原来的坐标 q_1。这时的能量算符为

$$\hat{H}(q_2,q_1)=\left(-\frac{\hbar^2}{2\mu}\nabla_2^2\right)'+\left(-\frac{\hbar^2}{2\mu}\nabla_1^2\right)'+U'(q_2)+U'(q_1)+V(q_2,q_1) \tag{6-26}$$

式中第一、三项分别是粒子 2 的坐标由 q_2 换成 q_1 以后的动能和在外场中的势能。第二、四项分别是粒子 1 的坐标由 q_1 换成 q_2 以后的动能和在外场中的势能。第五项为两粒子互换坐标以后的相互作用能。现在，粒子 1 与粒子 2 实际上是互换了“角色”，粒子 1 演粒子 2 的角色，粒子 2 演粒子 1 的角色。由于这两个粒子的固有属性完完全全相同，毫无自己的个性，所以互相扮演对方的角色时，绝对能把对方演得惟妙惟肖：粒子 1 具有粒子 2 原来的状态和原来的相互作用，粒子 2 具有粒子 1 原来的状态和原来的相互作用。因此，式（6-26）的第一、三项必然与式（6-25）的第一、三项对应相等；这两式的第二、四项也必然对应相等。两粒子的相互作用能量只决定于这两个粒子的相对坐标，两粒子互换坐标以后，相对坐标不变，所以对第五项，必有 $V(q_1,q_2)=V(q_2,q_1)$。可见，两粒子为全同粒子时，q_1 和 q_2 互换以后，体系的能量算符 $\hat{H}$ 保持不变，即

$$\hat{H}(q_1,q_2)=\hat{H}(q_2,q_1) \tag{6-27}$$

这称为 $\hat{H}$ 的交换不变性。这个结论可推广到多粒子的全同粒子体系，其中任意两个粒子互换不引起 $\hat{H}$ 的变化。

3. 对称波函数和反对称波函数

由于全同粒子体系 $\hat{H}$ 的交换不变性，就给描述全同粒子体系状态的波函数提出了新的必须满足的条件（除满足标准条件以外）。

现以两个粒子组成的全同粒子体系为例。设 $\hat{H}(q_1,q_2)$ 的本征函数为 $\psi(q_1,q_2)$

$$\hat{H}(q_1,q_2)\psi(q_1,q_2)=E\psi(q_1,q_2) \tag{6-28}$$

两粒子互换以后，上式变为

$$\hat{H}(q_2,q_1)\psi(q_2,q_1)=E\psi(q_2,q_1)$$

由于 $\hat{H}$ 的交换不变性，上式可改写为

$$\hat{H}(q_1,q_2)\psi(q_2,q_1)=E\psi(q_2,q_1) \tag{6-29}$$

可见，$\psi(q_2,q_1)$ 也是 $\hat{H}(q_1,q_2)$ 的本征函数，并与 $\psi(q_1,q_2)$ 属于同一本征值 E。

问题是：$\psi(q_1,q_2)$ 与 $\psi(q_2,q_1)$ 描写的是同一本征值 E 的不同状态，还是同一状态？答案：描写的是体系的同一状态。这是因为两个全同粒子互换是固有属性完全相同的两个粒子间的互换，它们互相扮演对方的角色绝对不会走样，所以互换前后，体系的状态不会有丝毫改变。这样，两个描述同一状态的波函数之间最多只有一个常因子的差别。设这个常因子为 c，则

$$\psi(q_1,q_2)=c\psi(q_2,q_1) \tag{6-30}$$

为求 c，引入交换算符 $\hat{P}$，它对全同粒子体系波函数的作用定义为把两个粒子的坐标交换，即

$$\hat{P}\psi(q_1,q_2)=\psi(q_2,q_1)$$

$$\hat{P}\psi(q_2,q_1)=\psi(q_1,q_2) \tag{6-31}$$

一方面

$$\begin{aligned}\hat{P}^2\psi(q_1,q_2)&=\hat{P}[\hat{P}\psi(q_1,q_2)]=\hat{P}\psi(q_2,q_1)\\&=\psi(q_1,q_2)\end{aligned}$$

另一方面

$$\begin{aligned}\hat{P}^2\psi(q_1,q_2)&=\hat{P}^2[c\psi(q_2,q_1)]\\&=c\hat{P}^2\psi(q_2,q_1)\\&=c\hat{P}\psi(q_1,q_2)\\&=c\hat{P}[c\psi(q_2,q_1)]\\&=c^2\hat{P}\psi(q_2,q_1)\\&=c^2\psi(q_1,q_2)\end{aligned}$$

比较上述两式，等号左边相等，右边也应相等，得 $c^2=1$，所以

$$c=\pm 1 \tag{6-32}$$

把 c 代入式（6-30），得

$$\psi(q_1,q_2)=\pm\psi(q_2,q_1) \tag{6-33}$$

可见，全同粒子体系的两粒子互换以后，体系波函数的特点是：或者保持不变 $(c=1)$，或者与原来的波函数差一负号 $(c=-1)$。

两粒子互换后不变的波函数称为对称波函数，记为 ψ_s，表示为

$$\psi_s(q_1,q_2)=\psi_s(q_2,q_1) \tag{6-34}$$

互换后差一负号的波函数称为反对称波函数，记为 ψ_A，表示为

$$\psi_A(q_1,q_2)=-\psi_A(q_2,q_1) \tag{6-35}$$

可见，全同粒子体系的波函数必须是对称波函数或反对称波函数。这一结论对 N 个全同粒子组成的全同粒子体系同样正确。

实验证明，由费米子（指自旋为半奇数的粒子，如电子、质子、中子等）组成的全同粒

子体系的波函数必须是反对称波函数。由玻色子（指自旋为零或整数的粒子，如光子、π 介子等）组成的全同粒子体系的波函数必须是对称波函数。这样，对全同粒子体系的波函数，除了必须满足标准条件之外，还必须是对称波函数（玻色子），或是反对称波函数（费米子）。

4. 泡利原理

泡利原理认为：由费米子组成的全同粒子体系，不可能有两个或两个以上的粒子处于同一单粒子态。这是泡利（W. Pauli，1900—1958）于 1925 年提出的。

以由两个全同费米子组成的体系为例。当不考虑这两个费米子之间的相互作用，则体系的能量算符 $\hat{H}$ 是这两个粒子分别作为单个粒子的能量算符之和，即

$$\hat{H}(q_1,q_2)=\hat{H}_0(q_1)+\hat{H}_0(q_2) \tag{6-36}$$

由于是全同粒子，式中 $\hat{H}_0(q_1)$ 和 $\hat{H}_0(q_2)$ 的数学形式完全相同。设 ε_i、ψ_i 为 $\hat{H}_0(q_1)$ 的第 i 个本征值和本征态，ε_j、ψ_j 为 $\hat{H}_0(q_2)$ 的第 j 个本征值和本征态。$\hat{H}_0(q_1)$ 和 $\hat{H}_0(q_2)$ 是单一粒子的能量算符，它们各自的本征态称单粒子态。粒子 1 处于 ψ_i 态，粒子 2 处于 ψ_j 态，则

$$\hat{H}\psi(q_1,q_2)=E\psi(q_1,q_2) \tag{6-37}$$

$$\hat{H}_0(q_1)\psi_i(q_1)=\varepsilon_i\psi_i(q_1) \tag{6-38}$$

$$\hat{H}_0(q_2)\psi_j(q_2)=\varepsilon_j\psi_j(q_2) \tag{6-39}$$

由此可以解得不考虑两粒子相互作用时，体系的波函数和能量

$$\psi(q_1,q_2)=\psi_i(q_1)\psi_j(q_2) \tag{6-40}$$

$$E=\varepsilon_i+\varepsilon_j \tag{6-41}$$

当两粒子的 q_1、q_2 互换以后，粒子 1 处于单粒子算符的第 j 态，能量为 ε_j；粒子 2 处于单粒子算符的第 i 态，能量为 ε_i。这时，体系的波函数和能量为

$$\psi(q_2,q_1)=\psi_i(q_2)\psi_j(q_1) \tag{6-42}$$

$$E=\varepsilon_j+\varepsilon_i \tag{6-43}$$

体系的能量 E 与互换前一样，属于这个 E 的本征函数有两个：$\psi(q_1,q_2)$ 和 $\psi(q_2,q_1)$，说明能级 E 为二度简并能级。这种简并是因 q_1、q_2 互换引起的，称为交换简并。

但是，上面得到的 $\psi(q_1,q_2)$ 和 $\psi(q_2,q_1)$ 并不一定是这个费米子全同粒子体系的真正波函数，因为还没有考察这两个波函数是不是反对称波函数。$\psi(q_1,q_2)$ 和 $\psi(q_2,q_1)$ 并不是反对称的，因为 q_1、q_2 互换以后，$\psi_i(q_1)\psi_j(q_2)$ 与 $\psi_i(q_2)\psi_j(q_1)$ 之间并不差一负号。为满足反对称的要求，同时又是 $\hat{H}(q_1,q_2)$ 的本征态，则此态只能是上述两个态的线性叠加态

$$\begin{aligned}\psi_A&=\frac{1}{\sqrt{2}}[\psi(q_1,q_2)-\psi(q_2,q_1)]\\&=\frac{1}{\sqrt{2}}[\psi_i(q_1)\psi_j(q_2)-\psi_i(q_2)\psi_j(q_1)]\end{aligned} \tag{6-44}$$

式中 $1/\sqrt{2}$ 是 ψ_A 的归一化因子。ψ_A 显然满足反对称的要求，而且是 $\hat{H}$ 本征方程的解。属于本征值 $E=\varepsilon_i+\varepsilon_j$ 的反对称解只有上式这样一个（按假定，ψ_i 和 ψ_j 为确定态），所以要求波函

数为反对称的条件又消除了能级 E 的简并。

由式（6-44），当 $i=j$，即如果两个全同费米子都处于相同的单粒子态 ψ_i （或 ψ_j ），则 $\psi_A \equiv 0$，表明不存在这种同一单粒子态中同时有两个费米子的态。换句话说，对全同费米子体系，不可能有两个费米子同时处于相同的单粒子态。比如，氦原子的两个电子，不可能同处于 n、l、m、m_s 都分别为相同值的同一个单粒子态 ψ_{nlmm_s} 中，即这两个电子的两组 n、l、m、m_s 的值，不可能完全相同。

上述结论对于由 N 个全同费米子组成的体系也成立，这就是泡利原理：对于一个全同费米子体系，不可能有两个或两个以上的费米子同时处于同一单粒子态。这个原理推广到 N 个有相互作用的全同费米子体系时，称为广义泡利原理。

§6–5　原子中电子的能级排列

对于多电子原子，其电子组成全同费米子体系。当不考虑电子间的相互作用，认为每一个电子只受原子核电场的作用，则可以把类氢离子的波函数和能级粗略地用于多电子原子：电子的状态由四个量子数 n、l、m、m_s 的值决定，用 E_n 标记电子的能量。按泡利原理，对一组 n、l、m、m_s 各有确定值的一个状态，最多只能有一个电子处于这个状态。

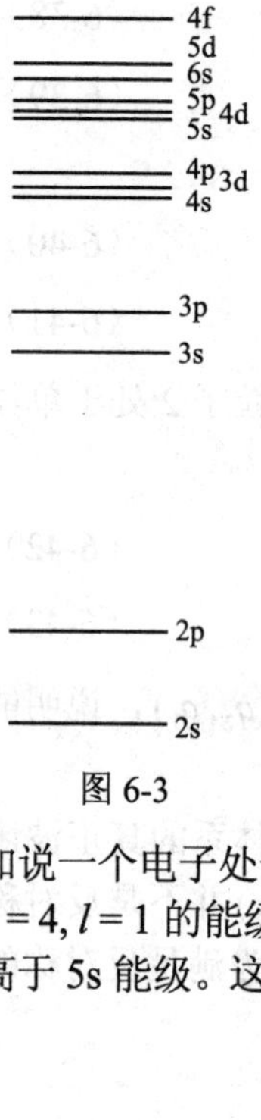

图 6-3

进一步计入电子之间的相互作用以后，用所谓自洽场方法（一种适合于解多电子原子能量本征方程的近似方法），发现多电子原子中，电子的能量不仅与 n 有关，还与 l 也有关，要用 E_{nl} 标记这些电子的能量。上一章中用微扰论得到的碱金属原子的能级就是如此。图 6-3 为一种原子中电子具有不同 n、l 的能级 E_{nl} 的示意图。一个确定的能级 E_{nl} 有 $2(2l+1)$ 度简并，即具有能量为 E_{nl} 的状态有 $2(2l+1)$ 个（因 m 可取 $2l+1$ 个不同值，m_s 可取两个不同值）。按泡利原理，一个态最多只能有一个电子，所以一个 E_{nl} 能级上最多可容纳 $2(2l+1)$ 个电子。原子中的电子从低能级到高能级的顺序排列在各 E_{nl} 能级上。从下到上，从最低能级开始，一个能级填充满了电子以后，再按顺序填充它的上一个能级，直到该原子的 Z 个电子填充完为止。这样填充电子，使原子的总能量最小，因而是最稳定的状态。

对不同 l 的能级，习惯上用不同的小写英语字母表示：

l：	0	1	2	3	4	…
字母：	s	p	d	f	g	…

如说一个电子处于 3s 态或 3s 能级，是指该电子处于 $n=3, l=0$ 的态或能级。4p 能级则是指 $n=4, l=1$ 的能级。应注意到在图 6-3 中例外排列的能级。例如，3d 能级高于 4s 能级，4d 能级高于 5s 能级。这说明，在 3p 能级填满电子以后，接下去是填充 4s 能级，然后才填充 3d 能级。

§6–6　氢分子的共价键

作为全同粒子体系波函数和能级的一个例子，本节讨论氢分子两个电子组成的全同费米子体系，只讨论氢分子基态。

本节的分析表明，两个孤立的氢原子结合成氢分子以后，每个氢原子的电子成为两个氢原子所共有（每个电子出现在每个氢核附近的几率分布相同，不再专属于某一个氢核所独有），形成一种稳定结构。在许多半导体中也有类似的情况，例如由硅原子结合成的硅晶体中，硅原子的四个价电子也分别与最邻近的四个硅原子所共有。这四个硅原子也拿出一个价电子与该硅原子共有。这样，每个硅原子与最邻近的每个硅原子之间都有两个共有化的价电子，类似于氢分子两原子核之间有两个共有化电子的情况，也形成一种把硅原子结合成硅晶体的稳定结构。这种由相邻原子的价电子共有化而形成的原子结合称为共价结合，原子间价电子共有化形成的相互作用称为共价键。要说明共价键及其稳定性，需要考虑电子的自旋和粒子的全同性。下面以氢分子共价键为例。

1. 氢分子 $\hat{H}$ 的本征方程

用图 6-4 的不同轨道示意性地表示氢分子电子 1 和电子 2 的不同状态。设氢原子核 a、b 不动，忽略与自旋有关的相互作用，则这个两电子费米子体系的能量算符

$$\hat{H}=-\frac{\hbar^2}{2\mu}\nabla_1^2-\frac{\hbar^2}{2\mu}\nabla_2^2-\frac{e^2}{4\pi\varepsilon_0 r_{1a}}-\frac{e^2}{4\pi\varepsilon_0 r_{2b}}+\frac{e^2}{4\pi\varepsilon_0 r_{12}}-\frac{e^2}{4\pi\varepsilon_0 r_{1b}}-\frac{e^2}{4\pi\varepsilon_0 r_{2a}}+\frac{e^2}{4\pi\varepsilon_0 R} \tag{6-45}$$

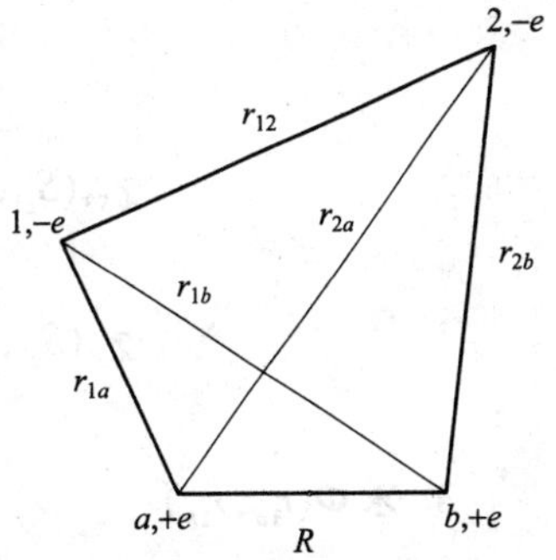

图 6-4

式中，第三项：电子 1 与核 a 之间的库仑相互作用；第四项：电子 2 与核 b 之间的库仑相互作用；第五项：电子 1 与 2 之间的库仑相互作用；第六项：电子 1 与核 b 之间的库仑相互作用；第七项：电子 2 与核 a 之间的库仑相互作用；第八项：两个原子核之间的库仑相互作用。

$\hat{H}$ 中不含与 $\boldsymbol{S}$ 有关的相互作用能量，但波函数中应有两个电子的自旋变量 S_{z1} 与 S_{z2}。体系的能量本征方程为

$$\hat{H}\Psi(\boldsymbol{r}_{1a},\boldsymbol{r}_{2b},S_{z1},S_{z2})=E\Psi(\boldsymbol{r}_{1a},\boldsymbol{r}_{2b},S_{z1},S_{z2}) \tag{6-46}$$

因 $\hat{H}$ 与 S_z 无关，故 Ψ 可分离变量，分成空间波函数 Φ 与自旋波函数 χ 两个因式

$$\Psi(\boldsymbol{r}_{1a},\boldsymbol{r}_{2b},S_{z1},S_{z2})=\Phi(\boldsymbol{r}_{1a},\boldsymbol{r}_{2b})\chi(S_{z1},S_{z2}) \tag{6-47}$$

2. 求 $\chi(S_{z1},S_{z2})$

因为忽略了两个电子自旋磁矩之间的相互作用，则两个自旋态互相独立，可以进一步分离变量，即可令

$$\chi(S_{z1},S_{z2})=\chi_{m_{s1}}(S_{z1})\chi_{m_{s2}}(S_{z2}) \tag{6-48}$$

上述两电子体系的自旋态 $\chi(S_{z1},S_{z2})$ 可以由四种 $\chi_{m_{s1}}\chi_{m_{s2}}$ 的乘积组合而成。下面用箭头“↑”或“↓”示意 S_z 的正、负取值，四种组合是

$$\begin{aligned}&\uparrow\uparrow:\chi_{\frac{1}{2}}(S_{z1})\chi_{\frac{1}{2}}(S_{z2})\\&\uparrow\downarrow:\chi_{\frac{1}{2}}(S_{z1})\chi_{-\frac{1}{2}}(S_{z2})\\&\downarrow\uparrow:\chi_{-\frac{1}{2}}(S_{z1})\chi_{\frac{1}{2}}(S_{z2})\\&\downarrow\downarrow:\chi_{-\frac{1}{2}}(S_{z1})\chi_{-\frac{1}{2}}(S_{z2})\end{aligned} \tag{6-49}$$

这四个函数还不全都可以作为描述两电子体系自旋态的波函数，因为它是全同粒子体系波函数的一个因式，还必须考察它们是否是对称波函数或反对称波函数。S_{z1} 和 S_{z2} 互换以后，式（6-49）中第一、四两个波函数与原来相同，是对称波函数。第二、三两个波函数在 S_z 互换以后，既不与原来相同，也不差负号，既不对称，也不反对称。但现在还不能断定这两个波函数与所求自旋波函数无关。这时可利用态的叠加原理，把第二、三个波函数线性叠加，构成一个对称波函数和一个反对称波函数。这样，对两电子体系可得下列三个对称波函数和一个反对称波函数

$$
\begin{aligned}
\chi_{S1}(S_{z1},S_{z2}) &= \chi_{\frac{1}{2}}(S_{z1})\chi_{\frac{1}{2}}(S_{z2}) \\
\chi_{S2}(S_{z1},S_{z2}) &= \chi_{-\frac{1}{2}}(S_{z1})\chi_{-\frac{1}{2}}(S_{z2}) \\
\chi_{S3}(S_{z1},S_{z2}) &= \frac{1}{\sqrt{2}}\left[\chi_{\frac{1}{2}}(S_{z1})\chi_{-\frac{1}{2}}(S_{z2})+\chi_{-\frac{1}{2}}(S_{z1})\chi_{\frac{1}{2}}(S_{z2})\right] \\
\chi_{A}(S_{z1},S_{z2}) &= \frac{1}{\sqrt{2}}\left[\chi_{\frac{1}{2}}(S_{z1})\chi_{-\frac{1}{2}}(S_{z2})-\chi_{-\frac{1}{2}}(S_{z1})\chi_{\frac{1}{2}}(S_{z2})\right]
\end{aligned}
\tag{6-50}
$$

3. 求 $\boldsymbol{\Phi}(\boldsymbol{r}_{1a},\boldsymbol{r}_{2b})$

$\boldsymbol{\Phi}(\boldsymbol{r}_{1a},\boldsymbol{r}_{2b})$ 是 $\boldsymbol{\Psi}$ 中的空间波函数。由式（6-46）和式（6-47）可得

$$\hat{H}\boldsymbol{\Phi}(\boldsymbol{r}_{1a},\boldsymbol{r}_{2b}) = E\boldsymbol{\Phi}(\boldsymbol{r}_{1a},\boldsymbol{r}_{2b}) \tag{6-51}$$

下面用微扰法解这个方程。设以两个氢原子无相互作用的能量算符作为 $\hat{H}_0$，两原子的相互作用作为 $\hat{H}'$，得

$$
\begin{aligned}
\hat{H}_0 &= \left(-\frac{\hbar^2}{2\mu}\nabla_1^2-\frac{e^2}{4\pi\varepsilon_0 r_{1a}}\right)+\left(-\frac{\hbar^2}{2\mu}\nabla_2^2-\frac{e^2}{4\pi\varepsilon_0 r_{2b}}\right) \\
&= \hat{H}_{01}+\hat{H}_{02}
\end{aligned}
\tag{6-52}
$$

$$\hat{H}' = \frac{e^2}{4\pi\varepsilon_0}\left(\frac{1}{R}+\frac{1}{r_{12}}-\frac{1}{r_{1b}}-\frac{1}{r_{2a}}\right) \tag{6-53}$$

式中，$\hat{H}_{01}$ 和 $\hat{H}_{02}$ 分别为两个孤立氢原子的能量算符。应有

$$\hat{H}_0\boldsymbol{\Phi}^0(\boldsymbol{r}_{1a},\boldsymbol{r}_{2b}) = E^0\boldsymbol{\Phi}^0(\boldsymbol{r}_{1a},\boldsymbol{r}_{2b}) \tag{6-54}$$

$$\hat{H}_{01}\psi_a(\boldsymbol{r}_{1a}) = \varepsilon_a\psi_a(\boldsymbol{r}_{1a}) \tag{6-55}$$

$$\hat{H}_{02}\psi_b(\boldsymbol{r}_{2b}) = \varepsilon_b\psi_b(\boldsymbol{r}_{2b}) \tag{6-56}$$

$$\boldsymbol{\Phi}^0(\boldsymbol{r}_{1a},\boldsymbol{r}_{2b}) = \psi_a(\boldsymbol{r}_{1a})\psi_b(\boldsymbol{r}_{2b}) \tag{6-57}$$

$$E^0 = \varepsilon_a+\varepsilon_b \tag{6-58}$$

式中，E^0、$\boldsymbol{\Phi}^0$ 分别为 $\hat{H}_0$ 的能量本征值和本征函数，ε_a、ε_b 及 ψ_a、ψ_b 分别为两个孤立氢原子的能量本征值和本征函数。

为具体起见，考虑氢分子基态。这时，两个无相互作用的氢原子也应处于基态，即 $\varepsilon_a=\varepsilon_b=E_H$，$E_H$ 为孤立氢原子的基态能量。基态氢分子的零级近似能量，按式（6-58），为

$$E^0 = 2E_H \tag{6-59}$$

相应地，式（6-57）中的ψ_a和ψ_b应是孤立氢原子的基态波函数ψ_{100}

$$\psi_a(r_{1a}) = \frac{1}{\sqrt{\pi a_0^3}} \mathrm{e}^{-r_{1a}/a_0}, \ \psi_b(r_{2b}) = \frac{1}{\sqrt{\pi a_0^3}} \mathrm{e}^{-r_{2b}/a_0} \tag{6-60}$$

式（6-59）为无微扰时（即不计入两氢原子相互作用）的氢分子基态能量。把式（6-60）代入式（6-57），即得无微扰氢分子基态波函数中的空间波函数。但是，这样得到的Φ^0并不是所需要的基态空间波函数，因为对全同粒子体系，还应考察其波函数是否对称或反对称。把电子 1、2 的空间位置互换，则式（6-60）变为

$$\psi_a(r_{2a}) = \frac{1}{\sqrt{\pi a_0^3}} \mathrm{e}^{-r_{2a}/a_0}, \ \psi_b(r_{1b}) = \frac{1}{\sqrt{\pi a_0^3}} \mathrm{e}^{-r_{1b}/a_0} \tag{6-61}$$

互换后氢分子基态零级近似空间波函数，由式（6-57）变为

$$\Phi^{0\prime} = \psi_a(r_{2a})\psi_b(r_{1b}) \tag{6-62}$$

互换后，每个电子仍处于基态，能量仍为E_H，$\Phi^{0\prime}$对应的能量仍为式（6-59），$E^0 = 2E_H$。这样，同一能级E^0对应两个波函数Φ^0和$\Phi^{0\prime}$，表明E^0为二度交换简并。

可是，Φ^0和$\Phi^{0\prime}$都既不是对称，也不是反对称的，不满足全同粒子体系波函数的条件。按Φ^0和$\Phi^{0\prime}$的线性叠加，可得到符合对称或反对称的两个空间波函数

$$\text{对　称：} \Phi_S^0 = \psi_a(r_{1a})\psi_b(r_{2b}) + \psi_a(r_{2a})\psi_b(r_{1b}) \tag{6-63}$$

$$\text{反对称：} \Phi_A^0 = \psi_a(r_{1a})\psi_b(r_{2b}) - \psi_a(r_{2a})\psi_b(r_{1b}) \tag{6-64}$$

这里，Φ_S^0和Φ_A^0还没归一化。

现在，构成两电子费米子体系基态波函数的两个因式都已求出，这就是式（6-63）、式（6-64）和式（6-50）的四个式子。是否把它们分别代入式（6-47），得到Φ、χ的各种乘积组合的Ψ都满足它应该满足的条件呢？不是，Ψ是费米子体系的波函数，Ψ必须是反对称波函数，而$\Psi = \Phi^0\chi$，Φ^0和χ的乘积必须保证Ψ为反对称：如果Φ^0为Φ_S^0，是对称的，则χ就必须是反对称的，即为χ_A；如果Φ^0为反对称的Φ_A^0，则χ必须是对称的χ_S。所以Ψ_A的形式为

$$\Phi_S^0\chi_A = \Psi_A \text{ 或 } \Phi_A^0\chi_S = \Psi_A \tag{6-65}$$

这两个Ψ_A还不一定都正确，究竟哪一个正确，这还要由该式的结论是否合理，更重要的是是否能说明实际问题来决定。

4. 求能量的一级修正

现在把两个氢原子的库仑相互作用式（6-53）作为微扰，求氢分子基态能量E的一级修正E'。

无微扰能级E^0虽为交换简并，但可以证明，简并微扰能量的一级修正E'也可以用无简并微扰计算E'的公式（5-18），只要零级近似波函数ψ^0已知，并用ψ^0代替公式中的φ_k即可。显然，这里的ψ^0就是Φ_S^0或Φ_A^0，所以

$$E' = \frac{\int \Phi^{0*} \hat{H}' \Phi^0 \mathrm{d}\tau}{\int \Phi^{0*} \Phi^0 \mathrm{d}\tau} \tag{6-66}$$

上式比式（5-18）多一个分母，这是因为 Φ_S^0 或 Φ_A^0 还没有归一化。式中 $\mathrm{d}\tau=\mathrm{d}\tau_1\mathrm{d}\tau_2$，$\tau_1$、$\tau_2$ 分别是电子 1、2 矢径 $\boldsymbol{r}_1$、$\boldsymbol{r}_2$ 变化的整个空间。

把 Φ_S^0 和 Φ_A 分别代入式（6-66），得到两个一级修正 E'，即

$$\Phi_S^0\colon E'_+(R)=\frac{C+A}{1+K^2} \tag{6-67}$$

$$\Phi_A^0\colon E'_-(R)=\frac{C-A}{1-K^2} \tag{6-68}$$

上述两式中

$$C=\frac{e^2}{4\pi\varepsilon_0}\int\left(\frac{1}{R}+\frac{1}{r_{12}}-\frac{1}{r_{1b}}-\frac{1}{r_{2a}}\right)\psi_a^2(r_{1a})\psi_b^2(r_{2b})\mathrm{d}\tau_1\mathrm{d}\tau_2 \tag{6-69}$$

$$A=\frac{e^2}{4\pi\varepsilon_0}\int\left(\frac{1}{R}+\frac{1}{r_{12}}-\frac{1}{r_{1b}}-\frac{1}{r_{2a}}\right)\psi_a(r_{1a})\psi_b(r_{1b})\psi_a(r_{2a})\psi_b(r_{2b})\mathrm{d}\tau_1\mathrm{d}\tau_2 \tag{6-70}$$

$$K=\int\psi_a(r_{1a})\psi_b(r_{1b})\mathrm{d}\tau_1=\int\psi_a(r_{2a})\psi_b(r_{2b})\mathrm{d}\tau_2 \tag{6-71}$$

C 是两孤立氢原子之间的库仑相互作用能量在不考虑粒子全同性时的平均值。A 称为交换能，因为 A 的被积函数中有两个电子互换空间坐标而出现的波函数，所以这个积分的出现是由于粒子全同性而产生的量子力学效应，否则这个积分 A 不存在。K 反映两个电子的波函数在空间的重叠程度。当两个氢核之间的距离 R 逐渐减小，ψ_a 与 ψ_b 的交叠区将逐渐加大。当 $R=0$，$\psi_a=\psi_b$，两个波函数完全重叠，这时 K 相当于归一化积分，$K=1$。当 $R\to\infty$，ψ_a 与 ψ_b 的交叠区逐渐趋于零，在 ψ_a 大的区域，$\psi_b\to 0$，在 ψ_b 大的区域，$\psi_a\to 0$，使 K 总是趋于零。可见，$0<K<1$。

由式（6-67）和式（6-68），得氢分子基态能量的一级近似值

$$\Phi_S^0\colon E_+(R)=2E_H+\frac{C+A}{1+K^2} \tag{6-72}$$

$$\Phi_A^0\colon E_-(R)=2E_H+\frac{C-A}{1-K^2} \tag{6-73}$$

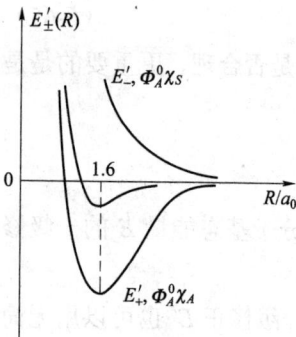

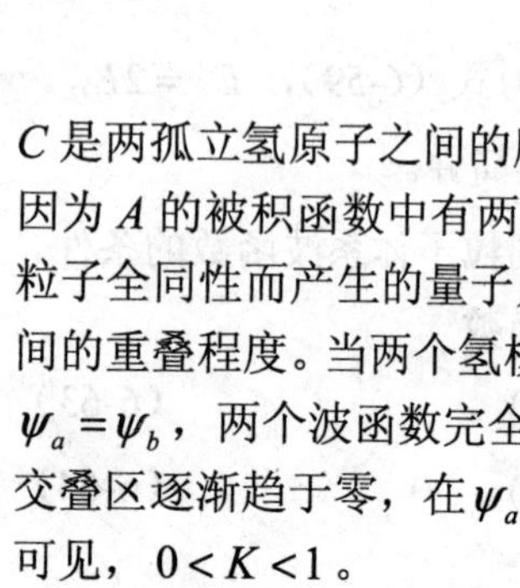

图 6-5

根据 C、A、K 与 R 之间的关系，由式（6-67）和式（6-68），可分别绘出一级修正的 $E'_\pm(R)\sim R/a_0$ 关系曲线图 6-5。对 $E'_-(R)\sim R/a_0$ 曲线，随 R 增大，$E'_-(R)$ 单调下降，$\mathrm{d}E'_-(R)/\mathrm{d}R<0$。由此可知，这种情况下，两氢原子之间的作用力总是排斥力（力 $F=-\partial U/\partial R$，$F>0$ 为斥力，$F<0$ 为引力，U 为相互作用能量，在这里即为 $E'_\pm(R)$），总是使两个氢原子远离，直至 $R\to\infty$，不可能结合在一起成为氢分子。$E'_-(R)$ 对应于空间波函数 Φ_A^0，自旋波函数 χ_S。式（6-50）有三个不同的 χ_S，而且都对应于两个电子的自旋互相平行（指两电子体系两电子自旋角动量叠加为一个总自旋角动量的量子数 $s=1$）的情况。所以，当两个氢原子电子的自旋互相平行，则不可能结合成稳定的氢分子。

对 $E'_+(R)\sim R(a_0)$ 曲线，随着 R 增大，先是 $\mathrm{d}E'_+(R)/\mathrm{d}R<0$，然后 $\mathrm{d}E'_+(R)/\mathrm{d}R>0$，中间在 $\mathrm{d}E'_+(R)/\mathrm{d}R=0$ 处出现 $E'_+(R)$ 的一个最小值，亦即 $E_+(R)$ 的最小值，在 $R=1.6a_0$ 处。所以当

$R<1.6a_0$，两氢原子的相互作用力为排斥力，将使 R 增大；当 $R>1.6a_0$，为吸引力，将使 R 变小；在 $R=1.6a_0$ 处，斥力与引力相平衡。可见，当两个氢原子之间的距离只要稍许偏离 $1.6a_0$，两氢原子间的相互作用都会使两原子回复到平衡距离 $1.6a_0$，所以这是一种稳定结构。从能量观点看也是这样，$R=1.6a_0$ 时氢分子具有最小的能量。

$E'_+(R)$ 所对应的氢分子零级近似波函数为

$$\Psi_A=\Phi_S^0\chi_A \tag{6-74}$$

式中 Φ_S^0 为式（6-63）中的 Φ_S^0，χ_A 为式（6-50）中的 χ_A。χ_A 对应于两电子自旋互相反平行（指两电子的 $\boldsymbol{S}$ 方向相反，因而体系的总自旋角动量量子数 $s=0$），所以只有两电子自旋为反平行的两个氢原子才能够结合成稳定的氢分子。

计算 $|\Phi_A|^2$ 可知，在两个氢原子核之间的区域，两个电子出现的几率最大，成为两个原子核共有。

综上所述，共价键是由自旋反平行的两个电子在相邻两个相同原子之间作共有化运动而形成的。硅、锗等半导体中，共价键的形成与氢分子类似。

图 6-5 中的中间那一条曲线是当氢原子之间只存在库仑相互作用能量 C 的曲线。曲线只有一个很浅的“谷”，说明库仑作用不可能维持氢分子的稳定结构，外界干扰稍大一点，就可能两个原子分开。只有进一步计入交换能 A 才能维持稳定（实验曲线与 $E'_+\sim R/a_0$ 曲线较接近），即必须考虑粒子的全同性，由此而出现一种新的相互作用——交换力，是交换力把两个氢原子结合在一起。

思考题与习题

1. 电子的“自旋”运动是指电子粒子像陀螺一样自转运动吗？

2. 自旋为什么是电子的一种固有属性？

3. 电子自旋角动量的量子数和 S_z 的量子数的量子化取值是怎样得来的？

4. 在算符 $\hat{H}$ 中能写出与电子自旋有关的那部分能量算符吗？初等量子力学有无缺憾？

5. 计入自旋以后，原子中电子的波函数要用哪几个量子数表征？电子能级 E_n 的简并度因此而有变化吗？

6. 什么叫全同粒子？为什么全同粒子之间不可区分？

7. 为什么全同粒子体系的波函数必须是对称波函数或反对称波函数？费米子体系的波函数是其中哪一种？

8. 什么是泡利原理？全同电子体系中，任意一个电子的可能态中，可以容纳几个电子？

9. 已知多电子原子中，电子的能级用 E_{nl} 表示，该原子的 Z 个电子是怎样在各 E_{nl} 能级上排列的？

10. 什么是原子的共价键结合？

11. 氢分子的两个电子形成一个稳定共价键的结论是怎样得出的？

12. 氢分子的两个电子是怎样被共有的？

13. 通过第 2～6 章的学习，可否总结一下微观粒子与宏观经典粒子之间的几点区别？

14. 氦原子有两个电子，设与自旋有关的相互作用可以忽略，写出这两电子体系的对称和反对称自旋波函数。

15. 忽略与自旋有关的相互作用，试写出氦原子中两电子体系的零级近似波函数（设波函数的空间部分在两电子互换前后分别为 $\Phi^0(r_1,r_2)=\psi_n(r_1)\psi_m(r_2)$ 和 $\Phi^{0'}(r_2,r_1)=\psi_m(r_1)\psi_n(r_2)$，并属于同一能级 $E^0=\varepsilon_n+\varepsilon_m$）。

16. 有两个电子在弹性中心力场中运动，设库仑相互作用可以忽略，每个电子在弹性中心力场中的势能

$$U(\boldsymbol{r}) = U(r) = \frac{1}{2}kr^2 = \frac{1}{2}k(x^2 + y^2 + z^2)$$

求这两电子体系波函数的空间部分。

17. 已知：两个角动量 $\hat{A}_1$ 与 $\hat{A}_2$ 相加，得总角动量 $\hat{A} = \hat{A}_1 + \hat{A}_2$，相应的本征值和量子数分别为

$$A_1^2 = j_1(j_1+1)\hbar^2, A_2^2 = j_2(j_2+1)\hbar^2, A^2 = j(j+1)\hbar^2;$$

$$j = j_1 + j_2, j_1 + j_2 - 1, j_1 + j_2 - 2, \cdots, |j_1 - j_2| + 1, |j_1 - j_2|;$$

$$A_z = m_j\hbar, m_j = -j, -j-1, \cdots, j-1, j$$

试利用上述结果证明：两电子体系的总自旋角动量 $\hat{s} = \hat{s}_1 + \hat{s}_2$ 的量子数 s 取 1（所谓自旋“平行”）和 0（所谓自旋“反平行”）两个值。

例题与习题选解

例 1 一体系由三个全同的玻色子组成，玻色子之间无相互作用。玻色子只有两个可能的单粒子态。问体系可能的状态有几个？它们的波函数怎样用单粒子波函数构成？

解：体系可能的状态有 4 个。设两个单粒子态为 ϕ_i，ϕ_j，则体系可能的状态为

$$\Phi_1 = \phi_i(q_1)\phi_i(q_2)\phi_i(q_3)$$

$$\Phi_2 = \phi_j(q_1)\phi_j(q_2)\phi_j(q_3)$$

$$\Phi_3 = \frac{1}{\sqrt{3}}[\phi_i(q_1)\phi_i(q_2)\phi_j(q_3) + \phi_i(q_1)\phi_i(q_3)\phi_j(q_2) + \phi_i(q_2)\phi_i(q_3)\phi_j(q_1)]$$

$$\Phi_4 = \frac{1}{\sqrt{3}}[\phi_j(q_1)\phi_j(q_2)\phi_i(q_3) + \phi_j(q_1)\phi_j(q_3)\phi_i(q_2) + \phi_j(q_2)\phi_j(q_3)\phi_i(q_1)]$$

例 2 设两电子在弹性中心力场中运动，每个电子的势能是 $U(r) = \frac{1}{2}\mu\omega^2 r^2$。如果电子之间的库仑能和 $U(r)$ 相比可以忽略，求当一个电子处于基态，另一电子处于沿 x 方向运动的第一激发态时，两电子组成体系的波函数。

解：电子波函数的空间部分满足定态 S-方程

$$-\frac{\hbar^2}{2\mu}\nabla\psi(\boldsymbol{r}) + U(r)\psi(\boldsymbol{r}) = E\psi(\boldsymbol{r})$$

$$-\frac{\hbar^2}{2\mu}\left(\frac{\partial^2}{\partial x^2} + \frac{\partial^2}{\partial y^2} + \frac{\partial^2}{\partial z^2}\right)\psi(\boldsymbol{r}) + \frac{1}{2}\mu\omega^2 r^2\psi(\boldsymbol{r}) = E\psi(\boldsymbol{r})$$

$$-\frac{\hbar^2}{2\mu}\left(\frac{\partial^2}{\partial x^2} + \frac{\partial^2}{\partial y^2} + \frac{\partial^2}{\partial z^2}\right)\psi(\boldsymbol{r}) + \frac{1}{2}\mu\omega^2 r^2\psi(\boldsymbol{r}) = E\psi(\boldsymbol{r})$$

考虑到 $r^2 = x^2 + y^2 + z^2$，令

$$\psi(\boldsymbol{r}) = X(x)Y(y)Z(z)$$

$$-\frac{\hbar^2}{2\mu}\left(\frac{\partial^2}{\partial x^2} + \frac{\partial^2}{\partial y^2} + \frac{\partial^2}{\partial z^2}\right)XYZ + \frac{1}{2}\mu\omega^2(x^2 + y^2 + z^2)XYZ = EXYZ$$

$$\left(-\frac{\hbar^2}{2\mu}\frac{1}{X}\frac{\partial^2 X}{\partial x^2} + \frac{1}{2}\mu\omega^2 x^2\right) + \left(-\frac{\hbar^2}{2\mu}\frac{1}{Y}\frac{\partial^2 Y}{\partial x^2} + \frac{1}{2}\mu\omega^2 y^2\right) + \left(-\frac{\hbar^2}{2\mu}\frac{1}{Z}\frac{\partial^2 Z}{\partial x^2} + \frac{1}{2}\mu\omega^2 z^2\right) = E$$

$$\Rightarrow \left(-\frac{\hbar^2}{2\mu}\frac{1}{X}\frac{\partial^2 X}{\partial x^2} + \frac{1}{2}\mu\omega^2 x^2\right) = E_x$$

$$\left(-\frac{\hbar^2}{2\mu}\frac{1}{Y}\frac{\partial^2 Y}{\partial x^2}+\frac{1}{2}\mu\omega^2 y^2\right)=E_y$$

$$\left(-\frac{\hbar^2}{2\mu}\frac{1}{Z}\frac{\partial^2 Z}{\partial x^2}+\frac{1}{2}\mu\omega^2 z^2\right)=E_z$$

$$E=E_x+E_y+E_z$$

$$\Rightarrow \quad X_n(x)=N_n \mathrm{e}^{-\frac{1}{2}\alpha^2 x^2} H_n(\alpha x)$$

$$Y_m(y)=N_m \mathrm{e}^{-\frac{1}{2}\alpha^2 y^2} H_m(\alpha y)$$

$$Z_l(z)=N_l \mathrm{e}^{-\frac{1}{2}\alpha^2 z^2} H_l(\alpha z)$$

$$\psi_{nml}(r)=N_n N_m N_l \mathrm{e}^{-\frac{1}{2}\alpha^2 r^2} H_n(\alpha x)H_m(\alpha y)H_l(\alpha z)$$

$$\psi_{nml}(r)=N_n N_m N_l \mathrm{e}^{-\frac{1}{2}\alpha^2 r^2} H_n(\alpha x)H_m(\alpha y)H_l(\alpha z)$$

$$E_{nml}=\left(n+m+l+\frac{3}{2}\right)\hbar\omega$$

其中 $N_n=\sqrt{\frac{\alpha}{\pi^{1/2}2^n n!}}$，$\alpha=\sqrt{\frac{\mu\omega}{\hbar}}$

对于基态 $n=m=l=0$，$H_0=1$

$\Rightarrow \psi_0=\psi_{000}(r)=\left(\frac{\alpha}{\sqrt{\pi}}\right)^{3/2}\mathrm{e}^{-\frac{1}{2}\alpha^2 r^2}$

对于沿 x 方向的第一激发态 $n=1,\ m=l=0$，$H_1(x)=2\alpha x$

$$\psi_0=\psi_{000}(r)=\left(\frac{\alpha}{\sqrt{\pi}}\right)^{3/2}\mathrm{e}^{-\frac{1}{2}\alpha^2 r^2}$$

$$\psi_1=\psi_{100}(r)=\frac{2\alpha^{5/2}}{\sqrt{2}\pi^{3/4}}x\mathrm{e}^{-\frac{1}{2}\alpha^2 r^2}$$

两电子的空间波函数能够组成一个对称波函数和一个反对称波函数，其形式为

$$\psi_S(r_1,r_2)=\frac{1}{\sqrt{2}}[\psi_0(r_1)\psi_1(r_2)+\psi_1(r_1\psi_0(r_2))]$$

$$=\frac{\alpha^4}{\pi^{3/2}}\left[x_2\mathrm{e}^{-\frac{1}{2}\alpha^2(r_1^2+r_2^2)}+x_1\mathrm{e}^{-\frac{1}{2}\alpha^2(r_1^2+r_2^2)}\right]$$

$$=\frac{\alpha^4}{\pi^{3/2}}(x_2+x_1)\mathrm{e}^{-\frac{1}{2}\alpha^2(r_1^2+r_2^2)}$$

$$\psi_A(r_1,r_2)=\frac{1}{\sqrt{2}}[\psi_0(r_1)\psi_1(r_2)-\psi_0(r_2)\psi_1(r_1)]$$

$$=\frac{\alpha^4}{\pi^{3/2}}(x_2-x_1)\mathrm{e}^{-\frac{1}{2}\alpha^2(r_1^2+r_2^2)}$$

而两电子的自旋波函数可组成三个对称态和一个反对称态，即

$$\chi_S^{(1)}、\chi_S^{(2)}、\chi_S^{(3)} 和 \chi_A$$

综合两方面，两电子组成体系的波函数应是反对称波函数，即

独态：　$\Phi_1=\psi_S(r_1,r_2)\chi_A$

三重态：$\begin{cases}\Phi_2=\psi_A(r_1,r_2)\chi_S^{(1)}\\ \Phi_3=\psi_A(r_1,r_2)\chi_S^{(2)}\\ \Phi_4=\psi_A(r_1,r_2)\chi_S^{(3)}\end{cases}$

习题 14 氦原子有两个电子，忽略与自旋有关的相互作用，试写出这两个电子体系的对称和反对称自旋波函数，以及相应的自旋角动量量子数 s。

解：对称自旋波函数

$$\chi_{S1}(S_{z1},S_{z2})=\chi_{\frac{1}{2}}(S_{z1})\chi_{\frac{1}{2}}(S_{z2})\qquad s=1$$

$$\chi_{S2}(S_{z1},S_{z2})=\chi_{-\frac{1}{2}}(S_{z1})\chi_{-\frac{1}{2}}(S_{z2})\qquad s=1$$

$$\chi_{S3}(S_{z1},S_{z2})=\frac{1}{\sqrt{2}}\left[\chi_{\frac{1}{2}}(S_{z1})\chi_{-\frac{1}{2}}(S_{z2})+\chi_{-\frac{1}{2}}(S_{z1})\chi_{\frac{1}{2}}(S_{z2})\right]\qquad s=1$$

反对称自旋波函数

$$\chi_A(S_{z1},S_{z2})=\frac{1}{\sqrt{2}}\left[\chi_{\frac{1}{2}}(S_{z1})\chi_{-\frac{1}{2}}(S_{z2})-\chi_{-\frac{1}{2}}(S_{z1})\chi_{\frac{1}{2}}(S_{z2})\right]\qquad s=0$$

习题 15 忽略与自旋有关的相互作用，试写出氦原子中两电子体系的零级近似波函数（设波函数的空间部分在两电子互换前后分别为 $\Phi^0(\boldsymbol{r}_1,\boldsymbol{r}_2)=\varphi_n(\boldsymbol{r}_1)\varphi_m(\boldsymbol{r}_2)$ 和 $\Phi^{0'}(\boldsymbol{r}_2,\boldsymbol{r}_1)=\varphi_m(\boldsymbol{r}_1)\varphi_n(\boldsymbol{r}_2)$，并属于同一能级 $E^0=\varepsilon_n+\varepsilon_m$）。

解：电子是费米子，波函数应是反对称的。因此，若空间波函数是反对称的，则自旋波函数是对称的；若空间波函数是对称的，则自旋波函数是反对称的。故波函数为

$$\psi_1=A[\varphi_n(\boldsymbol{r}_1)\varphi_m(\boldsymbol{r}_2)-\varphi_m(\boldsymbol{r}_1)\varphi_n(\boldsymbol{r}_2)]\chi_{\frac{1}{2}}(s_{1z})\chi_{\frac{1}{2}}(s_{2z})$$

$$\psi_2=A[\varphi_n(\boldsymbol{r}_1)\varphi_m(\boldsymbol{r}_2)-\varphi_m(\boldsymbol{r}_1)\varphi_n(\boldsymbol{r}_2)]\chi_{-\frac{1}{2}}(s_{1z})\chi_{-\frac{1}{2}}(s_{2z})$$

$$\psi_3=B[\varphi_n(\boldsymbol{r}_1)\varphi_m(\boldsymbol{r}_2)-\varphi_m(\boldsymbol{r}_1)\varphi_n(\boldsymbol{r}_2)][\chi_{\frac{1}{2}}(s_{1z})\chi_{-\frac{1}{2}}(s_{2z})+\chi_{\frac{1}{2}}(s_{2z})\chi_{-\frac{1}{2}}(s_{1z})]$$

$$\psi_4=B[\varphi_n(\boldsymbol{r}_1)\varphi_m(\boldsymbol{r}_2)+\varphi_m(\boldsymbol{r}_1)\varphi_n(\boldsymbol{r}_2)][\chi_{\frac{1}{2}}(s_{1z})\chi_{-\frac{1}{2}}(s_{2z})-\chi_{\frac{1}{2}}(s_{2z})\chi_{-\frac{1}{2}}(s_{1z})]$$

由归一化条件可得

$$\int\psi_1^*\psi_1\mathrm{d}\tau=A^2\int|\varphi_n(\boldsymbol{r}_1)\varphi_m(\boldsymbol{r}_2)-\varphi_m(\boldsymbol{r}_1)\varphi_n(\boldsymbol{r}_2)|^2|\chi_{\frac{1}{2}}(s_{1z})|^2|\chi_{\frac{1}{2}}(s_{2z})|^2\,\mathrm{d}\tau$$

注意到

$$|\chi_{\frac{1}{2}}(s_z)|^2=1;\quad |\chi_{-\frac{1}{2}}(s_z)|^2=1$$

则

$$\begin{aligned}\int\psi_1^*\psi_1\mathrm{d}\tau&=A^2\{\int|\varphi_n(\boldsymbol{r}_1)|^2\,\mathrm{d}\tau_1\int|\varphi_m(\boldsymbol{r}_2)|^2\,\mathrm{d}\tau_2+\int|\varphi_m(\boldsymbol{r}_1)|^2\,\mathrm{d}\tau_1\int|\varphi_n(\boldsymbol{r}_2)|^2\,\mathrm{d}\tau_2-\\&\quad\int\varphi_n^*(\boldsymbol{r}_1)\varphi_m(\boldsymbol{r}_1)\mathrm{d}\tau_1\int\varphi_m^*(\boldsymbol{r}_2)\varphi_n(\boldsymbol{r}_2)\mathrm{d}\tau_2-\int\varphi_m^*(\boldsymbol{r}_1)\varphi_n(\boldsymbol{r}_1)\mathrm{d}\tau_1\int\varphi_n^*(\boldsymbol{r}_2)\varphi_m(\boldsymbol{r}_2)\mathrm{d}\tau_2\}\\&=2A^2=1\end{aligned}$$

得 $A=1/\sqrt{2}$

$$\int\psi_3^*\psi_3\mathrm{d}\tau=B^2\int|\varphi_n(\boldsymbol{r}_1)\varphi_m(\boldsymbol{r}_2)-\varphi_m(\boldsymbol{r}_1)\varphi_n(\boldsymbol{r}_2)|^2|\chi_{\frac{1}{2}}(s_{1z})\chi_{-\frac{1}{2}}(s_{2z})+\chi_{\frac{1}{2}}(s_{2z})\chi_{-\frac{1}{2}}(s_{1z})|^2\,\mathrm{d}\tau$$

注意到

$$|\chi_{\frac{1}{2}}(s_z)|^2=1;\quad |\chi_{-\frac{1}{2}}(s_z)|^2=1;\quad \chi^*_{\frac{1}{2}}(s_z)\chi_{-\frac{1}{2}}(s_z)=0;\quad \chi^*_{-\frac{1}{2}}(s_z)\chi_{\frac{1}{2}}(s_z)=0$$

$$\int|\varphi_n(\boldsymbol{r}_1)\varphi_m(\boldsymbol{r}_2)-\varphi_m(\boldsymbol{r}_1)\varphi_n(\boldsymbol{r}_2)|^2\,\mathrm{d}\tau=2$$

则

$$\int\psi_3^*\psi_3\mathrm{d}\tau=4B^2=1$$

得 $B=1/2$。最终有

$$\psi_1=\frac{1}{\sqrt{2}}[\varphi_n(\boldsymbol{r}_1)\varphi_m(\boldsymbol{r}_2)-\varphi_m(\boldsymbol{r}_1)\varphi_n(\boldsymbol{r}_2)]\chi_{\frac{1}{2}}(s_{1z})\chi_{\frac{1}{2}}(s_{2z})$$

$$\psi_2=\frac{1}{\sqrt{2}}[\varphi_n(\boldsymbol{r}_1)\varphi_m(\boldsymbol{r}_2)-\varphi_m(\boldsymbol{r}_1)\varphi_n(\boldsymbol{r}_2)]\chi_{-\frac{1}{2}}(s_{1z})\chi_{-\frac{1}{2}}(s_{2z})$$

$$\psi_3=\frac{1}{2}[\varphi_n(\boldsymbol{r}_1)\varphi_m(\boldsymbol{r}_2)-\varphi_m(\boldsymbol{r}_1)\varphi_n(\boldsymbol{r}_2)][\chi_{\frac{1}{2}}(s_{1z})\chi_{-\frac{1}{2}}(s_{2z})+\chi_{\frac{1}{2}}(s_{2z})\chi_{-\frac{1}{2}}(s_{1z})]$$

$$\psi_4=\frac{1}{2}[\varphi_n(\boldsymbol{r}_1)\varphi_m(\boldsymbol{r}_2)+\varphi_m(\boldsymbol{r}_1)\varphi_n(\boldsymbol{r}_2)][\chi_{\frac{1}{2}}(s_{1z})\chi_{-\frac{1}{2}}(s_{2z})-\chi_{\frac{1}{2}}(s_{2z})\chi_{-\frac{1}{2}}(s_{1z})]$$

习题 17 已知：两个角动量 $\hat{A}_1$ 和 $\hat{A}_2$ 相加，得总角动量 $\hat{A}=\hat{A}_1+\hat{A}_2$，相应的本征值和量子数分别为 $A_1^2=j_1(j_1+1)\hbar^2$，$A_2^2=j_2(j_2+1)\hbar^2$，$A^2=j(j+1)\hbar^2$；$j=j_1+j_2,j_1+j_2-1,\ j_1+j_2-2,\cdots,|j_1-j_2|+1,|j_1-j_2|$；$A_z=m_j\hbar,m_j=-j,-j+1,\cdots,j-1,j$。试利用上述结果证明：两电子体系的总自旋角动量 $\hat{\boldsymbol{S}}=\hat{\boldsymbol{S}}_1+\hat{\boldsymbol{S}}_2$ 的量子数取 1（所谓自旋“平行”）和 0（所谓自旋“反平行”）两个值。

证明：$s=s_1+s_2,s_1+s_2-1,\cdots,|s_1-s_2|+1,|s_1-s_2|$

即 s 的最大值为 s_1+s_2，最小值为 $|s_1-s_2|$，相邻两值差 1，而 $s_1+s_2=1/2+1/2=1$，$|s_1-s_2|=1/2-1/2=0$，所以 s 只能取 1 和 0 两个值。

第 7 章　电子在周期场中的运动——能带论基础

研究固体中电子的运动，特别是研究晶体中电子的运动，对科技的进步产生着意义重大的影响。在孤立原子中，电子在原子核和其余电子产生的势场中运动。而在晶体中，电子则是在周期性的势场中运动。晶体中的原子（或离子、分子、原子团），在三个独立方向（如直角坐标或斜坐标的三个方向）呈现有规则的、整齐的周期性排列。所以，这些原子（或离子、分子、原子团）的原子核和电子产生的势场 $U(\boldsymbol{r})$ 沿着这三个方向（或任意方向）呈现周期性的变化，称为周期性势场。研究电子在周期性势场中的运动，可以揭示各种晶体的奥秘。正是这种研究的应用，产生了微电子技术（集成电路）、信息探测技术（敏感电子器件）和固体激光技术，促成了今天信息时代的来临和智能自动化技术的发展。

晶体中有大量的电子和原子核（$\sim 10^{22}\ \mathrm{cm^{-3}}$），相互作用极为复杂（电子与原子核、电子与电子、原子核与原子核；库仑相互作用、与自旋有关的相互作用；粒子全同性等），所以晶体中电子的运动是天文数字的多体问题，要对晶体中电子所处的势场 $U(\boldsymbol{r})$ 写出精确表达式是不可能的，因而无从谈起求解相应的薛定谔方程。幸运的是，晶体中的势场是有规律的周期性势场，如果近似认为按周期性排列的原子核固定不动，这就把多体问题简化成了多电子问题。更进一步，如果认为某个电子是在其他所有电子产生的平均场和全部原子核所产生的固定周期性势场中运动，这又把多电子问题简化成了单电子问题。这种近似处理方法称为周期性单电子近似。

对孤立原子中的电子，它的能量 E_{nl} 与量子数 n 和 l 有关，可以形象地用一系列从低到高、不同高度的横线表示不同 E_{nl} 的能级。当大量的孤立原子结合成晶体以后，周期场中电子的能量状态呈现出新的特点：孤立原子原来的一个能级 E_{nl} 将分裂成大量密集的能级。这些间距极小极小的密集能级，往往构成一个相应的 E_{nl} 能带。但更多的情况是，不同 E_{nl} 的孤立原子能级，组成晶体以后都分裂成大量密集的能级。这些不同 E_{nl} 分裂成的密集能级，经常交叉组合成几个新的能带，并不与原来的 E_{nl} 能级一一对应。总之，晶体中电子的能量，可以形象地用一个个从低到高排列的能带描述，每个能带内有大量的密集能级。

晶体中原子能级的分裂应在预料之中。孤立原子 E_{nl} 能级是简并能级，简并度为 $2(2l+1)$。组成晶体以后，电子受到了新的相互作用，相当于简并能级受到微扰，按有简并微扰论，必然导致能级分裂。

本章只介绍晶体能带的基础知识。

§ 7–1　立方晶体结构简介

显然，周期性势场 $U(r)$ 的具体函数形式与构成晶体的原子种类和原子在晶体中排列方式有关。所以要了解电子在周期场中的运动，不能不对晶体的基本结构有一个初步了解。下面只介绍立方晶体的结构（硅、锗、砷化镓属于这一类），作为入门。

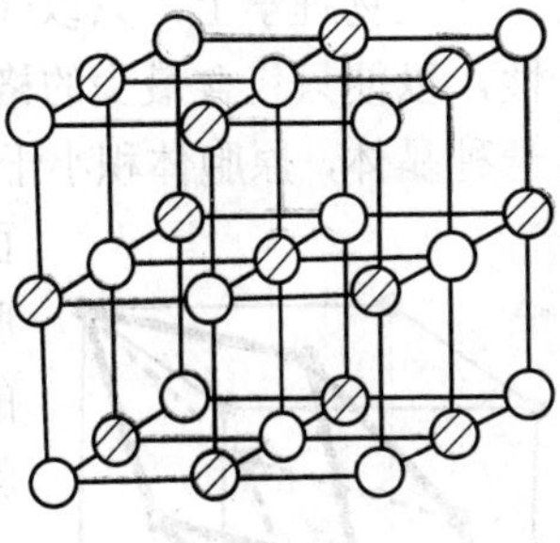

图 7-1

先以氯化钠晶体为例，它的基本结构如图 7-1。白点代表 Na^+黑点代表 Cl^-。用三组独立平行直线族分别把这些点子连起来，就得到了氯化钠晶体格子。晶体格子简称晶格。氯化钠晶体可用图 7-1 的氯化钠小立方体，分别沿该立方体三个棱边方向在空间进行周期性（为棱边长度）的重复平移排列而得。三组直线的交点上有粒子的点称为格点。如果每个格点上的粒子（原子、离子、分子、原子团），它们的物理和化学性质，包括与附近粒子的相互作用都完全相同，则这样的晶格称为布拉菲（A. Bravais, 1821—1863）格子。布拉菲格子是晶体中粒子排列的最基本晶格结构类型，只有 14 种，任何其他结构都可由这些基本结构拼合而成。由基本结构拼合（或称套合、复合）而成的晶格称为复式晶格。

显然，图 7-1 那样的氯化钠晶格不是布拉菲格子，不是最基本的晶格结构，因为 Na^+格点与 Cl^-格点的物理与化学性质根本不同。但是，如果去掉 Cl^-单独看 Na^+的排列，或去掉 Na^+单独看 Cl^-的排列，它们各自的空间排列构成图 7-2 所示的晶格，称为面心立方晶格。面心立方晶格的 8 个顶角上各有一个原子（或离子、分子、原子团），立方体 6 个面的中心各有一个原子。图 7-1 那样的氯化钠晶体，是由图 7-2 那样的 Na^+面心立方晶格与 Cl^-面心立方晶格互相套合（互相错开半个棱边长的距离）而成的复式晶格。但是，如果把一个 Na^+和相邻的一个 Cl^-看成一个 Na^+—Cl^-的离子对整体，在这个正–负离子对的重心处，用一个新的格点代表这一对正–负离子的排列位置，则用这种以 Na^+–Cl^-离子对的重心为格点重新描绘的 NaCl 晶格，也是图 7-2 那样的面心立方晶格，每个格点上都是一个 Na^+–Cl^-离子对，且离子对有相同的指向，各格点的物理和化学性质完全相同。

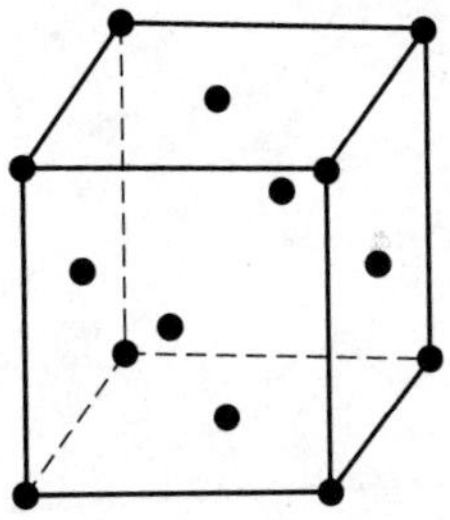
图 7-2

面心立方晶格是最基本的晶格结构，是布拉菲格子。

铜晶体的晶格是由铜单独一种原子组成的面心立方晶格，8 个顶角上各有一个铜原子，6 个面的中心各有一个铜原子，所以铜晶格是布拉菲格子。

用图 7-2 那样的小面心立方体，分别沿该立方体三个棱边方向进行周期性的重复平移排列，就可得到整个铜晶体的晶格图像。这种重复单元称为面心立方重复单元。在反映了原子排列对称性的前提下，且体积又最小的重复单元，称为晶胞。图 7-2 的小立方体就是面心立方晶胞。一个面心立方晶胞平均由几个原子（设每个格点上是一个原子）组成？面心立方晶胞涉及 14 个原子，但每个原子都不能看成只属于这一个晶胞。在由面心立方晶胞排列成的晶格中，晶胞顶角上的一个原子，要同时参与构成相邻的 8 个晶胞，所以这个顶角原子只有 1/8 属于这个晶胞。一共有 8 个顶角原子，合起来只有 $8 \times 1/8=1$ 个顶角原子属于这个晶胞。晶胞的一个面心原子要同时参与构成相邻的另一个面心立方晶胞，成为它的面心原子，因此这个面心原子只有 1/2 属于这个晶胞。所以晶胞的 6 个面心原子，合起来只有 $6 \times 1/2=3$ 个面心原子属于这个晶胞。一个顶角原子加上 3 个面心原子，平均起来，一个面心立方晶胞由 4 个原子构成。如果格点上不止一个原子，例如 Na^+–Cl^-对面心立方晶胞，则由 4 个 Na^+–Cl^-离子对构成。

在物理学上，只以体积最小为标准选择重复单元，而不考虑重复单元中原子排列的对称性，以便只包含最少的格点原子，使分析问题简化。这种最小体积重复单元称为原胞。对同一种晶体，原胞体积小于晶胞，原胞包含的原子数也少于晶胞。以图 7-2 面心立方晶胞为例，面心立方原胞如图 7-3 中粗线所示的斜平行六面体：涉及面心立方晶胞体对角线上的两个顶角原子和六个面心原子。沿这个面心立方原胞的三个棱边方向，周期性（原胞棱边长度）地重复平移排列这个原胞，就能得到整个面心立方晶体的晶格图像。显然，面心立方原胞平均只由一个格点原子构成，只有面心立方晶胞的 1/4，体积也只有它的 1/4。

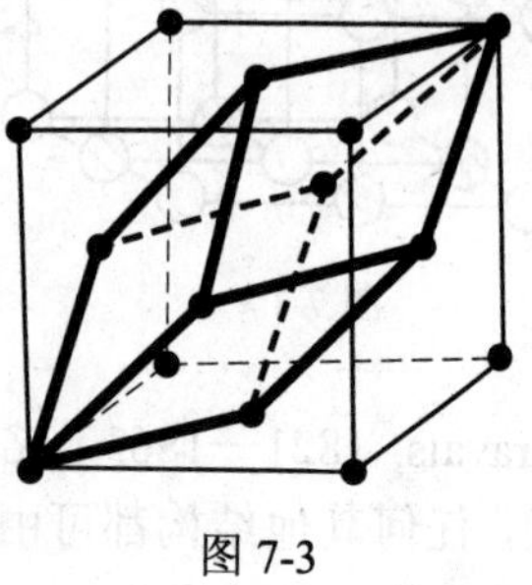

图 7-3

只含有一个原子的原胞称为单原子原胞，含有两个原子的原胞称为双原子原胞。

在微电子技术中，硅和砷化镓晶体是大量用到的半导体材料。硅晶体的晶格结构与金刚石结构相同。金刚石由碳原子组成，图 7-4 为金刚石晶胞，它涉及 8 个顶角原子，6 个面心原子，立方体内部还有 4 个原子（分别标有Ⅰ、Ⅱ、Ⅲ、Ⅳ号码），共涉及 18 个碳原子。金刚石晶格是复式晶格，它由两个面心立方晶格互相套合而成：先设两个面心立方晶胞完全重合，然后一个面心晶胞不动，另一个面心晶胞沿体对角线平移 1/4 体对角线长度的距离，这时平移的那个面心立方晶胞就有 4 个原子移进了静止面心立方晶胞的内部。这 4 个原子与静止晶胞的 14 个原子合在一起，就得到图 7-4 的金刚石晶胞。

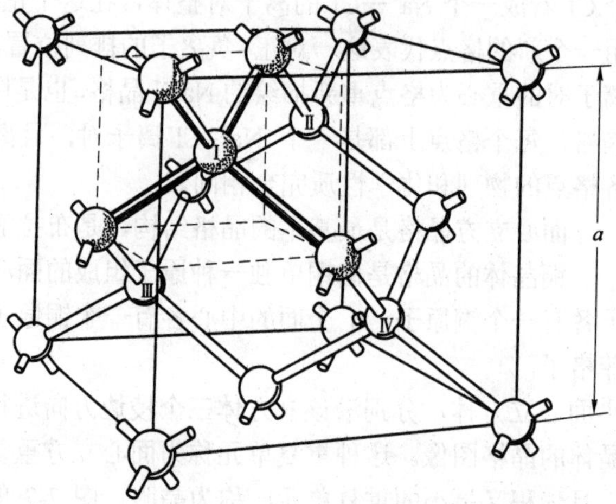

图 7-4

把金刚石晶胞格点上的碳原子全换成硅或锗原子，就得到硅或锗晶胞。

把金刚石晶胞体内有Ⅰ、Ⅱ、Ⅲ、Ⅳ标记的 4 个碳原子换成镓原子，把晶胞表面的 14 个碳原子全换成砷原子，就得到砷化镓晶胞。所以，砷化镓晶胞是由砷面心立方晶格与镓面心立方晶格互相套合而成的复式晶格（沿晶胞体对角线错开 1/4 体对角线长度），由两种不同原子构成。

至于金刚石原胞，它是由晶胞两个体对顶角原子和六个面心原子组成的斜平行六面体，外形与面心立方晶格的原胞一样，不同的是，金刚石原胞内部还围进去了Ⅰ、Ⅱ、Ⅲ、Ⅳ号原子中的一个。这样，金刚石原胞平均由两个原子构成，是双原子原胞：一个原子是原胞 8

个顶角原子中的一个，另一个原子就是原胞围进去的那个原子。可见，硅、锗、金刚石、砷化镓原胞都是双原子原胞。

硅、锗、金刚石都是靠相邻原子间的共价键结合而成晶体。对于硅晶体，一个硅原子把自己的 4 个价电子分别贡献给 4 个最邻近的硅原子共有，这 4 个硅原子也各贡献出一个价电子与该硅原子共有。这就构成了该硅原子的 4 个共价键，每个共价键由两个共有化电子组成，与氢分子类似，把该硅原子与最邻近的 4 个硅原子结合在一起。硅中所有硅原子都这样与邻近的硅原子用共价键结合。图 7-4 中用最邻近硅原子之间的“细棍”形象地表示共价键及其取向。每个硅原子 4 个共价键的取向好似错开 90° 的两个“八”字：一个正八字，一个倒八字。晶胞表面 14 个硅原子的共价键取向彼此相同，但晶胞体内 4 个硅原子共价键的取向虽彼此相同，却与表面那 14 个硅原子的共价键取向不相同，这可由图中看出。由于硅原胞的两个原子中，一个是晶胞表面原子，另一个是晶胞的体内原子，所以这两个原子的共价键取向不相同，因而各自附近空间的势场也不相同，故这两个原子在物理和化学性质上是不等价的。

设硅晶格中各原子相对位置不变，但把硅原胞的两个硅原子视为一个整体，以这个整体的重心作为新的格点，重新描绘硅晶体的晶格，就可以发现：以硅原胞重心为格点的硅晶格是面心立方晶格（以硅原子为格点的硅晶格是由两个硅面心立方晶格互相套合而成）。也就是说，在面心立方晶格的每一个格点上都放一个硅原胞（取向相同）所得到的晶格，与用两个以硅原子为格点的面心立方晶格互相套合而成的硅晶格相同。格点上为硅原胞的硅面心立方晶格是布拉菲格子，每个格点的物理化学性质彼此完全相同。同理，以锗、金刚石、砷化镓原胞作为面心立方晶格的格点“粒子”而得到的晶格，与格点上为原子（离子）的两个面心立方晶格套合而成的晶格相同。

简立方晶格，其晶胞如图 7-5，8 个顶角各有一个原子。纯粹由一种原子构成的简立方晶体在自然界不存在，但用它可以使一些问题的讨论更方便。

体心立方晶格，其晶胞如图 7-6，8 个顶角上各有一个原子，立方体中心还有一个原子。显然，属于这个晶胞的只有两个原子：一个顶角原子和一个体心原子。钾、钠、铯等晶体的晶格就属于体心立方晶格。体心立方晶格的原胞如图 7-7 的虚线所示，也是平行六面体，其体积只有体心立方晶胞的一半，只有一个原子属于这个原胞。

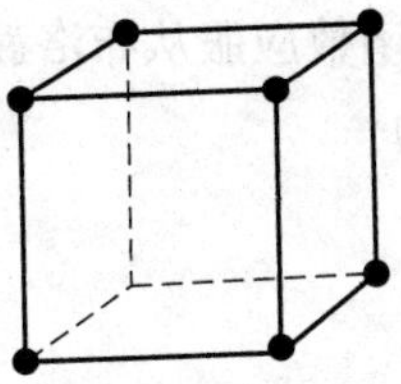

图 7-5

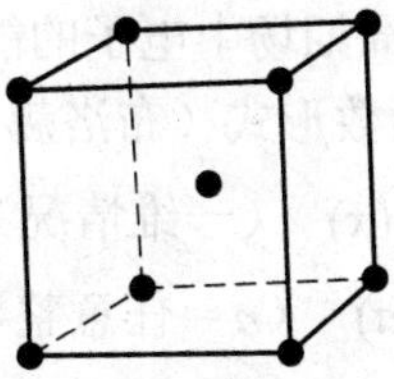

图 7-6

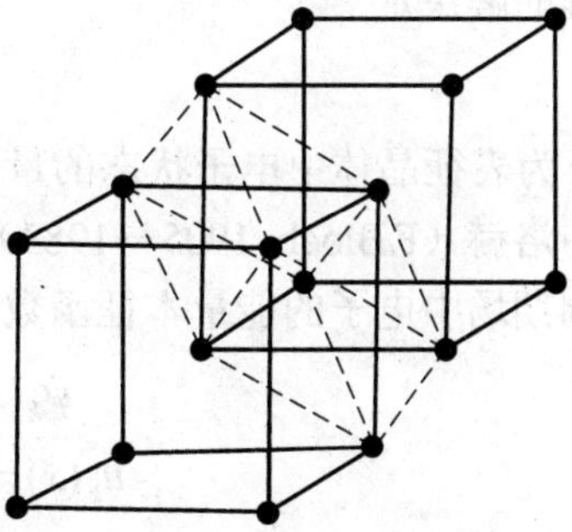

图 7-7

通过以上介绍，应明确以下几点：

（1）晶体的最小重复单元是原胞，原胞在空间周期性地重复平移排列构成晶体的晶格图像。由于原胞排列的周期性，使晶体中的势场为周期性势场。

（2）沿晶格的不同方向，亦即沿原胞不同方向，原子的相对排列不同，所以在晶格的不同方向有不同的周期性势场，因而晶体的性质随方向而变化。

（3）这里介绍的晶体是原胞有规则排列的周期性没有受到破坏的理想晶体，晶体势场也是周期性没有受到破坏的势场。

（4）原胞有单原子原胞（如铜）和双原子原胞（如硅、锗、金刚石、砷化镓），还有多原子原胞。双原子原胞中两个原子各自周围的情况并不等同，即使这两个原子是同一种原子。如硅原胞的两个原子，共价键的取向不同。

（5）以原胞的两个原子的重心为格点的硅、锗、金刚石、砷化镓的晶格，都是面心立方晶格。

§7–2 周期场中电子波函数的普遍形式——布洛赫函数

以最简单的一维晶体为例。设原子（原胞）沿 x 方向呈周期性排列（图 7-8），原子（原胞）间的间距为 a，电子在所有这些原子的原子核和所有其余电子产生的势场中运动。由于晶体原子排列的周期性，对任意的整数 n，势场 $U(x)$ 显然应满足下列的周期性

$$U(x)=U(x+na) \tag{7-1}$$

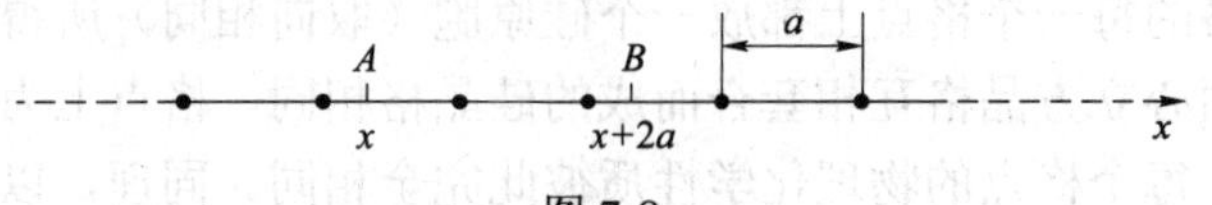

图 7-8

例如图中的 A、B 两点，相距 $2a$，即两个周期，这两点位置对应，它们附近的原子分布情况完全相同，因此两点的势场必然相同，应有 $U_A=U_B$，即 $U(x_A)=U(x_A+2a)$。式（7-1）就是用来反映一维周期场这一特点的。

在一维周期性势场 $U(x)$ 中，电子的能量算符

$$\hat{H}=-\frac{\hbar^2}{2m}\frac{\mathrm{d}^2}{\mathrm{d}x^2}+U(x) \tag{7-2}$$

式中 m 为电子的质量。电子在周期性势场中的能量本征值 E_k 和能量本征函数 ψ_k，由 $\hat{H}$ 的本征方程的解决定

$$\hat{H}\psi_k(x)=E_k\psi_k(x) \tag{7-3}$$

下标 k 为表征晶体中电子状态的量子数，是实数，未知。

布洛赫（F.Bloch, 1905—1983）证明，周期场中电子的能量本征函数应服从布洛赫定理：周期场中电子的能量本征函数的普遍函数形式（布洛赫函数）为

$$\psi_k(x)=\mathrm{e}^{\mathrm{i}kx}u_k(x)\quad（一维情况） \tag{7-4}$$

$$u_k(x)=u_k(x+na)\quad（n=任意整数） \tag{7-5}$$

下面对一维情况作一证明。势场的周期性是因为晶体中原子的排列有平移对称性（把原子沿 x 方向移动距离 na，该原子仍应位于格点上）。引入平移算符 $\hat{T}$，它的定义是：$\hat{T}$ 作用于函数 $f(x)$ 以后，使 x 变为 $x+a$（把 x 平移一个周期），使 $f(x)$ 变为 $f(x+a)$

$$\hat{T}f(x)=f(x+a) \tag{7-6}$$

$$\hat{T}^2f(x)=\hat{T}\hat{T}f(x)=f(x+2a)$$

$$\hat{T}^n f(x)=f(x+na) \tag{7-7}$$

由式（7-1），势场 $U(x)$ 的周期为 a，有

$$\hat{T}\,U(x)=U(x+a)=U(x) \tag{7-8}$$

上式表明，$\hat{T}$ 作用于 $U(x)$ 后不变，称 $U(x)$ 具有平移对称性。$U(x)$ 本来就是周期性势场，所以 $\hat{T}$ 的定义合乎实际。对周期场中的能量算符 $\hat{H}$，因为运算 $\mathrm{d}^2/\mathrm{d}(x+a)^2$ 与运算 $\mathrm{d}^2/\mathrm{d}x^2$ 等效，$\mathrm{d}(x+a)=\mathrm{d}x$，所以 $\hat{H}$ 也有平移对称性

$$\frac{\mathrm{d}^2}{\mathrm{d}(x+a)^2}=\frac{\mathrm{d}}{\mathrm{d}(x+a)}\frac{\mathrm{d}}{\mathrm{d}(x+a)}=\frac{\mathrm{d}^2}{\mathrm{d}x^2}$$

$$\begin{aligned}\hat{H}(x+a)&=-\frac{\hbar^2}{2m}\frac{\mathrm{d}^2}{\mathrm{d}(x+a)^2}+U(x+a)\\&=-\frac{\hbar^2}{2m}\frac{\mathrm{d}^2}{\mathrm{d}x^2}+U(x)\\&=\hat{H}(x)\end{aligned} \tag{7-9}$$

$$\hat{T}\hat{H}(x)=\hat{H}(x+a)=\hat{H}(x) \tag{7-10}$$

$\hat{T}$ 和 $\hat{H}$ 还是互相可以对易的算符

$$\begin{aligned}\hat{T}\hat{H}(x)\psi(x)&=\hat{T}[\hat{H}(x)\psi(x)]=\hat{H}(x+a)\psi(x+a)\\&=\hat{H}(x)\psi(x+a)=\hat{H}\hat{T}\psi(x)\end{aligned}$$

可见

$$\hat{T}\hat{H}=\hat{H}\hat{T} \tag{7-11}$$

由上式可知，$\hat{T}$ 和 $\hat{H}$ 具有共同的本征函数 $\psi(x)$。设 λ 为 $\hat{T}$ 的本征值，则

$$\hat{T}\psi(x)=\psi(x+a)=\lambda\psi(x) \tag{7-12}$$

$$\hat{T}^2\psi(x)=\hat{T}[\hat{T}\psi(x)]=\lambda\hat{T}\psi(x)=\lambda^2\psi(x)$$

于是，一方面

$$\hat{T}^N\psi(x)=\lambda^N\psi(x) \quad （N\ 为整数）$$

另一方面，按 $\hat{T}$ 的定义

$$\hat{T}^N\psi(x)=\psi(x+Na)$$

比较上述二式，得

$$\psi(x+Na)=\lambda^N\psi(x) \tag{7-13}$$

下面用周期性边界条件求上式中的 λ。设所讨论的一维晶格由 N 个原子（原胞）构成，长为 $L=Na$。这是一个有限长的晶格，在其两端原子排列中止，所以在两端附近区域，势场的周期性受到破坏，使问题复杂化。为了简化问题，可设法使两端边界附近的势场仍保持一维晶格中部那样的周期性。为此，可利用玻恩—卡门边界条件。

在所讨论的有限长一维晶格两端分别串接无穷多个与该有限长一维晶格完全相同的有限长一维晶格，连成一无限长一维晶格（图 7-9）。这样，所讨论的那个有限长一维晶格两端边界附近的原子分布不再中止，保持了周期性分布，因而也保持了边界势场的周期性。用无限长模型代替有限长得到的结果虽然偏离实际，但偏离不会太大。因为，只有邻近原子之间的

相互作用才最强，所以对于有限长晶格，只有两端少数几个原子附近的周期性势场受到破坏，绝大多数原子受到的影响可以忽略。而且，下面还将从波函数的周期性照顾到晶体本是有限长的事实：当电子位于串接的各个有限长晶格的相对应位置上时，这个电子应处于相同的状态。亦即，当电子位于 x 和 $x+L$，应具有相同的波函数

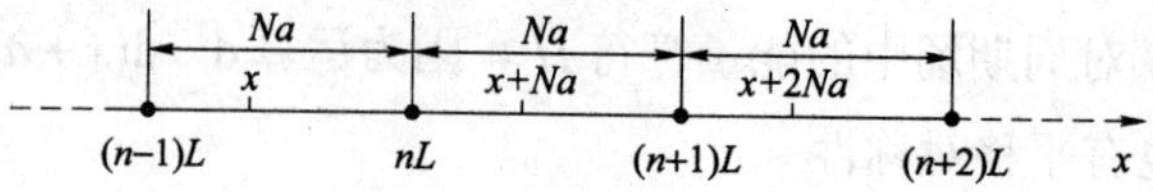

图 7-9

$$\psi(x)=\psi(x+L)=\psi(x+Na) \tag{7-14}$$

这个条件称为周期性边界条件。把上式与式（7-13）比较，应有

$$\lambda^N\psi(x)=\psi(x)$$

$$\lambda^N=1$$

令

$$\lambda=\mathrm{e}^{\mathrm{i}ka}$$

$$\lambda^N=\mathrm{e}^{\mathrm{i}kNa}=1 \tag{7-15}$$

则 k 必须满足

$$k=\frac{2\pi}{Na}j,\ j=0,\pm1,\pm2,\cdots \tag{7-16}$$

由式（7-12），得 $\psi_k(x)$ 必须满足的一个条件

$$\psi_k(x+a)=\mathrm{e}^{\mathrm{i}ka}\psi_k(x) \tag{7-17}$$

显然，平面波

$$\varphi_k(x)=\mathrm{e}^{\mathrm{i}kx}$$

可以满足式（7-17），因为

$$\varphi_k(x+a)=\mathrm{e}^{\mathrm{i}k(x+a)}=\mathrm{e}^{\mathrm{i}ka}\varphi_k(x)$$

可是，当

$$K=\frac{2\pi}{a}h,\quad h=0,\pm1,\pm2,\cdots$$

则波矢为 $k+K$ 的平面波

$$\varphi_{k+K}(x)=\mathrm{e}^{\mathrm{i}(k+K)x} \tag{7-18}$$

也满足式（7-17），因为

$$\varphi_{k+K}(x+a)=\hat{T}\varphi_{k+K}(x)=\mathrm{e}^{\mathrm{i}(k+K)(x+a)}$$

$$=\mathrm{e}^{\mathrm{i}(k+K)a}\varphi_{k+K}(x)=\mathrm{e}^{\mathrm{i}ka}\varphi_{k+K}(x)$$

因为任意波函数可以表示为平面波的线性叠加（傅立叶展开），所以 ψ_k 也可以表示为式（7-18）的线性叠加，而且表现为布洛赫函数的形式

$$\psi_k(x)=\sum_h A_h\mathrm{e}^{\mathrm{i}(k+K)x}=\mathrm{e}^{\mathrm{i}kx}\sum_h A_h\mathrm{e}^{\mathrm{i}Kx}=\mathrm{e}^{\mathrm{i}kx}u_k(x) \tag{7-19}$$

式中

$$u_k(x)=\sum_h A_h \mathrm{e}^{\mathrm{i}Kx} \tag{7-20}$$

$u_k(x)$ 显然满足周期函数条件式（7-5）

$$u_k(x+na)=\sum_h A_h \mathrm{e}^{\mathrm{i}K(x+na)}=\sum_h A_h \mathrm{e}^{\mathrm{i}Kx}=u_k(x)$$

式（7-19）表明，周期场中 $\hat{H}$ 的本征函数 $\psi_k(x)$ 的确满足布洛赫定理。式（7-19）就是任何一维周期场中电子波函数 $\psi_k(x)$ 的普遍形式。当然，$\psi_k(x)$ 的具体函数与 $u_k(x)$ 有关，而 $u_k(x)$ 则会因不同的 $U(x)$ 而不同。

§ 7–3　克龙尼格—朋奈模型

晶体内的周期性势场 $U(\boldsymbol{r})$ 是极其复杂的函数。人们不得不根据具体情况，用 $U(\boldsymbol{r})$ 的各种简化模型代替实际的 $U(\boldsymbol{r})$ 求解能量算符 $\hat{H}$ 的本征方程。这些模型的正确性取决于能在多大程度上说明实际问题。克龙尼格（Kronig）—朋奈（Penney）模型是一种极度简化的最简单的模型，虽然粗糙，但从中可以了解晶体中电子能量图像的主要特征——能带。

以一维情况为例，原胞按一定距离 a 呈一维排列。克—朋模型假设一维晶体势场由方形有限深势阱周期性排列而成（图 7-10）。每个势阱的中心相应于单原子原胞原子核的位置，或双原子原胞重心的位置。势阱的有限深相当于原胞的原子核对电子有一定的束缚作用。在一个周期 a 的范围内（$-b<x<c$），势场可表示为

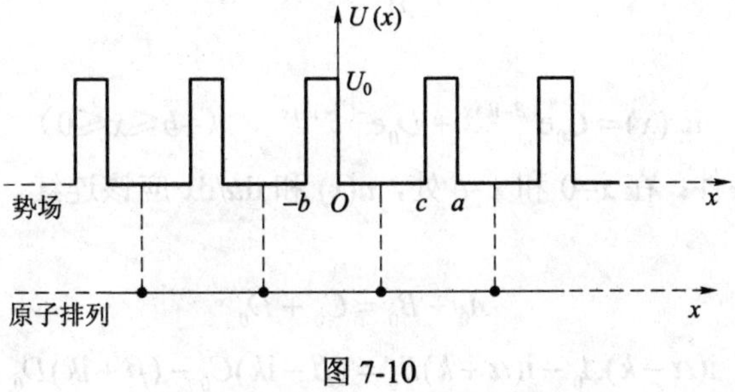

图 7-10

$$U(x)=\begin{cases}0 & 0<x<c \\ U_0 & -b\leqslant x\leqslant 0\end{cases} \tag{7-21}$$

$b+c=a$，a：原子（原胞）间距

在 x 的其他区域，$U(x)$ 有相同的周期性

$$U(x+na)=U(x)$$

能量 $E>U_0$ 的电子相当于晶体中的“自由电子”，不在讨论之列。

下面只讨论电子的能量 $E<U_0$ 的情况，看看这时 E 的取值分布有什么不同于孤立原子的特征。

按布洛赫定理，一维周期场中电子的波函数应具有下列形式

$$\psi(x)=\mathrm{e}^{\mathrm{i}kx}u(x) \tag{7-22}$$

把上式代入 $\hat{H}$ 的本征方程

$$\hat{H}\psi(x) = E\psi(x)$$

$$\hat{H} = -\frac{\hbar^2}{2m}\frac{d^2}{dx^2} + U(x)$$

$$\frac{d^2\psi}{dx^2} + \frac{2m}{\hbar^2}[E - U(x)]\psi = 0$$

得决定 $u(x)$ 的方程

$$\frac{d^2u}{dx^2} + 2ik\frac{du}{dx} + \left[\frac{2m}{\hbar^2}(E-U) - k^2\right]u = 0 \tag{7-23}$$

在区域 $0<x<c$ 内，$U(x)=0$，上述方程应为

$$\frac{d^2u}{dx^2} + 2ik\frac{du}{dx} + (\alpha^2 - k^2)u = 0 \quad (0<x<c) \tag{7-24}$$

$$\alpha^2 = \frac{2mE}{\hbar^2} \tag{7-25}$$

上述二阶常系数微分方程解的形式为

$$u_1(x) = A_0 e^{i(\alpha-k)x} + B_0 e^{-i(\alpha+k)x} \quad (0<x<c) \tag{7-26}$$

在区域 $-b \leqslant x \leqslant 0$，$U(x)=U_0$，方程（7-23）应为

$$\frac{d^2u}{dx^2} + 2ik\frac{du}{dx} - (\beta^2 + k^2)u = 0 \quad (-b \leqslant x \leqslant 0) \tag{7-27}$$

$$\beta^2 = \frac{2m}{\hbar^2}(U_0 - E) \tag{7-28}$$

这个方程解的形式为

$$u_2(x) = C_0 e^{(\beta-ik)x} + D_0 e^{-(\beta+ik)x} \quad (-b \leqslant x \leqslant 0) \tag{7-29}$$

利用波函数标准条件：在 $x=0$ 和 $x=c$ 处，$u(x)$ 和 du/dx 应该连续。因此，在 $x=0$ 处得两个方程

$$A_0 + B_0 = C_0 + D_0 \tag{7-30}$$

$$i(\alpha-k)A_0 - i(\alpha+k)B_0 = (\beta - ik)C_0 - (\beta + ik)D_0 \tag{7-31}$$

在 $x=c$ 处也得两个方程

$$A_0 e^{i(\alpha-k)c} + B_0 e^{-i(\alpha+k)c} = C_0 e^{-(\beta-ik)b} + D_0 e^{(\beta+ik)b} \tag{7-32}$$

$$\begin{aligned} & i(\alpha-k)e^{i(\alpha-k)c}A_0 - i(\alpha+k)e^{-i(\alpha+k)c}B_0 \\ & = (\beta-ik)e^{-(\beta-ik)b}C_0 - (\beta+ik)e^{(\beta+ik)b}D_0 \end{aligned} \tag{7-33}$$

式中利用了 u_1、u_2 的周期性，$u_1(c) = u_2(-b)$。四个方程是以 A_0、B_0、C_0、D_0 为未知数的线性齐次方程组。这四个积分常数不能同时为零，否则 $\psi(x) \equiv 0$，这是不可能的。为此，方程组未知数的系数行列式必须等于零，由这个条件，得

$$\frac{\beta^2 - \alpha^2}{2\alpha\beta}\sin\hbar\beta b \sin ac + \cos\hbar\beta b \cos\alpha c = \cos ka \tag{7-34}$$

因 k 是实数，必有

$$-1 \leqslant \cos ka \leqslant 1 \tag{7-35}$$

因而得限制性条件

$$-1 \leqslant \frac{\beta^2-\alpha^2}{2\alpha\beta}\sin\hbar\beta b\sin\alpha c+\cos\hbar\beta b\cos\alpha c \leqslant 1 \tag{7-36}$$

由这一不等式可以决定一维有限深势阱周期场中电子能量 E 的允许取值范围，因α、β中含有 E。但这是一个超越函数方程，有必要作一些简化。

当 $E \ll U_0$，但势垒厚度 b 极薄（相当于原子或原胞相距很近），以致 $\beta b \ll 1$，于是有

$$(\beta^2-\alpha^2)b \approx \frac{2mU_0 b}{\hbar^2},\ c \approx a$$

$$\sin\hbar\beta b \approx \beta b,\ \cos\hbar\beta b \approx 1$$

这时式（7-34）可改写成

$$P\frac{\sin\alpha a}{\alpha a}+\cos\alpha a=\cos ka,\quad P=\frac{mU_0 ab}{\hbar^2} \tag{7-37}$$

当 U_0、a、b 一定，则 P 为一确定值。

由式（7-37），利用图解法可以较直观地求电子能量范围。因 P 为确定值，上式左端为αa 的函数，用 $f(\alpha a)$ 表示

$$f(\alpha a)=P\frac{\sin\alpha a}{\alpha a}+\cos\alpha a \tag{7-38}$$

以αa为横轴，$f(\alpha a)$为纵轴，画出 $f(\alpha a)\sim\alpha a$ 关系曲线（图 7-11），再画出 $f(\alpha a)=\pm 1$ 的两条横线，图中 $P=3\pi/2$。因为 $f(\alpha a)$ 必须满足 $-1\leqslant f(\alpha a)\leqslant 1$，即必须

$$-1 \leqslant P\frac{\sin\alpha a}{\alpha a}+\cos\alpha a \leqslant 1 \tag{7-39}$$

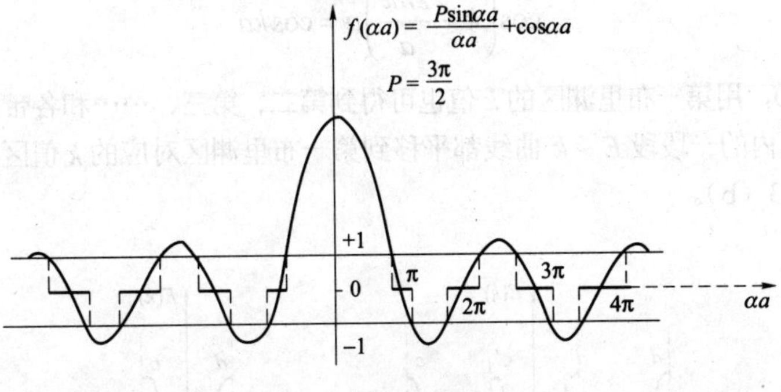

图 7-11

这就直观地表示出，只有在 $f(\alpha a)=\pm 1$ 两条横线之间的 $f(\alpha a)\sim\alpha a$ 曲线才能满足波函数的标准条件。因而，只有在该两条横线内 $f(\alpha a)$ 曲线在横轴上所对应的那些αa值，才符合波函数的标准条件。或者说，只有符合不等式（7-39）的αa值才是“允许”的，其他任何αa值都是“禁止”出现的。

因为 $\alpha^2=2mE/\hbar^2$，$\alpha a=(2mE/\hbar^2)^{1/2}a$，对一定的晶体，$a$ 为一定值，当αa已知，则可知相应的 E 值。当αa的一个个允许值范围被限定（图 7-11 横轴上的一些相应线段），则 E 的一个个允许值范围也就被限定了，在这些 E 允许值范围之外的 E 值则是“禁止”出现的（即不可能出现的）。

已知$\alpha a \sim E$关系，由$\alpha a \sim \cos ka$关系，就可得$E \sim \cos ka$关系，进而得到$E \sim k$关系。图 7-12 只画出了$E \sim +k$关系曲线，$E \sim -k$曲线与它对称，没有画出。在图 7-11 中，αa分段连续，所以$E \sim k$曲线也分段连续。这些分段连续的允许E值范围投影到E轴左侧，表示为从下到上排列的一个个能带（图中只画出了最低的几个能带）。各能带范围内的E值是允许的，这种能带又称允带。相邻能带，从下一个能带顶到上一个能带底之间的E值是不可能具有的，这个区域称为禁带。允带和禁带分界处，对应于$k = n\pi / a$。由布洛赫定理的证明中可知，$\boldsymbol{k}$为平面波波矢，$k = 2\pi/\lambda$。虚线为自由电子的$E \sim k$曲线，$E = \hbar^2 k^2 / 2m$，为抛物线。

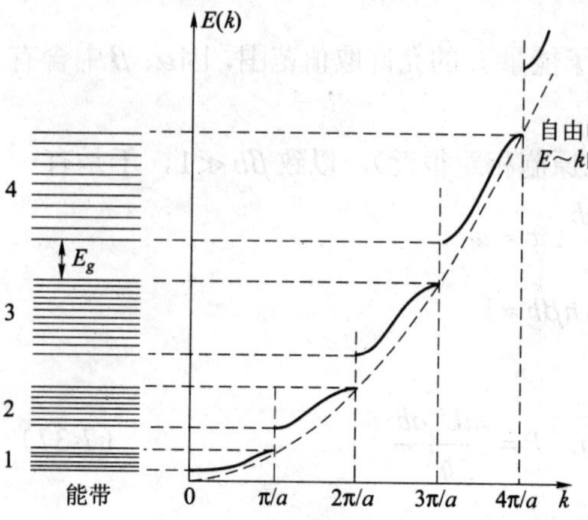

图 7-12

每个允带对应的$\boldsymbol{k}$值范围，称为该能带的布里渊（L.Brillouin, 1889—1969）区。对于图 7-12 的一维情况：由下到上，

第一允带：第一布里渊区范围$-\pi/a < k \leqslant \pi/a$

第二允带：第二布里渊区范围

$$-2\pi/a < k \leqslant -\pi/a \text{ 及 } \pi/a < k \leqslant 2\pi/a$$

……

每个布里渊区的范围彼此相等，为$2\pi/a$。

由于

$$\cos\left(k + \frac{2n\pi}{a}\right)a = \cos ka$$

所以，从式（7-34），用第一布里渊区的k值也可得到第二、第三、……和各带的E值。因此，可以把其他布里渊区内的一段段$E \sim k$曲线都平移到第一布里渊区对应的k值区域，如图 7-13（a），平移结果如图 7-13（b）。

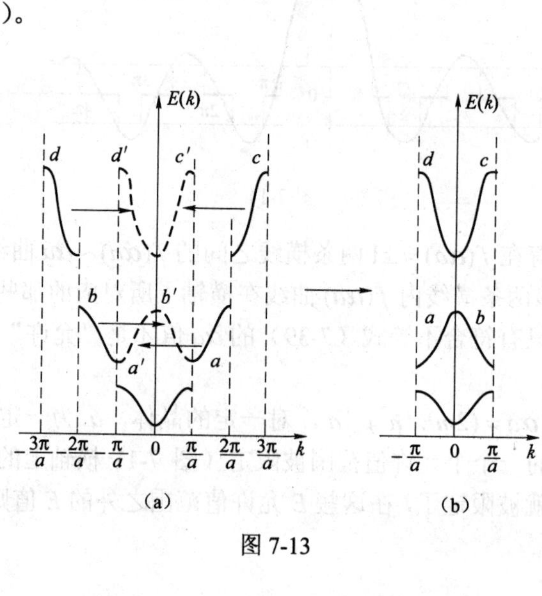

图 7-13

$\boldsymbol{k}$ 值是量子化的。前面提到，在每个布里渊区，E 是 k 的分段连续函数，这个“结论”实际上隐含了一维晶格为无限长的假定。实际晶体是有限长的。设所讨论的一维晶体长为 $L=Na$，N 为原胞总数（对单原子原胞，N 等于原子总数）。运用周期性边界条件，即前面介绍过的波恩—卡门边界条件，认为波函数的周期等于 L

$$\psi(x)=\psi(x+L) \tag{7-40}$$

由布洛赫定理

$$\begin{aligned}\psi(x+L)&=\mathrm{e}^{\mathrm{i}k(x+L)}u(x+L)=\mathrm{e}^{\mathrm{i}kL}\mathrm{e}^{\mathrm{i}kx}u(x)\\&=\mathrm{e}^{\mathrm{i}kL}\psi(x)\end{aligned} \tag{7-41}$$

比较上述两式两边，可得 $\mathrm{e}^{\mathrm{i}kL}=1$，因此必有

$$k=\frac{2n\pi}{L}=\frac{2n\pi}{Na} \qquad n=0,\pm 1,\pm 2,\cdots \tag{7-42}$$

可见，k 只能取分立的量子化值。由周期场中电子波函数的普遍形式知，一个 k 值对应周期场中电子的一个量子态。

在第一布里渊区，$-\pi/a<k\leqslant\pi/a$ 内，由式（7-42）k 的取值，应有

$$-\frac{\pi}{a}<\frac{2\pi}{Na}n\leqslant\frac{\pi}{a}$$

$$-\frac{N}{2}<n\leqslant\frac{N}{2} \tag{7-43}$$

可见，在上式中，n 可取 N 个不同的值，因而按式（7-42），k 可取 N 个不同的量子化值，N 为一维晶体原胞总数。

由式（7-42），相邻 k 值间距 $\Delta k=2\pi/L$，为等间距，所以 N 个量子化 k 值均匀分布在第一布里渊区中。对其他布里渊区，这些结论也成立。

由于在一个布里渊区中，k 不再连续而取 N 个不同的量子化值，因而在相应的能带中，E 也不再连续而取 N 个不同的 E 值。这样，每个能带由 N 个能级构成。因能带宽度约为电子伏数量级，而 $N\sim 10^{22}\ \mathrm{cm}^{-3}$ 数量级，所以能带内的能级间距极小，能级非常密集。

对于三维晶体，上述关于能带的结论也是正确的。只是原胞总数 N 应按三维计算（当晶体为原胞形状的平行六面体，N_1、N_2、N_3 分别为沿晶体三个棱边方向排列的原胞数，则 $N=N_1N_2N_3$）。

能带出现是晶体中电子能量取值不同于孤立原子能级的主要特征。

§ 7–4　近自由电子模型

克—朋模型的 $U(x)$ 太粗糙，虽然这个模型定性反映了晶体中电子能量由能带描述这一主要特征，但与实际情况相距甚远。这一节把晶体中的电子看成近似于自由电子，称为近自由电子近似。

仍以长为 $L=Na$ 的一维晶格为例。设晶体中的一维周期性势场为 $V(x)$，晶格周期为 a。用傅立叶级数展开 $V(x)$，得

$$V(x)=V_0+\sum_n{}' V_n\mathrm{e}^{\mathrm{i}\frac{2\pi}{a}nx},\quad n=\pm 1,\pm 2,\cdots \tag{7-44}$$

式中 V_0 为一恒定值，即 $V(x)$ 的平均值 $\overline{V}(x)$。可选择 V_0 为势能零点，即令 $V_0=0$。$\sum_n{}'$ 表示求和不含 $n=0$ 这一项。$V(x)$ 的第二项是 $V(x)$ 围绕 V_0 的周期性起伏。近自由电子模型认为势场的周期起伏很小，以至于可以把这个起伏看成对平均场 V_0 中电子的微扰。这样，一维晶格中电子的能量本征方程为

$$\hat{H}\psi=E\psi \tag{7-45}$$

$$\hat{H}=-\frac{\hbar^2}{2m}\frac{\mathrm{d}^2}{\mathrm{d}x^2}+V(x)=-\frac{\hbar^2}{2m}\frac{\mathrm{d}^2}{\mathrm{d}x^2}+\sum_n{}'V_n\mathrm{e}^{\mathrm{i}\frac{2\pi}{a}nx} \tag{7-46}$$

$$\hat{H}_0=-\frac{\hbar^2}{2m}\frac{\mathrm{d}^2}{\mathrm{d}x^2},\ \hat{H}'=\sum_n{}'V_n\mathrm{e}^{\mathrm{i}\frac{2\pi}{a}nx} \tag{7-47}$$

$\hat{H}_0$ 为自由电子的能量算符，其本征值和本征函数为已知，即

$$E_k^0=\frac{1}{2m}\hbar^2k^2,\ \psi_k^0=\frac{1}{\sqrt{L}}\mathrm{e}^{\mathrm{i}kx} \tag{7-48}$$

下面对 k 的不同区域分别解方程（7-45）。

1. 微扰法（对离 $k=n\pi/a$ 较远的 k 值）

考虑 $\hat{H}'$ 对 ψ_k^0 态的微扰，则有微扰时能级 E_k 的一级修正

$$E_k'=H_{kk}'=\int_0^L\psi_k^{0*}\hat{H}'\psi_k^0\mathrm{d}x=\int_0^L\psi_k^{0*}V(x)\psi_k^0\mathrm{d}x$$

$$=\overline{V}(x)=V_0=0 \tag{7-49}$$

$E_k'=0$，应继续求二级修正 E_k''

$$E_k''=\sum_{k'}{}'\frac{|H_{k'k}'|^2}{E_k^0-E_{k'}^0}=\sum_{k'}{}'\frac{|H_{kk'}'|^2}{E_k^0-E_{k'}^0} \tag{7-50}$$

$$H_{kk'}'=\int_0^L\psi_k^{0*}\hat{H}'\psi_{k'}^0\mathrm{d}x=\frac{1}{L}\int_0^L\mathrm{e}^{-\mathrm{i}kx}\left(\sum_n{}'V_n\mathrm{e}^{\mathrm{i}\frac{2\pi}{\alpha}nx}\right)\mathrm{e}^{\mathrm{i}k'x}\mathrm{d}x$$

$$=\frac{1}{L}\int_0^L\sum_n{}'V_n\mathrm{e}^{\mathrm{i}\left(k'-k+\frac{2\pi}{\alpha}n\right)x}\mathrm{d}x$$

$$=\begin{cases}V_n & k'=k-\dfrac{2\pi}{a}n\\ 0 & k'\neq k-\dfrac{2\pi}{\alpha}n\end{cases} \tag{7-51}$$

把 $H_{kk'}'$ 和条件 $k'=k-(2\pi n/a)$ 代入式（7-50）得 E_k''，从而得到二级近似能量

$$E_k=E_k^0+E_k''$$

$$=\frac{\hbar^2k^2}{2m}+\sum_n{}'\frac{2m|V_n|^2}{\hbar^2k^2-\hbar^2\left(k-\dfrac{2\pi n}{a}\right)^2},\ n\neq 0 \tag{7-52}$$

对于波函数的一级近似，并注意到 $H_{k'k}'=H_{kk'}'^{*}$ 和条件 $k'=k-(2\pi n/a)$，有

$$\psi_k(x)=\psi_k^0+\psi_k'=\psi_k^0+\sum_{k'}{}'\frac{H'_{k'k}}{E_k^0-E_{k'}^0}\psi_{k'}^0(x)$$

$$=\frac{1}{\sqrt{L}}e^{ikx}\left[1+\sum_n{}'\frac{2mV_n^*e^{-i\frac{2\pi}{a}nx}}{\hbar^2k^2-\hbar^2\left(k-\dfrac{2\pi n}{\alpha}\right)^2}\right]$$

$$=\frac{1}{\sqrt{L}}e^{ikx}u_k(x)=\frac{1}{\sqrt{L}}u_k(x)e^{ikx} \tag{7-53}$$

式中

$$u_k(x)=1+\sum_n{}'\frac{2mV_n^*e^{-i\frac{2\pi}{a}nx}}{\hbar^2k^2-\hbar^2\left(k-\dfrac{2\pi n}{a}\right)^2} \tag{7-54}$$

由式（7-53）可见，所得$\psi_k(x)$满足布洛赫函数的条件。在上式中，可把$\psi_k(x)$看成一个在周期场中受到调幅的平面波，该平面波波矢为$\boldsymbol{k}$，振幅$u_k(x)/\sqrt{L}$随x而周期性变化。

上述无简并微扰法只适用于$\left|E_k^0-E_{k'}^0\right|$比较大的情况，以便$E_k''$和$\psi_k'$能很快收敛而易于近似计算。

但是，当无微扰能量E_k^0对应的k值为$k=+n\pi/a$时，将有$k'=k-(2n\pi/a)=-n\pi/a$，因而有$E_k^0=E_{k'}^0, \hbar^2k^2/2m=\hbar^2k'^2/2m$，这时$E_k''$和$\psi_k'$都发散，说明$E_k^0=E_{k'}^0$能级简并，上述无简并微扰对$k=n\pi/a$的情况不适用。另外，当$k$取$n\pi/a$附近的值时，这个方法也不太适用，因为这时$k'$也取$-n\pi/a$附近的值，以致$\left|E_k^0-E_{k'}^0\right|$仍不够大。总之，式（7-52）和式（7-53）只适用于k的值离$\pm n\pi/a$较远的情况。

当$k=n\pi/a$时，$k'=-n\pi/a$，$E_{k'}^0=E_k^0$，这时有两个态ψ_k^0和$\psi_{k'}^0$属于这同一能级，对于$k=n\pi/a$及其附近的k值，对应的能量属于简并或近简并情况，应该用简并微扰法。

2. 简并微扰法

当$k=n\pi/a$时，属于无微扰能级E_k^0的两个波函数为

$$\psi_k^0=\frac{1}{\sqrt{L}}e^{ikx},\ \psi_{k'}^0=\frac{1}{\sqrt{L}}e^{ik'x} \tag{7-55}$$

式中$k'=-k=-n\pi/a$。在简并微扰中，ψ_k的零级近似波函数应取上述两个简并波函数的线性叠加

$$\psi^0=A\psi_k^0+B\psi_{k'}^0 \tag{7-56}$$

为使得到的结果也适用于近简并情况，上式中的k也可取$n\pi/a$附近的值，k'因而取$-n\pi/a$附近的值，这时$k'\neq-k$，但$k'\approx-k$。

把ψ^0代入$\hat{H}$的本征方程（7-45），有

$$\left(-\frac{\hbar^2}{2m}\frac{d^2}{dx^2}+\sum_n{}'V_ne^{i\frac{2\pi nx}{a}}\right)(A\psi_k^0+B\psi_{k'}^0)=E(A\psi_k^0+B\psi_{k'}^0) \tag{7-57}$$

由于

$$-\frac{\hbar^2}{2m}\frac{\mathrm{d}^2}{\mathrm{d}x^2}\psi_k^0=E_k^0\psi_k^0,\quad -\frac{\hbar^2}{2m}\frac{\mathrm{d}^2}{\mathrm{d}x^2}\psi_{k'}^0=E_{k'}^0\psi_{k'}^0$$

式（7-57）可改写为

$$A\left(E_k^0-E+\sum_n{}'V_n\mathrm{e}^{\mathrm{i}\frac{2\pi}{a}nx}\right)\psi_k^0+B\left(B_{k'}^0-E+\sum_n{}'V_ne^{\mathrm{i}\frac{2\pi}{a}nx}\right)\psi_{k'}^0=0$$

分别以 ψ_k^{0*} 和 $\psi_{k'}^{0*}$ 乘上式两边，再对 x 积分，利用

$$\int_0^L\psi_k^{0*}\left(\sum_n{}'V_n\mathrm{e}^{\mathrm{i}\frac{2\pi}{a}nx}\right)\psi_k^0\mathrm{d}x=\int_0^L\psi_{k'}^{0*}\left(\sum_n{}'V_n\mathrm{e}^{\mathrm{i}\frac{2\pi}{a}nx}\right)\psi_{k'}^0\mathrm{d}x=0$$

和式（7-51）

$$\int_0^L\psi_k^{0*}\left(\sum_n{}'V_n\mathrm{e}^{\mathrm{i}\frac{2\pi}{a}nx}\right)\psi_{k'}^0\mathrm{d}x=\begin{cases}V_n & k'=k-\dfrac{2\pi}{a}n\\ 0 & k'\neq k-\dfrac{2\pi}{a}n\end{cases}$$

得决定 A、B 的线性齐次方程组

$$A(E_k^0-E)+BV_n=0$$

$$AV_n^*+B(E_{k'}^0-E)=0$$

A、B 不能同时为零，因而 A、B 的系数行列式必须等于零

$$\begin{vmatrix}E_k^0-E & V_n\\ V_n^* & E_{k'}^0-E\end{vmatrix}=0,\quad k'=k-\frac{2\pi}{a}n$$

展开，得决定电子能量 E 的方程

$$E^2-(E_k^0+E_{k'}^0)E+E_k^0E_{k'}^0-|V_n|^2=0$$

$$E_\pm=\frac{1}{2}\left[(E_k^0+E_{k'}^0)\pm\sqrt{(E_k^0-E_{k'}^0)^2+4|V_n|^2}\right]$$

$$\left(k'=k-\frac{2\pi}{a}n\right)\tag{7-58}$$

下面利用上式讨论函数 E 怎样随 k 而变化。

（1）$k=n\pi/a$　这时 $k'=-k$，$E_k^0=E_{k'}^0$，由式（7-58），得

$$E_\pm=E_k^0\pm|V_n|\tag{7-59}$$

上式说明，原来能量为 E_k^0 的自由电子，受周期场 $V(x)$ 的起伏微扰，能级 E_k^0 分裂为两个能级

$$E_+=E_k^0+|V_n|,\ E_-=E_k^0-|V_n|\tag{7-60}$$

这两个能级的间距为近自由电子模型中，第 n 个能带与第 n+1 个能带之间的禁带宽度

$$E_g=E_+-E_-=2|V_n|$$

这是因为式(7-58)实际上是 k 的函数，是两个能带 $E_+(k)$ 与 $E_-(k)$ 的 $E\sim k$ 表达式。当 $k=n\pi/a$ 时，$E_+(k)$ 具有最小值 $E_+(k)_{\min}=E_k^0+|V_n|$，即 $E_+(k)$ 能带的能带底；而 $k=n\pi/a$ 时，$E_-(k)$ 具有最大值为 $E_-(k)_{\max}=E_k^0-|V_n|$，即 $E_-(k)$ 能带的能带顶。

（2）k 取 $n\pi/a$ 附近的值　设 Δ 比 1 小很多，当 k 取 $n\pi/a$ 附近的值，即

$$k=\frac{n\pi}{a}(1+\Delta) \tag{7-61}$$

$$k'=k-\frac{2\pi}{a}n=-\frac{n\pi}{a}(1-\Delta)$$

于是

$$E_k^0=\frac{\hbar^2k^2}{2m}=T_n(1+\Delta)^2,\ E_{k'}^0=T_n(1-\Delta)^2,\ T_n=\frac{\hbar^2}{2m}\left(\frac{n\pi}{a}\right)^2 \tag{7-62}$$

把上述三式代入式（7-58），得

$$E_{\pm}=T_n(1+\Delta^2)\pm|V_n|\left(1+\frac{4T_n^2\Delta^2}{|V_n|^2}\right)^{1/2} \tag{7-63}$$

当 $2T_n\Delta\ll|V_n|<T_n$ 时，展开上式第二项括号为级数，近似得

$$E_{\pm}=T_n(1+\Delta^2)\pm|V_n|\left[1+\frac{2T_n^2\Delta^2}{|V_n|^2}\right] \tag{7-64}$$

$$\begin{aligned}E_+(k)&=T_n+|V_n|+T_n\left(\frac{2T_n}{|V_n|}+1\right)\Delta^2\\&=T_n+|V_n|+\frac{\hbar^2}{2m}\left(\frac{2T_n}{|V_n|}+1\right)\left(\frac{n\pi}{a}\Delta\right)^2\end{aligned} \tag{7-65}$$

$$\begin{aligned}E_-(k)&=T_n-|V_n|-T_n\left(\frac{2T_n}{|V_n|}-1\right)\Delta^2\\&=T_n-|V_n|-\frac{\hbar^2}{2m}\left(\frac{2T_n}{|V_n|}-1\right)\left(\frac{n\pi}{a}\Delta\right)^2\end{aligned} \tag{7-66}$$

$E_+(k)$ 是禁带之上的一个能带底部附近的 $E\sim k$ 关系，$E_-(k)$ 是同一禁带之下的一个能带顶部附近的 $E\sim k$ 关系。除了前两项常数以外，$E_{\pm}\propto\pm(n\pi\Delta/a)^2$，$n\pi\Delta/a$ 是 k 对 $n\pi/a$ 的偏离值，$E_{\pm}\sim n\pi\Delta/a\ (n>0)$ 是抛物线关系：$E_+(k)$ 是一段向上弯曲的抛物线，$E_-(k)$ 是一段向下弯曲的抛物线。

$E_+(k)\sim n\pi\Delta/a$ 曲线：当 $k=n\pi/a\ (n>0)$ 时，这段抛物线在 $n\pi/a$ 右侧（如图 7-14）；当 $k=-n\pi/a\ (n>0)$ 时，这段抛物线在 $-n\pi/a$ 左侧。

$E_-(k)\sim n\pi\Delta/a$ 曲线：当 $k=n\pi/a\ (n>0)$ 时，这段抛物线在 $n\pi/a$ 左侧；当 $k=-n\pi/a\ (n>0)$ 时，这段抛物线在 $-n\pi/a$ 右侧。

利用式（7-52）、式（7-59）、式（7-65）和式（7-66），结合起来，可以描绘出近自由电子模型的 $E\sim k$ 关系曲线（图 7-15）。虚线为自由电子的 $E\sim k$ 曲线。在 $k=\pm n\pi/a$ 处，能量 E 跳变 $2|V_n|$，这就是式（7-60）得到的禁带宽度。

运用周期性边界条件，进行类似于上节的讨论，可同样得出 $\boldsymbol{k}$ 值量子化的结论。在每个布里渊区，k 可取 N 个（晶体中的原胞总数）不同的值，因而每个能带有 N 个密集的能级，每个能带可容纳 $2N$ 个电子（每个能级可容纳自旋相反的两个电子）。

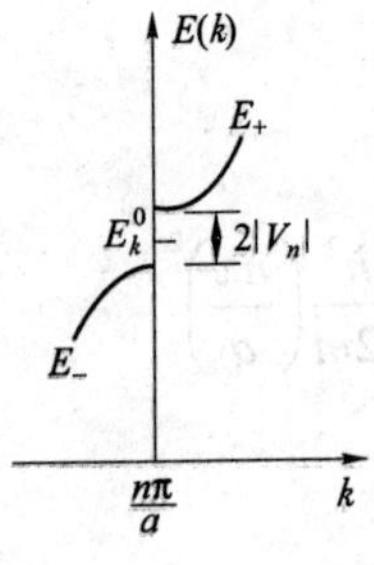

图 7-14

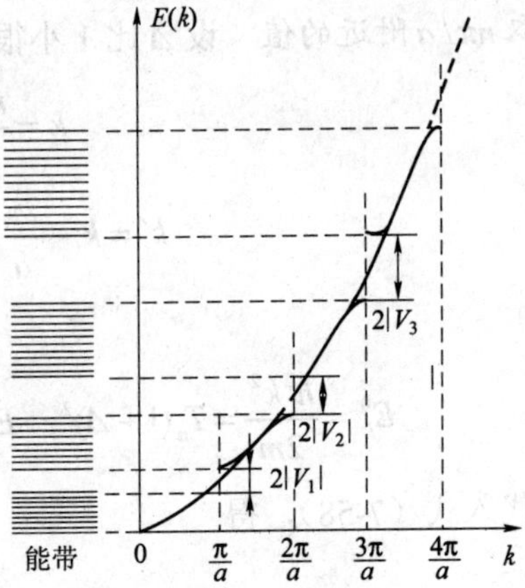

图 7-15

§ 7–5　紧束缚模型

这个模型与近自由电子模型相反，认为原子对离它最近的电子有很强的束缚作用，以至于可以把晶体中其他原子对该电子作用的总和只能看成微扰。这种情况相近于原子的内层电子。这时，晶体中电子的状态与孤立原子中电子状态的差别不是太大，晶体中电子的波函数就可用孤立原子中电子波函数的线性叠加表示。这种近似方法称为原子轨道线性组合法（LCAO 法）。

下面以孤立原子 s 能级 $(l=0)$ 在原子结合成晶体以后，所分裂的能级组成 s 能带为例，并考虑三维晶体。

孤立原子的 s 能级无简并。下面以上标“a”表示属于孤立原子的量，孤立原子的能量本征方程为

$$\left[-\frac{\hbar^2}{2m}\nabla^2+V^a(\boldsymbol{r}-\boldsymbol{R}_n)\right]\varphi_s^a(\boldsymbol{r}-\boldsymbol{R}_n)=E_s^a\varphi_s^a(\boldsymbol{r}-\boldsymbol{R}_n) \tag{7-67}$$

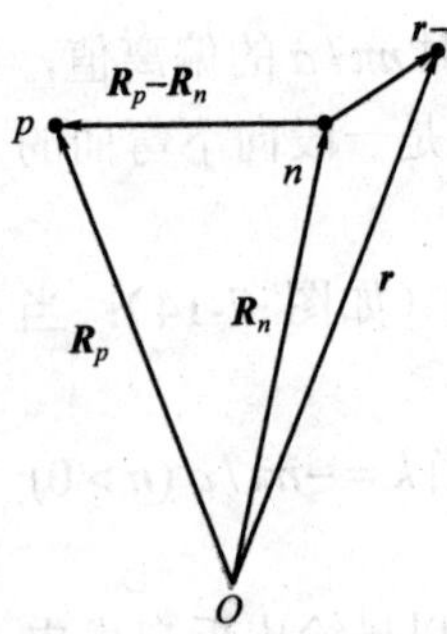

图 7-16

式中 $\boldsymbol{R}_n$ 为第 n 个孤立原子的矢径（图 7-16），$\boldsymbol{r}$ 为 s 态电子的矢径，$V^a(\boldsymbol{r}-\boldsymbol{R}_n)$ 为第 n 个孤立原子在 $\boldsymbol{r}$ 处产生的势场，φ_s^a 为第 n 个孤立原子 s 态电子的波函数，E_s^a 为该 s 态电子的能量。

在由 N 个上述孤立原子组成的晶体中，原来处于 s 态的那个电子的能量本征方程为

$$\left[-\frac{\hbar^2}{2m}\nabla^2+\sum V^a(\boldsymbol{r}-\boldsymbol{R}_n)\right]\psi_s(\boldsymbol{k},\boldsymbol{r})=E_s(\boldsymbol{k})\psi_s(\boldsymbol{k},\boldsymbol{r}) \tag{7-68}$$

式中 $V(\boldsymbol{r})=\sum_n V^a(\boldsymbol{r}-\boldsymbol{R}_n)$ 为组成晶体以后的所有 N 个原子在 $\boldsymbol{r}$ 处产生的势场，ψ_s 为原 s 态电子现在的波函数，$E_s(\boldsymbol{k})$ 为它现在的能量。把第 n 个原子在 $\boldsymbol{r}$ 处产生的势场 $V^a(\boldsymbol{r}-\boldsymbol{R}_n)$ 从总势场 $V(\boldsymbol{r})$ 中分离出来，式（7-68）就改写为

$$\left[-\frac{\hbar^2}{2m}\nabla^2+V^a(\boldsymbol{r}-\boldsymbol{R}_n)+\sum_m{}'V^a(\boldsymbol{r}-\boldsymbol{R}_m)\right]\psi_s(\boldsymbol{k},\boldsymbol{r})$$

$$= E_s(\boldsymbol{k})\psi_s(\boldsymbol{k},\boldsymbol{r}) \tag{7-69}$$

式中$\sum_m{}'$求和不包括$m=n$这一项，$\sum_m{}' V^a(\boldsymbol{r}-\boldsymbol{R}_m)$是除了第$n$个原子以外的其他$N-1$个原子在$\boldsymbol{r}$处产生的势场。

紧束缚模型认为，距第n个原子最近的电子主要受第n个原子势场的作用，而其他所有$N-1$个原子的势场对该电子的作用很小，以至于$\sum_m{}' V^a(\boldsymbol{r}-\boldsymbol{R}_m) \ll V^a(\boldsymbol{r}-\boldsymbol{R}_n)$，可把$\sum_m{}' V^a(\boldsymbol{r}-\boldsymbol{R}_m)$看成微扰$\hat{H}'$，则对第$n$个原子的$s$电子

$$\hat{H}_0 = -\frac{\hbar^2}{2m}\nabla^2 + V^a(\boldsymbol{r}-\boldsymbol{R}_n) \tag{7-70}$$

$$\hat{H}' = \sum_m{}' V^a(\boldsymbol{r}-\boldsymbol{R}_m) \quad (m \neq n) \tag{7-71}$$

晶体中有N个原子，当无$\hat{H}'$微扰，即不计入原子间的相互作用时，相当于N个原子互相孤立。这样，在没有$\hat{H}'$微扰的晶体中，就有N个不同的$\varphi_s^a(\boldsymbol{r}-\boldsymbol{R}_n)$态具有同一能量$E_s^a$，即$E_s^a$为$N$度简并。按简并微扰论，有微扰以后，s电子在晶体中的零级近似波函数ψ_s应是N个不同φ_s^a的线性叠加

$$\psi_s(\boldsymbol{k},\boldsymbol{r}) = \sum_p^N C_p \varphi_s^a(\boldsymbol{r}-\boldsymbol{R}_p) \tag{7-72}$$

式中$\boldsymbol{R}_p$是第p个原子的矢径。孤立原子的方程（7-67）对原子p也成立

$$\left[-\frac{\hbar^2}{2m}\nabla^2 + V^a(\boldsymbol{r}-\boldsymbol{R}_p)\right]\varphi_s^a(\boldsymbol{r}-\boldsymbol{R}_p) = E_s^a \varphi_s^a(\boldsymbol{r}-\boldsymbol{R}_p) \tag{7-73}$$

晶体中电子的方程（7-69）也可改写为

$$\begin{aligned} &\left[-\frac{\hbar^2}{2m}\nabla^2 + V^a(\boldsymbol{r}-\boldsymbol{R}_p) + V(\boldsymbol{r}) - V_s^a(\boldsymbol{r}-\boldsymbol{R}_p)\right]\psi_s(\boldsymbol{k},\boldsymbol{r}) \\ &= E_s(\boldsymbol{k})\psi_s(\boldsymbol{k},\boldsymbol{r}) \end{aligned} \tag{7-74}$$

把式（7-72）代入上式，并利用式（7-73），得

$$\begin{aligned} &\sum_p C_p E_s^a \varphi_s^a(\boldsymbol{r}-\boldsymbol{R}_p) + \sum_p C_p[V(\boldsymbol{r}) - V^a(\boldsymbol{r}-\boldsymbol{R}_p)]\varphi_s^a(\boldsymbol{r}-\boldsymbol{R}_p) \\ &= E_s \sum_p C_p \varphi_s^a(\boldsymbol{r}-\boldsymbol{R}_p) \end{aligned}$$

$$\begin{aligned} &\sum_p C_p[V(\boldsymbol{r}) - V^a(\boldsymbol{r}-\boldsymbol{R}_p)]\varphi_s^a(\boldsymbol{r}-\boldsymbol{R}_p) \\ &= (E_s - E_s^a)\sum_p C_p \varphi_s^a(\boldsymbol{r}-\boldsymbol{R}_p) \end{aligned}$$

两端同乘$\varphi_s^{a*}(\boldsymbol{r}-\boldsymbol{R}_n)$，积分

$$\begin{aligned} &\sum_p C_p \int \varphi_s^{a*}(\boldsymbol{r}-\boldsymbol{R}_n)[V(\boldsymbol{r}) - V^a(\boldsymbol{r}-\boldsymbol{R}_p)]\varphi_s^a(\boldsymbol{r}-\boldsymbol{R}_p)\mathrm{d}\tau \\ &= (E_s - E_s^a)\sum_p C_p \int \varphi_s^{a*}(\boldsymbol{r}-\boldsymbol{R}_n)\varphi_s^a(\boldsymbol{r}-\boldsymbol{R}_p)\mathrm{d}\tau \end{aligned}$$

引入符号 J_{np} 和 δ_{np} 上式改写为

$$\sum_p C_p J_{np} = (E_s - E_s^a)\sum_p C_p \delta_{np}$$

$$\sum_p C_p J_{np} = C_n(E_s - E_s^a) \tag{7-75}$$

上式中

$$J_{np} = \int \varphi_s^{a*}(\boldsymbol{r}-\boldsymbol{R}_n)[V(\boldsymbol{r}) - V^a(\boldsymbol{r}-\boldsymbol{R}_p)]\varphi_s^a(\boldsymbol{r}-\boldsymbol{R}_p)\mathrm{d}\tau$$

$$= \int \varphi_s^{a*}(\boldsymbol{r}-\boldsymbol{R}_n)\left[\sum_{m\neq p}{}' V^a(\boldsymbol{r}-\boldsymbol{R}_m)\right]\varphi_s^a(\boldsymbol{r}-\boldsymbol{R}_p)\mathrm{d}\tau \tag{7-76}$$

把 J_{nn} 从求和中分离出来，令

$$-A = J_{nn} = \int \varphi_s^{a*}(\boldsymbol{r}-\boldsymbol{R}_n)\left[\sum_{m\neq n}{}' V^a(\boldsymbol{r}-\boldsymbol{R}_m)\right]\varphi_s^a(\boldsymbol{r}-\boldsymbol{R}_n)\mathrm{d}\tau \tag{7-77}$$

式（7-75）改写为

$$C_n J_{nn} + \sum_{p\neq n}{}' C_p J_{np} = C_n(E_s - E_s^a) \tag{7-78}$$

由布洛赫定理，周期场中电子的波函数与波矢 $\boldsymbol{k}$ 有关，所以式（7-72）中的展开系数 C_p 应与 $\boldsymbol{k}$ 有关。可以证明

$$C_p = C_0 \mathrm{e}^{\mathrm{i}\boldsymbol{k}\cdot\boldsymbol{R}_p} \tag{7-79}$$

把上式代入式（7-78），得

$$E_s(\boldsymbol{k}) = E_s^a - A + \sum_{p\neq n}{}' J_{np}\mathrm{e}^{\mathrm{i}\boldsymbol{k}\cdot(\boldsymbol{R}_p-\boldsymbol{R}_n)} \tag{7-80}$$

考察积分（7-76）J_{np}。积分中有孤立原子 n 的波函数 $\varphi_s^a(\boldsymbol{r}-\boldsymbol{R}_n)$ 与孤立原子 p 的波函数 $\varphi_s^a(\boldsymbol{r}-\boldsymbol{R}_p)$ 之间的乘积。原子 p 代表原子 n 以外的所有 N-1 个原子。当原子 p 与原子 n 相距很远，则被原子 p 或原子 n 紧束缚住的电子出现在对方原子周围的几率极小。因此，除了与原子 n 最邻近的那些 p 原子以外，其余那些原子 p 与原子 n 的 s 电子的波函数在空间的交叠程度极小：即在原子 n 附近的空间，绝大多数原子 p 的 $\varphi_s^a(\boldsymbol{r}-\boldsymbol{R}_p)$ 趋于零；在绝大多数原子 p 附近的空间，原子 n 的 $\varphi_s^a(\boldsymbol{r}-\boldsymbol{R}_n)$ 也趋于零。所以，在式（7-76）中，只有那些与原子 n 为最近邻的原子 p 的 J_{np} 积分才有较大的值，而其余的 J_{np} 皆很小很小，可以略去，式（7-80）就可以近似为 J_{np} 只对与原子 n 为最近邻的那些原子 p 求和，即

$$E_s(\boldsymbol{k}) = E_s^a - A + \sum_p^{\text{最近邻}} J_{np}\mathrm{e}^{\mathrm{i}\boldsymbol{k}\cdot(\boldsymbol{R}_p-\boldsymbol{R}_n)} \tag{7-81}$$

当与原子 n 为最近邻的那些原子 p 相对于原子 n 为对称排列，则它们的 J_{np} 积分必然相等，令 $J_{np} = -J$，得

$$E_s(\boldsymbol{k}) = E_s^a - A - J\sum_p^{\text{最近邻}} \mathrm{e}^{\mathrm{i}\boldsymbol{k}\cdot(\boldsymbol{R}_p-\boldsymbol{R}_n)} \tag{7-82}$$

这就是孤立原子构成晶体以后，孤立原子 s 能级分裂成的 s 能带 $E_s(\boldsymbol{k}) \sim \boldsymbol{k}$ 表达式。$\boldsymbol{R}_p - \boldsymbol{R}_n$ 是

从原子 n 指到原子 p 的矢径。

举一个式（7-82）应用的例子：求体心立方晶格 s 能带的 $E_s(\boldsymbol{k})\sim\boldsymbol{k}$ 表达式。

体心立方晶胞的原子排列如图 7-6 所示。设晶胞立方体的棱边长为 a（称为晶格常数），8 个顶角上各有一个原子，立方体中心有一个原子。把体心原子作为原子 n，坐标原点就放在原子 n 上，则 $\boldsymbol{R}_n=0$。式（7-82）的第三项是对原子 n 的最近邻的原子 p 求和，在本例中，它们就是顶角上的 8 个原子。求和式

$$\sum_p \mathrm{e}^{\mathrm{i}\boldsymbol{k}\cdot\boldsymbol{R}_p}=\sum_p \mathrm{e}^{\mathrm{i}(k_x x_p+k_y y_p+k_z z_p)}$$

共 8 项。(x_p, y_p, z_p) 是第 p 个原子的坐标。把 $\boldsymbol{R}_n=0$ 和 8 个顶角原子的坐标值代入式（7-82），并利用原子排列的对称性以及指数函数与三角函数的关系化简运算，可得体心立方晶体 s 电子能带 $E_s(\boldsymbol{k})$ 的表达式

$$E_s(\boldsymbol{k})=E_s^a-A-8J\cos\frac{k_x a}{2}\cos\frac{k_y a}{2}\cos\frac{k_z a}{2} \tag{7-83}$$

$E_s(\boldsymbol{k})$ 是 $\boldsymbol{k}$ 的函数，与 k_x、k_y、k_z 都有关系。在上式中，当 $k_x=k_y=k_z=0$ 时，$E_s(\boldsymbol{k})$ 有最小值

$$E_s(\boldsymbol{k})=E_{s\min}=E_s^a-A-8J \tag{7-84}$$

当 $\boldsymbol{k}$ 为 $(\pm 2\pi/a,0,0)$ 或 $(0,\pm 2\pi/a,0)$ 或 $(0,0,\pm 2\pi/a)$ 时，$E_s(\boldsymbol{k})$ 有最大值

$$E_s(\boldsymbol{k})=E_{s\max}=E_s^a-A+8J \tag{7-85}$$

显然，$E_{s\min}$ 和 $E_{s\max}$ 分别是该 s 能带底和能带顶的能量，所以这个能带的宽度为

$$E_{s\max}-E_{s\min}=16J \tag{7-86}$$

图 7-17 为孤立原子 s 能级与晶体相应 s 能带的对比示意图。在晶体中，如果一个原子的内层 ns 电子与相邻原子的内层 ns 电子的波函数互相交叠程度很小，则 J 值很小，按式（7-86），相应的 s 能带就较窄。反之，就较宽。

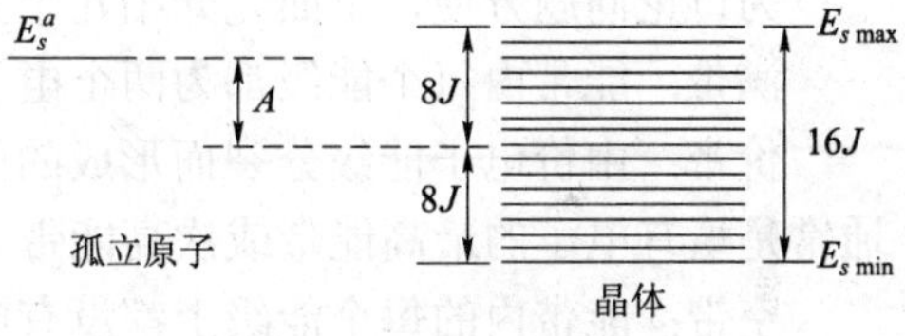

图 7-17

由周期性边界条件，$E_s(\boldsymbol{k})$ 随 $\boldsymbol{k}$ 的量子化而取量子化值。由 N 个单原子原胞组成的简单晶格，在一个能带 $E_s(\boldsymbol{k})$ 范围内共有 N 个能级，可容纳 $2N$ 个电子。

紧束缚模型对内层 s 电子形成的能带较适用，因为原子核对内层电子束缚最紧，而且在相邻原子之间，只有内层 s 电子的波函数的互相交叠程度才比较小。

对面心立方单原子晶格原子内层 s 电子的 E_n 能带，取面心立方晶胞某一顶角上的原子作为原子 n 和坐标原点。这里，与原子 n 为最近邻的原子 p 为 12 个面心原子，因为这个顶角原子 n 同时参与构成 8 个相邻的晶胞，原子 n 在这 8 个晶胞的共同顶角上，因此，在 xy 面、yz 面、zx 面，各有 4 个面心原子与原子 n 最近。通过类似于对体心立方 s 能带的计算，可得面心立方晶格 s 能带的 $E_s(\boldsymbol{k})\sim\boldsymbol{k}$ 关系式

$$E_s(\boldsymbol{k})=E_s^a-A-4J\left(\cos\frac{k_x a}{2}\cos\frac{k_y a}{2}+\cos\frac{k_y a}{2}\cos\frac{k_z a}{2}+\cos\frac{k_z a}{2}\cos\frac{k_x a}{2}\right) \tag{7-87}$$

§ 7–6 金属、绝缘体和半导体的能带

通过前面的讨论知道，N 个孤立原子（原胞）组成晶体以后，晶体中电子的能量状态由一个个能带描述。在简单的情况下，孤立原子的一个 E_{nl} 能级，在这些孤立原子组成晶体以后，这个 E_{nl} 能级分裂成一个 E_{nl} 能带，E_{nl} 能带与 E_{nl} 能级可一一对应。

但是，在大多数情况下，并不存在 E_{nl} 能级与 E_{nl} 能带的一一对应关系。这是因为，随着 N 个原子组成晶体，原子之间的距离缩小，不仅 nl 值相同电子的波函数互相交叠不能忽略（上节只涉及相邻原子 ns 电子的波函数交叠程度），而且 n 相同但 l 不同的电子，其波函数之间的交叠也不能忽略。例如，一个原子的 ns 电子的波函数与相邻原子的 np 电子的波函数可能发生较大程度的交叠。这时，孤立原子的 E_{ns} 与 E_{np} 能级，在形成晶体以后，大量由 E_{ns} 与 E_{np} 分裂出来的能级将重新组合成几个新的能带。这几个能带与 E_{ns} 和 E_{np} 能级并无直接对应关系。这种能带的形成称为轨道杂化。

固体能带的理论研究与实验测量在不断深入，已发展了很多复杂的计算理论，发现了许多新材料、新特性，开拓了广泛的技术应用领域，但还有许许多多问题值得探索。

用能带理论很容易解释为什么固体有导体、绝缘体和半导体的区别。这与晶体的能带结构和电子对能带的填充情况有关。

晶体中的电子按能量最小原理，从最低的 1s 能带开始填充电子，能带内的每个能级可以填充自旋相反的两个电子。1s 能带填充满电子以后，依照从低到高的顺序填充相邻更高的一个个能带，直到晶体中的全部电子填充完为止（单原子原胞晶体共有 NZ 个电子，同一种原子组成的双原子原胞晶体共有 $2NZ$ 个电子）。

为讨论问题方便，下面先介绍几个关于能带的名称。

满带：能带内每个能级都为两个电子填满的能带。

价带：由价电子能级分裂而形成的能带。价带可能是满带，也可能未被电子填满。价带通常是填有电子的最高能带或次高能带。

空带：能带内的每个能级上都没有电子。

满带电子不形成宏观电流。在无外场时，参与形成宏观电流的某电子 a，必须增加自己的能量，因此必须跃迁到能带内较高的某一能级。但此能级上必须离开一个电子 b 才能接纳电子 a，而 b 的去处只能是去填充 a 原来的能级（这样才能保持每个能级上不会多于两个电子）。当电子 a 的速度为 $\boldsymbol{v}$，则电子 b 的速度必为 $-\boldsymbol{v}$，因而产生的宏观电流互相抵消。当有外电场时，满带电子仍然不能形成宏观电流（强外场产生电击穿的情况除外）。因为仍是满带，通过互换能级产生的宏观电流仍然会互相抵消。电子从外场得到的能量整体上不能跃迁到高能级，只能传给原子形成晶格原子的热能。

导带：远远未填满电子的能带称为导带。导带中已有的电子主要占据导带下部的能级，这以上的大量能级基本上没有电子。由于能级密集，相邻能级的能量差极小极小，如果有外电场存在，电子只要从外电场得到很少的能量，就能从下部能级向上部大量的空能级转移。这同时也是外电场使电子获得定向加速度和定向平均速度的过程。获得定向加速度的电子不可能总是加速下去，总会受到晶格缺陷势场的散射（实际晶体总存在各种缺陷，例如原子排列不规则而产生的位错、晶格原子缺位、存在杂质原子等，都会使缺陷处的势场偏离理想的

周期性，缺陷势场对电子运动的影响称为散射）而失去得到的能量（变为晶格热能），并从上部能级向下部能级转移……。这种从外电场获得能量，再通过散射而失去能量的过程交替反复进行，在宏观上表现为电子得到一定的平均定向速度而形成宏观电流的过程。所以，在未填满电子的能带，能带中的电子在外电场的作用下能形成宏观电流。

下面用几个具体例子看一看在 $T=0\,\mathrm{K}$ 时，导体、绝缘体和半导体的能带被电子填充的特征。

铜晶体：铜原子只有一个价电子，为 3s 态。铜晶体（N 个原子组成）的 3s 能带有 N 个能级，能容纳 $2N$ 个电子，但 N 个价电子只填充了 3s 能带的下半个能带，价带只有半满（图 7-18）。所以，按上面的分析，铜的价带是导带，铜是良导体。

镉晶体：镉原子有两个 5s 态的价电子，镉晶体的 $2N$ 个价电子正好填满 5s 价带。但 5s 价带与上面相邻的 5p 能带有一部分互相交叠，在交叠区及交叠区以上的部分都有大量空能级，共 N 个，所以镉也是导体。

总之，导体或金属能带的特征是：价带有大量空能级没有电子占据，或价带与上部能带交叠。

绝缘体：绝缘体中的电子由低能带到高能带，逐个地被电子顺序向上填充，而最后填充的一个能带恰好被剩余的电子全部填充满。这个能带（价带）与上一个空能带之间隔着一个很宽的禁带（图 7-19）。这样，不仅价带电子不能导电，而且因禁带太宽，价带电子很难得到足够的能量进入上面的空带，因而这个空带极不易成为导带。所以绝缘体通常不导电。

半导体：其能带在形式上与绝缘体相似，但一个重要的差别是价带与上部空带之间的禁带宽度比绝缘体的窄得多（图 7-19）。在绝对零度下，半导体的价带是满带，这之上是空带。但由于禁带较窄，随环境温度升高，价带就会有一些电子能够从环境热场中得到足够的能量跃迁入上面的空带，使这个空带成为导带。另外，失去一些电子的价带，其顶部也空出了部分能级，这样，价带中的剩余电子也能在外电场中产生电流。不过，比起导体来，半导体导带电子的浓度要小几个数量级，导电性能就比金属差多了。

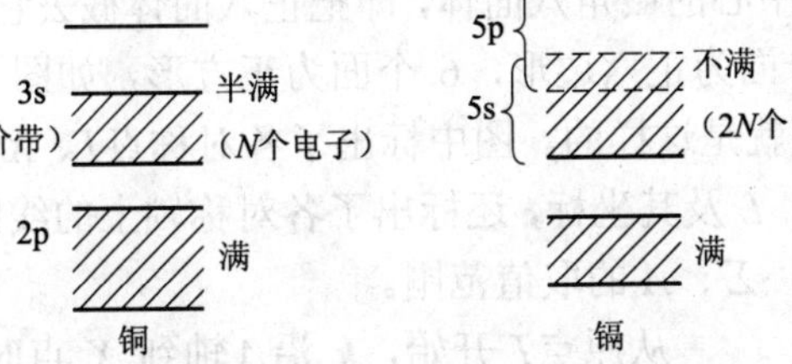

图 7-18

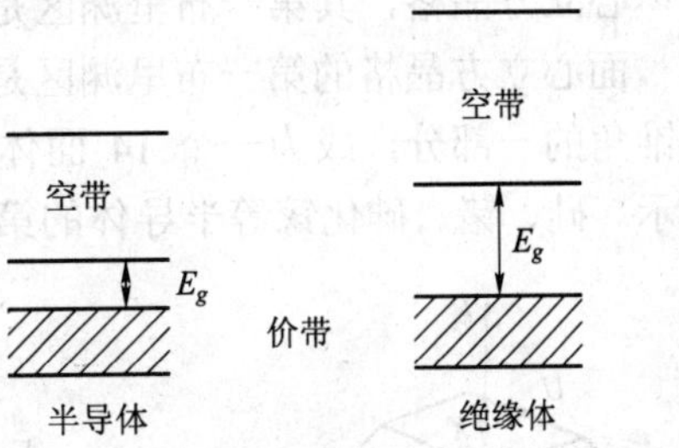

图 7-19

硅是半导体。硅作为孤立原子时，其 4 个价电子中有两个位于 3s 能级，两个位于 3p 能级。硅晶格为金刚石结构，最小重复单元硅原胞为双原子原胞。原胞内 8 个价电子的能级分裂 8 个能带。上面 4 个能带互相交叠成一个导带，但 $T=0\,\mathrm{K}$ 时为空带。下面 4 个能带互相交叠成一个价带，$T=0\,\mathrm{K}$ 时，价带的 $4N$ 个能级恰好被 $8N$ 个价电子填满而成为满带。价带与导带之间的禁带宽度为 1.12 eV（300 K），室温下就会有少量价带电子从环境热场中得到大于 1.12 eV 的能量而跃迁入导带。这些进入导带的电子就可以在外电场作用下形成电流。

§7–7 三维布里渊区　等能面

1. 三维布里渊区

已介绍过一维布里渊区。对一维 $E(k)\sim k$ 曲线（图 7-15），k 取某些值时，$E(k)$ 产生跳变，这些 k 值把 $E(k)\sim k$ 曲线分割为一段段的曲线，每一段 $E(k)$ 曲线构成一个能带。每个能带分别对应不同的 k 值区间。

每个能带所分别对应的 $\boldsymbol{k}$ 值区间称为该能带的布里渊区。

一维布里渊区是以 k=0 为中心，以 k 轴上的一定 k 值范围来表示。第一布里渊区的 k 值范围是 $(-\pi/a,\pi/a)$。第二布里渊区范围 $(-2\pi/a,-\pi/a)$ 和 $(\pi/a,2\pi/a)$，把第一布里渊区围在里面。依次向外是第三、第四、…布里渊区，后面的包围了前面的。每个布里渊区只有 N 个不同的 k 值，对应 k 轴上均匀分布的 N 个不同的点。第一、第二、…布里渊区，分别对应从下到上的第一、第二、…能带的 k 值，不同布里渊区在 k 轴上有相同的长度。

对三维晶体，由紧束缚模型可知，$E(\boldsymbol{k})$ 与 k_x、k_y、k_z 都有关。与一维晶体的布里渊区类似，一个三维布里渊区是指三维晶体某一能带所对应的 $\boldsymbol{k}(k_x,k_y,k_z)$ 值范围。形象化表示，就是以 k_x、k_y、k_z 为直角坐标轴来表示一个 $\boldsymbol{k}$ 空间。一个量子化允许 $\boldsymbol{k}$ 值用一个 $\boldsymbol{k}$ 矢量表示，或用此 $\boldsymbol{k}$ 矢量端点的坐标 (k_x,k_y,k_z) 表示。三维晶格的第一布里渊区是以 $\boldsymbol{k}=0$ 原点为对称中心的一个 $\boldsymbol{k}$ 空间范围。第二布里渊区把第一布里渊区围在里面，再外面依次是第三、第四、…布里渊区，后面的包围前面的。第一、第二、…布里渊区，分别对应从下到上的第一、第二、…能带的 $\boldsymbol{k}$ 值范围。每个布里渊区有 N 个不同的 $\boldsymbol{k}$，其端点在各布里渊区内均匀分布。不同布里渊区有相同的 $\boldsymbol{k}$ 空间体积。

与一维布里渊区类似，可以用第一布里渊区内的 $\boldsymbol{k}$ 值描述各布里渊区原来的 $E(\boldsymbol{k})\sim\boldsymbol{k}$ 关系，所以通常只讨论第一布里渊区的范围，即它与第二布里渊区的分界面在 $\boldsymbol{k}$ 空间的形状。对体心立方晶格，其第一布里渊区是以 $\boldsymbol{k}=0$ 为中心的正十二面体。

面心立方晶格的第一布里渊区是以 $\boldsymbol{k}=0$ 为中心的截角八面体，即把正八面体截去它的 6 个锥角的一部分，成为一个 14 面体，其中 8 个面为正六边形，6 个面为正方形，如图 7-20 所示。硅、锗、砷化镓等半导体的第一布里渊区就是这样的。图中标出了各对称点 Γ、X、K、L 及其坐标，还标出了各对称轴上的线段 Δ、Σ、Λ 的取值范围。

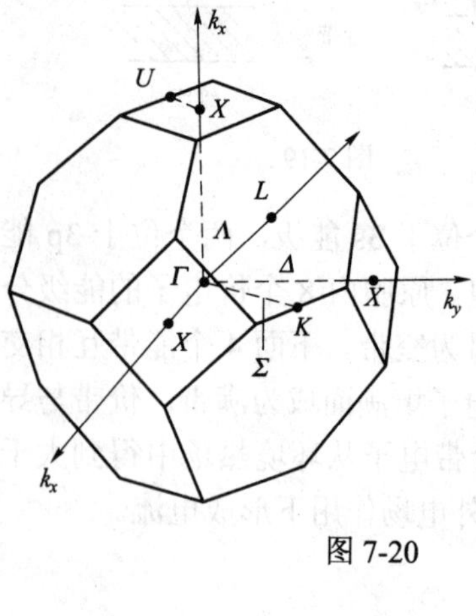

Γ：(0, 0, 0)

X：$\left(\frac{2\pi}{a},0,0\right)$

K：$\frac{2\pi}{a}\left(\frac{3}{4},\frac{3}{4},0\right)$

L：$\frac{2\pi}{a}\left(\frac{1}{2},\frac{1}{2},\frac{1}{2}\right)$

Δ：$\Gamma\to X$

Σ：$\Gamma\to K$

Λ：$\Gamma\to L$

图 7-20

从原点 Γ 开始，$\boldsymbol{k}$ 沿 Δ 轴到 X 点时，$\boldsymbol{k}$ 由 $(0,0,0)$ 变到 $(2\pi/a,0,0)$。把 Δ 轴上的 $\boldsymbol{k}$ 值代入硅导带的 $E(\boldsymbol{k})\sim\boldsymbol{k}$ 关系式，就可描绘出由 Γ 到 X 的 $E(\boldsymbol{k})\sim\boldsymbol{k}$ 曲线（图 7-21）。类似可得由 Γ 到 L 的 $E(\boldsymbol{k})\sim\boldsymbol{k}$ 曲线。同样，根据硅价带的 $E(\boldsymbol{k})\sim\boldsymbol{k}$ 关系式，可得硅价带的由 Γ 到 X 和由 Δ 到 L 的 $E(\boldsymbol{k})\sim\boldsymbol{k}$ 曲线。理论和实验测量表明，硅导带和价带的 $E(\boldsymbol{k})\sim\boldsymbol{k}$ 关系曲线都不止一条，说明硅导带和价带分

别由几个有交叠的能带构成。

从图 7-21 可以看出，硅导带能量的最小值（导带底）$E_c(\boldsymbol{k})_{\min}$ 对应 $\boldsymbol{k}$ 点之一在 k_x 轴上的 Γ 点到 X 点之间，距 Γ 点约 $0.85\overline{\Gamma X}$ 处。由布里渊区的对称性，使导带 $E_c(\boldsymbol{k})$ 取最小值的 $\boldsymbol{k}$ 点共有 6 个，分别在 k_x、k_y、k_z 轴上，相对于 Γ 点对称分布。硅价带的极大值在 $\boldsymbol{k}$ 空间的原点 Γ，对应的能量为价带顶的能量。从价带顶到导带底之间没有能量允许值，这个范围就是禁带。

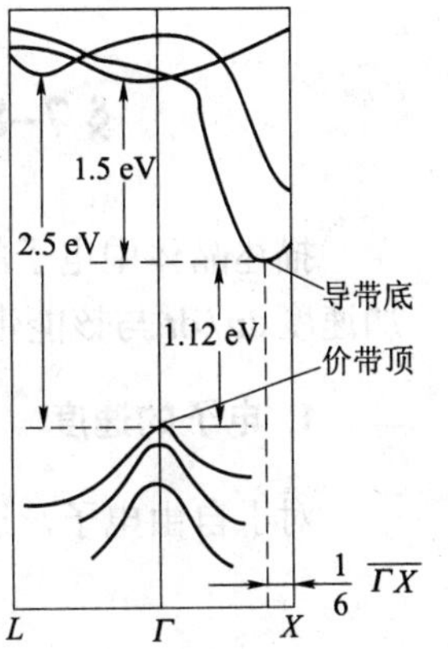

图 7-21

2. 等能面

在紧束缚模型中，计算了体心立方晶格 *ns* 能带的 $E(\boldsymbol{k})\sim\boldsymbol{k}$ 关系式

$$E_s(\boldsymbol{k}) = E_s^a - A - 8J\cos\frac{k_x a}{2}\cos\frac{k_y a}{2}\cos\frac{k_z a}{2} \tag{7-88}$$

在点 $\boldsymbol{k}(0,0,0)$，$E_s(\boldsymbol{k})$ 取最小值 $E_{s\min}$，这是该 *ns* 能带底的能量。在点 $\boldsymbol{k}(0,0,0)$ 附近，把上式中的余弦函数展为级数，保留到 k 的二次项，得到在该能带底部附近的 $E_s(\boldsymbol{k})\sim\boldsymbol{k}$ 近似式

$$E_s(\boldsymbol{k}) = E_{s\min} + Ja^2(k_x^2 + k_y^2 + k_z^2) \tag{7-89}$$

式中，$E_{s\min} = E_s^a - A - 8J$。

令 $E_s(\boldsymbol{k}) = C$，C 为大于 $E_{s\min}$ 的某一常量，上式可改写为

$$k_x^2 + k_y^2 + k_z^2 = \frac{C - E_{s\min}}{Ja^2} \tag{7-90}$$

显然，在 $\boldsymbol{k}$ 空间中，上述方程是一个以 $\boldsymbol{k}(0,0,0)$ 点为球心，以 $[(C-E_{s\min})/(Ja^2)]^{1/2}$ 为半径的球面方程。用这个球面上任意点的 $\boldsymbol{k}$ 值代入式（7-90），都会得到相同的能量 $E_s(\boldsymbol{k}) = C$，所以这个球面是个等能面。令 $E_s(\boldsymbol{k})$ 取不同的 C 值，就得到一系列同心的等能面。

等能面不一定都是球面，也可能是椭球面或其他很复杂的曲面。对不同的晶体结构，对同一晶体的导带底或价带顶，有不同的 $E(\boldsymbol{k})\sim\boldsymbol{k}$ 二次式，所以等能面的形状也各不相同。能带极小值（能带底）和能带极大值（能带顶）对应的 $\boldsymbol{k}$ 也不一定是 $\boldsymbol{k}$ 空间的原点。

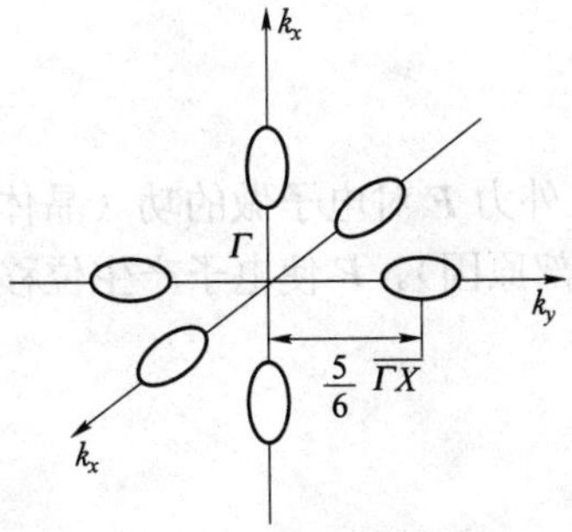

图 7-22

例如硅，导带 $E_c(\boldsymbol{k})$ 极小值对应的 $\boldsymbol{k}$ 在 Δ 轴上，离 Γ 点为 $0.85\overline{\Gamma X}$ 处，共 6 个点。把硅导带的 $E_c(\boldsymbol{k})\sim\boldsymbol{k}$ 关系式在这 6 个点附近展开为级数，保留到 $\boldsymbol{k}$ 的二次项，所得等能面分别为以这 6 个点为中心的旋转椭球面（图 7-22），旋转对称轴为相应的 k_x 或 k_y 或 k_z 轴。常温下，跃迁到导带的电子绝大多数占据在导带底部附近的能级上，而价带顶部附近的能级则缺少电子。通过对导带底部和价带顶部附近能级的 $E(\boldsymbol{k})\sim\boldsymbol{k}$ 关系和等能面的分析，可以了解到该晶体导带电子或价带电子的许多性质，例如下节要介绍的导带底电子或价带顶电子的有效质量。

§7-8 晶体中电子的速度、加速度和有效质量

描述晶体中电子的空间运动，是一个复杂的难题。但是，如果把晶体中电子的速度 $\boldsymbol{v}$ 和加速度 $\mathrm{d}\boldsymbol{v}/\mathrm{d}t$ 与该能带的 $E(\boldsymbol{k})$ 联系起来，这个难题就可以异常简单地得到解决。

1. 电子的速度

对于自由电子，速度

$$\boldsymbol{v}(\boldsymbol{k})=\frac{1}{m}\boldsymbol{p}=\frac{1}{m}\hbar\boldsymbol{k}=\frac{\hbar}{m}(k_x\boldsymbol{i}_x+k_y\boldsymbol{i}_y+k_z\boldsymbol{i}_z)$$

自由电子的能量

$$E(\boldsymbol{k})=\frac{\hbar^2}{2m}k^2=\frac{\hbar^2}{2m}(k_x^2+k_y^2+k_z^2)$$

$$\begin{aligned}\nabla_k E(\boldsymbol{k})&=\frac{\partial E}{\partial k_x}\boldsymbol{i}_x+\frac{\partial E}{\partial k_y}\boldsymbol{i}_y+\frac{\partial E}{\partial k_z}\boldsymbol{i}_z\\&=\frac{\hbar^2}{m}(k_x\boldsymbol{i}_x+k_y\boldsymbol{i}_y+k_z\boldsymbol{i}_z)\\&=\hbar\boldsymbol{v}(\boldsymbol{k})\end{aligned}$$

所以自由电子的速度 $\boldsymbol{v}(\boldsymbol{k})$ 与其能量 $E(\boldsymbol{k})$ 的关系为

$$\boldsymbol{v}(\boldsymbol{k})=\frac{1}{\hbar}\nabla_k E(\boldsymbol{k}) \tag{7-91}$$

可以证明，如果把 $\boldsymbol{v}(\boldsymbol{k})$ 理解为晶体中电子的平均速度，则上式对晶体中的电子也成立。

2. 加速度和有效质量

由式（7-91），晶体中电子的加速度为

$$\frac{\mathrm{d}\boldsymbol{v}}{\mathrm{d}t}=\frac{\mathrm{d}}{\mathrm{d}t}\left[\frac{1}{\hbar}\nabla_k E(\boldsymbol{k})\right]=\frac{1}{\hbar}\nabla_k\frac{\mathrm{d}E}{\mathrm{d}t}$$

$\mathrm{d}E/\mathrm{d}t$ 为电子单位时间内增加的能量，它应该等于单位时间内，外力 $\boldsymbol{F}$ 对电子做的功（晶体内部周期性势场 $U(\boldsymbol{r})$ 不显含 t，属于定态，E 的变化只能由于外部原因）。$\boldsymbol{F}$ 使电子产生位移 $\mathrm{d}\boldsymbol{S}$，则

$$\frac{\mathrm{d}E}{\mathrm{d}t}=\frac{\boldsymbol{F}\cdot\mathrm{d}\boldsymbol{S}}{\mathrm{d}t}=\boldsymbol{F}\cdot\boldsymbol{v}=\frac{1}{\hbar}\nabla_k E\cdot\boldsymbol{F}$$

于是电子的加速度

$$\frac{\mathrm{d}\boldsymbol{v}}{\mathrm{d}t}=\frac{1}{\hbar^2}\nabla_k(\nabla_k E\cdot F)=\frac{1}{\hbar^2}(\nabla_k\nabla_k E)\cdot\boldsymbol{F} \tag{7-92}$$

把上式按矢量式展开，再写成矩阵形式，得

$$\begin{bmatrix} \dfrac{\mathrm{d}v_x}{\mathrm{d}t} \\ \dfrac{\mathrm{d}v_y}{\mathrm{d}t} \\ \dfrac{\mathrm{d}v_z}{\mathrm{d}t} \end{bmatrix} = \frac{1}{\hbar^2} \begin{bmatrix} \dfrac{\partial^2 E}{\partial k_x^2} & \dfrac{\partial^2 E}{\partial k_x \partial k_y} & \dfrac{\partial^2 E}{\partial k_x \partial k_z} \\ \dfrac{\partial^2 E}{\partial k_x \partial k_y} & \dfrac{\partial^2 E}{\partial k_y^2} & \dfrac{\partial^2 E}{\partial k_y \partial k_z} \\ \dfrac{\partial^2 E}{\partial k_x \partial k_z} & \dfrac{\partial^2 E}{\partial k_y \partial k_z} & \dfrac{\partial^2 E}{\partial k_z^2} \end{bmatrix} \begin{bmatrix} F_x \\ F_y \\ F_z \end{bmatrix} \tag{7-93}$$

适当选择坐标系，可使上式右边的二阶对称矩阵对角化，得

$$\begin{bmatrix} \dfrac{\mathrm{d}v_x}{\mathrm{d}t} \\ \dfrac{\mathrm{d}v_y}{\mathrm{d}t} \\ \dfrac{\mathrm{d}v_z}{\mathrm{d}t} \end{bmatrix} = \frac{1}{\hbar^2} \begin{bmatrix} \dfrac{\partial^2 E}{\partial k_x^2} & 0 & 0 \\ 0 & \dfrac{\partial^2 E}{\partial k_y^2} & 0 \\ 0 & 0 & \dfrac{\partial^2 E}{\partial k_z^2} \end{bmatrix} \begin{bmatrix} F_x \\ F_y \\ F_z \end{bmatrix} \tag{7-94}$$

令

$$\left(\frac{1}{m^*}\right) = \frac{1}{\hbar^2} \begin{bmatrix} \dfrac{\partial^2 E}{\partial k_x^2} & 0 & 0 \\ 0 & \dfrac{\partial^2 E}{\partial k_y^2} & 0 \\ 0 & 0 & \dfrac{\partial^2 E}{\partial k_z^2} \end{bmatrix} = \begin{bmatrix} \dfrac{1}{m_{xx}^*} & 0 & 0 \\ 0 & \dfrac{1}{m_{yy}^*} & 0 \\ 0 & 0 & \dfrac{1}{m_{zz}^*} \end{bmatrix} \tag{7-95}$$

$(1/m^*)$ 称为“倒有效质量张量”（如果没有学过张量，就把它当作 $(1/m^*)$ 的名称即可）。这时式（7-94）可以写为

$$\frac{\mathrm{d}\boldsymbol{v}}{\mathrm{d}t} = \left(\frac{1}{m^*}\right)\boldsymbol{F} \tag{7-96}$$

或

$$F_x = m_{xx}^* \frac{\mathrm{d}v_x}{\mathrm{d}t}, \quad F_y = m_{yy}^* \frac{\mathrm{d}v_y}{\mathrm{d}t}, \quad F_z = m_{zz}^* \frac{\mathrm{d}v_z}{\mathrm{d}t} \tag{7-97}$$

式中

$$m_{xx}^* = \left[\frac{1}{\hbar^2}\frac{\partial^2 E}{\partial k_x^2}\right]^{-1}, \quad m_{yy}^* = \left[\frac{1}{\hbar^2}\frac{\partial^2 E}{\partial k_y^2}\right]^{-1}, \quad m_{zz}^* = \left[\frac{1}{\hbar^2}\frac{\partial^2 E}{\partial k_z^2}\right]^{-1} \tag{7-98}$$

式（7-96）和式（7-97）把晶体中的电子在外场作用下，力和加速度的关系在形式上表达成了经典力学中牛顿运动定律的形式。不同的是，这里的 m_{xx}^*、m_{yy}^*、m_{zz}^* 并不是通常所指的电

子的惯性质量 m_0，而是晶体中电子的有效质量分量，按式（7-98），它们的值与 $E(\boldsymbol{k})$ 的具体函数有关，也可通过实验测量得到。当式（7-93）右边的有效质量矩阵对角化为式（7-95），则晶体中电子在外力作用下的运动就可按式（7-97）进行讨论。例如，电子在对角化坐标系中沿 x 方向的运动，其效果相当于一个质量为 m_{xx}^* 的等效粒子沿 x 方向作经典运动一样。

式（7-97）极大地简化了对晶体中电子空间运动的描述。按牛顿运动定律，当外力 $\boldsymbol{F}$ 作用于自由电子，以其 x 方向的运动为例，有

$$F_x = m_0 \frac{\mathrm{d}v_x}{\mathrm{d}t}$$

而对晶体中的电子，当晶体之外的外力 $\boldsymbol{F}$ 存在时，电子所受的力不仅来自外力 $\boldsymbol{F}$，还应包括晶体内全部大量原子核和全部大量的其他电子对该电子的作用力 $\boldsymbol{F}_L$。这时，在 x 方向有

$$F_x + F_{Lx} = m_0 \frac{\mathrm{d}v_x}{\mathrm{d}t} \tag{7-99}$$

显然，F_{Lx} 的计算几乎是不可能的，所以难以按上式计算晶体中电子的 $\mathrm{d}v_x/\mathrm{d}t$（如果把晶体电子看成经典粒子的上式成立的话）。但现在有了式（7-97）就简单多了。式（7-97）是量子力学等效而得，是正确成立的，它是把量子力学结果等效成经典形式。这样，可以把晶体中电子在外力 $\boldsymbol{F}$ 和晶体内部势场综合作用下的运动，以 x 方向为例，等效成质量为 m_{xx}^* 的电子在外力 F_x 单独作用下的运动。这就可以不必直接涉及与晶体本身内部势场对电子的复杂作用，只考虑 F_x 就够了，而且关系式简单，使一个无比复杂的问题得以简化。当然，晶体内部势场对电子运动的影响，实际上一点也没有被忽略，仅仅是被等效到 m_{xx}^*、m_{yy}^*、m_{zz}^* 中去了而已，即晶体内部势场的作用，已体现到有效质量中去了，这从式（7-98），有效质量与 $E(\boldsymbol{k})$ 直接有关就可以看出。

m_{xx}^*、m_{yy}^*、m_{zz}^* 称为晶体中电子的有效质量分量，并不是电子的惯性质量或实际质量 m_0。各有效质量分量的值与晶体原子种类、能带结构、电子是处于能带顶部附近能级还是处于能带底部附近能级有关。有效质量与方向有关并不奇怪，因为晶体中的周期性势场 $U(\boldsymbol{r})$ 随方向而不同，$E(\boldsymbol{k}) \sim \boldsymbol{k}$ 关系也就随方向而不同，而有效质量与 $E(\boldsymbol{k})$ 直接有关。晶体的许多性质随方向而变，都是基于上述同样的原因，称为晶体的各向异性。

当等能面是球面，如式（7-90）的情况，则由式（7-98），$m_{xx}^* = m_{yy}^* = m_{zz}^* = m^*$，称为有效质量各向同性。例如砷化镓的导带底和价带顶的等能面。

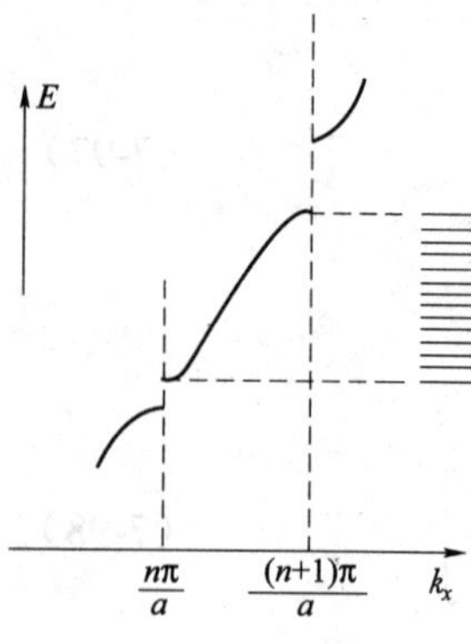

图 7-23

在能带底部附近能级上的电子，其有效质量为正值，在能带顶部附近能级上的电子，其有效质量为负值。如图 7-23，在能带底部附近，$E(k) \sim k$ 曲线的斜率 $\mathrm{d}E/\mathrm{d}k$ 随 k 增大而增大，表明 $\mathrm{d}E/\mathrm{d}k$ 随 k 的变化 $\mathrm{d}^2E/\mathrm{d}k^2>0$，所以由式（7-98）可知，在能带底部附近，电子的有效质量大于零。而在能带顶部附近，斜率 $\mathrm{d}E/\mathrm{d}k$ 随 k 的增大而减小，表明 $\mathrm{d}^2E/\mathrm{d}k^2 < 0$，所以按式（7-98），在能带顶部附近，电子的有效质量小于零。

在能带顶部附近，电子的有效质量为负值应不难理解。因为，比如 $\mathrm{d}^2E/\mathrm{d}k^2 < 0$，则 $m_{xx}^* < 0$，这并不是说电子的实际质量 m_0 变得小于零了，而是指那些在能带顶附近能级上的电子，其等效质量小于零，$m_{xx}^* < 0$。前面说过，m_{xx}^* 中含有晶体内部

势场对电子在 x 方向的等效作用。设外力沿 x 正方向，$F_x > 0$，当 $m_{xx}^* < 0$，由 $F_x = m_{xx}^* \cdot \mathrm{d}v_x / \mathrm{d}t$，可知 $\mathrm{d}v_x / \mathrm{d}t < 0$。设 F_{Lx} 为晶体内部势场作用于电子在 x 方向的等效力，以至于可以把 $F_x + F_{Lx} = m_0 \mathrm{d}v_x / \mathrm{d}t$ 与 $F_x = m_{xx}^* \mathrm{d}v_x / \mathrm{d}t$ 在描述 x 方向运动方面等效的话，则由 $\mathrm{d}v_x / \mathrm{d}t < 0$ 可得 $F_x + F_{Lx} < 0$。因原设 $F_x > 0$，则说明 $F_{Lx} < 0$，F_{Lx} 沿负 x 方向，而且 $|F_{Lx}| > F_x$。所以，$m_{xx}^* < 0$ 的含义仅说明，在能带顶部附近能级上的电子，所受晶体内部势场的等效作用力 F_{Lx} 与外力 F_x 方向相反，数值大于外力，仅此而已。

§7–9 空　　穴

空穴概念的引入，是能带论中又一个把复杂问题进行巧妙简化的例子。以半导体为例，在 $T = 0\,\mathrm{K}$，半导体价带每个能级上都有两个电子，为满带。但随着环境温度上升，例如在常温 $T = 300\,\mathrm{K}$，价带顶部附近能级上，将有少量电子能够从周围环境获得足够越过禁带宽度的能量，被激发到上部的空能带。价带顶部那些失去电子的能级空出后，价带成为非满带或近满带，在外电场的作用下，留在价带的电子就可以产生宏观电流了。怎样计算这种原来是满带，现在是近满带中的电子所产生的电流呢？

价带填满电子时，外电场中价带电子产生的宏观电流 $\boldsymbol{J}_0$ 应等于零。设价带中第 n 个电子的速度为 $\boldsymbol{v}_n$，第 k 个电子处于 $\boldsymbol{k}$ 态，速度为 $\boldsymbol{v}_k$，则

$$\boldsymbol{J}_0 = \sum_n (-e\boldsymbol{v}_n) = -e\boldsymbol{v}_k + \sum_{n \neq k}{}' (-e\boldsymbol{v}_n) = 0 \tag{7-100}$$

现在设这个 $\boldsymbol{k}$ 态电子被激发入导带，则留在价带的全部电子产生的电流 $\boldsymbol{J}$ 可由上式得到

$$\boldsymbol{J} = \sum_{n \neq k}{}' (-e\boldsymbol{v}_n) = +e\boldsymbol{v}_k \tag{7-101}$$

上式表明，当价带顶部附近能级上的一个电子被激发入导带，价带剩余全部电子产生的电流，等效于一个电量的数值等于电子电量的正电荷所产生的电流。这个正电荷的速度等于 $\boldsymbol{k}$ 态电子的速度 $\boldsymbol{v}_k$。当有效质量各向同性，可把价带顶部附近能级上电子的有效质量记为 m^*，设把等效正电荷的有效质量记为 m_h^*，令 $m_h^* = -m^*$，则 $m_h^* > 0$，为正值，因为价带顶的 $m^* < 0$。这种带正电荷，有效质量 $m_h^* > 0$，电量数值等于电子电量，m_h^* 等于价带顶电子有效质量负值的等效粒子称为空穴。

空穴概念是用来等效价带顶附近能级上失去电子以后，在价带中剩余电子出现的行为。在缺少少量电子的价带中，可把价带剩余大量电子的运动，等效为少量空穴的运动，从而使问题简化。

空穴的有效质量之所以定义为正值，而且

$$m_h^* = -m^* \tag{7-102}$$

是有理由的：价带顶缺一个电子时，剩余电子在电磁场中的表现，等效于一个带正电荷，电量数值等于电子电量，有效质量等于价带顶电子有效质量负值的粒子的运动。设由于外电场 $\mathscr{E}$ 和磁感应强度 $\boldsymbol{B}$ 的作用，使式（7-101）的电流随时间变化

$$\frac{\mathrm{d}\boldsymbol{J}}{\mathrm{d}t} = e\frac{\mathrm{d}\boldsymbol{v}}{\mathrm{d}t}$$

$\mathscr{E}$ 和 B 对电子的作用力是

$$F = -e\mathscr{E} - ev \times B$$

设晶体价带顶的等能面为球面，则价带顶电子的有效质量各向同性，$m_{xx}^* = m_{yy}^* = m_{zz}^* = m^*$，则

$$\frac{\mathrm{d}v}{\mathrm{d}t} = \left(\frac{1}{m^*}\right) F = \frac{1}{m^*} F$$

由上述三式可得

$$\frac{\mathrm{d}J}{\mathrm{d}t} = \frac{e}{-m^*}(e\mathscr{E} + ev \times B)$$

价带顶电子的 $m^* < 0$，$-m^* > 0$，令 $m_h^* = -m^*$，则

$$\frac{\mathrm{d}J}{\mathrm{d}t} = \frac{e}{m_h^*}(e\mathscr{E} + ev \times B)$$

$$= e\frac{\mathrm{d}v}{\mathrm{d}t}$$

所以得

$$m_h^* \frac{\mathrm{d}v}{\mathrm{d}t} = e\mathscr{E} + ev \times B = F_h$$

式中 F_h 为空穴所受 $\mathscr{E}$ 、B 的作用力。可见，价带顶附近能级上缺少一个电子时，在电磁场中引起的效果，的确等效于一个具有正有效质量 m_h^*，且电荷为 $+e$ 的粒子的运动，上式中的 $F_h = eE + ev \times B$ 就是电荷为 $+e$ 、质量为 m_h^* 的粒子在外场 $\mathscr{E}$ 、B 中受的力。

附录 7–I　实验：用 C 语言编程证明金刚石晶胞内原子特性的不同

一、实验要求

金刚石的晶胞是由两个面心立方嵌套而成，其中一个面心立方是另一个面心立方沿其体对角线平移 1/4 而得。用 C 语言编程证明金刚石晶胞中两类碳原子（原胞中两个原子）的物理特性是不同的。

二、实验目的

1. 深化对晶胞和原胞概念的理解。

2. 锻炼以 C 语言为工具，去解决和证明问题的能力。

三、参考设计

首先定义结构 struct Atom {*int x*, *y*, *z*;}；

其中 x、y、z 分别为金刚石晶胞中碳原子的坐标。

为了后续的讨论方便，假设 I 类原子构成的面心立方边长为 4，那么 I 类原子的坐标就能用一个结构数组 catom1[14]来表示。再将 catom1 平移 1/4 对角线长，即 catom1 的各个坐标加 1，得到结构数组 catom2[14] 即平移过后的 II 类原子。

以下将证明两类原子所处的势场不同，思路为使用键角。

在 I 类原子中找到一个原子 A，找出与它最近的 4 个原子，考察这 4 个原子与 A 形成的作用力（暂称为"键"）的方向，找出四个键之间的六个键角。再对 II 类原子中的一个原子 B 做同样的考量。如果六个键角不完全相同，则证明 I、II 类原子所处势场不同。

如果六个键角完全相同，则继续考量次近层的原子形成的"键"角（事实上没有形成共价键，但是也会

对此原子形成势场作用），方法同上。

经看图分析，得知最近的一层原子距离的平方为 3（以面心立方边长为 4），次近层原子距离的平方为 11。思路是，如果两原子距离的平方为 3（或 11），则把两原子形成的向量存储到一个 vector 变量中（类型仍然为 Atom 型），然后用定义的 Angle 函数，求两个向量之间的夹角。故代码实现如下：

```
#include "stdio.h"
#include "math.h"
#define PI 3.1415926
struct Atom
  {
int x,y,z;
};
 void Angle(struct Atom v1,struct Atom v2)
 {
 float seta1,m1,m2,seta;
m1=sqrt(v1.x*v1.x+v1.y*v1.y+v1.z*v1.z);
m2=sqrt(v2.x*v2.x+v2.y*v2.y+v2.z*v2.z);
seta1=(v1.x*v2.x+v1.y*v2.y+v1.z*v2.z)/m1/m2;
seta=acos(seta1)/PI*180;
printf("%4f    ",seta);
};

main()
{int i,j;

struct Atom catom1[14]={0,0,0,4,0,0,0,4,0,2,2,0,4,4,0,
                        2,0,2,0,2,2,4,2,2,2,4,2,
                        0,0,4,4,0,4,0,4,4,2,2,4,4,4,4};

struct Atom catom2[14];

for(i=0;i<=13;i++)
{ catom2[i].x=catom1[i].x+1;
  catom2[i].y=catom1[i].y+1;
  catom2[i].z=catom1[i].z+1;
}

struct Atom vector1[6];
struct Atom vector2[6];
struct Atom temp;
```

```
for(i=0,j=0;i<=13;i++)
{temp.x=catom1[i].x-catom2[0].x;
temp.y=catom1[i].y-catom2[0].y;
temp.z=catom1[i].z-catom2[0].z;
 if((temp.x*temp.x+temp.y*temp.y+temp.z*temp.z)==3)
   {vector2[j]=temp;j++;}
}
for(i=0,j=0;i<=13;i++)
{temp.x=catom2[i].x-catom1[13].x;
temp.y=catom2[i].y-catom1[13].y;
temp.z=catom2[i].z-catom1[13].z;
 if((temp.x*temp.x+temp.y*temp.y+temp.z*temp.z)==3)
   {vector1[j]=temp;j++;}
}
printf("I 类原子最近一层原子的键角\n");
for(i=0;i<4;i++)
 for(j=i+1;j<4;j++)
      {Angle(vector1[i],vector1[j]);}
printf("\n");
printf("II 类原子最近一层原子的键角\n");
for(i=0;i<4;i++)
 for(j=i+1;j<4;j++)
      {Angle(vector2[i],vector2[j]);}
printf("\n");

for(i=0,j=0;i<=13;i++)
{temp.x=catom1[i].x-catom2[0].x;
temp.y=catom1[i].y-catom2[0].y;
temp.z=catom1[i].z-catom2[0].z;
 if((temp.x*temp.x+temp.y*temp.y+temp.z*temp.z)==11)
   {vector2[j]=temp;j++;}
}
for(i=0,j=0;i<=13;i++)
{temp.x=catom2[i].x-catom1[13].x;
temp.y=catom2[i].y-catom1[13].y;
temp.z=catom2[i].z-catom1[13].z;
 if((temp.x*temp.x+temp.y*temp.y+temp.z*temp.z)==11)
   {vector1[j]=temp;j++;}
}
```

```
printf("I 类原子次近一层原子的键角\n");
for(i=0;i<4;i++)
  for(j=i+1;j<4;j++)
      {Angle(vector1[i],vector1[j]);}
printf("\n");
printf("II 类原子次近一层原子的键角\n");
for(i=0;i<4;i++)
  for(j=i+1;j<4;j++)
      {Angle(vector2[i],vector2[j]);}
printf("\n");
}
```

四、实验结果

```
I类原子最近一层原子的键角
109.471222  109.471222  109.471222  109.471222  109.471222  109.471222
II类原子最近一层原子的键角
109.471222  109.471222  109.471222  109.471222  109.471222  109.471222
I类原子次近一层原子的键角
50.478806  50.478806  50.478806  95.215912  95.215912  50.478806
II类原子次近一层原子的键角
117.035690  50.478806  95.215912  95.215912  50.478806  50.478806
```

可以看出，对于 I、II 类原子，最近一层原子形成势场完全相同。而次外层原子形成势场中，有一个键角不同，导致两原子势场不同。这里没有考虑两层原子之间形成的势场之间由于角度不同而导致的势场不同，不过次外层形成的势场已经不同，也就够了。

所以证明了金刚石中 I、II 类原子所处的势场不同，也就说明了金刚石一个原胞中为什么有两个原子。

思考题与习题

1. 画出面心立方晶格、面心立方晶胞、面心立方原胞。
2. 体心立方晶胞和体心立方原胞分别是什么样？
3. 为什么平均属于一个面心立方晶胞的原子只有 4 个？
4. 属于一个面心立方原胞的原子有几个？
5. 图 7-4 的金刚石晶胞（或硅晶体晶胞）为什么是两个金刚石面心晶胞套合而成的复式晶胞？
6. 金刚石晶格的原胞是什么样的？为什么是双原子原胞？
7. 硅晶格的共价键稳定结构是怎样形成的？
8. 周期性势场中电子波函数的普遍形式是什么样的？怎样得来的？
9. 什么叫周期性边界条件？
10. 不等式（7-36）怎样得来的？为什么在克—朋一维晶格模型中，电子能量 E 必须服从不等式（7-39）？
11. 图 7-11 是怎样画出的？
12. 为什么图 7-11 的 αa 轴上那些一段段不相连粗线段所对应的 αa 值才是方程（7-39）允许的 αa 值？
13. 怎样从图 7-11 过渡到图 7-12？
14. 怎样从图 7-12 右边的 $E\sim k$ 曲线过渡到该图左边的能带？

15. 晶体中电子的能量由一系列能带描述的结论是如何得出的？

16. 一个能带有多少个能级？能容纳多少个电子？

17. 一个有 N 个原胞的硅晶体总计有多少个电子？

18. 晶体中的全部电子是怎样在各允许能带中排列的？

19. 禁带中是否有电子能级？

20. 什么是近自由电子模型？

21. 解近自由电子模型的薛定谔方程时，为什么同时用了无简并和有简并两种微扰论？

22. 图 7-15 与图 7-11 的 $E\sim k$ 曲线有何不同？

23. 近自由电子模型的式（7-60）是哪两个允许能带之间的禁带宽度？

24. 紧束缚模型与近自由电子模型是哪两种实际情况的粗糙近似？

25. 由图 7-17，一个孤立原子的 s 能级与大量相同的原子组成体心立方晶体时，其原来的 s 能级如何分裂成相应的 s 能带？

26. 式（7-86）是什么含义？

27. 熟悉能带、允带、禁带、满带、空带、价带、导带等概念。

28. 简述金属、绝缘体和半导体三种晶体能带之间的主要区别。

29. 什么是等能面？怎样得到 k 空间等能面的表达式？

30. 对于晶体中的电子，可以用经典力学中的速度和加速度的概念进行描写吗？

31. 什么是电子的“有效质量”？这个概念有什么用？

32. 为什么需要“等能面”的概念？

33. “空穴”概念的引入有何好处？

34. 如果晶体不是理想晶体，比如晶体中有意加入了有用的杂质原子，它的能带结构会改变吗？

35. 如图 7-3，孤立原子有很多能级，当大量的同种原子组成晶体后，是否原来的那些孤立能级都会分裂成一个个相应的能带？

36. 为什么同一能带内的能级非常密集？

37. 试具体证明体心立方晶体 s 能带的能量表达式为

$$E_s(\boldsymbol{k}) = E_s^a - A - 8J\cos\frac{k_x a}{2}\cos\frac{k_y a}{2}\cos\frac{k_z a}{2}$$

38. 试具体证明面心立方晶体 s 能带的能量表达式为

$$E_s(\boldsymbol{k}) = E_s^a - A - 4J\left(\cos\frac{k_x a}{2}\cos\frac{k_y a}{2} + \cos\frac{k_y a}{2}\cos\frac{k_z a}{2} + \cos\frac{k_z a}{2}\cos\frac{k_x a}{2}\right)$$

39. 已知一维晶体某一能带的表达式为

$$E(k) = \frac{\hbar^2}{ma^2}\left(\frac{7}{8} - \cos ka + \frac{7}{8}\cos^2 ka\right)$$

其中 a 为原子间距，求：（1）这一能带的宽度。

（2）对上题中的能带，分别求出能带底和能带顶电子的有效质量。

40. 二维晶格（原子排列在平面上）的第一布里渊区如图所示，是以 $k(0,0)$ 为对称中心的正方形。B 是第二布里渊区中能量最低值对应的 k 点，A 为与 B 相邻但位于第一布里渊区中的点（A 与 B 之间没有允许 k 值），C 是第一布里渊区中能量最高值对应的 k 点。$E_C > E_B > E_A$，试定性说明：对二维晶格，相

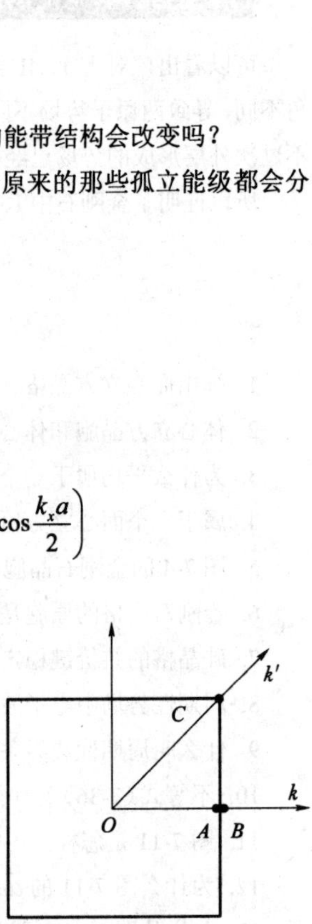

图题 7-40

邻两个布里渊区的两个能带可能发生交叠，成为一个能带，致使这两个能带之间没有禁带（这一结论也适用于三维晶格）。

例题与习题选解

例 1 证明：对于能带中的电子，k 状态和 $-k$ 状态的电子速度大小相等，方向相反。即：

$\boldsymbol{v}(\boldsymbol{k})=-\boldsymbol{v}(-\boldsymbol{k})$，并解释为什么无外场时，晶体总电流等于零。

解：k 状态电子的速度为

$$v(k)=\frac{1}{h}\left[\frac{\partial E(k)}{\partial k_x}i+\frac{\partial E(k)}{\partial k_y}j+\frac{\partial E(k)}{\partial k_z}k\right] \tag{1}$$

同理，$-k$ 状态电子的速度则为

$$v(-k)=\frac{1}{h}\left[\frac{\partial E(-k)}{\partial k_x}i+\frac{\partial E(-k)}{\partial k_y}j+\frac{\partial E(-k)}{\partial k_z}k\right] \tag{2}$$

从一维情况容易看出：

$$\frac{\partial E(-k)}{\partial k_x}=-\frac{\partial E(k)}{\partial k_x} \tag{3}$$

同理有

$$\frac{\partial E(-k)}{\partial k_y}=-\frac{\partial E(k)}{\partial k_y} \tag{4}$$

$$\frac{\partial E(-k)}{\partial k_z}=-\frac{\partial E(k)}{\partial k_z} \tag{5}$$

将式（3）（4）（5）代入式（2）后得

$$v(-k)=-\frac{1}{h}\left[\frac{\partial E(k)}{\partial k_x}i+\frac{\partial E(k)}{\partial k_y}j+\frac{\partial E(k)}{\partial k_z}k\right] \tag{6}$$

利用式（1）即得

$$v(-k)=-v(k)$$

因为电子占据某个状态的几率只同该状态的能量有关，即：$E(k)=E(-k)$，故电子占有 k 状态和 $-k$ 状态的几率相同，且 $v(k)=-v(-k)$，故这两个状态上的电子电流相互抵消，晶体中总电流为零。

例 2 已知一维晶体的电子能带可写成：

$$E(k)=\frac{h^2}{m_0a^2}\left(\frac{7}{8}-\cos 2\pi ka+\frac{1}{8}\cos 6\pi ka\right)$$

式中，a 为晶格常数。

试求：

（1）能带的宽度；

（2）能带底部和顶部电子的有效质量。

解：在能带底 $k=0$ 处，电子能量为

$$E(0)=0$$

在能带顶 $k=\dfrac{\pi}{a}$ 处，电子能量为

$$E\left(\frac{\pi}{a}\right)=\frac{2h^2}{ma^2}$$

故能带宽度为 $\Delta E=E\left(\dfrac{\pi}{a}\right)-E(0)=\dfrac{2h^2}{ma^2}$

（2）电子的有效质量为

$$m^*=\frac{h^2}{\dfrac{\partial^2 E}{\partial k^2}}=\frac{m}{\cos ka-\dfrac{1}{2}\cos 2ka}$$

于是有在能带底部电子的有效质量为 $m_1^*=2m$。

在能带顶部电子的有效质量为 $m_2^*=-\dfrac{2}{3}m$。

例 3 试指出空穴的主要特征。

解：空穴是未被电子占据的空量子态，被用来描述半满带中的大量电子的集体运动状态，是准粒子。主要特征如下：

（1）荷正电：$+q$；

（2）空穴浓度表示为 p（电子浓度表示为 n）；

（3）$E_P=-E_n$；

（4）$m_p^*=-m_n^*$。

例 4 某一维晶体的电子能带为

$$E(k)=E_0\left[1-0.1\cos(ka)-0.3\sin(ka)\right]$$

其中 E_0=3 eV，晶格常数 $a=5\times10^{-11}$ m。求：

（1）能带宽度；

（2）能带底和能带顶的有效质量。

解：

（1）由题意得：

$$\frac{\mathrm{d}E}{\mathrm{d}k}=0.1aE_0\left[\sin(ka)-3\cos(ka)\right]$$

$$\frac{\mathrm{d}E^2}{\mathrm{d}^2k}=0.1a^2E_0\left[\cos(ka)+3\sin(ka)\right]$$

令 $\dfrac{\mathrm{d}E}{\mathrm{d}k}=0$，得 $\tan(ka)=\dfrac{1}{3}$

所以 $k_1a=18.434\,9°$，$k_2a=198.434\,9°$

当 $k_1a=18.434\,9°$，$\dfrac{\mathrm{d}E^2}{\mathrm{d}^2k}=0.1a^2E_0(\cos 18.434\,9+3\sin 18.434\,9)=2.28\times10^{-40}>0$，对应能带极小值；

当 $k_2a=198.434\,9°$，$\dfrac{\mathrm{d}E^2}{\mathrm{d}^2k}=0.1a^2E_0(\cos 198.434\,9+3\sin 198.434\,9)=-2.28\times10^{-40}<0$，对应能带极大值；

则能带宽度 $\Delta E = E_{\max} - E_{\min} = 1.138\,4\ \mathrm{eV}$

（2） 则

$$\begin{cases} (m_n^*)_{带底} = \left[\dfrac{1}{h^2}\left(\dfrac{\mathrm{d}E^2}{\mathrm{d}^2k}\right)\right]^{-1}\Bigg|_{k_1} = \left[\dfrac{2.28\times10^{-40}}{(6.625\times10^{-34})^2}\right]^{-1} = 1.925\times10^{-27}(\mathrm{kg}) \\ (m_n^*)_{带顶} = \left[\dfrac{1}{h^2}\left(\dfrac{\mathrm{d}E^2}{\mathrm{d}^2k}\right)\right]^{-1}\Bigg|_{k2} = \left[\dfrac{-2.28\times10^{-40}}{(6.625\times10^{-34})^2}\right]^{-1} = -1.925\times10^{-27}(\mathrm{kg}) \end{cases}$$

即：能带宽度约为 1.138 4 eV，能带顶部电子的有效质量约为 1.925×10^{-27} kg，能带底部电子的有效质量约为-1.925×10^{-27} kg。

第 8 章　含时微扰论
光的吸收和辐射

前面介绍了不少用微扰论解决实际问题的例子，从原子、分子到晶体。但在这些例子中只介绍了 $\hat{H}'$ 不随时间而变的定态微扰论的应用，当外界的微扰是时间的函数时（如电磁波），则应该用含时微扰论。由于微扰 $\hat{H}(t)$ 随时间而变，这时体系的哈密顿算符 $\hat{H}$ 也将随时间而变，体系的能量不再守恒，不再处于定态，将向别的状态跃迁。$\hat{H}$ 中显含 t，则要用含时间的薛定谔方程，用含时微扰论才能求得这个方程的近似解：用无微扰情况下的定态波函数近似计算有微扰 $\hat{H}'(t)$ 情况下的波函数，进而可以计算体系从一个状态跃迁到另一个状态的几率。计算跃迁几率是本章的主要任务。伴随能量状态的改变，体系将发射或吸收光子。所以，含时微扰论对研究电子的能级转移和应用有重要意义，例如各种波长的固体发光器件、激光器和光敏感器件的研制和应用。

§ 8–1　含时微扰论

设受含时微扰体系的哈密顿算符 $\hat{H}$ 可分解成与时间无关的部分 $\hat{H}_0$ 和与时间有关的部分 $\hat{H}'(t)$

$$\hat{H}(t) = \hat{H}_0 + \hat{H}'(t) \tag{8-1}$$

其中 $\hat{H}_0$ 的本征值和本征函数为已知，或 $\hat{H}_0$ 的本征方程可精确求解出本征值 ε_n 和本征函数 φ_n

$$\hat{H}_0\varphi_n = \varepsilon_n\varphi_n \tag{8-2}$$

由于 $\hat{H}'(t)$ 中显含时间 t，现在的问题是如何在方程（8-2）的基础上，求解含时间的薛定谔方程

$$\mathrm{i}\hbar\frac{\partial \Psi}{\partial t} = \hat{H}(t)\Psi \tag{8-3}$$

对应于 $\hat{H}_0$ 的含时薛定谔方程

$$\mathrm{i}\hbar\frac{\partial \Phi}{\partial t} = \hat{H}_0\Phi \tag{8-4}$$

已知它的解是

$$\Phi_n(\boldsymbol{r},t) = \varphi_n(\boldsymbol{r})\mathrm{e}^{-\frac{\mathrm{i}}{\hbar}\varepsilon_n t} \tag{8-5}$$

式中 φ_n 满足方程（8-2）。用无微扰状态下波函数系 $\Phi_n(\boldsymbol{r},t)$ 的线性叠加表示受含时微扰情况下的波函数 $\Psi(\boldsymbol{r},t)$

$$\Psi(\boldsymbol{r},t) = \sum_n a_n(t)\Phi_n(\boldsymbol{r},t) \tag{8-6}$$

式中叠加系数 $a_n(t)$ 是时间的函数，求得 $a_n(t)$ 就得到了 $\Psi(\boldsymbol{r},t)$。

1. 建立求 $a_n(t)$ 的方程

把式（8-6）代入方程（8-3），得

$$i\hbar\sum_n \Phi_n \frac{da_n}{dt} + \sum_n a_n i\hbar\frac{\partial \Phi_n}{\partial t} = \sum_n a_n \hat{H}_0 \Phi_n + \sum_n a_n \hat{H}'\Phi_n$$

利用式（8-4），上式化简为

$$i\hbar\sum_n \Phi_n \frac{da_n}{dt} = \sum_n a_n \hat{H}'\Phi_n$$

用 Φ_m^* 左乘上式两边，再对整个空间积分

$$i\,\hbar\sum_n \frac{da_n}{dt}\int \Phi_m^* \Phi_n d\tau = \sum_n a_n \int \Phi_m^* \hat{H}'\Phi_n d\tau$$

利用 Φ_n 的正交性

$$i\,\hbar\sum_n \frac{da_n}{dt}\delta_{mn} = \sum_n a_n \int \Phi_m^* \hat{H}'(t)\Phi_n d\tau$$

$$i\,\hbar\frac{da_m}{dt} = \sum_n a_n(t) H'_{mn}(t) e^{i\omega_{mn}t} \tag{8-7}$$

式中

$$H'_{mn}(t) = \int \varphi_m^* \hat{H}'(t)\varphi_n d\tau \tag{8-8}$$

$$\omega_{mn} = \frac{\varepsilon_m - \varepsilon_n}{\hbar} \tag{8-9}$$

2. 微扰法求 $a_n(t)$

用微扰法解方程（8-7）。把 $a_n(t)$ 展为级数形式

$$a_n(t) = a_n^{(0)}(t) + a'_n(t) + a''_n(t) + \cdots \tag{8-10}$$

把上式代入方程（8-7），得

$$i\,\hbar\left(\frac{da_m^{(0)}}{dt} + \frac{da'_m}{dt} + \frac{da''_m}{dt} + \cdots\right)$$

$$= \sum_n a_n^{(0)} H'_{mn} e^{i\omega_{mn}t} + \sum_n a'_n H'_{mn} e^{i\omega_{mn}t} + \sum_n a''_n H'_{mn} e^{i\omega_{mn}t} + \cdots$$

比较上式两边，同级小量对应的项应相等（$\hat{H}'$ 是微扰，H'_{mn} 是一级小量），得

$$\frac{da_m^{(0)}}{dt} = 0 \tag{8-11}$$

$$i\,\hbar\frac{da'_m(t)}{dt} = \sum_n a_n^{(0)}(t) H'_{mn} e^{i\omega_{mn}t} \tag{8-12}$$

$$i\,\hbar\frac{da''_m(t)}{dt} = \sum_n a'_n(t) H'_{mn} e^{i\omega_{mn}t} \tag{8-13}$$

$$\cdots$$

由这组方程可逐级解得 $a_n(t)$ 的各级修正值：由式（8-11）解得 $a_n^{(0)}(t)$；把 $a_n^{(0)}(t)$ 代入式（8-12），可解得 $a_n'(t)$；把 $a_n'(t)$ 代入式（8-13），可解得 $a_n''(t)$；…。分别把这些各级修正值代入式（8-10），即得 $a_n(t)$ 的各级近似值。

解与时间有关的方程要给出初始条件。设 $t=0$ 时，体系处于 $\hat{H}_0$ 的本征态 φ_k，这时体系还未受微扰，应有 $\boldsymbol{\Psi}(\boldsymbol{r},0)=a_k(0)\boldsymbol{\Phi}_k(\boldsymbol{r},0)$，叠加系数中，只有 $a_k(0)=1$，其他所有系数 $a_n(0)=0$，故由式（8-10）得

$$a_m(0)=\delta_{mk} \quad (t=0) \tag{8-14}$$

即

$$a_m^{(0)}(0)+a_m'(0)+a_m''(0)+\cdots=\delta_{mk} \tag{8-15}$$

在 $t=0$ 时刻，因微扰还未开始，各级修正都应等于零

$$a_m'(0)=a_m''(0)=\cdots=0$$

把这些值代入式（8-15），得 $a_m^{(0)}(0)=\delta_{mk}$。但由式（8-11）知，$a_m^{(0)}(t)$ 不随时间变化，所以它应等于初始值 $a_m^{(0)}(0)$，即

$$a_m^{(0)}(t)=a_m^{(0)}(0)=\delta_{mk} \tag{8-16}$$

把上式代入式（8-12），得

$$\frac{\mathrm{d}a_m'}{\mathrm{d}t}=\frac{1}{\mathrm{i}\hbar}\sum_n \delta_{nk}H_{mn}'\mathrm{e}^{\mathrm{i}\omega_{mn}t}=\frac{1}{\mathrm{i}\hbar}H_{mk}'\mathrm{e}^{\mathrm{i}\omega_{mk}t} \tag{8-17}$$

积分上式，就得到 $a_m(t)$ 的一级修正

$$a_m'(t)=\frac{1}{\mathrm{i}\hbar}\int_0^t H_{mk}'(t)\mathrm{e}^{\mathrm{i}\omega_{mk}t}\mathrm{d}t \tag{8-18}$$

一般只求到这个一级修正。把上式及式（8-16）代入式（8-10），得 $a_m(t)$ 的一级近似值

$$a_m(t)=\delta_{mk}+\frac{1}{\mathrm{i}\hbar}\int_0^t H_{mk}'(t)\mathrm{e}^{\mathrm{i}\omega_{mk}t}\mathrm{d}t \tag{8-19}$$

把上式代入式（8-6），就得到受微扰状态 $\boldsymbol{\Psi}$ 的一级近似。

§8–2　电子在周期性微扰下的跃迁几率

1. 跃迁几率的一般表达式

由式（8-6），受含时微扰的态 $\boldsymbol{\Psi}$ 为

$$\boldsymbol{\Psi}(\boldsymbol{r},t)=\sum_n a_n(t)\boldsymbol{\Phi}_n(\boldsymbol{r},t)=\sum_n a_n(t)\,\varphi_n(\boldsymbol{r})\mathrm{e}^{-\frac{\mathrm{i}}{\hbar}\varepsilon_n t} \tag{8-20}$$

在 $t=0$ 时刻，体系还未受到微扰，仍处于 $\hat{H}_0$ 的本征态 φ_k。当有含时微扰 $H'(t)$ 出现，体系能量不再守恒，体系状态将变为叠加态 $\boldsymbol{\Psi}$，如式（8-20）。各叠加系数已求出，如式（8-19）。$a_n(t)$ 的模的平方 $|a_n(t)|^2$ 的物理意义是

$|a_n(t)|^2=t$ 时刻体系处于 φ_n 态的几率

$=$ 在从 t 为 0 到 t 时间内，体系从 φ_k 态跃迁到 φ_n 态的几率 $W_{k\to n}(t)$

所以

$$W_{k\to n}(t)=|a_n(t)|^2=|a_n'(t)|^2=\left|\frac{1}{\mathrm{i}\hbar}\int_0^t H_{nk}'(t)\mathrm{e}^{\mathrm{i}\omega_{nk}t}\mathrm{d}t\right|^2 \tag{8-21}$$

式中用到 $a_n^{(0)}=\delta_{nk}=0$，因为这里是从 k 态至另一态 n 的跃迁，故 $n\neq k$，式（8-19）中的第一项等于零。

求跃迁几率 $W_{k\to n}(t)$ 是本章的主要任务。显然，它与 $\hat{H}'(t)$ 的具体函数有关。下面只讨论在电磁场中原子发射和收光的问题，这时作为微扰的电磁场，往往是一种随时间周期性变化的电磁场。

2. 周期性微扰下的 $a_n'(t)$

设微扰为下述形式的时间周期性函数

$$\hat{H}'(t)=\hat{A}\cos(\omega t+\alpha)=\frac{1}{2}\hat{A}\left[\mathrm{e}^{\mathrm{i}(\omega t+\alpha)}+\mathrm{e}^{-\mathrm{i}(\omega t+\alpha)}\right]=\hat{F}^{+}\mathrm{e}^{\mathrm{i}\omega t}+\hat{F}^{-}\mathrm{e}^{-\mathrm{i}\omega t} \tag{8-22}$$

$$\hat{F}^{+}=\frac{1}{2}\hat{A}\mathrm{e}^{\mathrm{i}\alpha},\ \hat{F}^{-}=\frac{1}{2}\hat{A}\mathrm{e}^{-\mathrm{i}\alpha} \tag{8-23}$$

式中 ω 为外界周期性微扰的圆频率，$\hat{A}$ 与 t 无关。这时，式（8-21）中的

$$\begin{aligned}H'_{nk}(t)&=\int\varphi_n^*\hat{H}'(t)\varphi_k\mathrm{d}\tau\\&=\int\varphi_n^*\hat{F}^{+}\mathrm{e}^{\mathrm{i}\omega t}\varphi_k\mathrm{d}\tau+\int\varphi_n^*\hat{F}^{-}\mathrm{e}^{\mathrm{i}\omega t}\varphi_k\mathrm{d}\tau\\&=F_{nk}^{+}\mathrm{e}^{\mathrm{i}\omega t}+F_{nk}^{-}\mathrm{e}^{-\mathrm{i}\omega t}\end{aligned} \tag{8-24}$$

式中

$$F_{nk}^{\pm}=\int\varphi_n^*\hat{F}^{\pm}\varphi_k\mathrm{d}\tau=\frac{1}{2}\mathrm{e}^{\pm\mathrm{i}\alpha}\int\varphi_n^*\hat{A}\varphi_k\mathrm{d}\tau \tag{8-25}$$

$$\left|F_{nk}^{+}\right|=\left|F_{nk}^{-}\right|=\left|F_{nk}\right| \tag{8-26}$$

把式（8-24）代入式（8-18），得一级修正

$$\begin{aligned}a_n'(t)&=\frac{1}{\mathrm{i}\hbar}\left[F_{nk}^{+}\int_0^t\mathrm{e}^{\mathrm{i}(\omega_{nk}+\omega)t}\mathrm{d}t+F_{nk}^{-}\int_0^t\mathrm{e}^{\mathrm{i}(\omega_{nk}-\omega)t}\mathrm{d}t\right]\\&=-\frac{F_{nk}^{+}\left[\mathrm{e}^{\mathrm{i}(\omega_{nk}+\omega)t}-1\right]}{\hbar(\omega_{nk}+\omega)}-\frac{F_{nk}^{-}\left[\mathrm{e}^{\mathrm{i}(\omega_{nk}-\omega)t}-1\right]}{\hbar(\omega_{nk}-\omega)}\end{aligned} \tag{8-27}$$

式中

$$\omega_{nk}=\frac{\varepsilon_n-\varepsilon_k}{\hbar} \tag{8-28}$$

当 $\varepsilon_n>\varepsilon_k$，末态能量 ε_n 大于初态能量 ε_k 时，电子由低能级 ε_k 向高能级 ε_n 跃迁，这时电子从外界电磁场吸收能量 $\varepsilon_n-\varepsilon_k,\omega_{nk}>0$。反之，当 $\varepsilon_k>\varepsilon_n$，初态能量 ε_k 大于末态能量 ε_n 时，电子由高能级 ε_k 向低能级 ε_n 跃迁，这时电子辐射能量 $\varepsilon_k-\varepsilon_n$ 给予电磁场，$\omega_{nk}<0$。

3. 跃迁几率足够大的条件

由 $\varepsilon_k\to\varepsilon_n$ 的跃迁几率 $W_{k\to n}$ 决定于 $a_n'(t)$，从式（8-27）可知，$W_{k\to n}$ 与外界周期性微扰的圆频率 ω 有关，与矩阵元 $\left|F_{nk}\right|$ 式（8-25）有关。只有 $W_{k\to n}$ 足够大，才能产生足够强的跃迁。

对于电子由低能级 ε_k 向高能级 ε_n 的跃迁，即对于 $\varepsilon_n>\varepsilon_k$，$\omega_{nk}>0$ 的情况，当选取外界微扰的圆频率恰好为 $\omega=\omega_{nk}$ 时，式（8-27）右边第二项与 t 成正比（这可由该式第二项积分的被积函数等于 1 得出），而第一项只是 t 的周期函数，其值被限制在一定范围内变化。所以，当微扰作用的时间足够长，则第二项将增长得足够大，就可忽略掉有限的第一项。

反之，对于电子由高能级ε_k向低能级ε_n的跃迁，即对于$\varepsilon_n < \varepsilon_k$，$\omega_{nk} < 0$的情况，当外界微扰的圆频率恰好选为$\omega = -\omega_{nk}$时，式（8-27）右边第一项将正比于$t$，而第二项只是有限的周期函数，当微扰时间足够长，则可忽略第二项。

当外界微扰的圆频率$\omega \neq \omega_{nk}$时，式（8-27）右边的两项都是t的周期函数，为有限值。

可见，对于ω，只有在

$$\omega = \pm\omega_{nk} = \pm\frac{\varepsilon_n - \varepsilon_k}{\hbar} \tag{8-29}$$

时，$|a_n'(t)|$才足够大。

当t足够长，ω满足式（8-29）时，式（8-27）只有一项起作用，而另一项可以忽略，则该式可改写为

$$\begin{aligned} W_{k\to n}(t) = |a_n'(t)|^2 &= \frac{|F_{nk}|^2 \left|\mathrm{e}^{\mathrm{i}(\omega_{nk}\mp\omega)t} - 1\right|^2}{\hbar^2(\omega_{nk}\mp\omega)^2} \\ &= \frac{4|F_{nk}|^2}{\hbar^2(\omega_{nk}\mp\omega)^2}\sin^2\left[\frac{1}{2}(\omega_{nk}\mp\omega)t\right] \end{aligned} \tag{8-30}$$

当末态$\varepsilon_n > \varepsilon_k$，$\omega = +\omega_{nk}$时，体系吸收能量，由$\varepsilon_k$向高能级$\varepsilon_n$跃迁，上式括号中取“−”号。当末态$\varepsilon_n < \varepsilon_k$，$\omega = -\omega_{nk}$时，体系辐射能量，由$\varepsilon_k$向低能级$\varepsilon_n$跃迁，上式括号中取“+”号。

§ 8–3 吸收和发射光子的几率

上一节只介绍了一般性的周期微扰，本节将介绍一种具体微扰：周期性电场对原子中电子的微扰，伴随着光子的吸收或辐射，计算在微扰作用下吸收光子或发射光子的几率。

原子吸收或辐射光分三种情况：

（1）在入射光的作用下吸收光子，原子从低能态向高能态跃迁，称为光吸收。

（2）在入射光的作用下发射光子，原子从高能级向低能级跃迁，称为受激辐射。

（3）在无外场作用下，原子自发地由高能级向低能级跃迁，同时发射光子，称为自发辐射。

下面对这三种情况分别进行研究。

1. 光吸收跃迁几率

这是指上述第一种情况发生的几率。下面把电磁场的微扰具体化，并由简到繁逐步求得结果。

（1）单色光的微扰 设外界入射光为单色光，并且入射光中的磁场对电子的作用可以忽略。入射光中的电场强度为

$$\mathscr{E}(\omega) = \mathscr{E}^0(\omega)\cos(\omega t - \boldsymbol{k}\cdot\boldsymbol{r}) \tag{8-31}$$

式中$\mathscr{E}^0(\omega)$为振幅，$\boldsymbol{k}$为入射光波矢，$\boldsymbol{r}$为电子坐标（原点在原子核上）。入射光电场对电子的微扰能量

$$\begin{aligned} \hat{H}'(t) = e\mathscr{E}(\omega)\cdot\boldsymbol{r} &= e\mathscr{E}^0\cdot\boldsymbol{r}\cos(\omega t - \boldsymbol{k}\cdot\boldsymbol{r}) \\ &= e(x\mathscr{E}_x^0 + y\mathscr{E}_y^0 + z\mathscr{E}_z^0)\cos(\omega t - \boldsymbol{k}\cdot\boldsymbol{r}) \end{aligned} \tag{8-32}$$

上式把微扰分成了三部分：分成$\mathscr{E}$的三个分量分别对电子的微扰。

（2）$\mathscr{E}_x$分量微扰对跃迁几率的贡献　由式（8-32），$\mathscr{E}_x$分量的微扰$H'_x(t)$为

$$\hat{H}'_x(t) = ex\mathscr{E}_x^0(\omega)\cos(\omega t - \boldsymbol{k} \cdot \boldsymbol{r}) = \frac{1}{2}ex\mathscr{E}_x^0(\omega)\left[e^{i\omega t}e^{-i\boldsymbol{k}\cdot\boldsymbol{r}} + e^{-i\omega t}e^{i\boldsymbol{k}\cdot\boldsymbol{r}}\right] \tag{8-33}$$

展开$e^{\pm i\boldsymbol{k}\cdot\boldsymbol{r}}$为级数

$$e^{\pm i\boldsymbol{k}\cdot\boldsymbol{r}} = 1 \pm i\boldsymbol{k}\cdot\boldsymbol{r} - \frac{1}{2}(\boldsymbol{k}\cdot\boldsymbol{r})^2 + \cdots + \frac{1}{f!}(\pm i\boldsymbol{k}\cdot\boldsymbol{r})^f + \cdots \tag{8-34}$$

当入射光为可见光，则入射光的波长$\lambda \sim 10^{-7}$ m，$k = 2\pi/l \sim 10^7$ m，设r为原子线度$\sim 10^{-10}$ m，所以$\boldsymbol{k}\cdot\boldsymbol{r} \ll 1$，于是

$$e^{\pm i\boldsymbol{k}\cdot\boldsymbol{r}} \approx 1 \tag{8-35}$$

式（8-33）就可改写为

$$\hat{H}_x(t) = \frac{1}{2}ex\mathscr{E}_x^0(\omega)(e^{i\omega t} + e^{-i\omega t}) \tag{8-36}$$

把上式与式（8-22）比较，得

$$\hat{F}_x = \frac{1}{2}ex\mathscr{E}_x^0(\omega) \tag{8-37}$$

对于光吸收，末态能量大于初态能量，$\varepsilon_n > \varepsilon_k$，式（8-30）中取“–”号，把式（8-37）代入式（8-25），得到的结果再代入式（8-30），得到原子吸收入射光，从低能态φ_k跃迁到高能态φ_n的几率，在只计及$\mathscr{E}_x$的微扰时

$$[W_{k\to n}(t)]_x = \frac{e^2}{\hbar^2}[\mathscr{E}_x^0(\omega)]^2 |x_{nk}|^2 \frac{\sin^2\left[\frac{1}{2}(\omega_{nk} - \omega)t\right]}{(\omega_{nk} - \omega)^2} \tag{8-38}$$

式中

$$x_{nk} = \int \varphi_n^* x \varphi_k \mathrm{d}\tau \tag{8-39}$$

由式（8-38）可知，$W_{k\to n}$随ω而变化。当周期性微扰电场的$\omega = +\omega_{nk}$时，$W_{k\to n}$取最大值，并正比于$t^2/4$。当$\omega \neq \omega_{nk}$时，$W_{k\to n}$随ω偏离ω_{nk}而急速趋于零。这说明，并不是任何频率的入射光都能使电子由ε_k跃迁到高能级ε_n。只有当入射光圆频率$\omega = \omega_{nk}$时，电子从ε_k向高能级ε_n跃迁的几率才比较大。

（3）连续光$\mathscr{E}_x$对跃迁几率的贡献　如果入射光不是单色光，而是有一定频率范围的连续光，则应把各种频率入射光的$\mathscr{E}_x$微扰对$W_{k\to n}$的贡献加到一起，亦即式（8-38）对ω积分

$$\left[\int W_{k\to n}(t)\mathrm{d}\omega\right]_x = \frac{e^2}{\hbar^2}|x_{nk}|^2 \int\left[\mathscr{E}_x^0(\omega)\right]^2 \frac{\sin^2\left[\frac{1}{2}(\omega_{nk} - \omega)t\right]}{(\omega_{nk} - \omega)^2}\mathrm{d}\omega \tag{8-40}$$

上式的积分限本应是入射光圆频率ω的下限和上限，但可以把积分限扩展到$\omega = \pm\infty$，以便于积分。这样扩展积分限是可行的，因为前面已提到，被积函数式（8-38）只在$\omega = \omega_{nk}$及其附近极窄的圆频率区域才显著不为零，而在此极窄区域之外的全部区域都几乎为零，所以把积分限扩展到$\omega = \pm\infty$时，对上式的积分结果影响很小。另外，在$\omega = \omega_{nk}$附近的极窄范围内，电场振幅的x分量$\mathscr{E}_x^0(\omega)$可用常数$\mathscr{E}_x^0(\omega_{nk})$代替，得

$$\left[\int_{-\infty}^{\infty} W_{k\to n}\mathrm{d}\omega\right]_x = \frac{e^2}{\hbar^2}|x_{nk}|^2\left[\mathscr{E}_x^0(\omega_{nk})\right]^2\int_{-\infty}^{\infty}\frac{\sin^2\left[\dfrac{1}{2}(\omega_{nk}-\omega)t\right]}{(\omega_{nk}-\omega)^2}\mathrm{d}\omega \tag{8-41}$$

由定积分

$$\int_{-\infty}^{\infty}\frac{\sin^2 x}{x^2}\mathrm{d}x = \pi$$

可得式（8-41）的积分结果为

$$\left[\int_{-\infty}^{\infty} W_{k\to n}(t)\mathrm{d}\omega\right]_x = \frac{e^2|x_{nk}|^2\left[\mathscr{E}_x^0(\omega_{nk})\right]^2}{2\hbar^2}\pi t \tag{8-42}$$

于是在微扰 $\mathscr{E}_x$ 作用下，在单位时间内，原子由 ε_k 向高能级 ε_n 跃迁的几率

$$[P_{k\to n}]_x = \frac{\mathrm{d}}{\mathrm{d}t}\left[\int_{-\infty}^{\infty} W_{k\to n}(t)\mathrm{d}\omega\right] = \frac{e^2|x_{nk}|^2\left[\mathscr{E}_x^0(\omega_{nk})\right]^2}{2\hbar^2}\pi \tag{8-43}$$

（4）**微扰电场对跃迁几率的总贡献** 式（8-43）只是微扰电场的 $\mathscr{E}_x$ 分量对原子在单位时间内的跃迁几率的贡献，还应该计入入射光电场 $\mathscr{E}_y$ 分量和 $\mathscr{E}_z$ 分量的微扰贡献。

电磁场的能量密度（单位体积内的能量）

$$I(\omega) = \varepsilon_0\overline{\mathscr{E}^2(\omega)},\quad \varepsilon_0\text{: 真空介电常数}$$

$$\mathscr{E}^2(\omega) = \mathscr{E}_x^2(\omega) + \mathscr{E}_y^2(\omega) + \mathscr{E}_z^2(\omega)$$

设入射光的电场分布为各向同性，则

$$\overline{\mathscr{E}_x^2(\omega)} = \overline{\mathscr{E}_y^2(\omega)} = \overline{\mathscr{E}_z^2(\omega)} = \overline{\mathscr{E}^2(\omega)}/3$$

于是

$$I(\omega) = 3\varepsilon_0\overline{\mathscr{E}_x^2(\omega)} = 3\varepsilon_0\left[\mathscr{E}_x^0(\omega)\right]^2\overline{\cos^2\omega t} = 3\varepsilon_0\left[\mathscr{E}_x^0(\omega)\right]^2/2 \tag{8-44}$$

把上式代入式（8-43），得

$$[P_{k\to n}]_x = \frac{\pi e^2}{3\varepsilon_0\hbar^2}|x_{nk}|^2 I(\omega_{nk}) \tag{8-45}$$

与上式类似，可分别得到 $\mathscr{E}_y$ 和 $\mathscr{E}_z$ 分量的贡献 $[P_{k\to n}]_y$ 和 $[P_{k\to n}]_z$，只要分别用 y_{nk}、z_{nk} 代替上式中的 x_{nk} 即可。

计入电场三个分量的贡献以后，可得在入射连续光的作用下，原子在单位时间内，吸收光子由 ε_k 向高能级 ε_n 跃迁的几率

$$\begin{aligned}P_{k\to n} &= [P_{k\to n}]_x + [P_{k\to n}]_y + [P_{k\to n}]_z\\ &= \frac{\pi e^2}{3\varepsilon_0\hbar^2}\left[|x_{nk}|^2 + |y_{nk}|^2 + |z_{nk}|^2\right]I(\omega_{nk})\\ &= \frac{\pi}{3\varepsilon_0\hbar^2}|e\boldsymbol{r}_{nk}|^2 I(\omega_{nk})\end{aligned} \tag{8-46}$$

$$|\boldsymbol{r}_{nk}|^2 = |x_{nk}|^2 + |y_{nk}|^2 + |z_{nk}|^2 \tag{8-47}$$

2. 受激辐射的跃迁几率

这是一个与光吸收相反的过程：在外界入射光的作用下，原子中电子从高能级向低能级跃迁，并发射光子的过程。对这个过程的分析和讨论与光吸收类似，不同的是，这时如果仍以ε_k为初态能级，则末态ε_n为低能级，$\varepsilon_n<\varepsilon_k$，在式（8-30）的括号中应取“+”号，$\omega_{nk}<0$。如果这时$\varepsilon_n$与$\varepsilon_k$差值$|\varepsilon_n-\varepsilon_k|$与光吸收的$\varepsilon_n-\varepsilon_k$相等，则由式（8-30）出发求出的原子受激辐射几率与光吸收几率式（8-46）相同。

不过，人们愿意在两个确定能级ε_k和ε_n之间讨论光吸收与受激辐射跃迁几率。选定ε_k和ε_n两个能级进行研究，设$\varepsilon_k<\varepsilon_n$，则光吸收为由$\varepsilon_k$向$\varepsilon_n$跃迁，受激辐射则是由$\varepsilon_n$向$\varepsilon_k$跃迁。两个过程的能级差值相等，由前面的讨论知，受激辐射时，电子从高能级ε_n向低能级ε_k的跃迁几率$P_{n\to k}$等于在这两个能级间电子由ε_k到ε_n的光吸收跃迁几率$P_{k\to n}$

$$P_{n\to k}=P_{k\to n} \tag{8-48}$$

3. 自发辐射的跃迁几率

对于自发辐射的跃迁几率，用初等量子力学理论还不能解决。因为自发辐射是原子在没有外场作用时，自发地从高能态跃迁到低能态，同时发射光子的过程。按照初等量子力学的观点，如果外场不随时间变化或没有外场，原来处于定态的原子将永远处于这个定态，而不会跃迁到别的态。上述困难是初等量子力学本身的一个自相矛盾的结果：本来，光子和电子都具有波粒二象性，可是初等量子力学只对电子用波函数描述，而对光子却仍用经典波描述，如式（8-31），忽视了光的粒子性。量子电动力学正确地解决了对光子的描述问题，这超出了本书的范围。下面只用爱因斯坦的半经典理论处理自发辐射跃迁几率问题。

爱因斯坦从旧量子论出发，利用热力学平衡条件，建立了自发辐射系数A_{nk}、受激辐射系数B_{nk}和吸收系数B_{kn}之间的关系。这三个系数的定义分别是：

A_{nk}：单位时间内，原子由高能态φ_n自发向低能态φ_k跃迁的几率，同时发射能量为$\hbar\omega_{nk}$的光子。

B_{nk}：$B_{nk}I(\omega_{nk})$为单位时间内，在入射光作用下，原子从高能态φ_n向低能态φ_k跃迁的几率，同时发射能量为$\hbar\omega_{nk}$的光子。

B_{kn}：$B_{kn}I(\omega_{nk})$为单位时间内，在入射光作用下，原子吸收能量为$\hbar\omega_{nk}$的光子，从低能态φ_k向高能态φ_n跃迁的几率。

爱因斯坦证明了这三个系数之间的关系是

$$B_{kn}=B_{nk} \tag{8-49}$$

$$A_{nk}=\frac{\hbar\omega_{nk}^3}{\pi^2c^3}B_{nk}\qquad (c=\text{光速}) \tag{8-50}$$

由式（8-49）和相关定义，得

$$P_{k\to n}=B_{kn}I(\omega_{nk})=B_{nk}I(\omega_{nk})$$

再由式（8-46）和式（8-50），可得原子自发辐射跃迁几率

$$A_{nk}=\frac{\omega_{nk}^3}{3\pi\varepsilon_0c^3\hbar}|e\boldsymbol{r}_{nk}|^2 \tag{8-51}$$

利用 A_{nk} 可以计算自发辐射的辐射强度，即单位时间内辐射的能量。一个原子由高能态 φ_n 自发跃迁到低能态 φ_k 时，发射出一个能量为 $\hbar\omega_{nk}$ 的光子。由于在单位时间内发生这种跃迁的几率为 A_{nk}，所以单位时间内，一个原子辐射的能量为

$$\frac{\mathrm{d}E}{\mathrm{d}t}=\hbar\omega_{nk}A_{nk}$$

当体系内处于同一能态 φ_n 的原子数为 N_n 个，则这 N_n 个原子在单位时间内辐射的能量，即辐射强度为

$$J_{nk}=N_n\frac{\mathrm{d}E}{\mathrm{d}t}=N_n\hbar\omega_{nk}A_{nk}=N_n\frac{\omega_{nk}^4}{3\pi\varepsilon_0c^3}\left|er_{nk}\right|^2 \tag{8-52}$$

知道了 A_{nk} 还可知道处于激发态的原子的寿命。当原子中的电子从外界吸收能量，由低能态 φ_k 跃迁到高能态 φ_n 后，这时原子处于激发态。显然，由于能量升高，处于激发态的原子并不稳定，可能因受激辐射或自发辐射而跃迁回原态 φ_k，也就是说，原子只能在激发态存在一段有限的时间。原子处于激发态的平均时间称为原子处于该激发态的平均寿命 τ_{nk}。设 t 时刻处于激发态 φ_n 有 N_n 个原子，则在 $\mathrm{d}t$ 时间内，自发跃迁到低能态 φ_k 的原子数为

$$-\mathrm{d}N_n=A_{nk}N_n\mathrm{d}t$$

积分上式，得

$$N_n=N_n^0\mathrm{e}^{-A_{nk}t}=N_n^0\mathrm{e}^{-t/\tau_{nk}} \tag{8-53}$$

式中 N_n^0 为 $t=0$ 时激发态 φ_n 上的原子数，τ_{nk} 为自发跃迁原子处于激发态 φ_n 的平均寿命

$$\tau_{nk}=\frac{1}{A_{nk}} \tag{8-54}$$

因为当 $t=\tau_{nk}$ 时，激发态 φ_n 上的原子数减少到 $t=0$ 时的 $1/\mathrm{e}$。

至此，已求出了原子在三种过程中吸收或发射光子的几率，亦即原子的跃迁几率。在这些跃迁几率的表达式中，都有 $\left|\boldsymbol{r}_{nk}\right|$ 出现，由式（8-39）可见，对具体的原子，其跃迁几率还与未受微扰时电子的波函数有关。所以，对不同种类原子和处于不同状态的电子，有不同的跃迁几率。

光的受激辐射已得到广泛应用，例如包括半导体激光器在内的各种激光器。

§ 8-4　量子跃迁的选择定则

对于确定的原子，并不是在它的任何两个量子状态之间都能发生跃迁，因为式（8-46）、式（8-48）和式（8-51）表明，三种跃迁几率都与 $\left|\boldsymbol{r}_{nk}\right|^2$ 有关，而 $\left|\boldsymbol{r}_{nk}\right|^2$ 又与 φ_n、φ_k 有关，如果 $\left|\boldsymbol{r}_{nk}\right|^2=0$，则 φ_n 与 φ_k 之间的跃迁几率为零，跃迁就不能发生。因此要研究跃迁几率不为零的条件，以免盲目设计某两个态之间的跃迁。这些条件称为跃迁的选择定则。显然，不同类型的原子，不同的 φ_n、φ_k，必然有不同的选择定则。

下面以有心力场情况下的选择定则为例。

对有心力场中的电子，在两个状态之间的跃迁选择定则是：当两个状态的角量子数 l、l' 和磁量子数 m、m' 满足下列条件时，电子在这两个状态之间的跃迁才能出现，条件是

$$\Delta l=l'-l=\pm1;\ \Delta m=m'-m=0,\pm1 \tag{8-55}$$

符合跃迁条件的跃迁称为允许跃迁，不符合跃迁条件的跃迁，跃迁不能出现，称为禁止跃迁。

由式（8-46）、式（8-48）和式（8-51）知，三种跃迁几率都正比于$|\boldsymbol{r}_{nk}|^2$，允许跃迁必然是使$|\boldsymbol{r}_{nk}|^2 \neq 0$的跃迁。对有心力场中的电子，波函数的一般形式为

$$\psi_{nlm}(r,\theta,\varphi)=R'_{nl}(r)Y_{lm}(\theta,\varphi)$$

式中$R'_{nl}(r)$随有心力场$U(r)$不同而不同，这里的$R'_{nl}(r)$是泛指一般有心力场的径向波函数。初态设为ψ_{nlm}，末态设为$\psi_{n'l'm'}$，条件$|\boldsymbol{r}_{nk}|^2 \neq 0$应写为

$$|\boldsymbol{r}_{nlm,\,n'l'm'}|^2 \neq 0$$

因为$|\boldsymbol{r}_{nk}|^2=|x_{nk}|^2+|y_{nk}|^2+|z_{nk}|^2$，这就要求$x_{nlm,\,n'l'm'}$、$y_{nlm,\,n'l'm'}$、$z_{nlm,\,n'l'm'}$不能同时为零。在球坐标系中

$$x=r\sin\theta\cos\varphi,\ y=r\sin\theta\sin\varphi,\ z=r\cos\theta$$

$$\mathrm{d}\tau=r^2\sin\theta\mathrm{d}r\mathrm{d}\theta\mathrm{d}\varphi$$

于是

$$z_{nk}=z_{nlm,\,n'l'm'}=\int\psi^*_{nlm}z\psi_{n'l'm'}\mathrm{d}\tau$$

$$=\frac{1}{2\pi}\iint R'^*_{nl}\Theta^*_{lm}R'_{n'l'}\Theta_{l'm'}\,r^3\sin\theta\cos\theta\mathrm{d}r\mathrm{d}\theta\int_0^{2\pi}\mathrm{e}^{\mathrm{i}(m'-m)\varphi}\mathrm{d}\varphi \tag{8-56}$$

$$x_{nk}=x_{nlm,\,n'l'm'}=\int\psi^*_{nlm}x\psi_{n'l'm'}\mathrm{d}\tau$$

$$=\frac{1}{4\pi}\iint R'^*_{nl}\Theta^*_{lm}R'_{n'l'}\Theta_{l'm'}\,r^3\sin^2\theta\mathrm{d}r\mathrm{d}\theta\int_0^{2\pi}\left[\mathrm{e}^{\mathrm{i}(m'-m+1)\varphi}+\mathrm{e}^{\mathrm{i}(m'-m-1)\varphi}\right]\mathrm{d}\varphi \tag{8-57}$$

$$y_{nk}=y_{nlm,\,n'l'm'}=\int\psi^*_{nlm}y\psi_{n'l'm'}\mathrm{d}\tau$$

$$=\frac{1}{4\mathrm{i}\pi}\iint R'^*_{nl}\Theta^*_{lm}R'_{n'l'}\Theta_{l'm'}\,r^3\sin^2\theta\mathrm{d}r\mathrm{d}\theta\int_0^{2\pi}\left[\mathrm{e}^{\mathrm{i}(m'-m+1)\varphi}-\mathrm{e}^{\mathrm{i}(m'-m-1)\varphi}\right]\mathrm{d}\varphi \tag{8-58}$$

上面z_{nk}式中对φ的积分为

$$\int_0^{2\pi}\mathrm{e}^{\mathrm{i}(m'-m)\varphi}\mathrm{d}\varphi=\begin{cases}2\pi & m'=m\\ 0 & m'\neq m\end{cases} \tag{8-59}$$

所以，$z_{nk}\neq 0$的条件为

$$\Delta m=m'-m=0 \tag{8-60}$$

同样分析x_{nk}和y_{nk}式中对φ的积分，可得$x_{nk}\neq 0$和$y_{nk}\neq 0$的条件为

$$\Delta m=m'-m=\pm 1 \tag{8-61}$$

所以，对磁量子数m而言，$|\boldsymbol{r}_{nk}|^2\neq 0$的条件是

$$\Delta m=m'-m=0,\pm 1 \tag{8-62}$$

即必须$\Delta m=0$，或$\Delta m=+1$，或$\Delta m=-1$，才有$|\boldsymbol{r}_{nk}|^2\neq 0$。

用类似的方法讨论x_{nk}、y_{nk}、z_{nk}中对φ的积分（代入Θ_{lm}的具体函数），可以证明，必须角量子数还应满足

$$\Delta l=l'-l=\pm 1 \tag{8-63}$$

时，才有$\left|\boldsymbol{r}_{nk}\right|^2 \neq 0$。

作为例子，运用上述有心力场量子跃迁选择定则的式（8-55），就可判知ψ_{n32}态与ψ_{n11}态之间，或态ψ_{n32}与态ψ_{n20}之间的跃迁都是不可能的。

必须指出：导出选择定则式（8-55）时，用了$\boldsymbol{k}\cdot\boldsymbol{r}\ll 1$的条件，所以选择定则式（8-55）对紫外光、可见光或波长更长的电磁波成立，对波长更短的电磁波（如 x 射线）就不完全成立了。

§8–5　激光的产生

光的受激发射具有广泛应用，包括半导体激光器在内的各种激光器件都是应用受激发射现象工作的器件。具体讨论这些器件不在本书范围内，下面只对激光产生的条件等做些简单说明。

设想工作物质中粒子体系在两个能态φ_n和φ_k之间跃迁，相应的能量为ε_n和ε_k，设$\varepsilon_n>\varepsilon_k$，图 8-1（a）中用两条横线表示。如果一个粒子处于低能态φ_k，吸收一个能量等于$\varepsilon_n-\varepsilon_k$的光子，则此粒子将被激发到高能态$\varphi_n$，这个过程就是吸收过程。

处在高能态φ_n上的粒子是不稳定的，它可能在φ_n态上短暂停留，又跃迁到低能态φ_k上，发射出能量为$\varepsilon_n-\varepsilon_k$的光子，把光子能量写成$\hbar\omega_{nk}$，那么$\hbar\omega_{nk}=\varepsilon_n-\varepsilon_k$，这种自发地从高能态回到低能态而伴随发射光子的过程称为“自发发射”。用图 8-1（b）表示。

当处于高能态上的粒子受到另一个光子$\hbar\omega_{nk}$的影响，从高能态φ_n立即回到低能态φ_k，同时发射一个能量为$\hbar\omega_{nk}$的光子，这种在光的刺激之下粒子从高能态向低能态跃迁伴随辐射的过程称为受激发射，受激发射的理论是爱因斯坦在 1917 年建立的。

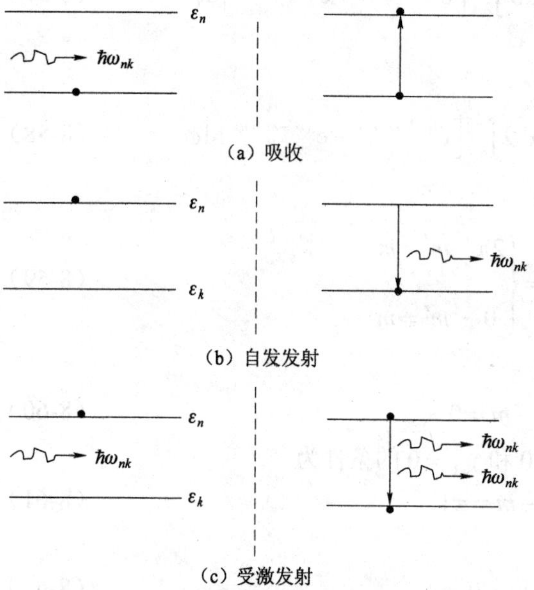

图 8-1　自发发射与受激发射的区别

工作物质体系粒子的自发发射与受激发射是两种不同的过程，自发发射过程没有外界作用参与，自发发射的跃迁过程完全是无规则的，各个粒子的辐射彼此独立地、自发地进行，发射的光子只有能量$\hbar\omega_{nk}$是相同的，而各个光子的发射方向、相位等都是随机的。除此之外，由于体系大量粒子所处的激发态不完全相同，因而自发发射的光的频率也就不尽相同。但受激发射就不同，受激发射的光子与影响它的发射光子在特性上完全相同，不仅能量相同，而且传播方向、相位等也完全相同。这就是说，在受激发射过程中，由一个入射光子$\hbar\omega_{nk}$产生出两个完全相同的光子，用图 8-1（c）所示。我们可以设想，

$$N_n>N_k \tag{8-64}$$

即系统中大量的粒子处于激发态，同时有自发发射的光子$\hbar\omega_{nk}$作用其中，“诱使”大量的受激发射出现，就能获得大量的频率单一、传播方向一致、位相相同、波的振动方向一致

的光，这就是激光。在一个光子的作用下，获得大量同特征的光子的现象称为光放大。

要使激光实现，也就是说，要制造一个激光器，在这个发光系统中，必须满足两个条件才能保证受激发射占主导地位。

第一个条件称作“粒子数反转”。设想工作物质中粒子在 φ_n 和态 φ_k 之间跃迁，在单位时间内由 φ_n 到 φ_k 态的受激发射应超过由 φ_k 到 φ_n 态的吸收。这就要求在高能态 φ_n 的粒子数 N_n 比低能态 φ_k 态的粒子数 N_k 多。但是在热平衡状态时，体系中的粒子按能级分布服从玻尔兹曼分布，即

$$\frac{N_n}{N_k}=\frac{e^{-\varepsilon_n/kT}}{e^{-\varepsilon_k/kT}}=e^{-(\varepsilon_n-\varepsilon_k)/kT} \tag{8-65}$$

式中 k 为玻尔兹曼常数。在 $T=300\ \text{K}$，取 $\varepsilon_n-\varepsilon_k$ 为 1 eV，在室温下可求得 $\dfrac{N_n}{N_k}\doteq 10^{-40}$，即 $N_n \ll N_k$。为此，必须使系统中高能态上的粒子数大于低能态上的粒子数，这种情况就称为粒子数反转。实现粒子数反转实际上就是要从外部输入能量，把低能态上的粒子提到高能态上去。不同种类的激光器，实现粒子数反转的方法也不相同。

第二个条件是自发辐射几率远远小于受激发射几率。在热平衡时，自发发射几率与受激发射几率之比为

$$\frac{A_{nk}}{B_{nk}}\frac{}{I(\omega_{nk})}=e\frac{\hbar\omega_{nk}}{KT}-1 \tag{8-66}$$

当 $\omega_{nk}=\dfrac{KT}{\hbar}\ln 2$ 时，体系中自发发射几率与受激发射几率相等。在 T=300 K 时，则 $\omega_{nk}\doteq 2.9\times10^{-13}\ \text{s}^{-1}$，与之对应的波长为 6×10^{-5} m，对于微波（微波波长远大于 6×10^{-5} m），自发发射几率远小于受激发射几率，第二个条件能得到满足。但是，对于波长远小于 6×10^{-5} m 的可见光，受激发射几率就远小于自发发射几率，因此，在这种情况下，为了满足第二个条件，在不同种类的激光器中采用不同结构形状的谐振腔，利用谐振腔对特定波长的光的选择、增强和控制作用增强受激发射几率，就可得到一定功率输出的单色性、方向性和相干性都很高的激光束。

思考题与习题

1. 怎样求含时微扰论的波函数 $\boldsymbol{\Psi}(\boldsymbol{r},t)$？

2. $|a_n(t)|^2$ 和 $|a_n'(t)|^2$ 的物理意义是什么？

3. 对于周期性微扰（8-22），为什么只有在外界微扰的圆频率 $\omega=\pm\omega_{nk}$ 时，跃迁几率 $\omega_{n\to k}(t)$ 才足够大？

4. 光吸收的跃迁几率 $P_{k\to n}$ 式（8-46）导出过程的思路是怎样的？

5. 式（8-46）的适用条件有哪些？

6. 什么叫受激辐射？怎样得到受激辐射的跃迁几率 $P_{n\to k}$？

7. 什么叫自发辐射？其跃迁几率为什么不能用初等量子力学导出？有绝对真理吗？

8. 上述三种跃迁几率的表达式受哪些适用条件的限制？为什么？

9. 以有心力场中的电子为例，为什么不是任意两个状态之间都能发生跃迁？要服从什么规则？

10. 电荷为 e 的一维线性谐振子，在 $t=0$ 时处于基态，t>0 时受电场 $\varepsilon=\varepsilon^0 e^{-t/\tau}$ 的作用，试求谐振子处

于第一激发态的几率。

11. 设 $t=0$ 时，电荷为 e 的一维谐振子处于基态。从 $t>0$ 时起，附加一与谐振子振动方向相同的恒定外场 ε，求谐振子处于任意态的几率。

12. 设在 $0\leqslant t\leqslant t_1$ 时间内，体系所受的微扰为恒定微扰，与时间无关。试证：在时刻 $t>t_1$，体系处于 φ_n 态的几率为

$$P=\frac{4\left|H'_{nk}\right|^2\sin^2\left(\frac{1}{2}\omega_{nk}t_1\right)}{\hbar^2\omega_{nk}^2}$$

例题与习题选解

例 1 设在 $t=0$ 时，氢原子处于基态，以后受到单色光的照射而电离。设单色光的电场可以近似地表示为 $\varepsilon\sin\omega t$，ε 及 ω 均为零；电离电子的波函数近似地以平面波表示。求这单色光的最小频率和在时刻 t 跃迁到电离态的几率。

解：① 当电离后的电子动能为零时，这时对应的单色光的频率最小，其值为

$$\hbar\omega_{\min}=h\nu_{\min}=E_\infty-E_1=\frac{\mu e_s^4}{2\hbar^2}$$

$$\nu_{\min}=\frac{\mu e_s^4}{2\hbar^2 h}=\frac{13.6\times1.6\times10^{-19}}{6.62\times10^{-34}}=3.3\times10^{15}\,\text{Hz}$$

② $t=0$ 时，氢原子处于基态，其波函数为

$$\phi_k=\frac{1}{\sqrt{\pi a_0^3}}\mathrm{e}^{-r/a_0}$$

在 t 时刻，$\phi_m=\left(\dfrac{1}{2\pi\hbar}\right)^{3/2}\mathrm{e}^{\frac{\mathrm{i}}{\hbar}\boldsymbol{p}\cdot\boldsymbol{r}}$

微扰 $$\hat{H}'(t)=e\boldsymbol{\varepsilon}\cdot\boldsymbol{r}\sin\omega t=\frac{\mathrm{e}\boldsymbol{\varepsilon}\cdot\boldsymbol{r}}{2i}(\mathrm{e}^{\mathrm{i}\omega t}-\mathrm{e}^{-\mathrm{i}\omega t})$$

$$=\hat{F}(\mathrm{e}^{\mathrm{i}\omega t}-\mathrm{e}^{-\mathrm{i}\omega t})$$

其中 $\hat{F}=\dfrac{e\boldsymbol{\varepsilon}\cdot\boldsymbol{r}}{2i}$

在 t 时刻跃迁到电离态的几率为

$$W_{k\to m}=\left|a_m(t)\right|^2$$

$$a_m(t)=\frac{1}{\mathrm{i}\hbar}\int_0^t H'_{mk}\mathrm{e}^{\mathrm{i}\omega_{mk}t'}\mathrm{d}t'$$

$$=\frac{F_{mk}}{\mathrm{i}\hbar}\int_0^t(\mathrm{e}^{\mathrm{i}(\omega_{mk}+\omega)t'}-\mathrm{e}^{\mathrm{i}(\omega_{mk}-\omega)t'})\mathrm{d}t'$$

$$=-\frac{F_{mk}}{\hbar}\left[\frac{\mathrm{e}^{\mathrm{i}(\omega_{mk}+\omega)t}-1}{\omega_{mk}+\omega}-\frac{\mathrm{e}^{\mathrm{i}(\omega_{mk}-\omega)t}-1}{\omega_{mk}-\omega}\right]$$

对于吸收跃迁情况，上式起主要作用的第二项，故不考虑第一项，

$$a_m(t)=\frac{F_{mk}}{\hbar}\frac{\mathrm{e}^{\mathrm{i}(\omega_{mk}-\omega)t}-1}{\omega_{mk}-\omega}$$

$$W_{k\to m}=|a_m(t)|^2=\frac{|F_{mk}|^2}{\hbar^2}\frac{(e^{i(\omega_{mk}-\omega)t}-1)(e^{i(\omega_{mk}-\omega)t}-1)}{(\omega_{mk}-\omega)^2}$$

$$=\frac{4|F_{mk}|^2\sin^2\frac{1}{2}(\omega_{mk}-\omega)t}{\hbar^2(\omega_{mk}-\omega)^2}$$

其中 $F_{mk}=\int\phi_m^*\hat{F}\phi_k\mathrm{d}\tau=\left(\frac{1}{\sqrt{2\pi\hbar}}\right)^{3/2}\frac{1}{\sqrt{\pi a_0^3}}\int e^{-\frac{i}{\hbar}\boldsymbol{p}\cdot\boldsymbol{r}}\left(\frac{e\boldsymbol{\varepsilon}\cdot\boldsymbol{r}}{2i}\right)e^{-r/a_0}\mathrm{d}\tau$

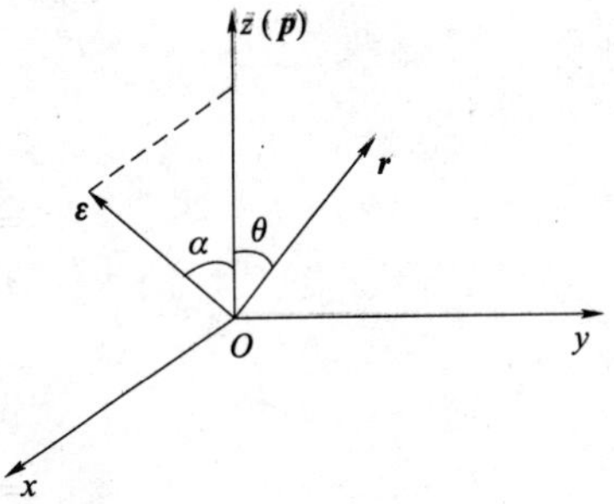

取电子电离后的动量方向为 z 方向，取 $\boldsymbol{\varepsilon}$ 、$\boldsymbol{p}$ 所在平面为 xoz 面，则有

$$\begin{aligned}\boldsymbol{\varepsilon}\cdot\boldsymbol{r}&=\varepsilon_x x+\varepsilon_y y+\varepsilon_z z\\&=(\varepsilon\sin\alpha)(r\sin\theta\cos\varphi)+(\varepsilon\cos\alpha)(r\cos\theta)\\&=\varepsilon\, r\sin\alpha\sin\theta\cos\varphi+\varepsilon r\cos\alpha\cos\theta\end{aligned}$$

$$F_{mk}=\left(\frac{1}{\sqrt{2\pi\hbar}}\right)^{3/2}\frac{1}{\sqrt{\pi a_0^3}}\frac{e}{2i}\int e^{-\frac{i}{\hbar}p\ r\cos\theta}(\varepsilon\, r\sin\alpha\sin\theta\cos\varphi+\varepsilon\, r\cos\alpha\cos\theta)e^{-r/a_0}\mathrm{d}\tau$$

$$F_{mk}=\left(\frac{1}{\sqrt{2\pi\hbar}}\right)^{3/2}\frac{1}{\sqrt{\pi a_0^3}}\frac{e}{2i}\int_0^\infty\int_0^\pi\int_0^{2\pi}e^{-\frac{i}{\hbar}p\,r\cos\theta}(\varepsilon r\sin\alpha\sin\theta\cos\varphi+\varepsilon\, r\cos\alpha\cos\theta)e^{-r/a_0}r^2\sin\theta\mathrm{d}r\mathrm{d}\theta\,\mathrm{d}\varphi$$

$$=\left(\frac{1}{\sqrt{2\pi\hbar}}\right)^{3/2}\frac{1}{\sqrt{\pi a_0^3}}\frac{e}{2i}\int_0^\infty\int_0^\pi\int_0^{2\pi}e^{-\frac{i}{\hbar}p\,r\cos\theta}(\varepsilon\cos\alpha\, r^3\cos\theta\sin\theta)e^{-r/a_0}\mathrm{d}r\mathrm{d}\theta\,\mathrm{d}\varphi$$

$$=\left(\frac{1}{\sqrt{2\pi\hbar}}\right)^{3/2}\frac{1}{\sqrt{\pi a_0^3}}\frac{e\varepsilon\cos\alpha}{2i}2\pi\int_0^\infty r^3e^{-r/a_0}\mathrm{d}r[\int_0^\pi e^{-\frac{i}{\hbar}p\,r\cos\theta}\cos\theta\sin\theta\,\mathrm{d}\theta$$

$$=\frac{e\varepsilon\cos\alpha}{i2\pi\hbar\sqrt{2a_0^3\hbar}}\int_0^\infty r^3e^{-r/a_0}\left[\frac{-\hbar}{ipr}\left(e^{-\frac{i}{\hbar}pr}+e^{\frac{i}{\hbar}pr}\right)+\frac{\hbar^2}{p^2r^2}\left(e^{-\frac{i}{\hbar}pr}-e^{\frac{i}{\hbar}pr}\right)\right]\mathrm{d}r$$

$$=\frac{e\varepsilon\cos\alpha}{i2\pi\hbar\sqrt{2a_0^3}}\frac{16p}{ia_0\hbar}\frac{1}{\left(\frac{1}{a_0^2}+\frac{p^2}{\hbar^2}\right)^3}$$

$$=-\frac{16pe\varepsilon\cos\alpha(a_0\hbar)^{7/2}}{\sqrt{8}\pi(a_0^2p^2+\hbar^2)^3}$$

所以 $$W_{k\to m}=\frac{4|F_{mk}|^2\sin^2\frac{1}{2}(\omega_{mk}-\omega)t}{\hbar^2(\omega_{mk}-\omega)^2}$$

$$=\frac{128p^2e^2\varepsilon^2\cos^2\alpha a_0^7\hbar^5}{\pi^2(a_0^2p^2+\hbar^2)^6}\frac{\sin^2\frac{1}{2}(\omega_{mk}-\omega)t}{(\omega_{mk}-\omega)^2}$$

例 2 基态氢原子处于平行板电场中，若电场是均匀的且随时间按指数下降，即

$$\varepsilon=\begin{cases}0, & 当t\leqslant 0\\ \varepsilon_0e^{-t/\tau}, & 当t\geqslant 0\,(\tau为大于零的参数)\end{cases}$$

求经过长时间后氢原子处在 2p 态的几率。

解：对于 2p 态，$l=1$， m 可取 0，±1 三值，其相应的状态为

$$\psi_{210}\qquad\psi_{211}\qquad\psi_{21-1}$$

氢原子处在 2p 态的几率也就是从ψ_{100}跃迁到ψ_{210}、ψ_{211}、ψ_{21-1}的几率之和。

由
$$a_m(t)=\frac{1}{\mathrm{i}\hbar}\int_0^t H'_{mk}\mathrm{e}^{\mathrm{i}\omega_{mk}t'}\mathrm{d}t'$$

$$H'_{210,100}=\int\psi_{210}^*\hat{H}'\psi_{100}\mathrm{d}\tau\qquad(\hat{H}'=e\varepsilon(t)r\cos\theta)$$

$$=\int R_{21}Y_{10}^*e\varepsilon(t)r\cos\theta\, R_{10}Y_{00}\mathrm{d}\tau\quad（取\ \boldsymbol{\varepsilon}\ 方向为\ Z\ 轴方向）$$

$$=e\varepsilon(t)\int_0^\infty R_{21}r^3R_{10}\mathrm{d}r\int_0^{2\pi}\int_0^\pi Y_{10}^*Y_{00}\cos\theta\sin\theta\mathrm{d}\theta\mathrm{d}\varphi$$

$$(\cos\theta Y_{00}=\frac{1}{\sqrt{3}}Y_{10})$$

$$=e\varepsilon(t)f\int_0^{2\pi}\int_0^\pi Y_{10}^*\frac{1}{\sqrt{3}}Y_{10}\sin\theta\mathrm{d}\theta\mathrm{d}\varphi$$

$$=\frac{1}{\sqrt{3}}e\varepsilon(t)f$$

$$f=\int_0^\infty R_{21}^*(r)R_{10}(r)r^3\mathrm{d}r=\frac{256}{81\sqrt{6}}a_0$$

$$=\left(\frac{1}{2a_0}\right)^{3/2}\frac{2}{\sqrt{3}a_0}\cdot\left(\frac{1}{a_0}\right)^{3/2}\int_0^\infty r^4\mathrm{e}^{-\frac{3}{2a_0}r}\mathrm{d}r$$

$$=\frac{1}{\sqrt{6}}\frac{1}{a_0^4}\cdot\frac{4!\times2^5}{3^5}a_0^5=\frac{256}{81\sqrt{6}}a_0$$

$$H'_{210,100}=\int\psi_{210}^*\hat{H}'\psi_{100}\mathrm{d}\tau=\frac{1}{\sqrt{3}}\mathrm{e}\varepsilon(t)f$$

$$=\frac{e\varepsilon(t)}{\sqrt{3}}\frac{256}{81\sqrt{6}}a_0=\frac{128\sqrt{2}}{243}e\varepsilon(t)a_0$$

$$H'_{21,1100}=e\varepsilon(t)\int_0^\infty\psi_{21}^*r_1\cos\theta\psi_{100}\mathrm{d}\tau$$

$$=e\varepsilon(t)\int_0^\infty R_{21}r^3R_{10}\mathrm{d}r\int_0^{2\pi}\int_0^\pi Y_{11}^*\cos\theta Y_{00}\sin\theta\,\mathrm{d}\theta\,\mathrm{d}\varphi$$

$$=e\varepsilon(t)\int_0^\infty R_{21}r^3R_{10}\mathrm{d}r\int_0^{2\pi}\int_0^\pi Y_{11}^*\frac{1}{\sqrt{3}}Y_{10}\sin\theta\,\mathrm{d}\theta\,\mathrm{d}\varphi$$

$$=0$$

$$H'_{21-1,100}=\int\psi_{21-1}^*\hat{H}'\psi_{100}\mathrm{d}\tau$$

$$=e\varepsilon(t)\int_0^\infty R_{21}r^3R_{10}\mathrm{d}r\int_0^\pi\int_0^{2\pi}Y_{1-1}^*\cos\theta Y_{00}\sin\theta\,\mathrm{d}\theta\,\mathrm{d}\varphi$$

$$=e\varepsilon(t)\int_0^\infty R_{21}r^3R_{10}\mathrm{d}r\int_0^\pi\int_0^{2\pi}Y_{1-1}^*\frac{1}{\sqrt{3}}Y_{10}\sin\theta\,\mathrm{d}\theta\,\mathrm{d}\varphi$$

$$=0$$

由上述结果可知，$W_{100\to211}=0$，$W_{100\to21-1}=0$

所以
$$W_{1\mathrm{s}\to2\mathrm{p}}=W_{100\to210}+W_{100\to211}+W_{100\to21-1}$$

$$=W_{100\to210}=\frac{1}{\hbar^2}\left|\int_0^t H'_{210,100}\mathrm{e}^{\mathrm{i}\omega_{21}t'}\mathrm{d}t'\right|^2$$

$$=\frac{2}{\hbar^2}\left(\frac{128}{243}\right)^2(ea_0\varepsilon_0)^2\left|\int_0^t e^{i\omega_{21}t'}e^{-t'/\tau}dt'\right|^2$$

$$=\frac{2}{\hbar^2}\left(\frac{128}{243}\right)^2 e^2a_0^2\varepsilon_0{}^2\frac{\left|e^{i\omega_{21}t-\frac{t}{\tau}}-1\right|^2}{\omega_{21}^2+\frac{1}{\tau^2}}$$

当 $t\to\infty$ 时，

$$\omega_{1s\to 2p}=\frac{2}{\hbar^2}\left(\frac{128}{243}\right)^2 e^2a_0^2\varepsilon_0{}^2\frac{1}{\omega_{21}^2+\frac{1}{\tau^2}}$$

其中 $\omega_{21}=\frac{1}{\hbar}(E_2-E_1)=\frac{\mu e_s^4}{2\hbar^3}\left(1-\frac{1}{4}\right)=\frac{3\mu e_s^4}{8\hbar^3}=\frac{3e_s^2}{8\hbar a_0}$

例 3 计算氢原子由第一激发态到基态的自发发射几率。

解： $A_{mk}=\frac{4e_s^2\omega_{mk}^3}{3\hbar c^3}|\boldsymbol{r}_{mk}|^2$

由选择定则 $\Delta l=\pm1$，知 $2s\to1s$ 是禁戒的

故只需计算 $2p\to1s$ 的几率

$$\omega_{21}=\frac{E_2-E_1}{\hbar}$$

$$=\frac{\mu e_s^4}{2\hbar^3}\left(1-\frac{1}{4}\right)=\frac{3}{8}\frac{\mu e_s^4}{\hbar^3}$$

而 $|\boldsymbol{r}_{21}|^2=|x_{21}|^2+|y_{21}|^2+|z_{21}|^2$

2p 有三个状态，即 ψ_{210}，ψ_{211}，ψ_{21-1}

（1）先计算 z 的矩阵元 $z=r\cos\theta$

$$(z)_{21m,100}=\int_0^\infty R_{21}^*(r)R_{10}(r)r^3dr\cdot\int\psi_{1m}^*\cos\theta\, Y_{00}d\Omega$$

$$=f\int Y_{1m}^*\frac{1}{\sqrt{3}}\,Y_{00}d\Omega$$

$$=f\frac{1}{\sqrt{3}}\delta_{m0}$$

$$\Rightarrow(z)_{210,100}=\frac{1}{\sqrt{3}}f$$

$$(z)_{211,100}=0$$

$$(z)_{21-1,100}=0$$

（2）计算 x 的矩阵元 $x=r\sin\theta\cos\varphi=\frac{r}{2}\sin\theta(e^{i\varphi}+e^{-i\varphi})$

$$(x)_{21m,100}=\frac{1}{2}\int_0^\infty R_{21}^*(r)R_{10}(r)r^3dr\cdot\int Y_{1m}^*\sin\theta\,(e^{i\varphi}+e^{-i\varphi})Y_{00}d\Omega$$

$$=\frac{1}{2}f\cdot\sqrt{\frac{2}{3}}\int Y_{1m}^*(-Y_{11}+Y_{1-1})d\Omega$$

$$=\frac{1}{\sqrt{6}}f(-\delta_{m1}+\delta_{m-1})$$

$$Y_{11}=-\sqrt{\frac{3}{8\pi}}\sin\theta\,e^{i\varphi}\qquad Y_{1-1}=\sqrt{\frac{3}{8\pi}}\sin\theta\,e^{-i\varphi}\qquad Y_{00}=\frac{1}{\sqrt{4\pi}}$$

$$\Rightarrow (x)_{210,100}=0$$

$$(x)_{211,100}=-\frac{1}{\sqrt{6}}f$$

$$(x)_{21-1,100}=\frac{1}{\sqrt{6}}f$$

（3）计算 y 的矩阵元 $$y=r\sin\theta\sin\varphi=\frac{1}{2i}r\sin\theta(e^{i\varphi}-e^{-i\varphi})$$

$$(y)_{21m,100}=\frac{1}{2i}\int_0^\infty R_{21}^*(r)R_{10}(r)r^3\mathrm{d}r\cdot\int Y_{1m}^*\sin\theta(e^{i\varphi}-e^{-i\varphi})\,Y_{00}\mathrm{d}\Omega$$

$$=\frac{1}{2i}f\cdot\sqrt{\frac{2}{3}}(-\delta_{m1}-\delta_{m-1})$$

$$=\frac{1}{i\sqrt{6}}f(-\delta_{m1}-\delta_{m-1})$$

$$\Rightarrow (y)_{210,100}=0$$

$$(y)_{211,100}=\frac{i}{\sqrt{6}}f$$

$$(y)_{21-1,100}=\frac{i}{\sqrt{6}}f$$

$$\Rightarrow\left|\boldsymbol{r}_{2p\to 1s}\right|^2=\left(2\times\frac{f^2}{6}+2\times\frac{f^2}{6}+\frac{1}{3}f^2\right)=f^2$$

（4）计算 f

$$f=\int_0^\infty R_{21}^*(r)R_{10}(r)r^3\mathrm{d}r=\frac{256}{81\sqrt{6}}a_0$$

$$=\left(\frac{1}{2a_0}\right)^{3/2}\frac{2}{\sqrt{3}a_0}\cdot\left(\frac{1}{a_0}\right)^{3/2}\int_0^\infty r^4 e^{-\frac{3}{2a_0}r}\mathrm{d}r$$

$$=\frac{1}{\sqrt{6}}\frac{1}{a_0^4}\cdot\frac{4!\times 2^5}{3^5}a_0^5=\frac{256}{81\sqrt{6}}a_0=a_0\frac{2^7}{3^4}\sqrt{\frac{2}{3}}$$

$$f^2=\frac{2^{15}}{3^9}a_0^2$$

$$A_{2p\to 1s}=\frac{4e_s^2\omega_{21}^3}{3\hbar c^3}\left|\boldsymbol{r}_{21}\right|^2$$

$$=\frac{4e_s^2}{3\hbar c^3}\cdot\left(\frac{3}{8}\frac{\mu e_s^4}{\hbar^3}\right)^3\cdot\frac{2^{15}}{3^9}a_0^2$$

$$=\frac{2^8}{3^7}\cdot\frac{\mu^3 e_s^{14}}{\hbar^{10}c^3}\left(\cdot\frac{\hbar^2}{\mu\,e_s^2}\right)^2$$

$$=\frac{2^8}{3^7}\cdot\frac{\mu e_s^{10}}{\hbar^6 c^3}=1.91\times 10^9\,\mathrm{s}^{-1}$$

$$\tau=\frac{1}{A_{21}}=5.23\times 10^{-10}\,\mathrm{s}=0.52\times 10^{-9}\,\mathrm{s}$$

例 4 计算氢原子由 2p 态跃迁到 1s 态时所发出的光谱线强度。

解：$J_{2p\to 1s} = N_{2p}A_{2p\to 1s}\cdot\hbar\omega_{21}$

$$= N_{2p}\cdot\frac{2^8}{3^7}\frac{\mu\, e_s^{10}}{c^3\hbar^6}\cdot\frac{3}{8}\cdot\frac{\mu e_s^4}{\hbar^2}$$

$$= N_{2p}\cdot\frac{2^5}{3^6}\cdot\frac{\mu^2 e_s^{14}}{\hbar^8 c^3} \qquad \hbar\omega_{21}=10.2\ \text{eV}$$

$$= N_{2p}\cdot\frac{2^5}{3^6}\cdot\frac{e_s^{10}}{c^3\hbar^4 a_0^2}$$

$$= N_{2p}\times 3.1\times 10^{-9}\ \text{W}$$

若 $N_{2p}=10^{-9}$，则 $J_{21}=3.1\ \text{W}$

例 5 具有电荷为 q 的离子，在其平衡位置附近作一维简谐振动，在光的照射下发生跃迁。设入射光的能量为 $I(\omega)$。其波长较长，求：

① 原来处于基态的离子，单位时间内跃迁到第一激发态的几率。

② 讨论跃迁的选择定则。

（提示：利用积分关系 $\int_0^\infty x^{2n}e^{-\alpha x^2}=\dfrac{1\cdot 3\cdot 5\cdot\cdots\cdot(2n-1)}{2^{n+1}}\sqrt{\dfrac{\pi}{a}}$

答：① $\omega_{0\to 1}=\dfrac{4\pi^2 q_s^2}{3\hbar^2}|x_{10}|^2 I(\omega)=\dfrac{2\pi^2 q_s^2}{3\mu\hbar\omega}I(\omega)$

② 仅当 $\Delta m=\pm 1$ 时，$x_{mk}\neq 0$，所以谐振子的偶极跃迁的选择定则是 $\Delta m=\pm 1$）

解：① $\hat{F}=\dfrac{1}{2}q\varepsilon_0 x \qquad (e\to q)$

$$\omega_{k\to m}=\frac{4\pi^2 q^2}{3\times 4\pi\varepsilon_0\hbar^2}|\boldsymbol{r}_{mk}|I(\omega_{mk})$$

$$=\frac{4\pi^2 q_s^2}{3\hbar^2}|\boldsymbol{r}_{mk}|^2 I(\omega_{mk}) \qquad (令 q_s^2=\frac{q^2}{4\pi\varepsilon_0})$$

$$\omega_{0\to 1}=\frac{4\pi^2 q_s^2}{3\hbar^2}|x_{10}|^2 I(\omega) \qquad （对于一维线性谐振子\ \boldsymbol{r}_n\sim x_i）$$

其中 $x_{10}=\int\psi_1^* x\psi_0 \mathrm{d}x$

一维线性谐振子的波函数为

$$\psi_n(x)=\sqrt{\frac{\alpha}{\pi^{1/2}2^n n!}}e^{-\frac{1}{2}\alpha^2x^2}H_n(\mathrm{d}x)$$

$$\psi_{10}=\int_{-\infty}^{\infty}\left(\sqrt{\frac{\alpha}{2\sqrt{\pi}}}\cdot 2\alpha x e^{-\frac{1}{2}\alpha^2x^2}\right)x\sqrt{\frac{\alpha}{2\sqrt{\pi}}}e^{-\frac{1}{2}\alpha^2x^2}\mathrm{d}x$$

$$=\sqrt{\frac{2}{\pi}}\alpha^2\int_{-\infty}^{\infty}x^2 e^{-\frac{1}{2}\alpha^2x^2}\mathrm{d}x$$

$$=\sqrt{\frac{2}{\pi}}\frac{2}{\alpha}\int_0^\infty y^2 e^{-y^2}\mathrm{d}y$$

$$=\sqrt{\frac{2}{\pi}}\frac{1}{\alpha}\left[(-ye^{-y^2})\Big|_0^\infty+\int_0^\infty e^{-y^2}\mathrm{d}y\right]$$

$$=\sqrt{\frac{2}{\pi}}\cdot\frac{1}{\alpha}\cdot\frac{\sqrt{\pi}}{\alpha}=\frac{1}{\sqrt{2}\alpha}$$

$$\omega_{0\to1}=\frac{4\pi^2 q_s^2}{3\hbar^2}\left|\frac{1}{\sqrt{2}\alpha}\right|^2 I(\omega)=\frac{2\pi^2 q_s^2}{3\alpha^2\hbar^2}I(\omega)=\frac{2\pi^2 q_s^2}{3\mu\omega\hbar}I(\omega)$$

② 跃迁几率 $\alpha|x_{mk}|^2$，当 $x_{mk}=0$ 时的跃迁为禁戒跃迁。

$$x_{mk}=\int_{-\infty}^{\infty}\psi_m^* x\psi_k \mathrm{d}x$$

$$=\int_{-\infty}^{\infty}\psi_m^*\frac{1}{\alpha}\left(\sqrt{\frac{k+1}{2}}\psi_{k+1}+\sqrt{\frac{k}{2}}\psi_{k-1}\right)\mathrm{d}x$$

$$=\begin{cases}\neq 0, & m=k\pm1 \quad (\text{即}\Delta m=\pm1)\text{时}\\ =0, & m\neq k\pm1 \quad (\text{即}\Delta m\neq\pm1)\text{时}\end{cases}$$

可见，所讨论的选择定则为 $\Delta m=\pm1$。

例 6 求一维线性谐振子偶极跃迁的选择定则。

解：对一维问题，偶极跃迁能够进行的条件为

$$|x_{nk}|^2\neq 0$$

$$x_{nk}=\int_{-\infty}^{\infty}\varphi_n^* x\varphi_k \mathrm{d}x$$

因 $x\varphi_k=c_k \mathrm{e}^{-\alpha^2x^2/2}xH_k(\alpha x)$

$$=\frac{c_k}{\alpha}\mathrm{e}^{-\alpha^2x^2/2}\left[\frac{1}{2}H_{k+1}+kH_{k-1}\right]$$

$$=\frac{1}{\alpha}\sqrt{\frac{k+1}{2}}c_{k+1}\mathrm{e}^{-\alpha^2x^2/2}H_{k+1}+\frac{1}{\alpha}\sqrt{\frac{k}{2}}c_{k-1}\mathrm{e}^{-\alpha^2x^2/2}H_{k-1}$$

$$=\frac{1}{\alpha}\sqrt{\frac{k+1}{2}}\varphi_{k+1}+\frac{1}{\alpha}\sqrt{\frac{k}{2}}\varphi_{k-1}$$

故 $x_{nk}=\frac{1}{\alpha}\sqrt{\frac{k+1}{2}}\int_{-\infty}^{\infty}\varphi_n^*\varphi_{k+1}\mathrm{d}x+\frac{1}{\alpha}\sqrt{\frac{k}{2}}\int_{-\infty}^{\infty}\varphi_n^*\varphi_{k-1}\mathrm{d}x$

$$=\frac{1}{\alpha}\sqrt{\frac{k+1}{2}}\delta_{n,k+1}+\frac{1}{\alpha}\sqrt{\frac{k}{2}}\delta_{n,k-1}$$

由此可知，只有 $n=k+1$，或 $n=k-1$ 时，上式不为零，即跃迁选择定则为

$$\Delta n=n-k=\pm1$$

也就是说，只有相邻能级间才能发生偶极跃迁。

习题 10 电荷为 e 的一维线性谐振子，在 $t=0$ 时处于基态，$t>0$ 时受电场 $\boldsymbol{E}=\boldsymbol{E}_0\mathrm{e}^{-t/\tau}$ 的作用，试求谐振子处于第一激发态的几率。

解：将电场看作微扰，微扰算符

$$\hat{H}'=U'(x)=-e\boldsymbol{E}\cdot\boldsymbol{x}=-exE_{0x}\mathrm{e}^{-t/\tau}$$

$$W_{0\to1}=|a_n'(t)|^2$$

$$=\left|\frac{1}{\mathrm{i}\hbar}\int_0^t H_{10}'(t)\mathrm{e}^{\mathrm{i}\omega_{10}t}\mathrm{d}t\right|^2$$

$$H_{10}'=\int_{-\infty}^{\infty}\varphi_1^*(x)(-exE_{0x}\mathrm{e}^{-t/\tau})\varphi_0(x)\mathrm{d}x$$

将 $$\varphi_1(x)=\sqrt{\frac{2\alpha}{\sqrt{\pi}}}\alpha x\mathrm{e}^{-\frac{1}{2}\alpha^2x^2}$$

$$\varphi_0(x)=\sqrt{\frac{\alpha}{\sqrt{\pi}}}\mathrm{e}^{-\frac{1}{2}\alpha^2x^2}$$

代入有

$$\begin{aligned}H'_{10}&=-\frac{\sqrt{2}eE_{0x}}{\sqrt{\pi}}\mathrm{e}^{-t/\tau}\int_{-\infty}^{\infty}\alpha^2x^2\mathrm{e}^{-\alpha^2x^2}\mathrm{d}x\\&=-\frac{\sqrt{2}eE_{0x}}{\sqrt{\pi}}\frac{\sqrt{\pi}}{2\alpha}\mathrm{e}^{-t/\tau}\\&=-\frac{eE_{0x}}{\sqrt{2}\alpha}\mathrm{e}^{-t/\tau}\end{aligned}$$

$$\begin{aligned}W_{0\to1}&=\left|-\frac{eE_{0x}}{\mathrm{i}\sqrt{2}\alpha\hbar}\int_0^t\mathrm{e}^{(\mathrm{i}\omega_{10}-1/\tau)t}\mathrm{d}t\right|^2\\&=\left|-\frac{eE_{0x}}{\mathrm{i}\sqrt{2}\alpha\hbar}\frac{\mathrm{e}^{(\mathrm{i}\omega_{10}-1/\tau)t}-1}{(\mathrm{i}\omega_{10}-1/\tau)}\right|^2\\&=\frac{e^2E_{0x}^2}{2\alpha^2\hbar^2}\frac{|\mathrm{e}^{(\mathrm{i}\omega_{10}-1/\tau)t}-1|^2}{\omega_{10}^2+1/\tau^2}\\&=\frac{e^2E_{0x}^2}{2\alpha^2\hbar^2}\frac{\mathrm{e}^{-2t/\tau}+1-2\cos(\omega_{10}t)\mathrm{e}^{-t/\tau}}{\omega_{10}^2+1/\tau^2}\end{aligned}$$

若 $t\gg\tau$

$$W_{0\to1}\approx\frac{e^2E_{0x}^2}{2\alpha^2\hbar^2(\omega_{10}^2+1/\tau^2)}$$

习题 11 设 $t=0$ 时，电荷为 e 的一维线性谐振子处于基态。从 $t>0$ 时起，附加一与谐振子运动方向相同的恒定外场 $\boldsymbol{E}$，求谐振子处于任意态的几率。

解：微扰算符，即电荷 e 在恒定外场中的势能

$$\hat{H}'(t)=\begin{cases}-eEx & t>0\\0 & t\leqslant0\end{cases}$$

微扰矩阵元

$$\begin{aligned}H'_{n0}&=\int_{-\infty}^{\infty}\varphi_n^*(x)\hat{H}'(t)\varphi_0(x)\mathrm{d}x\\&=-eE\int_{-\infty}^{\infty}\varphi_n^*(x)x\varphi_0(x)\mathrm{d}x\end{aligned}$$

因

$$x\varphi_0(x)=x\sqrt{\frac{\alpha}{\sqrt{\pi}}}\mathrm{e}^{-\frac{1}{2}\alpha^2x^2}=\frac{1}{\sqrt{2}\alpha}\sqrt{\frac{2\alpha}{\sqrt{\pi}}}\alpha x\mathrm{e}^{-\frac{1}{2}\alpha^2x^2}=\frac{1}{\sqrt{2}\alpha}\varphi_1(x)$$

故

$$H'_{n0}=-\frac{eE}{\sqrt{2}\alpha}\int_{-\infty}^{\infty}\varphi_n^*(x)\varphi_1(x)\mathrm{d}x$$

$$=\begin{cases}-\dfrac{eE}{\sqrt{2}\alpha} & n=1\\ \\ 0 & n\neq 0\end{cases}$$

跃迁几率

$$W_{0\to n}=\left|\frac{1}{\mathrm{i}\hbar}\int_0^t H'_{n0}\mathrm{e}^{\mathrm{i}\omega_{n0}t}\mathrm{d}t\right|^2$$

$$=\frac{e^2E^2}{2\alpha^2\hbar^2}\left|\int_0^t \mathrm{e}^{\mathrm{i}\omega_{n0}t}\mathrm{d}t\right|^2$$

$$=\frac{e^2E^2}{2\alpha^2\hbar^2}\left|\frac{\mathrm{e}^{\mathrm{i}\omega_{10}t}-1}{\mathrm{i}\omega_{10}}\right|^2$$

$$=\frac{e^2E^2}{2\alpha^2\hbar^2}\frac{4\sin^2(\omega_{10}t/2)}{\omega_{10}^2}$$

$$=\frac{2e^2E^2}{\alpha^2\hbar^2}\frac{\sin^2(\omega_{10}t/2)}{\omega_{10}^2}$$

习题 12 设在 $0\leqslant t\leqslant t_1$ 时间内，体系所受的微扰为恒定微扰，与时间无关。试证：在时刻 $t>t_1$，体系处于 φ_n 态的几率为

$$P=\frac{4|H'_{nk}|^2\sin^2\left(\dfrac{1}{2}\omega_{nk}t_1\right)}{\hbar^2\omega^2_{nk}}$$

证：$P=|a'_n(t)|^2$

$$=\left|\frac{1}{\mathrm{i}\hbar}\int_0^t H'_{nk}(t)\mathrm{e}^{\mathrm{i}\omega_{nk}t}\mathrm{d}t\right|^2$$

因 $$H'_{nk}(t)=\begin{cases}H'_{nk} & 0\leqslant t\leqslant t_1\\ 0 & t<0,t>t_1\end{cases}$$

故 $$P=\left|\frac{H'_{nk}}{\mathrm{i}\hbar}\int_0^{t_1}\mathrm{e}^{\mathrm{i}\omega_{nk}t}\mathrm{d}t\right|^2$$

$$=\left|\frac{H'_{nk}}{\mathrm{i}\hbar}\frac{\mathrm{e}^{\mathrm{i}\omega_{nk}t_1}-1}{\mathrm{i}\omega_{nk}}\right|^2$$

$$=\frac{|H'_{nk}|^2}{\hbar^2}\frac{|\mathrm{e}^{\mathrm{i}\omega_{nk}t_1/2}|^2|\mathrm{e}^{\mathrm{i}\omega_{nk}t_1/2}-\mathrm{e}^{-\mathrm{i}\omega_{nk}t_1/2}|^2}{\omega_{nk}^2}$$

$$=\frac{|H'_{nk}|^2}{\hbar^2}\frac{|2\mathrm{i}\sin(\omega_{nk}t_1/2)|^2}{\omega_{nk}^2}$$

$$=\frac{4|H'_{nk}|^2\sin^2(\omega_{nk}t_1/2)}{\hbar^2\omega_{nk}^2}$$

第 9 章　热力学的一些基本概念

在全部物理科学的领域中，热力学有它独特的地位。热力学的特点在于其普适性，它既不同于力学，也不同于电磁学，这两者各有其特定的适用对象；而热力学以极少数的、用文字表述起来非常简明的基础定律，而适用于一切宏观物体和它们的集合。热力学的定律是有活力的定律，其正确性仍在不断地被人类发现、考验和证实。

§9–1　简史和特点

只有在温度计发明之后，人类对于热现象的观察与研究才建立在现代意义的科学实验基础之上，一般把温度计的发明归功于伽利略（Galileo Galilei，1564—1642）。把热量与温度从概念上区别开是热学研究的又一个大进步，从此才建立了比热和潜热的概念。这一进步是布拉克（J. Black，1728—1799）在 1760 年以后不久完成的。关于热的本质，直到 19 世纪中叶，人们才接受热是能量的一种形式的观点。从伦福德（Rumford 伯爵，原名 B. Thompson，1753—1814）观察到只要不断摩擦，热就不断产生的现象，而致力于用实验来推翻“热质说”算起，到焦耳（J. P. Joule，1818—1889）在 1843 年发表了“热功当量”的测定结果，以及亥姆霍兹（H. L. F. vonHelmholtz，1821—1894）在 1847 年发表《活力的守恒》一文（“活力”应理解为能量），中间大约间隔了半个世纪。

在 19 世纪初蒸汽机已付诸实用，从理论上分析其效率的工作为卡诺（N.L.SadiCarnot，1790—1832）所完成，他断言“没有一种热机会比可逆机有更高的效率”。他所提出的卡诺循环至今仍是任何热力学教材中必有的内容。但卡诺的理论是建立在热质说上的，当能量守恒定律被普遍接受以后，克劳修斯（R. J. E. Clausius，1822—1888）和汤姆逊（W. Thomson，即开尔文爵士，1824—1907）都认识到可以把卡诺的论述建立在对热的本质的正确认识基础之上，从而在 1850—1851 年间分别提出了一个新的原理，即热力学第二定律。按克劳修斯的提法是“热不能自动地从较冷的物体传到较热的物体”。1865 年克劳修斯又引入了“熵”的概念。1906 年能斯特（W. H. Nernst，1864—1941）提出了一个“热定理”，后来在 1912 年能氏又提出由他的热定理可推出他称之为“绝对零度不可能达到”原理——“不可能以有限的过程使任何系统的温度冷却到绝对零度”。能斯特的这一发现即热力学第三定律。

以上简单地叙述了热力学的发展历史。或者，应该说是平衡态热力学的简史。通常所说的热力学几乎专门论述平衡态和可逆过程，有关非平衡态及不可逆过程的宏观理论大约在第二次世界大战前后十几年间才发展成一个比较完整的体系，这一理论体系的主要支柱是昂萨格（L. Onsager，1903—1976）发表于 1931 年的“倒易关系”，这一热力学体系描述偏离平衡态不太远的，处于所谓“线性区”的非平衡系统的行为。至于远离平衡态，进入所谓“非线性区”的情形，自 1969 年普利高津（I. Prigogine，1917—）提出“耗散结构”以来，已引起物理、化学、生物、医学，甚至哲学、社会科学各界的极大兴趣，目前这一领域的研究可说是方兴未艾。昂萨格与普利高津分别获得 1968 年和 1977 年的诺贝尔化学奖。

本教材对于热力学的介绍仍以平衡态热力学为主，对于不可逆过程热力学只作简略说明如上，不再详细介绍。

热力学是由一些基本概念和少数几个定律构成的。热力学与后面要介绍的统计物理研究的是同样的对象，二者处理问题的方法是不同的。

热力学是宏观理论，其特点是：

（1）它完全不考虑物质的微观结构，或者说完全不依靠特定的物理模型。

（2）它用来描述被研究对象的物理量都是可以直接测量的。

（3）它的全部理论支柱是为数不多的几个基本定律，它们都是通过无数次的观察与实验总结出来的，具有高度的可靠性与普遍性。

（4）以基本定律为依据，进行分析、推论，可以找到物质特性之间的关系和外界因素对物质特性的影响。由于这些是从可靠与普遍的规律推论出来的，因而也是可靠与普遍的。然而也正是由于它具有普遍性，因而对特定物质的具体性质不能做出推断，这些性质的数据必须由实验提供。

举例说明：对于一瓶气体，从热力学的角度，是把它当作一个连续体，而不是当作不连续的分子集团来处理，从这种宏观的角度去描述它的性状时，使用的物理量包括：质量、体积、压强、温度以及各种特性常量，如：比热、压缩率、热导率、介电常数等。这些量都是可以直接测量的。

根据热力学第一、第二定律，不难推论出定压热容量 C_p 与定容热容量 C_V 之间的关系为

$$C_p - C_V = T\left(\frac{\partial V}{\partial T}\right)_p\left(\frac{\partial P}{\partial T}\right)_V = -T\left(\frac{\partial V}{\partial T}\right)_p^2\left(\frac{\partial P}{\partial V}\right)_T$$

（此式在“热力学函数”一章中有推导过程），式中 T、V、p 分别代表温度、体积、压强。尽管有此关系，但不能求出各种物质的 C_p、C_V 的具体数值。因而，不能不求助于实验，如测出 $(\partial V/\partial T)_p$（由恒温下压强与体积的关系决定），测出 $(\partial V/\partial T)_p$（由恒压下体积与温度的关系决定），再测定 C_p，即可据以计算出 C_V 来。从实验的角度来看，测定 C_p 要比测定 C_V 容易实现。

§ 9–2　概念和定义

学习任何一门科学，熟悉它的一些基本概念及一些术语的定义都是重要的，热力学也不例外。本节内容有些可能是读者已经熟悉的，我们将根据工科普通物理（参考书目〔11〕）的内容，尽可能地减少重复。

（1）热力学系统——作为热力学的研究对象，任何一部分宏观物质世界均可构成一系统。一台蒸汽机为一系统，一空腔中的热辐射也为一系统。

（2）界面——系统既是物质世界的一有限部分，因而一定存在着把它与周围（外界）分隔开来的“面”，这就是界面。按界面性质的不同，就决定了系统与外界之间的相互作用的不同。此处“相互作用”指系统与外界之间的物质与能量的交换。例如所谓“孤立系统”（指系统与环境之间既无能量，又无物质的交换）的界面，即称作“孤立壁”。这种界面不仅阻止系统与外界交换物质，又必须绝热，不允许热量以任何方式通过，同时它又必须是刚性的，不

能发生任何形状或体积的变化，以防止系统与外界有任何机械功的交换。如有特殊要求，还要求能屏蔽电的和磁的以及辐射的作用。

（3）状态与性质——在热力学中，凡是可用来描述被研究对象（系统）的可直接测量的宏观量，并且此量的值与系统变化的历史无关，均可算作系统的性质。这里强调的是，性质应与系统变化的历史无关。举例说，纯水的密度在确定的压强和温度下有确定的值，此值与水是由蒸汽冷凝而来，还是由冰融化而来无关，所以密度可以作为一个性质。体积、压强、温度、热导率、介电常数、折射率等均可作为系统的性质。当这些性质有一定的值时，就说系统处于一定的状态。性质改变，状态也随之改变；也可以说，系统的诸性质决定于系统的状态。正是由于性质与系统状态变化的历史无关，在两个不同状态下同一性质的数值改变才仅与系统的始、末状态有关，而与系统改变的经历无关。这是一个重要的特征，用数学方法表示，即为

$$\int_1^2 \mathrm{d}\psi = \psi_2 - \psi_1 \tag{9-1}$$

其中ψ代表系统的一个性质，ψ_1、ψ_2分别代表系统处于状态 1 和状态 2 时ψ的值。$\mathrm{d}\psi$是一个全微分。由此可以得出$\mathrm{d}\psi$沿闭合曲线的积分为零，表示为

$$\oint \mathrm{d}\psi = 0$$

这很重要，我们都知道，系统与外界交换的功与热，其值都与途径有关，所以功与热不是系统的性质。

关于“状态”一词，还应附加一点说明：因为在物理学中，“状态”还常用来表示物质存在的形式，即所谓的气、液、固物质三态，慎勿将此种用法与上文中所称的“状态”相混淆。上文中所说的“状态变化”并非指熔化、凝固、蒸发、升华等。在热力学中，把内部均匀一致的某种凝聚态称为“相”，从而，熔化、蒸发等均称为“相变”。

（4）平衡态——经验告诉我们，当没有外界影响时，只要在足够长的时间内，系统总会自动趋向一个宏观性质处处一致，且不再随时间变化的状态，这个最终状态就是平衡态。必须指出，这里所说的性质处处一致且不随时间变化是指宏观上观察到的现象而言，从微观上看，即使处于平衡状态的系统，其组成的分子、原子均在不断地运动，在适当的条件下这种运动表现为系统的某些性质在其平衡值附近的起伏，确实能被观察到，这种称为“涨落”的现象正可作为微观粒子及其运动存在的证明，但这种问题不属于热力学研究的范围。

（5）热平衡——设想一个质量固定的单相系统 A，选用一对彼此独立的性质 X 和 Y 来描述它的状态（为便于想象，可设想 A 为质量一定的气体，X 和 Y 分别代表压强和体积）。如该系统与环境没有热和功的交换，当其处于平衡态时，X、Y 有确定值，且维持不变。如有另一系统 B，描述它的状态的同一对性质用 X'、Y' 表示。如把 A、B 放在一起，互相接触，因为它们的界面保证了与外界无热或功的交换，所以即使互相接触，彼此并无影响，X、Y 与 X'、Y' 之间完全无关，但如果把 A、B 之间相接触部分换成一个透热壁，于是可以看到 X、Y 及 X'、Y' 中的一个或二者同时都在变化，这种变化进行到两个系统都达到新的平衡态为止，我们说此时两系统彼此达到“热平衡”。

（6）热平衡定律——如果两个系统都分别与第三个系统达到热平衡，则这两个系统彼此间也是热平衡的。这就是热平衡定律。也称热平衡原理，它是一切测定温度方法的依据。福

勒（R. H. Fowler，1889—1944）[1]称此定律为“热力学第零定律”以显示其与热力学的第一、第二等定律具有同等重要地位。此后即一直沿用。

（7）温度——根据热平衡定律，与同一系统达成热平衡的各系统之间彼此也是热平衡的。由此可以看出，处于同一热平衡状态的系统应当具有一个表征其共同的热平衡状态的物理性质，这个性质即是“温度”，即凡是处于同一热平衡状态的系统，皆具有同一温度。于是，对于一个系统的诸性质可以写出如下形式的公式

$$f(X,Y)=\theta \tag{9-2}$$

其中 X、Y 代表彼此独立的两个性质，θ 则代表温度。现在强调，是根据热平衡状态来定义温度，而不是先定义温度，再定义什么是热平衡。这样定义温度，就把一个系统的温度与另一个系统联系起来了，如果把另一个系统取作标准，则不仅能给温度以定义，而且从实验的角度看，还能给出定量的结果，即确定温标。

（8）温标——即温度的数值表示方法。为计量温度，先要选定某物质（称为测温物质）的某种随温度改变的性质，即先选定了某种物质的 $f(X,Y)=\theta$。并选定其中的 X 或 Y 来作为测温的性质，如选定 X 作为测温性质，则可维持性质 Y 不变。于是有

$$\theta=f(X,Y_0);\qquad Y_0=\text{常量} \tag{9-3}$$

此式表示在被测温度 θ 与选定的测温性质之间存在一种函数关系，就是利用这种关系来确定温度。因为 θ 值是靠 X 值来定，所以。必须对 θ 与 X 的具体函数关系作出**人为的**规定，一般当然以规定此关系为线性关系最为简单，即取

$$\theta=a+bX \tag{9-4}$$

式中 a，b 均为常数。为确定 a，b 值，应选定测温物质的两个在实验上可以精确重复的不同状态，赋予这两个状态以人为规定的 θ 值，测出这两个状态下的 X 值，将 θ 及 X 的数值代入式（9-4），即可求得 a 与 b（读者完成本章习题中的第一题时，即可获得具体的印象）。值得注意的是，当选定了一种测温性质并按上述方式建立了一种温标之后，另一种测温性质与此温标不一定仍呈线性关系。事实上，选取不同的测温性质定出的温标，除了两个选定的参考点（即上述为确定 a 与 b 所选定的两个状态）的温度值可以一致外（因为这个值是人为规定的），其余各个温度的值就不一定处处吻合。因而，依赖于选定的测温性质而确定的温标，称为“经验温标”。从原则上说，有多少种利用不同测温性质制成的温度计就有多少种不同的经验温标，当然实际上只能选定其中一种作为标准，其余的均以此为准来校验。选作标准的是理想气体温度计。

（9）热力学温标——开尔文根据热力学第二定律创立一种完全不依赖于测温物质的温标（理论依据在下一章中的“热力学第二定律”中介绍），他称之为“绝对温标”（参见参考书目[4]）。绝对温标与摄氏温标的温度的间隔（一度的大小）一致，所不同者，仅为零点的平移，二者的关系是我们早已熟知的

$$t=T-273.15 \tag{9-5}$$

其中 T 为绝对温度，t 为摄氏温度。

现在世界各国均已决定推行国际单位制（SI），其中关于温度的规定为：

① 把温度与长度、质量、时间、电流等同样算作一个基本量，其基本单位即“热力

---

① 福勒：英国理论物理学家，从事热力学、统计力学等方面的研究，创立金属电子冷发射理论。

学温度”。

② 热力学温度单位的名称是“开尔文”（以纪念其发明人），简称“开”，符号为 K（注意，不必再写成°K）。

③ 热力学温度的基本单位开尔文，为水的三相点热力学温度的 1/273.16，即规定水的三相点（水、水蒸气、冰三相平衡共存的温度）的热力学温度为 273.16 K。

④ 除以开表示的热力学温度外，也使用摄氏温度，二者的关系见式（9-5）。按此关系，摄氏温度 0 ℃，用热力学温度表示为 273.15 K。水的三相点（273.16 K）为 0.01 ℃。所谓“绝对零度”为 0.00 K，摄氏温度为 –273.15 ℃。

（10）物态方程与态参量——将式（9-2）写成

$$f(X, Y, \theta) = 0 \tag{9-6}$$

表明 X、Y、θ 三者之间不是彼此独立的，其中任意两个确定之后，第三个就自然确定了，这种方程因能确定系统的状态，故称为“状态方程”。X、Y、θ 诸性质称为系统的“态参量”。状态方程实质上是描述热力学系统的平衡态的诸参量之间的函数关系。理想气体状态方程 $pV = nRT$ 是我们熟悉的例子。

选择适当的态参量需靠经验和实验，状态方程的具体形式由实验确定。

态参量按其与系统的质量多少是否有关可分为两类：强度量与广延量。强度量与系统的质量无关，如压强、温度、介电常量等；广延量则与系统的质量成正比，如体积、摩尔数等。当一个广延量被质量除过之后，即得到单位质量的该量，如体积 V，被质量 m 除过之后，得到单位质量的体积，称为“比容”，则成为一个强度量。

如果选择态参量为坐标轴，建立一个坐标系，则系统的每一个状态（注意：是平衡态）可以用坐标系中的一点表示；状态方程可由一曲面或曲线来表示，这也就是为什么也称态参量为热力学坐标的原因。

（11）热力学过程的可逆性与不可逆性[11，一册]——上一条刚刚解释了热力学坐标系的构成，只有平衡态，才可用坐标系中一点表示。因为只有平衡态的诸性质才能处处一致，也才可以用其一确定的值来表征系统。把状态方程用坐标系中的曲线来表示时，曲线上各点当然也均应为平衡态。可是，当考虑到这个曲线也可以表示一个状态的变化——热力学过程时，就需要对过程做出某种限制。因为代表过程的曲线既是由无限多个前后相继的平衡态组成，则欲使一系统时时变化，又要时时处于平衡态，只能设想过程应无限缓慢进行。因为只有如此，才能使系统的状态一方面在变动，一方面又保持其诸参量处处一致。这种可视为在任何时候系统均无限接近平衡状态的过程，称为“准静态过程”。看起来这种过程并无实用上的意义，但在理论上，用于分析热力学过程是不可或缺的。热力学就是要用它作为一种真实过程的理想极限来研究问题。

所有的以有限速度进行的实际过程，因为无法保证系统的诸性质处处一致，所以除过程的始、末状态可为平衡状态外，绝不可能保证各中间状态为平衡态。

在准静态过程中，既然各中间状态都是无限接近平衡态的，就有可能使系统沿一途径（状态方程的曲线）的一个方向进行，或者使它严格地遵循同一途径沿相反方向进行，以及可以随意使系统停留在任何一个中间状态，从这种意义上说，“准静态过程是可逆的”。反之，如过程为非准静态的，对于系统的任何一部分的态参量无从控制，比如用火焰直接加热一瓶气体，在加热过程中，气体各部分的温度绝非处处一致，所以说“使过程严格沿状态方程所表示的途径某一方向进行”将毫无意义，因而在与准静态过程的对比中，可以看出，任何非准静态过程都是不可逆的。

然而，这是针对系统本身内部状态来分析过程的可逆与否，只是问题的一部分；还应考虑的是对外界的效应。例如在一带活塞的气缸中，活塞与缸壁之间有摩擦存在，必然会有不可恢复原状的外部效应出现。即使缸中气体可以按准静态过程被压缩或膨胀，由某一状态 A 到另一状态 B，再由状态 B 回到状态 A，但从 A 到 B 因摩擦而消耗的一部分功生成的热，在由 B 回到 A 时，这部分热，不但不会再转化为功，而且因摩擦再消耗一部分功而再产生一部分热，这样，尽管系统本身回到原始状态，但往返两次产生的热对外界的影响已不能消失。换言之，系统虽已复原，但外界已非原来的样子了。所以过程也不能算是可逆的，而是不可逆的。

总之，如果一个过程的每一步骤都可以在相反的方向上进行，并且在始末两状态间经过一正向过程再进行一次反向过程后，系统与外界可以完全恢复原状者，则这样的过程是可逆的，否则是不可逆的。

一个过程为不可逆，必是由下述两种原因或其中之一造成的：

① 过程是非准静态的。

② 有摩擦等因素的存在。

依此，在自然界中实际发生的过程都是不可逆的。

思考题与习题

1. 热力学理论的特点是什么？

2. 熟悉以下基本概念或定义的物理意义：

热力学系统、界面、状态、热平衡态、热平衡定律、温标、温度、热量、热力学温标、热力学过程的可逆性与不可逆性、物态方程和态参量等。

3. 根据式（9-4），导出下式

$$\theta=\theta_i+(\theta_s-\theta_i)\frac{X-X_i}{X_s-X_i}$$

其中 θ_i， X_i 代表水的冰点温度及在此温度下的测温性质 X 的值； θ_s 及 X_s 代表水的沸点温度及在此温度下的测温性质 X 的值。

所谓摄氏温标，即取 $\theta_i=0$ ℃，$\theta_s=100$ ℃，如以 X_0 表示 $\theta=0$ ℃时的 X 值，X_{100} 代表 $\theta=100$ ℃时的 X 值，请根据上式写出摄氏温标的表示式。

4. 测温性质可以取封在玻璃毛细管中的水银柱的长度，制成水银温度计，也可以取纯铂丝的电阻，制成铂电阻温度计，如果对两种温度计都采用摄氏分度法，即规定两个参考点（水的冰点及沸点）的温度为 0 ℃及 100 ℃，根据实验结果，得到的数据如下表所示。

水银温度计/℃	0.00	20.00	40.00	60.00	80.00	100.00
铂电阻温度计/℃	0.00	20.15	40.25	60.27	80.20	100.00

可见除两参考点温度外，二者读数并不一致，请读者对此现象给出一个简明的解释。

5. 一锗晶体的电阻值 R' 与绝对温度 T 的关系如下式所示

$$\log R' = 4.697 - 3.917\log T$$

问：① 在一液氦恒温器中，测得 R' 为 218 Ω，温度 T 应是多少？

② 在电阻值 R' 为 200～30 000 Ω的范围内，$\log R'$ 与 $\log T$ 的关系曲线形状如何？（请用对数坐标）

6. 假如我们不把温度 θ 规定为测温性质的线性函数，而把温度 θ^* 规定为测温性质的对数函数，即

$$\theta^* = a\ln x + b$$

设 x 代表温度计中液体柱的长度 l，且已知在水的冰点及沸点，分别确定为 $\theta_i^* = 0, l_i = 5\text{ cm}$；$\theta_s^* = 100$，$l = 25\text{ cm}$。求 $\theta^* = 0$ 与 $\theta^* = 10$ 之间的距离，及 $\theta^* = 90$ 与 $\theta^* = 1\,000$ 之间的距离。

7. 试论证，如 $pv = RT$（v 为比容，p 为压强，R 为常量，T 为温度），则量 $\int\left(\frac{\mathrm{d}T}{T} - \frac{v\mathrm{d}p}{T}\right)$ 可以当作一个“性质”使用，而量 $\int\left(\frac{\mathrm{d}T}{T} - \frac{p\mathrm{d}v}{T}\right)$ 就不能作为一个“性质”使用。

提示：论证 $\frac{\mathrm{d}T}{T} - \frac{v\mathrm{d}p}{T}$ 是一个全微分，而另一个则不是全微分。（根据全微分应满足的充要条件）

第 10 章　热力学第一、第二定律

本章是热力学的核心。内容中的“内能”和“熵”，是极其重要的概念，它们将随着热力学在不同学科领域中的应用，渗透到各个地方。

§10–1　概　　述

热力学第一定律，就是能量守恒定律。能量守恒定律是经验的总结，所以尽管在今天这个定律已被人们视为一切自然科学的基石，但仍在不断地受到新发现的考验，同时也得到新的内容补充。最好的例证来自爱因斯坦的质能关系，“能量 $E=$ 质量 $m\times$ 光速 c^2”，按爱因斯坦本人的说法：“借助于相对论，这两个定律（指能量守恒定律和质量守恒定律——引者注）已结合为一个定律（引自爱因斯坦著：《狭义与广义相对论浅说》，中译本，杨润殷译，上海科技出版社，1964 年版，38 页）。

焦耳几乎尽其毕生精力从事热功当量的测定。他利用重物下落带动叶轮搅水，反抗水的阻力之功转化为热使水温升高，由量热器测出生热的多少，即可求得热功当量。如果仔细考虑这一类的实验之后会提出，这类实验能否反向进行，即水温自动降低，放出热量，此热量转化为水流的动能，推动叶轮，再带动重物上升，这丝毫不违反能量守恒定律。但经验告诉我们，这样的现象是从来没有发生过的。假如此类事件确能发生，我们就再也不用为能源危机而伤脑筋了，设想全球的海水温度降低一度，所放出的热量就足够我们随意花费了。既然这样的现象不能发生，可见在自然界发生的过程中，除了受热力学第一定律的限制（不能违反能量守恒定律）之外，还存在着一条独立于热力学第一定律的规律，这条规律能向我们指明什么样的过程能自发地进行，什么样的则不行，这条规律就是热力学第二定律。这条定律的表述很简单：热不可能自动地从一温度较低的物体传到温度较高的物体。

在本章中，与这两个定律相对应，引入两个极其重要的状态函数——内能和熵。

§10–2　功　和　热

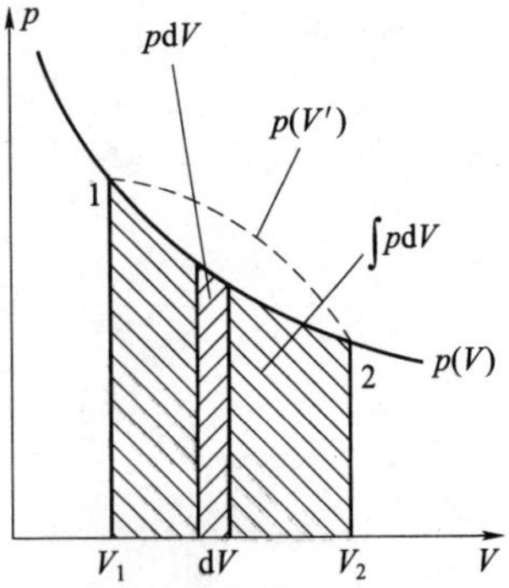

图 10-1

本节的主要内容是一些定义和规定。

（1）机械功按定义为 $W=\int F\cos\theta \mathrm{d}s$，由此得出流体（气体或液体）体积改变的功为 $\int p\mathrm{d}V$，p 为流体压强，$\mathrm{d}V$ 为体积的变化。在以 p、V 为轴的坐标系中，功 $\int p\mathrm{d}V$ 可以用过程曲线 $p(V)$ 下方所包围的面积表示，如图 10-1。

（2）现在所讨论的功，都是指把系统作为一个整体与外界相互之间交换的功。无论是系统对外界作功，还是外界对系统作功，均称为“外功”。在今后的讨论中，除特别声明，所谓“作功”，一律指外功。

（3）在本书中规定：凡系统对外界作功，规定为系统作正功；外界对系统作功，规定为系统作负功（有的书中规定与此相反，阅读时请注意）。在分析或计算时，可以做出自己的规定，但一经规定，就必须遵守，务必前后一致，方不致出现混乱。

（4）按上述的（1）及（3），图 10-1 中，过程 $p(V)$ 由状态 1 到状态 2 时，体积膨胀，系统作功为正。反之，当过程由状态 2 到状态 1 时，外界对系统作功，系统作功为负。

（5）在如图 10-1 所示的情形中，如初始状态 1 和终了状态 2 之间存在不止一条途径，即由某一状态出发可以经由不同的过程到达同一终了状态 2，图 10-1 中表示为 $p(V)$ 及 $p(V')$，则由两条曲线下包围的面积不同，可看出在两种过程中系统所作的功是不同的。结论是：功与途径有关，微功 dW 不是一个全微分，所以就不能写出 $\int_1^2 \mathrm{d}W = W_2 - W_1$，“功”也就不能作为一个描述系统的“性质”，或者说，“功”不是状态函数。为此，对于一微量的功有意识地写成 $\text{đ}W$，而不写成 $\mathrm{d}W$，以示区别。

（6）如果一个系统从某一状态出发，经历一系列过程又回到出发的状态，则称系统经历了一个循环过程，简称循环。循环中所包括的各个过程在 p-V 坐标系中应构成一闭合曲线，如图 10-2。系统由状态 1 经过程 l_1 到状态 2 时，系统所作正功用画有“/”方向斜线的面积表示，由状态 2 经过程 l_2 回到状态 1 系统所作负功由画有“\”方向斜线的面积表示，因此，完成一循环后，系统所作净功为二面积之差，也即代表循环过程的闭合曲线所包围的面积。

（7）举例说明几种其他形式的功。

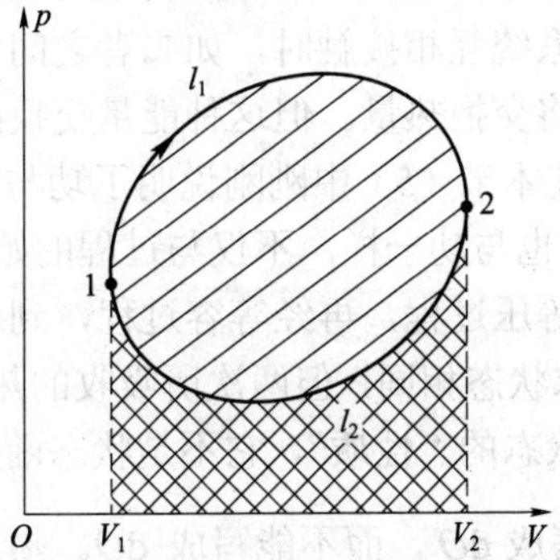

图 10-2

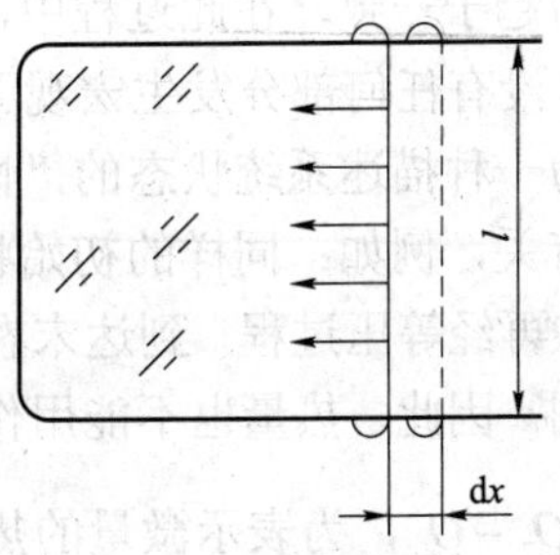

图 10-3

① 系统为张于金属框架上的液膜，框架的一个边是可动的，其长为 l，如图 10-3。液体之表面张力（液体表面垂直作用于单位长度上的力）为 σ，则因液膜实有两个表面，所以作用于 l 上之力为 $2\sigma l$，膜长度增长 dx 之功为

$$\text{đ}W = -2\sigma l \mathrm{d}x \tag{10-1}$$

但 $2l\mathrm{d}x = \mathrm{d}A$，为两表面增加的面积，所以

$$\text{đ}W = -\sigma \mathrm{d}A \tag{10-2}$$

负号的意义是，如液膜面积增加，则 dA 为正，但此时系外力对液膜作功，就液膜系统而言，则作功为负，宜于式前加一负号。

② 化学电池在可逆情况下放电，如电池电动势为 $\mathscr{E}$，对外电路输送电量 dq，则系统（电池）对外的功为

$$\text{đ}W = -\mathscr{E}\mathrm{d}q \tag{10-3}$$

此处冠以负号的原因在于通过外电路输出电量 dq，即系统的荷电状态 Q 减少了 dq，所以 dq 本身为负，因而系统作功 $-\mathscr{E}\mathrm{d}q$ 实为正；假如是外电路对电池充电，dq 为正，此时系统作功为负。如果电荷输出有限量，则应有

$$W = -\int_{Q_i}^{Q_f} \mathscr{E}\mathrm{d}q \tag{10-4}$$

Q_i 及 Q_f 分别代表开始与终了状态的电荷量。

③ 系统为磁性物质，使磁性物质磁化的功为 $\mu_0 VH\mathrm{d}M$，其中 μ_0 为真空磁导率，V 为磁性物质的体积，H 为磁场强度，M 为磁化强度。负号表示当外界使系统（磁性物质）磁化时，磁化强度 M 增加，dM>0，此时系外界对系统作功，系统作负功。如取单位体积，则

$$\text{đ}W = -\mu_0 H\mathrm{d}M \tag{10-5}$$

综合以上各种微功形式，可以把它们表示成如下的一般形式

$$\text{đ}W = Y\mathrm{d}X \tag{10-6}$$

其中 Y 代表了诸如 p、σ、$\mathscr{E}$、H（本应为 $\mu_0 H$，但 μ_0 是一个常量，此处可省略）等量，X 则代表 V、A、q、M 等量，Y 可以视为是“广义力”，X 可以视为“广义位移”。如以 X、Y 为坐标，则前面用以表示 $p\mathrm{d}V$ 的方法也可以用于以变量 Y 及 X 表示的功。一般来说，广义力是一个强度量；而广义位移为一个广延量，二者之积的量纲为“能量”的量纲。

（8）热量的定义：由于温度不同，而在系统与外界之间，经界面传递的能量，就叫作热量。按上一章的热平衡定律，当温度不同的两个系统互相接触时，如二者之间没有绝热壁，二者温度最后趋于一致，在此过程中，系统之间将交换热量。但这种能量交换的形式不同于作功，在这里没有任何部分发生宏观上的位移。在本节（5）中刚刚说明了功与过程有关，因而功不能作为一种描述系统状态的“性质”。热量也与功一样，不仅与过程的始末状态有关，而且与途径有关，例如：同样的初始状态，先经等压过程，再经等容过程，到达末态；与先经等容过程，再经等压过程，到达末态，虽然始末状态相同，但两次所吸收的热量却不相同，当然功也不同。因此，热量也不能用作描述系统状态的“性质”，它不是状态函数，因而不能写成 $\int_1^2 \mathrm{d}Q = Q_2 - Q_1$，为表示微量的热量，只能写成 đ$Q$，而不能写成 d$Q$。热量既然不能由状态决定，所以类似“系统中含热量多少”或“系统在某状态下热量是多少”等说法是毫无意义的。

在本书中规定：系统接受的热量为正，系统输出的热量为负。

（9）功与热量的单位：既然已知热量为能量的一种形式，则与功分别用两种单位实无必要，所以“国际单位制”（SI）中规定：能、功、热量的单位均为“焦耳”，符号为 J。1 焦耳等于 1 牛顿·米。

§10–3 热力学第一定律 内能

焦耳精确测定热功当量的研究，就其实验结果的物理含义来说，可归结为：“消耗于一个系统的功与产生的热之间有完全确定的比例。”比例常数即我们熟知的热功当量。

焦耳根据重物下落带动叶轮搅水，使水温上升，以测定功、热之间的比例关系。重物的重量及下落的高度均可精确测定，因而重物下落对水所作的功可以算出；水则置于一量热器中，水量及其温升也均可精确测定，所以水所吸收的热量也可算出，于是热功当量可求。最终水将热量给予外界又回到原始状态（温度、体积、压强均与原来一样），这相当于水从某一状态出发，经历了一个循环又回到初始状态，因而可以把实验结果概括为：

① 系统（水）经过一个循环又回到原状态，与外界所交换的功与热都不为零，可以表示为

$$\oint \text{đ}W \neq 0 ; \oint \text{đ}Q \neq 0$$

② $\oint \text{đ}W$ 与 $\oint \text{đ}Q$ 间呈比例关系，即从系统中取出的热与输入的功之间，有关系

$$\oint \text{đ}Q \propto \oint \text{đ}W$$

如 W 与 Q 用同一单位，应有

$$\oint \text{đ}Q = \oint \text{đ}W \tag{10-7}$$

这个结果对于任何的循环过程均能成立，具有普遍意义。式（10-7）可以叙述为：当系统经历一个循环回到原始状态时，系统与外界交换的功的代数和，正比于交换的热的代数和。这就是热力学第一定律的一种叙述方式。叙述文字中之所以提到功和热的代数和，是因为循环所包括的不止一个的过程中，功有正有负，热也有正有负的缘故。也就是说，系统与外界交换的净功正比于交换的净热量。

将式（10-7）写成

$$\oint (\text{đ}Q - \text{đ}W) = 0 \tag{10-8}$$

此式有了特殊的意义：因为它是一个其值为零的沿闭合途径的积分。由此看出，被积函数 $(\text{đ}Q - \text{đ}W)$ 是一个全微分，其积分结果只与积分的起止点有关，所以这个函数可以作为系统的一个“性质”（见§9-2 之（3）状态与性质）。这个函数也就是我们要引入的概念“内能” U，内能 U 对于任何闭合循环有

$$\oint \mathrm{d}U = 0 \tag{10-9}$$

对于任意的无限小过程，有

$$\mathrm{d}U = \text{đ}Q - \text{đ}W \tag{10-10}$$

式中 $\text{đ}Q$ 代表系统吸收的热量，$\text{đ}W$ 为系统所作的功。注意 U 与 Q 及 W 不同，此处写 $\mathrm{d}U$，而不像功和热写成 $\text{đ}W$ 和 $\text{đ}Q$，就因为 dU 是全微分，$\text{đ}Q$ 和 $\text{đ}W$ 只是微量的热与微量的功，都不是全微分，可是由 $\text{đ}Q - \text{đ}W$ 所引出的 $\mathrm{d}U$ 是一个全微分。

总之，由 $\oint (\text{đ}Q - \text{đ}W) = 0 = \oint \mathrm{d}U$，表明存在着一个函数 U，$\int \mathrm{d}U$ 只决定于过程的始末状态，是一个状态函数，即所谓的“内能”。

对于一个有限过程，将 $\mathrm{d}U$ 在始末状态 1，2 内积分，按式（10-10），得

$$\int_1^2 \mathrm{d}U = \int_1^2 \text{đ}Q - \int_1^2 \text{đ}W$$

$$U_2 - U_1 = \Delta U = Q - W \tag{10-11}$$

公式（10-10）及式（10-11）均为热力学第一定律的形式，前者为微分形式，用于无限小过程；后者为积分形式，用于有限过程。

这里，借助于数学中的全微分及线积分的概念引入“内能”。所以读者应当熟悉这一数学工具，本章在最后给出有关这一问题的附录。

上面借助于数学引入了“内能”的概念，从物理的角度应如何看待内能？ 从物理的角度，是把热力学系统看作一个“能库”，即存储能量的场所。经过系统的边界流入（或流出）系统的任何能量（功或热），都会使系统存储的能量增加（或减少）。公式$U_2-U_1=Q-W$的物理意义是：系统吸收热量使储能增加，对外作功使储能减少，所以，内能的改变应当是系统与外界交换能量的净结果，即$Q-W$。

当能量进入或离开系统时，要引起描述系统状态的一个或几个热力学参量的改变，即形成系统状态的改变。因此，当系统的热力学参量都不改变时，就表明系统没有任何形式的净能量的流入或流出。因此说，内能U确是由系统的状态参量所确定的函数。需要指出的是，现在确定的是ΔU，因为我们只是根据系统与外界交换的能量（热和功），给出内能的变化ΔU。U_2-U_1中的U_2、U_1数值本身则不能确定，因为U_2与U_1同加一个常数U_0之后，仍有$(U_2+U_0)-(U_1+U_0)=U_2-U_1=\Delta U$，然而，$U_0$值可以认为是某一标准状态的内能，在需要时，无妨取为零。就像在电学中，在确定某点电位时，为了方便，选择地球电位为零一样。

内能究竟是什么？从纯宏观的热力学观点来看，内能的存在是把能量守恒定律作为一个经验事实接受下来的必然结果。一般说来，内能只包括涉及热现象的能量，不包括系统的宏观机械运动的动能和在保守力场中的势能。在热力学中，并不涉及内能的微观本质，只有从微观的角度来看，才能说内能包括组成系统的微观粒子的动能以及它们之间相互作用的势能。然而这不是热力学要追究的对象。

§10-4 热力学第一定律的应用

已有的全部经验都证明，热力学第一定律有高度的普适性与可靠性。只要保证在推论的过程中没有掺入不正确的假设，根据热力学第一定律推论出来的结果，都是与事实相符的。

1. 热容量

物体温度升高 1 K 时所需的热量，称为该物体的热容量。对于一定的物质而言，热容量与质量成正比。按定义，热容量表示为

$$C=\lim_{\Delta T\to 0}\frac{\Delta Q}{\Delta T} \tag{10-12}$$

ΔQ代表温升（降）ΔT时，物体所吸收（放出）的热量。在 SI 单位制中，热容量的单位为焦耳/开（J/K）。

单位质量的热容量即称为比热，按定义，比热为

$$c=\lim_{\Delta T\to 0}\frac{1}{m}\frac{\Delta Q}{\Delta T}=\lim_{\Delta T\to 0}\frac{\Delta q}{\Delta T} \tag{10-13}$$

SI 单位制中比热单位为焦耳/千克・开（J/kg・K）。

热容量为广延量，比热则为强度量。习惯上常用大写字母表示广延量，用同一字母的小写代表强度量，所以将Q/m写作$q, V/m$写作v（比容）。

因吸收的热量与过程有关，所以热容量与比热都是与过程有关的量。因而它们都不是系统的性质。如果限定了加热条件，如维持体积不变或维持压强不变，则测得的比热即定容比热或定压比热，用 c_v 与 c_p 代表，下角标 v 和 p 表示维持不变的变量是比容和压强（这种表示变量被取为定值的方法，以后常用，不再一一注明）。c_p 和 c_v 是系统的性质。

按定义

$$c_v = \lim_{\Delta T \to 0} \frac{1}{m}\left(\frac{\Delta Q}{\Delta T}\right)_v = \lim_{\Delta T \to 0}\left(\frac{\Delta q}{\Delta T}\right)_v \tag{10-14}$$

$$c_p = \lim_{\Delta T \to 0} \frac{1}{m}\left(\frac{\Delta Q}{\Delta T}\right)_p = \lim_{\Delta T \to 0}\left(\frac{\Delta q}{\Delta T}\right)_p \tag{10-15}$$

由热力学第一定律的 $\mathrm{d}U = đQ - đW$，写成 $đQ = \mathrm{d}U + đW$，可见要讨论有关 $đQ$ 的问题，应当对 $đW$ 有所了解，下面讨论系统的功为 $p\mathrm{d}V$ 形式的情形。此时

$$đQ - đW = đQ - p\mathrm{d}V = \mathrm{d}V$$

在等容过程中，V = 常值，$\mathrm{d}V = 0$，于是 $đQ = \mathrm{d}U$，则

$$c_v = \lim_{\Delta T \to 0} \frac{1}{m}\left(\frac{\Delta Q}{\Delta T}\right)_v = \frac{1}{m}\left(\frac{đQ}{\mathrm{d}T}\right)_v = \frac{1}{m}\left(\frac{\mathrm{d}U}{\mathrm{d}T}\right)_v$$

用 u 代表 U/m，即 u 代表单位质量物质的内能，于是

$$c_v = \left(\frac{\mathrm{d}u}{\mathrm{d}T}\right)_v = \left(\frac{\partial u}{\partial T}\right)_v \tag{10-16}$$

以后遇到 $(\partial u / \partial T)_v$ 时，可直接写成 c_v。

在等压过程中，p 为常值，$p\mathrm{d}V$ 可写成 d（pV），于是

$$đQ = \mathrm{d}U + p\mathrm{d}V = \mathrm{d}U + \mathrm{d}(pV)$$

再写成

$$đQ = \mathrm{d}(U + pV) = \mathrm{d}H \tag{10-17}$$

其中用 H 代替 $U + pV$，由于 U、p、V 都是状态函数，所以 H 也是状态函数，称为“焓”。以后还要讨论。由定义

$$c_p = \frac{1}{m}\left(\frac{đQ}{\mathrm{d}T}\right)_p$$

及式（10-17），$(đQ)_p = (\mathrm{d}H)_p$，所以

$$c_p = \frac{1}{m}\left(\frac{\mathrm{d}H}{\mathrm{d}T}\right)_p = \frac{1}{m}\left(\frac{\partial H}{\partial T}\right)_p = \left(\frac{\partial h}{\partial T}\right)_p = \left(\frac{\partial u}{\partial T}\right)_p + p\left(\frac{\partial v}{\partial T}\right)_p \tag{10-18}$$

由此看出，在系统所作的功只是等压膨胀（或压缩）的情况下，系统的焓的增加（或减少）值等于系统吸收（或放出）的热。

现在，利用热力学第一定律求出在功为 $p\mathrm{d}V$ 的形式下 c_p 与 c_v 的关系，得到的结果适用于气体、液体和固体，只要求它们是单相的均匀物质。

内能是状态函数，对于可以用态变量 p、V、T 表示的系统，任取其中的两个：(p,V)、(p,T) 或 (T,V) 为独立变量，均可写出内能的全微分式。如取温度 T 和比容 v 为独立变量，则单位质量物质的内能 u 的全微分式为

$$du = \left(\frac{\partial u}{\partial T}\right)_v dT + \left(\frac{\partial u}{\partial v}\right)_T dv \tag{10-19}$$

由热力学第一定律，$du = \text{đ}q - \text{đ}w$，因 $\text{đ}w = pdv$，所以

$$\text{đ}q = du + pdv = \left(\frac{\partial u}{\partial T}\right)_v dT + \left(\frac{\partial u}{\partial v}\right)_T dv + pdv$$

$$= \left(\frac{\partial u}{\partial T}\right)_v dT + \left[\left(\frac{\partial u}{\partial v}\right)_T + p\right] dv \tag{10-20}$$

由于 $\left(\frac{\partial u}{\partial T}\right)_v = c_v$，则式（10-20）又可写成

$$\text{đ}q = c_v dT + \left[p + \left(\frac{\partial u}{\partial v}\right)_T\right] dv \tag{10-21}$$

如过程为等压，有 $(\text{đ}q)_p = c_p(dT)_p$，代入式（10-21），得到

$$c_p(dT)_p = c_v(dT)_p + \left[p + \left(\frac{\partial u}{\partial v}\right)_T\right](dv)_p$$

故有

$$c_p = c_v + \left[p + \left(\frac{\partial u}{\partial v}\right)_T\right]\left(\frac{dv}{dT}\right)_p \tag{10-22}$$

引入 $\left(\frac{\partial v}{\partial T}\right)_p \frac{1}{v} = \alpha$，$\alpha$ 的意义是当压强维持不变时，比容随温度的变化率，称为等压膨胀系数，将 $\left(\frac{\partial v}{\partial T}\right)_p$ 表示为 αv，则式（10-22）成为

$$c_p = c_v + \left[p + \left(\frac{\partial u}{\partial v}\right)_T\right] v\alpha \tag{10-23}$$

即有

$$\left(\frac{\partial u}{\partial v}\right)_T = \frac{c_p - c_v}{v\alpha} - p \tag{10-24}$$

根据式（10-24），可以推导出，对于理想气体，$c_p - c_v = R$，R 为普适气体常数[11，一册]。这个结果是读者所熟悉的，它是式（10-24）的一个特例。建议读者把它推导出来，作为一个练习[见本章习题（8）]。

将式（10-24）再代回式（10-19）中，可得

$$du = \left(\frac{\partial u}{\partial T}\right)_v dT + \left(\frac{\partial u}{\partial T}\right)_T dv = c_v dT + \left(\frac{c_p - c_v}{v\alpha} - p\right) dV \tag{10-25}$$

利用此式，可以根据 c_p、c_v，α 的实验数据，计算内能，唯在固体与液体的情况下，由于受热膨胀，欲维持其体积不变，必须承受很大的压力，这在实验上较难实现，所以常需测出 c_p，再由 c_p 与 c_v 的关系算出 c_v，因此还需讨论 c_p 与 c_v 之间的关系（见下章“麦克斯韦关系”）。

2. 绝热过程与气体的内能

根据热力学第一定律，$Q = \Delta U + W$，假如一个过程是在系统与外界毫无热量交换的情况

下进行的，则 $Q=0$ ，必有 $\Delta U=-W$ ，对于准静态绝热过程，在大学普通物理课中已有较为详尽的讨论[11，一册]此处不再重复。

现在要介绍的是另一种情况——不可逆的绝热自由膨胀过程。所谓自由膨胀是指下述情况，设有一刚性容器，用隔板分成两部分，一部分盛有气体，另一部分抽成真空。突然把隔板抽掉或打破，让气体自由地膨胀，占满整个容器（实际上这就是焦耳研究气体内能的实验），在这种情况下，因为气体在膨胀的过程中，没有受到阻碍，即没有反抗阻力作功，因此外功为零。既然自由膨胀是安排在绝热的情况下进行的，应有 $Q=0$，现在 W 也等于 0，所以应有 $\Delta U=0$ 。

取 T、V 为独立变量，$\Delta U=0$ ，表明 $U=U(V,T)=$ 常量，在 U、T、V 三变量间存在着关系

$$\left(\frac{\partial U}{\partial T}\right)_V\left(\frac{\partial V}{\partial U}\right)_T\left(\frac{\partial T}{\partial V}\right)_U=-1 \tag{10-26}$$

（参看本章附录中有关全微分的复习提要）于是

$$\left(\frac{\partial T}{\partial V}\right)_U=-\frac{\left(\frac{\partial U}{\partial V}\right)_T}{\left(\frac{\partial U}{\partial T}\right)_V}=-\frac{\left(\frac{\partial U}{\partial V}\right)_T}{C_V} \tag{10-27}$$

其中利用了 $(\partial U/\partial T)_V=C_V$（定容热容量）。

上式左方 $\left(\frac{\partial T}{\partial V}\right)_U$ 的意义是，在 U 不变的情况下，体积的改变所引起的温度改变，称为焦耳系数。由于 $C_V>0$ ，所以 $(\partial T/\partial V)_U$ 的正负号就决定于 $(\partial U/\partial V)_T$ ，在 T 固定的情况下，如 U 随体积 V 增加而增加，则 $(\partial T/\partial V)_U$ 将为负，即自由膨胀后温度下降，气体变冷；如 U 随体积增加而减少，$(\partial T/\partial V)_U$ 将为正，即自由膨胀后温度上升，气体变热。只有 $(\partial U/\partial V)_T=0$ 时，温度才不随体积改变而变化，这说明在 U 与体积无关的情况下，T 才不变。又因为

$$\left(\frac{\partial U}{\partial p}\right)_T=\left(\frac{\partial U}{\partial V}\right)_T\left(\frac{\partial V}{\partial p}\right)_T$$

显然 $(\partial V/\partial p)_T$ 不会等于 0，所以若 $\left(\frac{\partial U}{\partial V}\right)_T=0$

则必有
$$\left(\frac{\partial U}{\partial p}\right)_T=0$$

这说明在恒定温度下，如果内能与体积无关，则与 p 也无关。

盖·吕萨克（J. L. Gay. Lussac，1778—1850）在 1807 年，焦耳在 1845 年分别做过研究气体内能的实验。焦耳用的实验装置如图 10-4 所示。把被研究的气体装在容器 A 中，容器 B 是抽空的，A、B 间有一带阀门的管道相连，整个装置浸于有一定温度的水槽内，达到热平衡后，打开阀门，A 中气体自由膨胀到 B，等到热平衡再度建立之后，测量温度是否有变化，以此来考查 $(\partial T/\partial V)_U$ 是大于零、小于零还是等于零。结果发现温度没有变化，即焦耳系数为零，由此断定，气体内能与体积无关，仅是温度的函数。

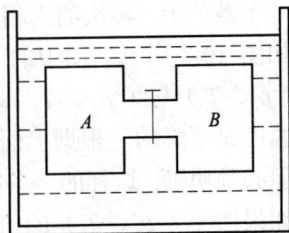

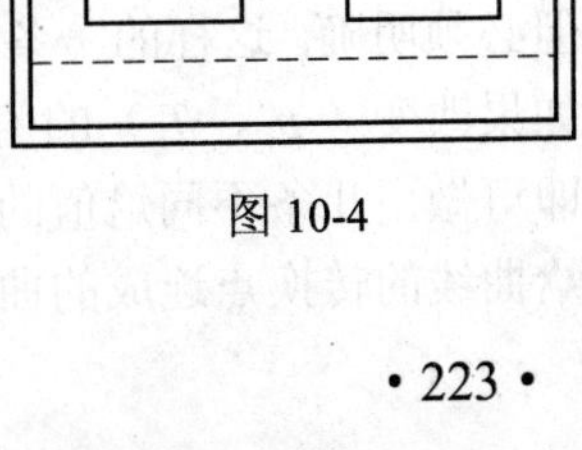

图 10-4

但是这个实验并非十分精确，因为水槽的热容量较气体的热容量大得多，所以即使气体温度有变化，也不容易观察出来。进一步的实验研究即焦耳—汤姆逊实验，研究的结果表明：实际气体的内能不仅是温度的函数，与体积也有关系。

3. 焦耳—汤姆逊效应

上一个问题谈到，焦耳利用自由膨胀来研究气体内能的实验，不够精确。后来焦耳与汤姆逊用另一种方法研究这个问题，即所谓“多孔塞”实验，所用装置如图 10-5 所示。这是一个有良好绝热保护的管子，管中有一个用棉花一类东西做成的塞子（即多孔塞），使气体通过时受到一定阻力，以维持多孔塞两边有一定压力差。在多孔塞两边各有温度计以测量温度。塞子的一边维持在较高压强 p_1，另一边维持在较低压强 p_2。气体在压力差下，不断从高压 p_1 一侧流到低压 p_2 一侧，这个过程叫“节流过程”。设在某一段时间内通过多孔塞的一定量气体，在压强 p_1 下体积为 V_1，在压强 p_2 下体积为 V_2，在塞子左方，以压强 p_1 推动体积为 V_1 的气体通过多孔塞，外界所作的功为 p_1V_1；体积为 V_2 在压强 p_2 的情况下流入塞子右方的气体作功为 p_2V_2，所以气体所作净功为 $p_2V_2-p_1V_1$。我们把这种情况示意地画在图 10-6 中。图中的两个活塞是想象的，想象左方的活塞把气体推向右方，对气体作功，气体经多孔塞后在右方推动另一活塞向右运动，气体作功。由于过程是在绝热条件下进行的，与外界交换的热 Q 等于零。由热力学第一定律

$$U_2-U_1=Q-W=0-W$$

故

$$U_2-U_1=-(p_2V_2-p_1V_1)=p_1V_1-p_2V_2$$

或

$$U_2+p_2V_2=U_1+p_1V_1 \tag{10-28}$$

前面已介绍过 $U+pV$ 称为焓，所以式（10-28）表明在节流过程中焓不变。

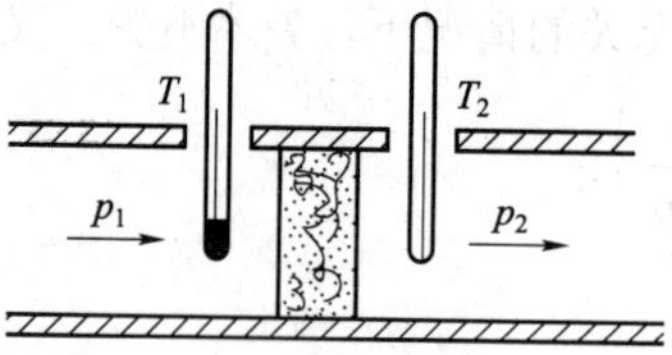

图 10-5

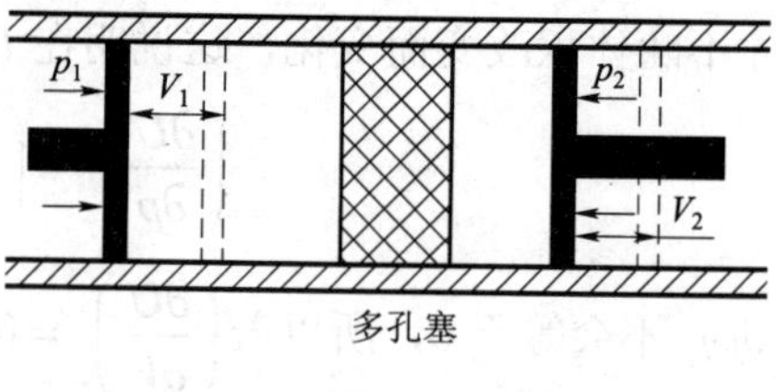

图 10-6

在实验中发现温度随压强而改变的现象，称为焦耳—汤姆逊效应。实验的方法是：维持多孔塞左方（高压部分）的压强与温度固定，分别记以 p_i、T_i，维持多孔塞右方的压强为 p_f（小于 p_i），然后测定右方的温度 T_f，继续维持左方的 p_i、T_i 不变，但将右方的 p_f 维持在另一个数值上，再次测出相应的 T_f，如此取若干数据之后，把实验结果在 T-p 坐标上表示出来，如图 10-7 所示。图中的 1，2，3…诸点即为各 p_f、T_f 的值。结果表明，如果节流过程是在（p_i、T_i）与（p_f、T_f）$_2$ 之间进行，温度是升高的；在（p_i、T_i）与（p_f、T_f）$_5$ 之间进行，温度是下降的。根据上面的分析，这些点都是等焓的，由它们连成的线可以称为“等焓线”。但必须明确，这样的一条等焓线并非代表节流过程的曲线，因为节流过程本身是不可逆过程。如果改变（p_i、T_i）的值再做同样的测量，可以得到另一条等焓线，用几个不同的（p_i, T_i）即可做出几条不同焓值的等焓线来，每条曲线都有一个最高点，这个点叫“转换点”。多条等焓曲线的转换点连成的曲线叫转换曲线，如图 10-8 中的虚线所示。

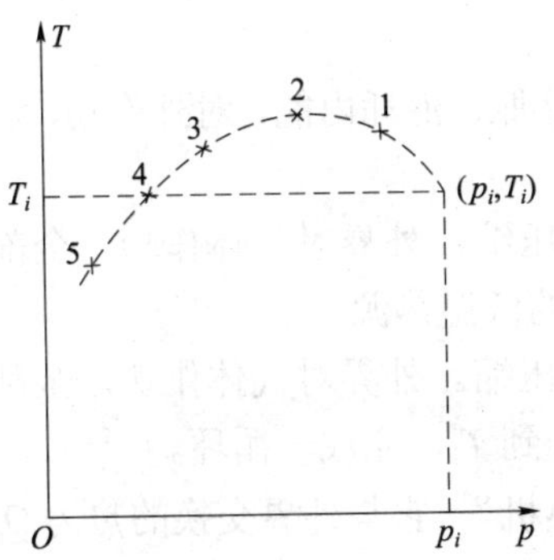

图 10-7

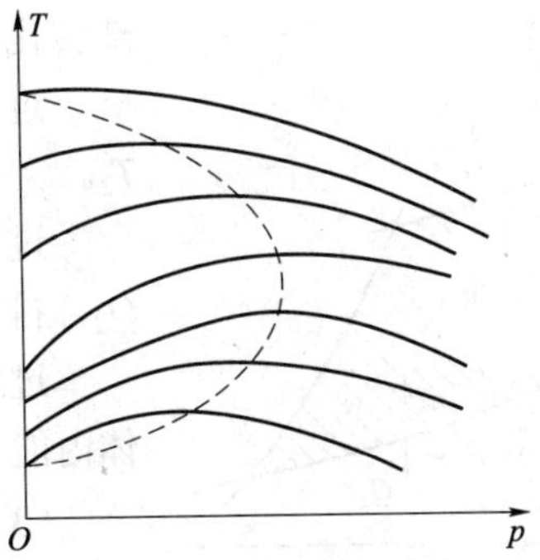

图 10-8

定义$\mu=(\partial T/\partial p)_H$为焦耳—汤姆逊系数，它代表等焓线的斜率。图 10-8 中虚线（转换曲线）以内部分等焓线的斜率$\mu>0$，虚线即为$(\partial T/\partial p)_H=0$的各点连线，转换曲线以外部分的斜率$\mu<0$。$\mu>0$ 的区域是温度下降区域，因为在气流存在的情况下，∂p就永远为负，如μ为正（>0），就意味着∂T为负，即降温。在$\mu<0$ 的部分，是温度上升的区域。$\mu>0$ 区域也叫“致冷区”；$\mu<0$ 区域也叫“致温区”。

焦—汤效应的这种降温效果可以利用，来使气体液化。

由于$H=U+pV$，可见，如果气体内能确实仅为温度的函数，根据理想气体的状态方程，pV之积也仅决定于温度，则H也仅是温度的函数而与压强无关，根据H、T、p之间的关系

$$\left(\frac{\partial H}{\partial p}\right)_T\left(\frac{\partial p}{\partial T}\right)_H\left(\frac{\partial T}{\partial H}\right)_p=-1$$

可得
$$\left(\frac{\partial H}{\partial p}\right)_T=-\left(\frac{\partial H}{\partial T}\right)_p\left(\frac{\partial T}{\partial P}\right)_H=-C_p\mu$$

或
$$\mu=-\frac{1}{C_p}\left(\frac{\partial H}{\partial p}\right)_T \tag{10-29}$$

对应于理想气体情形，应有$\mu=0$，由式（10-29），即应有

$$\left(\frac{\partial H}{\partial p}\right)_T=0$$

因为，由$H=U+pV=U+nRT$，可得

$$\left(\frac{\partial H}{\partial p}\right)_T=\left(\frac{\partial U}{\partial p}\right)_T=\left(\frac{\partial U}{\partial V}\right)_T\left(\frac{\partial V}{\partial p}\right)_T$$

可见，如$\mu=0$，即要求上式等于 0，但$(\partial V/\partial p)_T$肯定不等于 0，则必有$(\partial U/\partial V)_T=0$，这正是理想气体的内能与体积无关的结果。这就是说，从焦耳—汤姆逊系数$\mu=0$，可以推得$(\partial U/\partial V)_T=0$。所以焦耳—汤姆逊实验包含了原来焦耳实验的内容，因而代替了它。

4. 卡诺循环

读者应当已经知道什么是卡诺循环[11，一册]，此处仅将有关的一些重要内容综合如下：

（1）卡诺循环由两个等温两个绝热共四个可逆过程组成，如图 10-9。

（2）过程ab——等温膨胀。工作物质（理想气体）从温度为T_1的高温热源吸热Q_1，全

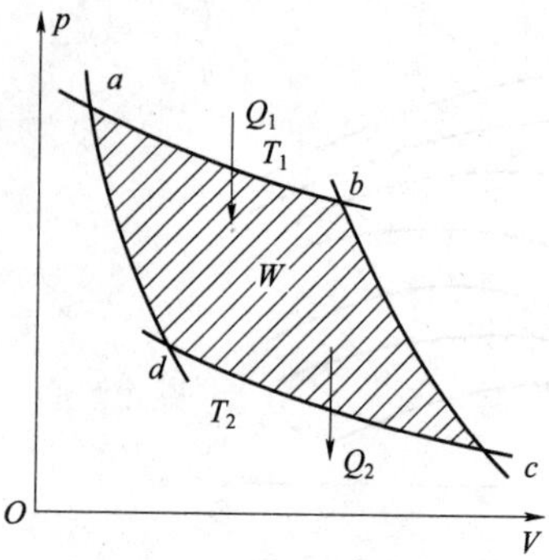

图 10-9

部转化为功。

过程 bc——绝热膨胀。消耗内能，对外作功，温度下降到 T_2。

过程 cd——等温压缩，外界对气体作功，全部转化为热 Q_2，排放给温度为 T_2 的低温热源。

过程 da——绝热压缩。外界对气体作功，全部转化为气体内能，气体温度上升到 T_1，完成一循环。

（3）作为一个"热机"，它与外界交换的热为 $Q_1 - Q_2$，它输出的净功为 W，等于 $Q_1 - Q_2$。吸入的热为 Q_1，转换为功的部分为 $Q_1 - Q_2$，所以其效率为

$$\eta = \frac{W}{Q_1} = \frac{Q_1 - Q_2}{Q_1}$$

（4）以理想气体为工作物质的卡诺循环的效率，可以算出，等于

$$\eta = \frac{Q_1 - Q_2}{Q_1} = \frac{T_1 - T_2}{T_1}$$

（具体计算作为复习留作本章习题，请读者推导）

（5）卡诺循环是可逆循环，如令工作物质沿图 10-9 中 $adcba$ 的顺序运转，此时外界对气体输入功 W，从低温热源 T_2 吸收热量 Q_2，向高温热源 T_1 放出热量 Q_1。逆向运转的卡诺循环为一"制冷机"，由外界输入功 W 而将低温 T_2 处的热 Q_2 送到高温热源 T_1 处，在高温处放出的热 Q_1 等于 $Q_2 + W$。定义制冷效能 η' 为

$$\eta' = \frac{Q_2}{W} = \frac{Q_2}{Q_1 - Q_2}$$

可以算出

$$\frac{Q_2}{Q_1 - Q_2} = \frac{T_2}{T_1 - T_2}$$

（6）从 $\eta = \frac{T_1 - T_2}{T_1}$ 看出，效率只决定于高低温热源的温度，虽然这个结果是从以理想气体为工作物质计算出来的，但却是有普遍意义的，根据热力学第二定律将能证明：利用同样的高低温热源工作的所有可逆机，其效率均等于卡诺循环的效率，与工作物质无关。

§10–5 热力学第二定律

从对卡诺循环的介绍中，可以看到两条有重要意义的结果，一条是循环动作的热机需要工作在两个温度不同的热源之间；另一条是把热量从低温转移到高温处需要消耗外界的功。其实这两条反映的正是热力学第二定律的内容，也相当于热力学第二定律的两种不同叙述方式。这两种叙述方式分别如下。

一种是克劳修斯的叙述方式："热不可能自动地从一温度较低的物体传到温度较高的物体。"

加上"自动地"这几个字，就强调了不需要加外来的作用，如果不加上"自动地"这个词的限制，热显然是可以从低温处转移到高温处的，一个制冷机，就是靠外界输入功，把热

从低温物体（被冷冻的东西）传到高温物体（外界大气或冷却水）。克氏的说法还可以是："不可能把热从低温物体传到高温物体而不产生其他影响。"或"不可能有这样的过程，其唯一的结果是把热从低温物体传到高温物体。"

另一种是开尔文的叙述方式："不可能制造一个循环动作的机器，它除去从单一热源吸热而作出等值的功外而不产生其他影响。"

人们把能够从单一热源取热并使之转变为等值的功，而不引起其他变化的循环动作的机器，叫作"第二类永动机"。它与违反热力学第一定律的所谓"第一类永动机"不同，第二类永动机并不违反能量守恒定律。在本章开头提到过一个事实：没有人看到过焦耳的热功当量试验自动地反向进行；即水温下降，放出热量→叶轮的动能→叶轮转动，绞起重物→重物势能提高。这一过程一点也不违反能量守恒定律。但这是一种第二类永动机。由于第二类永动机不可能制成，所以开氏的叙述方式又可说成："第二类永动机不可能制成。"

实际上所有的循环动作的热机必须有两个热源：一个高温热源和一个低温热源。像已经讨论过的卡诺循环一样，总要把一部分从高温热源吸入的热排到低温热源去，也即是热机的效率总是一个小于 1 的值。读者也许会问，可逆等温过程是可以把热全部转化为功的。如果我们使一理想气体永远与一温度不变的热源相接触进行等温膨胀，气体温度既然不变，ΔU 应等于 0，必有 $Q=W$，气体对外所作的功全由热源提供的热转变而成，这是否是一种单一热源热机而与开氏的说法有抵触？并非如此。因为开氏的意思很明确，"不能制造一种循环动作的单一热源热机，其唯一的结果就是将热转变成等值的功"。仅仅一个等温过程并未构成一个循环，而且在这样的过程中，热转变为功也并非唯一的结果，因为同时产生的影响就是气体体积的增加。为了消除这一影响，需要对气体进行压缩，同时为了使机器循环动作，也必须使已经膨胀了的气体压缩回去。总之，为了循环动作的机器造成唯一的净结果是把热变成功，必须设法使气体膨胀作功之后回到原来的状态。压缩可以在与膨胀的同一温度下等温进行，但这样做，由于膨胀与压缩两过程沿同一条等温线进行，所以气体对外净功为零，这样的热机显然毫无意义，如果在较低温度下等温压缩回去，虽可得到净功，但为在低温下进行压缩，气体一定要降温，放出一部分热才行。为此也就必须有一低温热源以吸收压缩时放出的热，于是，从单一热源吸热并使之全部转化为功的企图就不能实现了。

读者未尝不可以自行设想各式各样的第二类永动机，分析其不能实现的原因，以加深对热力学第二定律的认识。这是很好的智力锻炼。

热力学第二定律的两种叙述方式，表面看来似乎彼此无关，其实是完全等效的。所谓等效，是指一种说法不能成立，则可以推论出另一种说法也不能成立。

§ 10–6　热力学第二定律的两种叙述方式等效的证明

首先论证：开氏说法不能成立，则克氏说法也不能成立[11，一册]。

如图 10-10（a），设有一个违反开氏说法的机器 I（用图中左方圆圈代表），它从热源吸收热量 Q_1，全部变成功输出，而不向低温热源排出任何热量。同时，有一个不违反任何热力学定律的制冷机 II（用图中右方圆圈代表），这个制冷机从外部输入功 W，并从低温热源吸收热量 Q_2，向高温热源放出热量 Q_1' 而完成一个循环。根据热力学第一定律 $Q_1'=Q_2+W=Q_2+Q_1$。现假定用违反开氏说法的单一热源热机 I 输出的功 W 作为制冷机 II 的输入（图中用一横向箭头代表这种关系），把两个机器联成一体后，在效果上，当完成一个循环之后，相当于：

① 高温热源接受Q_1+Q_2，输出Q_1，净接受Q_2；

② 低温热源放出热量Q_2；

③ 两个机器联成的“机组”没有任何变化。

于是，净效果就是外界除了把Q_2热量从低温热源转移到高温热源之外，什么变化也没发生，这显然是违反克氏说法的。

再来论证：如果克氏说法不成立，必然推论出违反开氏说法的结果。

如图 10-10（b），设有一违反克氏说法的机器Ⅰ，不需要对它输入任何功，它就能把热量Q_2从低温热源转移到高温热源。图中右方圆圈代表一个正常热机Ⅱ，在同样的热、冷源间工作，热机Ⅱ从高温热源吸收热量Q_1，向低温热源放出热量Q_2，对外输出功$W=Q_1-Q_2$，如此二机联成一体工作，则在效果上，当完成一个循环之后，相当于：

① 低温热源输出热量Q_2，又接受Q_2，没有变化；

② 高温热源接受Q_2，输出Q_1，等于输出Q_1-Q_2；

③ 二机共同工作的“机组”对外输出功为$W=Q_1-Q_2$。

所以，整个“机组”的净效果相当于从单一热源取热而输出功，成了第二类永动机。这显然是违反开氏说法的。

结论：上述热力学第二定律的两种叙述方法是完全等效的。

前面，我们已经分析过过程的可逆与不可逆问题。所谓不可逆过程并非不能沿反方向进行的过程，而是指过程沿反方向进行之后，外界的状况不能完全恢复原状的过程。热力学第二定律的两种叙述方法，各针对一种不可逆过程：克氏说法对应的是热传导的不可逆性；开氏说法则对应的是摩擦生热的不可逆性。这两种说法的完全等效给我们的启示是：表面上看来不相干的不可逆现象，实际上存在着密切的联系；从一个过程的不可逆性可以推论出另一过程的不可逆性。

在介绍“熵”的概念之后，可以使不可逆的概念进一步明确。

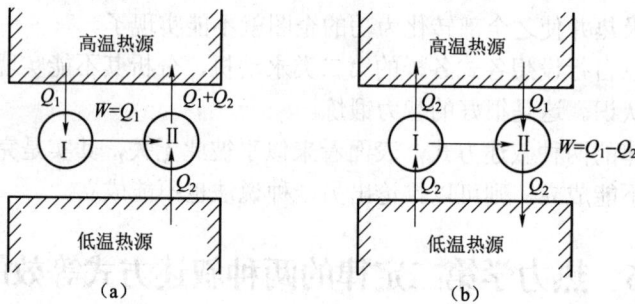

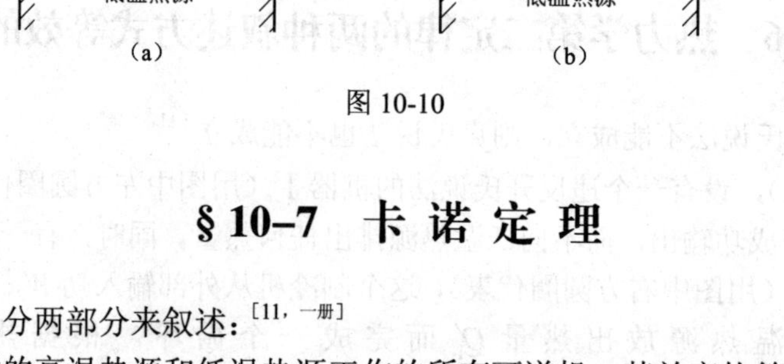

图 10-10

§ 10-7 卡诺定理

卡诺定理可以分两部分来叙述：[11，一册]

（1）利用同样的高温热源和低温热源工作的所有可逆机，其效率均等于卡诺机的效率，而与热机的工作物质无关。

（2）利用同样的高、低温热源工作的不可逆机的效率，永远小于可逆机的效率。

先证明第一部分。论证的方法是：如果有两个可逆机在同样的高、低温热源下工作而具有不同的效率，则将推论出违反热力学第二定律的结果来。

如图 10-11（a），设两个可逆机 R 及 R' 在同样的高、低温热源下工作，高温热源温度为 T_1，调整它们输出功都是 W，它们各自吸收和放出的热量以及效率列表如表 10-1。

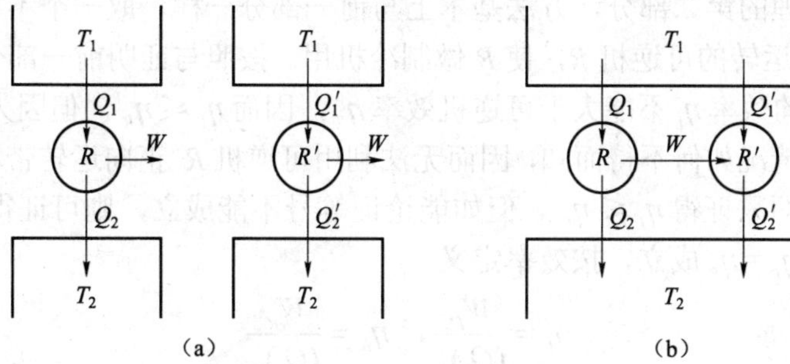

图 10-11

表 10-1

可逆机 R	可逆机 R'
1. 从高温热源吸热 Q_1	1. 从高温热源吸热 Q_1'
2. 输出功 W	2. 输出功 W
3. 向低温热源放热 Q_2	3. 向低温热源放热 Q_2'
$Q_2 = Q_1 - W$	$Q_2' = Q_1' - W$
4. 效率	4. 效率
$\eta_R = \dfrac{W}{Q_1} = \dfrac{Q_1 - Q_2}{Q_1}$	$\eta_{R'} = \dfrac{W}{Q_1'} = \dfrac{Q_1' - Q_2'}{Q_1'}$

现设两者效率不同，$\eta_R > \eta_{R'}$，即相当于假设

$$\frac{W}{Q_1} > \frac{W}{Q_1'} \text{ 或 } Q_1' > Q_1$$

因为两者输出的功调整为一样，所以

$$Q_1 - Q_2 = Q_1' - Q_2' \text{ 或 } Q_1' - Q_1 = Q_2' - Q_2$$

在假定 $\eta_R > \eta_R'$ 的情况下，由于 $Q_1' > Q_1$，所以也应有 $Q_2' > Q_2$。现在将两机联合运转，使 R 机作热机（进行正向循环）使用，把它输出的功 W 供给另一机 R'，使 R' 反向运转作制冷机用，如图 10-11（b），完成一个循环之后，R 与 R' 两机联合后的机组，作为一个整体，与外界没有功的交换，即净功为零，同时在高温热源：R 取出热量 Q_1，R' 放出热量 Q_1'，所以获得净热量为 $Q_1' - Q_1$，因 $Q_1' > Q_1$，故 $Q_1' - Q_1 > 0$。在低温热源：R 放回热量 Q_2，R' 取出热量 Q_2'，所以失去净热量为 $Q_2' - Q_2$，因 $Q_2' > Q_2$，故 $Q_2' - Q_2 > 0$。总算起来，相当于在没有消耗外功的情况下，有一部分热量 $Q_2' - Q_2$（等于 $Q_1' - Q_1$）由低温热源转移到高温热源，这显然是违背第二定律的。所以 $\eta_R > \eta_{R'}$ 不能成立。

再假设$\eta_{R'} > \eta_R$，这次将R'作热机用，使其输出的功带动 R 逆运转作制冷机用，用同样方法可以证明$\eta_{R'} > \eta_R$也不能成立。η_R既不能大于$\eta_{R'}$，$\eta_{R'}$也不能大于η_R，所以二者只能相等，即$\eta_R = \eta_{R'}$。如果把证明中的 R 或R'换为一个作卡诺循环的热机，则可得出结论：在同样的高、低温热源下工作的所有可逆机有相同的效率，都等于卡诺机的效率，而且与热机的工作物质无关，因为在证明中丝毫未涉及工作物质。这就是证明的第一部分：$\eta_R = \eta_{卡诺机} = 1-(T_2/T_1)$。

再证明卡诺定理的第二部分，方法基本上与前一部分一样。取一个不可逆机 I，令其输出的功 W 供给逆向运转的可逆机 R，使 R 做制冷机用。按照与证明前一部分同样的方法，可以推论出不可逆机的效率η_I不能大于可逆机效率η_R，因而$\eta_I \leqslant \eta_R$，但因为 I 为不可逆机，所以 I 的反向运转情况如何不得而知，因而无法利用可逆机 R 正向运转带动不可逆机 I 反向运转来进行论证，即只证得$\eta_I \leqslant \eta_R$。但如能论证等号不能成立，则可证得$\eta_I < \eta_R$。为此，用反证法，先假设$\eta_I = \eta_R$成立，按效率定义

$$\eta_I = \frac{W_I}{(Q_1)_I};\quad \eta_R = \frac{W_R}{(Q_1)_R}$$

并且有

$$\eta_I = \frac{W_I}{(Q_1)_I} = \frac{W_I}{(Q_2)_I + W_I}$$

及

$$\eta_R = \frac{W_R}{(Q_1)_R} = \frac{W_R}{(Q_2)_R + W_R}$$

根据假定$\eta_I = \eta_R$，且控制可逆机所输出的功 W_R 与不可逆机输出的功 W_I 相等，则一定可以由上述的定义得到$(Q_2)_R = (Q_2)_I$和$(Q_1)_R = (Q_1)_I$。这样，可以使不可逆机正向运转带动可逆机反向运行，令不可逆机输出的功$W_I = W_R$，供给逆向运转的可逆机，结果，不可逆机从高温热源所吸收的热量$(Q_1)_I$等于可逆机放回的热量$(Q_1)_R$，不可逆机向低温热源放出的热$(Q_2)_I$等于可逆机吸收的热$(Q_2)_R$，如此由不可逆机运行所引起的后果，可以被可逆机的逆循环完全消除，一切恢复原状而未引起任何其他变化，但这却是与不可逆机的不可逆性相矛盾，这就是说$\eta_I = \eta_R$的假设不能成立。所以只剩下$\eta_I < \eta_R$一种可能，这就说明了卡诺定理的第二部分。

* § 10-8　热力学温标

前一章中，曾经提到，任何一个经验温标都依赖于一定的测温物质的测温性质，但开尔文注意到，如果根据热力学第二定律得出的结论——可逆机效率与工作物质无关，只决定于高、低温热源的温度，用来建立一种新的温标，则这种温标应与任何一种特定的物质都没有关系[4]。

根据卡诺定理，在相同的冷、热源之间工作的所有可逆机的效率$\eta = 1-(Q_2/Q_1)$都相同，只与冷、热源的温度有关。为表示这一特征，可把效率写成

$$\eta = 1 - \frac{Q_2}{Q_1} = \varphi(\theta_1, \theta_2) \tag{10-30}$$

式中θ_1、θ_2分别代表高、低温热源的温度（此时暂将此温度当经验温标看待），$\varphi(\theta_1, \theta_2)$为普适函数，当然应与热机的工作物质无关。由式（10-30）写出

$$\frac{Q_2}{Q_1}=1-\varphi(\theta_1,\theta_2)$$

或

$$\frac{Q_1}{Q_2}=\frac{1}{1-\varphi(\theta_1,\theta_2)}=f(\theta_1,\theta_2) \tag{10-31}$$

$f(\theta_1,\theta_2)$ 为一未知函数，即将证明其形式为 $\varphi(\theta_1)/\varphi(\theta_2)$。其中 $\varphi(\theta)$ 为另一函数。

设想有另一可逆机工作于温度为 θ_2 及 θ_3 的两热源之间，从温度为 θ_2 的热源吸入热量 Q_2，向温度为 θ_3 的热源放出热量 Q_3，按式（10-31），Q_2 与 Q_3 之间的关系为

$$\frac{Q_2}{Q_3}=f(\theta_2,\theta_3) \tag{10-32}$$

因为第一个可逆机向温度为 θ_2 的热源放出热量 Q_2，而 Q_2 又被第二个可逆机吸收，所以，两机联合作用的结果，实际相当于组成第三个可逆机，这个可逆机从 θ_1 热源吸热 Q_1，向 θ_3 热源放出热量 Q_3，如图 10-12 所示，并有

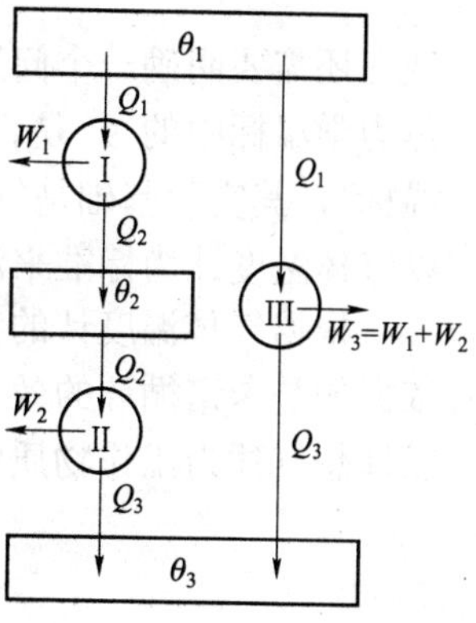

图 10-12

$$\frac{Q_1}{Q_3}=f(\theta_1,\theta_3) \tag{10-33}$$

又因为

$$\frac{Q_1}{Q_2}=\frac{Q_1/Q_3}{Q_2/Q_3} \tag{10-34}$$

根据以上诸式，不难得到

$$f(\theta_1,\theta_2)=\frac{f(\theta_1,\theta_3)}{f(\theta_2,\theta_3)} \tag{10-35}$$

式（10-35）中左方并不出现 θ_3，而 θ_3 又并非特意指定，而是一任意温度，所以式（10-35）右方中的 θ_3 应能消去，即函数 f 应取如下形式

$$f(\theta_1,\theta_2)=\frac{\psi(\theta_1)}{\psi(\theta_2)} \tag{10-36}$$

这不难看出，因为按式（10-36），$f(\theta_1,\theta_3)$ 应取 $\psi(\theta_1)/\psi(\theta_3)$ 的形式，$f(\theta_2,\theta_3)$ 应取 $\psi(\theta_2)/\psi(\theta_3)$ 的形式，这样，代入式（10-35），才能使 θ_3 消去，因此

$$\frac{Q_1}{Q_2}=\frac{\psi(\theta_1)}{\psi(\theta_2)} \tag{10-37}$$

$\psi(\theta)$ 为另一普适函数，其具体形式显然与所用经验温标有关。现在引入一个新的温标，以 T 表示，即令 T 与 $\varphi(\theta)$ 成正比，得到

$$\frac{\psi(\theta_1)}{\psi(\theta_2)}=\frac{T_1}{T_2}$$

于是

$$\frac{Q_1}{Q_2}=\frac{T_1}{T_2} \tag{10-38}$$

T 即称为绝对热力学温标，因首先由开尔文提出，故称开氏温标，用“开”或“K”表示。

然而，由式（10-38）定义 T，只是给定了 T 的比值，要定出确定的数值还要加一个条件。

为此，需选一个固定点，给这一点一个确定的温度值，就能定下热力学温标来。1954 年国际上通过把此点选为水的三相点，定此点的 T（以下暂记为 T_3）为 $T_3 = 273.16\ \text{K}$，于是，据式（10-38）得到

$$\frac{Q}{Q_3}=\frac{T}{T_3} \tag{10-39}$$

现在还需要明确一个问题，即我们都熟悉的关系 $T = t + 273.15$ 中的 T，与现在开氏所拟定的热力学温标中的 T 是否同一个温标？所以要提此问题是因为 $T = t + 273.15$ 是理想气体绝对温标①，其实验基础是气体温度计（定压或定容）。前面提到的水的三相点为 0.01 ℃，实际是以气体温度计为标准来测定的。

根据气体温度计的实验结果，人为规定 $t + 273.15$ 为绝对温度，现在定义的热力学温标，依据的是卡诺循环的效率，从式（10-39）看，是相当于以 Q 为测温物质来定义的一种温标。以理想气体为工作物质的卡诺循环的效率为

$$\eta=\frac{T_1-T_2}{T_1}=1-\frac{T_2}{T_1}$$

相当于

$$\frac{Q_2}{Q_1}=\frac{T_2}{T_1}$$

注意式中的 T 是从理想气体的状态方程 $pV = nRT$ 来的，所以 T 应为气体温标绝对温度。暂时为了显示理想气体温标与绝对热力学温标的区别，以 (T) 代表气体绝对温度。这样，理想气体卡诺循环之效率可以写成

$$1-\frac{(T_2)}{(T_1)} \quad 或 \quad \frac{Q_2}{Q_1}=\frac{(T_2)}{(T_1)}$$

与式（10-38）相比，可得

$$\frac{Q_2}{Q_1}=\frac{T_2}{T_1}=\frac{(T_2)}{(T_1)}$$

这对于任何温度都应成立。如取 T_2 为任意温度 T，T_1 为水的三相点温度 T_3，则

$$\frac{T}{T_3}=\frac{(T)}{(T_3)}$$

根据两种绝对温标的定义方法，$T_3 = 273.16\ \text{K}$，$(T_3) = 273.15+0.01=273.16$，则 (T) 与 T 是一致的。因此二者实无区别之必要，均可用开氏温标 K 表示。

在此可以附带讨论一下绝对零度的问题。

工作于温度 T_1、T_2 的高、低温热源间的卡诺循环的效率为

$$\eta=\frac{W}{Q_1}=1-\frac{Q_2}{Q_1}=1-\frac{T_2}{T_1} \quad 或 \quad \frac{T_2}{T_1}=1-\frac{W}{Q_1}$$

即

$$T_2=T_1\left(1-\frac{W}{Q_1}\right)$$

① 在开氏之前，理想气体温标即已确立，273 一值即根据盖-吕萨克定律及查理定律得到的，绝对零度是指，在该温度气体体积（或压强）趋于零。

由此可见，因为热机输出的功不能多于从高温热源吸收的热，W 不能大于 Q_1，所以 T_2 不能小于零。虽然由极限情形看来，W 最大等于 Q_1，因此得到 $T_2=0$，可见有绝对零度存在；然而实际上 W 总是小于 Q_1，即热机效率总小于 1，所以 T_2 总比绝对零度高，即绝对零度实际上是达不到的。热力学第三定律的发现者能斯特就曾以 W 等于 Q_1 相当于单一热源热机，而单一热源热机违反热力学第二定律的开氏说法为由推论出 W 总是小于 Q_1，因而 T_2 总是大于零，由此得到绝对零度不能达到的结论。如此说来，似乎绝对零度的不能到达是热力学第二定律的一个推论；然而关于绝对零度不能达到的结论是一个独立于热力学第一、第二两定律的独立定律——热力学第三定律。这条定律就是能斯特发现的（在下一章将予以较详细的介绍）。按我们现在的认识是，存在着其他方面的足够证据，证明绝对零度不能达到（这就是热力学第三定律），因而热力学第二定律不能包括 $T=0$ 的情形，从而也就不会出现违反开氏“单一热源机”的矛盾。所以能氏当年利用热力学第二定律论证绝对零度不能达到也就无意义了。总之，可以说热力学第二定律与第三定律是一致的、无矛盾的，但是是彼此独立的。

§ 10–9　克劳修斯不等式

到现在为止，仅仅用文字来叙述热力学第二定律，还没有介绍一个公式来表达它，本节将介绍热力学第二定律的数学表达方式，并据此引出热力学中最重要的概念——熵，在介绍“熵增原理”之后，将使我们对热力学第二定律有更为深入的认识。

设有一系统 S，经历一个循环过程，在过程中与一系列温度为 T_1，T_2，…，T_i，…，T_n 的热源（以后即以 T_1，…，T_n 称呼这些热源）交换热量，以 Q_1，Q_2，…，Q_i，…，Q_n 代表这些热量，符号仍按过去的规定：系统接受的热量取正值，系统放出的热量取负值。将要证明的是

$$\sum_{i=1}^{n}\frac{Q_i}{T_i}\leqslant 0 \tag{10-40}$$

式中等号限于循环过程为可逆情形。

用热力学第二定律，不难证明上式成立。[①]

为证明上式成立，在上述的诸热源之外，再引入一个任意的温度为 T_0 的热源，同时引入 n 个可逆机，例如 n 个进行卡诺循环的可逆机，作为辅助。这些卡诺机分别用 C_1，C_2，…，C_i，…，C_n 代表，它们分别工作在热源 T_1，T_2，…，T_i，…，T_n 与 T_0 之间，如图 10-13 所示。

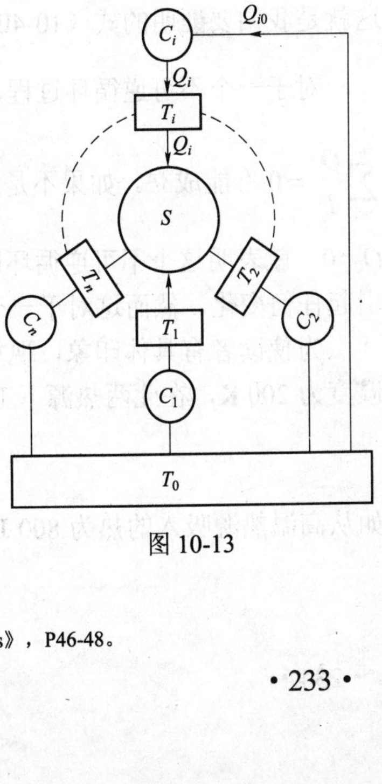

图 10-13

设想工作在 T_i 与 T_1 之间的第 i 个卡诺机 C_i 向 T_i 热源放出的热量 Q_i 正等于系统 S 由 T_i 源吸收的热量，于是按公式（10-38），可以表示出 C_i 从 T_0 热源吸收的热量 Q_{i0} 为

$$Q_{i0}=\frac{T_0}{T_i}Q_i \tag{10-41}$$

---

① 论证此不等式的方法，取自热力学部分参考资料[3]。Fermi：《Thermodynamics》，P46-48。

现在考虑由系统 S 的一个循环与每一个卡诺机 C_1，C_2，…，C_n 的循环组成的组合循环，使每一个热源 T_1，T_2，…，T_n 在组合循环中的净热量的变化为零，就像 T_i 那样，与卡诺循环交换的（吸收或放出）热量，与跟系统 S 交换的热量（放出或吸收）一样多。但是热源 T_0 在此组合循环中将失去热量，其值 Q_0 为各卡诺循环 C_1，C_1，…，C_n 所吸收的热量之总和，即

$$Q_0=\sum_{i=1}^{n}Q_{i0}=T_0\sum_{i=1}^{n}\frac{Q_i}{T_i} \tag{10-42}$$

所以这样一个由 S 及 C_1，C_2，…，C_n 组成的组合循环的净效果是从热源 T_0 吸收热量 Q_0。然而，我们知道，经过一个循环之后，S，C_1，C_2，…，C_n，都回到初始状态，那么唯一的结果就是从热源 T_0 吸收热量 Q_0 变成整个系统对外作功。假如 Q_0 为正，则系统对外作正功，而这一结果相当于单一热源作功，是违反热力学第二定律的，所以 Q_0 不能大于零，而只能是小于或等于零，即 $Q_0\leqslant 0$，由于 $T_0>0$，所以由式（10-42）得到

$$\sum_{i=1}^{n}\frac{Q_i}{T_i}\leqslant 0 \tag{10-43}$$

这就是我们要证明的式（10-40）。

如果系统 S 进行的循环是可逆的，则可令它沿相反方向运行，如此则所有的 Q_i 要改变符号，把式（10-43）应用于此逆循环过程，应有

$$\sum_{i=1}^{n}-\frac{Q_i}{T_i}\leqslant 0 \tag{10-44}$$

或

$$\sum_{i=1}^{n}\frac{Q_i}{T_i}\geqslant 0 \tag{10-45}$$

对于一个可逆循环，既要满足式（10-43）又要满足式（10-45），则只能采取

$$\sum_{i=1}^{n}\frac{Q_i}{T_i}=0 \tag{10-46}$$

这就是我们要证明的式（10-40）中的等号只限于循环过程为可逆的情形。

对于一个不可逆循环过程，则 $\sum_{i=1}^{n}\frac{Q_i}{T_i}\leqslant 0$ 的等号应去掉，或者说，对于不可逆循环过程，$\sum_{i=1}^{n}\frac{Q_i}{T_i}=0$ 不能成立。如果不是这样，则由式（10-42）可得 $Q_0=0$。假如对于不可逆循环也有 $Q_0=0$，就表明这个不可逆循环所产生的一切影响都已消除，系统与外界均完全恢复原状，未引起任何变化，然而这对于一个不可逆循环过程来说是不可能的，所以等号必须去掉。

为使读者有具体印象，现举一个简单的数字例子：设高温热源温度为 400 K，低温热源温度为 200 K，在此两热源下工作的卡诺循环的效率应为

$$\eta=\frac{400-200}{400}=50\%$$

如从高温热源吸入的热为 800 J，则向低温热源放出的热应为 400 J，所以

$$\sum\frac{Q}{T}=\frac{800}{400}+\left(\frac{-400}{200}\right)=0$$

如果用一不可逆机在同样的高、低温热源下工作，其效率只有 25%，则吸入 800 J 的热，只能得到 800 × 0.25=200 J 的功，即应向低温热源放出 800–200=600 J 的热，这样

$$\sum\frac{Q}{T}=\frac{800}{400}+\left(\frac{-600}{200}\right)=-1<0$$

在以上的证明中，假定系统与有限个热源 T_1，…，T_i，…，T_n 交换热，如果考虑到普遍情况，系统与一个温度连续分布的热源交换热量，则求和应代之以积分，即 $\sum\to\oint$ 积分对整个循环进行，同时，用 $đQ$ 代表系统与温度为 T 的那部分热源交换的热，于是式（10-40）应写为

$$\oint\frac{đQ}{T}\leqslant 0 \tag{10-47}$$

等号只适用于可逆过程。

现在再对 T 所代表的温度做些说明。式（10-47）中的 T 代表的是与系统交换热量 $đQ$ 的那部分热源的温度，它不一定与系统的温度（设为 T'）相同。如果循环是不可逆的，则过程为非准静态的，$T\neq T'$，当 $đQ$ 为正时，即系统从热源吸热必有 $T>T'$。因为热不能从低温物体自动流向高温物体，如 $T>T'$，则 $đQ$ 为负。假如循环为可逆，系统进行的各过程是准静态的，则时刻总有 $T'\neq T$。在这种情况下，T 既可以看成热源的温度，又可以看作接受热量 $đQ$ 的系统的温度。

§10–10 熵的引入

根据上一节的结果，一个可逆循环应当有 $\oint_R\frac{đQ}{T}=0$。沿闭合途径的积分号下加一字母 R 表示循环为可逆。在此我们又遇到沿一闭合途径积分为 0 的情况。由此可见，被积函数一定是一个全微分，沿任何途径的积分值只依赖于积分的上、下限（途径的始末点），而与积分途径无关，用 S 代表这个函数，即把 $\oint_R\frac{đQ}{T}=0$ 写成 $\oint_R \mathrm{d}S=0$，S 一定是一个状态函数。对于从状态 1 到状态 2 的任何可逆过程，函数 S 的变化可以表示为

$$\int_{R^1}^{2}\frac{đQ}{T}=\int_{R^1}^{2}\mathrm{d}S=S_2-S_1 \tag{10-48}$$

其中

$$\left(\frac{đQ}{T}\right)_R=\mathrm{d}S \tag{10-49}$$

各处的下角标 R 均代表“可逆”。

函数 S 称为“熵”。熵的物理意义还有待进一步说明，以后在“统计物理”部分还特别要说明它的统计意义。现在先将它的一些明显的性质归纳说明如下：

（1）熵既然是状态函数，因此熵可以用状态参量如温度、压强、体积等表示。

（2）由于熵的改变量只决定于始、末状态而与途径（过程）无关，所以计算两个状态的熵差时，可以选择任何一个连接两状态的可逆过程，即能算出。

（3）熵是广延量，系统的熵与其质量成正比。

（4）熵的单位为 J/K。

作为上述第（2）点的说明，下面举一个计算熵差的例子。

我们知道气体的自由膨胀是不可逆过程，但只要膨胀前与膨胀后的状态都是平衡态，就都有一定的熵值，可以选择连接始、末状态的合适的可逆过程来计算熵值的改变。

设气体为理想气体，由于自由膨胀内能改变为零，温度的改变因而也为零，所以，以选用连接始、末状态的等温过程来计算熵的变化为宜。

如气体的原始体积为 V_i，膨胀终了的体积为 V_f，以 S_i 代表原始状态的熵，S_f 代表终了状态的熵，由于选择等温过程，T 不变，$\mathrm{d}U=0$，根据热力学第一定律 $đQ=\mathrm{d}U+p\mathrm{d}V=p\mathrm{d}V$，因气体为理想气体，利用 $pV=nRT$，$\dfrac{đQ}{T}=\dfrac{p\mathrm{d}V}{T}=nR\dfrac{\mathrm{d}V}{V}$，代入求熵的积分

$$S_f-S_i=\int_{i-f}\frac{đQ}{T}$$

得到

$$S_f-S_i=\int_{V_i}^{V_f}nR\frac{\mathrm{d}V}{V}=nR\ln\frac{V_f}{V_i} \tag{10-50}$$

因为 $V_f>V_i$，所以 $S_f-S_i>0$，即 $S_f>S_i$。这个结果表明，终了状态的熵 S_f 大于初始状态的熵 S_i。这一结果虽然是从一个具体的例子得到的，但熵的增加是有普遍意义的，在§10-11“熵增原理”中将进一步介绍。

（5）一般说来，计算理想气体熵的改变时，可利用热力学第一定律，写出 $đQ=\mathrm{d}U+đW$，于是

$$\Delta S=\int_R\frac{đQ}{T}=\int_R\frac{\mathrm{d}U+đW}{T}$$

当功只包括 $p\mathrm{d}V$ 项，不包括电、磁等其他功时，上式简化为

$$\Delta S=\int_R\frac{\mathrm{d}U+p\mathrm{d}V}{T}=\int_R\mathrm{d}S$$

由此，可得

$$T\mathrm{d}S=\mathrm{d}U+p\mathrm{d}V \tag{10-51}$$

根据此式求熵的改变，可以利用 $\mathrm{d}U=C_V\mathrm{d}T$ 及 $p=\dfrac{nRT}{V}$，于是 $\mathrm{d}S$ 可以写成

$$\mathrm{d}S=\frac{C_V\mathrm{d}T}{T}+nR\frac{\mathrm{d}V}{V}$$

所以

$$S=\int C_V\frac{\mathrm{d}T}{T}+nR\ln V+S_0 \tag{10-52}$$

此处考虑到 C_V 本身与 T 有关，所以不能提到积分号外。在 C_V 可视为常量的情况下，则式（10-52）成为

$$S-S_0=C_V\ln T+nR\ln V \tag{10-53}$$

式中的 S_0 是作为积分常数出现的。S_0 的出现告诉我们，实际上只能算出熵的改变，而求不出熵的“绝对值”。可以人为地选取某一适当的状态为“标准”状态，而其他平衡态的熵都相对于这个“标准”来计算，这只需选用一条适宜的可逆过程把“标准”态与欲求其熵值的状态

连接起来就能做到。求出

$$S_{任意状态} - S_{标准状态} = \int_{标准状态 \atop R}^{任意状态} \frac{đQ}{T}$$

且规定 $S_{标准状态}$=0，即可求得 $S_{任意状态}$的“绝对值”，例如热力工程中的蒸汽的“熵值表”即是将 0 ℃及 1 个大气压下的纯水的熵规定为“0”得到的。

熵常数 S_0 的问题到此并未结束，在下一章介绍“热力学第三定律”时将深入讨论熵常数的确定问题。

§10–11 熵增原理

现在来考虑不可逆过程的熵。设系统由状态 a 经过一个不可逆过程 l 到达状态 b，又经一可逆过程 r 回到状态 a，图 10-14 即表示这样一个循环。由于不可逆过程的中间状态为非平衡态，所以用不连续短线表示。根据克劳修斯不等式，这样的不可逆循环，应有

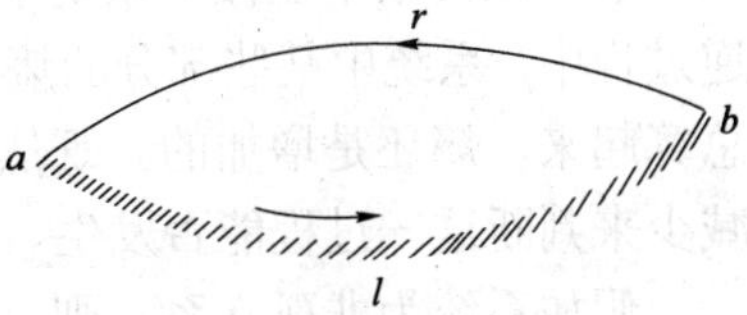

图 10-14

$$\oint_{albra} \frac{đQ}{T} < 0$$

把此积分分成两部分：一部分是沿可逆过程 r 的积分，一部分是沿不可逆过程 l 的积分，于是

$$0 > \oint_{albra} \frac{đQ}{T} = \left[\int_{a \atop l}^{b} \frac{đQ}{T}\right] + \left[\int_{a \atop r}^{b} \frac{đQ}{T}\right]$$

上式右方第二个积分代表的是 a，b 两状态的熵之差

$$\int_{a \atop r}^{b} \frac{đQ}{T} = S_a - S_b$$

右方的第一个积分，因为积分途径是不可逆的，所以并不代表熵的改变，不能写出 $đQ/T = \mathrm{d}S$，故

$$0 > \int_{a \atop l}^{b} \frac{đQ}{T} - [S_b - S_a]$$

或
$$S_b - S_a > \int_{a \atop l}^{b} \frac{đQ}{T} \qquad (10\text{-}54)$$

对于一孤立系统，与外界无热量交换，$đQ = 0$，则式（10-54）右方积分为 0，于是有

$$S_b - S_a > 0$$

或
$$S_b > S_a \qquad (10\text{-}55)$$

这表示在一孤立系统经历不可逆变化后，终了状态之熵大于初始状态之熵，这就是“熵增原理”。由于自然界发生的过程都是不可逆的，所以熵增原理又可以叙述为：孤立系统的熵永远增加，前面介绍过的自由膨胀过程中熵是增加的结果，就可以作为孤立系统中熵增加的实例。

还有两点需要说明：

（1）如果把上面推论中的不可逆过程 l 换成可逆过程，则在 $đQ = 0$ 的条件下，应有 $S_b - S_a = 0$ 的结论，即孤立系统的熵维持不变。于是，可以总结出：对于孤立系统，如经历

的过程为可逆，则熵不变；经历的过程为不可逆，则熵增加。为此，可以把式（10-55）写成

$$S_b - S_a \geqslant 0 \tag{10-56}$$

对于无限小的过程，则有

$$\mathrm{d}S \geqslant 0 \tag{10-57}$$

（2）严格说来，应该分析非平衡态情况的熵，因为在不可逆过程中一个孤立系统并不处于平衡状态，而对于非平衡态熵是无法确定的，如此，则过程中熵是否增加便无从谈起，但对于非平衡态，可以把系统分成许多小部分，把每一部分均视为处于平衡态，因而每一小部分的熵可以确定，整个系统的熵则为各小部分熵之和。对于每一小部分，以上推论仍然有效，于是不可逆过程必然导致系统的熵增加仍能成立。

熵增原理限于在孤立系统中成立，所说的“熵”系指系统的总熵。在孤立系统发生不可逆过程中，系统中某些部分的熵可能减少，其余部分的熵增加，增加的量总是大于减少的量，总算起来，熵还是增加的。既然如此，我们可以根据系统进行一个过程之后，熵是增加还是减少来判断这一过程能否发生。

假如系统为非孤立系，则可以把系统和与之互有影响的外界选为一个新的大系统，然后再来考察这个大系统的熵的变化，这个新的系统仍可视为孤立系，因为在过程中相互影响的部分均已收入这个新系统之中，而系统以外部分则为不受过程影响的，而且也不影响过程的无关部分，于是，在这样一个新选定的大系统中仍能继续应用熵增原理。这种做法原则上虽然可行，但有时判断一系统的某一个过程能否进行，用其他函数判断可能比用熵增原理更为方便，下一章将专门讨论这一问题。

§10–12　熵增原理与热力学第二定律

我们已经知道在有限温度差下的热传导是一个不可逆过程。例如，有物体 A 和 B，其温度分别为 T_A 和 T_B，将二者同置于一绝热包壳中，当物体 A 给物体 B 以 $đQ$ 的热量时，物体 A 失去的熵为 $-đQ/T_A$，而物体 B 得到的熵为 $+đQ/T_B$，由 A、B 组成的系统，在此过程中，熵的改变为

$$\mathrm{d}S = -\frac{đQ}{T_A} + \frac{đQ}{T_B} = đQ\left(\frac{1}{T_B} - \frac{1}{T_A}\right)$$

可见，如果是物体 A 把热传给物体 B，则一定要 $T_B < T_A$，因为从熵增原理来看，由 $\mathrm{d}S>0$，推论出一定要 $T_B<T_A$，得到的结果才与实验事实一致。如果 $T_A<T_B$，会使 $\mathrm{d}S<0$，这样的过程肯定不能发生。这里，由熵增原理又重新得到热力学第二定律。可以把熵增原理看作热力学第二定律的一个更为普遍的叙述方式，所以说热力学第二定律能指出过程发生的方向，实际指“熵增”的方向。

回顾热力学第一、第二定律，可以看出热力学第一定律引入状态函数“内能”，并对所有可能发生的过程加了一个限制——能量必须守恒。热力学第二定律引入状态函数“熵”，并且指出，能够自然发生的过程熵总是增加的，熵并不守恒。

那么“熵”到底是什么？除了将要在统计物理部分说明熵的统计意义——“熵代表着系统中分子热运动的混乱程度，熵的增加意味着混乱程度的增加”之外，下面从纯热力学的角度对熵的增加来给予说明，即用“能的退降”来说明。

如图 10-15，设有一金属棒，两端温度不等，热量将从温度为 T_1 的高温端传到温度为 T_2 的低温端。在传导热量 Q 的过程中，作为导热媒质的金属棒没有变化，T_1 热源的熵将改变

$-Q/T_1$（设 T_1 恒定不变），T_2 热源的熵将改变 $+Q/T_2$（设 T_2 也恒定不变），金属棒的熵未变。所以，全体熵的变化为

$$\Delta S = +\frac{Q}{T_2} - \frac{Q}{T_1} + 0$$

因为 $T_2 < T_1$，所以 $\Delta S > 0$，现在看到的是总能量没有变化，但熵增加了，到底是什么东西增加了呢？

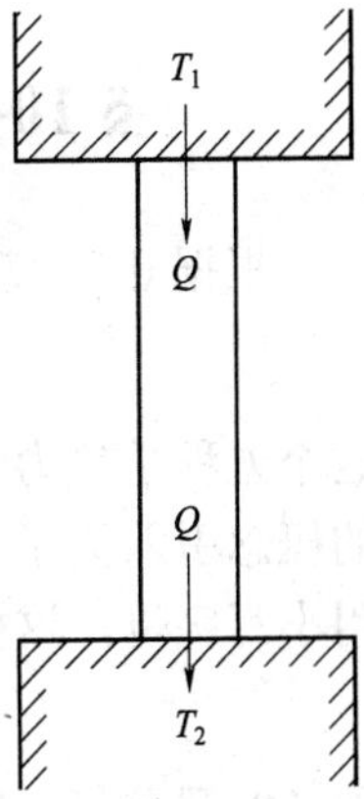

图 10-15

现在设想有一个温度为 T_0 的热源，有 $T_0<T_2<T_1$，如从高温源 T_1 处取出热量 Q，以 T_0 为低温热源，则由在此两热源间工作的一个卡诺机所能得到的最大功为

$$W_1 = Q\left(1 - \frac{T_0}{T_1}\right)$$

当 Q 已传到 T_2 之后，再以 T_2 及 T_0 为高、低温热源，由卡诺机从 T_2 源取出 Q，所能得到的最大功为

$$W_2 = Q\left(1 - \frac{T_0}{T_2}\right)$$

很明显
$$\frac{T_0}{T_1} < \frac{T_0}{T_2}$$

所以
$$W_1 > W_2$$

不难看出

$$W_1 - W_2 = Q\left(1 - \frac{T_0}{T_1}\right) - Q\left(1 - \frac{T_0}{T_2}\right) = T_0\left(\frac{Q}{T_2} - \frac{Q}{T_1}\right)$$

括号中的 $(Q/T_2)-(Q/T_1)$ 正是前面算出的 ΔS。可见有一部分热量 $W_1 - W_2$，由于传导而不能转变为功了，这一部分能量 $T_0\Delta S$ 比例于 ΔS，并没有消失（不违反热力学第一定律），只是转化为功的可能性小了，所以熵的增加表示一部分热量丧失了转化为功的可能性，这一部分能量可以称之为“不可用能量”。

以上的讨论是根据一个热传导的特例来说明“熵增”表示能的“可用性”降低，开尔文以此来给出熵增的物理意义为“能的退降”。开氏的说法是更带有普遍性的，他的论断可以归结为：所有的自然过程是不可逆的，所有的不可逆过程不断地使能量成为外功的可用性降低；因而所有的自然过程是不断地使能量成为外功的可用性降低。

我们只是用一个简单的、熵值变化容易计算的热传导特例介绍了开氏的“能的退降”的概念，更为抽象的一般性的论证，这里没有可能详细介绍了，有兴趣的读者无妨参阅有关资料[①]。

① 例如：M.W.Zemansky：《Heat and Thermodynamics》5^{th}ed，236-239 页。

§ 10–13　TdS 方程——热力学第一、第二定律的结合

根据 $\text{đ}Q = T\mathrm{d}S$ 及 $\mathrm{d}U = \text{đ}Q - \text{đ}W$，把二者结合起来，可得 $\mathrm{d}U = T\mathrm{d}S - \text{đ}W$。即

$$T\mathrm{d}S = \mathrm{d}U + \text{đ}W \tag{10-58}$$

这个方程是热力学的基本方程，简称 $T\mathrm{d}S$ 方程。它在实质上仍旧是能量的关系式，不过把熵的概念引入罢了。在本节的讨论中，各公式均针对单位质量的物质写出，所以一切广延量均用小写字母，这样，上面的 $T\mathrm{d}S$ 方程写为

$$\mathrm{d}U = T\mathrm{d}s - \text{đ}w \tag{10-58$'$}$$

如 $\text{đ}W$ 只包括 $p\mathrm{d}v$ 形式的功，则上式可写成

$$\mathrm{d}u = T\mathrm{d}s - p\mathrm{d}v \tag{10-59}$$

或

$$T\mathrm{d}s = \mathrm{d}u + p\mathrm{d}v \tag{10-60}$$

由于上两式中只包括状态变量，适用于任何可逆过程。这个方程与前面表示内能的方程一样可以用 T 与 v，或 T 与 p，或 p 与 v 为独立变量表示出来。

取以 T 及 v 为独立变量，$\mathrm{d}u$ 可以表示为

$$\mathrm{d}u = \left(\frac{\partial u}{\partial T}\right)_v \mathrm{d}T + \left(\frac{\partial u}{\partial v}\right)_T \mathrm{d}v$$

代入式（10-60），得

$$\begin{aligned}\mathrm{d}s &= \frac{1}{T}\left[\left(\frac{\partial u}{\partial T}\right)_v \mathrm{d}T + \left(\frac{\partial u}{\partial v}\right)_T \mathrm{d}v\right] + \frac{p}{T}\mathrm{d}v \\ &= \frac{1}{T}\left(\frac{\partial u}{\partial T}\right)_v \mathrm{d}T + \frac{1}{T}\left[\left(\frac{\partial u}{\partial v}\right)_T + p\right]\mathrm{d}v\end{aligned} \tag{10-61}$$

以 T 及 v 为独立变量，还可以将 $\mathrm{d}s$ 表示为

$$\mathrm{d}s = \left(\frac{\partial s}{\partial T}\right)_v \mathrm{d}T + \left(\frac{\partial s}{\partial v}\right)_T \mathrm{d}v \tag{10-62}$$

将（10-61）与（10-62）二式相比，可得

$$\left(\frac{\partial s}{\partial T}\right)_v = \frac{1}{T}\left(\frac{\partial u}{\partial T}\right)_v \tag{10-63}$$

$$\left(\frac{\partial s}{\partial v}\right)_T = \frac{1}{T}\left[\left(\frac{\partial u}{\partial v}\right)_T + p\right] \tag{10-64}$$

因为

$$\left(\frac{\partial u}{\partial T}\right)_v = c_v$$

所以

$$\left(\frac{\partial s}{\partial T}\right)_v = \frac{1}{T}c_v \tag{10-65}$$

利用

$$\frac{\partial^2 s}{\partial v \partial T} = \frac{\partial^2 s}{\partial T \partial v}$$

可见，将式（10-63）对 v 求偏导数，与将式（10-64）对 T 求偏导数所得两个结果，应该相等。由式（10-63）得

$$\frac{\partial^2 s}{\partial v \partial T}=\frac{1}{T}\frac{\partial^2 u}{\partial v \partial T}$$

由式（10-64）得

$$\frac{\partial^2 s}{\partial T \partial v}=-\frac{1}{T^2}\left[p+\left(\frac{\partial u}{\partial v}\right)_T\right]+\frac{1}{T}\left[\left(\frac{\partial p}{\partial T}\right)_v+\frac{\partial^2 u}{\partial T \partial v}\right]$$

令二者相等，得到

$$p+\left(\frac{\partial u}{\partial v}\right)_T=T\left(\frac{\partial p}{\partial T}\right)_v \tag{10-66}$$

再把式（10-65）及式（10-66）二式代入式（10-61），得到

$$T\mathrm{d}s=c_v\mathrm{d}T+T\left(\frac{\partial p}{\partial T}\right)_v\mathrm{d}v \tag{10-67}$$

又根据

$$\left(\frac{\partial p}{\partial T}\right)_v\left(\frac{\partial T}{\partial v}\right)_p\left(\frac{\partial v}{\partial p}\right)_T=-1$$

得到

$$\left(\frac{\partial p}{\partial T}\right)_v=-\frac{\left(\frac{\partial v}{\partial T}\right)_p}{\left(\frac{\partial v}{\partial p}\right)_T}=-\frac{\frac{1}{v}\left(\frac{\partial v}{\partial T}\right)_p}{\frac{1}{v}\left(\frac{\partial v}{\partial p}\right)_T}$$

上式最右方的分式之分子已定义过，为压强维持不变时，比容随温度的变化率，以α代表，称为等压膨胀系数，分母常用κ代表，定义为等温压缩系数，$\kappa=-\frac{1}{v}\left(\frac{\partial v}{\partial p}\right)_T$，于是

$$\left(\frac{\partial p}{\partial T}\right)_v=\frac{\alpha}{\kappa}$$

所以，由式（10-66）又得到

$$p+\left(\frac{\partial u}{\partial v}\right)_T=T\frac{\alpha}{\kappa} \tag{10-68}$$

代入式（10-64），得到

$$\left(\frac{\partial s}{\partial v}\right)_T=\frac{1}{T}\left[\left(\frac{\partial u}{\partial v}\right)_T+p\right]=\frac{\alpha}{\kappa}$$

所以

$$\mathrm{d}s=\frac{1}{T}c_v\mathrm{d}T+\frac{\alpha}{\kappa}\mathrm{d}v$$

或

$$T\mathrm{d}s=c_v\mathrm{d}T+T\frac{\alpha}{\kappa}\mathrm{d}v \tag{10-69}$$

式（10-69）回答了前面§10-4 中遗留下的一个问题，当时曾导出了式（10-23）

$$c_p - c_v = \left[p + \left(\frac{\partial u}{\partial v} \right)_T \right] v\alpha$$

现在把式（10-68）代入，得到

$$c_p - c_v = \left(T \frac{\alpha}{\kappa} \right) v\alpha = \frac{Tv\alpha^2}{\kappa} \tag{10-70}$$

当知道了物态方程，则 T、v 关系已知时，根据测量 α、c_p 各量，即能由式（10-70）算出 c_v，解决了 c_v 不易直接测量的问题。

附录 10- I　关于全微分与线积分的复习提要

此附录系复习已在高等数学中学过的内容，供阅读和解题时参考。

（1）假设在三个变量 x、y、z 之间存在关系

$$f(x、y、z)=0 \tag{附 10-1}$$

把 x 视为 y、z 的函数，则有

$$\mathrm{d}x = \left(\frac{\partial x}{\partial y} \right)_z \mathrm{d}y + \left(\frac{\partial x}{\partial z} \right)_y \mathrm{d}z \tag{附 10-2}$$

括号右下角的字母，表示该字母所代表的变量在求偏导数时保持不变。

如把 y 视为 x、z 的函数，则有

$$\mathrm{d}y = \left(\frac{\partial y}{\partial x} \right)_z \mathrm{d}x + \left(\frac{\partial y}{\partial z} \right)_x \mathrm{d}z \tag{附 10-3}$$

把式（附 10-3）代入式（附 10-2），得到

$$\mathrm{d}x = \left(\frac{\partial x}{\partial y} \right)_z \left[\left(\frac{\partial y}{\partial x} \right)_z \mathrm{d}x + \left(\frac{\partial y}{\partial z} \right)_x \mathrm{d}z \right] + \left(\frac{\partial x}{\partial z} \right)_y \mathrm{d}z$$

或

$$\mathrm{d}x = \left(\frac{\partial x}{\partial y} \right)_z \left(\frac{\partial y}{\partial x} \right)_z \mathrm{d}x + \left[\left(\frac{\partial x}{\partial y} \right)_z \left(\frac{\partial y}{\partial z} \right)_x + \left(\frac{\partial x}{\partial z} \right)_y \right] \mathrm{d}z \tag{附 10-4}$$

在三个变量中，只有两个是独立变量，如我们取 x、z 为独立变量，则因式（附 10-4）应对于所有的 $\mathrm{d}x$ 和 $\mathrm{d}z$ 都是正确的，故如果取 $\mathrm{d}z = 0$，而 $dx \neq 0$，应有

$$\left(\frac{\partial x}{\partial y} \right)_z \left(\frac{\partial y}{\partial x} \right)_z = 1$$

或

$$\left(\frac{\partial x}{\partial y} \right)_z = \frac{1}{\left(\frac{\partial y}{\partial x} \right)_z} \tag{附 10-5}$$

如取 $\mathrm{d}z \neq 0, \mathrm{d}x = 0$，则

$$\left(\frac{\partial x}{\partial y} \right)_z \left(\frac{\partial y}{\partial z} \right)_x + \left(\frac{\partial x}{\partial z} \right)_y = 0$$

或

$$\left(\frac{\partial x}{\partial y}\right)_z\left(\frac{\partial y}{\partial z}\right)_x=-\left(\frac{\partial x}{\partial z}\right)_y$$

$$\frac{\left(\frac{\partial x}{\partial y}\right)_z\left(\frac{\partial y}{\partial z}\right)_x}{\left(\frac{\partial x}{\partial z}\right)_y}=-1$$

$$\left(\frac{\partial x}{\partial y}\right)_z\left(\frac{\partial y}{\partial z}\right)_x\left(\frac{\partial z}{\partial x}\right)_y=-1 \tag{附 10-6}$$

（2）如果函数 $z=z(x, y)$ 有全微分

$$\mathrm{d}z=M(x, y)\mathrm{d}x+N(x, y)\mathrm{d}y$$

则必须满足的充要条件为

$$\frac{\partial M(x, y)}{\partial y}=\frac{\partial N(x, y)}{\partial x} \tag{附 10-7}$$

此条件满足时，全微分 dz 在平面 x，y 上的线积分 $\int_{xy}[M(x, y)\mathrm{d}x+N(x, y)\mathrm{d}y]$ 与路径无关，而只与起、止点 (x_1, y_1)、(x_2, y_2) 位置有关。这时，上述积分可以写成

$$\int_{x_1, y_1}^{x_2, y_2}[M(x, y)\mathrm{d}x+N(x, y)\mathrm{d}y]$$

$$=\int_{x_1, y_1}^{x_2, y_2}\mathrm{d}z=z(x_2, y_2)-z(x_1, y_1) \tag{附 10-8}$$

由式（附 10-8）可得出一重要结论：若积分路径为一条闭合曲线，则积分值为零；反之，如果肯定一个给定函数 $[M(x, y)\mathrm{d}x+N(x, y)\mathrm{d}y]$ 沿任意闭合曲线的积分为零，则 $[M(x, y)\mathrm{d}x+N(x, y)\mathrm{d}y]$ 为一个全微分。

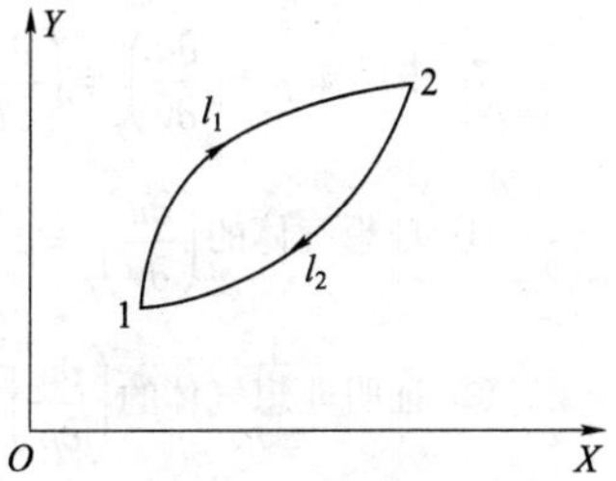

附图 10-1

如附图 10-1，积分的起、止点为 1 和 2，连接 1，2 两点有两条路径（曲线）l_1 和 l_2，如 $[M(x, y)\mathrm{d}x+N(x, y)\mathrm{d}y]$ 是一个全微分，则

$$\int_1^2[M(x, y)\mathrm{d}x+N(x, y)\mathrm{d}y]=\int_1^2\mathrm{d}z=z_2-z_1$$

及

$$\int_2^1[M(x, y)\mathrm{d}x+N(x, y)\mathrm{d}y]=\int_2^1\mathrm{d}z=z_1-z_2$$

所以，沿 $1l_12l_21$ 这样一条闭合路径积分的结果必然为零。反之，如果已知沿闭合路径的积分为零，则可以把沿闭合路径积分写为

$$\oint_{1l_12l_21}[M(x, y)\mathrm{d}x+N(x, y)\mathrm{d}y]$$

$$=\int_{1\,(l_1)}^{2}[M(x, y)\mathrm{d}x+N(x, y)\mathrm{d}y]+\int_{2\,(l_2)}^{1}[M(x, y)\mathrm{d}x+N(x, y)\mathrm{d}y]$$

$$=0$$

如果颠倒上式中第二个积分的上下限，则积分结果改号，于是

$$\int_{1\,(l_1)}^{2}[M\mathrm{d}x+N\mathrm{d}y]=\int_{1\,(l_2)}^{2}[M\mathrm{d}x+N\mathrm{d}y]$$

可见只要有同样的积分限，沿 l_1 与沿 l_2 的积分结果是一样的，即与路径无关。

作为描述系统状态的“性质”，必须具备这样的特性。它必须是一个全微分。

思考题与习题

1. 如何理解系统的“内能”？

2. 状态函数熵是如何引进的？它有哪些主要性质？

3. 导出理想气体的可逆绝热过程的 p、V，V、T 及 p、T 的关系式。

4. 推导以理想气体为工作物质的卡诺循环的效率的表示式 $\eta=\dfrac{T_1-T_2}{T_1}$。

5. 证明如一气体的内能 U 与压强 p，体积 V 的关系为 $U=a+bpV$（a，b 为常数），则可逆绝热过程的方程为

$$pV^{\left(\frac{b+1}{b}\right)}=\text{常数}$$

6. 取压强 p 及比容 v 为独立变量，推导出内能 u 可以表示为

$$\mathrm{d}u=\left(\frac{\kappa c_v}{\alpha}\right)\mathrm{d}p+\left(\frac{c_p}{\alpha v}-p\right)\mathrm{d}v$$

其中 $\alpha=\dfrac{1}{v}\left(\dfrac{\partial v}{\partial T}\right)_p$，$\kappa=-\dfrac{1}{v}\left(\dfrac{\partial v}{\partial p}\right)_T$

7. 由已知 $p+\left(\dfrac{\partial u}{\partial v}\right)_T=\left(\dfrac{\partial p}{\partial T}\right)_v=\dfrac{T\alpha}{\kappa}$（$\alpha$，$\kappa$ 的定义如上题），求：

① 理想气体的 $\left(\dfrac{\partial u}{\partial v}\right)_T=$？并说明其意义。

② 证明理想气体的 $\left(\dfrac{\partial u}{\partial p}\right)_T=0$。

③ 对于遵守范德瓦尔斯方程 $\left(p+\dfrac{a}{v^2}\right)(v-b)=RT$ 的气体，求其 $\left(\dfrac{\partial u}{\partial v}\right)_T=$？设在 T_0 时体积为 v_0，T 时的体积为 v，并设在 T_0，v_0 状态下的内能为 u_0，求出温度从 T_0 增加到 T 时，内能增加是多少？

8. 请根据式（10-24），并利用对于理想气体 $\left(\dfrac{\partial u}{\partial v}\right)_T=0$。推导出 $c_p-c_v=R$。（提示：根据理想气体状态方程求出 α）

9. 已知在极低温度下，金属的摩尔定容热容量与温度的关系为

$$c_v=\frac{A}{\theta_3}T^3+bT$$

其中 A，b，θ 均为常量，T 代表温度，θ 称为德拜（Debye）温度，试求 1 摩尔的金属自温度为 0.03θ 到 0.04θ 时所需的热量。

10. 证明两条可逆绝热线不能相交。（提示：用反证法，如果相交，就有可能设计出一种循环，制成单一热源热机。）

11. 论证由$\oint \frac{đQ}{T}=0$，可得出$\int \frac{đQ}{T}$只决定于积分上下限。

12. 一个热电偶，冷端温度维持在水的冰点，热端温度维持在 120 ℃，忽略导线电阻以及散热等能耗，问在理想情况下，从热源吸入 120 J 的热量最大能输出多少焦耳的功？

13. 有一 20 Ω电阻，载有恒定电流 10 A，其温度靠冷却水维持在 27 ℃，问在 1 秒钟内电阻的熵改变了多少？包括水在内的熵改变了多少？

14. 若 20 Ω电阻为热绝缘的，载有恒定电流 20 A，电阻的原始温度为 10 ℃，质量为 5 g，比热为 850 J/kg・K，电流流过 1 秒钟，求电阻熵的改变。

15. 取温度 T 及熵 S 为状态参量，以 T 及 S 为纵、横坐标，用来表示热力学过程，可得所谓 T–S（温–熵）图。请把等温、绝热过程及卡诺循环用 T–S 图表示出来。（提示：绝热过程也称等熵过程）

16. 求出固体或液体受到可逆绝热压缩时温度的变化，并证明温度变化范围不大时，对应体积改变所引起的温度改变为

$$T_2-T_1=-\frac{\alpha T_1}{\kappa c_V}(V_2-V_1)$$

（提示：利用式（10-69），并注意过程为绝热。）

第 11 章 热力学函数

热力学函数是指热力学中的各种状态函数。我们已经介绍过的有：以态变量表示的物态方程、内能、熵和焓。在介绍内能和熵时都曾经指出，可以把 U 或 S 表示成以（p，V）、（V，T）或（p，T）为独立变量的形式，且由此可以推论出许多有用的结果。但是，并没有理由把独立变量的选取一定局限于 p、V、T 中。例如，结合热力学第一、第二定律，把内能表示为

$$dU=TdS-pdV \tag{10-60}$$

就表明有可能把内能 U 表示为以 S 和 V 为独立变量的形式。如何选择独立变量，还能导出什么样的新状态函数，以及这些新函数能有什么用处，将是本章的主要内容。

§11–1 独立变量的选择

用 S 及 V 为独立变量表示内能的一种写法如前述式（10-60），U 既然是状态函数，dU 应为全微分，以 S 及 V 为独立变量，就应有

$$dU=\left(\frac{\partial U}{\partial S}\right)_V dS+\left(\frac{\partial U}{\partial V}\right)_S dV \tag{11-1}$$

比较式（10-59）及式（11-1）两式，可得

$$\left(\frac{\partial U}{\partial S}\right)_V=T\text{；}\quad\left(\frac{\partial U}{\partial V}\right)_S=-p \tag{11-2}$$

又根据

$$\left[\frac{\partial}{\partial V}\left(\frac{\partial U}{\partial S}\right)_V\right]_S=\left[\frac{\partial}{\partial S}\left(\frac{\partial U}{\partial V}\right)_S\right]_V$$

得

$$\left(\frac{\partial T}{\partial V}\right)_S=-\left(\frac{\partial p}{\partial S}\right)_V \tag{11-3}$$

假如以 S 及 V 为变量表示内能 U 的函数为已知，则由式（11-2）看出，T 和 p 也可以表示为 S 及 V 的函数，把由此而得到的两个关系式消去 S，可以求得 T，V，p 的关系，即是状态方程；把由此而得到的两个关系式消去 V，即可求得以 T，p 表示的熵 S。这说明系统的内能作为 S 及 V 的函数如为已知，仅通过求微商即能确定其余的基本热力学函数，因之系统的平衡态性质即可完全确定。具有同样特点的还有其他状态函数，这将在后面“特性函数”一节内讨论。

选择适当的独立变量以导出不同的状态函数可做如下的考虑，对于 S、p、V、T 四个变量，可以选取四种配对方式：S 及 V；S 及 p；T 及 V；T 及 p 组成四组独立变量。这是把 S 及 T 作为一类，p 及 V 作为一类[①]，然后在两类中各选取一个组成一对的结果。T 与 S 及 p 与 V 称为共轭变量，它们都是一个强度量与一个广延量相配，而且二者之积均有“能量”的量纲。

选取 S、V 为独立变量的情形已经写出，利用第一章中介绍过的勒让德变换（见“哈密

---

① 更为一般的，以广义力 X 代换 p；以广义位移 Y 代换 V，则可适用于 pdV 形式以外其他类型的功，以及不以 p、V 为变量来表示的其他状态方程。

顿函数及哈密顿方程”一节)，将 S 及 V 换成 T 及 p 可得一函数 A，有

$$A = U - TS + pV\text{；}\ \mathrm{d}A = -S\mathrm{d}T + V\mathrm{d}p \tag{11-4}$$

此函数 A 即称为“吉布斯（J. W. Gibbs，1839—1903）函数”，常用 G 表示（也有的书中称之为自由能或自由焓。本书不采用这种名称），即 $G = U - TS + pV$，以 T 及 p 为独立变量。

又如从 $\mathrm{d}U=T\mathrm{d}S-p\mathrm{d}V$ 出发，实行保留 $T\mathrm{d}S$ 的勒让德变换，得到函数 B，有

$$B=U+pV\text{；}\ \mathrm{d}B=T\mathrm{d}S+V\mathrm{d}p \tag{11-5}$$

$U+pV$ 这个函数，前面介绍过，即焓，用 H 表示。$H=U+pV$，独立变量为 S 及 p。因 $U+pV=H$，则 G 又可以写成 $G=H-TS$。

从 $\mathrm{d}U=T\mathrm{d}S-p\mathrm{d}V$ 出发，实行保留 $-p\mathrm{d}V$ 的勒让德变换，得到函数 C，有

$$C=U-TS\text{；}\ \mathrm{d}C=-p\mathrm{d}V-S\mathrm{d}T \tag{11-6}$$

$U-TS$ 这个函数，常用 F 表示，$F=U-TS$，称为自由能（有的书上称之为亥姆霍兹函数），独立变量为 V 及 T。

包括 U 在内，现在一共有 U、H、F、G 四个状态函数，$U+pV$，$U-TS$，$U+pV-TS$，系由 U、pV、TS 组合而成，这些本来都是状态函数，所以组成的新函数也是状态函数，并且均具“能量”量纲，也都是广延量。

下面把内能 U、焓 H、自由能 F，吉布斯函数 G 的名称、符号、独立变量、共轭变量以及类似于式（11-3）的关系列表如表 11-1。

表 11-1

名称	符号及定义	独立变量	共轭变量	函数关系[①]
内能	U　u[②] $\mathrm{d}U=T\mathrm{d}S-p\mathrm{d}V$	S V	$T=\left(\dfrac{\partial U}{\partial S}\right)_V$ $p=-\left(\dfrac{\partial U}{\partial V}\right)_S$	$\dfrac{\partial^2 U}{\partial V\partial S}=\dfrac{\partial^2 U}{\partial S\partial V}$ $\left(\dfrac{\partial T}{\partial V}\right)_S=-\left(\dfrac{\partial p}{\partial S}\right)_V$
焓	H　h $H=U+pV$ $\mathrm{d}H=T\mathrm{d}S+V\mathrm{d}p$	S p	$T=\left(\dfrac{\partial H}{\partial S}\right)_p$ $V=\left(\dfrac{\partial H}{\partial p}\right)_S$	$\dfrac{\partial^2 H}{\partial p\partial S}=\dfrac{\partial^2 H}{\partial S\partial p}$ $\left(\dfrac{\partial T}{\partial p}\right)_S=\left(\dfrac{\partial V}{\partial S}\right)_p$
自由能	F　f $F=U-TS$ $\mathrm{d}F=-p\mathrm{d}V-S\mathrm{d}T$	V T	$p=-\left(\dfrac{\partial F}{\partial V}\right)_T$ $S=-\left(\dfrac{\partial F}{\partial T}\right)_V$	$\dfrac{\partial^2 F}{\partial V\partial T}=\dfrac{\partial^2 F}{\partial T\partial V}$ $\left(\dfrac{\partial S}{\partial V}\right)_T=\left(\dfrac{\partial p}{\partial T}\right)_V$
吉布斯函数	G　g $G=U+pV-TS$ $=H-TS$ $\mathrm{d}G=-S\mathrm{d}T+V\mathrm{d}p$	T p	$S=-\left(\dfrac{\partial G}{\partial T}\right)_p$ $V=\left(\dfrac{\partial G}{\partial p}\right)_T$	$\dfrac{\partial^2 G}{\partial p\partial T}=\dfrac{\partial^2 G}{\partial T\partial p}$ $\left(\dfrac{\partial S}{\partial p}\right)_T=-\left(\dfrac{\partial V}{\partial T}\right)_p$

① 这四种关系也称麦克斯韦关系（见本章§11-3）。

② 单位质量的内能、焓，自由能等，均由同一字母的小写代表。

§ 11–2 焓 自由能 吉布斯函数

1. 焓

由 $H=U+pV$，得

$$dH=dU+pdV+Vdp$$

由热力学第一定律，$đQ=dU+pdV$，则又有

$$dH=đQ+Vdp$$

在等压过程中，$dp=0$，则

$$dH=dU+pdV$$

或

$$dH=(đQ)_p$$

所以经有限的等压过程，体积由 V_1 变到 V_2，内能由 U_1 变到 U_2；焓由 H_1 变到 H_2，于是

$$(H_2-H_1)_p=(U_2-U_1)+p(V_2-V_1)$$

或

$$(H_2-H_1)_p=(Q)_p$$

所以

$$C_p=\left(\frac{đQ}{dT}\right)_p=\left(\frac{\partial H}{\partial T}\right)_p$$

由于伴随着相变，总有体积的改变，因而总是有系统对外作功或外界对系统作功，但过程中的压强与温度均不变，系统所作的功为

$$W=p(V_2-V_1)$$

V_2、V_1 为系统的终了与起始状态的容积。根据热力学第一定律 $U_2-U_1=Q-W$，其中 U_2-U_1 是内能的变化；Q 为相变的"潜热"，如蒸发、熔化、升华等潜热，若以 L 代表潜热，则

$$U_2-U_1=L-p(V_2-V_1)$$

$$(U_2+pV_2)-(U_1+pV_2)=L$$

即

$$H_2-H_1=L \tag{11-7}$$

由此得出：任何相变的潜热等于系统在两相的焓之差。这个结果可以视为$(H_2-H_1)_p=(Q)_p$的一个特殊情况。

2. 自由能

定义为 $F=U-TS$，则

$$dF=dU-TdS-SdT$$

对于可逆过程，因 $đW=TdS-dU$，所以

$$đW=-dF-SdT$$

如过程为等温，$dT=0$，则

$$(đW)_T=-(dF)_T \tag{11-8}$$

对于有限的等温过程，应有

$$(W)_T=-(F_2-F_1)_T=(F_1-F_2)_T \tag{11-9}$$

式中 F_1 为起始状态的自由能，F_2 为终了状态的自由能。这表明，在可逆的等温过程中，系统对外界所作的功等于系统的自由能的减少值。

如果过程为不可逆，考虑到熵增原理，且由于过程为等温，可以将 $1/T$ 提出于积分号之外，应有

$$\Delta S > \frac{1}{T}\int_1^2 đQ$$

由于

$$\int_1^2 đQ = \Delta U + W$$

则有

$$\Delta S > \frac{\Delta U + W}{T}$$

或

$$S_2 - S_1 > \frac{U_2 - U_1 + W}{T}$$

$$(S_2 - S_1)T > U_2 - U_1 + W$$

$$(S_2 - S_1)T - (U_2 - U_1) > W$$

故

$$(U_1 - TS_1) - (U_2 - TS_2) > W$$

即

$$F_1 - F_2 > W \tag{11-10}$$

将式（11-10）与式（11-9）二式合并，得

$$F_1 - F_2 \geqslant W \tag{11-11}$$

在等温过程中，从一系统所能得到的功小于或等于系统的自由能的减少值。也即从系统所能得到的最大的功等于自由能的减少值。

从 $F=U-TS$，可得 $U=F+TS$，由此式，可以认为自由能是内能的一部分，这一部分可以转化为功，是内能的“自由”部分，因而有自由能之名称。由此还可以认为，TS 相对于 F 来说是不能转化为功的部分，假如 W 只包括 $p\mathrm{d}V$ 形式的功，则在等温而又体积不变的过程中，因 $W=0$，则有

$$F_1 - F_2 \geqslant 0\text{；}\quad F_2 - F_1 \leqslant 0 \tag{11-12}$$

即不可逆等温等体积过程是向自由能减小的方向进行。

3. 吉布斯函数

由定义 $G=U+pV-TS$，得

$$\mathrm{d}G=\mathrm{d}U-T\mathrm{d}S-S\mathrm{d}T+p\mathrm{d}V+V\mathrm{d}p$$

又由 $đW = T\mathrm{d}S-\mathrm{d}U$，所以有

$$đW = -\mathrm{d}G-S\mathrm{d}T+p\mathrm{d}V+V\mathrm{d}p$$

在实际问题中，因作功常在大气压下进行，所以等压过程有重要意义。如系统的体积由 V_0 变到 V，则系统对外界作功表示为 $p(V-V_0)$，p 为外界之定压。如除 $p\mathrm{d}V$ 之外，还有其他形式的功，如电功、化学反应之功等，设此种形式之功用 W' 代表，则

$$W = p(V - V_0) + W'$$

或

$$W' = W - p\Delta V\text{，}\quad đW' = đW - p\mathrm{d}V$$

所以

$$đW = -\mathrm{d}G - S\mathrm{d}T + V\mathrm{d}p$$

如过程为等温等压，$dT=0$，$dp=0$，则有

$$đW' = -dG$$

或

$$(W')_{T,p} = -(G_2 - G_1)_{T,p} = (G_1 - G_2)_{T,p} \tag{11-13}$$

式中 G_1 为初始状态的吉布斯函数，G_2 为终了状态的吉布斯函数。式（11-13）表明，对于一个等温等压可逆过程，除去 $p\Delta V$ 形式的功之外，系统所作的功等于吉布斯函数的减少值。如果过程为不可逆，则可以得到

$$(W')_{T,p} < G_1 - G_2 \tag{11-14}$$

如 $W'=0$，则 $G_1 - G_2 > 0$，$G_1 > G_2$，即初始状态的吉布斯函数大于终了状态的吉布斯函数，写作

$$G_2 - G_1 < 0 \tag{11-15}$$

表示不可逆等温等压过程总是使吉布斯函数减少。式（11-14）的得出与推导式（11-10）的方法一样，此处从略，留作本章习题。

在引入焓、自由能和吉布斯函数之后，再作两点简短的说明：

（1）迄今为止，所讨论的系统是与外界有能量（功或热）的交换而没有物质交换的系统（不久即将讨论有物质交换的情形）。描述系统与外界的能量关系的最基本公式，仍是 $dU=TdS-pdV$（式中只写出体积改变的机械功）。引入 H、F、G 等函数并没有增加更多的物理内容，但是增加了使用上的便利，在不久讨论“热动平衡判据”时，就会看出这一点。

（2）再次强调 H、F、G 等是状态函数，所以它们的改变值只决定于系统的始、末状态，而与中间的过程无关。

§11-3　麦克斯韦关系　吉布斯—亥姆霍兹方程

1. 麦克斯韦关系

本章表 11-1 内最后一栏中列出的关系，称为麦克斯韦关系，为后面使用方便，重新列出以下方程：

$$\left(\frac{\partial T}{\partial V}\right)_S = -\left(\frac{\partial p}{\partial S}\right)_V；\quad \left(\frac{\partial T}{\partial p}\right)_S = \left(\frac{\partial V}{\partial S}\right)_p$$

$$\left(\frac{\partial S}{\partial V}\right)_T = \left(\frac{\partial p}{\partial T}\right)_V；\quad \left(\frac{\partial S}{\partial p}\right)_T = -\left(\frac{\partial V}{\partial T}\right)_p$$

麦克斯韦（J. C. Maxwell，1831—1879）关系并不需要特别记忆，只要记住热力学基本方程 $dU=TdS-pdV$ 和几个函数 H、F、G 的定义，就可以根据求微分的公式直接写出。

现在利用麦氏关系求 C_p 与 C_V 的关系（这个关系在 §9-1 作为热力学的特点引用过）。

若把 S 表示为 T、V 的函数，应有

$$dS = \left(\frac{\partial S}{\partial T}\right)_V dT + \left(\frac{\partial S}{\partial V}\right)_T dV$$

$$TdS = T\left(\frac{\partial S}{\partial T}\right)_V dT + T\left(\frac{\partial S}{\partial V}\right)_T dV \tag{11-16}$$

若把 S 表示为 T、p 的函数，应有

$$dS = \left(\frac{\partial S}{\partial T}\right)_p dT + \left(\frac{\partial S}{\partial p}\right)_T dp$$

$$TdS = T\left(\frac{\partial S}{\partial T}\right)_p dT + T\left(\frac{\partial S}{\partial p}\right)_T dp \tag{11-17}$$

式（11-16）及式（11-17）为 TdS 方程的两种形式，式（11-16）在 § 10-13 中曾讨论过。

如两平衡态为无限接近，应有

$$đQ = TdS;\quad \frac{đQ}{dT} = T\frac{dS}{dT}$$

故

$$\left(\frac{đQ}{dT}\right)_V = C_V = T\left(\frac{\partial S}{\partial T}\right)_V \tag{11-18}$$

$$\left(\frac{đQ}{dT}\right)_p = C_p = T\left(\frac{\partial S}{\partial T}\right)_p \tag{11-19}$$

根据麦克斯韦关系，式（11-16）及式（11-17）等号右方的第二项可以写成 $T\left(\frac{\partial p}{\partial T}\right)_V$ 及 $-T\left(\frac{\partial V}{\partial T}\right)_p$，于是式（11-16）及式（11-17）二式可写成

$$TdS = C_V dT + T\left(\frac{\partial p}{\partial T}\right)_V dV \tag{11-20}$$

$$TdS = C_p dT - T\left(\frac{\partial V}{\partial T}\right)_p dp \tag{11-21}$$

这是两种 TdS 方程的另一形式，由式（11-20）及式（11-21）二式相等，可得

$$C_p dT - T\left(\frac{\partial V}{\partial T}\right)_p dp = C_V dT + T\left(\frac{\partial p}{\partial T}\right)_V dV$$

解得 dT，为

$$dT = \frac{T(\partial p/\partial T)_V}{C_p - C_V} dV + \frac{T(\partial V/\partial T)_p}{C_p - C_V} dp$$

由此可得

$$\left(\frac{\partial T}{\partial V}\right)_p = \frac{T(\partial p/\partial T)_V}{C_p - C_V} \tag{11-22}$$

$$\left(\frac{\partial T}{\partial p}\right)_V = \frac{T(\partial V/\partial T)_p}{C_p - C_V} \tag{11-23}$$

从这两个式子都能得到

$$C_p - C_V = T\left(\frac{\partial V}{\partial T}\right)_p \left(\frac{\partial p}{\partial T}\right)_V \tag{11-24}$$

由
$$\left(\frac{\partial p}{\partial T}\right)_V\left(\frac{\partial T}{\partial V}\right)_p\left(\frac{\partial V}{\partial p}\right)_T=-1$$

得
$$\left(\frac{\partial p}{\partial T}\right)_V=-\left(\frac{\partial V}{\partial T}\right)_p\left(\frac{\partial p}{\partial V}\right)_T$$

所以，代入式（11-24）可得

$$C_p-C_V=-T\left(\frac{\partial V}{\partial T}\right)_p^2\left(\frac{\partial p}{\partial V}\right)_T \tag{11-25}$$

式（11-24）及式（11-25）在§9-1中作为说明热力学特点的例子引用过。现在可以看到，对于物质的微观结构未做任何假设，只凭热力学第一、第二两条定律即导出这两个关系。

从式（11-25）可以看出：

（1）对于任何已知的物质，$(\partial p/\partial V)_T$ 永远为负，即压强加大，体积缩小，除非$(\partial V/\partial T)_p=0$，$(\partial V/\partial T)_p^2$一定为正，于是$C_p-C_V$永不能为负，即$C_p$永大于$C_V$，但有可能等于$C_V$。

（2）$(\partial V/\partial T)_p=0$时，$C_p=C_V$。如在4 ℃，水的密度最大，此时水的$C_p=C_V$。

（3）随着温度 T 趋近于零，C_p 趋于等于C_V，即随着接近绝对零度，C_p 与C_V之差越小（根据后面介绍的热力学第三定律，在 $T\to 0$ 时，任何过程的热容量均趋于 0）。

由$a=\dfrac{1}{V}\left(\dfrac{\partial V}{\partial T}\right)_p$及$\kappa=-\dfrac{1}{V}\left(\dfrac{\partial V}{\partial p}\right)_T$，从式（11-25）可以推出$C_p-C_V=TVa^2/\kappa$，此式前已导出［式（10-70）］。

由式（11-20）及式（11-21）可以求出C_p与C_V之比。在绝热（等熵）条件下，dS=0，故
$$C_p(\mathrm{d}T)_S=T\left(\frac{\partial V}{\partial T}\right)_p(\mathrm{d}p)_S$$
$$C_V(\mathrm{d}T)_S=-T\left(\frac{\partial p}{\partial T}\right)_V(\mathrm{d}V)_S$$
$$\frac{C_p}{C_V}=-\frac{(\partial V/\partial T)_p(\mathrm{d}p)_S}{(\partial p/\partial T)_V(\mathrm{d}V)_S}=-\left[\frac{(\partial V/\partial T)_p}{(\partial p/\partial T)_V}\right]\left(\frac{\partial p}{\partial V}\right)_S$$
方括号内之比值为$-(\partial V/\partial p)_T$，所以
$$\frac{C_p}{C_V}=\left(\frac{\partial p}{\partial V}\right)_S\left(\frac{\partial V}{\partial p}\right)_T=\left(\frac{\partial p}{\partial V}\right)_S\Big/\left(\frac{\partial p}{\partial V}\right)_T$$
前已定义$\kappa=-\dfrac{1}{V}\left(\dfrac{\partial V}{\partial p}\right)_T$为等温压缩系数，现在定义$-\dfrac{1}{V}\left(\dfrac{\partial V}{\partial p}\right)_S$为绝热压缩系数，用$\kappa_S$代表，若用$\gamma$代表$C_p/C_V$，则得

$$\gamma=\frac{C_p}{C_V}=\frac{\kappa}{\kappa_S} \tag{11-26}$$

2. 特性函数　吉布斯—亥姆霍兹方程

在本章第一节中已提到用 S 及 V 为独立变量表示的内能函数 U 具有的特点——单由求微商即可求得其他的基本热力学函数，从而确定了系统的平衡性质。可以论证，F、H、G 等也

具有同样的特点。

由自由能 $F=U-TS$，$dF=-SdT-pdV$ 以及 $S=-(\partial F/\partial T)_V$、$p=-(\partial F/\partial V)_T$ 可以看出，如自由能表示为 T 及 V 的函数形式 $F=F(T, V)$ 为已知，则由求偏导数 $\partial F/\partial T$，即得到函数熵，又由求 $\partial F/\partial V$，即可求得压强 p，于是 p、V、T 的关系也能求得，即能得到物态方程。又由 $U=F+TS$，可得

$$U=F-T\left(\frac{\partial F}{\partial T}\right)_V \tag{11-27}$$

则可确定内能。可见由单独一个自由能函数 $F(T, V)$ 即能导出 U、S 和物态方程。

在§11-1 已经提到，内能 U 也是具有这样的性质，即由它单独一个就能表征一均匀系统的平衡性质①，具有这样性质的函数，称为“特性函数”。

吉布斯函数也有这样的性质。因不难导出

$$U=G-T\left(\frac{\partial G}{\partial T}\right)_p-p\left(\frac{\partial G}{\partial p}\right)_T \tag{11-28}$$

焓也是特性函数。由 $H=U+pV$ 或 $G=H-TS$，将式（11-28）及 $V=(\partial G/\partial p)_T$ 代入，可得

$$H=G-T\left(\frac{\partial G}{\partial T}\right)_p \tag{11-29}$$

式（11-27）及式（11-29）均称为吉布斯—亥姆霍兹方程。

现举例说明吉布斯—亥姆霍兹方程的应用。在§10-2 中曾介绍过改变液体膜面积的功，可用 $-\sigma dA$ 表示［见式（10-2）］。σ 为表面张力，A 为表面积。实验表明：表面张力的大小与面积无关，只与温度有关。把表面膜看作一相，内能应为

$$dU=T\,đS-đW=T\,đS+\sigma dA \tag{11-30}$$

注意 $pdV=0$，引入表面自由能 $F=U-TS$，并把 F 看作 T 及 A 的函数，因为

$$dF=dU-TdS-SdT=-SdT+\sigma dA \tag{11-31}$$

所以得到

$$S=-\left(\frac{\partial F}{\partial T}\right)_A;\quad \sigma=\left(\frac{\partial F}{\partial A}\right)_T \tag{11-32}$$

将上式中的 $\sigma=(\partial F/\partial A)_T$ 积分，并考虑到 σ 与 A 无关，可得

$$F=\sigma A \tag{11-33}$$

积分常数取为零，这是因为当面积 A 为零时，当然也不存在表面自由能，故 $A=0$，$F=0$。由 $A=1$ 得出，表面张力等于单位面积的表面自由能。以 u 和 s 代表单位表面的内能和熵，即 $U=uA$；$S=sA$。

把 $F=\sigma A$ 代入 $S=-(\partial F/\partial T)_A$ 及吉布斯—亥姆霍兹方程 $U=F-T(\partial F/\partial T)_V$，得

$$S=-\left[\frac{\partial(\sigma A)}{\partial T}\right]_A=-A\frac{\partial\sigma}{\partial T}$$

① 此处所说的均匀系，指只包括一种“相”的系统。

及
$$U=\sigma A-T\frac{\partial(\sigma A)}{\partial T}$$
或
$$s=\frac{S}{A}=-\frac{\partial\sigma}{\partial T} \tag{11-34}$$
及
$$u=\frac{U}{A}=\sigma-T\frac{\partial\sigma}{\partial T} \tag{11-35}$$
由式（11-35）得
$$u-\sigma=-T\frac{\partial\sigma}{\partial T}$$
因为单位面积的表面能应比单位面积的表面自由能为大，即 $u>\sigma$，所以应有
$$-T\frac{\partial\sigma}{\partial T}>0 \quad 或 \quad \frac{\partial\sigma}{\partial T}<0$$
这个结果表明，液体的表面张力随温度上升而减小。

在热力学中，以偏导数形式表示的关系极多，如用 p、V、T、U、S、H、F、G 为变量，保持其中任一个固定，再求其余变量中的任一个对另外一个的偏导数，如 $(\partial U/\partial V)_p$，…，一共应有 8×7×6=336 种。若把 $(\partial U/\partial V)_p=1/(\partial V/\partial U)_p$ 只算一种，仍有 168 种之多。如变量取得更多，显然这种偏导数的数目还要更大，同时这些偏导数之间的关系式的数目也是极大的。例如在 168 种偏导数中，任意三个偏导数之间的关系数，应当有（168×167×166）(3!)=7.76×10^5 种，求这些关系式有系统的方法，如雅可比行列式，读者可参看热力学与统计物理部分参考书目［6］，此处从略。

§11–4　热动平衡判据与条件

1. 热动平衡判据

（1）从上一章对于熵增原理的介绍中，已经看到这个原理可以作为判断一个过程能否发生的依据。如果所讨论的系统为孤立系，对于任何变化都有 $đQ=0$，结果任何变动总是使系统的熵值趋于增加。当系统经历一系列过程到达熵值最大之后，系统即达到平衡态。因为在总能量守恒的前提下，熵既然已达到最大值，就不能再增加了，如果再有变化，就只能使熵减少，而这在孤立系中是不可能的，于是系统即处于不能再自发地发生任何变化的平衡态了。因此，在绝热条件下，$đQ=0$，热动平衡的必需与充分条件是熵为最大。

在孤立系统中，既不与外界交换热量，也不与外界交换功，如果功只是形式为 $p\Delta V$ 的机械功，则体积不变必然使功为零，所以内能不变 $\Delta U=0$ 与体积不变 $\Delta V=0$，即成为孤立系统这一条件的表达形式，于是得到：

一系统在内能和体积不变的条件下，对于各种可能的变化，平衡态的熵为最大。这就是热动平衡判据之一——熵判据。

（2）从§11-2 中关于自由能的介绍看到，利用熵增原理 $T\Delta S\geqslant\Delta U+W$ 的结果，对于等温过程得出的结论是：系统的自由能的减少值是等温过程中从系统所能获得的功的最大值。
$$-\Delta F\geqslant W$$

在功只是 $p\Delta V$ 形式的机械功，而体积不变，功等于零的情况下（$\Delta V=0$，$W=p\Delta V=0$）

$$\Delta F \leqslant 0$$

这就是说，在经历不可逆的等温、等容过程之后，自由能总是趋于减少。当自由能减小到最小时，对应达到平衡态。因为已经是最小值，当然不可能再减少，而增加又是不可能的，所以系统是处于不可能有任何变动的平衡态。于是得出：

一系统在温度、体积都不变的情况下，对于各种可能的变化，以平衡态的自由能为最小。这是另一种热动平衡判据——自由能判据。

（3）与自由能判据的说明方法类似，引用 $T\Delta S \geqslant \Delta U+W$ 的结果，可得在等温等压过程中

$$\Delta G \leqslant 0$$

于是可推论出：

一系统在温度和压强不变的条件下，对于各种可能的变化，平衡态的吉布斯函数最小。

2. 热动平衡条件

由上述几种热动平衡判据，可以推论出热平衡条件、力学平衡条件、相平衡条件及化学平衡条件。

（1）根据熵判据推出热平衡条件　设系统由两部分组成，这两部分互相接触交换热量，但各自的体积不变。同时设两部分的内能各为 U' 及 U''，则系统的总内能 $U=U'+U''$；两部分熵各为 S' 及 S''，则系统的总熵 $S=S'+S''$；两部分温度分别为 T' 及 T''。设 U' 及 U'' 出现极小的变动 $\delta u'$ 及 $\delta U''$，符号 δ 表示微小的变化，现在来考查熵为极值的条件。由于

$$\delta S' = \delta Q' / T'$$

因体积不变，$p\Delta V$ 形式的功为零，所以 $\delta Q' = \delta U'$，即

$$\delta S' = \delta U' / T'$$

同理

$$\delta S'' = \delta U'' / T''$$

系统与外界无能量交换，则系统总内能不变，即

$$\delta U = \delta U' + \delta U'' = 0$$

故应有

$$\delta U' = -\delta U''$$

在此条件下

$$\delta S = \delta S' + \delta S'' = \frac{\delta U'}{T'} + \frac{\delta U''}{T''} = \left(\frac{1}{T'} - \frac{1}{T''}\right)\delta U'$$

根据熵判据不难看出，在内能、体积都不变的情况下，欲平衡态的熵为极大，即要求 $\delta S=0$，由于 $\delta u' \neq 0$，所以应有 $T'=T''$。这就是热平衡条件——两部分的温度必须相等。如 $T' \neq T''$，系统没有达到平衡态，熵必然仍有可能增加，即应有 $\delta S>0$。如 $T'>T''$，则 $(1/T')-(1/T'')<0$，由上面 δS 表示式不难看出，只有 $\delta' U<0$，才能使 $\delta S>0$，即温度高的那一部分的内能要减少。这个结论表明热量一定由高温处流向低温处。

（2）根据自由能判据推出力学平衡条件　设系统由两部分组成，总体积不变，在各处温度相同，即热平衡条件已经满足的情况下，两部分各自的体积可能发生变化 $\delta V'$ 及 $\delta V''$，因总体积不变，即 $\delta V=\delta V'+\delta V''=0$，故一定有 $\delta V'=-\delta V''$。根据自由能判据，平衡态下自由能为极小，即

$$\delta F = 0$$

由 $$df=d(U-TS)=-SdT-pdV$$

可见在等温条件下，因 $dT=0$，应有

$$\delta F=-p\delta V$$

由自由能 $F=U-TS$，可见当系统的各部分的 T 为均匀一致时，由 U 的相加性质和 S 的相加性质可知，F 也有相加性质，系统的总自由能为各部分的自由能之和。设上述系统的两部分各自的压强为 p' 及 p''，则得

$$\delta F=\delta F'+\delta F''=-p'\delta V'-p''\delta V''=\delta V'(p''-p')$$

由此看出，如果 $\delta F=0$，且 $\delta V\neq 0$，则必定有 $p''-p'=0$，即 $p''=p'$。说明达到平衡态时，两部分的压强应相等，这就是力学平衡条件。如 $p'\neq p''$，系统未达到平衡态，自由能仍有可能趋于减少，即 $\delta F<0$。所以若 $p'>p''$，则因 $p''-p'<0$，必有 $\delta v'>0$，即压强大的那一部分的体积要增加。

（3）**根据吉布斯函数判据推出相平衡条件**　在§11-2 介绍吉布斯函数时，得出的结论是：在可逆等温等压过程中，除去体积改变的功 $p\Delta V$ 之外，系统所作的其他形式的功等于吉布斯函数的减少值。因为一个相变的过程，如液体的蒸发过程，可以在等温等压下进行，所以吉布斯函数宜于讨论相变问题。

与内能、焓、熵一样，吉布斯函数也是广延量，1 摩尔物质的吉布斯函数称为化学势，常以 μ 表示，即

$$\mu=\frac{G}{n}=\frac{U-TS+pV}{n}=u-Ts+pv$$

式中，n 代表系统中化学上纯物质的摩尔数，小写字母 $u=U/n$；$s=S/n$，$v=V/n$。

设 μ_L 与 μ_G 分别代表在温度 T 及压强 p 下达成平衡的液体和它的蒸气的化学势，所以有

$$\mu_L=u_L-Ts_L+pv_L\text{；}\quad \mu_G=u_G-Ts_G+pv_G$$

可见

$$\mu_L-\mu_G=-(u_G-u_L)+T(s_G-s_L)-p(v_G-v_L)$$

在相变情形，上式右方应等于零。因为

$$u_G-u_L=T(s_G-s_L)-p(v_G-v_L)$$

正是热力学第一定律。$T(s_G-s_L)$ 为相变潜热，$p(v_G-v_L)$ 代表伴随相变的体积改变所对应的功，由此

$$\mu_L-\mu_G=0\quad\text{或}\quad \mu_L=\mu_G \tag{11-36}$$

在相平衡条件下，液体的化学势与其蒸气的化学势相等，所以相平衡条件可以叙述为：一化学上纯物质的两相达到平衡时，两相的化学势相等。有关化学势问题，下一节还要专门讨论。

在§11-2 最后，提到引入 H、F、G 等状态函数是为了分析问题时的方便，这里要说明的是，以上几个判据中，熵判据是最基本的判据，应用熵判据可以把三种平衡条件全部推导出来。引入自由能判据和吉布斯函数判据，是因为在某些场合下，使用它们更为方便。

在求平衡条件时，根据的是 $\delta S=0$，$\delta F=0$ 等要求。其实 $\delta S=0$，$\delta F=0$ 等只是表明了 S、F 等为极值的必需条件，至于是极大还是极小，需求二阶微分才能看出平衡的充分条件，希望较深入了解的读者，可以参看热力学、统计物理部分参考书目［5］。

§11–5　化学势　相平衡条件

在上一节之前，一直限于讨论质量不变的均匀系（单相系），只有上一节讨论相平衡问题时，才接触到不止包括一个相的系统。

如果一个系统中包含有几种化学成分不同的物质，这个系统便称为“多元系”，每一种成分叫一个“组元”。多元系又可分为单相与复相的情形。在处理这些类型的系统的问题时，应当考虑在基本热力学函数中，把各个组元的数量，或同一组元的不同相的数量，即所谓“化学参量”包括进来。这就是说，改变一个系统的内能或熵等，并不只是由改变系统的温度或体积，而是也可以由改变各个组元的数量来实现。一般说来，化学参量常用各个组元的质量 m 或其摩尔数 n 来表示，如内能可以表示为

$$U=U(S,\ V,\ m_1,\ m_2,\ \cdots,\ m_k)$$

或

$$U=U(S,\ V,\ n_1,\ n_2,\ \cdots,\ n_k) \tag{11-37}$$

如果是一个定质量系统，各组元的数量都不变，按习惯可以把内能的微分写成

$$\mathrm{d}U=(T\mathrm{d}S-p\mathrm{d}V)_{n_1,n_2,\cdots,n_k}$$

右下角的符号 $n_1,n_2,\cdots,n_k$，表示它们都不变。

1. 化学势

现在考虑各组元数量发生变化的情形，如吉布斯函数 $G=G(T,\ p,\ n_1,n_2,\cdots,n_k)$ 中的 $n_1,n_2,\cdots,n_k$ 等都发生变动，则

$$\mathrm{d}G=\left(\frac{\partial G}{\partial T}\right)_{p,n_1,n_2,\cdots,n_k}\mathrm{d}T+\left(\frac{\partial G}{\partial p}\right)_{T,n_1,n_2,\cdots,n_k}\mathrm{d}p+\left(\frac{\partial G}{\partial n_1}\right)_{T,p,n_2,\cdots,n_k}\mathrm{d}n_1+\cdots+\left(\frac{\partial G}{\partial n_k}\right)_{T,p,n_1,n_2,\cdots,n_{k-1}}\mathrm{d}n_k \tag{11-38}$$

其中 $\left(\frac{\partial G}{\partial n_1}\right)_{T,p,n_2,\cdots,n_k}$ 表示 G 对 n_1 的偏导数，除 n_1 外，其余各量均保持不变。它的意义就是第一组元改变一摩尔时所引起的吉布斯函数的变化，也即上一节所引入的“化学势”。为简化写法而又不致引起误解，在本书中采用如下的表示法：$\left(\frac{\partial G}{\partial T}\right)_{p,n_1,n_2,\cdots,n_k}$ 用 $\left(\frac{\partial G}{\partial T}\right)_{p,n_i}$ 代表，此处 i 代表从 1 到 k 各数；$\left(\frac{\partial G}{\partial n_2}\right)_{T,p,n_1,n_3,\cdots,n_k}$ 用 $\left(\frac{\partial G}{\partial n_2}\right)_{T,p,n_j}$ 代表，此处 j 包括从 1 到 k 中除去 2 以外的各数。

当 $n_1,n_2,\cdots,n_k$ 都不变时，式（11-38）成为

$$\mathrm{d}G=\left(\frac{\partial G}{\partial T}\right)_{p,n_i}\mathrm{d}T+\left(\frac{\partial G}{\partial p}\right)_{T,n_i}\mathrm{d}p$$

与 $\mathrm{d}G=-S\mathrm{d}T+V\mathrm{d}p$ 相比，可得

$$\left(\frac{\partial G}{\partial T}\right)_{p,n_i}=-S\,;\quad\left(\frac{\partial G}{\partial p}\right)_{T,n_i}=V \tag{11-39}$$

若把$\left(\frac{\partial G}{\partial n_1}\right)_{T,p,n_j}$用$\mu_1$代表，$\left(\frac{\partial G}{\partial n_2}\right)_{T,p,n_j}$用$\mu_2$代表等，则式（11-38）可以写成

$$\begin{aligned}\mathrm{d}G &= -S\mathrm{d}T + V\mathrm{d}p + \mu_1\mathrm{d}n_1 + \mu_2\mathrm{d}n_2 + \cdots + \mu_k\mathrm{d}n_k \\ &= -S\mathrm{d}T + V\mathrm{d}p + \sum_{i=1}^{k}\mu_i\mathrm{d}n_i\end{aligned} \tag{11-40}$$

2. 相平衡条件

设一系统中某一组元 i 以两相存在——相 1 和相 2，且 T，p 以及除 i 以外的其他组元的数量都不变。设有 $\mathrm{d}n_i$ 从相 1 变到相 2，即从相 1 中离开了 $\mathrm{d}n_i$（表示为$-\mathrm{d}n_i$ 此处取 $\mathrm{d}n_i>0$），同时相 2 得到了 $\mathrm{d}n_i$，所以 G 的改变为

$$\mathrm{d}G = \left[-\left(\frac{\partial G}{\partial n_i}\right)\mathrm{d}n_i\right]_1 + \left[\left(\frac{\partial G}{\partial n_i}\right)\mathrm{d}n_i\right]_2$$

方括号外右下角的 1、2 代表两相，将上式写成

$$\mathrm{d}G = -[\mu_i]_1\mathrm{d}n_i + [\mu_i]_2\mathrm{d}n_i = ([\mu_i]_2 - [\mu_i]_1)\mathrm{d}n_i \tag{11-41}$$

在平衡态下，应有 $\mathrm{d}G=0$，但 $\mathrm{d}n_i\neq 0$，所以必有

$$[\mu_i]_2 - [\mu_i]_1 = 0\text{；}\ [\mu_i]_2 = [\mu_i]_1$$

结果为，当两相达成平衡时，两相的化学势相等，又得到了这一结论。如两相的化学势不等，设$[\mu_i]_2 > [\mu_i]_1$，则$[\mu_i]_2 - [\mu_i]_1 > 0$。因为只有 $\mathrm{d}G<0$ 的变化才能自发地进行，所以从式（11-41）看出，必须有 $\mathrm{d}n_i<0$，才能使变化自发地进行，但原设组元 i 由相 1 转变为相 2 时 $\mathrm{d}n_i$ 为正，此时得到 $\mathrm{d}n_i$ 为负，表明实际上，当$[\mu_i]_2 > [\mu_i]_1$时，自发进行的是由相 2 转变为相 1。结论是：高化学势的一相自发地向低化学势一相转移，直到两相的化学势相等为止。正由于物质自发地由高化学势转移到低化学势，类似水由高势能处向低势能处流，电由高电势向低电势流等现象，故有化学“势”之名。下一章将利用化学势的概念讨论化学平衡问题。

既然考虑到化学变量之后，$\mathrm{d}G$ 的表示式中应添加$\sum_{i=1}^{k}\mu_i\mathrm{d}n_i$项，如式（11-40），则在内能、焓、自由能等状态函数中也应加入此项。由 $U=G-pV+TS$ 得到

$$\mathrm{d}U=\mathrm{d}G-p\mathrm{d}V-V\mathrm{d}p+T\mathrm{d}S+S\mathrm{d}T$$

代入式（11-40），可得

$$\mathrm{d}U=T\mathrm{d}S-p\mathrm{d}V+\sum_{i=1}^{k}\mu_i\mathrm{d}n_i \tag{11-42}$$

同样方法，可得

$$\mathrm{d}H=T\mathrm{d}S+V\mathrm{d}p+\sum_{i=1}^{k}\mu_i\mathrm{d}n_i \tag{11-43}$$

$$\mathrm{d}F=-S\mathrm{d}T-p\mathrm{d}V+\sum_{i=1}^{k}\mu_i\mathrm{d}n_i \tag{11-44}$$

式（11-42）、式（11-43）、式（11-44）三式是系统中组元数可变的情况下的热力学函数。从中可以看出，欲使这些式子无矛盾地同时成立，必须满足以下条件：

$$\mu_i = \left(\frac{\partial G}{\partial n_i}\right)_{T,p,n_j} = \left(\frac{\partial G}{\partial n_i}\right)_{S,V,n_j}$$

$$= \left(\frac{\partial H}{\partial n_i}\right)_{S,p,n_j} = \left(\frac{\partial F}{\partial n_i}\right)_{T,V,n_j} \tag{11-45}$$

*§11–6　热力学第三定律

在引入熵的概念时，式（10-48）

$$S_2 - S_1 = \int_1^2 \frac{đQ}{T}$$

实际上只定义了熵之差。只有人为地规定起始状态“1”作为标准状态，任意规定其熵值 S_1 为某定值，如零，才能给状态“2”的熵 S_2 一个确定的值。换句话说，单凭热力学第二定律，作为状态函数的熵将永远带着一个不定的积分常数，对于这一不足之处，热力学第三定律能起弥补的作用。这个定律告诉我们，$\lim\limits_{T\to 0} S = S_0 = 0$。

1. 能斯特热定理

热力学第三定律有几种不同的叙述方式。最早能斯特于 1906 年提出的一种叙述方式是：“当温度接近绝对零度时，凝聚系（由液相或固相组成的系统）的熵在等温过程中的改变等于零。”

这就是能斯特热定理。

能氏注意到，当时已有的一些研究成果表明：温度越低，系统的焓变ΔH 与吉布斯函数的变化ΔG 越接近。根据吉布斯—亥姆霍兹方程式（11-29），对于 T 不变的等温过程，可以写出

$$G_2 - G_1 = H_2 - H_1 + T\left[\frac{\partial (G_2 - G_1)}{\partial T}\right]_p \tag{11-46}$$

式中下角标 1、2 分别代表初始和终了状态。把式（11-46）写成

$$\Delta G = \Delta H + T\left[\frac{\partial (\Delta G)}{\partial T}\right]_p \tag{11-47}$$

因为 $(\partial G/\partial T)_p = -S$，所以式（11-47）又可以写成

$$\Delta G = \Delta H - T\Delta S \tag{11-48}$$

由上式可见，只要ΔS 不为无限，则当 T 等于 0 时，ΔG 应与ΔH 相等，然而这还不足以说明何以当 T 尚具相当的数值时，ΔH 与ΔG 仍能近似相等。将式（11-48）写成

$$\frac{\Delta H - \Delta G}{T} = \Delta S \tag{11-49}$$

因为当 T=0 时，$\Delta G = \Delta H$，所以式（11-49）表明，当 T=0 时，左方取 0/0 的不定形式，利用洛必达法则，可得

$$\lim_{T\to 0}\left[\left(\frac{\mathrm{d}\Delta H}{\mathrm{d}T}-\frac{\mathrm{d}\Delta G}{\mathrm{d}T}\right)\right]=\lim_{T\to 0}\Delta S \tag{11-50}$$

能氏之创见即在于，他假设“当 T 不断趋近于绝对零度时，不但ΔG 与ΔH 渐趋接近，并且它们随温度的变化率均趋于零”。即

$$\lim_{T\to 0}\left(\frac{\mathrm{d}\Delta H}{\mathrm{d}T}\right)=\lim_{T\to 0}\left(\frac{\mathrm{d}\Delta G}{\mathrm{d}T}\right)=0 \tag{11-51}$$

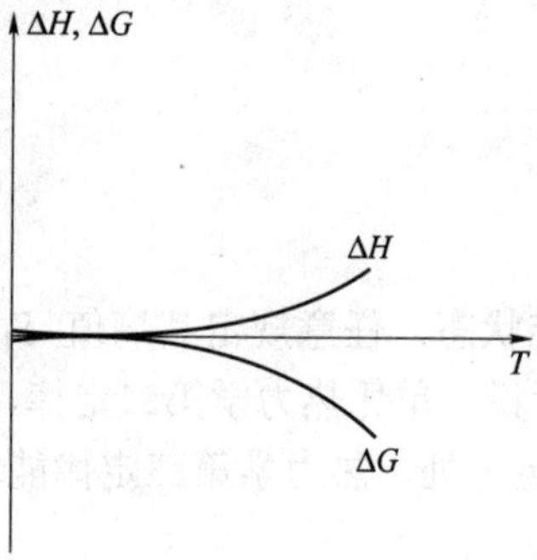

图 11-1

用图形表示如图 11-1，由此图不难看出，在相当的温度范围内，可以保证ΔH 非常接近ΔG，由式（11-51）所表示的能氏假设无异于假设

$$\lim_{T\to 0}\Delta S=0 \tag{11-52}$$

这就是能斯特根据经验事实所建立的热定理。

2. 普朗克的叙述方式

能斯特的贡献已如上述，既然当 T 趋近于零时，熵变ΔS 趋近于零，则应有 $S_2\to S_1$；其物理意义为：系统的所有可能状态，在温度趋于绝对零度时，具有同样的熵值。因此，可以方便地选取系统在 T=0 时的状态为计算熵值的标准状态。普朗克据此进一步提出：“当一化学均匀的系统的温度趋于绝对零度时，其熵值趋于一恒定值 S_0，与压力、密度（有限）、聚集状态等无关，S_0 可以合理地取为零。”

按此说法，应有

$$\lim_{T\to 0}S=S_0=0 \tag{11-53}$$

习惯上称式（11-53）为热力学第三定律。此处必须指出，在能斯特热定理中有一个限制，只限于凝聚态的ΔS 在 $T\to 0$ 时趋近于零，没有把气体包括在内。后来发现这种限制实际上并无必要，一方面在接近绝对零度时，没有一种物质还表现得像理想气体一样，各种物质都呈凝聚状态；更重要的是，即使是理想气体，在理论上，当 $T\to 0$ 时其热容量也趋近于零。至于在 $T\to 0$ 时，热容量趋于零与遵守热力学第三定律的关系，将在后面说明。

3.“绝对零度不可达到”原理

能氏本人在 1912 年又提出把热力学第三定律叙述为：“绝对零度不可达到。”对于这一原理，现在通行的说法是：“不可能用有限的过程使一个物体冷却到绝对温度的零度。”这种叙述方式与前面的叙述方式的关系正如热力学第二定律的克氏与开氏两种叙述方式的关系一样，就是一种说法成立，必能推论出另一种说法成立，反之亦然。在 § 12-3 中将对此予以论证。这里只强调一点，热力学第三定律尽管告诉我们，绝对零度是不可达到的，但并没有阻止我们尽可能去接近绝对零度。事实上，现在已能达到数量级为 10^{-7} K 或更低的温度。温度越低，再使温度进一步降低越困难，但没有任何迹象表明进一步降低已不可能。所以热力学第三定律虽然用否定某种事物的形式来表达，但与热力学第一、第二定律以否定第一类、第二类永动机实现的形式来表达还是有所区别的。

4. 几点说明与讨论

（1）前面曾提到热力学第三定律弥补了熵的定义中积分常数不确定的缺陷。现在有了热力学第三定律，取 T=0 时的 S_0=0，则某一状态 A 的熵 S_A 可以表示为

$$S_A - S_0 = S_A = \int_{\substack{T=0 \\ R}}^{T=T_A} \frac{\text{đ}Q}{t}$$

T_A 为状态 A 的温度，R 代表从绝对零度到温度 T_A 的过程为可逆。这样定义的熵称为“绝对熵”。这与为了实用上的方便，选取某一状态为标准，令其熵为零的做法并不矛盾。

（2）能氏建立热力学第三定律的基本假设是式（11-51），它实为两个公式，从每一个都能导出相应的重要结果。

第一，只要 $\lim\limits_{T\to 0}(\mathrm{d}\Delta G/\mathrm{d}T)=0$ 的假设成立，即能导出 $\lim\limits_{T\to 0}\Delta S=0$。

因为 $(\partial G/\partial T)=-S$，所以

$$\begin{aligned}\lim_{T\to 0}\left(\frac{\mathrm{d}\Delta G}{\mathrm{d}T}\right) &= \lim_{T\to 0}\left[\frac{\mathrm{d}(G_2-G_1)}{\mathrm{d}T}\right] \\ &= \lim_{T\to 0}\left[\left(\frac{\partial G_2}{\partial T}\right)-\left(\frac{\partial G_1}{\partial T}\right)\right] \\ &= \lim_{T\to 0}(S_1-S_2)=0\end{aligned}$$

可见，假定 $\lim\limits_{T\to 0}\left(\dfrac{\mathrm{d}\Delta G}{\mathrm{d}T}\right)=0$，即相当于 $\lim\limits_{T\to 0}\Delta S=0$。

第二，由 $\lim\limits_{T\to 0}(\mathrm{d}\Delta H/\mathrm{d}T)=0$ 的假定可以推论出 $\lim\limits_{T\to 0}\Delta C_p=0$，$C_p$ 为定压热容量。

因为 $(\partial H/\partial T)=C_p$，所以

$$\begin{aligned}\lim_{T\to 0}\left(\frac{\mathrm{d}\Delta H}{\mathrm{d}T}\right) &= \lim_{T\to 0}\left[\frac{\mathrm{d}(H_2-H_1)}{\mathrm{d}T}\right] \\ &= \lim_{T\to 0}\left[\left(\frac{\partial H_2}{\partial T}\right)-\left(\frac{\partial H_1}{\partial T}\right)\right] \\ &= \lim_{T\to 0}[(C_p)_2-(C_p)_1] \\ &= \lim_{T\to 0}\Delta C_p=0\end{aligned}$$

可见在温度趋于 0 K 时，C_p 的变化也趋于零。

其实，上述两点并非彼此独立，根据上述第一点可以看出，式（11-50）相当于

$$\lim_{T\to 0}\left(\frac{\mathrm{d}\Delta H}{\mathrm{d}T}\right)+\lim_{T\to 0}\Delta S=\lim_{T\to 0}\Delta S$$

可见 $\lim\limits_{T\to 0}(\mathrm{d}\Delta H/\mathrm{d}T)$ 非等于零不可，因而能氏假定了 $\lim\limits_{T\to 0}(\mathrm{d}\Delta G/\mathrm{d}T)=0$；实已包括 $\lim\limits_{T\to 0}(\mathrm{d}\Delta H/\mathrm{d}T)=0$ 在内。所以，最基本的假设只有一个，就是 $\lim\limits_{T\to 0}\Delta S=0$。

（3）由热力学第三定律不仅能推出 $\lim\limits_{T\to 0}\Delta C_p=0$，而且可以推论出，当 $T\to 0$ 时，任一过程的热容量也均趋于零。

对于一给定过程，系统的热容量 C_x 可以表示为 $C_x=T(\partial S/\partial T)_x$ [1]，下角标 x 表示过程为一个维持量 x 为恒定的过程。如 x 可以代表体积、压强、磁场等。现在可以推论如下：

$$\begin{aligned}\lim_{T\to 0} S &= \lim_{T\to 0}\frac{TS}{T} = \lim\left\{\left[\frac{\partial(TS)}{\partial T}\right]_x \Big/ \left(\frac{\partial T}{\partial T}\right)_x\right\}\\ &= \lim_{T\to 0}\left[S+T\left(\frac{\partial S}{\partial T}\right)_x\right]\\ &= \lim_{T\to 0} S+\lim_{T\to 0} C_x\end{aligned}$$

可见 $\lim\limits_{T\to 0} C_x$ 只能是零。

换一个角度来看，设想一个物体在恒压下加热，熵的增量可以表示为 $dS=\frac{C_p}{T}dT$，如果温度从绝对零度升到某一温度 T，熵的改变应为

$$\Delta S=\int_0^T \frac{C_p}{T}\,dT$$

假如 C_p 一直到 0 K 仍旧维持为有限值，而不等于零，则上述积分一定成为无限大，这是与第三定律相矛盾的。依此推论，在 $T\to 0$ 时，任何过程的热容量 C_x（作为温度的函数）只能趋于零。

（4）根据热力学第三定律的普朗克叙述方式，既然一化学均匀物质的熵在 $T\to 0$ 时趋于一恒定值，而与压强、体积等参量无关，所以应有

$$\lim_{T\to 0}\left(\frac{\partial S}{\partial p}\right)_T=0\,;\quad \lim_{T\to 0}\left(\frac{\partial S}{\partial V}\right)_T=0$$

由麦克斯韦关系（参见 § 11-3 之 1）

$$\left(\frac{\partial V}{\partial T}\right)_p=-\left(\frac{\partial S}{\partial p}\right)_T\,;\quad \left(\frac{\partial p}{\partial T}\right)_V=\left(\frac{\partial S}{\partial V}\right)_T$$

可知，当 $T\to 0$ 时，必有

$$\left(\frac{\partial V}{\partial T}\right)_p=0\,;\quad \left(\frac{\partial p}{\partial T}\right)_V=0$$

这表明，当 $T\to 0$ 时，等压热膨胀系数 $\alpha=\frac{1}{V}\left(\frac{\partial V}{\partial T}\right)_p$ 及等容压力系数 $(\partial p/\partial T)_V$ 均等于零。

（5）热力学第三定律与热力学第零、第一、第二等三个定律一样，是建立在经验基础之上的。因而它们仍旧在经受着现实的考验。热力学第三定律与微观理论的关系甚为密切。例如，关于极低温度下气体的热容量问题，正是量子力学的研究成果肯定了热力学第三定律的正确性。在统计物理部分，将介绍熵与热力学概率之间的重要关系，到时关于熵趋于零的问题还要再次提出。

---

① 取微功的一般形式 Ydx［见式（10-6）］，则 $dU=TdS-Ydx$ 维持 x 不变，则 $C_x=\left(\frac{\partial U}{\partial T}\right)_x=T\left(\frac{\partial S}{\partial T}\right)_x$，例如 $C_V=T\left(\frac{\partial S}{\partial T}\right)_V$［见式（10-65）］。

思考题与习题

1. 状态函数 H、F、G 等有什么性质？

2. 系统的热平衡判据和条件有哪些？

3. 系统的化学势的物理意义是什么？

4. “绝对零度不可达”原理如何理解？

5. 请利用勒让德变换，由 $dU=TdS-pdV$ 导出吉布斯函数。

6. 试证明 1 摩尔理想气体的自由能和吉布斯函数可以表示为

$$f=\int_{T_0}^{T}c_v\mathrm{d}T-T\int_{T_0}^{T}c_v\frac{\mathrm{d}T}{T}-RT\ln\frac{v}{v_0}-Ts_0+u_0$$

$$g=\int_{T_0}^{T}c_p\mathrm{d}T-T\int_{T_0}^{T}c_p\frac{\mathrm{d}T}{T}+RT\ln\frac{p}{p_0}-Ts_0+u_0+RT_0$$

7. 根据下列数据，求出汞在 0℃，1 个大气压下的 c_v 及$\gamma=c_p/c_v$，并求出κ_s。已知 c_p=28.0 J/mol·K；ρ=13.6 g/cm^3；汞的原子量为 200.6；$\alpha=181\times10^{-6}\ \mathrm{K}^{-1}$；$\kappa=3.88\times10^{-12}\ \mathrm{cm^2/dyn}$。

8. 证明

$$c_v=-T\left(\frac{\partial^2 f}{\partial T^2}\right)_v$$

$$c_p=-T\left(\frac{\partial^2 g}{\partial T^2}\right)_p$$

9. 利用以下两个公式

$$\left(\frac{\partial x}{\partial y}\right)_z\left(\frac{\partial y}{\partial z}\right)_x\left(\frac{\partial z}{\partial x}\right)_y=-1$$

$$\left(\frac{\partial x}{\partial y}\right)_w\left(\frac{\partial y}{\partial z}\right)_w\left(\frac{\partial z}{\partial x}\right)_w=1$$

从麦克斯韦关系式中任一个，导出其余三个。

10. 利用 $dh=Tds+vdp$ 推导出焦耳—汤姆逊系数

$$\mu=\left(\frac{\partial T}{\partial p}\right)_h=\frac{1}{c_p}\left[T\left(\frac{\partial v}{\partial T}\right)_p-v\right]$$

并推论出，对于理想气体 $\mu=0$。

11. 写出 $(W')_{T,p}<G_1-G_2$ 的推导过程。

*第 12 章　热力学的应用

本章全部为选学内容，目的有两个：一个是为了说明热力学应用的多样性，所以有意挑选了几个不同领域中的问题；另一个是这些内容对后续课程的学习有用。

§12–1　相　律

前一章曾讨论过相平衡的问题，现在要讨论的问题是：对于一个多元系统，同时又有多个相存在，这个“多元复相”系统的独立强度量（或称自由度）数与组元数及相数之间的关系是什么？

设有一含 C 种组元、P 个相的系统，为描述它所需的全部强度变量列于表 12-1。

表 12-1

强度变量	数目
1. 温度与压强 2. 化学变量（因必须写出每一相中的每一种组元的摩尔分数（见表下注），所以对于每一相需 C 个摩尔分数，因而 P 个相需要 $P\times C$ 个摩尔分数）	2 $P\times C$
总　计	$2+P\times C$
注：摩尔分数的定义为 $n_i\Big/\sum_{i=1}^{c}n_i$，$n_i$ 为某一组元 i 的摩尔数，下面用 x_i 代表	

每存在一个联系这些变量的方程式，就表明有一个变量是非独立的了，因此应当找出联系这些变量的方程式的总数，为此再列表 12-2。

表 12-2

方程式	方程式数
1. 在每一相中，各个摩尔分数之间有关系 $x_1+x_2+\cdots+x_c=1$ 对于 P 个相，这样的方程应有 P 个。	P
2. 平衡条件：对于每一种组元的各相间的平衡，有下列相平衡条件 $\mu_1^1=\mu_1^2=\cdots=\mu_1^P$ $\mu_2^1=\mu_2^2=\cdots=\mu_2^P$ … $\mu_c^1=\mu_c^2=\cdots=\mu_c^P$ （其中 μ 代表化学势，右下角码代表“组元”，右上角码代表“相”）对于每一组元，有 P–1 个平衡条件方程式，所以含 C 种组元的系统应有 C（P–1）个平衡条件方程。	C（P–1）
全部方程式	P+C（P–1）

独立强度变量（自由度）的数目φ，应等于从总的变量数目中减去联系它们的方程式的数目，即

$$\varphi = PC + 2 - [P + C(P-1)] = C - P + 2 \tag{12-1}$$

这就是吉布斯在 1875 年提出的“相律”。

相律是关于相平衡的普遍规律，它可以适用于一切相平衡系统，但不能对某一种指定系统的具体特性做出推断。以纯水为例，这是一个单元系，C=1，根据相律，$\varphi = 1 - P + 2 = 3 - P$，由此可见，最大的 P 值对应最小的φ值，而φ不能为负，最小为 0（即所谓零变系统），所以 P 最大只能等于 3，即最多只能三相共存。相律指导我们得出 P 最大为 3 的结论，但是它没有告诉我们这三个相究竟是哪些相。此处必须提请注意，万万不可认为三个相就是固、液、气三相；更不能认为，一个单元系所能具有的相数总共不能超过三个。正确地理解φ=0，P=3 的情形是指：在某确定的温度和压强下，这个单位系的各种不同的相，只能同时存在三个。其他的各相则在另外的温度和压强条件下存在。水除有液相、气相外，还有六种不同的固相（即六种不同结晶的“冰”），通常我们所见到的冰只是其中的一种，用冰 I 代表；还有冰 II、冰 III 等。通常所说的“三相点”，是指温度为+0.010 ℃、压强为 4.58 mmHg，在这样的条件下，水、水汽、冰三相共存。在其他的条件下，如温度为−34.7 ℃、压强为 2 128×10^5 N/m^2，则是另一个“三相点”，有冰 I、冰 II、冰 III 三相共存，等等。相律虽能告诉我们 P 的数目最大为 3，但在什么样的温度和压强下出现什么样的相，则需由实验来确定。

纯水的单元系相图如图 12-1 所示。可以看到，在液、水 I、水蒸气三个区内，C=1，P=1，φ=1−1+2=2，即独立变量应为 2，表明温度和压强是可以独立改变的。而在两相共存时，P=2，φ=1−2+2=1，即只有一个独立变量（所谓单变系），此时压强与温度并非彼此独立，而是存在着函数关系。例如图中画出的曲线 $p(T)$，即代表冰 I 与水共存时压强与温度之间的关系。

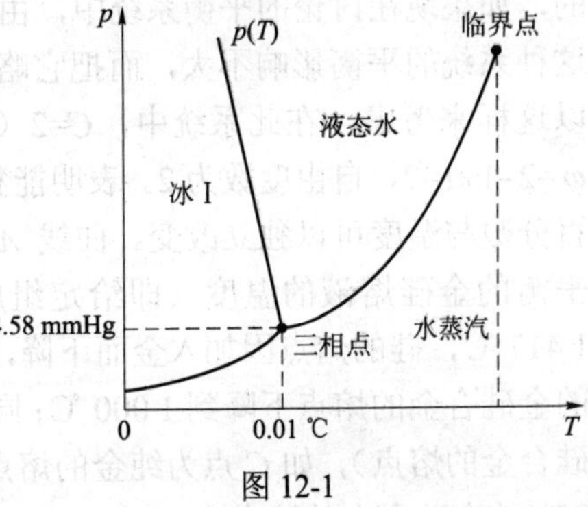

图 12-1

“合金相图”是“多元系相图”中的一种，它表示在平衡条件下，合金系统中存在的各相及各相的组成（各种成分的相对数量）与温度之间的关系。任何与合金技术有关的地方都离不开合金相图，如半导体器件制造工艺中要用到铝–硅、金–硅等相图；化合物半导体材料，如砷化镓、磷化铟等的合成也都需要各自的相图。下面以金–硅相图为例做些说明。

如二元合金的两种成分在固态仍能以原子形式均匀掺合在一起，一种成分可视为溶剂，另一种可视为溶质，就形成所谓“固溶体”。如二元合金的两种成分在固态完全不能以原子形式均匀混在一起，而以各自的纯质结晶形式出现，形成机械混合物，则称为“共晶体”。共晶体仅从外表来看，很像是均匀的单一相的固体，但放大来看，仍能看出是以小晶粒相混合。金–硅二元合金的特点就是：在液相二者能以任何比例互相溶解，但在固相，则形成完全不互相溶解的“共晶”。金–硅相图是一个形成共晶的典型二元系相图。

金–硅相图如图 12-2 所示，图中的横轴表示合金的组成——合金中两种元素的原子数（或重量）百分比，0 代表纯金（即硅含量为 0%），100 代表纯硅，A 点的横坐标为 31，表示按原子数百分比来说，硅占 31%，金占 69%，余类推。最上面一行系用重量百分比表示的合金

组成，如 A 点，按重量计算，硅占 6%，金占 94%。纵轴表示的是合金系统的温度。曲线 BAC 称为“液相线”，液相线的上方是液相区，在液相区内，金与硅形成液态的金硅共熔体。

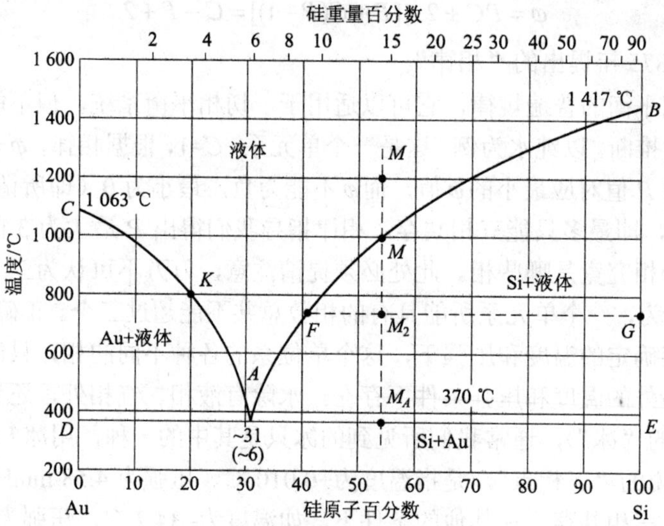

图 12-2

我们注意到，相律$\varphi=C-P+2$ 中的 2，是从取温度及压强为确定系统状态的 2 个强度量来的，如果现在讨论的平衡系统中，由于各种成分的蒸汽压均极小，可以不计，则由于压强对这种系统的平衡影响不大，而把它略去时，相律可以写成$\varphi=C-P+1$。对于金–硅系统，就可以这样来考虑，在此系统中，C=2（金与硅），在液相区，只存在液相一个相，P=1；所以φ=2−1+1=2，自由度数为 2。表明能独立改变的变量数为 2，例如一种成分（金或硅）的含量百分数与温度可以独立改变。曲线 AB 表示在给定的系统总组成下，与硅晶体（固态）达成平衡的金硅熔液的温度（即给定组成的金硅合金的熔点），例如 B 点表示纯硅的熔点为 1 417 ℃，硅的熔点因加入金而下降，曲线上的 M_1 点表示加入 46%金原子（硅原子占 54%）的金硅合金的熔点下降到 1 000 ℃；同样，AC 曲线代表与金晶体相平衡的金硅熔液的温度（金硅合金的熔点），如 C 点为纯金的熔点 1 063 ℃，K 点表示按原子数百分比，金占 80%，硅占 20%的金硅合金的熔点为 800 ℃。AB、AC 的交点 A 即称为共晶点，或称低共熔点，它表示金硅合金可能达到的最低熔点，此点对应的共晶温度值为 370 ℃。温度高过共晶温度时，金硅合金开始熔化；低于共晶温度时，则熔体全部凝固。曲线 DE 称为固相线，也称共晶线。固相线下方为固相区。曲线 AB 与 AE 所夹的区域为固液共存区（图中注有 Si+液体字样），在此区中，C 等于 2，P 也等于 2（熔体+固态硅结晶），所以φ=1。对于曲线 AC 与 AD 所夹的区域可做同样的分析，在此区域中是熔体与固态金结晶共存（图中注明 Au+液体）。平衡时，金硅共熔体中金和硅的比例由曲线 AB 或 AC 决定，AB 代表不同温度下硅在金硅熔体中的饱和溶解度，AC 代表不同温度下金在金硅熔体中的饱和溶解度。假如硅（或金）在熔体中的含量超过了该温度下的饱和溶解度，将有硅（或金）晶体从熔体中析出。这也就是φ=1 所表明的事实：如果温度确定了，各相的组成是不能再任意变化，即液相中的金、硅比例和析出的固相的数量都是确定的。为具体起见，下面说明一种有确定组成的金硅合金的冷却过程。

设有一由 54%的硅原子和 46%的金原子组成的合金，在 1 200 ℃时它是单一的液相——金硅共熔体，由相图中的 M 点表示，从 1 200 ℃开始冷却，当到达 1 000 ℃时，代表此合金的状态的点落到液相线 BA 的 M_1 上，从此点开始，温度只要再有微小的下降，就会有微量纯硅结晶析出，温度再继续下降，纯硅不断析出，液相金硅熔体中金的含量百分比也不断加大。金硅系统的总组成百分比不变，与纯硅成平衡的熔体的组成，将随温度下降，沿曲线 BA 变化，如达到 750 ℃，系统总的组成仍是金原子占 46%，硅原子占 54%，由 M_2 点代表，但此时与析出的纯硅晶体成平衡的金硅熔体的组成，是由液相线上 F 点（对应 750 ℃）代表，其中金原子所占的百分数为 58%，硅为 42%。当温度继续降到 370 ℃（共晶温度）时，系统的代表点为 M_A，液相的组成用 A 点代表，此时熔体中除硅外，金也开始以晶态析出。在 A 点，温度与组成都是不能任意改变的定值，即 $\varphi=0$。据 $\varphi=C-P+1$，由 $C=2$，得 $P=3$，即在此点上三相共存，三相是指金硅熔体、晶体硅和晶体金。温度再下降，刚一越过 A 点，固体的结晶金和结晶硅同时析出，形成所谓"共晶"，此共晶的组成即是 A 点所代表的组成：硅原子占 31%，金原子占 69%。

假如金硅合金中硅的成分小于 31%，从单一液相开始冷却，随温度降低，代表此合金状态的点将与液相线 CA 相交，从此交点开始，只要温度再微有下降，就会有纯金结晶析出，液相金硅熔体中硅的含量百分比不断加大，当温度继续降至 370 ℃（共晶温度）时，硅也开始以晶态析出，温度越过 A 点，即形成"共晶"。任何原始成分的金硅合金，当温度高过共晶温度 370 ℃时，金硅合金开始熔化；低于共晶温度时，熔体全部凝固。

应该提起注意，上述的过程是指温度无限缓慢下降，时时使熔体中各相保持平衡时的情况，在实际过程中，当温度以有限速度（尽管很缓慢）下降时，各相间的平衡尚未很好地建立，则凝固后的固相成分未必与相图所给出的一样。

§ 12–2　化学平衡　质量作用定律

上一章曾讨论过吉布斯函数判据，在等温等压条件下，平衡态的吉布斯函数最小。现将此判据用于研究化学反应的平衡。因为一般总是讨论给定的温度及压强下的化学平衡，所以用吉布斯函数判据是适宜的。

考虑如下的一个反应

$$aA+bB+\cdots \rightleftharpoons eE+fF+\cdots \tag{12-2}$$

左方的 A、B…代表反应物，右方的 E、F 代表生成物，a、b…和 e、f…代表每种成分的摩尔数。反应式中的双向箭头表示反应可沿两个方向进行。在达到平衡时，表明 $A+B+\cdots$ 形成 $E+F+\cdots$ 的数量与同时由 $E+F+\cdots$ 生成 $A+B+\cdots$ 的数量一样多，所以出现在反应式中的各种成分不但同时存在，而且数量不随时间变化，达成定态。设由式（12-2）所表示的化学反应处于平衡态附近，并设反应物中微量的 $\mathrm{d}n_A$、$\mathrm{d}n_B$ …变成生成物 $\mathrm{d}n_E$、$\mathrm{d}n_F$ …，此时吉布斯函数的改变量应为

$$\Delta G = \Delta G_{生成物} - \Delta G_{反应物}$$

写成

$$\Delta G = (\mu_E \mathrm{d}n_E + \mu_F \mathrm{d}n_F + \cdots) - (\mu_A \mathrm{d}n_A + \mu_B \mathrm{d}n_B + \cdots) \tag{12-3}$$

式中 μ 代表的各种成分的化学势，也就是 1 摩尔该种物质的吉布斯函数。根据吉布斯函数判据，在平衡时，$\Delta G=0$，于是有

$$(\mu_E \mathrm{d}n_E + \mu_F \mathrm{d}n_F + \cdots) - (\mu_A \mathrm{d}n_A + \mu_B \mathrm{d}n_B + \cdots) = 0 \tag{12-4}$$

再将上式写成

$$\left(\mu_E \frac{\mathrm{d}n_E}{\mathrm{d}n_A}+\mu_F \frac{\mathrm{d}n_F}{\mathrm{d}n_A}+\cdots\right)-\left(\mu_A \frac{\mathrm{d}n_A}{\mathrm{d}n_A}+\mu_B \frac{\mathrm{d}n_B}{\mathrm{d}n_A}+\cdots\right)=0 \tag{12-5}$$

其中$\mathrm{d}n_E/\mathrm{d}n_A$、$\mathrm{d}n_B/\mathrm{d}n_A$等是反应物和生成物的相对数量，它们是由化学反应式（12-2）中的系数e、f、…、a、b、…等联系在一起的，即

$$\frac{\mathrm{d}n_E}{\mathrm{d}n_A}=\frac{e}{a},\frac{\mathrm{d}n_B}{\mathrm{d}n_A}=\frac{b}{a},\frac{\mathrm{d}n_F}{\mathrm{d}n_A}=\frac{f}{a},\frac{\mathrm{d}n_A}{\mathrm{d}n_A}=1,\cdots$$

于是，把式（12-5）两边乘以a，即得到

$$(e\mu_E+f\mu_F+\cdots)-(a\mu_A+b\mu_B+\cdots)=0 \tag{12-6}$$

式（12-6）的左方称为“反应势”。式（12-6）表明，当反应势等于零时，反应达到平衡状态。现在应用式（12-6）于反应物及生成物均匀气态的反应。

设每一种成分都服从理想气体的诸定律，并设每种成分在1个大气压下各不同温度的吉布斯函数均为已知，用μ^0代表（右上角的0不是指数），即在一标准大气压下，μ^0只是温度的函数，根据$\mathrm{d}g=v\mathrm{d}p-s\mathrm{d}T$（$g$代表1摩尔物质的吉布斯函数，即是化学势$\mu$），可见在固定温度下，$\mathrm{d}T=0$，故$\mathrm{d}g=\mathrm{d}\mu=v\mathrm{d}p$，已设各成分均为理想气体，所以

$$\mathrm{d}\mu=v\mathrm{d}p=\frac{RT}{p}\mathrm{d}p=RT\mathrm{d}(\ln p) \tag{12-7}$$

在固定的温度下，如压强从1大气压变到p大气压，化学势从μ^0变到μ，得

$$\mu-\mu^0=RT[\ln p]_1^p=RT\ln p$$

或

$$\mu=\mu^0+RT\ln p \tag{12-8}$$

在上积分中下限取1，表示μ^0为1个大气压下的化学势（温度为T固定）。

式（12-8）即在压强为p（大气压），温度为T的条件下的化学势表示式，把式（12-8）代入式（12-6），得到

$$e(\mu_E^0+RT\ln p_E)+f(\mu_F^0+RT\ln p_F)+\cdots-a(\mu_A^0+RT\ln p_A)-b(\mu_B^0+RT\ln p_B)-\cdots=0$$

其中p_E、p_F、p_A、p_B…等为E、F、A、B…各成分的分压。整理上式，得

$$\begin{aligned}&(e\mu_E^0+f\mu_F^0+\cdots-a\mu_A^0-b\mu_B^0-\cdots)+\\&RT(e\ln p_E+f\ln p_F+\cdots-a\ln p_A-b\ln p_B-\cdots)=0\end{aligned} \tag{12-9}$$

前一项表示当全部反应物和生成物在1个大气压下发生反应时，吉布斯函数的变化，称为反应的“标准吉布斯函数变化”，用ΔG^0代表；第二项中$e\ln p_E,\cdots a\ln p_A,\cdots$等可以写成$\ln p_E^e,\cdots,\ln p_A^a,\cdots$所以式（12-9）又可以写成

$$\Delta G^0+RT\ln\frac{p_E^e p_F^f\cdots}{p_A^a p_B^b\cdots}=0$$

或

$$\frac{p_E^e p_F^f\cdots}{p_A^a p_B^b\cdots}=\exp\left[-\frac{\Delta G^0}{RT}\right] \tag{12-10}$$

上式左方可用K_p代表，称为平衡常数，该常数由各成分的分压表示，因而在K右下角加上“p”。K_p只决定于温度，这是因为ΔG^0只决定于温度而与压强无关。但K_p的数值与压强所用的单位有关。如把平衡常数用摩尔分数来表示，则由反应$aA+bB+\cdots \rightleftharpoons eE+fF+\cdots$的

总压强为 $p = p_A + p_B + \cdots + p_E + p_F + \cdots$，是各反应物和生成物的分压总和（道尔顿分压定律），可将各分压与总压强之比表示为

$p_A / p = x_A$， $p_B / p = x_B$，…； $p_E / p = x_E$， $p_F / p = x_F$，…各 x 即为各种成分的摩尔分数，如

$$x_A = \frac{n_A}{n_A + n_B + \cdots + n_E + n_F + \cdots} = \frac{n_A}{\sum_i n_i} \cdots$$

其余类推，式中求和是对反应物和生成物全体求和，i 代表反应物和生成物。

于是式（12-10）可以写成

$$K_p = \frac{p_E^e p_F^f \cdots}{p_A^a p_B^b \cdots} = \frac{x_E^e x_F^f \cdots}{x_A^a x_B^b \cdots} p^{(e+f+\cdots)-(a+b+\cdots)} \tag{12-11}$$

令 $\frac{x_E^e x_F^f \cdots}{x_A^a x_B^b \cdots} = K_x$，同时令 $(e + f + \cdots) - (a + b + \cdots) = \Delta n$，则

$$K_p = K_x p^{\Delta n} \tag{12-12}$$

方程式（12-10）及式（12-12）均为“质量作用定律”的一种形式，这两个式子可以用来分析温度与压强对化学反应平衡的影响，温度对 K_p 的影响已反映在式（12-10）中；压强的影响则可从 $p^{\Delta n}$ 看出，如 $\Delta n = 0$，即反应前后的摩尔数不变，则压强对反应的平衡无影响。

对于非气相的反应（如溶液中的反应）的化学平衡问题，此处不再进一步讨论。读者可参阅有关“化学热力学”的专著。

顺便指出，质量作用定律并不限于讨论通常意义上的化学平衡问题。例如，在半导体中，施主的电离过程可以写成

$$（电子）+（电离施主）\rightleftharpoons（中性施主）$$

按质量作用定律，在平衡时可以写出

$$\frac{[导带电子浓度]\times[电离施主浓度]}{[中性施主浓度]} = K(T)$$

$K(T)$ 是一个温度的函数。

§12–3 绝热去磁以获得低温及热力学第三定律

利用绝热膨胀、节流过程的焦—汤效应，可以使空气、氢气、氦气等气体液化，在大气压下，液体氦的沸点是 4.21 K。如用抽气机将氦蒸气迅速抽走，使液氦在低压沸腾，最低可达 0.7 K。

1. 绝热去磁以获得低温

为进一步降低温度，德拜（P. T. W. Debye，1884—1966）和乔克（W. F. Giauque，1895—1982）在 1926 年各自独立地提出了利用顺磁盐类的绝热去磁以获得更接近绝对零度的方法。原理是，把顺磁盐样品置于由液态氦维持在近于 1 K 的环境中，样品周围充以氦气以与外界形成热接触，加上磁场，样品被磁化，即样品的磁偶极子被外磁场取向，磁场所作的磁化功所产生的热可以由低温环境吸收，维持温度不变，故可称为“等温磁化”。当磁化样品温度稳

定之后，样品被“绝热”，即把样品周围氦气抽走，使样品与外界“热绝缘”，同时将外磁场去掉到零（如将电磁铁电流切断），这就是所谓的“绝热去磁”。样品的磁偶极子失去了外磁场的约束，将恢复到原来的无规则状态，但样品已经与外界绝热，外界无法提供热量，所以所需能量只能由消耗自身的内能取得，从而使顺磁盐的温度下降。这种情况，与等温压缩气体，再使气体绝热膨胀而使温度下降的情况类似。

下面，从热力学的角度来分析“绝热去磁”的过程。

设 M 为顺磁样品的磁化强度。当样品置于磁场中磁化，而使 M 增加到 $\mathrm{d}M$ 时，磁场对样品所作的功为 $-H\mathrm{d}M$［见式（10-5），式中已将常量 μ_0 省去未写，且取被磁化物质为单位体积］，假设在磁化过程中样品体积变化不大，$p\mathrm{d}V$ 形式的功可以不予考虑，按热力学第一定律，可以写出

$$\mathrm{d}U = \text{đ}Q - \text{đ}W = \text{đ}Q - (-H\mathrm{d}M) = \text{đ}Q + H\mathrm{d}M \tag{12-13}$$

现在可以用 H、M、T 为变量来描述该磁系统。把式（12-13）与 $\mathrm{d}U = \text{đ}Q - p\mathrm{d}V$ 相比，形式极为相似，M 相当于 V，$-H$ 相当于 p，因而，在前面已推导出的以 p、V 为变量的公式中，把 p、V 换成 $-H$、M，即能得到所需的公式。对于现在的磁系统，在第 11 章中，把 $T\mathrm{d}S$ 方程，利用麦克斯韦关系，写成式（11-21）

$$T\mathrm{d}S = C_p \mathrm{d}T - T\left(\frac{\partial V}{\partial T}\right)_p \mathrm{d}p$$

现在，经把 $p \to -H, V \to M$，上式可以写成

$$T\mathrm{d}S = C_H \mathrm{d}T + T\left(\frac{\partial M}{\partial T}\right)_H \mathrm{d}H \tag{12-14}$$

其中 C_H 是维持磁场不变的条件下磁性样品的热容量。在绝热（等熵）过程中，$\mathrm{d}S=0$，则

$$-C_H \mathrm{d}T = T\left(\frac{\partial M}{\partial T}\right)_H \mathrm{d}H$$

或

$$\frac{\mathrm{d}T}{\mathrm{d}H} = -\frac{T}{C_H}\left(\frac{\partial M}{\partial T}\right)_H \tag{12-15}$$

还可写成

$$\left(\frac{\partial T}{\partial H}\right)_S = -\frac{T}{C_H}\left(\frac{\partial M}{\partial T}\right)_H \tag{12-16}$$

利用这个关系结合顺磁性物质的居里（P. Curie，1859—1906）定律，可以得到绝热去磁温度下降的热力学理论依据。适用于顺磁性物质的居里定律是：磁化率 χ 与绝对温度成反比，写成

$$\chi = \frac{M}{H} = \frac{C}{T} \tag{12-17}$$

式中 C 称为居里常数。把式（12-17）代入式（12-16），得

$$\left(\frac{\partial T}{\partial H}\right)_S = -\frac{T}{C_H}\left(\frac{\partial (CH/T)}{\partial T}\right)_H = -\frac{T}{C_H}\left(-\frac{CH}{T^2}\right) = \frac{CH}{C_H T} \tag{12-18}$$

式（12-18）的右方为正，因而

$$\left(\frac{\partial T}{\partial H}\right)_S>0 \tag{12-19}$$

由此可见，在绝热条件下，磁场减小时，温度随之下降。

由式（12-14）看出，对于等温过程，因 T 不变，$\mathrm{d}T=0$，所以

$$\mathrm{d}S=\left(\frac{\partial M}{\partial T}\right)_H\mathrm{d}H$$

于是

$$\left(\frac{\partial S}{\partial H}\right)_T=\left(\frac{\partial M}{\partial T}\right)_H \tag{12-20}$$

但

$$\left(\frac{\partial M}{\partial T}\right)_H<0$$

所以

$$\left(\frac{\partial S}{\partial H}\right)_T<0 \tag{12-21}$$

这说明，在等温磁化时，熵要减少。

早在 1935 年，已能利用顺磁性盐 $Cs_2SO_4Ti_2(SO_4)_3\cdot 24H_2O$（钛铯矾）为工作物质，当磁场从 24 000 高斯降到 1 高斯去磁时，得到 0.003 4 K 的低温。如利用原子核的自旋磁矩，用磁场使之有序化，再绝热去磁，可以得到更低的温度。后来，西蒙（F. E. Simon，1893—1956）用铜为工作物质，用两级绝热去磁曾获得 10^{-5} K。现在已经能达到 10^{-6} K 或更低的温度。

2. 绝对零度能否达到？

前面，在介绍热力学第三定律时，已经明确地提出：绝对零度不能达到。现在可以结合绝热去磁获得低温的方法，进一步对此问题予以说明。实质上，核心问题是热力学第三定律。

先分析“磁化→绝热去磁”这一过程，如图 12-3，以纵轴代表温度 T，横轴代表磁场 H，设从 $H=0$ 的状态 a（在 T 轴上）开始，等温地把磁场 H 上升到一定值，系统到达状态 b，过程 $a\to b$ 代表等温磁化过程；然后进行绝热去磁过程，磁场降到零，温度降到 c 点所对应的 T 值，图中用 $b\to c$ 表示，此后，再进行一次等温磁化 $c\to d$，再经历一次绝热去磁 $d\to e$，温度再次下降。实验表明，从一次绝热去磁所能达到的温度大约是与起始温度成比例。如果第一次绝热去磁得到的温度为起始值的一半，则第二次绝热去磁达到的温度又约为第一次去磁后得到的温度的一半，据此，为达到绝对零度就需要无限次绝热去磁。实际情况是，所有的降温过程的一个基本共同特征为：达到的温度越低，使之进一步下降越困难。用有限的手续达到绝对零度是不可能的。

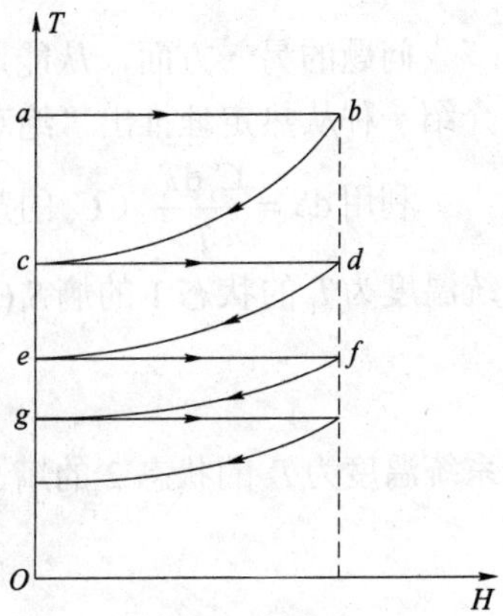

图 12-3

在 § 11-6 的“绝对零度不可达到”原理一节中，已经介绍过：“不可能用有限的过程使一个物体冷却到绝对零度”这种热力学第三定律的表达方式，如果把它作为一条根据经验事实总结出来的独立原理，以之为出发点，可以论证出能斯特热定理成立。

据式（12-21）等温磁化时，熵将减少。于是设想画出磁化→绝热去磁的温—熵（T–S）图如下：以纵坐标表示 T，横坐

标表示 S，以磁场 H 为参量。$H\neq0$ 的 T–S 曲线一定要比 $H=0$ 的 T–S 曲线更为靠近 T 轴，这是表示熵更小一些，如图 12-4 所示。在图中把两条曲线画成与 $T=0$ 的横轴交于两个不同点：S（0，0）与 S（0，H_1）上，以表示熵值的不同。但应注意，这是我们设想的情况。如果实际情况确实如此，马上可以推论出与热力学第三定律相矛盾的结果来。问题并不在于我们所设想的曲线形状是否与实际相符，而在于设想在绝对零度时，熵值不同。因为按照图 12-4 两条 T–S 曲线之间所画 $a\to b\to c\to d\to e\cdots$ 诸线段进行等温和绝热（等熵）过程的话，只需有限的步骤即可达到绝对零度。例如从 $e\to f$ 的过程代表 T 不变，H 由 0 增加到 H_1 的等温磁化，由 f 再一次绝热去磁（回到 $H=0$ 的曲线上），则马上与 $T=0$ 轴相交，即到达绝对零度了，而这是与热力学第三定律相矛盾的。如果不再设想两曲线与 S 轴（$T=0$ 轴）交于不同点，而换成图 12-5 的形状，立即可以看出，无论进行多少次等温磁化（如 $a\to b$，$c\to d$，$e\to f$，诸线段所示）和多少次绝热去磁（如 $b\to c$，$d\to e$，…诸线段所示），只能无限接近 $T=0$，而总达不到 $T=0$，这就与热力学第三定律相一致了。而图 12-5 中所画的 T–S 曲线的特点是，两条 T–S 曲线最后趋于共同的熵值。至于共同的熵值是否取为 0 与目前的讨论无关，此处我们只强调“趋于共同的熵”。这就是能斯特所提出的热定理：“凝聚系的熵在等温过程中的改变，随温度趋于绝对零度而趋于零。”以公式表示之

$$\lim_{T\to0}(\Delta S)_T=0 \tag{12-22}$$

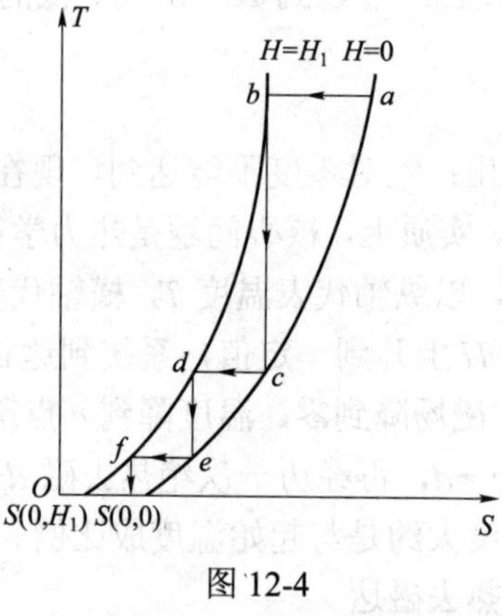

图 12-4

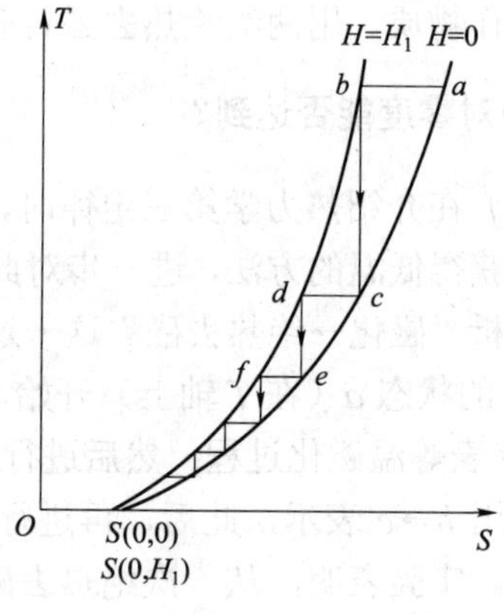

图 12-5

问题的另一方面，从能斯特热定理如何推出“绝对零度不可到达”尚未讨论，现在扼要介绍一种从热定理推出“绝对零度不可到达”这一结论的方法。

利用 $\mathrm{d}S=\dfrac{C_x\mathrm{d}T}{T}$（$C_x$ 的意义见 § 11-6 的 4 中之（3），此处无妨具体地设想 C_x 为 C_H），系统温度为 T_1 的状态 1 的熵 $S_1(T_1)$ 可以表示为

$$S_1(T_1)=S_1(0)+\int_0^{T_1}\frac{(C_x)_1}{T}\mathrm{d}T$$

系统温度为 T_2 的状态 2 的熵 $S_2(T_2)$ 可以表示为

$$S_2(T_2)=S_2(0)+\int_0^{T_2}\frac{(C_x)_2}{T}\mathrm{d}T$$

根据能氏热定理 $\lim\limits_{T\to0}\Delta S=0$ 已经推论出 $S_1(0)=S_2(0)$，所以当使系统从状态 1 经一可逆绝热（等熵）过程到达状态 2 时，应有

$$\int_0^{T_1}\frac{(C_x)_1}{T}\,\mathrm{d}T=\int_0^{T_2}\frac{(C_x)_2}{T}\,\mathrm{d}T$$

如果这个过程可以用来使 $T_2=0$，则必有

$$\int_0^{T_1}\frac{(C_x)_1}{T}\,\mathrm{d}T=0$$

但是因为在 $T_1\neq 0$ 时，$(C_x)_1$ 有相当的数值，是大于 0 的，所以上式左方积分不能等于 0，或者说，上式不能成立，给予物理上的说明就是 $T_2=0$ 是不可能的，因而绝对零度是不能达到的。

§ 12-4　热辐射问题

先讨论“辐射压强”问题，然后用热力学的定律可以导出著名的斯忒藩（J. Stefan，1835—1893）定律。

热辐射作用到物体表面时，对物体施加压力。单位面积所受到的压力称为“辐射压强”。无论把光看成电磁波，还是把光看成光子流，都可以从理论上证明辐射压强的存在，并能给出定量的结果。

下面首先证明，如果投射到物体表面的辐射是一束平行的辐射，则辐射压强等于辐射能量密度（单位体积内的辐射能量）。这个证明完全依靠能量守恒定律，而不必涉及辐射的本质。

设想向一个黑体（能百分之百地吸收辐射能的物体）单位表面积垂直投射的辐射能量密度为 ψ，如果黑体不动，则在 $\mathrm{d}t$ 时间内入射到黑体内的能量为 $\psi c\mathrm{d}t\times 1$，其中 c 代表光速；“$\times 1$”表示乘上单位面积，这部分能量吸收后变成热 $\mathrm{d}Q$，而有

$$\mathrm{d}Q=\psi c\mathrm{d}t \tag{12-23}$$

因辐射压强的存在，在其作用下，黑体将沿辐射的投射方向移动，设移动的速度为 v，则 $\mathrm{d}t$ 时间内进入黑体的能量将变为

$$\mathrm{d}Q=\psi(c-v)\mathrm{d}t \tag{12-24}$$

二者之差为

$$\psi c\mathrm{d}t-\psi(c-v)\mathrm{d}t=\psi v\mathrm{d}t=\psi\mathrm{d}x \tag{12-25}$$

其中 $\mathrm{d}x=v\mathrm{d}t$，表示在 $\mathrm{d}t$ 时间内黑体移动的距离。在同一时间 $\mathrm{d}t$ 内，黑体接受的辐射能量应当相同，只是前一种情形，全部入射能量均转化为热；后一种情况，只有一部分转化为热，其余部分则使黑体移动作了功。若以 p 代表辐射压强，则使黑体移动 $\mathrm{d}x$ 的功应为 $p\times 1\times\mathrm{d}x$（此处之 1 仍代表单位面积）。若令式（12-25）的 $\psi\mathrm{d}x$ 与 $p\mathrm{d}x$ 相等，则可以得到

$$p=\psi \tag{12-26}$$

现在分析向黑体投射的辐射不是平行辐射，而是来自四面八方的漫射情况。设有一束射向黑体表面面积元 $\mathrm{d}A$ 上的辐射与 $\mathrm{d}A$ 的法线成 θ 角，则接受这一辐射的有效面积为 $\mathrm{d}A\cos\theta$，如图 12-6 所示。图中以 AB 代表面积元的侧面在纸面上的投影，$\mathrm{d}A\cos\theta$ 的投影是图中的 BC，辐射对于 $\mathrm{d}A$ 的作用力为 $\psi\cos\theta\mathrm{d}A$，此力在法线方向的分量应为 $\psi\cos\theta^2\mathrm{d}A$，这是面积元 $\mathrm{d}A$ 受到的垂直压力，但这只是来自与 $\mathrm{d}A$ 的法线成 θ 角的方向上辐射的贡献。考虑到射向 $\mathrm{d}A$ 的辐射来自四面八方，可以设想它们来自以 $\mathrm{d}A$ 为中心的半球面，这样，求出来自半球面上的每一个面积元对于 $\psi\cos^2\theta\mathrm{d}A$ 的贡献的平均值，即可得到 $p\mathrm{d}A$，此处 p 代表漫射辐射的

压强。

想象与 $\mathrm{d}A$ 法线成 θ 角的辐射来自半球上面积元 $\mathrm{d}B$（环带上的一小部分），$\mathrm{d}B=\rho\sin\theta\mathrm{d}\phi\cdot\rho\mathrm{d}\theta$ 如图 12-7。将 $\psi\cos\theta^2\mathrm{d}A$ 乘 $\mathrm{d}B$，然后对整个半球面积分，再以半球面积去除，即是我们所要求的 $p\mathrm{d}A$，也即

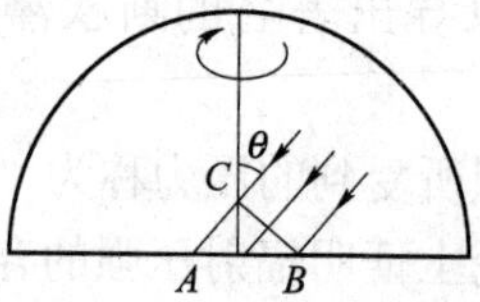

图 12-6

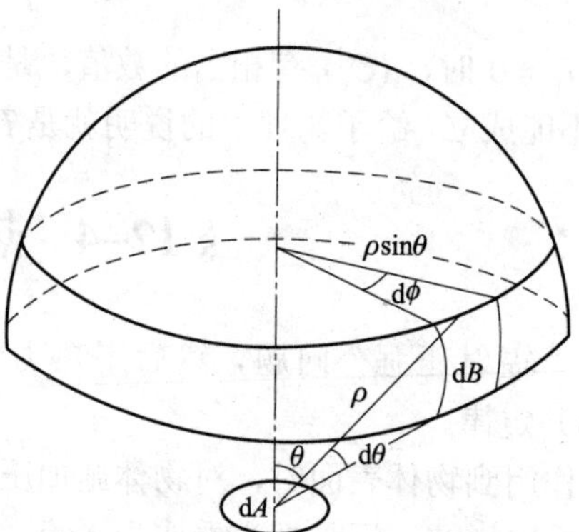

图 12-7

$$p\mathrm{d}A=\frac{\int_0^{2\pi}\int_0^{\pi/2}\psi\cos^2\theta\mathrm{d}A\rho^2\sin\theta\mathrm{d}\theta\mathrm{d}\phi}{\int_0^{2\pi}\int_0^{\pi/2}\rho^2\sin\theta\mathrm{d}\theta\mathrm{d}\phi}=\frac{1}{3}\psi\mathrm{d}A$$

得到

$$p=\frac{1}{3}\psi \tag{12-27}$$

辐射压强在辐射为漫射的情况下等于辐射能量密度的 1/3。

利用这个结果，可以用两种方法导出斯忒藩定律。

方法一：设想一空腔，体积为 V，其中辐射能量密度为 ψ，腔中总辐射能为 ψV。如辐射压强为 p，则 $p=\psi/3$。设空腔内温度为 T，所以外界的温度为 T 的热源，可以可逆地供应热量，假设给空腔的热量为 $\mathrm{d}Q$，其中一部分变成了内能，一部分使空腔膨胀 $\mathrm{d}V$ 而作功 $\psi\mathrm{d}V/3$。由热力学第一定律

$$\mathrm{d}Q=\mathrm{d}U+p\mathrm{d}V=\mathrm{d}(\psi V)+\frac{1}{3}\psi\mathrm{d}V=\psi\mathrm{d}V+V\mathrm{d}\psi+\frac{1}{3}\psi\mathrm{d}V=V\mathrm{d}\psi+\frac{4}{3}\psi\mathrm{d}V$$

熵的改变 $\mathrm{d}S=\mathrm{d}Q/T$ 为

$$\mathrm{d}S=\frac{V\mathrm{d}\psi}{T}+\frac{4}{3}\frac{1}{T}\psi\mathrm{d}V \tag{12-28}$$

因 $\mathrm{d}S$ 为一个全微分，所以把熵看成是以 ψ、V 为独立变量的函数，

应有
$$\left(\frac{\partial S}{\partial V}\right)_\psi=\frac{4}{3}\frac{\psi}{T};\quad\left(\frac{\partial S}{\partial\psi}\right)_V=\frac{V}{T}$$

利用
$$\frac{\partial}{\partial\psi}\left(\frac{\partial S}{\partial V}\right)_\psi=\frac{\partial}{\partial V}\left(\frac{\partial S}{\partial\psi}\right)_V$$

得到
$$\frac{\mathrm{d}\psi}{\psi}=4\frac{\mathrm{d}T}{T}$$
积分，得
$$4\ln T=\ln\psi+常数$$
所以有
$$\psi\propto T^4$$
或
$$\psi=aT^4 \tag{12-29}$$
其中 a 为比例常量。由于热辐射的发射本领 E（单位时间从单位面积上所辐射的能量）正比于ψ，所以 E 可以写成
$$E=\sigma T^4 \tag{12-30}$$
σ 为常量，其值为 $56.703\,2\times10^{-9}\ \mathrm{W/m^2\cdot K^4}$，称为斯忒藩常量。式（12-30）即斯忒藩定律。

方法二：设想一以热辐射为工作物质的卡诺循环。有一圆筒 L，配有无摩擦活塞 P，筒底有一小孔 O，可以允许热辐射进入或离开圆筒，小孔上配有不透热且反射良好的盖子 C，如图 12-8。筒壁、活塞、筒底等均由不透热材料制成，且热容量极小。这是一套想象中的以热辐射为工作物质的热机，现设此机在真空中进行卡诺循环。

（1）等温过程　把圆筒置于正对黑体 B_1 的位置上，将开口 O 打开，黑体 B_1 维持在温度 T_1，从 B_1 出来的黑体辐射进入圆筒，由于圆筒热容量极小，其内部可立刻达到温度 T_1，因圆筒与黑体 B_1 已达同样温度，处于热平衡状态，此时在单位时间内由 B_1 进入圆筒的辐射能量与由圆筒经 O 进入 B_1 的相同。在此条件下，圆筒内的辐射能量密度 ψ 只决定于温度 T_1，设过程开始时活塞在 P_1 位置，体积为 V_1，对应温度为 T_1 的辐射能量密度为 ψ_1，则辐射压强为 $p=\psi_1/3$。在辐射压力下，活塞向上运动。当达到 P_2 位置时，体积为 V_2，在此过程中，因为温度 T_1 维持不变，必须有一定辐射能量由黑体 B_1 经 O 流入筒内，由于

① 活塞对外作功 W，因 T_1 维持不变，ψ_1 也维持不变，p_1 也随之固定，于是此功为
$$W=\frac{1}{3}\psi_1(V_2-V_1)$$

② 由于圆筒内活塞以下的体积增加了 V_2-V_1，所以需要补充 $\psi_1(V_2-V_1)$ 的辐射能量。

由于以上两项，由高温热源黑体 B_1 输入的辐射能 E_R 应为
$$E_R=\frac{1}{3}\psi_1(V_2-V_2)+\psi_1(V_2-V_1)=\frac{4}{3}\psi_1(V_2-V_1) \tag{12-31}$$
这个等温过程在 p–V 图上应表示为一条平行于体积轴的横线 $1\to2$，如图 12-9。若膨胀很小，把 V_2-V_1 写成 $\mathrm{d}V$，相应地把 E_R 写成 $\mathrm{d}E_R$ 则

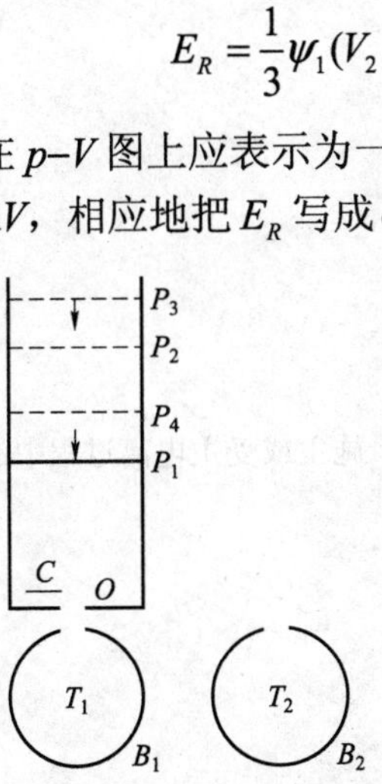

图 12-8

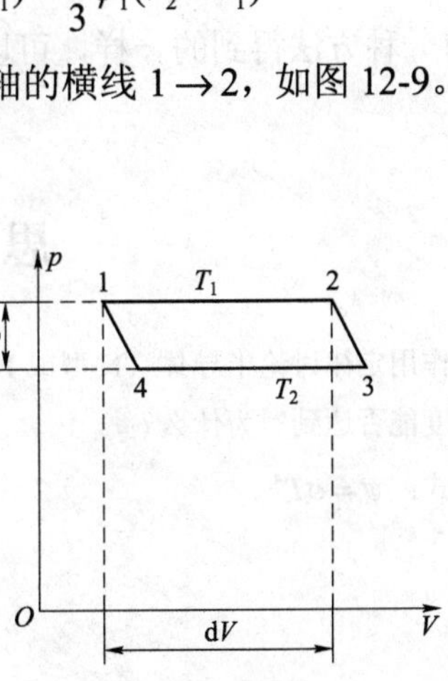

图 12-9

$$dE_R = \frac{4}{3}\psi_1 dV \tag{12-32}$$

（2）**绝热过程** 活塞到P_1位置后，用盖子把开口O盖上，由于反射性和不透热，可以阻止任何辐射能量进入，此时圆筒与外界热绝缘，活塞在绝热条件下，由P_2位置膨胀到P_3，活塞对外作功，消耗圆筒内现存在辐射能量。由于绝热作功和体积膨胀，圆筒内辐射能量密度由ψ_1降到ψ_2，温度相应地由T_1降到T_2，压强也下降到p_2，此过程由图 12-9 中线段 2→3 表示。如膨胀很小，T_1-T_2用 dT 表示，对应的辐射密度改变$\psi_1-\psi_2$用dψ表示，因$p=\psi/3$，对应的压强的变化为$dp = d\psi/3$。

（3）**等温过程** 现在把圆筒置于温度为T_2的黑体B_2之上，B_2即相当低温热源，打开 O 上的盖子，使活塞向下运动，由位置P_3移到P_4，在此压缩过程中，由于外界对系统作功，同时有辐射排出圆筒之外进入B_2，维持筒内温度为T_2，过程为等温压缩，由图 12-9 中横线 3→4 表示。

（4）**绝热过程** 把O用C盖上，进行绝热压缩，活塞由P_4位置回到P_1，体积也回到V_1，温度回到T_1，辐射能量密度回到ψ_1，压强回到p_1，如图 12-9 中线段 4→1 所示。

完成这样一个卡诺循环之后，系统对外所作净功，由图 12-9 中的 1-2-3-4 所围面积表示。因设体积、压强变化都很小，这个面积等于 dpdV，即

$$\text{净功}= dp dV = \frac{1}{3} d\psi dV$$

过程 1→2 中输入的辐射能为（4/3）ψdV（此处有意将ψ_1的下角标 1 略去），可得此热机的效率为

$$\frac{(1/3)d\psi dV}{(4/3)\psi dV} = \frac{1}{4}\frac{d\psi}{\psi}$$

按卡诺循环的效率为$\eta = (T_1 - T_2)/T_1$，用dT表示$T_1 - T_2$，则有

$$\frac{dT}{T} = \frac{1}{4}\frac{d\psi}{\psi}$$

或

$$4\frac{dT}{T} = \frac{d\psi}{\psi}$$

这个结果与前一种方法得到的一样，可以推得

$$\psi = \sigma T^4$$

思考题与习题

1. 用质量作用定律讨论半导体（N 型或 P 型）处于平衡时，施主或受主电离过程中的平衡方程式。
2. 绝对零度能否达到？为什么？
3. 推导公式：$\psi = \sigma T^4$。

第 13 章　统计物理的基本概念

§ 13-1　引　言

热学的微观理论，大约在 18 世纪才开始发展。贝尔努意（D. Bernouill，1700—1782）在 1738 年根据“气体的压强起源于气体分子对器壁的撞击作用”，而导出波义耳（R. Boyle，1627—1691）定律。气体动理学理论（即过去习惯上所称的“气体分子运动论”）①中的气体分子速度分布律、分子碰撞平均自由程的概念、输运现象的解释等大都出现于 19 世纪，做出主要贡献的是：克劳修斯、麦克斯韦和玻尔兹曼（L. E. Boltzmann，1844—1906）。他们的工作的重要意义在于把统计概念引入物理学，在宏观与微观之间建立起联系。统计物理中一个至关重要的基本公式：$S=k\ln W$（在熵的统计意义一节中介绍）就是这种联系的一个极好的说明。这个公式被刻在玻氏的墓碑上。1902 年，吉布斯创立了统计系综的理论，从原则上说，用这种理论的方法，可以根据一给定系统的微观组成部分的纯力学性质，计算出该系统的全部热力学函数。

1900 年，普朗克创立了“能量子”的概念以说明黑体辐射能量按频率的分布；1905 年，爱因斯坦提出“光子”的概念；到 1924 年，玻色（S. N. Bose，1894—1974）和爱因斯坦创立了“玻色—爱因斯坦统计”（以后简称 B—E 统计），包含在这一统计法之中的一个基本思想是“光子是不可区分的”。玻色用这种统计导出了普朗克的黑体辐射公式。1925 年，泡利提出“不相容原理”，随后费米（E. Fermi，1901—1954）在 1926 年证明受不相容原理限制的粒子遵从另一种统计规律，由于这一结果同时为狄拉克发现，所以称这种统计规律为“费米—狄拉克统计”（以后简写为 F—D 统计）。1928 年，索末菲（A. J. W. Sommerfeld，1868—1951）应用 F—D 统计于金属中的电子，发展了金属电子论，差不多全部由传导电子所引起的金属性质均能得到解释。至此，已经提到三种统计法：一种是麦克斯韦和玻尔兹曼所建立的统计（以后简写为 M—B 统计），由于这种统计方法中，认为微观粒子的运动遵守经典力学的规律，因而又称为“经典统计”，其余两种，即上述之“B—E 统计”与“F—D 统计”，因为它们依据的是量子理论，所以二者又统称为“量子统计”。实际上，M—B 统计是量子统计的经典近似。这部分统计物理的主要内容即介绍三种统计方法及其某些应用。

在热力学部分，开始就提到热力学与统计物理所研究的是同样的现象，热力学是宏观理论，统计物理则是微观理论。对于同一研究对象，二者采取了不同的处理方法。宏观的热力学的特点前面已经介绍，现在归纳微观的统计物理的特点为以下几点：

（1）它以物质由分子、原子等微观粒子组成为出发点，同时，还对这些微观粒子所遵守的运动规律做出假设。例如，假设他们服从经典力学或量子力学。

（2）它的目的是根据微观粒子的行为来解释物质的宏观性质；不是预言微观粒子的个体

---

① 据全国自然科学名词审定委员会公布的《物理学名词》（基础物理部分，1988 年，科学出版社），Kinetic theory of gases 定名为气体动理［学理］论（方括号内字可省略），气体分子运动论一词为被淘汰的名词。Kinetics 一词定为“动理学”。

行动，而在于它们的集体表现。

（3）描述微观个体的物理量，一般不能直接测量。例如，不能直接测量分子的坐标和速度。

（4）为把不能直接观测的微观粒子的个体运动与它们的集体表现（可直接观测的宏观现象）联系起来，必须用统计方法，把宏观量解释为微观量的统计平均值。或者说，宏观量反映的是大量的微观个体，一切可能的微观运动状态的平均结果。

为具体起见，以气体的密度来说明宏观量的统计性质。就同一种气体来说，气体的密度反映着单位体积内气体分子的数目，这个数目用 n 来代表。小体积 $\mathrm{d}v$ 内的分子数则应为 $n\mathrm{d}v$。由于分子是在不停地运动着，所以小体积 $\mathrm{d}v$ 中的分子数就不是恒定不变的，即使在平衡状态下要使 n 有稳定的数值，必须要求 $\mathrm{d}v$ 相对于分子大小来说是足够大，能容纳大量的分子；同时，观测时间从微观方面来说要足够长，即能包括多次的分子碰撞，只有这样，才能使分子运动造成的分子数密度起伏的影响变得不明显，而使我们能观测到一稳定的密度值。从实验上，的确可以观察到在测定的宏观密度值之上叠加有微小的起伏，这正反映了宏观观测量的统计平均的性质。

宏观上，为了表达空间某点的气体密度值，从我们熟悉的 $\rho=\dfrac{\mathrm{d}m}{\mathrm{d}v}=\lim\limits_{\Delta v\to 0}\dfrac{\Delta m}{\Delta v}$ 来看，取包围某点的小体积Δv，其中的气体质量为Δm，则单位体积的气体质量为$\Delta m/\Delta v$，体积Δv 取的越小，$\Delta m/\Delta v$ 越能比较真实地反映该点的密度值。显然，此处的宏观密度ρ 与上述的 n，是从不同的角度表示的同一事物。同样，为了真实地反映某一时刻的密度，则把包括某时刻在内的观测时间间隔取得越短，也就越能反映该时刻的密度值。必须注意到，在所用的宏观表示方法中，是把气体作为连续体来对待的，没有考虑其微观上的不连续结构。因而，可以把体积 Δv 取得任意小，把时间间隔Δt 取得任意小，但当我们把体积取得小到只包含少数分子，时间取得短到只包括很少次数的分子碰撞时，按照上面所说明的，根本不可能得到一个稳定的分子数密度值。

于是我们遇到这样的局面：

从宏观的方面来说，$\mathrm{d}v$ 的物理意义就是一个“小”体积。这个“小”是宏观上的小，是相对于整个被研究对象的体积而言的小，对于时间 $\mathrm{d}t$ 也是宏观上的“短”，是相对于全部物理过程变化所持续时间而言的短，不这样，就不足以显示出被观测的物理量在某“点”上或某“时刻”的值。

从微观方面来说，前面已经提到，空间小体积和时间间隔，对于分子和分子碰撞次数来说，要足够大和足够长。于是，可以总结出，对于空间和时间的要求，要满足的是，空间：宏观小而微观大；时间：宏观短而微观长。

实际上，由于在标准状态（0℃和 1 个大气压）下，1 cm^3 中的气体分子数约为 2.7×10^{19} 个，1 秒钟内的碰撞次数约为 10^{29} 次，如取一边长为 10^{-3} cm 的立方体，体积为 $10^{-9}\ \mathrm{cm}^3$，取观测时间为 10^{-6} s，则在此小体积内仍有 2.7×10^{10} 个分子，碰撞次数约为 $10^{29}\times10^{-9}\times10^{-6}=10^{14}$ 次，$10^{-9}\ \mathrm{cm}^3$ 和 10^{-6} s 从宏观上说，可算得够小够短了，但包括的分子数 10^{14} 个可谓够多，包括 10^{14} 次碰撞的时间也可谓够长，所以说，上面对空间和时间所提出的要求，还是能满足的。

由于统计物理以物质是由微观粒子组成这一认识出发的，所以它能洞察物质内在的性质和运动规律。又由于它应用统计方法，使得在大量粒子的个体运动与集体表现之间建立了联系，从而它能对宏观的现象和规律做出微观的解释。

§13-2 相 空 间

先来考虑一种最简单的系统——由单原子分子组成的气体。对于每一个分子，其任一时刻的运动状态，由其三个空间坐标 x、y、z 和三个动量分量 p_x、p_y、p_z 来确定，因每一个分子都需要用这 6 个量来描述，如有 N 个分子，则需要 $6N$ 个量来描述。可以想象一个六维空间，其坐标轴为 x、y、z、p_x、p_y、p_z，在这样的空间中的每一个"点"的坐标（x、y、z、p_x、p_y、p_z）就与一个分子的运动状态相对应。这样一个多维空间，能把众多分子的空间位置与动量一起表示出来。可以把这个空间分成许多体积元，体积元的边界，划分出一定的分子位置和动量的范围，所以包括在某个体积元中的"点"，就对应位置和动量在此范围内的气体分子。如果所讨论的分子的运动彼此独立，相互作用可以略去不计，即所谓"近独立粒子系统"，则无需考虑它们之间的相互作用势能，只需考虑它们的动能；所以系统的能量也就是各个分子能量之和。于是，一定的动量范围（相当于一定的分子速度范围），也就对应一定的能量范围。因而，利用这样的多维空间，可以把全部气体分子作如下的描述：

有 N_1 个分子在体积元 1 内，具有平均能量 E_1，

有 N_2 个分子在体积元 2 内，具有平均能量 E_2，

…

有 N_i 个分子在体积元 i 内，具有平均能量 E_i，

…

这些体积元当然应满足宏观上足够小，微观上足够大的条件。这一系统的分子总数可以表示为

$$N = N_1 + N_2 + \cdots + N_i + \cdots = \sum_i N_i$$

这个系统的总能量可以表示为

$$E = N_1E_1 + N_2E_2 + \cdots + N_iE_i + \cdots = \sum_i N_iE_i$$

上述想象中的空间即称为分子相空间，也称 μ 空间。此分子相空间中所取体积元可以表示为 $\mathrm{d}x\mathrm{d}y\mathrm{d}z\mathrm{d}p_x\mathrm{d}p_y\mathrm{d}p_z$，所谓满足"宏观小而微观大"的条件，是指既要求 $\mathrm{d}x\mathrm{d}y\mathrm{d}z$ 与整个气体系统的尺寸相比足够小，$\mathrm{d}p_x\mathrm{d}p_y\mathrm{d}p_z$ 与分子动量的整个范围比起来足够小，又要求在此体积内能包括足够多的表示分子运动状态的代表点。

统计物理中基本的问题就是求得微观粒子按能量的分布规律，即研究在不同的能量范围内的粒子数应如何计算。例如我们已经有所了解的气体分子速度分布律就是一个例子。利用分子相空间的概念来叙述这一问题就是：研究分子代表点在分子相空间的分布，因为分子的动量也就反映了分子的速度，所以在某一速度范围内的分子，就被描述为在某体积元中的分子代表点。

在量子力学部分，已介绍过"测不准关系"。这个关系可以表示为 $\Delta x\Delta p_x \geqslant h$，$\Delta y\Delta p_y \geqslant h$，$\Delta z\Delta p_z \geqslant h$，物理意义是，微观粒子在某一方向（如 x）上位置的不确定量 Δx，与此方向上粒子动量的不确定量 Δp_x 的乘积，在数量级上至少是普朗克常量——6.62×10^{-34} J·s。这与经典力学截然不同。按照经典力学，把一个质点的位置和动量同时确定到任何精确程度，在原

则上是没有任何限制的。所以按照经典力学，可以把一个粒子的运动状态用分子相空间的一个“点”来代表，但是根据测不准关系，$\Delta x\Delta y\Delta z\Delta p_x\Delta p_y\Delta p_z \geqslant h^3$，所以按照量子力学，一个粒子的代表点在相空间的位置，也就是为确定粒子的运动状态，在最好的情况下，也只能确定到大小为 h^3 的量级范围内。以后，称 h^3 为一个“相格”。这样，每一个相格就对应微观粒子的一个状态，所以相空间体积元 $\mathrm{d}x\mathrm{d}y\mathrm{d}z\mathrm{d}p_x\mathrm{d}p_y\mathrm{d}p_z$ 中的相格（状态）数为①

$$\frac{1}{h^3}\mathrm{d}x\mathrm{d}y\mathrm{d}z\mathrm{d}p_x\mathrm{d}p_y\mathrm{d}p_z$$

在同一相空间体积元内的粒子可以视为具有相同的，或者说是无限接近的能量。如果我们用 g 代表一个体积元内的“相格”数，则此 g 个相格所对应的状态应具有相同的或无限接近的能量。在量子力学中，具有相同能量的状态数称为“简并度”，所以按照量子力学的观点去理解，可以给相格以明确的物理意义，g 就代表简并度。

即使在以经典力学为基础的经典统计中，仍旧可以利用“相格”的概念。虽然按照经典力学，一个粒子的运动状态（位置和动量）的变化是连续的，即运动状态是非量子化的，是不可数的，但仍可人为地将分子相空间中的一个体积元分成许多小相格。使粒子代表点在小相格中的不管什么位置上，都可以看作是同一运动状态。这样做的结果，可以使经典力学中的粒子运动状态成为可数，这对于使用统计方法是一个很大的方便。当然这些小相格不具有像 h^3 那样的物理意义。以后，不管是在讨论经典统计时还是在讨论量子统计时，都用 g 这个符号代表相空间体积元中的相格数。不过，应当指出，在经典统计中，可以把各体积元中的 g 均取为 1。

引入相格的概念之后，重新把前面提到的统计物理的基本问题——粒子按能量的分布，用粒子在分子相空间中的分布形式表示如表 13-1。

表 13-1

相空间	(1)	(2)	(3)	…	(i)	…	(k)
体积元	$\Delta\tau_1$	$\Delta\tau_2$	$\Delta\tau_3$	…	$\Delta\tau_i$	…	$\Delta\tau_k$
相格数	g_1	g_2	g_3	…	g_i	…	g_k
粒子数	N_1	N_2	N_3	…	N_i	…	N_k
粒子能量	E_1	E_2	E_3	…	E_i	…	E_k

最终的目的是求得在给定的限制，如总粒子数恒定，总能量恒定等条件之下，在平衡状态粒子按能量分布的定量形式究竟是什么？

前面利用了一种比较简单的研究对象——单原子分子气体来说明分子相空间的概念。对于单原子分子，决定其空间位置的独立坐标数为 3，即自由度为 3[11，一册]，表示其运动状态的分子相空间的维数为 6，即自由度数乘以 2。一般说来，对于近独立粒子所构成的系统，如其

① 读者或许提出，由测不准关系的严格形式，$\Delta x\Delta px \geqslant h/4\pi$ 及 y、z 两个同样形式的公式，推出的相格体积应为 $\Delta x\Delta y\Delta z\Delta p_x\Delta p_y\Delta p_z \geqslant h^3/(4\pi)^3$，取等号也应是 $h^3/(4\pi)^3$。相格体积 h^3 另有方法导出，与测不准关系并无矛盾，对此问题的讨论已超出本教材的范围，希望深入了解的，可以参看 D.TerHaar:《Elements of Statistical mechanics》1955 年，有中译本:《统计力学基础》，62–63 页，丁厚昌等译，上海科技出版社，1980 年 10 月第一版。我们采用的方法比较直观，易接受，其他教材也有用此方法的。

自由度数为 S，则描述其运动状态的分子相空间的维数应为 $2S$，即由 S 个（广义）坐标及其共轭变量 S 个（广义）动量构成。

如果更进一步，把组成整个系统的 N 个粒子的坐标和动量，一共 $2NS$ 个变量，构成一个 $2NS$ 维空间，则这样的空间中的一个点就能代表整个系统的一个状态，而不必像在分子相空间中需要用 N 个点来表示，这样的 $2NS$ 维空间称为“系统相空间”，也称“Γ 空间”。利用这样的空间，一个系统的状态随时间的变化，可以用系统相空间中的一条轨迹表示，如图 13-1 所示。图中的 $[p]$、$[q]$ 代表想象中的 NS 维的动量和 NS 维的坐标。

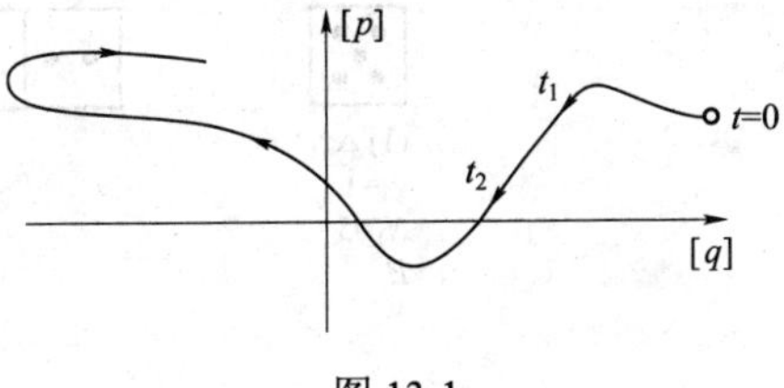

图 13-1

前面已经提到，统计物理中的统计平均值是在一定的宏观条件下，对一切可能的微观运动状态的平均值。这个平均值实际上也就是在一段宏观上足够短、微观上足够长的时间间隔内，所包括的全部微观态的平均。用图 13-1 来说明，也就是系统相空间中的一段轨迹，如 t_1 到 t_2 之间，所包括的各个状态的平均。吉布斯（就是那位对热力学也大有贡献的吉布斯）引入了“系综”的概念：所谓“系综”，就是同一个系统的极大数目的“复制品”的集合。即极大数目的具有同样化学性质、同样粒子数、同样的宏观状态的系统，这些系统的微观状态有一定的分布规律，这样的集合的代表点按分布规律分布在系统相空间中。或者说得通俗一点，系统的这些极大数目的“化身”（姑且用此名称）的总体，即称为“统计系综”。对相空间中的这些代表点，同时一次取平均，可以代替对不同时刻的微观状态求平均。当然，二者等效还需证明，严格的分析已超出我们现在所能讨论的范围，但可以举一个虽不完全恰当，但有助于理解的例子来说明。例如掷一个硬币，落地后正面向上和背面向上的机会各为二分之一，如果随意投掷极多的次数，比方说，投一万次，大致可以预期有五千次左右正面向上，五千次左右背面向上；如果用一万枚相同的硬币一次同时投掷，大概有五千枚正面向上，五千枚背面向上。可见，多个硬币的一次平均与一个硬币的多次平均结果相当。藉此，可以想象，同时对系综中多个系统的某 x 值求平均，与对同一系统按不同时刻的 x 值求平均，结果是一样的。

本书不可能对“系综理论”展开详尽的讨论，在以后的章节中，将用求“分子相空间”中粒子的最概然分布的方法，来讨论与专业内容比较密切的问题。不过，学会求“最概然分布”的数学方法，对于深入了解“系综理论”很有用处。希望深入了解的读者可以参看任何一本统计物理的专著。①

§13–3 宏观态与微观态

在热力学中，用一些宏观参量（如体积 V、温度 T、压强 p、…）来描述一个处于平衡状态的系统，可以说是确立了系统的“宏观态”。从统计物理的观点看，一个宏观态所对应的微观描述方式应为：系统在平衡状态下，具有能量 E_i（E_1，E_2，…）的粒子数 N_i（N_1，N_2，…）各为多少？因为这种粒子按能量的分布决定了系统的内能，即决定了系统的状态。

① 关于系综的介绍，可以推荐一本教材。B.J.Mc Clelland：《Statistical thermodynamics》1973 年，中译本名《统计热力学》，龚少明译，上海科技出版社，1980 年 12 月第一版。此书最后一章（十四章）为“正则系统”，298–319 页，好处是篇幅不长，叙述简明扼要，且有应用为例，在本教材的基础上，阅读此书无困难。

为便于想象，利用示意图 13-2，其中给相格编号Ⅰ、Ⅱ、Ⅲ、…给出 g、N 的具体数字只是为了说明上的方便。

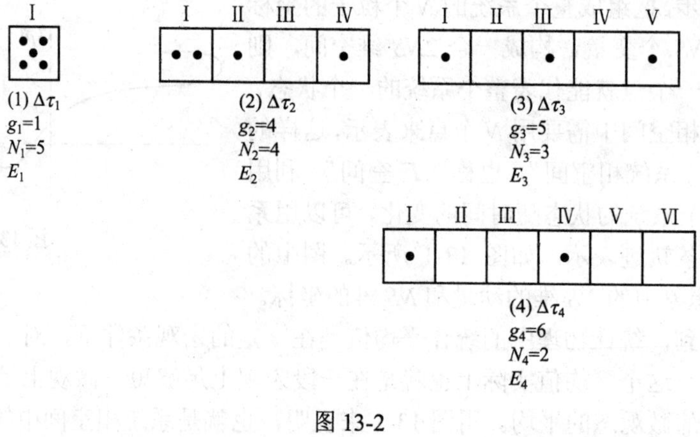

图 13-2

微观态，指的是微观粒子的力学状态。详细指明每一个粒子都处于什么样的相格中，也就是指明处于什么样的运动状态，才算确定了一个微观态。例如，按图 13-2，开列一个清单，指明在$\Delta\tau_4$中，相格Ⅰ中有一个粒子（用圆点代表），在相格Ⅳ中有一个粒子，在相格Ⅱ、Ⅲ、Ⅴ、Ⅵ中没有粒子；在$\Delta\tau_3$中，有 3 个粒子，分别在相格Ⅰ、Ⅲ、Ⅴ中；以及在$\Delta\tau_2$、$\Delta\tau_1$中，各有多少粒子，都位于哪个相格中，等等。总之，只有充分描述了粒子的运动状态，才算确定了一个微观态。

假如在$\Delta\tau_4$中，N_4仍等于 2，但是一个粒子是在相格Ⅱ中，另一个仍在相格Ⅳ中，其余的情况与前面说的一样，则对应的是与前一种情形不一样的另一种微观态。

又假如$\Delta\tau_4$中的Ⅰ中的粒子与Ⅳ中的粒子互换状态，即Ⅰ中粒子到Ⅳ中，Ⅳ中粒子到Ⅰ中，是否变成一种新的微观态呢？我们可能直观地认为，既然是同种粒子，大小、质量、性质完全一样，当然不能算是一种新的微观态。然而，问题并非如此简单。要比较明确地回答刚刚提出的问题，需要讨论粒子的可分辨性与不可分辨性（或粒子的全同性）问题。

在量子力学部分，曾介绍过全同粒子的不可区分性（§6-4），指出：“在经典力学中，可以利用坐标和动量时时刻刻追踪任何质点的轨迹。…始终能区分出哪个粒子是 a，哪个粒子是 b…，但在量子力学中情况完全不同…。”在经典力学中，尽管两个粒子的固有性质完全相同，仍然能区别这两个粒子，因为它们在运动过程中都有自己确定的轨道，在任何时刻，都有确定的位置和速度。我们在经典力学简介部分曾指出牛顿力学的突出特征是决定论，粒子的初始状态一经确定，则可以根据哈密顿正则方程求得粒子在任何时刻的运动状态，正是在这样的意义上，我们说粒子是可分辨的。至少在原则上（不管实际上能否做到）可以跟踪一个粒子的轨迹而把它辨认出来。从量子力学的观点来看一个粒子的运动问题，则是另一种样子；由于微观粒子的波粒二象性，追踪一个粒子的轨迹来辨认相同的粒子是毫无意义的。例如在电子绕射现象中，我们不能不放弃辨认出其中一个电子轨迹的企图，这种辨认上的不可能，并非技术上的问题，而是带有本质的性质的。

现在回到原来的问题上来。

把图 13-2 中的$\Delta\tau_4$单独画出，如图 13-3（a）、（b），如果按经典力学，粒子是可分辨的，则可以给它们编上号 a、b。于是图 13-3（a）与图 13-3（b）从经典力学的观点来看，尽管 a

与 b 两个粒子是同种粒子，也应对应两种不同的微观态，因为粒子 a 与粒子 b 都改变了它们的运动状态。然而，按照量子力学，给粒子编号根本没有意义，全同的 a 与 b 无法像经典力学那样区分，所以图 13-3 的（a）与（b）没有区别，只能算一种微观态。可见微观态的计数方法，与我们采用的基本出发点——认为粒子的运动服从经典力学的规律还是量子力学的规律——有关，微观态计数方法之不同是经典统计与量子统计的重大区别。至于宏观态，因为只需指出各体积元中的粒子数。所以无论粒子是否可以分辨，得到的结果都是一样的。

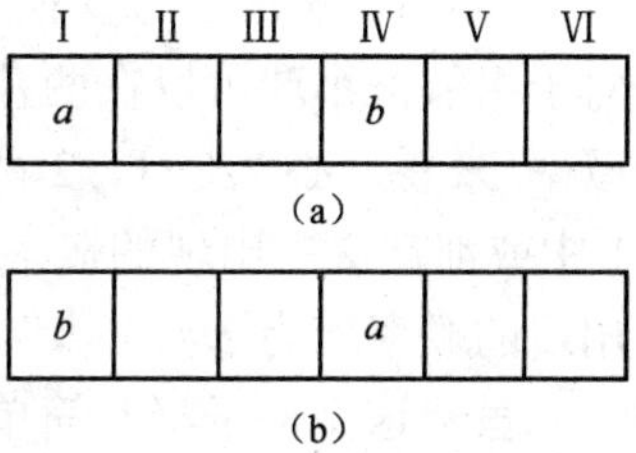

图 13-3

不管微观态的计数方法如何，有一点是肯定的，即一种宏观态可以对应多种微观态。我们应当研究如何计算一个宏观态所对应的微观态的数目。解决这个问题是很重要的，在此应再强调一次：实际观测到的宏观参量，描述的是系统的宏观态，当系统处于平衡态时，宏观性质能长期维持不变，但组成系统的微观粒子是在不断地运动之中，因而其力学状态不断改变，即系统的微观态是在不断地变化着。既然平衡态下的宏观性质长久维持不变，必然表示这种宏观态对应的微观态数目极大，即使微观态不断变化，仍然对应同一种宏观态。下面即按这种思路讨论。

先把问题概括成如下的模型：把粒子想象成相同的小球，并给予编号 a、b、c，…，即从经典力学的观点来看待这些粒子；把分子相空间体积元想象成盒子，暂时先不考虑把盒子再分成小格，即取每个体积元中的相格数 g=1（在不考虑简并化的经典处理方法中可以这样做）。现在分析多个不同编号的相同小球在若干盒子中各种可能的分配方式应如何计算。

如图 13-4，用方框（盒子）代表相空间体积元，字母即编号粒子。如指出盒 1 中 N_1=3，盒 2 中 N_2=2，则表示已给定一种宏观态：如指出盒 1 中小球为 a、b、c，盒 2 中，小球为 d、e，则表示给定一种微观态。图 13-4（b）所代表的宏观态与图 13-4（a）和图 13-4（c）相同，但图 13-4（b）所表示的微观态与（a）的不同，但与（c）相同。

利用这种图示法先讨论一个极简单的问题，设有两个小球 a、b，放在两个同样的盒子 1、2 内，小球 a 既可以在 1 内，也可以在 2 内；同样，小球 b 也既可以在 1 内，也可以在 2 内。不难看出，可能的安排方式有四种，如图 13-5。

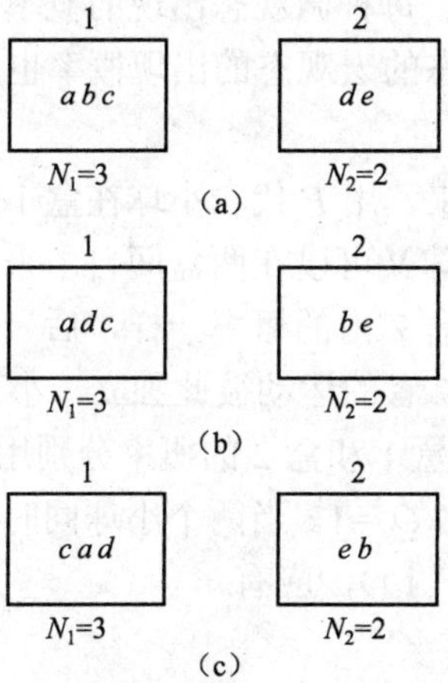

图 13-4

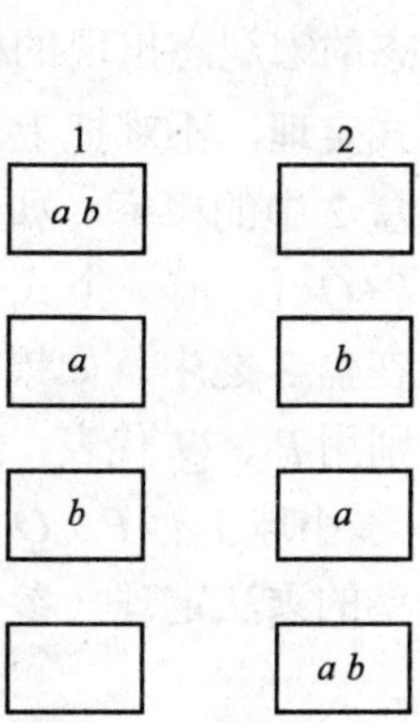

图 13-5

a 在 1、b 在 2 与 a 在 2、b 在 1 是两种不同的微观态，但对应同一种宏观态。设想两个盒子相邻，小球可以在两盒间自由往来，小球在盒内自行分配的结果，从三种宏观态出现的概率①来看，必然是 1、2 两盒中各有一球出现的概率大于其余两种。具体地说，两个球都在 1 中或都在 2 中出现的概率各只有 1/4，而一球在 1 一球在 2（不管哪个球在 1，哪个球在 2），出现的概率应为 2/4。

虽然这个例子极其简单，不难靠直观判断，不过其中确实包含了一些需要说明的道理。

（1）在做出判断，说两盒中各有一球出现的概率最大时，已经包含了一个前提：两个小球中的每一个占据 1 或 2 的机会是一样的。

（2）上面判断的是出现不同宏观态的概率不同。如果说到微观态，则四种微观态出现的概率是一样的，各为 1/4。正因为其中有两种微观态对应同一种宏观态，所以这种宏观态出现的概率大了一倍，变成 2/4。

为把上面这种根据直观所做的判断发展成一处比较系统的方法，可做如下分析：把两个同样的小球，安放在两个同样的盒子里，第一个小球既可以放在第一盒，也可以放在第二盒（小球与盒均已编号），所以共有两种安排方法；同样第二个小球也有两种安排方法。安排小球的方法是彼此独立，所以两个小球安放于两个盒子中的方法共有 2×2 种。3 个小球安放到两个盒子中，按同样道理应有 $2\times2\times2=2^3$ 种方法，4 个小球安放在两个盒子里应有 $2\times2\times2\times2=2^4$ 种方法。推广到有 N 个小球分配在两个盒子里时应有 2^N 种方法，假如盒子数为 g 个，则 N 个小球分配在 g 个盒中应有 g^N 种方法。

这样计算出的每一种安排方式对应一种微观态，如 4 个小球安排在两个盒子里的 $2^4=16$ 种方式对应 16 种微观态（建议读者把 16 种方式具体地画出来）。这 16 种微观态只对应 5 种宏观态，如第一个盒子中有 4 个球的宏观态只对应唯一的一种微观态，即 a、b、c、d 4 个球均在盒 1 中是唯一的一种安排方式；4 个球都集中于第二个盒子的这种宏观态也只对应一种微观态；盒 1 中有 3 个球，盒 2 中有 1 个球的这种宏观态对应 4 种微观态，即盒 2 中的 1 个球或为 a，或为 b，或为 c，或为 d，而其余的 3 个在盒 1 中，共为 4 种安排方式；同理，盒 1 中有 1 个球，盒 2 中有 3 个球的这种宏观态也对应 4 种微观态，至于每个盒子各有两个球（均匀分布）的宏观态则对应 6 种微观态。在图 13-6 中画出 5 种宏观态和对应均匀分布的 6 种微观态。不难看出，小球均匀分布在两个盒子中出现的概率应为小球都集中到 1 个盒子（1 或 2）中出现的概率的 6 倍。因为微观态的总数为 16，每种微观态出现的概率一样，所以每一种微观态出现的概率为 1/16，因而只对应一种微观态的宏观态的出现概率也只有 1/16，而对应 6 种微观态的宏观态出现的概率应为 6/16。

利用二项式定理，不难把上述问题的结果计算出来。用 P 代表小球在盒 1 中的概率，用 Q 代表小球在盒 2 中的概率，如果两个盒子相同，小球又可以在两盒间自由来往，则不难写出 $P=Q=1/2$；$P+Q=1$。前一个式子表示小球在盒 1 或盒 2 内的概率一样，后一个式子表示小球不在盒 1 就在盒 2 之中。如果有两个小球 1 和 2，二者的运动彼此独立，小球 1 在盒 1 或盒 2 的概率分别用 P_1、Q_1 代表，仍各为 1/2，小球 2 在盒 1 和盒 2 的概率分别用 P_2、Q_2 代表，也均为 1/2，对于小球 1 有 $P_1+Q_1=1$，对于小球 2 有 $P_2+Q_2=1$。当两个小球同时出现在两个盒内时，根据概率的乘法定理（参看本章附录 13-I-3 之（1）），应有

① 本章附录 13-I-2、附录 13-I-3 有关于“概率”的初步介绍。

$$(P_1+Q_1)(P_2+Q_2)=1$$

其中 $P_1=P_2$，写作 P，$Q_1=Q_2$，写作 Q，则上式化为

$$P^2+2PQ+Q^2=1$$

把 $P_1=P_2=P=1/2$ 及 $Q_1=Q_2=Q=1/2$ 代入，得到

$$\left(\frac{1}{2}\right)^2+2\left(\frac{1}{2}\right)\left(\frac{1}{2}\right)+\left(\frac{1}{2}\right)^2=1$$

或
$$\frac{1}{4}+2\times\frac{1}{4}+\frac{1}{4}=1$$

这个结果所表示的意义是：两个小球分布在两个盒中可能出现的微观态有 4 种，每种出现的概率为 1/4，对应 1 种微观态的宏观态（两球集中于盒 1 或盒 2）出现的概率均为 1/4；两个小球各在一盒中的宏观态对应两种微观态，其出现的概率为 2×1/4。这就是上式中三项所显示出来的意义。

用同样的方法处理 4 个小球分配在两个盒子中的情况，可以写出

$$(P_1+Q_1)(P_2+Q_2)(P_3+Q_3)(P_4+Q_4)=1$$

共中 P、Q 的含义与前例一样，下角标 1、2、3、4 代表编号的 4 个小球，由 $P_1=P_2=P_3=P_4=1/2$；$Q_1=Q_2=Q_3=Q_4=1/2$，得到

$$\left(\frac{1}{2}\right)^4+4\left(\frac{1}{2}\right)^3\left(\frac{1}{2}\right)+6\left(\frac{1}{2}\right)^2\left(\frac{1}{2}\right)^2+4\left(\frac{1}{2}\right)\left(\frac{1}{2}\right)^3+\left(\frac{1}{2}\right)^4=1$$

这个式子所反映的是前面已经分析过的一个例子，结果如图 13-6 所示。

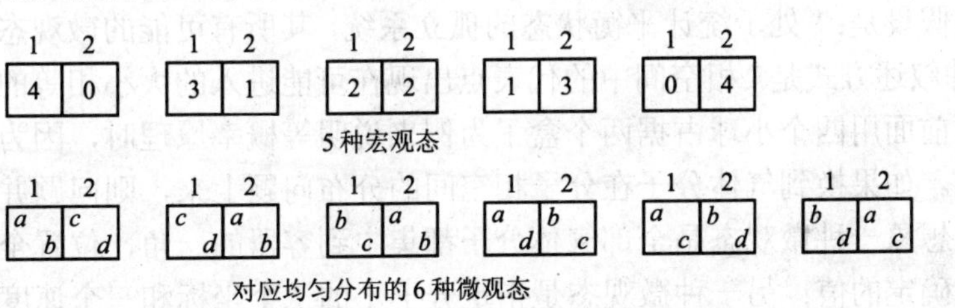

图 13-6

如果把小球推广到 N 个，盒子数仍为 2，则由

$$(P_1+Q_1)(P_2+Q_2)+\cdots+(P_i+Q_i)+\cdots+(P_N+Q_N)=1$$

及
$$P_1=P_2=\cdots=P_i=\cdots=P_N=P;\quad Q_1=Q_2=\cdots=Q_i=\cdots=Q_N=Q$$

推出

$$(P+Q)^N=P^N+NP^{N-1}Q+\frac{N(N-1)}{1\cdot 2}P^{N-2}Q^2+\cdots+$$
$$\frac{N(N-1)(N-2)\cdots(N-r+1)}{1\cdot 2\cdot 3\cdot\cdots\cdot r}P^{N-r}Q^r+\cdots+Q^N=1$$

研究其中的普遍项，把它的系数 $\dfrac{N(N-1)(N-2)\cdots(N-r+1)}{1\cdot 2\cdot 3\cdot\cdots\cdot r}$ 的分子分母都乘以 $(N-r)!$，则分子变成 $N!$，分母变成 $(N-r)!r!$，于是普遍项可以写为

$$\frac{N!}{(N-r)!r!}P^{N-r}Q^r$$

系数$N!/[(N-r)!r!]$代表（$N-r$）个小球在盒 1，r个小球在盒 2，这种宏观态所对应的微观态的数目（参见本章附录 I-1 之（2））。普遍项的另一部分$P^{N-1}Q^r$是一种微观态出现的概率，因为每个球出现在盒 1 的概率均为P，所以$N-r$个小球同时出现在盒 1 的概率应为P^{N-r}（几率的乘法定理）。同理，r个小球同时出现在盒 2 的概率应为Q^r。所以满足盒 1 有$N-r$个小球，盒 2 有r个小球这一条件的一种微观态出现的概率，应为$P^{N-r}Q^r$。按原来设盒子数为 2，则$P=Q=1/2$，故$P^{N-r}Q^r=\left(\frac{1}{2}\right)^N=1/2^N$，而$2^N$正是$N$个小球分配在两个盒中的全部方式，因为任何一种方式都不比其他方式的出现更占优势，所以，这些微观态出现的概率都一样，都是$1/2^N$。

§13–4　等概率原理　热力学概率

1. 等概率原理

前面的例子中，提到各种微观态出现的概率是一样的，用小球的比喻来分析问题时，使用了被认为是不言而喻的假定：同样的小球占据同样的盒子的概率是相同的。应当说这是很自然的假定，也可以说找不出任何理由来不做这样的假定。这实际上是通过比喻，接触到统计物理中一条最基本的假定——等概率原理或等概率假设①。

这条基本假设是：“处于统计平衡状态的孤立系统，其所有可能的微观态出现的概率是相等的。”另一种叙述方式是“相空间中的代表点出现在可能进入的大小相等的体积元中的概率是相等的”。②前面用四个小球占据两个盒子为例来说明等概率原理时，因为直观，不需努力想象即能理解。如果换到气体分子在分子相空间的分布问题上来，则问题并非一下就能看清楚。比方说，想象一种微观态是全部气体分子都集中到容器的一角，位置全部确定，同时速度都是同一个确定的值；另一种微观态是指定分子 1 的三个坐标和三个速度分量，分子 2 的三个坐标和三个速度分量，……，直到把全部分子的位置和速度都指定完，按等概率原理，应当说这两种微观态出现的概率是一样的。但乍一看，似乎会感到后者比前者的出现机会多得多，特别是当气体分子在容器中均匀分布时更会加强这种感觉。确实，在平衡状态下，气体分子均匀分布于整个容器所包围的空间将长时间维持不变，但这是一种宏观态，这正表明这种宏观态所对应的各种均匀分布的微观态的数目极大，至于其中任一种微观态（按要求必须把每个分子的位置和速度都确定），其出现的概率与其他的任何一种微观态相比，并不特别占优势。

---

① 在国内已出版的有关教材中，常用“等几率原理”或“等几率假设”。现在因“几率”一词已被淘汰，故一律改用“概率”。见全国自然科学名词审定委员会公布的：①《物理学名词》（基础部分）1988 年，99 页、100 页及词条序号 03.203、03.204；②《物理学名词》，1996 年，335 页、336 页及词条序号 05.0291、05.0292。二书均为科学出版社出版。又外文中，在“概率”前常加“先验的”（a priori 拉丁文）一词，国内不常用。“等概率假设”的英文为“postulate of equal a priori probabilities”。

② 第二种叙述方式，适用于我们现在用来描述独立粒子系统的“分子相空间”的讨论，可以参看 A.Sommerfeld：《理论物理讲义》，第 5 卷，“热力学与统计力学”210–211 页及 256 页。本教材参考书目“热力学与统计物理”部分之［7］。

这个原理是无法直接验证的，由此看来，确实是带有“先验的”性质，它的正确性只能由它推论出来的结果与实验实事相符来判定。

2. 热力学概率

“等概率原理”实际上是一条关于微观态出现概率的“先验的”假定。为了运用统计方法处理问题，总是需要一条（不管用什么方式给出）基本假定，等概率原理（或与之等效的其他基本假定）是统计物理建于其上的基础。

正是由于等概率原理，才有可能提出：一种宏观态所对应的微观态的数目越多，则这种宏观态出现的概率就越大。一种宏观态所对应的微观态的数目，常称为“热力学概率”。

现在来讨论一个宏观态出现的概率应该如何表示的问题。问题的实质就是经典统计中可分辨的独立粒子在分子相空间内分布的宏观态的概率应如何表示的问题。

设 N 个粒子分布在体积 V 内，V 可以分成若干个小体积元 v_1，v_2，…，v_i，…，v_k，这些体积元大小不必相等，但是满足微观上足够大（能容纳足够多的粒子），宏观上又足够小（以保证在此小体积内的粒子状态可视为基本一致）。设粒子分布在各体积元内的方式（即给定一种宏观态）为：

小体积元 v_1 内有 N_1 个粒子；

小体积元 v_2 内有 N_2 个粒子；

……

小体积元 v_i 内有 N_i 个粒子；

……

小体积元 v_k 内有 N_k 个粒子。

各小体积元之和 $\sum_{i=1}^{k} v_i = V$；

各小体积元内粒子的总和 $\sum_{i=1}^{k} N_i = N$。

同时假定，粒子本身的体积很小，任何体积元内的已有粒子并不影响后来者的进入，再加上粒子的运动彼此独立的假设，就保证了每一粒子进入一体积元的概率不因其中已进入的粒子多少而改变。

问题分两部分解决。

第一部分：求满足上述分布的一种微观态的概率大小。

第二部分：求对应这种分布的宏观态所包括的微观态的数目。

首先，认定粒子位于小体积元内的概率与体积元的大小成比例（这无非是粒子进入大小相同的体积元内的概率相同的换一种说法），则一个粒子进入第 i 个体积元 v_i 的概率为 v_i/V（见本章附录 I-2 的例子），第二个粒子也进入 v_i 的概率仍为 v_i/V，所以两个粒子同时存在于 v_i 中的概率应为 $(v_i/V)/(v_i/V)=(v_i/V)^2$（根据概率的乘法定理），因此，$N_i$ 个粒子存在于 v_i 中的概率为 $(v_i/V)^{N_i}$，依次，可以写出

N_1 个粒子在 v_1 内的概率为 $(v_i/V)^{N_1}$；

N_2 个粒子在 v_2 内的概率为 $(v_i/V)^{N_2}$；

……

N_i个粒子在v_i内的概率为$(v_i/V)^{N_i}$；

……

N_k个粒子在v_k内的概率为$(v_i/V)^{N_k}$。

则对应于所给定的分布的宏观态对应的一种微观态（指定的 N_1 个粒子在 v_1 内，……指定的 N_i个粒子在 v_i内，……）出现的概率为

$$(v_1/V)^{N_1}(v_2/V)^{N_2}\cdots(v_i/V)^{N_i}\cdots(v_k/V)^{N_k} \tag{13-1}$$

此式又可写成
$$\frac{v_1^{N_1}v_2^{N_2}\cdots v_i^{N_i}\cdots v_k^{N_k}}{(V)^{N_1+N_2+\cdots+N_i+\cdots N_k}} \tag{13-2}$$

因此
$$N_1+N_2+\cdots+N_i+\cdots+N_k=\sum_{i=1}^{k}N_i=N$$

所以式（13-2）为
$$\frac{v_1^{N_1}v_2^{N_2}\cdots v_i^{N_i}\cdots v_k^{N_k}}{V^N} \tag{13-3}$$

第二部分问题，即相当于 N 个不同物体分放在 k 个盒子里，第一盒放 N_1 个，第二盒放 N_2 个，……第 k 盒放 N_k 个的不同安放方式，总共有多少种，这个问题的结果已在本章附录 I 中给出，应为

$$\frac{N!}{N_1!N_2!\cdots N_i!\cdots N_k!} \tag{13-4}$$

所以 v_1 中有 N_1 个粒子，……v_k 中有 N_k 个粒子的这种宏观态出现的概率为

$$\frac{N!}{N_1!N_2!\cdots N_i!\cdots N_k!}(v_1/V)^{N_1}(v_2/V)^{N_2}\cdots(v_i/V)^{N_i}\cdots(v_k/V)^{N_k}$$

可以缩写为

$$\frac{N!}{\prod\limits_{i=1}^{k}N_i!}\prod_{i=1}^{k}\left(\frac{v_i}{V}\right)^{N_i}$$

或
$$\frac{N!}{(V)^N}\prod_{i=1}^{k}\frac{(v_i)^{N_i}}{N_i!} \tag{13-5}$$

式（13-4）所表示的给定宏观态所对应的微观态的数目，也就是我们所要求的热力学概率，常用符号 W 代表。按概率的定义，概率值应永远小于 1，唯热力学概率，虽名为概率，但其值常比 1 大得多，这一点一定不要误会。

现在对这一结果进行分析和讨论。

（1）式（13-5）是真正的概率，这很容易用下述方法证明。只要能证明

$$\sum_{i=1}^{k}\frac{N!}{N_1!N_2!\cdots N_i!\cdots N_k!}\frac{v_1^{N_1}v_2^{N_2}\cdots v_i^{N_i}\cdots v_k^{N_k}}{V^{N_1}V^{N_2}\cdots V^{N_i}\cdots V^{N_k}}=1$$

即全部微观态出现的概率总和等于 1 即可。利用多项式定理

$$(x_1+x_2+\cdots+x_c)^N=\sum\frac{N!}{n_1!n_2!\cdots n_c!}x_1^{n_1}x_2^{n_2}\cdots x_c^{n_c}$$

可以写出

$$\sum_{i=1}^{k}\frac{N!}{N_1!N_2!\cdots N_i!\cdots N_k!}v_1^{N_1}v_2^{N_2}\cdots v_i^{N_i}\cdots v_k^{N_k}$$
$$=(v_1+v_2+\cdots+v_i+\cdots+v_k)^N=V^N=(V)^{N_1+N_2+\cdots+N_i+\cdots+N_k}$$
$$=V^{N_1}V^{N_2}\cdots V^{N_i}\cdots V^{N_k}$$

可见

$$\sum_{i=1}^{k}\frac{N!}{N_1!N_2!\cdots N_i!\cdots N_k!}\frac{v_1^{N_1}v_2^{N_2}\cdots v_i^{N_i}\cdots v_k^{N_k}}{V^{N_1}V^{N_2}\cdots V^{N_i}\cdots V^{N_k}}=1$$

（2）在上面的讨论中，计算微观态时，实际上用的是经典力学的观点，粒子是可分辨的；同时，取每个体积元中的相格数为 1。但在 § 13-3 中已经提到，对于可分辨粒子，即使在同一体积元中，粒子改变了所在相格，或两个粒子仅仅是互换了相格，也都对应不同的微观态，所以，在各体积元中，相格数 $g>1$ 的情况下，微观态的计算方法应有所调整。

问题不变，仍旧是 N 个粒子，N_1 个粒子在体积元 1 内，N_2 个粒子在体积元 2 内，……N_k 个粒子在体积元 k 内。但同时设，体积元 1 的相格数为 g_1，体积元 2 的相格数为 g_2，……体积元 k 的相格数为 g_k。各体积元中的相格数可以不同，在一个体积元中，例如体积元 i，相格数 g_i 可以比各体积元中的粒子数 N_i 大，也可以比 N_k 小。当各 N_k 已经给定（即宏观态已定），各 g_i 也已给定的情况下，如何求一种宏观态所对应的微观态的数目，即如何表示一种宏观态的热力学概率。

把 N 个粒子中的 N_1 个安排在体积 1 内，……N_i 个安排在体积元 i 内，……安排的方式数仍为［即式（13-4）］

$$\frac{N!}{\prod_i N_i!}\quad(i=1,\ 2,\ \cdots,\ k) \tag{13-6}$$

再看体积元中的粒子在相格中的安置方式，第 i 个体积元中的 N_i 个粒子在 g_i 个相格中应有 $g_i^{N_i}$ 种安置方式；这样，第一个体积元中的 N_1 个粒子有 $g_1^{N_1}$ 种安置方式，第二个体积元中的 N_2 个粒子有 $g_2^{N_2}$ 种安置方式，等等。因为各个体积元中的安置方式被视为彼此独立的，所以全部 k 个体积元中的粒子在各个相格中的安置方式一共应有 $g_1^{N_1}g_2^{N_2}\cdots g_i^{N_i}g_k^{N_k}$ 种。可见，对应于 $N!\Big/\prod_i N_i!$ 种安排中的每一种，各体积元都有 $\prod_i g_i^{N_i}$ 种安置粒子于各相格中的方式。所以，最后的结果是：一种宏观态所对应的全部微观态的数目应为

$$W=N!\prod_i\frac{g_i^{N_i}}{N_i!}\quad(i=1,\ 2,\ \cdots,\ k) \tag{13-7}$$

展开写成

$$W=\frac{N!}{N_1!N_2!\cdots N_i!\cdots N_k!}g_1^{N_1}g_2^{N_2}\cdots g_i^{N_i}\cdots g_k^{N_k}$$

实际上，式（13-6）与式（13-7）这两种热力学概率的表示方法是可以相通的，采用如下的观点即可看出。

每一个体积元 v_i（i=1，2，…，k）的大小与其所包含的 g_i 个相格的总体积相等。所以取相格体积为单位体积，就可以写出

$$g_1+g_2+\cdots+g_i+\cdots+g_k=v_1+v_2+\cdots+v_i+\cdots+v_k=V \tag{13-8}$$

N个粒子在体积V中，即相当于N个粒子分布于$\sum_{i=1}^{k}g_i$中，所以安置的方式应有$\left(\sum_{i=1}^{k}g_i\right)^N=V^N$种。按粒子为可分辨的观点，每一种方式对应一种微观态，按等概率原理，这些微观态是等概率的，则每一种微观态出现的概率应为$(V^N)^{-1}$，所以体积元1中有粒子N_1，……体积元k中有粒子N_k这种宏观态出现的概率为

$$\frac{N!}{N_1!N_2!\cdots N_i!\cdots N_k!}g_1^{N_1}g_2^{N_2}\cdots g_i^{N_i}\cdots g_k^{N_k}\frac{1}{V^N} \tag{13-9}$$

式（13-9）不难与式（13-5）相比，将式（13-5）重新写出

$$\frac{N!}{N_1!N_2!\cdots N_i!\cdots N_k!}v_1^{N_1}v_2^{N_2}\cdots v_i^{N_i}\cdots v_k^{N_k}\frac{1}{V^N}$$

二者相比，可见把式（13-5）中本来出现在微观态概率中的$v_1^{N_1}v_2^{N_2}\cdots v_i^{N_i}\cdots v_k^{N_k}$也看成包括在热力学概率内，即只要把各$v_i$看成是相当于$v_i$个相格，在意义上$v_i$就与$g_i$是一样的，这样式(13-5)与式(13-9)就完全一致了。上面的讨论在实质上是把分子相空间分成大小一样的$\sum g_i$（i=1，…，k）个相格而已。

在今后的讨论中，对于经典统计，我们会看到利用形式如式（13-7）的热力学概率，与利用形式如式（13-6）的热力学概率推出的结果相比，常是多一个因子g_i。

§ 13–5　最概然分布①

由于分子在不停地运动，分子相空间中各分子代表点N_1，N_2，…，N_k不断改变，因而微观态是不断改变的。现在希望求得在给定条件下，使热力学概率W最大的分子分布方式，这种方式即“最概然分布”。W最大就意味着这种宏观态出现的概率最大。

从宏观上看，一个系统在孤立的情况下，最终要达到热平衡状态。从统计物理的角度看，就是系统自发地趋向于出现概率最大的那种状态。这一点在下一节讨论熵的统计解释时再详细分析。现在只讨论如下的问题，在只有一个限制条件下——系统的粒子数固定的条件下，在通常的三维空间中，各N_i如何分布，才能使W最大。此问题不涉及分子的速度或能量的问题，只讨论其位置坐标的分布。本节的目的在于介绍数学方法——拉格朗日待定乘子法。

将

$$W=\frac{N!}{\prod_i N_i!}\quad (i=1，\cdots，k)$$

两边取对数，得

$$\ln W=\ln N!-\sum_{i=1}^{k}\ln N_i!$$

利用斯提令公式（参看本章附录II），得

① 已出版的有关教材中，常用“最可几分布”一词，现据已公布的《物理学名词》（1988、1996）改为现名。

$$\ln W = N\ln N - N - \left(\sum_{i=1}^{k} N_i \ln N_i - \sum_{i=1}^{k} N_i\right)$$

因为
$$\sum_{i=1}^{k} N_i = N$$

故
$$\ln W = N\ln N - \sum_{i=1}^{k} N_i \ln N_i \tag{13-10}$$

求在 N 为常数的限制条件下，W 最大的条件，也就是求 $\ln W$ 最大的条件。为此，设想 N_1，N_2，…，N_k 等有一微小变化，变成 $N_1+\delta N_1$，$N_2+\delta N_2$，…，$N_k+\delta N_k$，使 W 变成 $W+\delta W$，$\ln W$ 的改变为 $\delta \ln W$。由于 N=常数，故 δN =0，即 $\delta \ln W$ 中的 $\delta(N\ln N)$ 项应为零，所以

$$\delta \ln W = -\sum_{i=1}^{k}\left(N_i \frac{\delta N_i}{N_i} + \ln N_i \delta N_i\right) \tag{13-11}$$

同时，由于 $\sum N_i = N$ =常数，所以又有

$$\sum_{i=1}^{k} \delta N_i = 0 \tag{13-12}$$

式（13-12）的意义是：由于 N 等于常数这一条件，各 N_i 的变化必然是有增有减，总算起来各 δN_i 之和必为零，于是式（13-11）变为

$$\delta \ln W = -\sum_{i=1}^{k} \ln N_i \delta N_i \tag{13-13}$$

如果 W 为最大，则 $\ln W$ 也达到其极值，应当有 $\delta \ln W = 0$[①]，即

$$-\sum_{i=1}^{k} \ln N_i \delta N_i = 0 \tag{13-14}$$

现在问题已变为，求在 N 为常数的限制下，各 N_i 应满足什么条件，才使式（13-14）成立。这就需要用到拉格朗日待定乘子法。把式（13-14）及式（13-12）二式展开写出

$$-(\ln N_1 \delta N_1 + \ln N_2 \delta N_2 + \cdots + \ln N_k \delta N_k) = 0 \tag{13-15}$$

及
$$\delta N_1 + \delta N_2 + \cdots + \delta N_k = 0 \tag{13-16}$$

以一待定的常数 λ 乘式（13-16）中各项，得

$$\lambda \delta N_1 + \lambda \delta N_2 + \cdots + \lambda \delta N_k = 0 \tag{13-17}$$

把式（13-15）中各项与式（13-17）中各项逐一相加，得

$$(-\ln N_1 + \lambda)\delta N_1 + (-\ln N_2 + \lambda)\delta N_2 + \cdots + (-\ln N_k + \lambda)\delta N_k = 0 \tag{13-18}$$

从 $\delta N_1 + \delta N_2 + \cdots + \delta N_k = 0$ 来看，各个 δN 并非彼此独立，因为我们可以把其中的任一个，例如 δN_1，以其他的各项，例如 δN_2 到 δN_k 来表示。这相当于把从 δN_2 到 δN_k 都看成是独立的，而 δN_1 是它们的函数。对于式（13-18），也可以这样考虑，即从 δN_2 到 δN_k 各项都看作是独立的。现在把式（13-18）中的 δN_1 项的系数 $(-\ln N_1 + \lambda)$ 取出，选择适当的 λ，使 $-\ln N_1 + \lambda = 0$，于是式（13-18）剩下的各项写成

$$(-\ln N_2 + \lambda)\delta N_2 + \cdots + (-\ln N_k + \lambda)\delta N_k = 0 \tag{13-19}$$

---

① 按此条件只保证 W 为极值，至于是极大还是极小，还要求二阶微商，在以下计算中从略。

因为式（13-19）中的各δN全都是彼此独立的，所以要使式（13-19）恒等于零，必须

$$-\ln N_2 + \lambda = 0$$

$$\cdots$$

$$-\ln N_k + \lambda = 0$$

再加上原来所取的$-\ln N_1 + \lambda = 0$，即得

$$-\ln N_i + \lambda = 0 \qquad (i=1,\ 2,\ \cdots,\ k)$$

解得

$$N_i = e^{\lambda} \tag{13-20}$$

即$N_1 = N_2 = \cdots = N_k = e^{\lambda}$；这个结果显示，使$W$最大须满足的条件为各个$N_i$都相等。由于

$$\sum_{i=1}^{k} N_i = N_1 + N_2 + \cdots + N_k = k e^{\lambda} = N$$

所以得到

$$e^{\lambda} = N / k$$

即$N_1 = N_2 = \cdots = N_i = \cdots = N_k = N / k$。结论是使$W$最大的条件为粒子均匀地分布于它所占据的空间内。

这是只加了一个限制——粒子总数固定的条件下得到的结论。如果再加上总能量固定的限制，再求使W最大所应满足的分布，就是下一章要讨论的麦克斯韦—玻尔兹曼分布函数。

上述这种均匀分布的结果，本在意料之中，与我们的日常经验是一致的。唯此处需补充说明的是，利用式（13-7）所表示的热力学概率，仍能得到均匀分布的结果，现在换一种方式来讨论。

令

$$\sum_{i} \frac{N!}{N_1! N_2! \cdots N_k!} g_1^{N_1} g_2^{N_2} \cdots g_k^{N_k} = C \qquad (i=1,\ \cdots,\ k)$$

即以C代表全部微观态的总数。把每一种宏观态所包括的微观态的数目乘以与该宏观态相对应的粒子数各N_i，求和后再以全部微观态总数去除，即可求得N_i的平均值$\bar{N}_i$，即

$$\bar{N}_i = \frac{1}{C} \sum \frac{N!(g_1^{N_1} \cdots g_i^{N_i} \cdots g_k^{N_k}) N_i}{N_1! \cdots N_i! \cdots N_k!} \qquad (i=1,\ \cdots,\ k)$$

上式中，分子的N_i与分母$N_i!$中的N_i相约，分母余下$(N_i - 1)!$，再把分子中的$N!$写成$N(N-1)!$；$g_i^{N_i}$写成$g_i g_i^{N_i - 1}$，于是上式可以写成

$$C\bar{N}_i = N g_i \sum \frac{g_1^{N_1} \cdots g_i^{N_i - 1} \cdots g_k^{N_k}}{N_1! \cdots (N_i - 1)! \cdots N_k!} (N-1)!$$

由多项式定理，$\sum$下诸项求和的结果为

$$(g_1 + g_2 + \cdots + g_i + \cdots + g_k)^{N-1}$$

所以

$$C\bar{N}_i = N g_i (g_1 + g_2 + \cdots + g_i + \cdots + g_k)^{N-1} = N g_i V^{N-1}$$

其中已利用了V代表各g_i之和，由已知

$$C = (g_1 + g_2 + \cdots + g_k)^N = V^N$$

故

$$C\bar{N}_i = V^N \bar{N}_i = N g_i V^{N-1}$$

即 $$V\bar{N}_i = Ng_i$$

得到 $$\bar{N}_i = \left(\frac{N}{V}\right)g_i$$

N/V 是粒子分布的平均密度，即单位体积中的粒子数。由所得结果可见，第 i 个区域内的平均粒子数 $\bar{N}_i$ 是与 g_i 成比例的，写成 $\bar{N}_i/g_i = N/V =$ 常数，这就仍能得出粒子均匀分布的结论。

§ 13–6　熵的统计意义

在热力学中已看到，一孤立系统发生的任何变化，它的熵永远是增加的（熵增原理）。系统趋向平衡态，熵即趋于极大。从统计物理的观点看，平衡态对应于出现概率最大的宏观态，这种状态下，粒子的分布为“最概然分布”——热力学概率 W 最大。这就提示在热力学概率与熵之间，存在着一定的联系。在玻尔兹曼墓地，刻在他本身雕像上方的公式 $S=k\log W$，表示的就是这个对于统计物理至关重要的关系。实际上写出这种形式的公式的是普朗克，普朗克提出：熵是热力学概率的函数，即

$$S = f(W) \tag{13-21}$$

在作出这个假定之后，可以根据熵 S 与热力学概率的性质，找出这个函数的具体形式。

根据热力学，由两个独立的系统所组成的一个系统，其总熵为二者的熵之和，即

$$S = S_1 + S_2 \tag{13-22}$$

又根据热力学概率的性质，总概率应为二者的概率之和（概率的乘法定理），即

$$W = W_1 W_2 \tag{13-23}$$

如 $S = f(W)$ 存在，则有

$$S_1 = f(W_1)\text{；}\ S_2 = f(W_2)\text{；}\ S = f(W)$$

因为 $S = S_1 + S_2$，所以

$$f(W) = f(W_1 W_2) = f(W_1) + f(W_2) \tag{13-24}$$

这个关系适用于任意两个独立系统，所以上式为恒等式。从对数函数的性质 $\log(ab) = \log a + \log b$ 不难直接看出，函数 f 应为对数函数。

将式（13-24）对 W_1 求微商，得

$$\left[\frac{\partial f(W_1 W_2)}{\partial W_1}\right]_{W_2} = \frac{\partial f(W_1 W_2)}{\partial (W_1 W_2)}\frac{\partial (W_1 W_2)}{\partial W_1} = W_2 f'(W_1 W_2)$$

又 $$\frac{\partial f(W_1 W_2)}{\partial W_1} = \frac{\partial f(W_1)}{\partial W_1} + \frac{\partial f(W_2)}{\partial W_1} = f'(W_1) + 0$$

所以 $$W_2 f'(W_1 W_2) = f'(W_1) \tag{13-25}$$

将式（13-25）再对 W_2 求微商，得

$$W_1 W_2 f''(W_1 W_2) + f'(W_1 W_2) = 0 \tag{13-26}$$

即 $$Wf''(W) + f'(W) = 0$$

为解此微分方程，将上式写为

$$\frac{\mathrm{d}f'(W)}{\mathrm{d}W}=-\frac{f'(W)}{W}$$

积分得
$$\ln f'(W)=-\ln W+A=\ln\frac{C}{W}$$

式中 A 为积分常数，写作 $\ln C$，上式即相当于

$$f'(W)=C/W$$

再积分，得
$$f(W)=C\ln W+C' \tag{13-27}$$

C' 为另一积分常数。把上式代入式（13-24），得到

$$C\ln W+C'=C\ln(W_1W_2)+C'=C\ln W_1+C'+C\ln W_2+C'=C(\ln W_1+\ln W_2)+2C'$$

由此可见，C' 应当等于 0，于是

$$f(W)=C\ln W$$

即
$$S=C\ln W \tag{13-28}$$

其中常量 C 应当是一个普适常量，可以通过一个特例求得。用下面的例子，可以求得常量 C 应为玻尔兹曼常量 k。

气体自由膨胀所对应的熵增加，从统计物理的角度看，相当于一个系统自发地由一个概率小的状态，趋向于概率大的状态，最终达到平衡态，对应于热力学概率趋于极大。

可以用“无序”和“有序”的概念来说明熵的增减。气体分子全部集中到容器空间的很小的有限区域，并且具有差不多同样的速度，可以说对应一种“有序”的状态，当然这种状态出现的概率极小极小，可以说等于零。实际上分子总是趋向于均匀分布于全部容器空间，且其速度的值分布在很大的范围之内，这可以说对应一种“无序”的状态。所谓“有序”和“无序”是相对而言的，可以理解为：在有序的状态下，确定其中分子的位置和速度，要比分子在无序的状态下，确定其中分子的位置和速度的准确程度为高。

现在认定，系统状态的熵与其出现的概率相对应，熵的增加与状态自发地放最概然状态过渡相对应。按照宏观热力学，孤立系的熵增到最大之后，不能再减少；但从微观的角度来看，这种说法需要适当修改。因为处于最概然（熵最大）状态的系统不是静止的，系统中的各分子仍然不停地在各相格间出入，这样，出现一种热力学概率较小的，因而熵值较小的状态的可能性不能完全排除。虽然从概率上看，这样的机会只是极少极少而已。因此应当说，熵减少的可能性极小极小，而不说它不能减少。这样一种说法上的差异，显示我们是从一种新的角度来看待热力学第二定律，即把熵增原理看成是一个统计性质的规律，宏观上的不可逆性也就成为一种统计性质的结论。统计性质的规律，只有在个体数目极大或极长时间内，统计规律才表现出必然性。我们可以回顾一下已经讨论过的一个不可逆过程：在焦耳的热功当量实验中，重物下落带动叶轮扰动液体，使其升温的现象，从分子运动的观点看，不难理解为：重物的势能，最终变成液体分子的无规则运动的动能，表现为温度上升。宏观上的不可逆性判定：液体温度自动降低，放出的热变为功，使重物上升，变成重物的势能是不可能的。但是对某一个分子来说，其热运动的动能由于冲击转变为另一个分子势能的情况，是有可能出现的；不过要大多数分子在长时间内恰好沿某一定方向运动，冲击叶轮而使重物上升的概率，则是微乎其微的，实际上就是不可能的。

如果利用 $S=k\ln W$ 来分析热力学第三定律，$T\to 0K$；$\lim\limits_{T\to 0}S=0$，可得到 S=0，相当于

W=1，W 是指宏观态可以实现的方法（或者说，所对应的微观态）的数目，W=1 的物理意义按照普朗克的看法是：在绝对零度，纯物质只有一种唯一的实现方式。具体一点说，在最低能量状态，唯一的安置方式就是组织最完美的有序形式。

附录 13–I　排列　组合　概率

排列、组合的内容已包括在高中数学教学大纲之内，此处的内容主要是为了教学的需要，进行复习；概率的内容则在工科院校大学本科的工程数学之内，此处的介绍是为学习本教材提供一级阶梯。

1. 排列与组合

（1）把一定数目的物体排列成序，一共有多少种可能的方法？这就是排列问题。

把 N 个不同的物体，排列成序的方法数等于

$$N(N-1)(N-2)\cdots[N-(k-1)]\cdots3.2.1=N! \tag{附 13-1}$$

即方法数等于从 1 到 N 的自然数相乘之积，称为 N 的阶乘，记以 $N!$。

因为可以选 N 个物体中的任何一个排在第一个位置，所以占第一位置的有 N 种不同选法；占第二个位置的就在余下的$(N-1)$个物体中选，所以有$(N-1)$种方法，因而，安排占据头两个位置的物体共有 $N(N-1)$种方法；依此，当排列第 k 个位置时，因前面已排好 $k-1$ 个物体，剩下了$[N-(k-1)]$个，所以占第 k 个位置的物体，可以有［$N-(k-1)$］种方法，一直排到最后，前面的$[N-(N-2)]$个物体已经排完，还剩两个物体，可有两种选法，最后剩下一个，只有一种选法，所以 N 个不同物体排列成序的方法为 $N,(N-1),(N-2),\cdots,[N-(k-1)]$ 各项，直到 3，2，1 的乘积，如式（附 13-1）。

（2）在 N 个不同物体中，选出 r 个物体，不顾及挑选的次序，这样的选择法的数目，叫作从 N 个不同物体中，每次取出 r 个的组合数。组合数常用 C_N^r 代表，可由下式计算

$$C_N^r=\frac{N!}{r!(N-r)!} \tag{附 13-2}$$

N 个不同的物体，有 $N!$种不同的排列法，我们可以把每一种排列法都分成两部分，把 r 个算做一组，剩下的 $N-r$ 个算做另一组，这是否就解决了从 N 个不同物体中，选出 r 个物体的组合数的问题了呢？还没有。需进一步考虑，因为会遇到这样的情况，其中有些分法仅仅是物体的排列次序不同，而物体本身却还是一样的，所以不能算是不同的选择法。比方说，把一种分法中的前面 r 个物体互换次序，一共有 $r!$种排列方式；把后面的 $N-r$ 个物体互换次序，一共有$(N-r)!$种排列方式，所以不改变物体本身，仅仅调换一下物体排列的次序，就可以有 $r!(N-r)!$种排列方式。换言之，从 N 个不同物体中，取出 r 个的每一种组合方法都对应 $r!(N-r)!$ 种排列方式，既然如此，则组合数 C_N^r 乘 $r!(N-r)!$应等于 $N!$，于是得到 $C_N^r\times[r!(N-r)!]=N!$，即式（附 13-2）。

（3）把 N 个不同物体，放在 k 个不同的格子里，规定第一格放 N_1 个，第二格放 N_2 个，……第 k 格放 N_k 个，$N=N_1+N_2+\cdots+N_k$，问全部不同放置方法有多少种？

先设想把全部 N 个物体分成两份，一份是放在第一格中的 N_1 个物体，另一份是剩下的$(N-N_1)$个物体，对应这种分法，应有 $N!/[N_1!(N-N_1)!]$种方法。然后把$(N-N_1)$个物体再分成两份，

一份是放在第二格中的 N_2 个物体，另一份是剩下的$(N-N_1-N_2)$个物体，对应这次的分法，应有$(N-N_1)!/[N_2!(N-N_1-N_2)!]$种方法。因为把 N_1 个物体安放在第一格中的 $N!/[N_1!(N-N_1)!]$种方法中的每一种选定之后，再安放第二格中的 N_2 个物体时，总是有$[N-N_1]!/[N_2!(N-N_1-N_2)!]$种方法，所以安排这两格的物体的不同方法应当有

$$\frac{N!}{N_1!(N-N_1)!}\times\frac{(N-N_1)!}{N_2!(N-N_1-N_2)!}$$

依此类推，直到把 N 个物体安放到 k 个格为止，总的方法应当有

$$\frac{N!}{N_1!(N-N_1)!}\times\frac{(N-N_1)!}{N_1!(N-N_1-N_2)!}\times$$
$$\frac{(N-N_1-N_2)!}{N_3!(N-N_1-N_2-N_3)!}\times\cdots\times$$
$$\frac{(N-N_1-N_2\cdots-N_{k-1})!}{N_k!(N-N_1-N_2\cdots-N_k)!}$$

化简后，得到

$$\frac{N!}{N_1!N_2!N_3!\cdots N_k!(N-N_1-N_2-\cdots-N_k)!}$$

但 $N=N_1+N_2+\cdots+N_k$，所以上式分母中括号一项应为 0!，而 0!=1（参见附录 13-II 阶乘的计算），所以求得的结果是

$$\frac{N!}{N_1!N_2!N_3!\cdots N_k!} \qquad (附 13-3)$$

2. 概率的概念

一个袋中装有 10 个一样大小的球，3 个黄的，2 个红的，4 个黑的，1 个蓝的，让我们闭眼不看，从中随意拿出一个球，则拿出黄球的机会可以表示为 3/10，拿出蓝球的机会是 1/10，拿出绿球的机会是 0/10（可能性是零），拿出带颜色的球（只要从袋中拿出来的球上有颜色就算数）的机会是 10/10，即百分之百的成功。

这个例子，可以把它当作常识接受下来，也可以说这是把“可能性”予以量化的一种表示方法，这样可以给出概率的古典定义如下：

在若干“等可能”发生的事件中，某一特定事件发生的概率，是有利的情形与可能情形总数之比（此处“有利”可以理解为“希望发生的”）。

在上例中，可能情形的总数是 10，拿出一个红球的有利情形数为 2，所以拿出红球的概率为 2/10，通俗的说法就是拿出红球的机会为 2/10。

定义中的“等可能”事件是无法再定义的。如果把“等可能”定义为具有相同的机会，则又需要定义什么是“相同的机会”，如把“等可能”定义为具有相同的概率，就等于把被定义的概念又应用于“定义”之中，这在逻辑上是不允许的。总之，仅仅是换了一种说法是不能算作定义的。所以只能满足于直接接受“等可能”这个概念而不再下定义。但需补充一点，“等可能”事件必须要求它们是互斥的，或者说是不相容的，即出现这一种情况就不能同时出现那一种情况，例如，出现红球就不能同时出现黄球。

概率用符号表示如下：令 E 和 E' 分别表示某一事件的发生和不发生，n_E 和 $n_{E'}$ 分别表示某一事件发生和不发生的情形数，令 $n=n_E+n_{E'}$ 为可能事件总数，用 $p(E)$ 表示某一事件发生的概率，或简称 E 的概率，按定义

$$p(E)=\frac{n_E}{n}=\frac{n_E}{n_E+n_{E'}} \tag{附 13-4}$$

显然，$p(E)\leqslant 1$，用 $p(E')$ 表示某一事件不发生的概率，按定义

$$p(E')=\frac{n_{E'}}{n}=\frac{n_{E'}}{n_E+n_{E'}} \tag{附 13-5}$$

同样 $p(E')\leqslant 1$，而

$$p(E)+p(E')=\frac{n_E+n_{E'}}{n_E+n_{E'}}=1 \tag{附 13-6}$$

如某一事件一定发生，则 $p(E)=1$，$p(E')=0$；如某一事件一定不发生，则 $p(E')=1$，$p(E)=0$。

下面分析一个在统计物理中有用的例子。

例 假定气体占体积为 V，从中划出一个小体积 v，现在选定气体中的某一个分子，问此分子处于小体积 v 中的概率是多少？

设想把 V 分成许多相同小格，每一小格体积均为 ΔV，选中的某分子存留于任一小格中的概率均等，因此例中“等可能”事件的总数为 $V/\Delta V$，某分子出现在 v 中的有利情况数等于 v 中所包含的小格数 $v/\Delta V$。以 p 代表某分子出现在 v 中的概率，按定义

$$p=\frac{v/\Delta V}{V/\Delta V}=v/V \tag{附 13-7}$$

或

$$\frac{v}{\Delta V}=p\frac{V}{\Delta V} \tag{附 13-8}$$

式（附 13-7）表明，v 越大；指定的某分子在其中的机会越多，这是很明显的。式（附 13-8）表示某事件出现的概率 p 乘上“等可能”事件的总数，等于有利情况的出现数。

上述的概率定义中还存在一个问题，即只有在有利情况数与“等可能”事件总数都可以直接计算时才能应用。然而，这些不一定都可以计算，为此，可以采用一种以观测结果为基础的试验定义：n 次试验中，某事件发生的次数 n_E 叫作“频数”，随试验次数增大，n_E/n 渐趋于一个极限值，即将此极限值定义为某事件出现的概率

$$p(E)=\lim_{n\to\infty}\frac{n_E}{n} \tag{附 13-9}$$

由此定义，仍可看出 $0\leqslant p(E)\leqslant 1$，对于必然事件 $p(E)=1$，不可能事件 $p(E)=0$。在实际问题中，应用此定义，也只能以有限数目的试验结果来确定某一事件出现的概率。当然，试验次数越多，越接近实际情况。

3. 有关概率的两个定理

（1）概率的加法定理　互不相容的几个事件，各自出现的概率为 $p(E_1)$, $p(E_2)$, …, $p(E_k)$，只要其中的一个（不论哪一个）发生即算成功的概率，是各事件出现的概率之和，即

$$p(E)=p(E_1)+p(E_2)+\cdots+p(E_k) \tag{附 13-10}$$

例如，把一个容器的体积分成 10 等分，则某一指定分子位于一等分中的概率为 1/10，指定分

子位于第一到第三等分的概率为 1/10+1/10+1/10=3/10。位于任意三个等分中的概率也为 3/10。

（2）概率的乘法定理　由几个独立事件组成的复杂事件出现的概率，等于几个独立事件出现的概率之积。

所谓独立事件，即指某一事件的发生与否，与其他事件没有关系。几个独立事件组成的复杂事件，是指当几个独立事件都发生之后，才算发生的事件。

如 n 个独立事件的发生概率分别为 $p(E_1)$，$p(E_2)$，…，$p(E_n)$，则由此 n 个独立事件组成的复杂事件出现的概率为

$$p(E_1)p(E_2)\cdots p(E_n) \tag{附 13-11}$$

例　气体占据体积 V，划出其中一小部分 v，求 n_1 个指定的分子同时出现于 v 中的概率是多少？

一个分子位于 v 中的概率，前已导出应等于 v/V，另一个分子位于 v 中的概率也应为 v/V，只要 v 不是取得小到可以与分子体积相比的量级，即 v 能满足微观足够大的条件，则若干个分子同时位于 v 内的事件，即可视为是彼此独立的，所以，两个分子同时位于 v 内的概率应为 $v/V\times v/V=(v/V)^2$。同理，n_1 个分子同时位于 v 内的概率为

$$p=\underbrace{\left(\frac{v}{V}\right)\times\left(\frac{v}{V}\right)\times\cdots\times\left(\frac{v}{V}\right)}_{\text{共}n_1\text{项}}=\left(\frac{v}{V}\right)^{n_1}$$

为便于初次接触概率的读者检验自己所掌握的内容，此处留有给出答案的几个题目，请读者自测。数字的计算极为简单，主要是检验分析问题的思路。

① 掷一个硬币，掷出正面的概率为 1/2，求下列各种事件的概率：

（a）连掷两次，每次都出现正面；

（b）连掷两次，第一次就出现正面；

（c）连掷两次，恰好只出现一次正面；

（d）连掷两次，至少掷出一次正面；

（e）连掷两次，至多掷出一次正面。

［答案：（a）1/4；（b）1/2；（c）2/4；（d）3/4；（e）3/4。］

② 有 17 桶外形完全一样的油漆，由于标签脱落，已无法明确说出每桶漆的颜色，但知道其中有 10 桶黑漆，4 桶白漆，3 桶红漆，问从此 17 桶漆中任取一桶，其为黑色或白色的概率是多少？

［答案：14/17］

③ 一个灯泡在一年内断丝的概率，已知为 0.1，问：（a）同时装两个新灯泡，一年后至少有一个仍在使用的概率是多少？（b）同时装三个新灯泡，一年后至少有一个仍在使用的概率是多少？

［答案：（a）0.99；（b）0.999。］

附录 13–II　阶乘的计算——斯提令公式

本节附录要解决的是大数的阶乘问题。取 n（n 为正整数）的阶乘 $n!$的自然对数，得

$$\ln(n!)=\ln 1+\ln 2+\cdots+\ln n$$

写成

$$\ln(n!)=\ln 1\times 1+\ln 2\times 1+\cdots+\ln n\times 1$$

在附图 13-1 中，阶梯形虚线条形面积之总和即为 $\ln n!$ 之值。因为图中的每一条矩形条的高为 $\ln n$，而宽为 1 个单位长度，如第一个矩形面积为 $\ln 2\times 1$，第二个矩形面积为 $\ln 3\times 1$，…，n 越大，则这个阶梯形面积与 $\ln n$ 的光滑曲线下包围的面积相差越小；n 小时，二者的差别很明显，所以，对于大的 n，下式

$$\ln(n!)=\int_1^n \ln n\mathrm{d}n$$

应能成立，此处是把 n 当作连续变量看待。用分部积分法，可得

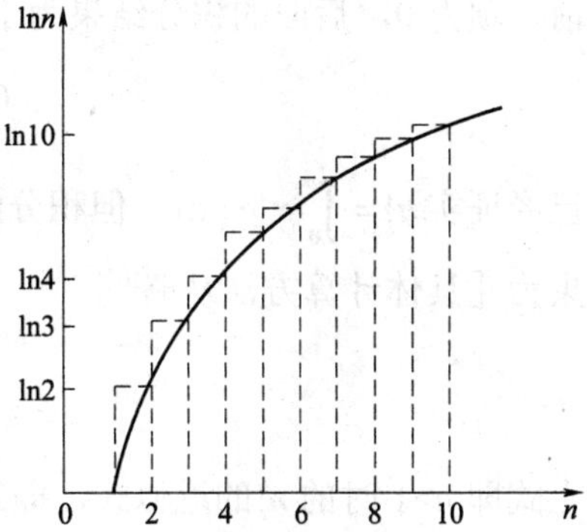

附图 13-1

$$\int_1^n \ln n\mathrm{d}n=n\ln n\Big|_1^n-\int_1^n n\frac{1}{n}\mathrm{d}n=n\ln n-(n-1)$$

如 n 甚大，1 可以略去，即得

$$\ln(n!)=n\ln n-n \qquad (附 13\text{-}12)$$

此式称为斯提令（J. Stirling，1692—1770）公式，用此公式计算阶乘，n 值越大，准确度越高。目前，计算器极为流行，一般科技用计算器常带有 $n!$ 键，在一定的数值范围内，计算结果比用近似的斯提令公式精确。

用附图 13-1 得到斯提令公式，不是严格的推导方法，严格的推导目前对我们并不重要，不予介绍，但对一些重要的结果，应再做些说明。

首先，论证 $n!=\int_0^\infty x^n\mathrm{e}^{-x}\mathrm{d}x$。先假定此式对于 n 成立，n 为任意正整数，证明对于 $n+1$ 也成立，即证明 $(n+1)!=\int_0^\infty x^{n+1}\mathrm{e}^{-x}\mathrm{d}x$ 也成立，现验证如下：

用分部积分法，令 $x^{n+1}=u$，$\mathrm{e}^{-x}\mathrm{d}x=\mathrm{d}v$，则

$$\int_0^\infty x^{n+1}\mathrm{e}^{-x}\mathrm{d}x=-x^{n+1}\mathrm{e}^{-x}\Big|_0^\infty+\int_0^\infty (n+1)x^n\mathrm{e}^{-x}\mathrm{d}x$$

其中 $-x^{n+1}\mathrm{e}^{-x}\Big|_0^\infty$ 的值计算如下：以 0 代入得 0；以 ∞ 代入，则为 ∞/∞ 的不定形式，应用洛必达法则，把 $x^{n+1}\mathrm{e}^{-x}=x^{n+1}/\mathrm{e}^x$ 的分子和分母各求一阶导数，得到 $(n+1)x^n/\mathrm{e}^x$，以 ∞ 代入仍为 ∞/∞ 的形式；但是可以看出，每求一次导数，分母不变，但分子的方次数减 1，所以求 $n+1$ 次导数后，分子成为一个常数，而分母仍不变，即成为 C/e^x 形式，C 代表 $(n+1)\cdot n\cdot(n-1)\cdots 2\cdot 1$ 的常数值，此时以 $x\to\infty$ 代入，$\lim\limits_{x\to\infty} C/\mathrm{e}^x$ 当然为 0，于是，积分

$$\int_0^\infty x^{n+1}\mathrm{e}^{-x}\mathrm{d}x=0+\int_0^\infty (n+1)x^n\mathrm{e}^{-x}\mathrm{d}x$$

$$=(n+1)\int_0^\infty x^n\mathrm{e}^{-x}\mathrm{d}x=(n+1)n!=(n+1)!$$

可见，$n!=\int_0^\infty x^n\mathrm{e}^{-x}\mathrm{d}x$ 对 n 成立，则对 $n+1$ 也成立。再证明对于 $n=1$ 也能成立，则对于所有的正整数均能成立（因为对于 $n=1$ 成立，对于 $n+1=2$ 也成立，依此类推）。令 $n=1$，则

$$1! = \int_0^\infty x\mathrm{e}^{-x}\mathrm{d}x = -x\mathrm{e}^{-x}\Big|_0^\infty + \int_0^\infty \mathrm{e}^{-x}\mathrm{d}x$$

前一项为 0，后面的积分结果为 1，即 1!=1。同时还能看到

$$0! = \int_0^\infty x^0\mathrm{e}^{-x}\mathrm{d}x = \int_0^\infty \mathrm{e}^{-x}\mathrm{d}x = 1$$

已经证实 $n! = \int_0^\infty x^n\mathrm{e}^{-x}\mathrm{d}x$，但积分结果只计算了 n=1 及 n=0 两种特殊情况，计算这一积分的结果为［具体计算方法从略①］

$$n! \simeq \sqrt{2\pi n}\left(\frac{n}{\mathrm{e}}\right)^n \qquad \text{（附 13-13）}$$

上式即 n>1 时的 n!的近似式，即斯提令公式。取对数，得

$$\ln n! = n\ln n - n + \frac{1}{2}\ln(2\pi n) \qquad \text{（附 13-14）}$$

当 n 极大时，$n \gg \ln n$；例如 n 代表阿伏伽德罗常数，$n \simeq 6\times10^{23}$，$\ln n = 55$，在此情况下，上式中的 $(1/2)\ln(2\pi n)$ 可以略去，即得到式（附 13-10）

$$\ln n! = n\ln n - n = n(\ln n - 1) = n\ln(n/\mathrm{e})$$

实际上，使用（附 13-14）式计算较小的 n!值时，也是相当精确的。对于略去 $(1/2)\ln(2\pi n)$ 项之后，对计算结果的影响，附表 13-1 可以给我们比较具体的印象。

附表 13-1

n	$\ln n!$	$n\ln n-n$	$(1/2)\ln(2\pi n)$
5	4.8	3.0	1.8
25	58.0	55.5	2.5
100	363.7	360.5	3.2

由表中可见，当 n=100 时，100!用 100ln100−100 来计算，与用 100ln100−100+(1/2)ln(2π×100) 来计算，所得结果相差一个倍数，即 $\mathrm{e}^{3.2}$ 倍，随着 n 加大，$(1/2)\ln(2\pi n)$的影响相对减小。

思考题与习题

1. 统计物理学的特点是什么？

2. 什么叫热力学概率？

3. 熵的统计物理意义是什么？

4. 以扑克牌为例，说明什么是微观态？什么是宏观态？

5. 10 个可分辨的粒子按如下的方式分布，求其热力学概率。给定 $N_1 = 4, g_1 = 1$；$N_2 = 5, g_2 = 2$；$N_3 = 1, g_3 = 3$。

6. 同上题，假如情况变为无简并情形，热力学概率是多少？

---

① 在非数学性专著中，F.Reif：《Fundamentals of statistical and thermal physics》1965 中的附录 A.6，610–614 页，对斯提令公式的计算讨论较详。

7. 用拉格朗日待定乘子法，请根据式（13-7）所表示的热力学概率，在总粒子数固定这一限制条件下，求粒子在位置坐标空间中的最概然分布。

8. 12 个可分辨的小球安放在三个盒子里，第一盒放 7 个，第二盒放 4 个，第三盒放 1 个，一共有多少种安放方式？

如果使小球在三个盒子间自由地运动，且三个盒子的各种条件全相同，每一个盒子接纳小球的机会都一样大，那么按上面这种分布的概率有多大？

第 14 章　三种统计法及其应用

本章所介绍的三种统计法，即麦克斯韦—玻尔兹曼统计法（M—B 统计）、玻色—爱因斯坦统计法（B—E 统计）及费米—狄拉克统计法（F—D 统计）。前一种是通常所说的经典统计，后两种称为量子统计。对于微观世界来说，各种现象必须用量子理论作出解释，经典统计只能被看成是量子统计的近似结果。但是经典统计的结果在很多情况下还是与实际情况符合的，例如在计算半导体中载流子的浓度时，在掺杂不是很重的情况下（即所谓非简并半导体），就可以用经典统计分布函数来计算，因此了解它还是必要的。

§14–1　三种统计法的热力学概率表示式

在上一章中，已经提到经典统计与量子统计的主要区别在于：经典统计是采取经典力学的观点来描述微观粒子运动的；而量子统计则以粒子的行为遵守量子力学的规律为其建立理论的基础。由于有这种区别，才得到不同的统计分布函数。

下面把两种力学基础上的差别归纳成四点，这些对于求热力学概率的方法以及分布函数的形式有决定性的影响。

（1）在经典力学中，能量是连续的；在量子理论中，能量是量子化的，但在能级相隔极近，在一有限能量范围内的能级数目极大时，或者说能级密度（单位能量范围内的能级数）极大时，仍可作为能量是连续的来处理。

（2）在经典力学中，粒子的位置和动量在原则上可以确定到任何精确程度；但在量子力学中，必须考虑测不准关系所加的限制，即粒子的运动状态在分子相空间中只能确定到一个大小为 h^3 的相格范围内。

（3）经典力学认为，即使是完全相同的粒子，也是可以由跟踪其轨迹而予以分辨；量子力学则认为，由于波粒二象性，轨道的概念变得毫无意义，所以全同粒子是不可分辨的。

（4）自旋是只在量子力学中才有概念，具有自旋为 $\hbar/2$ 的奇数倍（$S_z=(1/2)\hbar,(3/2)\hbar,(5/2)\hbar,\cdots$）的粒子称为费米子（因为这类粒子服从 F—D 统计），按照泡利不相容原理，不可能有两个或两个以上的费米子处于同一量子态，分析这类粒子（如电子、质子等）在量子态上的分布时必须考虑这一限制。

根据这种区别，设想三种模型。

（1）相同的小球是可分辨的，应予以编号，在第一个盒子里放置 N_1 个，……，第 i 个盒子里放置 N_i 个，……，等等，每一个盒子里的小球数没有限制（当然它们不能大于全部粒子总数），每个盒子又分成若干小格，格子数用 g 表示，每个盒子里的小球即分配在此 g 个格子里，每一盒子内的格子数不必相同，且每一个盒子里的格子数可以比该盒子内的小球数 N 大或小。这种模型所对应的现实情况是已在上一章仔细分析过的可分辨粒子的分布问题，其热力学概率也已导出。

（2）除小球是不可分辨的，因而不能予以编号外，其他一切均与上一种模型相同。

（3）在小球为不能予以编号这一点上与模型（2）同，唯再加一层限制，即在各盒中的每一小格内，最多只能安放一个小球，但小格可以空着。不难看出，这一限制所对应的，是把泡利不相容原理“模型”化，表现出“不可能有两个或两个以上的粒子处于同一单粒子态”。

在模型与物理现实之间的对应关系，总结如下：小球对应研究对象——微观粒子；小盒对应能量可视为相同的相空间体积元；小格对应相格，按照量子理论，小盒对应一个能级，小格则对应该能级所包括的量子态，即该能级的简并度。

对应第一种模型的热力学概率已求得为

$$\frac{N!}{\prod_i N_i!}\prod_i g_i^{N_i}$$

（见式（13-7））。

第二种模型对应的是：不可分辨的粒子（全同粒子）在简并度为 g_1 的能级 E_1 上安排 N_1 个，…，在简并度为 g_i 的能级 E_i 上安排 N_i 个等。并且在大小为 h^3 的各相格中安排的粒子数不受限制。这种情况所对应的统计即是 B—E 统计，凡是遵守这种统计规律的粒子称为玻色子。玻色子是自旋为零或为 $\hbar$ 的整数倍的粒子（$S_z=0,\hbar,2\hbar,\cdots$），如光子，$\alpha$ 粒子等。现将这种情况的热力学概率导出如下：

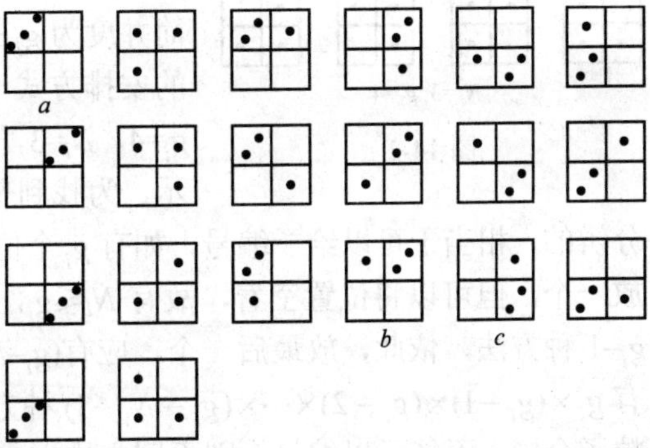

N_i=3, g_i=4

图 14-1

先讨论把 N_i 个粒子分配到 g_i 个相格中，安排方式的数目如何计算。先取数字简单的情形，N_i=3，g_i=4，用直观的方法，把各种可能的安排方法，一一列出如图 14-1。

设想把“格子”也编上号，如四个格子的情形，可以编成Ⅰ、Ⅱ、Ⅲ、Ⅳ，然后排成一行，于是像图 14-1（a）的情形就可以表示为 $\dddot{\text{I}}$|Ⅱ|Ⅲ|Ⅳ，因为粒子是全同的，不能编号，用“•”代表，没有粒子的格子空着，格与格之间用竖线隔开，从这种图示法来看，隔开格与格之间的“间壁”数应为格子数减去 1，如格子数为 g_i，则间壁数为 g_i–1，如格子数为 4，则间壁数为 3。粒子在格中的不同安排方式，实际上是把代表粒子的“ • ”与代表间壁的“|”互换相对位置，例如图 14-1 中标出 b 与 c 两种情况为 $\dot{\text{I}}$|$\ddot{\text{II}}$|Ⅲ|Ⅳ，与Ⅰ|$\dot{\text{II}}$|$\ddot{\text{III}}$|Ⅳ，由“ • ”与“|”的相对位置，可以看出 b 与 c 两种情形相当于“ • ”不动而“|”移动了一格的宽度。这样，可以把 N_i 个“ • ”与 g_i–1 个“|”一起看成 N_i+g_i–1 个物体，这 N_i+g_i–1 个物体排列成行应有(N_i+g_i–1)!种不同方式，考虑到 N_i 个“ • ”全同，g_i–1 个“|”也全同，所以实际的不同排列方式应较(N_i+g_i–1)!为少。设所求 N_i 个全同粒子安排到 g_i 个相格中的不同方式数为 W_i，如设想 N_i 个全同粒子变为不同，则不同的排列方式应当增大 N_i!倍（即 W_i 中的每一种都变成 N_i!种）。同理，若把 g_i–1 个“|”换成全不相同，则不同安排方式又会再增大(g_i–1)!倍，于是 W_i×N_i!×(g_i–1)!应当等于 N_i+g_i–1 个不同物体的全排列数(N_i+g_i–1)!，故由

$$W_i\times N_i!\times(g_i-1)!=(N_i+g_i-1)!$$

可得 $$W_i=\frac{(N_i+g_i-1)!}{N_i!(g_i-1)!} \tag{14-1}$$

用此式验证由直观得到的图 14-1，把 N_i=3，g_i=4 代入式（14-1），得到 $\frac{(3+4-1)!}{3!(4-1)!}=\frac{6!}{3!3!}=20$。式（14-1）所表示的只是在能级 E_i 上的 N_i 个全同粒子在 g_i 个量子态中的安排方式，于是全部 N 个粒子中的 N_1 个在能级 E_1 上，N_2 个在能级 E_2 上，……并且各能级的量子态数又分别为 g_1、g_2…的总共可能的分配方式数应为各 W_i 的乘积，即

$$\begin{aligned}W&=\prod_i W_i\\&=\frac{(N_1+g_1-1)!}{N_1!(g_1-1)!}\times\frac{(N_2+g_2-1)!}{N_2!(g_2-1)!}\times\cdots\times\\&\quad\frac{(N_i+g_i-1)!}{N_i!(g_i-1)!}\times\cdots\\&=\prod_i\frac{(N_i+g_i-1)!}{N_i!(g_i-1)!}\end{aligned} \tag{14-2}$$

式（14-2）即 B—E 统计的热力学概率。

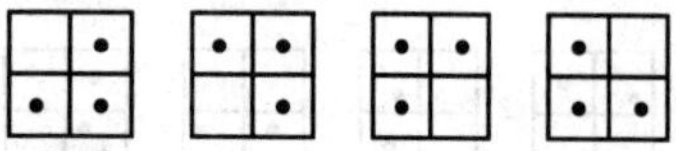

N_i=3, g_i=4

图 14-2

第三种模型对应的是 F—D 统计，N_i 个不可分辨的粒子在简并度为 g_i 的能级 E_i 上的填充受到 $N_i \leqslant g_i$ 的限制。为计算可能的安排方式 W_i，仍先取可直观看出结果的简单数字为例，取 g_i=4，N_i=3，不难看出共有四种可能的安排方式，如图 14-2 所示，为找到普遍的公式，可作如下的考虑：设想各个粒子是可分辨的，相当于可以给予编号，如有 g_i 个位置，放置 N_i 个不同粒子，并限制每个位置上只能放一个，但可以将位置空着，故有 $N_i \leqslant g_i$，安置第一个粒子有 g_i 种方法，安置第二个粒子有 g_i–1 种方法，依此，放最后一个，应有(g_i–N_i+1)种方法，所以 N_i 个粒子放在 g_i 个位置上一共有 $g_i\times(g_i-1)\times(g_i-2)\times\cdots\times(g_i-N_i+1)$ 种方法。但这是按粒子已予以编号的情形考虑的，如粒子全同，不能予以编号，则不同安排方式的数目肯定较此值为小。如果在 N_i 个全同粒子的一种安排方式中，把 N_i 换成可以分辨的粒子，则安排方式要增大 N_i!倍。所以，N_i 个全同粒子安排在 g_i 个相格内的安置方式数为

$$W_i=\frac{g_i(g_i-1)(g_i-2)\cdots(g_i-N_i+1)}{N_i!} \tag{14-3}$$

因为

$$g_i!=g_i(g_i-1)(g_i-2)\cdots(g_i-N_i+1)(g_i-N_i)(g_i-N_i-1)\cdots 3.2.1$$

所以 $$g_i(g_i-1)(g_i-2)\cdots(g_i-N_i+1)=\frac{g_i!}{(g_i-N_i)!}$$

于是 $$W_i=\frac{g_i!}{(g_i-N_i)!N_i!} \tag{14-4}$$

（请读者把图 14-2 中的数字代入此式，验证直观给出的结果。）假如全部粒子总数为 N，分配到 $E_1,E_2,\cdots,E_i,\cdots$ 诸能级，且各能级的简并度为 $g_1,g_2,\cdots,g_i,\cdots$，则全部的分配方式应为 W_i 之

乘积

$$W=\prod_i W_i=\prod_i \frac{g_i!}{(g_i-N_i)!N_i!} \tag{14-5}$$

现在，三种统计法的热力学概率均已导出。下面将求出三种统计方法的分布函数。

§ 14–2 三种统计分布函数

本节的问题是求在系统的总粒子数及总能量固定的限制下，粒子按能量的分布函数取何种形式可使热力学概率最大。在上一章 § 13-5 中已经提到，孤立系统之最终趋于平衡态，即系统的粒子自发地趋向于“最概然分布”。

解决粒子在分子相空间中如何分布才能使 W 最大这一问题，仍是已于 § 13-5 中曾用过的拉格朗日待定乘子法，这个方法中最主要的一点，是利用待定乘子代替各个 δN_i（各 N_i 之间微小变化）之间的约束（各 δN_i 并非彼此独立），而使各个 δN_i 从形式上能看成是彼此独立的（最后使各 δN_i 之前的系数为零）。这样得到的结果，显示出 N_i 与 E_i 之间的关系，即所求粒子按能量的分布函数。

粒子总数固定这一限制条件可以表示为

$$\sum_i N_i=N(\text{固定}); \qquad \sum_i \delta N_i=0 \tag{14-6}$$

上式的意义在前面已有说明（ § 13-5 中式（13-12）后），粒子系统总能量不变也可用类似方法表示，若用 E 代表总能量，全体粒子的总能量应表示为 $E=\sum_i N_i E_i$ ，E 固定不变，则表示为

$$\sum_i E_i \delta N_i=0 \tag{14-7}$$

此式的意义是，在分子相空间各体积元中都有粒子进出，N_i 是变化着的，可能带走一部分能量，也可能带进来一部能量，即各 $E_i\delta N_i$ 有正有负，但总算起来 E 是不变的，所以应有式（14-7）成立。

为求在这两个限制条件下，使 W 最大，也即相当于使 $\ln W$ 取极大，N_i 与 E_i 之间所应有的关系，现先以 M—B 统计为例，说明如下：

M—B 统计的 W 已求得，即式（13-7）

$$W=\frac{N!}{\prod_i N_i!}\prod_i g_i^{N_i}$$

则

$$\ln W=\ln N!+\sum_i N_i \ln g_i-\sum_i \ln N_i!$$

利用斯提令公式，得

$$\ln W=N\ln N-N+\sum_i N_i \ln g_i-\sum_i N_i \ln N_i+\sum_i N_i$$

上式右方第二项与第五项相消，于是

$$\ln W=N\ln N+\sum_i N_i \ln \frac{g_i}{N_i} \tag{14-8}$$

如果 W 为最大，则 $\ln W$ 达到其极值，应有

$$\delta \ln W = 0$$

由式（14-8），得

$$\delta(\ln W) = N\delta(\ln N) + \ln N\delta N + \sum_i N_i \delta(\ln g_i) + \sum_i \ln g_i \delta N_i - \sum_i N_i \delta(\ln N_i) - \sum_i \ln N_i \delta N_i = 0$$

因为 N 及 g_i 是常量，所以有

$$\delta N = 0, \qquad \delta g_i = 0$$

因而有 $N\delta(\ln N) = N\dfrac{1}{N}\delta N = 0$，以及 $\ln N\delta N = 0$，同时

$$\sum_i N_i \delta(\ln g_i) = \sum N_i \frac{1}{g_i}\delta g_i = 0$$

及
$$\sum N_i \delta(\ln N_i) = \sum N_i \frac{1}{N_i}\delta N_i = \sum \delta N_i = 0$$

所以 $\delta(\ln W)$ 的表示式成为

$$\delta(\ln W) = \sum_i \ln \frac{g_i}{N_i}\delta N_i = 0 \tag{14-9}$$

现在的问题是，在式（14-6）及式（14-7）两式所限定的条件下，需满足什么关系，才能使式（14-9）成立。这就需要用拉格朗日不定乘子法，以乘子$-\alpha$乘式（14-6），以$-\beta$乘式（14-7），再与式（14-9）相加，得到

$$\sum \left(\ln \frac{N_i}{g_i} - \alpha - \beta E_i \right) \delta N_i = 0 \tag{14-10}$$

欲上式成立，即需

$$\ln \frac{g_i}{N_i} - \alpha - \beta E_i = 0 \tag{14-11}$$

解出 N_i，得到

$$N_i = g_i e^{-\alpha} e^{-\beta E_i} \tag{14-12}$$

这就是 M—B 分布函数 N_i 与 E_i 的关系，所取的形式。

用同样的方法，可以求得 B—E 分布函数与 F—D 分布函数。

取 B—E 统计的热力学概率

$$W = \prod_i \frac{(N_i + g_i - 1)!}{N_i!(g_i - 1)!}$$

如 W 为最大，应有 $\delta(\ln W) = 0$，根据 W 的表示式，可得

$$\delta(\ln W) = \sum_i \ln\left(\frac{N_i + g_i}{N_i} \right) \delta N_i \tag{14-13}$$

（推出此式时，曾取 $N_i + g_i - 1 \simeq N_i + g_i$；$g_i - 1 \simeq g_i$ 近似），由 $\delta(\ln W) = 0$，及 N 固定，$\sum_i \delta N_i = 0$；和 E 固定，$\sum_i E_i \delta N_i = 0$ 两条限制，利用拉格朗日不定乘子法，可得

$$\ln\left(1+\frac{g_i}{N_i}\right)-\beta E_i-\alpha=0 \tag{14-14}$$

最后，得到 B—E 分布函数为

$$N_i=\frac{g_i}{e^{\alpha}e^{\beta E_i}-1} \tag{14-15}$$

对于 F—D 统计，取式（14-5）所表示 F—D 统计的热力学概率

$$W=\prod_i\frac{g_i!}{(g_i-N_i)!N_i!}$$

可求得

$$\delta\ln W=\sum_i\left[\ln\left(\frac{g_i-N_i}{N_i}\right)\right]\delta N_i$$

将 $\delta\ln W=0$，$\sum_i\delta N_i=0$，$\sum_i E_i\delta N_i=0$ 三式联立，用拉格朗日不定乘子法，得到

$$\sum\left[\ln\left(\frac{g_i-N_i}{N_i}\right)-\alpha-\beta E_i\right]\delta N_i=0$$

解出 N_i，得 F—D 分布函数为

$$N_i=\frac{g_i}{e^{\alpha}e^{\beta E_i}+1} \tag{14-16}$$

至此，已将三种统计的分布函数（14-12），（14-15），（14-16）三式求得，不难看出，如有 $e^{\alpha}e^{\beta E_i}\geqslant 1$ 成立，则式（14-15）与式（14-16）二式分母中的 1 可以略去，于是式（14-15）与式（14-16）二式可近似写为

$$N_i=g_ie^{-\alpha}e^{-\beta E_i} \tag{14-15$'$}$$

$$N_i=g_ie^{-\alpha}e^{-\beta E_i} \tag{14-16$'$}$$

与式（14-12）形式完全一样，所以说，当 $e^{\alpha}e^{\beta E_i}\gg 1$ 的条件得到满足时，两种量子统计——B—E 统计与 F—D 统计的分布函数都可以用 M—B 统计分布函数来近似，这就是所谓“经典近似”，至于经典近似成立的条件 $e^{\alpha}e^{\beta E_i}\gg 1$，后面再具体分析。下面将分别讨论三种统计分布函数的性质及应用。

§ 14–3　M—B 分布函数

上一节已求得 M—B 分布函数形式为

$$N_i=g_ie^{-\alpha}e^{-\beta E_i}$$

首先，确定 $e^{-\alpha}$，将 $e^{-\alpha}$ 用 A 表示，由于 $\sum_i N_i=N$（总粒子数），则

$$\sum g_ie^{-\alpha}e^{-\beta E_i}=\sum Ag_ie^{-\beta E_i}=A\sum g_ie^{-\beta E_i}=N$$

于是

$$A=\frac{N}{\sum g_ie^{-\beta E_i}}$$

令 $Z=\sum g_ie^{-\beta E_i}$，则 $A=N/Z$，或 $Z=N/A$，于是

$$N_i = \frac{N}{Z} g_i e^{-\beta E_i} \tag{14-17}$$

Z 称为配分函数（慎勿与分布函数相混），有时也称为“状态总和”，这是一个很重要的函数，不久即将看到，只要把 Z 确定下来，即可确定热力学诸函数。

现在再确定β，前已导出 M—B 统计的热力学概率式（14-8）

$$\ln W = N \ln N + \sum N_i \ln \frac{g_i}{N_i}$$

把由式（14-17）得到的 $g_i / N_i = (Z/N)\, e^{\beta E_i}$ 代入上式，得到

$$\begin{aligned}\ln W &= N \ln N + \sum N_i \ln \frac{Z}{N} e^{\beta E_i} \\ &= N \ln N + \ln Z \sum N_i - \ln Z \sum N_i + \beta \sum N_i E_i\end{aligned}$$

因为 $\sum N_i = N$ ，$\sum N_i E_i = E$ ，所以上式化简为

$$\ln W = N \ln Z + \beta E \tag{14-18}$$

利用熵与热力学概率的关系，$S=k\ln W$，得到

$$S = k \ln W = k(N \ln Z + \beta E) \tag{14-19}$$

由热力学中的 $dU = TdS - pdV$ ，可得 $(\partial U / \partial S)_V = T$ 或 $(\partial S / \partial U)_V = 1/T$ ，为符号一致，将内能 U 换成现用的符号 E，即 $(\partial S / \partial E)_V = 1/T$ ，根据式（14-19）求 $(\partial S / \partial E)_V$ ，得到

$$\begin{aligned}\left(\frac{\partial S}{\partial E}\right)_V &= kN \frac{1}{Z}\left(\frac{\partial Z}{\partial E}\right)_V + k\beta + kE\left(\frac{\partial \beta}{\partial E}\right)_V \\ &= kN \frac{1}{Z}\left(\frac{\partial Z}{\partial \beta}\right)\left(\frac{\partial \beta}{\partial E}\right)_V + k\beta + kE\left(\frac{\partial \beta}{\partial E}\right)_V\end{aligned}$$

由 $Z = \sum g_i e^{-\beta E_i}$ ，得到 $\frac{\partial Z}{\partial \beta} = -\sum g_i E_i e^{-\beta E_i}$ ，可推得

$$\frac{\partial Z}{\partial \beta} = -\frac{Z}{N} \sum g_i E_i \frac{N}{Z} e^{-\beta E_i} = -\frac{Z}{N} \sum N_i E_i = -\frac{Z}{N} E$$

代回 $(\partial S / \partial E)_V$ 式中，得

$$\left(\frac{\partial S}{\partial E}\right)_V = Nk \frac{1}{Z}\left(-\frac{Z}{N} E\right)\left(\frac{\partial \beta}{\partial E}\right)_V + k\beta + kE\left(\frac{\partial \beta}{\partial E}\right)_V$$

上式右方一、三两项相消，于是

$$\left(\frac{\partial S}{\partial E}\right) = \frac{1}{T} = k\beta$$

所以

$$\beta = \frac{1}{kT} \tag{14-20}$$

于是 M—B 分布函数可以写成

$$N_i = \frac{N}{Z} g_i e^{-E_i / kT} \tag{14-21}$$

现在，不难看到 Z 与热力学诸函数的联系了，因为通过$\beta=1/kT$，已经把温度 T 引入了。

系统的内能为 $E=\sum N_iE_i$，把式（14-21）的 N_i 代入，得到

$$E=\sum N_iE_i=\sum E_i\frac{N}{Z}g_i\exp\left(-\frac{E_i}{kT}\right)$$
$$=\frac{N}{Z}g_i\sum E_i\exp\left(-\frac{E_i}{kT}\right)$$

因为
$$\frac{\mathrm{d}Z}{\mathrm{d}T}=\frac{\mathrm{d}}{\mathrm{d}T}\sum g_i\exp\left(-\frac{E_i}{kT}\right)=\frac{1}{kT^2}g_i\sum E_i\exp\left(-\frac{E_i}{kT}\right)$$

所以
$$\sum E_i\exp\left(-\frac{E_i}{kT}\right)=\frac{kT^2}{g_i}\frac{\mathrm{d}Z}{\mathrm{d}T}$$

于是
$$E=\frac{N}{Z}g_i\frac{kT^2}{g_i}\frac{\mathrm{d}Z}{\mathrm{d}T}=\frac{N}{Z}kT^2\frac{\mathrm{d}Z}{\mathrm{d}T}=NkT^2\frac{\mathrm{d}(\ln Z)}{\mathrm{d}T} \tag{14-22}$$

熵 S 可由式（14-19），把 $\beta=1/kT$ 代入，得到

$$S=kN\ln Z+kE\beta=Nk\ln Z+\frac{E}{T} \tag{14-23}$$

得到 S，即可代入 $F=E-TS$ 中，得到自由能

$$F=E-T\left(Nk\ln Z+\frac{E}{T}\right)=-NkT\ln Z \tag{14-24}$$

由此可见，一旦确定 Z，则诸热力学函数即可确定。

应当说明，在求得 M—B 分布函数，从而得到 Z 时，对于能量的性质未予限制，只是涉及配分函数 Z 的具体形式时，则与 E_i 的表示式有关了，下一节可见到实例。

§ 14–4　麦克斯韦分子速度分布律

作为 M—B 分布函数的一个重要应用，讨论气体分子的速度分布问题。其中一些结果可能已为读者所熟悉。①

对于由 N 个单原子分子组成的理想气体，由于分子间不存在相互作用，系统的能量只包括分子的平动动能（至于重力的作用在后面讨论）。设分子质量为 m，分子的动能为 $mv^2/2$，即 $E_i=mv_i^2/2$，v^2 用分量可表示为 $v^2=v_x^2+v_y^2+v_z^2$。应用 M—B 分布函数研究气体分子按动能的分布，即可求得分子的速度分布函数，因为实际考虑的是分子速度的大小，所以严格地说，应该是分子按速率的分布。

首先要写出在能量为分子平动动能 $mv^2/2$ 的情况下的配分函数 Z，Z 中的 g_i，按量子理论可以写成 $g_i=\Delta\tau/h^3$，$\Delta\tau$ 代表 $\Delta x\Delta y\Delta z\Delta p_x\Delta p_y\Delta p_z$，唯从经典力学的观点来看，对于位置与动量的确定，并无测不准关系的限制，因而相格大小为 h^3 的结果对经典力学来说并无实际意义，在 § 13-2 中即已提到相格的概念仍可用于经典统计之中以表示粒子的运动状态，因为这样将能使连续变化的力学变量（位置与动量）成为可数的。这样，可以取相格的体积为 C，则 g_i 可以表示为 $g_i=\Delta\tau_i/C$，于是

① 参考书目［11］，一册，255–259 页。

$$Z=\sum g_i \exp\left(-\frac{E_i}{kT}\right)=\sum \frac{(\Delta\tau)_i}{C}\exp\left(-\frac{E_i}{kT}\right)$$

将求和以求积分代替，则

$$Z\to\iiint\iiint\frac{\mathrm{d}x\mathrm{d}y\mathrm{d}z\mathrm{d}p_x\mathrm{d}p_y\mathrm{d}p_z}{C}\exp\left(-\frac{E_i}{kT}\right)$$

同时，粒子数 $N_i=\frac{N}{Z}g_i\exp\left(-\frac{E_i}{kT}\right)$ 也改写为

$$\mathrm{d}N=\frac{N}{Z}\exp\left(-\frac{E}{kT}\right)\frac{\mathrm{d}\tau}{C}=\frac{\frac{1}{C}N\exp\left(-\frac{E}{kT}\right)\mathrm{d}\tau}{\frac{1}{C}\iiint\iiint\exp\left(-\frac{E}{kT}\right)\mathrm{d}\tau} \tag{14-25}$$

现在计算式（14-25）分母中的积分，令

$$I=\iiint\iiint\exp\left(-\frac{E_i}{kT}\right)\mathrm{d}x\mathrm{d}y\mathrm{d}z\mathrm{d}p_x\mathrm{d}p_y\mathrm{d}p_z$$

此六重积分中的三重是对坐标 x、y、z 进行的，积分结果即为气体所占体积 V。所以 I 可以写成

$$I=V\iiint\exp\left(-\frac{E}{kT}\right)\mathrm{d}p_x\mathrm{d}p_y\mathrm{d}p_z$$

E 用 $mv^2/2$ 代入，将变量 p 换成变量 v，由于 $p_x=mv_x.\ p_y=mv_y$，$p_z=mv_z$，$\mathrm{d}p=m\mathrm{d}v$，所以 $\mathrm{d}p_x\mathrm{d}p_y\mathrm{d}p_z=m^3\mathrm{d}v_x\mathrm{d}v_y\mathrm{d}v_z$，于是

$$I=V\iiint_{-\infty}^{+\infty}\exp\left(-\frac{mv^2}{2kT}\right)m^3\mathrm{d}v_x\mathrm{d}v_y\mathrm{d}v_z \tag{14-26}$$

对分子速度的三重积分的上、下限均取为$-\infty$到$+\infty$，即将全部可能的速度大小均包括在内，则

$$I=m^3V\int_{-\infty}^{+\infty}\exp\left(-\frac{mv_x^2}{2kT}\right)\mathrm{d}v_x\int_{-\infty}^{+\infty}\exp\left(-\frac{mv_y^2}{2kT}\right)\mathrm{d}v_y\cdot\int_{-\infty}^{+\infty}\exp\left(-\frac{mv_z^2}{2kT}\right)\mathrm{d}v_z$$

形式如 $\int_{-\infty}^{+\infty}x^n\mathrm{e}^{-ax^2}\mathrm{d}x$ 及 $\int_0^{+\infty}x^n\mathrm{e}^{-ax^2}\mathrm{d}x$ 的计算方法及结果，参看附录 14-I，此处直接引用结果。因为

$$\int_0^{+\infty}\mathrm{e}^{-ax^2}\mathrm{d}x=\frac{1}{2}\sqrt{\frac{\pi}{a}}$$

及
$$\int_{-\infty}^{+\infty}\mathrm{e}^{-ax^2}\mathrm{d}x=2\int_0^{+\infty}\mathrm{e}^{-ax^2}\mathrm{d}x$$

可得
$$\int_{-\infty}^{+\infty}\exp\left(-\frac{mv_x^2}{2kT}\right)\mathrm{d}v_x=2\times\frac{1}{2}\sqrt{\frac{\pi}{m/(2kT)}}=\sqrt{\frac{2\pi kT}{m}}$$

对 y、z 两分量的积分也一样，因而

$$I=m^3V\left(\sqrt{\frac{2\pi kT}{m}}\right)^3=V(2\pi mkT)^{3/2} \tag{14-27}$$

代回式（14-25），得到

$$\mathrm{d}N=\frac{N}{V}\frac{\exp(-mv^2/2kT)}{(2\pi mkT)^{3/2}}m^3\mathrm{d}x\mathrm{d}y\mathrm{d}z\mathrm{d}v_x\mathrm{d}v_y\mathrm{d}v_z \tag{14-28}$$

此处 dN 代表的是在把分子相空间中的动量坐标换成速度坐标之后的六维空间中，六个坐标分别在 x 与 x+dx、y 与 y+dy、z 与 z+dz、v_x 与 v_x+dv_x、v_y 与 v_y+dv_y、v_z 与 v_z+dv_z 之间的分子数，为使式（14-28）两边写法上一致，将左方的 dN 改写成为 $\mathrm{d}^6N_{xyzv_xv_yv_z}$，为求得分子在位置空间的分布，可将式（14-28）对 $\mathrm{d}v_x\mathrm{d}v_y\mathrm{d}v_z$ 求积分，得到

$$\mathrm{d}^3N_{xyz}=\frac{N}{V}\frac{(2\pi mkT)^{3/2}}{(2\pi mkT)^{3/2}}\mathrm{d}x\mathrm{d}y\mathrm{d}z \tag{14-29}$$

可见

$$\frac{\mathrm{d}^3N_{xyz}}{\mathrm{d}x\mathrm{d}y\mathrm{d}z}=\frac{N}{V}$$

结果表明，分子在位置空间中是均匀分布的。

为求得在“速度空间”中的分布，应把 d^6N 对 dxdydz 求积分，积分限由气体分子所占体积决定，积分结果显然应为气体体积 V，于是得到

$$\mathrm{d}^3N_{v_xv_yv_z}=\frac{N}{V}\left(\frac{m}{2\pi kT}\right)^{3/2}V\exp\left(-\frac{mv^2}{2kT}\right)\mathrm{d}v_x\mathrm{d}v_y\mathrm{d}v_z \tag{14-30}$$

V 消去，式（14-30）可以写成

$$\mathrm{d}^3N_{v_xv_yv_z}=NA\exp\left(-\frac{mv^2}{2kT}\right)\mathrm{d}v_x\mathrm{d}v_y\mathrm{d}v_z$$

其中以 A 代表 $(m/2\pi kT)^{3/2}$，上式即麦克斯韦分子速度分布律，再将上式写成

$$\frac{\mathrm{d}^3N}{\mathrm{d}v_x\mathrm{d}v_y\mathrm{d}v_z}=NA\exp\left(-\frac{mv^2}{2kT}\right) \tag{14-31}$$

则表示的是气体分子在“分子速度空间”的分布密度，$NA\exp(-mv^2/2kT)$ 即称为麦克斯韦速度分布函数。

“速度空间”是取直角坐标的三个轴分别代表 v_x、v_y、v_z 所构成的空间，一个分子的速度 v（分量为 v_x、v_y、v_z）可以此空间中一点表示。此空间的体积元即 $\mathrm{d}v_x\mathrm{d}v_y\mathrm{d}v_z$。不难由式（14-31）看出，速度空间中的分布密度决定于 v 的大小，而与 v 的方向无关。换言之，在速度空间中，分布密度的值是球对称的，即距原点（v 的值为零处）为 v 处的密度是一样的。所以，取一半径为 v，厚度为 dv 且以原点为中心的球壳，壳中的分子代表点的数目应为：球壳体积 $(4\pi v^2\mathrm{d}v)$ ×密度，即

$$\mathrm{d}N_v=4\pi v^2N\left(\frac{m}{2\pi kT}\right)^{3/2}\exp\left(-\frac{mv^2}{2kT}\right)\mathrm{d}v \tag{14-32}$$

根据上式，分子的平均速率、均方根速率、最概然速率[①]均可算出。对这些计算以及分子速度的值大于或小于某一指定值的分子数的计算均放在附录 14-II，供使用时参考。

① 表示几种速率的公式，参见参考书目［11］，一册，259 页；此处最概然速率原称最可几速率，今按不久前颁布的《物理学名词》改动。

现在讨论重力场的作用。在重力场中，能量 E 中应添入重力势能 mgz 一项，z 代表铅直方向的坐标，坐标零点取在地平面上，于是 $E=\frac{1}{2}mv^2+mgz$，配分函数为

$$Z=\frac{1}{C}\iint \mathrm{d}x\mathrm{d}y\int \exp\left(-\frac{mgz}{kT}\right)\mathrm{d}z\iiint \exp\left(-\frac{mv^2}{2kT}\right)m^3\mathrm{d}v_x\mathrm{d}v_y\mathrm{d}v_z$$

因 $\iint \mathrm{d}x\mathrm{d}y$ 即气体柱的水平底面积 S，$\int \exp\left(-\frac{mgz}{kT}\right)\mathrm{d}z$ 从 0 积分到∞，结果为 kT/mg，对速度的三个分量的三重积分结果为 $(2\pi mkT)^{3/2}$，即

$$Z=\frac{1}{C}S\frac{kT}{mg}(2\pi mkT)^{3/2} \tag{14-33}$$

代入 $\mathrm{d}N=(N/Z)\exp(-E/kT)(\mathrm{d}\tau/C)$中，可得

$$\mathrm{d}^6N=\frac{Nmg}{SkT}\left(\frac{1}{2\pi mkT}\right)^{3/2}\exp\left(-\frac{mgz+\frac{1}{2}mv^2}{kT}\right)\times m^3\mathrm{d}x\mathrm{d}y\mathrm{d}z\mathrm{d}v_x\mathrm{d}v_y\mathrm{d}v_z \tag{14-34}$$

为求得 z 方向上的分布，可以把上式对除 z 以外的所有变量求积分，结果为

$$\mathrm{d}N_z=\frac{Nmg}{kT}\exp\left(-\frac{mgz}{kT}\right)\mathrm{d}z$$

这就是在高度为 z 处的、厚为 $\mathrm{d}z$ 的薄层大气中的分子数。

把式（14-33）对 v_x、v_y、v_z 求积分，即能得到在位置坐标分布为

$$\frac{\mathrm{d}^3N}{\mathrm{d}x\mathrm{d}y\mathrm{d}z}=\frac{Nmg}{SkT}\exp\left(-\frac{mgz}{kT}\right)$$

上式左方代表单位体积中的分子数（分子密度），可以用 n 代表，根据气体动理学理论，气体压强可以表示为 $p=nkT$①，则由上式可得

$$p=\frac{Nmg}{S}\exp\left(-\frac{mgz}{kT}\right) \tag{14-35}$$

设 $z=0$ 处，$p=p_0$，则由上式可得 $p_0=Nmg/S$，其物理意义极为明显，Nmg 为全体分子的总重量，所以 Nmg/S 是单位面积上所承受的分子总重量。式（14-35）可以写成

$$p=p_0\exp\left(-\frac{mgz}{kT}\right) \tag{14-36}$$

此方程称为气压方程，表示大气压强随高度变化的公式。注意在推导过程中，对大气温度随高度增加而降低的因素未予考虑。

从前面的分析来看，只要能量 E 可以写成只是位置函数的项（如 mgz）与只是速率函数的项（如 $mv^2/2$）之和，则在位置空间与在速度空间的分布就是彼此独立的。

§14–5　能量均分原理

能量均分原理过去曾经介绍过[11，一册]，现在从 M—B 分布函数中把它推导出来，并着重

① 参考书目［11］，一册，246 页式（6-7）。

说明它适用的范围。

一个分子的能量，一般说来，是它所在的相空间体积元的所有坐标的函数。设χ代表其中任一坐标，E_χ为这一坐标对应的能量，例如以χ代表v_x（相当于分子相空间坐标p_x/m），则E_χ相当于$mv_x^2/2$，如χ代表z，则E_χ相当于mgz，对于χ坐标的分布函数可以用如下方法得到：由包括全部坐标的分布函数表示式，对除去χ以外的所有坐标积分，得到的函数形式为

$$\mathrm{d}N_\chi = B\exp\left(-\frac{Ex}{kT}\right)\mathrm{d}\chi$$

式中B代表与χ无关的常量。

一个分子的E_χ的平均值$\overline{E}_\chi$应为

$$\overline{E}_\chi = (E_\chi)_N / N$$

其中N代表分子总数，$(E_\chi)_N$代表与坐标χ相联系的那部分能量（总能量中的一部分）。N又可以写成

$$N = \int \mathrm{d}N_\chi = B\int \exp\left(-\frac{E_\chi}{kT}\right)\mathrm{d}\chi$$

$(E_\chi)_N$可以写成

$$(E_\chi)_N = \int E_\chi \mathrm{d}N_\chi = B\int E_\chi \exp\left(-\frac{E_\chi}{kT}\right)\mathrm{d}\chi$$

则

$$\overline{E}_\chi = \frac{\int E_\chi \exp\left(-\frac{E_\chi}{kT}\right)\mathrm{d}\chi}{\int \exp\left(-\frac{E_\chi}{kT}\right)\mathrm{d}\chi}$$

假如E_χ与χ的关系是一个二次函数关系，如$E_\chi=a\chi^2$，a为一常量（如$E_\chi=\frac{1}{2}mv_\chi^2$），则

$$\overline{E}_\chi = \frac{\int_{-\infty}^{+\infty} a\chi^2 \exp\left(-\frac{a\chi^2}{kT}\right)\mathrm{d}\chi}{\int_{-\infty}^{+\infty} \exp\left(-\frac{a\chi^2}{kT}\right)\mathrm{d}\chi}$$

利用前面介绍过的结果（或参考附录 14-I），得到

$$\overline{E}_\chi = \frac{a\times 2\times \frac{1}{4}\sqrt{\frac{\pi}{(a/kT)^3}}}{2\times\frac{1}{2}\sqrt{\frac{\pi}{(a/kT)}}} = \frac{1}{2}kT$$

（积分的上下限取为∞及 0，结果也一样。）

这个结果表明：对于任一坐标，只要对应这一坐标的能量为坐标的二次函数，而且分布函数可以表示为坐标的连续函数，则每一分子的平均能量，在温度为T的平衡状态下，都是$kT/2$。前面讲到速度坐标v_x、v_y、v_z满足上述条件，因为移动能等于$mv^2/2$。对于一个线性谐

振子的位移 x，也满足上述条件，因为谐振子的势能可以表示为 $Kx^2/2$。至于重力场中的铅直坐标 z，由于重力势能 mgz 不是 z 的二次函数，不满足上述条件，所以平均能量不能用 $kT/2$ 表示。

§ 14-6 F—D 分布函数

F—D 统计的热力学概率及分布函数均已求出，分别为

$$W_{F-D}=\prod_i \frac{g_i!}{(g_i-N_i)!N_i!}$$

$$N_i=\frac{g_i}{e^{\alpha}e^{\beta E_i}+1} \tag{14-37}$$

现在对β、α及 g_i 分别给予说明。

（1）关于β: 可以证明，在式（14-16）中出现的β与 M—B 统计分布函数中出现的β一样，也等于 $1/kT$。在推导方法上，仍可利用 $S=k\ln W$，写出 S，并利用$(\partial S/\partial E)_V=1/T$，最终求得$\partial S/\partial E=k\beta=1/T$，$\beta=1/kT$。（建议读者把它完整地推导出来。）

（2）α与费米能级E_F：在导出 F—D 统计分布函数时，利用拉格朗日不定乘子法，曾得到

$$\sum\left[\ln\left(\frac{g_i-N_i}{N_i}\right)-\alpha-\beta E_i\right]\delta N_i=0$$

此式相当于

$$\delta(\ln W)-\alpha\delta N-\beta\delta E=0$$

由于 $S=k\ln W$，则上式又可写成

$$\delta\left(\frac{S}{k}-\alpha N-\beta E\right)=0$$

于是

$$\alpha=\frac{1}{k}\left(\frac{\partial S}{\partial N}\right)_{E、V} \tag{14-38}$$

括号外右下角的 E、V 表示内能 E 与体积 V 不变，在第 11 章介绍化学势时，曾提出对于质量可变的系统内能 U 可以表示为［见式（11-42）］

$$dU=TdS-pdV+\left(\frac{\partial U}{\partial n_a}\right)dn_a+\cdots$$

式中，n_a 代表某种组分 a 的数量，可以用克、摩尔数或粒子数表示；$\partial U/\partial n_a$ 即是组分 a 的化学势，热力学中常用μ代表。为与现在所用符号一致，把 U 换成 E，n_a 换成粒子数 N，则

$$TdS=dE+pdV-\mu dN$$

由此可得

$$\left(\frac{\partial S}{\partial N}\right)_{E、V}=-\frac{\mu}{T} \tag{14-39}$$

将式（14-39）与式（14-38）二式相比，可见

$$\alpha=-\frac{\mu}{kT} \tag{14-40}$$

于是 F—D 分布函数又可写成

$$N_i = \frac{g_i}{e^{E_i/kT}e^{-\mu/kT}+1} \tag{14-41}$$

化学势 μ 在 F—D 统计中常称为费米能级，用 E_F 表示，于是

$$N_i = \frac{g_i}{e^{(E_i-E_F)/kT}+1} \tag{14-42}$$

E_F 的量纲为能量的量纲。证实 E_F 代表粒子的化学势很重要。因为我们已经知道两相达成平衡的条件为两相的化学势相等（见 § 11-5）。如两块不同的金属相接触，或金属与半导体接触，或半导体与半导体接触，因两种不同材料的电子系统的 E_F 并不相等，所以开始接触后，必有电子自一种材料流向另一种材料的过程，直到最后达到平衡时，必须满足的条件是：互相接触的不同材料的电子系统的 E_F 一定相等。这一结论在今后的专业学习中常要用来分析问题。

（3）g_i 的表示式：在分子相空间一节中已介绍过，因受测不准关系的限制，分子相空间的体积元中应包括的相格数 $g_i=\mathrm{d}x\mathrm{d}y\mathrm{d}z\mathrm{d}p_x\mathrm{d}p_y\mathrm{d}p_z/h^3$，现在要讨论的是对于一有限大小的相空间中包括的 g_i 应如何表示，或者说，如果给出粒子所占据的整个位置空间和给出一定的能量范围，其中包括的 g_i 的值应如何表示。从原则上说，当然仍为以相空间的体积除以 h^3。例如研究金属中的电子按能量的分布，电子所占的位置空间即是金属的体积；给定的能量范围，则可根据能量与动量的关系，求出能量范围与动量范围之间的对应关系。由能量 E 与动量 p 之间的关系 $E=p^2/2m$，可见，由于 E 比例于 p 的平方，所以所有绝对值相同的 p 都对应同样的 E，如以 p_x、p_y、p_z 为三个坐标轴，建立一个动量空间，在这样的空间中以任一 p_i 为半径所作的球面上各点，应当具有同样的 E 值，这样的面可以称为“等能面”。如图 14-3，以 O 为球心，$|p_i|^2=p_x^2+p_y^2+p_z^2$ 为半径所作的球面即为一等能面；同样，以 $|p_i+\Delta p_i|$ 为半径所作的球面也是一等能面，面上的每一点都有各自的三个动量分量，p_x、p_y、p_z 互不相同，但是这些点所代表的状态都有相同的能量。设两等能面所对应的能量分别为 E_i 及 $E_i+\Delta E_i$，则求包括在 E_i 与 $E_i+\Delta E_i$ 之间的量子状态数，也就是求分子相空间中能量在 E_i 与 $E_i+\Delta E_i$ 之间的体积里包括了多少个 h^3。不难想象，这部分相空间一方面限制在粒子所占据的全部位置空间 $V=\iiint \mathrm{d}x\mathrm{d}y\mathrm{d}z$ 之中，如前面所举的金属例子中所提到的，电子所占据的位置空间即是金属的体积；另一方面限制在对应能量为 E_i 与 $E_i+\Delta E_i$ 的动量 p_i 与 $p_i+\Delta p_i$ 的范围内。限制在 p_i 与 Δp_i 之间的体积，即如图 14-3 所示之球壳，大小为 $4\pi p_i^2\Delta p_i$，所以所求的相空间体积为 $V\times 4\pi p_i^2\Delta p_i$，这块体积中所包括的 h^3 的数目，即 g_i，应为

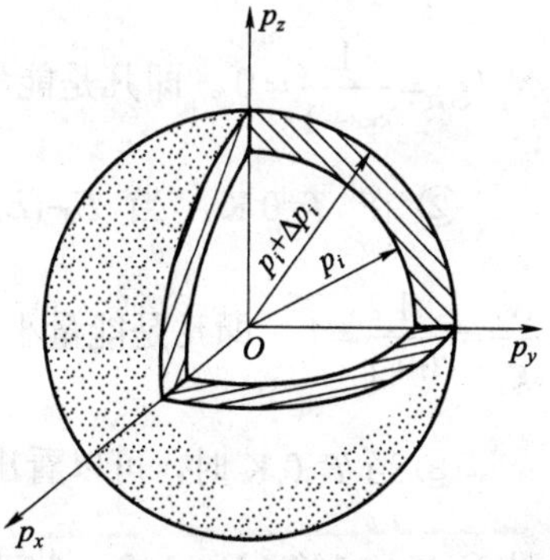

图 14-3

$$g_i = \frac{4\pi p_i^2 V\Delta p_i}{h^3} \tag{14-43}$$

将此换成以能量 E 来表示，根据

$$E_i = \frac{1}{2}\frac{p_i^2}{m}, \quad p_i = \sqrt{2mE_i}, \quad \Delta E_i = \frac{1}{m}p_i\Delta p_i$$

所以 $$\Delta p_i = m\frac{\Delta E_i}{p_i} = \frac{m\Delta E_i}{\sqrt{2mE_i}} = \frac{1}{2}\sqrt{2m}\frac{\Delta E_i}{\sqrt{E_i}}$$

代入式（14-43），得

$$g_i = \frac{4\pi \times 2mE_i \times V \times (1/2)\sqrt{2m}(\Delta E_i / \sqrt{E_i})}{h^3} \tag{14-44}$$

这个结果对于 F—D 统计及 B—E 统计——两种量子统计都是适用的。

需要特别提出的是，对于电子，因其具有自旋，而自旋可取两个方向，自旋量子数分别为+1/2 和–1/2，所以可以说，自旋引起的简并度为 2，于是具有同样的位置和动量（在测不准关系所允许的范围内）的状态内，也即大小为 h^3 的同一相格之内，可以容纳自旋相反的两个电子。所以对于电子系统，应将上面求得的 g_i 乘以 2。如此，将式（14-44）右方乘以 2 并经整理，得到

$$g_i = \frac{4\pi V(2m)^{3/2} E_i^{1/2} \Delta E_i}{h^3} \tag{14-45}$$

（4）F—D 分布函数的性质：以$(E_F)_0$代表 0 K 时的费米能级，则

① 在 T=0 K，当 $E_i-(E_F)_0>0$ 时，因 $\frac{E_i-(E_F)_0}{kT}=\infty$，$\exp\left(\frac{E_i-(E_F)_0}{kT}\right)=\infty$，所以有 $N_i / g_i = \frac{1}{\infty+1} = 0$。即凡是能量大于$(E_F)_0$的量子态（能级）都是空的。

② 在 T=0 K，当 $E_i-(E_F)_0<0$ 时，因 $\frac{E_i-(E_F)_0}{kT}=-\infty$，$\exp\left(\frac{E_i-(E_F)_0}{kT}\right)=0$，所以有 $\frac{N_i}{g_i}=\frac{1}{0+1}=1$。即凡是能量小于$(E_F)_0$的量子态均为粒子所占据。

③ 当 T>0 K 时，可以看出：当 $E_i = E_F$ 时，因为 $(E_i - E_F)/kT = 0$，$\exp\left(\frac{E_i-E_F}{kT}\right)=1$，所以 $N_i / g_i = 1/(1+1) = 1/2$。此式表明粒子占据 E_F 所对应的量子态的几率为 1/2。

当 $E_i < E_F$ 时，因为 $\exp\left(\frac{E_i-E_F}{kT}\right)<1$，所以 $\frac{N_i}{g_i} > \frac{1}{2}$，当 $E_i < E_F$ 且有 $E_F - E_i \gg kT$ 时，因为，$\exp\left(\frac{E_i-E_F}{kT}\right) \to 0$，所以 $E_i / g_i \to 1$。

当 $E_i > E_F$ 时，因为 $\exp\left(\frac{E_i-E_F}{kT}\right)>1$，所以 $\frac{E_i}{g_i} < \frac{1}{2}$，特别当 $E_i - E_F$ 为 kT 的几倍时，$\exp\left(\frac{E_i-E_F}{kT}\right)$ 可以比 1 大很多，于是 N_i / g_i 的表示式中分母中的 1 可以略去，N_i / g_i 可以近似表示为

$$\exp\left[-\frac{(E_i - E_F)}{kT}\right] = \exp\left(-\frac{E_F}{kT}\right)\exp\left(-\frac{E_i}{kT}\right)$$

可见这种情况下粒子按能量的分布决定于因子 $\exp(-E_i / kT)$，这正是 M—B 统计的分布函数。即满足 $E_F - E_i \gg kT$ 的诸能级上的粒子分布可以用经典统计分布函数来代替量子统计分布函数。

以上的讨论结果均示于图 14-4，图中所给出的 $T>0$ K 的两条曲线，分别取 $T=300$ K 及 1 000 K，计算数字列于表 14-1 中。

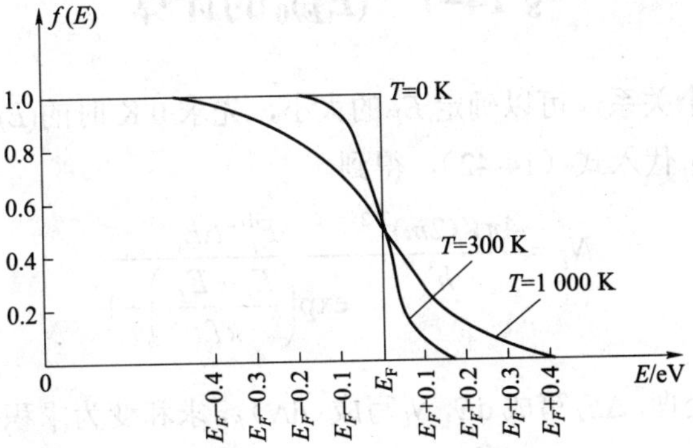

图 14-4

表 14-1

E/eV	$f(E)$		E/eV	$f(E)$	
	T=300 K	T=1 000 K		T=300 K	T=1 000 K
E_F+0.400 0	0.00	0.01	E_F–0.400 0	1.00	0.99
E_F+0.300 0	0.00	0.03	E_F–0.300 0	1.00	0.97
E_F+0.200 0	0.00	0.09	E_F–0.200 0	1.00	0.91
E_F+0.150 0	0.00	0.15	E_F–0.150 0	0.99	0.85
E_F+0.100 0	0.02	0.24	E_F–0.100 0	0.98	0.77
E_F+0.075 0	0.05	0.29	E_F–0.075 0	0.95	0.71
E_F+0.050 0	0.13	0.36	E_F–0.050 0	0.87	0.64
E_F+0.025 0	0.28	0.43	E_F–0.025 0	0.72	0.57
E_F+0.000 0	0.50	0.50	E_F–0.000 0	0.50	0.50

对图、表的几点说明：

① $f(E)$即代表 F—D 分布函数$\dfrac{1}{e^{(E-E_F)/kT}+1}$。

② 图 14-4 中 0 K 时的$(E_F)_0$与 TK 时的 E_F 未予区别，理由后面解释。

③ 计算结果只取三位数字。

既然 $f(E)=N_i/g_i$ 表示的是能量为 E 的量子状态被粒子占据的几率，而一个量子态，对于遵守泡利原理的粒子来说，只有被粒子占据或不被粒子占据两种可能，所以 $1-f(E)$就是能量为 E 的量子态不被粒子占据的几率。在量子力学部分，引入过“空穴”的概念（§7-9），指的是价带顶附近的一个空量子态，所以 $1-f(E)$为适用于“空穴”的分布函数。

$$1-f(E)=1-\frac{1}{\exp\left(\dfrac{E-E_F}{kT}\right)+1}=\frac{1}{\exp\left(\dfrac{E_F-E}{kT}\right)+1} \tag{14-46}$$

这个公式在讨论半导体中空穴浓度时是必定要用的。

§ 14–7　$(E_F)_0$的计算

利用$\sum N_i = N$这个关系，可以确定E_F的大小，先求 0 K 时的$(E_F)_0$。

把式（14-45）的g_i代入式（14-42），得到

$$N_i = \frac{4\pi V(2m)^{3/2}}{h^3} \frac{E_i^{1/2}\Delta E_i}{\exp\left(\frac{E_i - E_F}{kT}\right)+1}$$

把N、E当作连续变量处理，ΔE_i写成$\mathrm{d}E$，N_i写成$(\mathrm{d}N)_E$，求和变为求积分，常量项$\frac{4\pi V(2m)^{3/2}}{h^3}$用$C$代表，分布函数仍写为$f(E)$，则

$$(\mathrm{d}N)_E = Cf(E)E^{1/2}\mathrm{d}E$$

已知在 0 K，$E<(E_F)_0$时，$f(E)=1$；$E>(E_F)_0$时，$f(E)=0$，$\sum N_i = N$，此时可写为

$$N = \int (\mathrm{d}N)_E = C\int_0^{(E_F)_0} 1\cdot\sqrt{E}\cdot \mathrm{d}E$$

$$= C\frac{2}{3}E^{3/2}\Big|_0^{(E_F)_0} = \frac{2}{3}C(E_F)_0^{3/2}$$

所以

$$(E_F)_0 = \left(\frac{3}{2}\frac{N}{C}\right)^{2/3} = \left[\frac{3}{2}\frac{N}{4\pi V\frac{(2m)^{3/2}}{h^3}}\right]^{2/3} = \frac{h^2}{2m}\left(\frac{3N}{8\pi V}\right)^{2/3}$$

N/V代表的是粒子在位置空间的密度，用n代表，则

$$(E_F)_0 = \frac{h^2}{2m}\left(\frac{3n}{8\pi}\right)^{2/3} = \frac{h^2}{8m}\left(\frac{3n}{\pi}\right)^{2/3} \tag{14-47}$$

因为在 0 K，凡是大于$(E_F)_0$的能级都空着，所以$(E_F)_0$就是 0 K 下粒子所能具有的最大能量，从式（14-47）看出，这个值决定于粒子密度。

式（14-47）给出的结果，还可以用另一种方法得到，把N_i写成

$$\mathrm{d}^3N = \frac{2V}{h^3}\frac{1}{\exp\left(\frac{E-E_F}{kT}\right)+1}\mathrm{d}p_x\mathrm{d}p_y\mathrm{d}p_z$$

式中的因子 2 来自粒子的两种自旋。把

$$\frac{\mathrm{d}^3N}{\mathrm{d}p_x\mathrm{d}p_y\mathrm{d}p_z} = \frac{2V}{h^3}\frac{1}{\exp\left(\frac{E-E_F}{kT}\right)+1}$$

解释为动量空间的粒子代表点的密度，当T=0 K 和$E<(E_F)_0$时，可得

$$\mathrm{d}^3N = \frac{2V}{h^3}\mathrm{d}p_x\mathrm{d}p_y\mathrm{d}p_z$$

可见在T=0 K，$E<(E_F)_0$时，密度为一常值$2V/h^3$，而当$E>(E_F)_0$时，$\mathrm{d}^3N=0$，可以说，在绝对

零度，动量空间中粒子的代表点是均匀分布的。如果对应粒子的最大能量$(E_F)_0$的动量以$(p_m)_0$代表，应有$(p_m)_0^2/2m=(E_F)_0$，则在动量空间中以原点为中心，以$(p_m)_0$为半径的球内，所包含的代表点应为总粒子数N，因为在半径为$(p_m)_0$的球面之外粒子数为零。

将半径为$(p_m)_0$的球体积$\frac{4\pi}{3}(p_m)_0^3$乘以代表点密度$2V/h^3$，应等于N

$$\frac{4\pi}{3}(p_m)_0^3\times\frac{2V}{h^3}=N$$

所以$(p_m)_0=(3Nh^3/8\pi V)^{1/3}$，从而得到

$$(E_F)_0=\frac{1}{2m}\left(\frac{3Nh^3}{8\pi V}\right)^{2/3}=\frac{h^2}{8m}\left(\frac{3N}{\pi V}\right)^{2/3}$$

与前面导出的结果一样。

下面计算金属银的$(E_F)_0$作为实例。

先说明如何估计银中电子的体密度。可以假定，每一个原子供给与其价数相同的自由电子，如一价金属的每一个原子供给一个自由电子，所以对于一价的银，自由电子的密度N/V即等于单位体积的金属银所包含的银原子数。银的原子量为 107.88，银的密度为 $10.49\times10^{-3}\ \text{kg/cm}^3$，所以 $1\ \text{cm}^3$ 银的质量相当于 10.49/107.88=0.097 mol 银，所以 $1\ \text{m}^3$ 银中应包含 $6.022\times10^{23}\times0.097\times10^6=5.8\times10^{28}$ 个银原子，即 N/V 值为 $5.8\times10^{28}\ \text{m}^{-3}$，把 N/V 值、$h=6.6\times10^{-34}\ \text{J}\cdot\text{s}$ 及电子质量 $m=9.1\times10^{-31}\ \text{kg}$ 代入式（14-47），得到

$$\begin{aligned}(E_F)_0&=\frac{(6.6\times10^{-34})^2}{8\times9.1\times10^{-31}}\left(\frac{3}{3.1416}\times5.8\times10^{+28}\right)^{2/3}\\&\simeq8.7\times10^{-19}\ \text{J}\\&=\frac{8.7\times10^{-19}}{1.6\times10^{-19}}(\text{eV})=5.4(\text{eV})\end{aligned}$$

结果告诉我们，在 0 K 时，能量从 0 到 5.4 eV 范围内的诸量子态均为电子所填满，即使在绝对零度，也并非所有的电子都在最低的能级之上，这正是泡利不相容原理的必然结果。由于任一能级被自旋相反的两个电子占据之后，不能再容纳更多的电子，所以其余的电子只能往其他的能级上填充，这样从最低能级开始，电子逐步往高能级填充，直到把全部电子安排完，填充到最高的能级，对应的能量是 0 K 时的$(E_F)_0$，用示意图表示如图 14-5（a）所示，纵方向自下而上代表电子能量从低到高，各能级以横线来示意，其上的黑点代表电子，这个示意图表示的是金属的导带，其中能级部分为电子所填充的情况（参见量子力学部分的金属、绝缘体和半导体的能带一节）。图中把分布函数的曲线 E 轴向上画在旁边，以资比较。当 $T>0$ K，且 T 满足 $kT<E_F$ 时①，如图 14-5（b）所示，可以看到能量接近 E_F，但比 E_F 大的能级也有部分被电子占据，同时，能量接近 E_F，但较 E_F 为小的能级也有部分空出来。这就是说，随着温度升高，一部分原在$(E_F)_0$附近能级上的电子，能由较低能级激发到较高能级，但是能量远较 E_F 为小的诸能级上的电子的填充情况与 0 K 时相比，没有改变。注意在图中，没有区别 E_F 与$(E_F)_0$，前面也已经这样做了，现在予以解释。

---

① 条件 $E_F>kT$ 并不难满足。已知 $k=1.38\times10^{-23}\ \text{J}\cdot\text{K}^{-1}$，设想 $T=10^4$ K，kT 也只有 1.38×10^{-7} J，约相当于 0.9 eV，一般比金属的$(E_F)_0$为小，所以即使温度达到几千 K，条件 $(E_F)_0>kT$ 仍可成立。

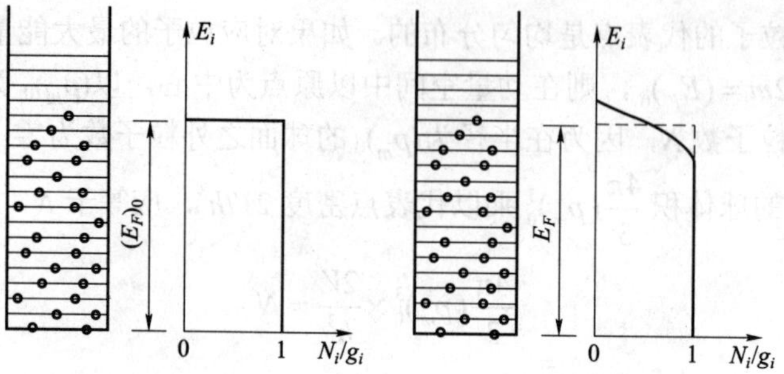

(a) T=0 K　　　(b) T>0 K

图 14-5

当 T>0 K，且 $E_F \gg kT$ 的条件成立的情况下，E_F 的计算方法，像计算 0 K 时 $(E_F)_0$ 的方法一样，仍是利用 $\sum N_i = N$，即 $N=\int_0^\infty Cf(E)E^{1/2}\mathrm{d}E$ 来计算。与 T=0 K 情形不同的是，此时积分上下限应取∞与 0，之所以上限取为∞，是因为 $f(E)$ 中的 $\exp\left(\dfrac{E-E_F}{kT}\right)$ 在分母上，随 E 值的增加 $f(E)$ 迅速下降，对积分的结果，已无任何贡献，所以即使把上限取为∞，也不致影响计算结果，但取为∞却能带来数学处理上的方便。

积分 $N=\int_0^\infty Cf(E)E^{1/2}\mathrm{d}E$ 的计算，因为不像在 0 K 时 $f(E)$ 可以取为 1，所以比较麻烦。详细的计算过程在附录 14-III 中给出，此处只给出结果

$$E_F \simeq (E_F)_0\left[1-\frac{\pi^2}{12}\left(\frac{kT}{(E_F)_0}\right)^2\right] \tag{14-48}$$

由上式可见，随温度上升，E_F 比 $(E_F)_0$ 要下降，但因为 $kT \ll (E_F)_0$，所以 $\dfrac{\pi^2}{12}\left(\dfrac{kT}{(E_F)_0}\right)^2$ 很小，因此在一般温度下，即可认为 $E_F \simeq (E_F)_0$，这就是为什么在画图 14-4 及图 14-5 时，没有区别 E_F 与 $(E_F)_0$ 的原因。

§14–8 经 典 近 似

上一节已经提到，金属的 $(E_F)_0$ 约为几个电子伏特，而 kT 的值在 T 为 10^3 的数量级时，也不过 10^{-2} 电子伏特的量级，所以 $(E_F)_0 \gg kT$ 能得到满足。从式（14-48）看出，即使在 T 为 10^3 的量级时，E_F 与 $(E_F)_0$ 相差也不是很大，因为 $\exp\left(\dfrac{-E_F}{kT}\right)$ 将比 1 小得多，所以 F—D 分布函数分母中的 1 绝对不能略去，因而对于金属中的“电子气”必须使用 F—D 统计。电子气的这种情形被称为“简并化”的。令 $(E_F)_0 = kT_0$，由此确定一个 $T_0 = (E_F)_0/k$，则 $E_F \gg kT$ 的条件，可以写成 $E_F \simeq (E_F)_0 = kT_0 \gg kT$，即 $T_0 \gg T$，这就是说，在小于 T_0 温度时，电子气是简并化的，T_0 称为（某种金属）“简并化温度”或“费米温度”。如前面所举的金属银的例子 $[(E_F)_0]_{\mathrm{Ag}} = 5.4\mathrm{eV}$，则

$$(T_0)_{\mathrm{Ag}} = \frac{5.4}{k} = \frac{5.4\times1.6\times10^{-12}}{1.38\times10^{-16}} \simeq 6\times10^4\ \mathrm{K}$$

故在一般温度下，$T \ll T_0$ 这一条件总是可以满足的。

以上讨论的都是 $\exp\left(\frac{-E_F}{kT}\right)$ 比 1 小得多，F—D 分布函数分母中的 1 不能略去的情形，现在来考查另一种情况，就是 F—D 分布函数的分母中的 1 可以略去的情形。这种情形前面已提到过，分母中的 1 如果可以略去，则分布函数形式成为 $\exp(E_F/kT)\exp(-E/kT)$，即是 M—B 分布函数的形式了，就是所说的“经典近似”。

把 F—D 分布函数写成

$$\frac{N_i}{g_i}=\frac{1}{\frac{1}{A}\exp(E_i/kT)+1}$$

即把 $\exp(-E_F/kT)$ 写成 $1/A$，如果 A 比 1 小得多，则 $1/A \gg 1$，此是分母中的 1 可以略去，上式成为

$$N_i = g_i A\exp(-E_i/kT)$$

即所谓“经典近似”。所以 $1/A \gg 1$ 能否成立是判断能否用经典统计分布函数代替 F—D 分布函数的关键。对 A 值的估计、分析如下：

由 $A=\exp(E_F/kT)$，把 $(E_F)_0$ 的表示式（14-47）代入，得 $A=\exp\left[\frac{h^2}{8m}\left(\frac{3}{\pi}\frac{N}{V}\right)^{2/3}\frac{1}{kT}\right]$，可以看出，在同样的温度下，粒子的质量 m 越大，粒子数密度 N/V 越小，A 越小；同时可见，m、N/V 固定，T 越高，A 越小。这就是说，在粒子数密度低、质量大、温度高的情况下，有可能用经典近似；反之，m 小，N/V 大，T 低时不能用经典近似。用具体数字计算，可得出较直观的印象。

利用已有的关于金属银的数据，已求得银中电子的 $(E_F)_0$ 为 5.4 eV，在室温下，T=300 K，$kT=1.38\times10^{-23}\ \text{J}\cdot\text{K}^{-1}\times300=4.14\times10^{-23}\ \text{J}$，相当于 $\frac{4.14\times10^{-21}}{1.6\times10^{-19}}\simeq2.6\times10^{-2}\ \text{eV}$，所以 $(E_F)_0/kT\simeq2\times10^2$，$A=\exp[(E_F)_0/kT]=\exp(2\times10^2)$，显然比 1 大得多，$1/A$ 极小，所以分母中的 1 不能略去，即对银中电子按能量分布，必须用 F—D 分布函数。

如果把粒子换成在室温及一个大气压下的 1 mol 氮气，先求氮气分子的 m 及 N/V，因氮气的分子量为 28，取阿伏伽德罗常数 $N_0=6.022\times10^{26}\text{K}\cdot\text{mol}^{-1}$，则 $m=28/(6.022\times10^{26})\simeq4.65\times10^{-26}\ \text{kg}$，在标准状态下（0℃，1 大气压）1 kmol 气体所占体积为 22.4 m^3，现在在室温下，体积应增加到 $22.4\times300/273\simeq24.6\ \text{m}^3$，所以 $N/V=6.022\times10^{26}/24.6\simeq0.24\times10^{26}\ \text{m}^{-3}$，代入 A 中，取 $h=6.6\times10^{-34}\ \text{J}\cdot\text{s}$，可算出 A 值为 exp（2.3×10^{-5}），结果 A 值基本上就是 1，$1/A$ 与 1 相差无几，不能满足 $1/A\gg1$ 的条件，即可用经典近似，对于在室温及 1 个大气压下的氮气出现这种情况，自在意料之中，氮气分子的速率分布遵守麦克斯韦分子速率分布定律。

§ 14–9　电子的平均能量与比热（定容）

按照经典理论的看法，金属与绝缘体的区别在于前者含有大量的自由电子。如果把这些电子看成与气体分子一样，必然会推论出金属的摩尔热容量要比绝缘体的大。因为把电子看成与气体分子一样，每一运动自由度的平均能量为(1/2)kT，则对应三个自由度，金属中每一

个电子都应有平均能量(3/2)kT，因为 1 摩尔金属中包含有 N_0 个原子，自由电子的数目应当与 N_0 同数量级，因而自由电子总体应具有能量 $N_0\times(3/2)kT=(3/2)RT$，所以 $\partial E/\partial T=(3/2)R$，把 R 近似取为 8 J・mol^{-1}・K^{-1}，于是，电子对于金属的摩尔热容量（定容）的贡献应为 (3/2)×8=12 J・K^{-1}。照此推论，金属的摩尔热容量应比绝缘体的大 12 J・K^{-1}。但有关晶体比热的杜隆—珀蒂（D. L. Dulong，1785—1835；A. T. Petit，1791—1820）定律告诉我们，固体的摩尔热容量大约为 24 J・mol^{-1}・K^{-1}，这个定律对于很多金属与绝缘体都适用。也就是说，很多金属与绝缘体的摩尔热容量相差不多。但按上面的推论，如果绝缘体的摩尔容量为 24 J・mol^{-1}・K^{-1}，则金属的就应当是 24+12=36 J・mol^{-1}・K^{-1}，然而事实并非如此。这就是经典理论遇到的困难。①

用量子统计理论来说明金属的摩尔热容量问题，定性的解释如下：在 T>0 K 时，由图 14-4 可以看出，只有能量在 E_F 附近几个 kT 范围内的电子，才会受到温度升高的影响由低能级激发到高能级，而在这以下的绝大部分电子均未受到影响。由此可以想到，电子对热容量的贡献不会太大，因而也就不会得出“金属的摩尔热容量应比绝缘体的为大”的推论。如果我们把受到影响的电子数与电子总数之比取为 $kT/(E_F)_0$，则 1 摩尔金属中受到温度升高影响的电子数将为 $N_0kT/(E_F)_0$，再设每一电子受到影响而增加的能量为 kT 的数量级，则电子增加的全部能量为 $kTN_0kT/(E_F)_0=RkT^2/(E_F)_0$，故电子对摩尔热容量的贡献应近似为 $RkT/(E_F)_0$，从下面的详细计算中可以看出这种估计是正确的。

电子的平均能量可由下式求出

$$\overline{E}=\frac{\int E\mathrm{d}N}{N}$$

以 $\overline{E}_0$ 代表绝对零度下的平均能量，由于

$$\mathrm{d}N=Cf(E)E^{1/2}\mathrm{d}E$$

所以应有

$$\overline{E}_0=\frac{\int_0^{(E_F)_0}ECf(E)E^{1/2}\mathrm{d}E}{N}$$

因为在 $E<(E_F)_0$ 时，$f(E)=1$，所以，在$(E_F)_0$以下

$$\overline{E}_0=\frac{\int_0^{(E_F)_0}CE^{3/2}\mathrm{d}E}{N}=\frac{C}{N}\frac{2}{5}E^{5/2}\bigg|_0^{(E_F)_0}=\frac{C}{N}\frac{2}{5}(E_F)_0^{5/2}$$

但已求得 $N=(2/3)C(E_F)_0^{3/2}$（见 § 14-7），所以有

$$\overline{E}_0=\frac{C}{(2/3)C(E_F)_0^{3/2}}\times\frac{2}{5}(E_F)_0^{5/2}=\frac{3}{5}(E_F)_0 \qquad (14\text{-}49)$$

以 $\mathrm{d}N/\mathrm{d}E=Cf(E)E^{1/2}$ 对 E 作曲线，对于 T=0 K，可得到图 14-6 中虚线所示的抛物线形状，温度升高，T>0 K 时，曲线形状如图中实线所示，可以看到，在能量比 E_F 为低的相当一部分

① 经典理论对杜隆—珀蒂定律的解释为：假定每一原子都在平衡位置附近振动，并假定弹性恢复力可近似表示为 $f=-kx$，x 代表偏离平衡位置的位移，k 代表一常量，则平均弹性势能与动能一样，各为 $(1/2)kT$，如果假定每一原子具有在三个方向上的独立振动，则 1 摩尔原子的总振动能应为 $3N_0[(1/2)kT+(1/2)kT]=3N_0kT=3RT$，即摩尔热容量近似等于 $3R\approx 24$ J・mol^{-1}・K^{-1}。按过去以卡为热量单位，常写为 6 卡・摩尔$^{-1}$・度$^{-1}$。

范围内，虚线与实线是重合的，这一部分能量范围内的电子没有受到温度的影响。能量在 $E_F(\sim(E_F)_0)$ 附近但低于 E_F 的一部分电子激发到大于 E_F 的能级上去了。曲线下包围的面积为 $\int\frac{dN}{dE}dE=N$，即总粒子数，应当是不变的，当 $T>0$ K 时，求电子的平均能量仍需利用 $dN=Cf(E)E^{1/2}dE$ 及

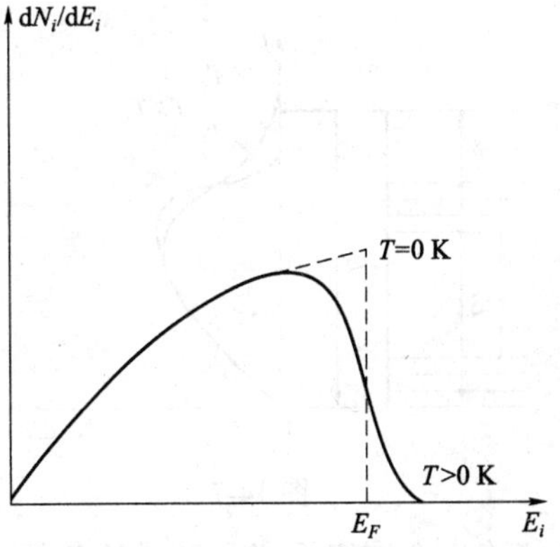

图 14-6

$$\overline{E}=\frac{\int EdN}{N}=\frac{C}{N}\int_0^\infty f(E)E^{3/2}dE$$

与 $T=0$ K 时不同的是，积分的上下限应取为∞与 0（与 § 14-7 中求 $T>0$ K 时的 E_F 道理是一样的），积分 $\int_0^\infty f(E)E^{3/2}dE$ 的计算与前面计算 $\int_0^\infty f(E)E^{1/2}dE$ 的区别只是 E 的方次不同，方法是一样的，此处从略，只引用结果①

$$\overline{E}=\frac{3}{5}(E_F)_0\left[1+\frac{5}{12}\pi^2\left(\frac{kT}{(E_F)_0}\right)^2+\cdots\right]$$

N 个电子的总能量则为 $N\overline{E}$，于是

$$\frac{d(N\overline{E})}{dT}=N\frac{d\overline{E}}{dT}=N\frac{\pi^2k^2}{2(E_F)_0}T \tag{14-50}$$

上面所引用 $\overline{E}$ 的表示式中，已将高次方项略去。如为 1 摩尔物质，N 则为阿伏伽德罗常数 N_0，所以 $Nk=N_0k=R$，此时 $d(N\overline{E})/dT$ 则代表摩尔热容量（定容）c_v，即

$$c_v=\frac{\pi^2}{2(E_F)_0}kTR \tag{14-51}$$

以金属银为例，$(E_F)_0=5.4\text{ eV}$，因此

$$\frac{\pi^2k}{2(E_F)_0}=\frac{\pi\times1.38\times10^{-23}}{2\times5.4\times1.6\times10^{-19}}\approx7.6\times10^{-15}\ \text{K}^{-1}$$

所以当 $T=300$ K 时，

$$\frac{\pi^2kT}{2(E_F)_0}\simeq7.6\times10^{-5}\times3\times10^2=0.023$$

可见 $c_v=0.023R$，比经典理论所断言的(3/2)R 要小得多。这就说明了为什么金属的摩尔热容量与绝缘体的相差不多的原因。

*§ 14–10　热电子发射

当金属被加热到一定温度时，会有一部分电子从金属表面发射出来。在常温下，电子被

---

① 可以参看谢希德，方俊鑫：《固体物理学》上册，§ 7-2，§ 7-3，213–219 页，上海科学技术出版社，1961 年 8 月第一版，有较详细的计算。

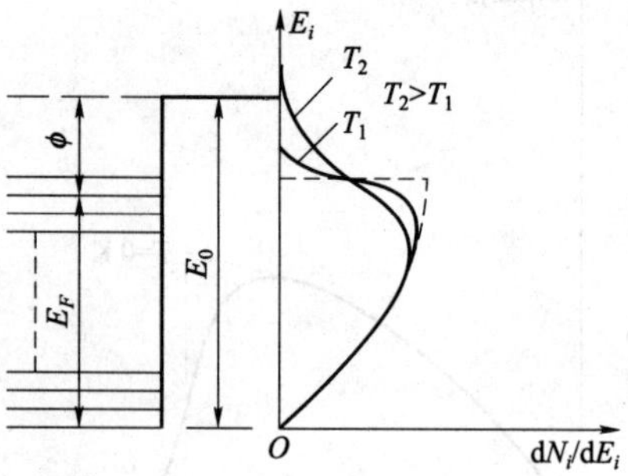

图 14-7

约束在金属内部，可以看作电子是在一个"势阱"内运动，即电子在金属内部的能量较之在金属外部为低，设势阱的深度为 E_0，金属的费米能级为 E_F，使电子离开金属的最起码的能量应为 $E_0-E_F=\phi$，ϕ 称为电子的"逸出功"或"功函数"。当温度足够高，外界对金属中能量在 E_F 附近的电子提供的能量大于 ϕ 时，电子就有可能逸出金属表面，这就是热电子发射现象，如图 14-7。

要计算热电子发射所形成的电子流密度（单位时间从金属表面单位面积上逸出的电子数），首先要分析电子能跑出金属表面必须满足的条件。从前面的定性解释来看，电子要逸出表面，至少要具有能量 E_0，这个条件虽属必须，却并不足够，因为还有一个电子运动的方向问题。如取垂直金属表面的方向为 x 方向，电子在 x 方向的动量以 p_x 表示，则那些刚刚能跑出金属表面之外的电子应具有的动量 $(p_x)_0$ 与 E_0 之间应有 $(p_x)_0^2/2m=E_0=E_F+\phi$ 关系，或者说应具有动量 $(p_x)_0=[2m(E_F+\phi)]^{1/2}$。这就是说，电子能够跑出金属表面必须具有足够的能量，而且这个能量一定要对应着向金属表面方向运动的动能。如果没有这后一限制，即使电子具有足够的能量，但由于它不是从金属内部向着表面运动的，仍不可能脱离金属飞出表面。只有动量 p_x 大于或至少等于 $(p_x)_0$ 的电子，才有可能跑出金属表面。因此，垂直金属表面的热电子发射电流密度，应等于电子电量乘以单位时间内通过垂直于 x 方向单位面积上动量大于和等于 $(p_x)_0$ 的电子数。对于这一数目的估计，应采用如下方法。

电子如具有 x 方向的动量 p_x，则其 x 方向的速度分量为 p_x/m，把金属中单位体积内动量在 p_x 与 $p_x+\mathrm{d}p_x$ 之间的电子数表示为 $N(p_x)\mathrm{d}p_x$，$N(p_x)$ 表示电子数 N 为 p_x 的函数，单位时间穿过垂直 p_x 方向的单位面积的电子数应为 $(p_x/m)N(p_x)\mathrm{d}p_x$（粒子流密度=速度×体密度）。因而形成的电流密度为

$$j=\int_{(p_x)_0}^{\infty} q\frac{p_x}{m}N(p_x)\mathrm{d}p_x \tag{14-52}$$

其中 q 代表电子电量。为求积分值，应先解决 $N(p_x)\mathrm{d}p_x$ 应如何表示。利用 $N_i/g_i=\left[\exp\left(\dfrac{E-E_F}{kT}\right)+1\right]^{-1}$ 及 $g_i=(2V\mathrm{d}p_x\mathrm{d}p_y\mathrm{d}p_z)/h^3$，得到

$$N_i=\frac{2V\mathrm{d}p_x\mathrm{d}p_y\mathrm{d}p_z}{h^3}\frac{1}{\exp\left(\dfrac{E-E_F}{kT}\right)+1}$$

在单位体积中，动量在 p_x 与 $p_x+\mathrm{d}p_x$ 之间的电子数，可以用 N_i 除以 V 后再对 $\mathrm{d}p_y\mathrm{d}p_z$ 积分（积分限从$-\infty$到$+\infty$），即

$$N(p_x)\mathrm{d}p_x=\frac{2}{h^3}\mathrm{d}p_x\int_{-\infty}^{+\infty}\int_{-\infty}^{+\infty}\frac{\mathrm{d}p_y\mathrm{d}p_z}{\exp\left(\dfrac{E-E_F}{kT}\right)+1}$$

由于逸出功一般约为几个电子伏特，所以能跑出金属表面的电子，其能量 E 至少要比 E_F 高出几个电子伏特：由于 $k\simeq 8.6\times10^{-5}\ \mathrm{eV\cdot K^{-1}}$，可见即使温度达到几千度，$kT$ 也只是 10^{-2} eV 的

数量级，所以$E-E_F \gg kT$一定成立，于是 F—D 分布函数分母中的 1 可以略去，即可用经典近似。也即图 14-7 中电子按能量分布曲线上尾部高出 E_0 的一段，即可用 M—B 分布函数表示，又根据

$$E=\frac{1}{2m}p^2=\frac{1}{2m}(p_x^2+p_y^2+p_z^2)$$

$N(p_x)\mathrm{d}p_x$可以写为

$$N(p_x)\mathrm{d}p_x=\frac{2}{h^3}\mathrm{d}p_x\exp\left(\frac{E_F}{kT}\right)\exp\left(-\frac{p_x^2}{2mkT}\right)\times \int_{-\infty}^{+\infty}\exp\left(-\frac{p_y^2}{2mkT}\right)\mathrm{d}p_y\int_{-\infty}^{+\infty}\exp\left(-\frac{p_z^2}{2mkT}\right)\mathrm{d}p_z$$

积分后得

$$N(p_x)\mathrm{d}p_x=\frac{2}{h^3}\times 2\pi mkT\exp\left(\frac{E_F}{kT}\right)\exp\left(-\frac{p_x^2}{2mkT}\right)\mathrm{d}p_x \tag{14-53}$$

把式（14-53）代入式（14-52）中，求得热电子发射的电流密度为

$$\begin{aligned}j&=\frac{q}{m}\int_{(p_x)_0}^{\infty}\frac{4\pi mkT}{h^3}\exp\left(\frac{E_F}{kT}\right)\exp\left(-\frac{p_x^2}{2mkT}\right)p_x\mathrm{d}p_x\\&=\frac{4\pi qkT}{h^3}\exp\left(\frac{E_F}{kT}\right)\int_{(p_x)_0}^{\infty}p_x\exp\left(-\frac{p_x^2}{2mkT}\right)\mathrm{d}p_x\end{aligned}$$

积分的结果为

$$mkT\exp\left[-\frac{(p_x)_0^2}{2mkT}\right]①$$

于是

$$j=q\frac{4\pi mk^2T^2}{h^3}\exp\left(\frac{E_F}{kT}\right)\exp\left(-\frac{(p_x)_0^2}{2mkT}\right)$$

把$(p_x)_0=\sqrt{2m(E_F+\phi)}$代入，得到

$$j=\frac{4\pi mqk^2}{h^3}T^2\exp\left(-\frac{\phi}{kT}\right) \tag{14-54}$$

写成

$$j=AT^2\exp\left(-\frac{\phi}{kT}\right) \tag{14-54$'$}$$

式（14-54）′中的 A 代表常量$4\pi mqk^2/h^3$，其量纲为［电流］［长度］$^{-2}$［温度］$^{-2}$，把具体数字代入，可得$A\approx 120\ \mathrm{A\cdot cm^{-2}\cdot K^{-2}}$。把式（14-54）′写作

---

① 积分的计算方法如下：换变量，令$p_x^2/2mkT=x$；$\frac{2p_x\mathrm{d}p_x}{2mkT}=\mathrm{d}x$。所以$p_x\mathrm{d}p_x=mkT\mathrm{d}x$；$p_x=\infty$，$x=\infty$，$p_x=(p_x)_0$，$x=x_0=\frac{(px)_0^2}{2mkT}$，于是积分变为

$$\int_{\frac{(p_x)_0^2}{2mkT}}^{\infty}\exp(-x)mkT\mathrm{d}x=mkT\exp\left[-\frac{(p_x)_0^2}{2mkT}\right]$$

$$\frac{j}{T^2}=A\exp\left(-\frac{\phi}{kT}\right) \tag{14-55}$$

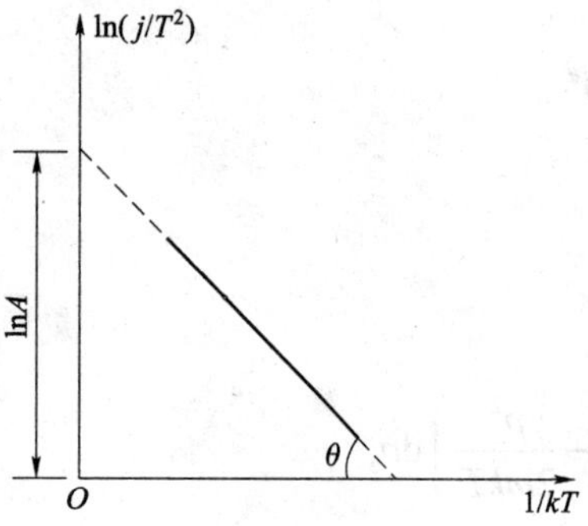

图 14-8

由实验测定 j 及 T，以 $\ln(j/T^2)$ 与 $1/kT$ 分别为纵横坐标作出实验曲线，应得到一条直线。这条直线的斜率即为$-\phi$，将此线延长与纵轴相交，截距即为 $\ln A$，如图 14-8。如此 A 及ϕ 均可由实验测得。

式（14-54）只能说基本上与实验结果相符合。因为实际情况要复杂得多。在以上的推导过程中，没有考虑在内的因素有：发射电子的阴极外电场的作用，即所谓"肖特基（W. H. Schottky，1886—1976）效应"，这个效应使功函数降低；功函数ϕ对晶面的依赖性；表面沾污对ϕ的影响；向外运动的电子在表面处的反射等。这些问题没有可能在此处一一讨论。何况有些问题——如表面沾污尚难用理论定量处理。

上面讨论的热电子发射问题的方法，对于讨论金属—半导体接触的电流—电压特性的热电子发射理论也是很有用的。

下面再对已经离开金属的电子的能量分布进行分析。

由式（14-54），将 j 用 q 来除，得到的是单位时间从单位面积上发射的电子数，即电子流密度，用 n 表示，即

$$n=\frac{4\pi mk^2}{h^3}T^2\exp\left(-\frac{\phi}{kT}\right) \tag{14-56}$$

将已求得的式（14-53）

$$N(p_x)\mathrm{d}p_x=\frac{4\pi mkT}{h^3}\exp\left(\frac{E_F}{kT}\right)\exp\left(-\frac{p_x^2}{2mkT}\right)\mathrm{d}p_x$$

中的变量 p_x 换成用v_x 来表示，由 $p_x=mv_x$，得到

$$N(v_x)\mathrm{d}v_x=\frac{4\pi m^2kT}{h^3}\exp\left(\frac{E_F}{kT}\right)\exp\left(-\frac{mv_x^2}{2kT}\right)\mathrm{d}v_x \tag{14-57}$$

这是金属体内，x 方向速度分量在 v_x与 $v_x+\mathrm{d}v_x$之间的电子密度，所以，在单位时间穿过垂直于 v_x方向的单位面积的电子流为

$$N(v_x)v_x\mathrm{d}v_x=\frac{4\pi m^2kT}{h^3}\exp\left(\frac{E_F}{kT}\right)\exp\left(-\frac{mv_x^2}{2kT}\right)v_x\mathrm{d}v_x \tag{14-58}$$

如以v'_x 代表电子跑出金属表面后在 x 方向的速度，则v'_x 与v_x 之间的关系应为

$$\frac{1}{2}mv'^2_x=\frac{1}{2}mv_x^2-(E_F+\phi) \tag{14-59}$$

及

$$v'_x\mathrm{d}v'_x=v_x\mathrm{d}v_x \tag{14-60}$$

在导出式（14-53）时，考虑到$E-E_F\gg kT$ 的条件，用了经典近似，所得到的是动量在 p_x 与 $p_x+\mathrm{d}p_x$之间，且具有能跑出金属表面外能力的电子密度，所以由式（14-53）得到的 $N(v_x)v_x\mathrm{d}v_x$，为已经具有能跑出金属表面外的能力，且速度在v_x 与 $v_x+\mathrm{d}v_x$范围内的电子流

密度。

以 $N(v_x')\mathrm{d}v_x'$ 代表单位体积内速度在 v_x' 与 $v_x'+\mathrm{d}v_x'$ 范围内的电子数，它可以用下述方法求出。

因为式（14-58）中的 $N(v_x)v_x\mathrm{d}v_x$ 的每一个电子都能跑出金属外，所以 $N(v_x)v_x\mathrm{d}v_x$ 用式（14-56）的 n 除，得到的是金属体内速度在 v_x 与 v_x+dv_x 之间能跑出金属表面的电子数，占已经跑出来的电子总数的百分比

$$\frac{N(v_x)v_x\mathrm{d}v_x}{n}=\frac{\dfrac{4\pi m^2kT}{h^3}\exp\left(\dfrac{E_F}{kT}\right)\exp\left(-\dfrac{mv_x^2}{2kT}\right)v_x\mathrm{d}v_x}{\dfrac{4\pi mk^2T^2}{h^3}\exp\left(-\dfrac{\phi}{kT}\right)}$$

$$=\frac{m}{kT}v_x\exp\left[\frac{E_F+\phi-\dfrac{1}{2}mv_x^2}{kT}\right]\mathrm{d}v_x$$

按式（14-59），上式中指数项应为 $\exp\left(-\dfrac{mv_x'^2}{2kT}\right)$，又由式（14-60），上式可以写成

$$\frac{N(v_x)v_x\mathrm{d}v_x}{n}=\frac{m}{kT}\exp\left[-\frac{mv_x'^2}{2kT}\right]v_x'\mathrm{d}v_x'$$

此式所表示的是，单位时间从单位面积上跑出金属外的，速度在 v_x' 与 $v_x'+\mathrm{d}v_x'$ 之间的电子数，占已跑出的电子总数的百分比。可以把左方分子写成 $N(v_x')v_x'\mathrm{d}v_x'$，即

$$\frac{1}{n}N(v_x')v_x'\mathrm{d}v_x'=\frac{m}{kT}\exp\left[-\frac{mv_x'^2}{2kT}\right]v_x'\mathrm{d}v_x'$$

不难看出，这种速度分布形式是麦克斯韦速度分布的形式。

现在可以求出跑出金属表面外的电子的平均能量

$$\overline{E}=\frac{\int E\mathrm{d}N}{N}=\frac{\int_0^\infty \dfrac{1}{2}mv_x'^2\dfrac{m}{kT}\exp\left[-\dfrac{mv_x'^2}{2kT}\right]v_x'\mathrm{d}v_x'}{\int_0^\infty \dfrac{m}{kT}\exp\left[-\dfrac{mv_x'^2}{2kT}\right]v_x'\mathrm{d}v_x'}$$

因为考虑到跑出金属表面外的电子速度可能为零，所以积分上下限取为∞和 0，积分结果为

$$\overline{E}=\frac{m}{2}\frac{1/[2(m/2kT)^2]}{1/[2(m/2kT)]}=\frac{m}{2}\frac{2kT}{m}=kT \tag{14-61}$$

但跑出的电子仍具有 y 方向及 z 方向的速度，而这两个方向上的速度不应因电子穿过金属表面而发生变化，所以对应于 y 方向及 z 方向的运动的平均能量仍均为$(1/2)kT$，因而，电子流中每个电子的平均能量为

$$kT+\frac{1}{2}kT+\frac{1}{2}kT=2kT \tag{14-62}$$

根据这一结果，可以算出热阴极由于发射电子而消耗的功率（其他的功耗，如辐射和传导造成的损失，不包括在内）。

由 $$dU = TdS - pdV + \mu dN$$

因这里化学势μ即费米能级 E_F，代入得

$$TdS = dU + pdV - E_F dN$$

N 代表电子数，由上式写出

$$dS = \frac{dU}{T} + \frac{pdU}{T} - \frac{E_F}{T}dN \tag{14-63}$$

由金属中跑出一个电子，则相当于 N=–1，此时内能的改变即是一个电子带走的能量，即上式中的 dU 等于$-(E_F + \phi + 2kT)$，$2kT$ 即式（14-62）所表示的，电子流中一个电子所带的平均能量。在金属体内，电子所占据的体积不变，dV=0，式（14-63）变为

$$dS = -\frac{(E_F + \phi + 2kT)}{T} + 0 - \frac{E_F}{T}(-1) = -\frac{(\phi + 2kT)}{T}$$

由

$$dS = -\frac{dQ}{T}$$

得

$$\text{đ}Q = -(\phi + 2kT) \tag{14-64}$$

此式所表示的是：每跑出一个电子，外界所需提供的热量，此处功函数所起的作用相当于电子的“蒸发潜热”。因每单位面积在单位时间内跑出的电子数为 j/q，所以对于一个热阴极，每单位面积在单位时间内由于发射电子所消耗的能量为

$$P = \frac{j}{q}(\phi + 2kT) \tag{14-65}$$

§ 14–11 B—E 分布函数

B—E 统计的热力学概率及分布函数均已求出（参见 § 14-1，§ 14-2）。分布函数为

$$N_i = \frac{g_i}{\exp[\alpha + \beta E_i] - 1}$$

式中 g_i 也已求出，见式（14-43）。分母中的β可证明也等于 $1/kT$，所以 B—E 分布函数可写成

$$N_i = \frac{g_i}{\exp(\alpha)\exp(E_i/kT) - 1} \tag{14-66}$$

讨论 B—E 分布函数的经典近似问题，与讨论 F—D 统计的经典近似问题一样，从式（14-66）右方分母中的$\exp(\alpha)\exp(E_i/kT)$来看，如对任何 E_i，都比 1 大很多，即使 E_i 趋近于 0 时也是这样，则一定要$\exp(\alpha) \gg 1$，于是式（14-66）取形式如

$$N_i = g_i \exp(-\alpha)\exp\left(-\frac{E_i}{kT}\right) = A g_i \exp\left(-\frac{E_i}{kT}\right) \tag{14-67}$$

式中把$\exp(-\alpha)$写成 A，这就是 B—E 分布函数的经典近似。

对于影响 A 值的诸因素的分析，可采用如下方法（这种方法也可用于分析 F—D 分布函数）：如果经典近似成立，利用$\sum N_i = N$，可得$\sum A g_i \exp(-E_i/kT) = N$，把$g_i = (4\pi V p_i^2 dp_i)/h^3$中 p_i 用 $p_i = mv_i$ 代入，得$g_i = (4\pi V m^3 v_i^2 dv_i)/h^3$，再与$E = (1/2)mv_i^2$一起代入 N_i 中，并对 v_i 从 0 到∞积分，结果为

$$N = \frac{(2\pi mkT)^{3/2}VA}{h^3}$$

可得 $A = (Nh^3/V)(2\pi mkT)^{-3/2}$。由此看出，欲经典近似成立，因需 $\exp(\alpha) \gg 1$；$\exp(-\alpha) \ll 1$，即 $A = \exp(-\alpha) \ll 1$，需粒子密度 N/V 小，粒子质量 m 大，温度 T 高。

*§14–12　光子统计　普朗克黑体辐射公式

本节主要讨论把 B—E 统计应用于“光子”（自旋为 1）以导出普朗克黑体辐射公式。

在 §14-2 中导出 B—E 分布函数时，有两个限制条件，即 $\sum N_i = N(\delta N_i = 0)$ 和 $\sum N_i E_i = E(\sum E_i \delta N_i = 0)$。在应用于光子时，要强调的是，总能量 E 不变的条件仍然保留，但光子总数不变的条件却并不存在了。因为 δN_i 代表在某一能量范围内粒子数的变化，这个变化在粒子不能消灭，也不能产生时，必须满足 $\sum \delta N_i = 0$。但对于光子来说，应考虑光子与物质的相互作用，比如光子与容器壁碰撞时，可以被吸收；同时，容器壁也可以辐射光子，更因为光子的能量为 $h\nu$，其值与 ν 有关，所以总能量不变，并不意味着光子总数一定不变。例如一个频率为 2ν、能量为 $2h\nu$ 的光子，可能被容器壁吸收而辐射出两个频率为 ν、能量为 $h\nu$ 的光子。这样，在总能量维持不变，但光子数却不固定的情况下，求光子的统计分布函数时，只有

$$\sum\left(\ln\frac{N_i + g_i}{N_i}\right)\delta N_i = 0 \tag{14-68}$$

及

$$\sum E_i \delta N_i = \sum h\nu_i \delta N_i = 0 \qquad (14\text{-}68)'$$

二式联立，应用拉格朗日不定乘子法，以 $-\beta$ 乘式（14-68）′，加上式（14-68），解出

$$N_i = \frac{1}{e^{\beta h\nu_i} - 1}$$

因 β 仍等于 $1/kT$，所以

$$N_i = \frac{g_i}{\exp(h\nu_i/kT) - 1} \tag{14-69}$$

与前面导出的 B—E 分布函数 $N_i = g_i/[\exp(\alpha)\exp(E_i/kT) - 1]$ 相比，可见在光子统计中有 $\exp(\alpha)=1$，即相当于 $\alpha = 0$，$e^{\alpha} \gg 1$ 的条件得不到满足，所以，光子统计不能使用经典近似。

在把 g_i 代入式（14-69）之前，先要说明两点：

（1）对于光子，由 $h\nu = mc^2$（c 为光速，m 为光子质量），所以 $h\nu = mcc = pc$（$p=mc$ 代表光子动量），于是 $p = h\nu/c$；$dp = h\nu/c$，则

$$g_i = \frac{4\pi p_i^2 dp_i}{h^3}V = \frac{4\pi V}{c^3}\nu_i^2 d\nu_i$$

（2）对于光子，g_i 还乘以 2，即对应每一能量范围内的量子态数应加倍。这是因为，光是电磁横波，因而有两种偏振方式，即两种偏振态，把两种方式均计算在内，故应乘 2，代入式（14-69），得到

$$N_i = \frac{8\pi \nu_i^2 V}{c^3}\frac{1}{\exp(h\nu_i/kT) - 1}d\nu_i \tag{14-70}$$

这就是频率范围在ν_i与$\nu_i+\mathrm{d}\nu_i$之间的光子数。故单位体积中，频率范围在ν_i与$\nu_i+\mathrm{d}\nu_i$之间的辐射能量，应再乘以$h\nu_i$。所以在单位体积中，频率在ν与$\nu+\mathrm{d}\nu$范围内的辐射能，如以$\psi_\nu\mathrm{d}\nu$来代表，则有

$$\psi_\nu\mathrm{d}\nu=h\nu\frac{8\pi\nu^2}{c^3}\frac{1}{\exp(h\nu/kT)-1}\mathrm{d}\nu \tag{14-71}$$

如换用波长λ来表示，则因$\nu\lambda=c$，$|\mathrm{d}\nu|=\dfrac{c}{\lambda^2}\mathrm{d}\lambda$而有

$$\psi_\nu\mathrm{d}\lambda=\frac{8\pi hc}{\lambda^5}\frac{1}{\exp(hc/\lambda kT)-1}\mathrm{d}\nu \tag{14-72}$$

式（14-71）及式（14-72）二式即分别用频率和波长表示的普朗克黑体辐射的能量密度公式。

如果ν甚小，即波长λ甚长，而有$h\nu<kT$，$h\nu/kT<1$时，把式(14-71)分母中的$\exp(h\nu/kT)$用级数展开，得

$$\exp\left(\frac{h\nu}{kT}\right)=1+\frac{h\nu}{kT}+\frac{1}{2!}\left(\frac{h\nu}{kT}\right)^2+\cdots$$

略去高次项，$\exp(h\nu/kT)\simeq 1+h\nu/kT$，式（14-71）化为

$$\psi_\nu\mathrm{d}\nu=\frac{8\pi h\nu^3}{c^3}\frac{kT}{h\nu}\mathrm{d}\nu=\frac{8\pi\nu^2}{c^3}kT\mathrm{d}\nu \tag{14-73}$$

这就是在长波方面与实验结果相一致的瑞利—金斯公式，以波长表示为

$$\psi_\lambda\mathrm{d}\lambda=\frac{8\pi}{\lambda^4}kT\mathrm{d}\lambda$$

如波长甚短，即ν甚大，而有$h\nu>kT$，或$h\nu/kT>1$，则式（14-71）分母中的 1 可以略去，则

$$\psi_\nu\mathrm{d}\nu=\frac{8\pi h\nu^3}{c^3}\exp\left(-\frac{h\nu}{kT}\right)\mathrm{d}\nu$$

以波长表示为

$$\psi_\lambda\mathrm{d}\lambda=\frac{8\pi hc}{\lambda^3}\exp\left(-\frac{h\nu}{\lambda kT}\right)\mathrm{d}\lambda$$

这就是在短波方面与实验结果相一致的维恩公式。

由普朗克公式还可以推出斯忒藩—玻尔兹曼定律和维恩位移定律。这两个定律以前可能介绍过[11, 三册]，推导过程可参看附录 14-IV。

*§14–13　声子统计　固体的比热

本节分成四个问题：声子的概念；关于固体比热的爱因斯坦理论；固体比热的德拜理论；玻恩与冯·卡曼的理论。分别介绍如下：

（1）在第 1 章中，介绍了多粒子系统的小振动问题，最后提出，对系统的小振动问题的研究可用于讨论晶格振动。但第一章介绍的是经典力学，要用到晶格振动问题的研究上，需要用量子力学的方法加以改造。声子的概念是在§1-3 最后提及的，本节要较为详细地引入。

在§1-3 中已经介绍过，引入简正坐标可将多粒子系统的动能和势能表示为

$$\text{动能}\quad T=\frac{1}{2}(\dot{Q}_1^2+\dot{Q}_2^2+\cdots) \tag{14-74}$$

$$\text{势能}\quad U=\frac{1}{2}(\omega_1^2Q_1^2+\omega_2^2Q_2^2+\cdots) \tag{14-75}$$

[参看式（1-40）]。由此可以直接写出哈密顿函数 $H=T+U$。由广义动量

$$p_j=\frac{\partial L}{\partial\dot{Q}_j}=\frac{\partial(T-U)}{\partial\dot{Q}_j}=\dot{Q}_j$$

所以

$$H=\frac{1}{2}(p_1^2+\omega_1^2Q_1^2)+\frac{1}{2}(p_2^2+\omega_2^2Q_2^2)+\cdots \tag{14-76}$$

由正则方程

$$\frac{\partial H}{\partial Q_j}=-\dot{p}_j\text{，}\quad\frac{\partial H}{\partial p_j}=\dot{Q}_j$$

可以得出

$$\ddot{Q}_j+\omega_j^2Q_j=0\qquad(j=1,2,\cdots,s) \tag{14-77}$$

这是用简正坐标表示的各个独立的简谐振动的方程

在量子力学部分介绍算符时，已经指出在“量子力学中出现的力学量都有与该力学量在运算上等效的算符”，在经典力学中出现过的共轭变量——广义动量 p_j 与广义坐标 Q_j，就与量子力学中的共轭算符——动量算符 $\hat{p}_j=-\mathrm{i}\hbar\frac{\partial}{\partial Q_j}$ 与坐标算符 $\hat{Q}_j=Q_j$ 相对应，于是不难根据式（14-76）直接写出哈密顿算符，并由 $\hat{H}\psi=E\psi$，写出多粒子振动系统的薛定谔方程

$$\left[\sum_{j=1}^{3N}\frac{1}{2}\left(-\hbar^2\frac{\partial^2}{\partial Q_j^2}+\omega_j^2Q_j^2\right)\right]\psi(Q_1,Q_2,\cdots,Q_j,\cdots)=E\psi(Q_1,Q_2,\cdots,Q_j,\cdots,Q_{3N}) \tag{14-78}$$

式中已把自由度数 s 写为 $3N$，N 为系统包含的原子总数，E 代表晶格振动的总能量。

在第 1 章中已经提出，引入简正坐标，可以把 N 个粒子组成的多粒子系统的小振动问题，化解为 $3N$ 个独立振子的简谐振动，系统的总能量就等于 $3N$ 个独立振动的振动能量之和。每一种振动对应一种圆频率 ω_j（j=1，2，…，$3N$），称为一种振动模式。所以也可以把整个系统的能量说成是 $3N$ 个振动模式的能量之和。

在量子力学中已经讨论过谐振子的能量应具有

$$\left(n_i+\frac{1}{2}\right)\hbar\omega_j\qquad(n_i\text{=0，1，2，…整数})$$

的分立值，所以系统的总能量应表示为

$$\sum_{j=1}^{3N}\left(n_i+\frac{1}{2}\right)\hbar\omega_j\qquad(n_i\text{=0，1，2，…整数}) \tag{14-79}$$

$\hbar\omega_j$ 即圆频率为 ω_j 的晶格振动的能量子，n_i 为量子数。

晶格振动的每一种模式在晶体中以波动的形式传播，称为格波，晶格振动的能量子，也就是格波的能量子，称为“声子”，其能量即为 $\hbar\omega$。声子的概念极为重要，不仅本节所讨论的固体热容量问题要涉及声子的能量分布，在讨论固体中载流子的散射、光的晶格吸收以及

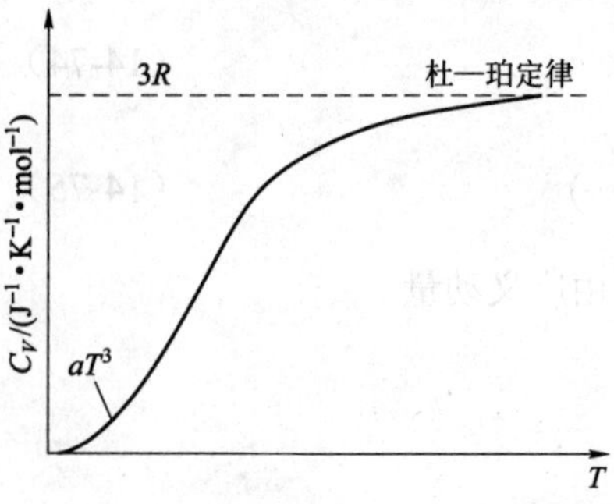

图 14-9

无辐射跃迁等问题时都要涉及声子的作用。

（2）在§14-9 中已经讨论过固体中电子对摩尔定容热容量的贡献问题，解释了为什么经典理论不能说明金属与绝缘体的定容热容量差别不大，而只能靠量子统计来说明。实际上，除了这个问题之外，从实验上还发现固体的摩尔定容热容量是随温度而变的，杜隆—珀蒂定律并非在任何温度下都与实验结果一致，只是在高温（高温的确切含义后面再说明）下才与实际情况是一致的，图 14-9 是一个 C_V 随 T 变化的示意图。

对于这种现象，首先是爱因斯坦在 1906 年作出解释。爱因斯坦的贡献在于，他看到不能用经典理论解释杜隆—珀蒂定律，失效的根本原因是，经典理论利用了固体中每一个振子的平均能量为 kT。爱因斯坦首次引入能量子的概念，利用了 $E_n=(n+1/2)h\nu$，并据此利用经典统计求出振子的平均能量。爱因斯坦所采用的模型是：把晶体中的每一个原子当作一个三维的谐振子，每个振子都具有相同的频率，爱氏所得结果较经典理论大为改进，至少能定性地看出 C_V 随 T 趋于零而趋于零；同时 C_V—T 关系曲线的理论计算结果与实验结果大体一致。但从定量的关系来看，仍未能令人完全满意。现在看来，爱氏所取的每个振子频率都相同的假设是粗糙的，但爱氏摆脱经典观点，引入能量子概念乃是有决定性重要意义的，这正说明了他为什么能取得相当大的成功。

引用能量子的概念，利用经典统计方法，写出在温度为 T 的一个振子的平均能量为（参看§14-5）

$$\overline{E}=\frac{\sum_{n=0}^{\infty}\varepsilon_n e^{-\beta\varepsilon_n}}{\sum_{n=0}^{\infty}e^{-\beta\varepsilon_n}} \tag{14-80}$$

式中 $\beta=1/(kT)$，$\varepsilon_n=(n+1/2)\hbar\omega$，把 ε_n 代入上式

$$\overline{E}=\frac{\sum_{n=0}^{\infty}\left(n+\frac{1}{2}\right)\hbar\omega e^{-\beta\varepsilon_n}}{\sum_{n=0}^{\infty}e^{-\beta\varepsilon_n}}=\frac{1}{2}\hbar\omega+\frac{\hbar\omega\sum_{n=0}^{\infty}ne^{-\beta\varepsilon_n}}{\sum_{n=0}^{\infty}e^{-\beta\varepsilon_n}} \tag{14-81}$$

式（14-81）右方第二项分数式的分子、分母可计算如下：先看分母

$$\sum_{n=0}^{\infty}e^{-\beta\left(n+\frac{1}{2}\right)\hbar\omega}=e^{-\frac{1}{2}\beta\hbar\omega}+e^{\left(-\frac{3}{2}\right)\beta\hbar\omega}+e^{\left(-\frac{5}{2}\right)\beta\hbar\omega}+\cdots$$

$$=e^{-\frac{1}{2}\beta\hbar\omega}(1+e^{-\beta\hbar\omega}+e^{-2\beta\hbar\omega}+\cdots)$$

利用二项式定理，$(x+y)^n=x^n+nx^{n-1}y+\frac{n(n-1)}{2}x^{n-2}y^2+\cdots$，取 $x=1$，$y=-z$，$n=-1$，则有

$$(1-z)^{-1}=-1^{-1}+(-1)1^{-2}(-z)+\frac{(-1)(-2)}{2!}1^{-3}(-z)^2+\cdots$$

$$=1+z+z^2+z^3+\cdots$$

所以 $1+e^{-\beta\hbar\omega}+e^{-2\beta\hbar\omega}+\cdots$ 相当于 $(1-e^{-\beta\hbar\omega})^{-1}$，于是

$$\sum_{n=0}^{\infty}\mathrm{e}^{-\beta\left(n+\frac{1}{2}\right)\hbar\omega}=\mathrm{e}^{-\frac{1}{2}\beta\hbar\omega}(1-\mathrm{e}^{-\beta\hbar\omega})^{-1} \tag{14-82}$$

用同样的方法计算分子，得到

$$\begin{aligned}\sum_{n=0}^{\infty}n\mathrm{e}^{-\beta\varepsilon_n}&=1\mathrm{e}^{-(3/2)\beta\hbar\omega}+2\mathrm{e}^{-(5/2)\beta\hbar\omega}+3\mathrm{e}^{-(7/2)\beta\hbar\omega}+\cdots\\&=\mathrm{e}^{-(3/2)\beta\hbar\omega}(1+2\mathrm{e}^{-\beta\hbar\omega}+3\mathrm{e}^{-2\beta\hbar\omega}+\cdots)\end{aligned}$$

仍用二项式定理，可得

$$(1-z)^{-2}=1+2z+3z^2+\cdots$$

所以有

$$\sum_{n=0}^{\infty}n\mathrm{e}^{-\beta\varepsilon_n}=\mathrm{e}^{-(3/2)\beta\hbar\omega}(1-\mathrm{e}^{-\beta\hbar\omega})^{-2} \tag{14-83}$$

由此

$$\frac{\sum_{n=0}^{\infty}n\mathrm{e}^{-\beta\varepsilon_n}}{\sum_{n=0}^{\infty}\mathrm{e}^{-\beta\varepsilon_n}}=\frac{\beta^{-(3/2)\beta\hbar\omega}(1-\mathrm{e}^{-\beta\hbar\omega})^{-2}}{\beta^{-(1/2)\beta\hbar\omega}(1-\mathrm{e}^{-\beta\hbar\omega})^{-1}}=\frac{\mathrm{e}^{-\beta\hbar\omega}}{1-\mathrm{e}^{-\beta\hbar\omega}} \tag{14-84}$$

将式（14-84）代回式（14-81），得

$$\overline{E}=\frac{1}{2}\hbar\omega+\frac{\hbar\omega\mathrm{e}^{-\beta\hbar\omega}}{1-\mathrm{e}^{-\beta\hbar\omega}}=\frac{1}{2}\hbar\omega+\frac{\hbar\omega}{\mathrm{e}^{\beta\hbar\omega}-1} \tag{14-85}$$

按照爱因斯坦的假设，一个包含 N 个原子的固体的振动能应等于 $3N\times\overline{E}$，即

$$E=3N\times\overline{E}=3N\frac{\hbar\omega}{\mathrm{e}^{\hbar\omega/kT}-1}$$

求 $\partial E/\partial T$，并取 N 为阿伏伽德罗常量，即求得摩尔热容量 c_v

$$c_v=\frac{\partial E}{\partial T}=3kN\frac{(\hbar\omega)^2}{kT^2}\frac{\mathrm{e}^{\hbar\omega/kT}}{(\mathrm{e}^{\hbar\omega/kT}-1)^2} \tag{14-86}$$

以普适气体常量 R=kN 代入，得

$$c_v=3R\left(\frac{\hbar\omega}{kT}\right)^2\frac{\mathrm{e}^{\hbar\omega/kT}}{(\mathrm{e}^{\hbar\omega/kT}-1)^2} \tag{14-87}$$

式中 $\left(\frac{\hbar\omega}{kT}\right)^2\frac{\mathrm{e}^{\hbar\omega/kT}}{(\mathrm{e}^{\hbar\omega/kT}-1)^2}$ 称为爱因斯坦比热函数。引入 $\hbar\omega=k\theta_E$，θ_E 称为爱因斯坦特征温度，则

$$c_v=3R\left(\frac{\theta_E}{T}\right)^2\frac{\mathrm{e}^{\theta_E/T}}{(\mathrm{e}^{\theta_E/T}-1)^2} \tag{14-88}$$

可见，以 θ_E 为标准，当 $T\gg\theta_E$ 时，由 $\mathrm{e}^{\theta_E/T}=1+\frac{\theta_E}{T}+\frac{1}{2}\left(\frac{\theta_E}{T}\right)^2+\cdots$，略去高次项，得

$$c_v=3R\left(\frac{\theta_E}{T}\right)^2\frac{1+\theta_E/T}{(\theta_E/T)^2}$$

θ_E/T 与 1 相比可以略去，所以在 $T\gg\theta_E$ 的高温下（所谓高温，即 T 与特征温度相比甚高），$c_v\simeq 3R$，这正是杜隆—珀蒂定律。

当$T \ll \theta_E$时，$e^{\theta_E/T} \gg 1$，式（14-88）的分母中的1可以略去，因而有

$$c_v \simeq 3R\left(\frac{\theta_E}{T}\right)^2 \frac{e^{\theta_E/T}}{(e^{\theta_E/T})^2} \to 3R\left(\frac{\theta_E}{T}\right)^2 e^{-\theta_E/T}$$

可见在低温（T与将征温度相比甚低），c_v是趋于0的。

对于θ_E的值，是利用c_v随T变化的实验结果来决定的，即选定θ_E值，而使计算与测量的结果尽可能一致。大多数物质的θ_E值在100 K～300 K范围内，所以室温已属高温范围，杜隆—珀蒂定律成立。在低温时，实验表明c_v值与T^3成比例，但按爱因斯坦模型，c_v按$e^{-\theta_E/T}$随T下降到0要比按T^3变化快，可见爱氏理论有缺陷，原因就在过于简化的模型。

（3）爱因斯坦的理论在定量上未能尽如人意，德拜在1912年提出了一个新的模型。德拜的模型考虑到每个原子和它近邻的原子之间存在着联系，固体中原子的行为如耦合振子，任何一个振动都会传给它周围的原子而形成在固体中传播的波。通过波，一个原子将能量传给其周围的原子，而这个能量是量子化的，后来就把这种能量子称为"声子"。它可以类比于光辐射中的"光子"。

德拜把在晶格中传播的波看作连续介质中的弹性波，波可以是横波，也可以是纵波，传播速度分别用v_t与v_l表示。横波有两种振动模式，原子的位移垂直于波的传播方向；纵波只有一种振动模式，原子的位移是平行于波传播方向的。据此可以认为横波有两个振动自由度，而纵波只有一个振动自由度。晶体的每种振动模式对应系统的一个状态，声子在这些状态中的分布服从B—E分布。应当说明，这里所介绍的德拜理论并未完全按照德拜的原始方式。

根据声子的波粒二象性，由德布罗意关系，声子的动量$p=h/\lambda=h\nu/v_S$，其中ν为声子的频率，v_S为晶体中传播的声波波速，由$dp=hd\nu/v_S$，并利用前面在光子统计中得到$g_i=(4\pi/c^3)\nu_i d\nu_i$同样的方法，可得声子在频率$\nu$与$\nu+d\nu$之间的状态数$dS$为

$$dS=\frac{4\pi V}{v_S^3}\nu^2 d\nu$$

考虑到横波有两个振动自由度，纵波有一个振动自由度，且两种波的传播速度不同，所以在频率ν与$\nu+d\nu$之间的状态数应为

$$dS=g(\nu)d\nu=4\pi V\left(\frac{2}{v_t^3}+\frac{2}{v_l^3}\right)\nu^2 d\nu \tag{14-89}$$

其中，$g(\nu)=4\pi V(2/v_t^3+1/v_l^3)$代表状态密度。

由N个原子组成的系统总共有$3N$种振动模式，因为每个原子有三个互相独立的振动自由度。可能的状态是有限的，等于$3N$，但如果振动频率ν可以取从0到∞的任何值，则由于dS正比于$\nu^2 d\nu$，必然使状态数dS从$\nu=0$到$\nu=\infty$的积分是发散的。于是为解决这一矛盾，德拜假定存在一个最高振动频率ν_d，称为德拜频率，于是

$$\begin{aligned}3N&=\int_0^{\nu_d} g(\nu)d\nu=4\pi V\left(\frac{2}{v_t^3}+\frac{1}{v_l^3}\right)\int_0^{\nu_d}\nu^2 d\nu\\&=4\pi V\left(\frac{2}{v_t^3}+\frac{1}{v_l^3}\right)\frac{\nu_d^3}{3}\end{aligned} \tag{14-90}$$

由此得到

$$4\pi V\left(\frac{2}{\upsilon_t^3}+\frac{1}{\upsilon_l^3}\right)=\frac{9N}{\nu_d^3}$$

把上式代入式（14-89）中的 $g(\nu)$，得

$$g(\nu)=\frac{9N}{\nu_d^3}\nu^2$$

声子像光子一样，它的总数是不固定的，且服从 B—E 统计，则频率在 ν 与 $\nu+\mathrm{d}\nu$ 间隔内的声子数 $\mathrm{d}n_\nu$ 可以表示为

$$\mathrm{d}n_\nu=\frac{9N}{\nu_d^3}\frac{1}{\exp(E/kT)-1}\nu^2\mathrm{d}\nu$$

$\mathrm{d}n_\nu$ 个声子所携带的能量 $\mathrm{d}E$ 应为

$$\mathrm{d}E=h\nu\mathrm{d}n_\nu=\frac{9Nh}{\nu_d^3}\frac{\nu^3}{\exp(h\nu/kT)-1}\mathrm{d}\nu$$

固体中声子的总能量应为

$$E=\int\mathrm{d}E=\frac{9Nh}{\nu_d^3}\int_0^{\nu_d}\frac{\nu^3}{\exp(h\nu/kT)-1}\mathrm{d}\nu \tag{14-91}$$

令 $h\nu/kT=x$，$h\nu_d/kT=x_d$，且用 T_d 代表 $h\nu_d/k$（称 T_d 为德拜温度），上式将变换成如下形式

$$E=9NkT\left(\frac{T}{T_d}\right)^3\int_0^{x_d}\frac{x^3\mathrm{d}x}{\mathrm{e}x-1} \tag{14-92}$$

当 $T\ll T_d$ 时，由于 $x_d=h\nu_d/kT=T_d/T$，所以 $x_d\to\infty$，积分值趋于 $\pi^4/15$（详细的计算方法，参见附录 14-IV），得

$$E=9NkT\left(\frac{T}{T_d}\right)^3\frac{\pi^4}{15}$$

求出 c_v，得

$$c_v=\left(\frac{\partial E}{\partial T}\right)_v=\frac{36kN}{15}\pi^4\left(\frac{T}{T_d}\right)^3$$

对于 1 摩尔物质，N 取阿伏伽德罗常数 N_0，则

$$c_v=\frac{12}{5}R\pi^4\left(\frac{T}{T_d}\right)^3 \tag{14-93}$$

这个结果正是在实验中发现的，在低温时 c_v 与 T^3 成比例。

在另一极端 $T\gg T_d$ 时，$x_d\to 0$，所以在积分范围内，取 $\mathrm{e}^x\simeq 1+x$，于是

$$E\simeq 9NkT\left(\frac{T}{T_d}\right)^3\int_0^{x_d}x^2\mathrm{d}x=3NkT$$

由 c_v 定义，并取 $N=N_0$，则

$$c_v=\left(\frac{\partial E}{\partial T}\right)_v=3N_0k=3R$$

这正是杜隆—珀蒂定律，实验结果表明这个定律在高温下成立，实际是表示在 $T \gg T_d$ 下成立，现在明确地说，所谓温度之高、低，是以相对于一个"特征温度"而言的。在爱因斯坦和德拜这两种理论中，都使用了这个概念。

为求 c_v 的一般表达式，由式（14-91）求 $(\partial E/\partial T)_v$，并取 $N=N_0$，仍按前面的方法换变量，最后得

$$c_v = 9R\left(\frac{T}{T_{\mathrm{d}}}\right)^3 \int_0^{T_d/T} \frac{x^4 \mathrm{e}^x}{(\mathrm{e}^x-1)^2}\mathrm{d}x \tag{14-94}$$

用 c_v 的这个表达式对 T 作图，所得曲线能与实验结果相符合。为了比较，在图 14-10 中给出两种理论的计算结果与实验结果。

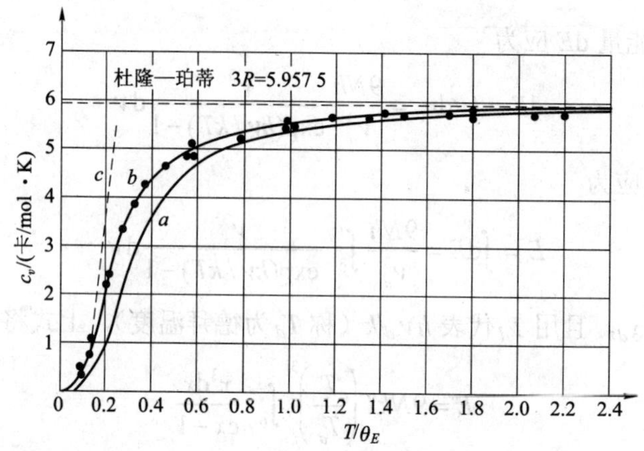

图 14-10

a：爱因斯坦理论曲线；b：德拜理论曲线；c：T^3 曲线；•：实验点

（4）尽管德拜的理论看来是成功的，但在其基本假设中仍旧包含着一个弱点，这就是德拜把晶格当作连续介质处理，把晶格振动的传播当作连续弹性介质中的波。实际上晶体的结构是原子的周期性排列，如果晶格振动的频率很高，所对应的波长达到可以与晶格常数相比拟的程度，再把晶格当作连续介质对待当然就会出现偏离实际的情况了。

德拜理论与实验结果不一致的地方主要是德拜温度 T_d 并非常量而是与温度有关。T_d 也是靠理论计算与实验结果拟合来决定的。按德拜理论，不同温度下的 T_d 应为同一个值，但实际所得的 T_d 与 T 的关系曲线不是平行于温度轴的直线。

几乎与德拜同时，玻恩和冯·卡曼提出了另一种分析晶格振动的方法。他们的工作是讨论一个双原子链的振动，其结果包含了晶体振动的全部重要特征。

设有质量分别为 M 与 m 两种原子相间排列的一维无限长的链，相邻两种原子间的距离为 a，如图 14-11。为使问题简化，假定只在相邻的原子间存在着原子间作用力。在原子间隔为平衡距离 a 时，原子不受力；当原子离开平衡位置时，恢复力开始起作用，力的作用是使原子回到平衡位置上去。根据假定，作用在第 r 个原子上的力来自第 $r-1$ 和第 $r+1$ 个原子，如以 u_r 代表第 r 个原子的位移，则其所受力可以表示为 $\beta(u_{r-1}-u_r)$ 和 $\beta(u_{r+1}-u_r)$，其中 β 为比例常量，常称力常量，由此可以得到第 $2n$ 个原子的运动方程为

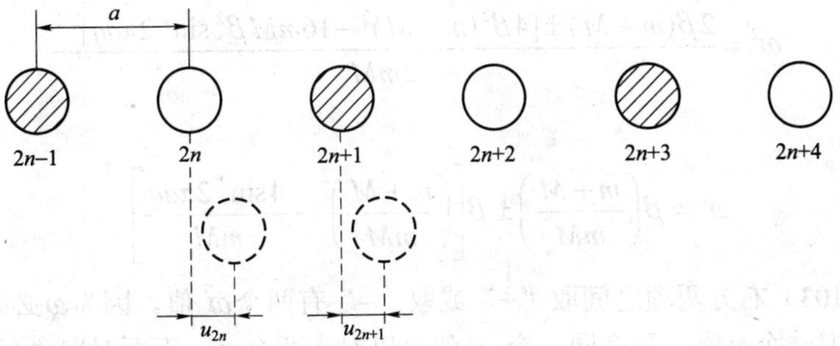

图 14-11

$$m\ddot{u}_{2n} = \beta[(u_{2n+1} - u_{2n}) + (u_{2n-1} - u_{2n})] \tag{14-95}$$

第 2n+1 个原子的运动方程为

$$M\ddot{u}_{2n+1} = \beta[(u_{2n+2} - u_{2n+1}) + (u_{2n} - u_{2n+1})] \tag{14-96}$$

式中 m 及 M 分别为第 2n 和第 2n+1 个原子的质量。以上是任取的相邻两个不同原子的运动方程。对于无限长原子链来说，应有无限多个这样的线性齐次方程联立。解以上两个方程，取试探解

$$u_{2n} = A\exp[\mathrm{i}(\omega t - 2\pi(2n)aq)] \tag{14-97}$$

$$u_{2n+1} = B\exp[\mathrm{i}(\omega t - 2\pi(2n+1)aq)] \tag{14-98}$$

其中 A、B、ω 均为常量。A、B 代表振幅，ω 为圆频率。把解写成复数形式，其实部和虚部均为方程的实解。以上这种形式的解，实为一般的行波方程式，也就是所谓“格波”形式的解。形式为 2π（2n）aq 的项表示的是第 2n 个原子的位相。因为 2na 可以看作第 2n 个原子的坐标，q 为行波波长 λ 的倒数 1/λ，称为波数，所以 2π（2n）aq=2π（2na/λ）正是坐标为 2na 处的位相。

把试探解代入运动方程，消去公共因子 $\exp[\mathrm{i}(\omega t - 2\pi(2n)aq)]$，得到

$$-m\omega^2 A = \beta B[\exp(-2\pi \mathrm{i}aq) + \exp(2\pi \mathrm{i}aq)] - 2\beta A \tag{14-99}$$

$$-M\omega^2 B = \beta A[\exp(-2\pi \mathrm{i}aq) + \exp(2\pi \mathrm{i}aq)] - 2\beta B \tag{14-100}$$

因所取的两个原子是任意的，且解中不出现 n，可见式（14-99）及式（14-100）二式对于联立方程中的每一个都能适用。将此二式看作以 A、B 为未知数的线性齐次方程，重写为

$$\left.\begin{aligned}(m\omega^2 - 2\beta)A + (2\beta\cos 2\pi aq)B = 0\\(2\beta\cos 2\pi aq)A + (M\omega^2 - 2\beta)B = 0\end{aligned}\right\} \tag{14-101}$$

存在有异于零的解的条件为系数行列式等于零

$$\begin{vmatrix} m\omega^2 - 2\beta & 2\beta\cos 2\pi aq \\ 2\beta\cos 2\pi aq & M\omega^2 - 2\beta \end{vmatrix} = 0 \tag{14-102}$$

展开后，得到 ω^2 的二次方程

$$mM(\omega^2)^2 - 2\beta(m+M)\omega^2 + 4\beta^2 - 4\beta^2\cos^2 2\pi aq = 0$$

或

$$mM(\omega^2)^2 - 2\beta(m+M)\omega^2 + 4\beta^2\sin^2 2\pi aq = 0$$

解为

$$\omega^2=\frac{2\beta(m+M)\pm[4\beta^2(m+M)^2-16mM\beta^2\sin^2 2\pi aq]^{1/2}}{2mM}$$

化简得

$$\omega^2=\beta\left(\frac{m+M}{mM}\right)\pm\beta\left[\left(\frac{m+M}{mM}\right)^2-\frac{4\sin^2 2\pi aq}{mM}\right]^{1/2} \tag{14-103}$$

对应解式（14-103）右方两项之间取“+”或取“−”有两个ω^2值。因为ω必须为正，所以每个ω^2的方程只取一个ω值，那么同一个 q 值可以对应两个ω。下面对取“+”号得到的ω以ω_+代表，取“−”号得到的ω以ω_-代表。

取 q=0，代入式（14-103），可得

$$\left.\begin{aligned}\omega_+^2&=2\beta\left(\frac{M+m}{mM}\right)=2\beta\left(\frac{1}{M}+\frac{1}{m}\right)\\ \omega_-^2&=0\end{aligned}\right\} \tag{14-104}$$

即对应 q=0，有

$$\left.\begin{aligned}\omega_+&=[2\beta\left(\frac{1}{M}+\frac{1}{m}\right)^{1/2}\\ \omega_-&=0\end{aligned}\right\} \tag{14-105}$$

从式（14-103）可以看出，q 与ω之间是周期性函数关系，q=0 与 q=±1/（2a）得到的结果是一样的。还可看出 q=±1/（4a）时，ω_+与ω_-之值分别为

$$\omega_+\left(\frac{2\beta}{M}\right)^{1/2}；\quad \omega_-\left(\frac{2\beta}{m}\right)^{1/2}$$

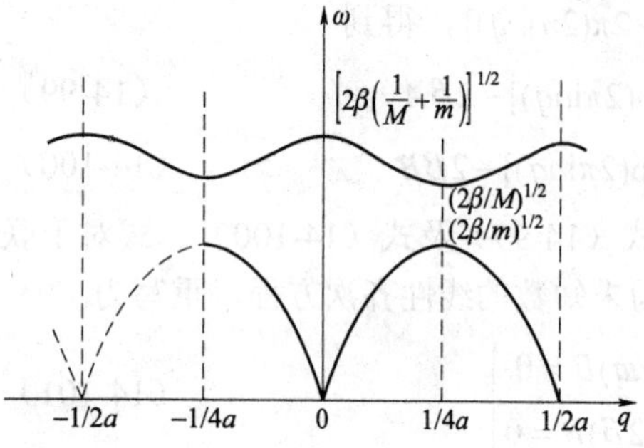

图 14-12

将ω与 q 的关系作图表示，如图 14-12 所示。可见在波数为 q 与波数为 q+[1/(2a)]时，振动状态无差别。为使ω与 q 有一单值函数关系，则令 q 值限制在 0 到 1/（2a）的范围内，一般是取 q 从−1/（4a）到 1/（4a）之间的范围。q 值取为正或负，可以用来对应有两个相反方向上传播的波。圆频率ω与波数 q 之间的关系称为“色散关系”。

现简单分析ω与 q 之间这两个关系的特点。图 14-12 中的两支曲线中上面的一支，即对应ω_+的一支，称为“光学支”，下面的一支，即对应ω_-的一支，称为“声学支”。

把光学支中对应 q=0 的ω_+=［$2\beta(M^{-1}+m^{-1})$］$^{1/2}$代回方程式（14-101）可得

$$\frac{m}{M}A=-B\quad 或\quad \frac{m}{M}=-\frac{B}{A}$$

这个结果表明两种原子各自的振幅与其质量成反比，同时二者符号相反则表示这两种原子运动方向是相反的。如果两种原子带异号电荷，则它们相对振动时必产生一定的电偶极矩，因之可以与电磁波发生作用。离子晶体在远红外光区（对应 $\omega_+(0)\approx10^{13}\sim10^{14}\ \mathrm{s}^{-1}$）的强烈吸收

即由晶体中光学波的共振引起。

下面的一支，当 $q\neq 0$，但很小，即长波长时，式（14-103）中的 $\sin 2\pi aq$ 可以近似为 $2\pi aq$，即 $\sin^2 2\pi aq$ 近似为（$2\pi aq$）^{2}，将 $\left[\left(\frac{m+M}{mM}\right)^2-\frac{4(2\pi aq)^2}{mM}\right]^{1/2}$ 按幂级数展开，略去高次项，可得 ω_-^2 的近似式为

$$\omega_-^2 \simeq \frac{2\beta}{m+M}(2\pi aq)^2$$

$$\omega_- \simeq 2\pi a\left(\sqrt{\frac{2\beta}{m+M}}\right)q \qquad (14\text{-}106)$$

此式表明，对于声学波，频率正比于波数，这正是与通常弹性波的关系

$$\omega = 2\pi\upsilon = 2\pi\upsilon/\lambda = 2\pi\upsilon q$$

相一致的（式中 υ 代表波速）。可见在波长很长时，把晶格当作弹性介质处理是合理的。对于声学波，$q\to 0$，$\omega_-\to 0$，代回式（14-90），得 $A=B$，表明两种原子的运动完全一致。

以上讨论的是无限长的一维原子链，对于一有限长的原子链，因两端的原子只受到一侧近邻的作用，其运动方程显然与内部原子不同，这会引起计算原子运动的联立方程组的困难，玻恩和冯·卡曼引入周期性边界条件以解决这个问题（在量子力学部分已引用过，见§7-2），取一维晶体链长为 $L=2Na$，N 代表每两种原子组成的一个“原胞”的数目，周期性边界条件要求坐标为 $2n$ 处的原子运动与 $2(n+N)$ 处的原子运动完全一样，这相当于要求在前述的行波解中

$$\exp[-\mathrm{i}2\pi(2na)q] = \exp[-\mathrm{i}2\pi(2(n+N))aq]$$

成立，也即相当于应满足 $\exp[-\mathrm{i}2\pi(2Na)q]=1$，因而 q 必须满足 $q=[1/(2Na)]S$，S 为整数。前已指出 q 的取值范围为 $-1/(4a)$ 到 $+1/(4a)$，则 S 取值范围应为 $-N/2$ 到 $N/2$，一共是 Nq 个值。由此立即得出晶格振动状态只能用有限个分立值来描述的结论。或者说，晶格振动是量子化的，q 只能取 N 个不同的值，N 正好是原胞数目。对于每一个 q，又对应两种不同的 ω，所以对于包含双原子的原胞的一维晶格，ω 数为 $2N$ 个，即格波数为 $2N$ 个。因为整条链为 $2N$ 个原子，原子沿链运动的自由度为 1，所以全部自由度数也是 $2N$，故 $2N$ 个 ω 是全部的振动模式。综合所取得的结果，可以概括为：

晶格振动波数 q 的数目=晶体原胞数

晶格振动频率 ω 的数目=晶体自由度数

尽管结果是从简化的模型得到的，但这些结论对于三维晶体也是成立的。

至此，讨论的都是如何从原子的周期性排列的模型出发，来分析晶格振动的问题。本节所讨论的固体比热问题，关键是振动状态按频率的分布函数 $g(\nu)$ 的形式。从图 14-12 看出，即使是一个最简化的模型，计算也仍旧是复杂的。简单一点说，根据前面计算的结果，在 q 取值为 $1/(2a)$ 的范围内有 N 个振动状态，所以单位 q 值范围内应有 $N/(2a)^{-1}=2aN$ 个振动状态，于是 $g(\nu)\mathrm{d}\nu$ 可以写成 $2Na\mathrm{d}q$，或 $g(\nu)=2Na\mathrm{d}q/\mathrm{d}\nu$，而 $\mathrm{d}q/\mathrm{d}\nu$ 可根据 $\omega(=2\pi\nu)$ 与 q 的关系计算出来。如考虑一个真正的三维晶体，还要考虑两个横波、一个纵波。假如它们的光学支与声学支的 ω—q 关系均不重合，则一共需要用六条 ω—q 曲线来表示它们，由此更可见计算的复杂性。这里没有可能做进一步的介绍。作为结束，引用一个计算的结果和与实验的对比，

图 14-13（a）是计算氯化钠的振动频谱（$g(\omega)$ 与 ω 的关系）的结果，图 14-13（b）是根据（a）算出的德拜温度与实验结果的比较，可以看出 T_d 与温度有关，计算结果与实验结果符合得较好。①

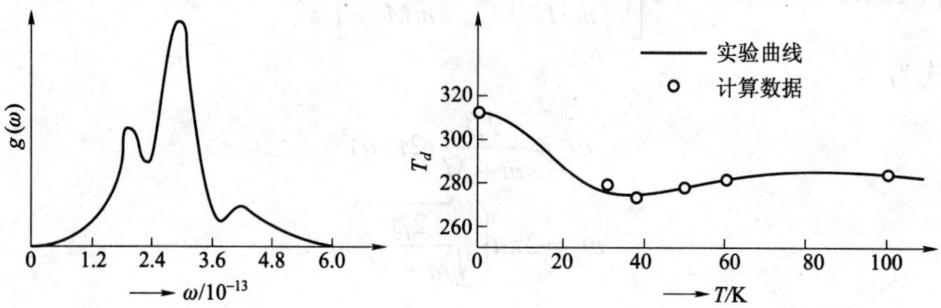

（a）　　　　　　　　　　　　　　（b）

图 14-13

附录 14–I　积分 $\int_0^{\infty} x^n e^{-ax^2} dx$ 的计算

1. 先求 $n=0, a=1$ 时的积分值

$$J=\int_0^{\infty} e^{-x^2} dx \qquad \text{（附 14-1）}$$

因为定积分的值是其积分上下限的函数，所以，积分 J 还可以写成

$$J=\int_0^{\infty} e^{-y^2} dy \qquad \text{（附 14-2）}$$

令式（附 14-1）、式（附 14-2）二式相乘，因 x、y 彼此独立，故应有

$$J=\int_0^{\infty} e^{-x^2} dx \int_0^{\infty} e^{-y^2} dy=\int_0^{\infty}\int_0^{\infty} e^{-(x^2+y^2)} dx dy \qquad \text{（附 14-3）}$$

可以将 J^2 写成

$$J^2=\lim_{A\to\infty}\int_0^{A}\int_0^{A} e^{-(x^2+y^2)} dx dy \qquad \text{（附 14-4）}$$

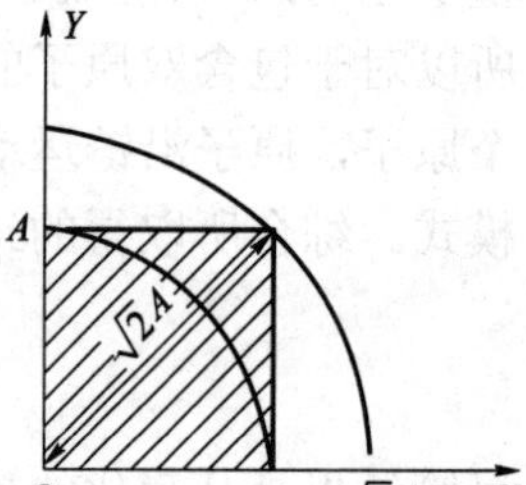

附图 14-1

用附图 14-1 中划斜线面积 S 表示积分区域，设半径为 A 及 $\sqrt{2}A$ 的两个四分之一圆弧及坐标轴包括的范围为 Q_1 及 Q_2，则 S 被包在 Q_2 之内，同时 S 又包括 Q_1，于是

$$\iint_{Q_1} e^{-(x^2+y^2)} dx dy \leqslant \iint_{S} e^{-(x^2+y^2)} dx dy \leqslant \iint_{Q_2} e^{-(x^2+y^2)} dx dy \qquad \text{（附 14-5）}$$

如积分在 Q_1 内进行，改换变数

$$x^2+y^2=r^2,\quad x=r\cos\theta,\quad y=r\sin\theta$$

在 x、y 平面内，面积元 $dxdy$ 变换成 $rdrd\theta$，则式（附 14-5）左端的积分为

$$J_1^2=\int_0^{A} re^{-r^2} dr\int_0^{\pi/2} d\theta=-\frac{1}{2}e^{-r^2}\Big|_0^{A}\cdot\frac{\pi}{2}=\frac{1}{4}\pi(1-e^{-A^2})$$

① 引自《固定物理学》，A.J.德克尔著，高联佩译，科学出版社，1965 年，62 页。稍有改动。

如积分在 Q_2 内进行，则式（附 14-5）右端的积分为

$$J_2^2=\int_0^{\sqrt{2}A} r\mathrm{e}^{-r^2}\mathrm{d}r\int_0^{\pi/2}\mathrm{d}\theta=\frac{1}{4}\pi(1-\mathrm{e}^{-2A^2})$$

所以

$$\frac{1}{4}\pi(1-\mathrm{e}^{-A^2})\leqslant\iint_S \mathrm{e}^{-(x^2+y^2)}\mathrm{d}x\mathrm{d}y\leqslant\frac{1}{4}\pi(1-\mathrm{e}^{-2A^2})$$

当 $A\to\infty$ 时，$\iint_S \mathrm{e}^{-(x^2+y^2)}\mathrm{d}x\mathrm{d}y\to J^2$，同时 $\mathrm{e}^{-A^2}\to 0$；$J_1\to\frac{1}{4}\pi$，$\mathrm{e}^{-2A^2}\to 0$；$J_2\to\frac{1}{4}\pi$，于是

$$\frac{\pi}{4}\leqslant J^2\leqslant\frac{\pi}{4}$$

即得 $J^2=\frac{\pi}{4}$，所以 $J=\frac{\sqrt{\pi}}{2}$，得到

$$\int_0^\infty \mathrm{e}^{-x^2}\mathrm{d}x=\frac{\sqrt{\pi}}{2} \tag{附 14-6}$$

2. 进一步求积分 $\int_0^\infty \mathrm{e}^{-x^2}\mathrm{d}x$

令 $ax^2=t^2$，则 $\mathrm{d}x=\mathrm{d}t/\sqrt{a}$，所以有

$$\int_0^\infty \mathrm{e}^{-ax^2}\mathrm{d}x=\frac{1}{\sqrt{a}}\int_0^\infty \mathrm{e}^{-t^2}\mathrm{d}t=\frac{1}{\sqrt{a}}\frac{\sqrt{\pi}}{2}=\frac{1}{2}\sqrt{\frac{\pi}{a}} \tag{附 14-7}$$

3. 求积分 $\int_0^\infty x\mathrm{e}^{-ax^2}\mathrm{d}x$

因为 $\mathrm{d}(\mathrm{e}^{-ax^2})=-2ax\mathrm{e}^{-ax^2}\mathrm{d}x$，所以

$$\int\mathrm{d}(\mathrm{e}^{-ax^2})=-2a\int x\mathrm{e}^{-ax^2}\mathrm{d}x$$

即

$$\mathrm{e}^{-ax^2}+C=-2a\int x\mathrm{e}^{-ax^2}\mathrm{d}x$$

$$\int x\mathrm{e}^{-ax^2}\mathrm{d}x=-\frac{\mathrm{e}^{-ax^2}}{2a}+C'$$

引入积分限，得

$$\int_0^\infty x\mathrm{e}^{-ax^2}\mathrm{d}x=\frac{1}{2a} \tag{附 14-8}$$

4. 将积分 $\int_0^\infty x^n\mathrm{e}^{-ax^2}\mathrm{d}x$ 写为 J_n，则

$$J_0=\int_0^\infty \mathrm{e}^{-ax^2}\mathrm{d}x=\frac{1}{2}\sqrt{\frac{\pi}{a}}$$

及

$$J_1=\int_0^\infty x\mathrm{e}^{-ax^2}\mathrm{d}x=\frac{1}{2a}$$

$$J_2=\int_0^\infty x^2\mathrm{e}^{-ax^2}\mathrm{d}x$$

$$\cdots$$

$$J_5 = \int_0^\infty x^5 e^{-ax^2} dx$$

$$\cdots$$

自 J_2 以下尚需计算，利用积分号下求导，不难看出

$$\frac{dJ_0}{da} = -\int_0^\infty x^2 e^{-ax^2} dx = -J_2 \qquad \text{（附 14-9）}$$

所以

$$J_2 = -\frac{dJ_0}{da} \qquad \text{（附 14-10）}$$

再对 a 求导一次，则

$$\frac{d^2 J_0}{da^2} = \int_0^\infty x^4 e^{-ax^2} dx = J_4$$

依此类推，对于 x^n 中的 n 为偶数的情形，可得

$$J_6 = -\frac{d^3 J_0}{da^3}$$

$$J_8 = -\frac{d^4 J_0}{da^4}$$

$$\cdots$$

由此，不难算出

$$J_2 = -\frac{d}{da}\left[\frac{1}{2}\sqrt{\frac{\pi}{a}}\right] = \frac{\sqrt{\pi}}{2} \cdot \frac{1}{2} a^{-3/2}$$

$$J_4 = \frac{d^2 J_0}{da^2} = \frac{d^2}{da^2}\left[\frac{1}{2}\sqrt{\frac{\pi}{a}}\right] = \frac{\sqrt{\pi}}{2} \cdot \frac{1}{2} \cdot \frac{3}{2} \cdot a^{-5/2}$$

$$\cdots$$

对于 n 为偶数情形的一般式子为

$$J_{2k} = \int_0^\infty x^{2k} e^{-ax^2} dx = \sqrt{\pi}\frac{1 \cdot 3 \cdot 5 \cdots (2k-1)}{2^{(k+1)}} a^{-\frac{2k+1}{2}} \qquad \text{（附 14-11）}$$

现在再来看 n 为奇数的情形

$$\frac{dJ_1}{da} = \frac{d}{da}\int_0^\infty x e^{-ax^2} dx = -\int_2^\infty x^3 e^{-ax^2} dx = -J_3$$

所以

$$J_3 = -\frac{dJ_1}{da} \qquad \text{（附 14-12）}$$

再对 a 求导一次，可得

$$J_5 = +\frac{d^2 J_1}{da^2} \qquad \text{（附 14-13）}$$

由

$$J_1 = \frac{1}{2a}$$

得到

$$J_3 = -\frac{d}{da}\left(\frac{1}{2a}\right) = \frac{1}{2}\frac{1}{a^2} \qquad \text{（附 14-14）}$$

$$J_5 = -\frac{\mathrm{d}^2}{\mathrm{d}x^2}\left(\frac{1}{2a}\right) = \frac{1}{2}\frac{2}{a^3} = \frac{1}{a^3} \tag{附 14-15}$$

n 为奇数的一般形式为

$$J_{2k+1} = \frac{1}{2}\frac{k!}{a^{k+1}} \tag{附 14-16}$$

当积分的下限由 0 变为 $-\infty$ 时，若 n 为偶数，因积分号内的被积函数为偶函数，则积分结果为原来的 2 倍，若 n 为奇数，则

$$\int_{-\infty}^{+\infty} x^n \mathrm{e}^{-ax^2}\mathrm{d}x = 0$$

为查阅方便，将 n=0，1，2，3，4，5，6，7 时 $f(n)$的结果列表如附表 14-1。

附表 14-1　$f(n) = \int_0^{\infty} x^n \mathrm{e}^{-ax^2}\mathrm{d}x$

n	$f(n)$	n	$f(n)$
0	$\frac{1}{2}\sqrt{\frac{\pi}{a}}$	1	$\frac{1}{2a}$
2	$\frac{1}{4}\sqrt{\frac{\pi}{a^3}}$	3	$\frac{1}{2a^2}$
4	$\frac{3}{8}\sqrt{\frac{\pi}{a^5}}$	5	$\frac{1}{a^3}$
6	$\frac{15}{16}\sqrt{\frac{\pi}{a^7}}$	7	$\frac{3}{a^4}$

附录 14-Ⅱ　平均速率　均方根速率　最概然速率　速度分量在给定范围内的分子数的计算

1. 平均速率 $\bar{v}$

按定义，平均速率是把所有分子的速率相加后，用分子总数去除，即速率的算术平均值。所以有 $\bar{v} = \frac{1}{N}\int v\mathrm{d}N_v$ 。N 仍代表分子总数。把已求得的 $\mathrm{d}N_v$ 代入，得

$$\bar{v} = \frac{1}{N}\int v\mathrm{d}N_v = \frac{1}{N}\int 4\pi v^3 N\left(\frac{m}{2\pi kT}\right)^{3/2}\exp\left(-\frac{mv^2}{2kT}\right)\mathrm{d}v$$

把积分上下限取为 ∞ 及 0，得到

$$\bar{v} = \frac{4}{\sqrt{\pi}}\left(\frac{m}{2kT}\right)^{3/2}\int_0^{\infty} v^3\exp\left(-\frac{mv^2}{2kT}\right)\mathrm{d}v$$

积分结果已知为 $1\Big/\left[2\left(\frac{m}{2kT}\right)^2\right]$［见附录 14-I 附表 14-1］。

所以 $$\bar{v}=\frac{4}{\sqrt{\pi}}\left(\frac{m}{2kT}\right)^{3/2}\frac{1}{2}\frac{1}{(m/2kT)^2}=\frac{2}{\sqrt{\pi}}\sqrt{\frac{2kT}{m}}=\sqrt{\frac{8kT}{\pi m}} \tag{附 14-17}$$

2. 均方根速率 $\sqrt{\overline{v^2}}$

均方根速率定义为：$\sqrt{\overline{v^2}}=\left[\frac{1}{N}\int v^2\mathrm{d}N_v\right]^{1/2}$，取积分上下限为∞及 0，得

$\sqrt{\overline{v^2}}=\left[\frac{1}{N}\frac{4N}{\sqrt{\pi}}\left(\frac{m}{2kT}\right)^{3/2}\int_0^\infty v^4\exp\left(-\frac{mv^2}{2kT}\right)\mathrm{d}v\right]^{1/2}$，利用附录 14-I 附表 14-1 的积分结果

$$\sqrt{\overline{v^2}}=\left[\frac{4}{\sqrt{\pi}}\left(\frac{m}{2kT}\right)^{3/2}\frac{3}{8}\sqrt{\frac{\pi}{(m/2kT)^5}}\right]^{1/2}=\sqrt{\frac{3kT}{m}} \tag{附 14-18}$$

3. 最概然速率

由 $\mathrm{d}N_v=f(v)\mathrm{d}v$，求 $\mathrm{d}f(v)/\mathrm{d}v$，得出使 $\mathrm{d}f(v)/\mathrm{d}v=0$ 能得到满足的 v 值。

$\frac{\mathrm{d}f(v)}{\mathrm{d}v}=\frac{\mathrm{d}}{\mathrm{d}v}\left[4\pi v^2N\left(\frac{m}{2\pi kT}\right)^{3/2}\exp\left(-\frac{mv^2}{2kT}\right)\right]$，得

$$\frac{4N}{\sqrt{\pi}}\left(\frac{m}{2kT}\right)^{3/2}\left[2v\exp\left(-\frac{mv^2}{2kT}\right)+v^2\exp\left(-\frac{mv^2}{2kT}\right)\left(-\frac{2mv}{2kT}\right)\right]$$

令其等于 0，即相当于要求 $2v\exp(-mv^2/2kT)[1-(mv^2/2kT)]=0$，由此得出 $1-(mv^2/2kT)=0$；$v^2=2kT/m$。求得的 v 即最概然速率，常以 v_m 表示，即

$$v_m=\sqrt{\frac{2kT}{m}} \tag{附 14-19}$$

4. 速度的 x 分量在 0 与某一定值 v_x' 之间的分子数 $N_{0\to v_x'}$ 的计算方法

把 $\mathrm{d}^3N_{v_xv_yv_z}=N\left(\frac{m}{2\pi kT}\right)^{3/2}\exp\left(-\frac{mv^2}{2kT}\right)\mathrm{d}v_x\mathrm{d}v_y\mathrm{d}v_z$ 写成

$$\mathrm{d}^3N_{v_xv_yv_z}=\frac{N}{(\pi)^{3/2}}\left(\frac{m}{2kT}\right)^{3/2}\exp\left[-\frac{m(v_x^2+v_y^2+v_z^2)}{2kT}\right]\mathrm{d}v_x\mathrm{d}v_y\mathrm{d}v_z \tag{附 14-20}$$

d^3N/N 可以视为一个分子的速度分量正好在 v_x 与 $v_x+\mathrm{d}v_x$、v_y 与 $v_y+\mathrm{d}v_y$、v_z 与 $v_z\mathrm{d}v_z$ 之间的概率，而这个概率正是形式如 $\frac{1}{(\pi)^{1/2}}\left(\frac{m}{2kT}\right)^{1/2}\exp\left(-\frac{mv_s^2}{2kT}\right)\mathrm{d}v_s$（$s$ 代表 x、或 y、或 z）的三个因子之积，因分子在三个方向上的运动是彼此独立的，根据概率的乘法定理，三个因子中的每一个都代表一个概率，如 $\frac{1}{(\pi)^{1/2}}\left(\frac{m}{2kT}\right)^{1/2}\times\exp\left(-\frac{mv_x^2}{2kT}\right)\mathrm{d}v_x$ 即代表分子速度的 x 方向分量在 v_x 与 $v_x+\mathrm{d}v_x$ 之间的概率。如以 $\mathrm{d}N_{v_x}$ 代表速度的 x 方向分量在 v_x 与 $v_x+\mathrm{d}v_x$ 之间的分子数，则 $\frac{\mathrm{d}N_{v_x}}{N}=\frac{1}{(\pi)^{1/2}}\left(\frac{m}{2kT}\right)^{1/2}\exp\left(-\frac{mv_x^2}{2kT}\right)\mathrm{d}v_x$，所以 x 方向速度分量在 0 与 v_x' 之间的分子数应为

$$N_{0\to v_x'} = \int_0^{v_x'} dN_{v_x} = \int_0^{v_x'} \frac{N}{(\pi)^{1/2}} \left(\frac{m}{2kT}\right)^{1/2} \exp\left(-\frac{mv_x^2}{2kT}\right) dv_x$$

式中积分计算如下：令 $v_x \Big/ \left(\sqrt{\dfrac{2kT}{m}}\right) = u$，即 $v_x = \sqrt{\dfrac{2kT}{m}} u = v_m u$，$dv_x = \sqrt{\dfrac{2kT}{m}} du$，则 $dN_{v_x} = \dfrac{N}{\sqrt{\pi}} \exp(-u)^2 du$，于是

$$N_{0\to v_x'} = \frac{N}{\sqrt{\pi}} \int_0^{u'} e^{-u^2} du \qquad (u' = v_x' / v_m)$$

积分 $2\pi^{-1/2} \int_0^u \exp(-u^2) du$ 称为误差函数，常以 erf(u)表示，即 $\mathrm{erf}(u) = \dfrac{2}{\sqrt{\pi}} \int_0^u e^{-u^2} du$，求此积分值，可把 $\exp(-u^2)$展成级数，然后逐项求积，实际上，误差函数有表可查。引入 erf(u)后，$N_{0\to v_x'}$ 可以写成

$$N_{0\to v_x'} = \frac{N}{\sqrt{\pi}} \int_0^u e^{-u^2} du = \frac{N}{\sqrt{\pi}} \frac{\sqrt{\pi}}{2} \mathrm{erf}(u) = \frac{N}{2} \mathrm{erf}(u)$$

作为一般表达式，在上式中已把积分上限 u' 换写成 u。

1−erf(u)称为余误差函数，用 erf(u)表示。

误差函数 erf(x)，当 x=0 时，erf(0)=0，随 x 加大很快趋近于 1，如 x=4，erf(4)=0.999 999 84，如要求精度不高，erf(2)即可取为 1，因为 erf(2)=0.995 3。在此顺便指出，误差函数对于表示杂质在半导体中的扩散极其有用，所以在介绍半导体器件工艺的书中，常有误差函数（或余误差函数）表可供参考。如黄汉尧、李乃平编《半导体工艺原理》一书的附录 I 中有数据表可查，该书 1985 年由上海科技出版社出版。

附录 14–Ⅲ　费米能级 E_F 的计算

计算在 $T > 0$K、且 $E_F \gg kT$ 条件下的 E_F 值，在方法上与计算 0 K 时的$(E_F)_0$一样，仍是利用 $\sum N_i = N$ 这一关系，唯因为高于 E_F 的能级上也有电子占据，所以此时积分的上、下限取为∞及 0，即从 $N = \int_0^\infty Cf(E) E^{1/2} dE$ 来计算。

用分部积分法，该积分可写为

$$N = \frac{2}{3} C E^{3/2} f(E) \Big|_0^\infty - C \int_0^\infty \frac{2}{3} E^{3/2} \frac{\partial f}{\partial E} dE$$

右方前面一项，因为代入∞后，$f(E) = 0$，代入 0，则 $E^{3/2} = 0$，所以这一项为 0，故

$$N = -C \int_0^\infty \frac{2}{3} E^{3/2} \frac{\partial f}{\partial E} dE$$

现在需要计算形式如 $I = -\int_0^\infty g(E) \dfrac{\partial f}{\partial E} dE$ 的积分，其中 $g(E)$代表一个能量 E 的函数，对于现在这种具体情况，$g(E)$就代表$(2/3)E^{3/2}$。

由 $f(E)$的形式看出，$\partial f/\partial E$ 只在 E_F 附近才有较大值，如附图 14-2，所以可以把 $g(E)$在 E_F

附近按泰勒级数展开，写成

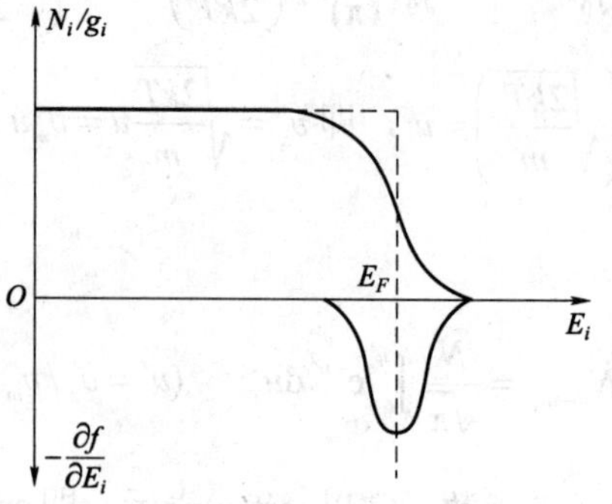

附图 14-2

$$g(E)=g(E_F)+(E-E_F)\left(\frac{\mathrm{d}g}{\mathrm{d}E}\right)_{E_F}+\frac{1}{2!}(E-E_F)^2\left(\frac{\mathrm{d}^2 g}{\mathrm{d}E^2}\right)_{E_F}+\cdots$$

略去更高次方，积分 I 可以写成

$$I=-\int_0^{\infty} g(E_F)\frac{\partial f}{\partial E}\mathrm{d}E-\int_0^{\infty}(E-E_F)\left(\frac{\mathrm{d}g}{\mathrm{d}E}\right)_{E_F}\frac{\partial f}{\partial E}\mathrm{d}E-\frac{1}{2!}\int_0^{\infty}(E-E_F)^2\left(\frac{\mathrm{d}^2 g}{\mathrm{d}E^2}\right)_{E_F}\frac{\partial f}{\partial E}\mathrm{d}E$$

上式中的 $g(E_F)$，$(\mathrm{d}g/\mathrm{d}E)_{E_F}$ 和 $(\mathrm{d}^2 g/\mathrm{d}E^2)_{E_F}$ 可以提出积分号外，因为用 E_F 代入后，已经不是 E 的函数了。所以计算积分 I，只需考虑以下几个积分：

（1）$I_1=\int_0^{\infty}\frac{\partial f}{\partial E}\mathrm{d}E=\int_0^{\infty}\mathrm{d}f=f(E)\Big|_0^{\infty}=-1$

这个结果来自 $f(E)$ 的性质：即当 $E\to\infty$ 时，$f(E)=0$；当 $E=0$ 时，$f(E)=1$。

（2）$I_2=\int_0^{\infty}(E-E_F)\frac{\partial f}{\partial E}\mathrm{d}E$，换变数，令 $\frac{E-E_F}{kT}=x$，则 $E=0$，$x=-E_F/kT$；$E=\infty$，$x=\infty$；$\mathrm{d}E=kT\mathrm{d}x$，于是

$$\int_0^{\infty}(E-E_F)\frac{\partial f}{\partial E}\mathrm{d}E=kT\int_{-E_F/kT}^{\infty}\frac{E-E_F}{kT}\frac{\partial f}{\partial x}\frac{\partial x}{\partial E}\mathrm{d}E=kT\int_{-\infty}^{\infty}x\frac{\partial f}{\partial x}\mathrm{d}x$$

最后一步以 $-\infty$ 代替了 $-E_F/kT$，因为 $\partial f/\partial x$ 对于大的负 x 值，很快趋于零，只要 $E_F\gg kT$ 成立，这种近似作法就是允许的。所以积分

$$I_2=kT\int_{-\infty}^{+\infty}x\frac{\mathrm{d}}{\mathrm{d}x}\left(\frac{1}{\mathrm{e}^x+1}\right)\mathrm{d}x=kT\int_{-\infty}^{+\infty}-x\frac{\mathrm{e}^x}{(\mathrm{e}^x+1)^2}\mathrm{d}x$$

$$=kT\int_{-\infty}^{+\infty}-x\frac{\mathrm{e}^x}{\mathrm{e}^{2x}+2\mathrm{e}^x+1}\mathrm{d}x=kT\int_{-\infty}^{+\infty}x\frac{-1}{\mathrm{e}^x+2+\mathrm{e}^{-x}}\mathrm{d}x$$

可见被积函数是一个奇函数，所以积分值为零。

（3）$I_3=\frac{1}{2!}\int_0^{\infty}(E-E_F)^2\frac{\partial f}{\partial E}\mathrm{d}E$，与计算积分 I_2 时换变数的方法一样，得到

$$I_3=\frac{1}{2}(kT)^2\int_{-\infty}^{+\infty}x^2\frac{-\mathrm{e}^x}{(\mathrm{e}^x+1)^2}\mathrm{d}x$$

此积分计算较为烦琐，下面将积分方法略去细节，只给出步骤和结果，对详细计算过程有兴趣的读者可利用数学手册（如《数学手册》，人民教育出版社，1979 年 5 月第一版）。

把 $\dfrac{e^x}{(e^x+1)^2}$ 展成级数，同时因被积函数 $\dfrac{x^2e^x}{(e^x+1)^2}$ 是偶函数，所以从 $-\infty$ 到 $+\infty$ 的积分，可以换成 2 倍的从 0 到 $+\infty$ 的积分，于是积分

$$-\int_{-\infty}^{+\infty}\frac{x^2e^x\mathrm{d}x}{(e^x+1)^2}=-2\int_0^{\infty}x^2(e^{-x}-2e^{-x}+3e^{-3x}-\cdots)\mathrm{d}x$$

逐项积分的结果为

$$-2\left(2-\frac{2}{2^2}+\frac{2}{3^2}-\frac{2}{4^2}+\cdots\right)=-4\left(1-\frac{1}{2^2}+\frac{1}{3^2}-\cdots\right)$$

括号中的级数之和为 $\pi^2/12$，所以积分

$$-\int_{-\infty}^{+\infty}\frac{x^2e^x\mathrm{d}x}{(e^x+1)^2}=-4\times\left(\frac{\pi^2}{12}\right)=-\frac{\pi^2}{3}$$

把此结果代回 I_3 原式，得 $I_3=\dfrac{1}{2}(kT)^2\left(-\dfrac{\pi^2}{3}\right)=-\dfrac{\pi^2}{6}(kT)^2$。

现在，把 I_1、I_2、I_3 等代入积分 I 中，得到

$$\begin{aligned}I&=-g(E_F)\times(-1)-\left(\frac{\mathrm{d}g}{\mathrm{d}E}\right)_{E_F}\times 0-\left(\frac{\mathrm{d}^2g}{\mathrm{d}E^2}\right)_{E_F}\times\left(-\frac{\pi^2}{6}\right)(kT)^2-\cdots\\&=g(E_F)+\frac{\pi^2}{6}(kT)^2\left(\frac{\mathrm{d}^2g}{\mathrm{d}E^2}\right)_{E_F}+\cdots\end{aligned}$$

把 $g(E_F)=\dfrac{2}{3}E_F^{3/2}$ 及 $\left(\dfrac{\mathrm{d}^2g}{\mathrm{d}E^2}\right)_{E_F}=\dfrac{1}{2}(E_F)^{-1/2}$ 代入上式，得到

$$I=\frac{2}{3}(E_F)^{3/2}+\frac{\pi^2}{6}(kT)^2\cdot\frac{1}{2}(E_F)^{-1/2}+\cdots=\frac{2}{3}(E_F)^{3/2}+\frac{\pi^2}{12}\frac{(kT)^2}{(E_F)^{1/2}}+\cdots$$

因为粒子总数 N 是不变的，所以求得的 N 应与前已求得的 $N=(2/3)C(E_F)_0^{3/2}$ 相等，应有

$$N=CI=C\left[\frac{2}{3}(E_F)^{3/2}+\frac{\pi^2}{12}\frac{(kT)^2}{(E_F)^{1/2}}+\cdots\right]=\frac{2}{3}C(E_F)_0^{3/2}$$

化简，得

$$(E_F)^{3/2}=(E_F)_0^{3/2}-\frac{\pi^2}{8}\frac{(kT)^2}{(E_F)^{1/2}}-\cdots$$

作为一级近似，把上式右方第二项分母中的 E_F 以 $(E_F)_0$ 代入，同时右方就只保留这两项，得到

$$(E_F)^{3/2}\simeq(E_F)_0^{3/2}-\frac{\pi^2}{8}\frac{(kT)^2}{(E_F)_0^{1/2}}=(E_F)_0^{3/2}\left(1-\frac{\pi^2}{8}\frac{(kT)^2}{(E_F)_0^2}\right)$$

故有

$$E_F\simeq(E_F)_0\left[1-\frac{\pi^2}{8}\frac{(kT)^2}{(E_F)_0^2}\right]^{2/3}$$

将上式用级数展开，取头两项，得到

$$E_F \simeq (E_F)_0\left[1-\frac{\pi^2}{12}\left(\frac{kT}{(E_F)_0}\right)^2\right]$$

附录 14–Ⅳ 积分 $\int_0^\infty \frac{x^3 dx}{e^x - 1}$ 的计算

将被积函数写成 $\frac{x^3 e^{-x}}{1-e^{-x}}$，因在整个积分范围内 $e^{-x} \leqslant 1$，可将被积函数展成级数：

$$\frac{e^{-x}x^3}{1-e^{-x}} = e^{-x}x^3[1+e^{-x}+e^{-2x}+\cdots] = \sum_{n=1}^{\infty} e^{-nx}x^3$$

于是积分 $I = \int_0^\infty \frac{x^3 dx}{e^x - 1}$ 可写成

$$I = \sum_{n=1}^{\infty}\int_0^\infty e^{-nx}x^3 dx$$

令 $nx = y$； $x = y/n$， $x^3 = y^3/n^3$， $dx = (1/n)dy$，则

$$\int_0^\infty e^{-nx}x^3 dx = \int_0^\infty \frac{1}{n^4}e^{-y}y^3 dy$$

积分 $\int_0^\infty e^{-y}y^3 dy$ 应等于 1/3!（在附录 13-II 中已证明 $n! = \int_0^\infty x^n e^{-x} dx$），所以

$$I = \sum_{n=1}^{\infty}\frac{1}{n^4}\int_0^\infty e^{-y}y^3 dy = \sum_{n=1}^{\infty}\frac{1}{n^4}\times 3! = 6\times\sum_{n=1}^{\infty}\frac{1}{n^4}$$

问题归结为求级数 $\sum_{n=1}^{\infty}\frac{1}{n^4}$ 之和，利用已知结果

$$\sum_{n=1}^{\infty}\frac{1}{n^4} = \frac{\pi^4}{90}$$

所以，积分结果为 $I = 6(\pi^4/90) = \pi^4/15$。

关于类型如 $\int_0^\infty \frac{x^n dx}{e^x \pm 1}$ 的积分计算，建议读者参看 A. S. Kom-paneyets：《Theoretical physics》，附录，586–587 页，有中译本。

求得积分的计算结果，不难应用到从普朗克公式（14-72）导出斯忒藩—玻尔兹曼定律来。把 $\psi_\lambda d\lambda$ 对全部波长，从 $0\to\infty$ 积分，由式（14-72），得到

$$\psi = \int_0^\infty \psi_\lambda d\lambda = \int_0^\infty \frac{8\pi hc}{\lambda^5}\frac{1}{\exp[hc/\lambda kT]-1}d\lambda$$

将此式写成 $\psi = C_1\int_0^\infty \frac{\lambda^{-5}d\lambda}{e^{C_2/\lambda T}-1}$，其中 $C_1 = 8\pi hc$，$C_2 = \frac{hc}{k}$，令 $x = C_2/\lambda T$，则 $\lambda^{-5} = x^5T^5/C_2^5$；$d\lambda = -(C_2/T)x^{-2}dx$，同时因为 $\lambda = 0$， $x = \infty$； $\lambda = \infty$； $x = 0$。所以积分变成

$$-\frac{C_1T^5}{C_2^5}\cdot\frac{C_2}{T}\int_\infty^0 \frac{x^3 dx}{e^x - 1} = \frac{C_1T^4}{C_2^4}\int_0^\infty \frac{x^3 dx}{e^x - 1}$$

积分结果已经求得，为 $\pi^4/15$，故

$$\psi = \frac{C_1}{C_2^4} T^4 \frac{\pi^4}{15}$$

把 C_1、C_2 代入，可以求得

$$\psi = \frac{8\pi^5 k^4}{15h^3 c^3} T^4 = \sigma T^4$$

$$\sigma = \frac{8\pi^5 k^4}{15h^3 c^3}$$

有了以上换变数的方法，顺便可以求得维恩位移定律，求 $\mathrm{d}\psi_\lambda / \mathrm{d}\lambda$，令其等于零，即求出

$$\frac{\mathrm{d}[(C_1\lambda^{-5})/(\mathrm{e}^{C_2/\lambda T}-1)]}{\mathrm{d}\lambda} = C_1\lambda^{-6}\left[-5(\mathrm{e}^{C_2/\lambda T}-1)+\lambda^{-1}\frac{C_2}{T}\mathrm{e}^{C_2/\lambda T}\right]$$

令其等于零，整理后，可得到

$$-\mathrm{e}^{-C_2/\lambda T}+1=\frac{C_2}{5\lambda T}$$

此方程可用数值解法，得到

$$\lambda_m T = 0.201\,4 C_2$$

$\lambda_m T =$ 常量，即维恩位移定律。

思考题与习题

1. 经典统计与量子统计的主要区别是什么？它们的差别在哪里？

2. 为总结和比较三种统计法，请填题表 14-1 及题表 14-2。（1）把三种统计法中用到的基本前提，在题表 14-1 相应的格中画“√”号；（2）在题表 14-2 中写出三种统计法的热力学概率及分布函数。

题表 14-1

基本前提	M—B 统计	B—E 统计	F—D 统计
粒子的可分辨性			
测不准关系			
泡利原理			

题表 14-2

	M—B 统计	B—E 统计	F—D 统计
W			
$f(E)$			

3. 完整地推导出 B—E 统计及 F—D 统计的 $f(E)$ 表示式。

4. 证明 F—D 统计分布函数中的 β 等于 $1/kT$。

5. 详细讨论 F—D 分布函数 $f(E)$的性质。

6. 计算金属银的$(E_F)_0$。

7. 计算金属钨的$(E_F)_0$，假定每一个钨原子给出两个自由电子，并求 3 000 K 时的 E_F 与$(E_F)_0$相差多少？

8. 作图画出 100 K、200 K、400 K 三种温度下，1 摩尔氧气的 dN_v/dv 与 v 的关系曲线。

9. 可逆绝热过程的熵的变化为零，请从熵的统计意义这一角度给出定性的说明（不要任何计算）。

10. 可以认为离心机中的气体分子受到一径向离心力 $mr\omega^2$，ω为离心机的角速度，m 为分子质量，求出作为半径 r 的函数的气体密度表示式。

11. 根据已求出的电子摩尔定容热容量 c_v 求出电子气的熵，从结果中可看出 $T \to 0$，$S \to 0$。

12. 按三种统计法，讨论 2 个球安放到 4 个盒子中的各种可能的放置方法（对于 F—D 统计，此处不要求把自旋引起的简并度考虑进去）。

13. 推导金属热电子发射形成的电子流密度表达式。

14. “声子”的概念是如何引进的？它具有哪些主要性质？

15. 晶体振动的主要特征有哪些？

第 15 章　涨 落 现 象

我们知道，一瓶气体包含的分子数目足够多，并且孤立放置足够长的时间，那么，从宏观上看，这个系统最终处于完全的热力学平衡状态，其温度、密度以及压强到处均匀一致。但从微观角度来看，既然分子在不停地运动，就不能排除某一瞬间向某一方向运动的分子数，大于向相反方向运动的分子数，因而在这一瞬间，气体的密度肯定会出现各处不一致的现象。这种情况，对于一个单位体积中的平均分子数较少的系统来说，更容易出现。自发偏离平衡状态的现象，即是我们要讨论的“涨落”（也称起伏）现象。显然，这种现象只有用微观的理论才能处理，热力学对它是无能为力的。

§ 15–1　布 朗 运 动

布朗运动现象，是分子无规则运动存在的有力证据。1826 年，布朗用显微镜观察悬浮于液体中的花粉时，发现这些花粉小粒处于不停的无规则运动之中，颗粒越小，这种运动越显著。因为这种运动是布朗发现的，所以叫做布朗运动。根据分子运动论，这种现象被解释为：在任一瞬间，液体分子从各个方向对小颗粒的冲击，往往是不平衡的，如在一瞬间从某个方向上来的冲击较强，则颗粒将沿着冲击作用的方向发生运动；在另一个瞬间，若另一个方向来的冲击作用较强，则颗粒又在此新的冲击之下，沿另一个方向运动，结果使颗粒走过一条曲折的路线。

1. 爱因斯坦方程

悬浮在液体中的质量为 m 的颗粒，受到两种外界作用力：一种是向下的重力 mg；另一种是周围分子的作用力。周围的分子通过碰撞而作用于颗粒上的力，又可分为三部分：一部分是向上的浮力；第二部分是“阻力”，这个力与粒子运动的速度成正比，并且永远与粒子运动速度的方向相反，可以表示为$-fv$，其中 v 为颗粒的运动速度；还有一部分是一种涨落很快，引起粒子做无规则运动的力 F（X，Y，Z），其中 X、Y、Z 代表力 F 在三个坐标轴上的分量。假如我们只考虑粒子运动在水平面内 x 方向的投影，则重力、浮力都不出现，颗粒的运动方程可以写为

$$m\frac{\mathrm{d}^2x}{\mathrm{d}t^2}=-f\frac{\mathrm{d}x}{\mathrm{d}t}+X \tag{15-1}$$

其中，$-f\dfrac{\mathrm{d}x}{\mathrm{d}t}$ 是正比于粒子速度的“阻力”在 x 轴上的分量。

以 x 乘式（15-1），同时以 x 代 $\dfrac{\mathrm{d}^2x}{\mathrm{d}t^2}$，以 $\dot{x}$ 代 $\dfrac{\mathrm{d}x}{\mathrm{d}t}$，则

$$m\dot{x}\cdot x=-fx:x+X\cdot x \tag{15-2}$$

而

$$\dot{x}\cdot x=\frac{1}{2}\frac{\mathrm{d}(x^2)}{\mathrm{d}t}$$

$$\dot{x}\cdot x=\frac{1}{2}\frac{\mathrm{d}}{\mathrm{d}t}\left[\frac{\mathrm{d}(x^2)}{\mathrm{d}t}\right]-\dot{x}^2$$

则式（15-2）可以写成

$$\frac{m}{2}\frac{\mathrm{d}}{\mathrm{d}t}\left[\frac{\mathrm{d}x^2}{\mathrm{d}t}\right]-m\dot{x}^2=-\frac{f}{2}\frac{\mathrm{d}(x^2)}{\mathrm{d}t}+X\cdot x \tag{15-3}$$

对于每一个悬浮在液体中的颗粒，都可以用上述的方程去描述它的运动，把很多粒子的运动方程相加，再用粒子总数去除，也就是把方程对大群颗粒求平均。如用一横线加在上面表示平均，即得

$$\frac{m}{2}\frac{\mathrm{d}}{\mathrm{d}t}\left[\overline{\frac{\mathrm{d}(x^2)}{\mathrm{d}t}}\right]-\overline{m\dot{x}^2}=-\frac{f}{2}\overline{\frac{\mathrm{d}(x^2)}{\mathrm{d}t}}+\overline{X\cdot x}$$

对于液体中悬浮的颗粒来说，$X\cdot x$ 可正可负，它的数值毫无规律性，因此它的平均值应当为零。如果我们把悬浮的颗粒当做一个大分子，则按能量的均分原理，$\overline{m\dot{x}^2}=kT$，又由于 $\frac{\mathrm{d}(\overline{x^2})}{\mathrm{d}t}=\frac{\overline{\mathrm{d}x^2}}{\mathrm{d}t}$，所以，式（15-3）可以写为

$$\frac{m}{2}\frac{\mathrm{d}}{\mathrm{d}t}\left[\frac{\mathrm{d}(\overline{x^2})}{\mathrm{d}t}\right]+\frac{1}{2}f\frac{\mathrm{d}(\overline{x^2})}{\mathrm{d}t}=kT \tag{15-4}$$

为了简化，令 $\frac{\mathrm{d}(\overline{x^2})}{\mathrm{d}t}=u$

式（15-4）写成

$$\frac{m}{2}\frac{\mathrm{d}u}{\mathrm{d}t}+\frac{1}{2}fu=kT \tag{15-5}$$

这个微分方程的通解为

$$u=kT\frac{2}{f}+C\exp\left(-\frac{ft}{m}\right) \tag{15-6}$$

其中 C 为积分常数。

上面把悬浮于液体中的颗粒所受的流体阻力用 $-fu$ 表示，事实上比例常量 f 由斯托克斯定律给出。一半径为 a 的球在黏滞系数为 η ①的流体中运动时，所受的阻力与球速 v 成正比，即

$$f=6\pi\eta\alpha$$

式（15-6）右方中的指数 f/m，可以估计如下：设小颗粒是半径为 a，密度为 ρ 的小球，小球的质量 m 应等于（4/3）a^3，所以

$$\frac{f}{m}=\frac{6\pi\eta\alpha}{\frac{4}{3}\pi a^2\rho}=\frac{9}{2}\frac{\eta}{a^2\rho} \tag{15-7}$$

把实验所得数据代入，可以估计出 f/m 的数量级。取为 $1\ \mathrm{g\cdot cm^{-3}}$ 的数量级，如果小颗粒半径 a 约为 0.1 m，则小颗粒的质量 m 约为 10^{-14} g，液体的 η 取为 10^{-2} P，则 $f/m\approx10^8$。如果再大一个数量级的液体，f/m 仍有 10^7，所以，式（15-6）中的因子 exp（$-ft/m$）≈exp（-10^8 t）。

---

① 黏滞系数的定义是：在流体中相距为单位距离的两平面，其中之一沿平面方向，相对于另一平面，以单位速度运动，则每一平面上单位面积所受切向作用力，即等于黏滞系数，在 CGS 单位制中，单位为达因。

可见，只要 $t>10^{-6}$ s，这个因子就很小，可以略去不计。于是，式（15-6）化简为

$$u=\frac{2kT}{f} \tag{15-8}$$

因为 $u=\frac{\overline{\mathrm{d}(x^2)}}{\mathrm{d}t}$，$\overline{\mathrm{d}(x^2)}=u\mathrm{d}t$

积分后得

$$\overline{x^2}-\overline{x_0^2}=\frac{2kT}{f}\tau \tag{15-9}$$

为积分 dt 所取时间间隔，取 t=0 时，$x_0=0$，则式（15-9）成为

$$\overline{x^2}=\frac{2kT}{f}\tau \tag{15-10}$$

用显微镜观察液体中的悬浮粒子，追踪其中的某一个，每隔一定的时间，在坐标纸上记下粒子位置，把相邻两次观察的位置之间连以短线，于是形成一条折线，如图 15-1 所示。固定时间间隔即为式（15-10）中之 τ。

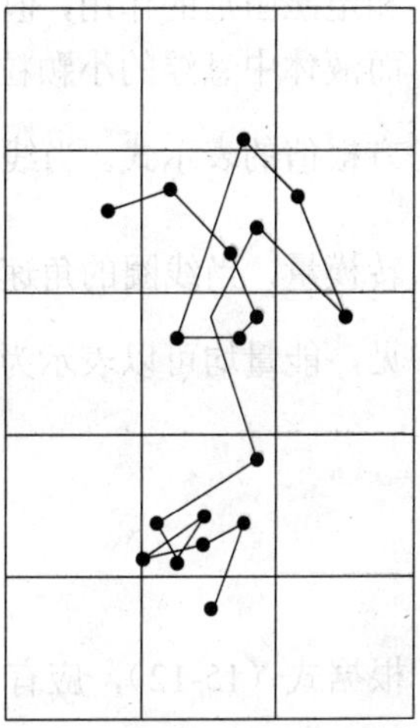
图 15-1

$\overline{x^2}$ 可用下述方法求得：每两点间的一段短线，实际上为粒子在 τ 时间内的位移在水平面上的投影 s（因为显微镜物镜集聚在某一平面上，就只能观察位于此平面内的物体）。量取 s 在某一选定的坐标轴（设为 X 方向）上的分量，即得到一个 x 值，把 x 平方后，再将多次的 x^2 相加，求平均值，即得 $\overline{x^2}$。

把 f=6a 代入式（15-10），得

$$\overline{x^2}=\frac{2kT}{6\pi\eta a}\tau$$

$$\sqrt{\overline{x^2}}=\sqrt{kT}\frac{\sqrt{\tau}}{\sqrt{3\pi\eta a}} \tag{15-11}$$

这个关系式称为爱因斯坦公式，让·贝兰（Jean Porrin，1870—1942）第一次用实验证实了这个公式，并且根据 $k=R/N_0$，求得了 N_0[①]。从式（15-11）看出，$\sqrt{\overline{x^2}}$ 与颗粒的质量无关。贝兰用质量相差一万五千倍的粒子做了实验，因得到相同的 N_0 而证实了这一点。$\sqrt{\overline{x^2}}$ 与温度的关系不很明显，因为公式表明 $\sqrt{\overline{x^2}}$ 正比于 $\sqrt{T}$，但随温度上升而下降得很快，所以，“纯温度”效应被黏滞系数的变化所掩盖了。还应指出，粒子不均匀分布所造成的扩散，在粒子做布朗运动的前提下才有可能。因此，扩散、布朗运动以及密度的涨落，可以说是同一现象的不同表现。从宏观上我们可看到扩散现象，如果追踪粒子的运动，实质上只是布朗运动，如果选取固定于空间的一小区域，由于粒子的出入，会形成区域的密度涨落。

贝兰工作的重要意义在于用实验定量地论证了布朗运动意味着分子的存在。在当时，1908—1909 年间，还有相当的学者对于原子的存在持有怀疑的态度。贝兰的工作消除了这些怀疑，不能不说是一个极其辉煌的成就，因而获得了 1926 年的诺贝尔物理奖。

---

① 有兴趣的读者请参看 G.L 特里格：《现代物理学中的关键性实验》（中译本）第四章，35–53 页，科学出版社，1983 年。

*2. 电流计的布朗运动

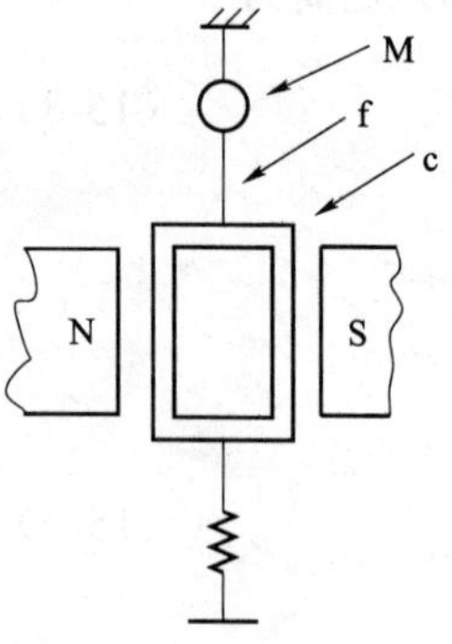

图 15-2

布朗运动的理论，也可用于分析某些高灵敏度精密仪器的测量下限。例如，图 15-2 所示为以达松伐式电流计的示意图，一根细丝 f（导电的）吊着一个置于磁场中的线圈 c，线圈可以在水平面内，以悬丝为轴而转动，转动的角度可以由所附小镜 M 的转角显示出来。现在不介绍仪器的详细原理、使用方法、灵敏度分析等问题，只说明这样一个系统的布朗运动。由于空气分子的无规运动，当这些分子与悬吊着的可动部分碰撞时，在每一瞬间，这些碰撞所产生的转矩不可能相互抵消，也就是说，由于碰撞产生了“净转矩”，而使可动系统的角位置不时地产生突然的改变，致使仪器的“零点”不定。仪器越灵敏，这种“效应”越明显。这是布朗运动的又一实例。悬浮在液体中的粒子，受到黏滞力的作用，电流计的转动系统，则受到空气和电磁阻尼的作用，但是，电流计的线圈偏离它的平衡位置之后，悬丝对它有一个恢复力矩，而液体中悬浮的小颗粒，则无此恢复力，根据能量均分原理，可以写出角位移和角速度的均方根值的表示式。当线圈离开平衡位置的角位移为 θ 时，则弹性势能为 $\frac{1}{2}K\theta^2$，其中，K 为扭转模量，当线圈的角速度为 ω 时，则转动动能为 $\frac{1}{2}I\omega^2$，其中，I 为转动系统的转动惯量，可见，能量均可以表示为某一坐标（θ 或 ω）的平方，根据能量按自由度均分原理，应有

$$\frac{1}{2}K\overline{\theta}^2=\frac{1}{2}kT \qquad (15\text{-}12)$$

$$\frac{1}{2}I\overline{\omega}^2=\frac{1}{2}kT \qquad (15\text{-}13)$$

根据式（15-12），应有

$$\sqrt{\overline{\theta}^2}=\sqrt{\frac{kT}{K}}$$

如果悬丝是由融熔石英抽丝制成的，K 值为 10^{-13} 牛顿·米、弧度（或 10^{-6} 达因–厘米、弧度），因此，在室温下 T=300 K

$$\sqrt{\overline{\theta}^2}=\sqrt{\frac{1.38\times10^{-23}\times300}{10^{-13}}}\approx2\times10^{-4}\text{ 弧度}$$

一般说来，K 值越小，电流计越灵敏，它的“零点涨落”也更显著，假如镜尺与小镜之间的垂直距离为 1 m，则 2×10 弧度的零点涨落对应标尺上的刻度的移动为

$$2\times100\times2\times10\approx0.4\text{ mm}$$

这用肉眼就能观察到。于是，在实用上必须提出如下两个问题：第一，在测量中，要肯定观察到的线圈偏转，是不是由于布朗运动造成的结果。因布朗运动造成的结果是不规则的，按统计来说，偏转值越大，出现的几率越小，理论分析表明，4 倍 $\sqrt{\overline{\theta}^2}$ 出现的几率只有 1/16 000，所以，可以肯定大于 4 倍 $\sqrt{\overline{\theta}^2}$ 的偏转，不是由于布朗运动所造成。第二，由于布朗运动造成的偏转，限制了电流计可测电流的低限，这就是说，电流计所能测出的最小电流形成的偏转，

至少要等于 $4\sqrt{\bar{\theta}^2}$。如把电流计放在抽真空的环境里，虽减少了空气分子的撞击，但是气体的阻尼作用也小了，一旦线圈离开平衡位置，在悬丝的恢复力矩作用下，就会振动不已，长时间停不下来，所以，抽真空并不能真正解决问题。

此外，电路中电子的无规则运动造成的脉冲电流，即所谓“热噪声”的存在，对于一个灵敏度高的电流计来说，也给它所能测量的电流低限，加上一层限制。

§ 15–2 散粒噪声与热噪声

当输入到一个放大器的信号为零时，输出常常不是零，而是一个无规则的信号，称为放大器的“噪声”。这个信号的来源有：一是电子管内阴极发射电子的涨落；二是线路中的电荷的无规则运动所形成的小电流脉冲。前一种称为“散粒噪声”，后一种称为“热噪声”。在晶体管线路中也有类似的现象，如晶体管中的产生率与复合率的涨落，造成半导体内自由载流子密度的涨落，在结型器件中，会造成类似于电子管的散粒效应的噪声；半导体中载流子扩散过程中的涨落现象，会形成热噪声等。本节主要是从分析涨落现象来介绍噪声，对线路或器件中的具体问题的详细分析，如各种噪声的来源、特性、测量方法、抑制方法等，不在本课程的讨论范围之内，下面仅就散粒噪声与热噪声的机制和表示公式以简单介绍。

1. 散粒噪声

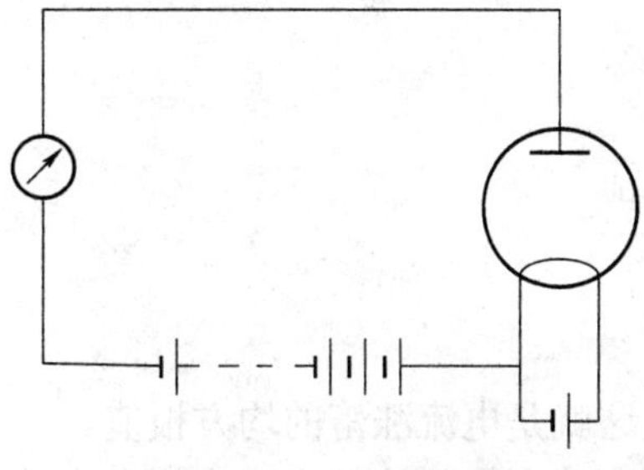

图 15-3

这里利用电子管介绍散粒噪声。设在图 15-3 所示的线路中，流过管子的电流为 I，这个电流是由极大数目的电子流组成的，这些电子自热阴极发出打到阳极上。从阴极飞出的电子数的涨落，引起的电路的涨落，称为散粒效应或散粒噪声。在每一个时刻，线路中的电流强度，决定于这一瞬间打到阳极上的电子数。但接在电路内的电流表测量的却是电流的平均值，这个电流应表示为

$$I = \frac{1}{t_1}\int_0^{t_1} i(t)\mathrm{d}t \tag{15-14}$$

积分代表在 t_1 时间内，由电子所带到阳极的总电量。如果把 t_1 取得足够短，则电流值将能观察到有涨落，时间越短，现象越明显（当然这与仪表灵敏度有关）。我们把时间 t_1 再分成许多小时间间隔 τ，取每个 τ 时间内的平均电流，代表各时刻的瞬时电流值。由于散粒效应，这些电流值不会是一样的，我们用 I_1、I_2、…、I_k 代表第一、第二、…、第 k 个 τ 内的瞬时电流，即

$$I_i = I + \delta I_i \qquad (i=1，2，\cdots，k) \tag{15-15}$$

I 代表在长时间测量得到的平均电流值，δI_i 为在时间 τ 内的“真正”电流值与平均电流值之差。显然，多次的 I 平均起来应该等于 0。设 N_1、N_2、…、N_k 分别代替在第一、第二、…、第 k 个 τ 时间内，真正打到阳极上的电子数，把平均电子数表示为 $N\tau$，其中，N 为单位时间内平均打到阳极上的电子数，$N\tau$ 就是各个 N_i 的平均值 $\overline{N}$。

$$N_i = N\tau + \delta N_i \qquad (i=1，2，\cdots，k)$$

δN_i 表示在 τ 时间内，实际打到阳极上的电子数与在此时间内打到阳极的平均电子数的差。可以证明，N 平方的平均值 $\overline{(\delta N)^2}$ 的大小等于 $N\tau$①，即

$$\overline{(N_1-\overline{N})^2}=\overline{(N_1-N\tau)^2}=\overline{N}=N\tau \tag{15-16}$$

利用这个公式，即可求得电流涨落平方的平均值，即求得散粒效应产生的“无规则”电流。

前面已经写出，在第 k 个 τ 内到达阳极的电子数为 N_k，以 e 代表电子电量，则 N_k 个电子对应电量 eN_k，所以

$$I_k=\frac{eN_k}{\tau},\ eN_k=I_k\tau \tag{15-17}$$

由此可得

$$I_k\tau=eN_k=e(N\tau+\delta N_k)$$

$$I_k=eN+\frac{e\delta N_k}{\tau}=I+\frac{e\delta N_k}{\tau} \tag{15-18}$$

将此式与式（15-13）中最后一式相比，得

$$\delta I_k=\frac{e\delta N_k}{\tau}$$

$$(\delta I_k)^2=\left(\frac{e\delta N_k}{\tau}\right)^2$$

电流涨落平方的平均值为

$$\overline{(\delta I)}=\frac{e^2}{\tau^2}N\tau=\frac{e^2N}{\tau}=\frac{eI}{\tau} \tag{15-19}$$

或

$$\sqrt{\overline{\delta I^2}}=\sqrt{\frac{eI}{\tau}} \tag{15-20}$$

这就是电流涨落的均方根值。

当电子管的电流为饱和电流时，这个关系与实验很符合，但在不饱和情况下，阴极附近存在的空间电荷，将使电子损失一部分速度，使达到阳极的电子流变得比较均匀，因而掩盖了散粒效应。

2. 热噪声

电路中的电子的无规则形成的涨落电流，即所谓“热噪声”。电路中的热噪声，常用它在电阻两端的开路电压的均方值来表示，即

$$\overline{V^2}=4kTR\Delta v \tag{15-21}$$

或表示为均方短路噪声电流

$$\overline{I^2}=\frac{1}{R}4kT\Delta v \tag{15-22}$$

式中 R 为电阻值，k 为玻尔兹曼常数，T 为电阻的绝对温度（电阻处于热平衡状态下），Δv 代表用以测定涨落电压时的频带宽度。式（15-19）称为尼奎斯特（H. Nyquist）公式。这种表

① 此式不予推导，可参看本章参考资料［1］，163–165 页。

示方法在研究电路时，把电路中 R 上的热噪声等效为一个与电阻 R 串联在一起的理想（内阻为零的）电压源，其电压值由 $\sqrt{\overline{V^2}}$ 决定，或者等效为一个与电阻 R 并联在一起的理想（内阻为无限大的）电流源，其电流值由 $\sqrt{\overline{I^2}}$ 决定。本节介绍一种导出尼奎斯特公式的方法。

设想在温度 T 下一个由电阻 R、电容 C、电感 L 组成的串联电路，由于线路中电子的无规热运动，形成局部地区的电荷密度的起伏，因而相应地形成涨落电压，我们可以把这看成是一起伏中的电动势 ε 的作用结果，于是可以写出如下的方程：

$$L\frac{\mathrm{d}i}{\mathrm{d}t}+Ri+\frac{q}{C}=\varepsilon \tag{15-23}$$

其中 i 代表电流，q 代表电容上的电荷。线路的总能量为 $\frac{Li^2}{2}+q^2/2C$，按能量均方定理，可以证明，在热平衡状态下

$$\frac{1}{2}L\overline{I^2}=\frac{1}{2}\frac{\overline{q^2}}{c}=\frac{1}{2}kT \text{ [1]} \tag{15-24}$$

其中 $\overline{I^2}$ 及 $\overline{q^2}$ 分别代表电流及电荷的均方值。

对涨落电流进行傅立叶分析，得到一系列不同频率、不同振幅的正弦电流成分。可以想象其中一种频率为 ν 的正弦成分，i_ν，（因而 q_ν）由电动势 $V_\nu\exp(j\omega t)$ 的作用所引起，其中 $j=\sqrt{-1}$ =2ν，对于这一种成分，式（15-21）应写为

$$L\left(\frac{\mathrm{d}^2q_\nu}{\mathrm{d}t^2}\right)+R\left(\frac{\mathrm{d}q_\nu}{\mathrm{d}t}\right)+\frac{q_\nu}{C}=V_\nu\exp(j\omega t)$$

取形式为 $q_\nu=q_0\exp(j\omega t)$ 的试探解代入上式，经运算整理可得

$$q_0=\frac{V_\nu}{\left(\frac{1}{C}-L\omega^2\right)+jR\omega}$$

于是

$$q_\nu=\frac{V_\nu}{\left(\frac{1}{C}-L\omega^2\right)+jR\omega}\mathrm{e}^{j\omega t}$$

取其模的平方的平均值，得到

$$\overline{q_\nu^{\ 2}}=\frac{\overline{V_\nu^{\ 2}}}{\left(\frac{1}{C}-L\omega^2\right)^2+R^2\omega^2} \tag{15-25}$$

对于 $\overline{V_\nu^{\ 2}}$ 采用了如下假设：$\overline{V_\nu^{\ 2}}$ 与频率无关。或者说，V_ν 的均方值，在 ν 范围内，可以表示为 $\overline{V_\nu^{\ 2}}=A\Delta\nu$，$A$ 为一常量[2]。实践证明，这个假设是能成立的。既然 $\overline{V_\nu^{\ 2}}$ 与频率无关，因而角标 ν 可以略去，即

---

① 这一结果，并不能明显地从能量均分原理直接看出来，需要经过论证。此处我们直接引用这一结果。希望进一步钻研的读者可以参看 F.Reif:《Fundamentals of Statistical and Thermal Physics》p.590，1965。

② 这个结论是可以利用傅立叶变换求得的。也可以把它看做是实验结果而接受下来。不过要说明的是，在很低的温度和很高的频率这个结论是不成立的。

$$\overline{q_V^{\ 2}}=\frac{\overline{V^2}}{\left(\frac{1}{C}-L\omega^2\right)^2+R^2\omega^2} \tag{15-26}$$

在ν到$\nu+\mathrm{d}\nu$范围内$\overline{q_V^{\ 2}}$可以表示为

$$\overline{q_V^{\ 2}}=\frac{\overline{V^2}}{\left(\frac{1}{C}-L\omega^2\right)^2+R^2\omega^2}\frac{1}{\Delta V}\times\mathrm{d}\nu \tag{15-27}$$

对ν从 0 到∞积分，可求得总的涨落电量的均方值，即

$$\overline{q^2}=\frac{1}{\Delta\nu}\int_0^\infty\frac{\overline{V^2}}{\left(\frac{1}{C}-L\omega^2\right)^2+R^2\omega^2}\mathrm{d}\nu$$

或

$$\overline{q^2}=\frac{\overline{V^2}}{2\pi\Delta\nu}\int_0^\infty\frac{\mathrm{d}\omega}{\left(\frac{1}{C}-L\omega^2\right)^2+R^2\omega^2} \tag{15-26}$$

此处要说明在关于 V_V 的注入中已经指出，在ν很高时，$\overline{V^2}$与频率无关并不能成立。但由于随ν增加，被积函数对积分贡献变小，所以将积分上限取为∞影响不大。由式（15-22）可得

$$\frac{1}{2}kT=\frac{\overline{V^2}}{4\pi\Delta\nu C}\int_0^\infty\frac{\mathrm{d}\omega}{\left(\frac{1}{C}-L\omega^2\right)^2+R^2\omega^2}$$

积分结果等于$\frac{\pi C}{2R}$，于是

$$\frac{1}{2}kT=\frac{\overline{V^2}}{4\pi\Delta\nu C}\cdot\frac{\pi C}{2R}$$

由此得到

$$\overline{V^2}=4kTR\Delta\nu$$

这就是尼奎斯特公式。

【例】计算在 300 K 下，频率范围在 100 Hz 到 10 100 Hz 内，阻值为$4\times10^5\ \Omega$的电阻上的热噪声电压的均方根值。

解：用尼奎斯特公式

$$\sqrt{\overline{V^2}}=V_{\mathrm{rms}}=\sqrt{4\times4\times10^5\times1.38\times10^{-23}\times300\times(10\,100-100)}=8\times10^{-6}\ \mathrm{V}$$

为导出尼奎斯特公式，利用了 *RLC* 串联电路。考虑到一个实际的电阻元件本身总多少带有杂散电容及电感，所以这种导出方法并不丧失普遍意义。导出结果$\sqrt{\overline{V^2}}$与频率无关这一结论之中还包含着一个尚未指明的假定，即电阻值 *R* 不是频率的函数。

随着科技进步，对微弱信号探测的需要极其迫切，因而对于噪声的深入研究，特别是对于一些新型电子元、器件噪声的研究，目前是电路工作者和器件工作者活跃的领域之一。

思考题与习题

1. 观察半径为 $0.4E$（$1E=10^{-8}$ m）的球状颗粒在水中的布朗运动，已知温度为 T=300 K，水的黏滞系数为 1×10^{-3} N•s•m^{-2}，观察时间间隔为 2 s，在相邻的两次观察之间，粒子的 x 坐标的改变 x 记录如下：

x（单位：　）	对应 x 被观测到的次数
小于±0.5	111
0.5 到 1.5	87
−0.5 到−1.5	95
1.5 到 2.5	47
−1.5 到−2.5	32
2.5 到 3.5	8
−2.5 到−3.5	15
3.5 到 4.5	3
−3.5 到−4.5	2
4.5 到 5.5	0
−4.5 到−5.5	1
对于±5.5	0

求：① 2 秒钟内的平均位移；

② 2 秒钟内的位移平方的平均值；

③ 计算 N_0（阿伏伽德罗常数）。

2. 什么叫噪声？什么叫热噪声？什么叫散粒噪声？

3. 分析半导体 PN 结中的热噪声、散粒噪声源。

4. 热噪声和散粒噪声有什么特点？

5. 一块半导体材料（N 型或 P 型）中是否存在散粒噪声？热噪声？

6. 请推导散粒噪声可由下式表示

$$\overline{i^2} = 2eI\mathrm{d}\nu$$

其中 e 为电子电量，I 为电流的平均值，$\mathrm{d}\nu$ 代表测定 $\overline{i^2}$ 值的频率范围。

（提示：解此题要用傅立叶分析，建议读者参看：B. I. Bleabey & B. Bleaney：《Electricity and Magnetism》3nd ed.1975，686–688）

7. 参考 C. Kittel：《Thermal physics》1969，403–405，写出另一种导出尼奎斯特公式的方法。

参 考 书 目

经典力学部分：

［1］Pauling L, Wilson E B. Introduction to quantum mechanics. 1935, chap1

［2］Leech J W. Classical mechanics. 1958

［3］Rossberg K. A first course in analytical mechanics. 1983

［4］Goldstein H. Classical mechanics. 1950

［5］朗道，栗弗席兹. 力学［M］. 北京：高等教育出版社，1959

［6］Margenau H，Murphy G M. The mathematics of physics and chmestry. 1943, chap.6.

量子力学部分：

［1］周世勋. 量子力学教程［M］. 北京：人民教育出版社，1979

［2］曾谨言. 量子力学［M］. 北京：科学出版社，1981

［3］蔡建华. 量子力学［M］. 北京：人民教育出版社，1980

［4］张怿慈. 量子力学简明教程［M］. 北京：高等教育出版社，1979

［5］谢希德，方俊鑫. 固体物理学［M］. 上海：上海科学技术出版社，1961

［6］黄昆. 固体物理学［M］. 北京：人民教育出版社，1966

［7］荀清泉. 固体物理学简明教程［M］. 北京：人民教育出版社，1966

热力学与统计物理部分：

［1］傅鹰. 化学热力学导论［M］. 北京：科学出版社，1963

［2］King Allen L. Thermophysics. 1962

［3］Fermi E. Thermodynamics. 1937

［4］恺尔文（Kelvin）. 绝对温度标［M］. 朱恩隆译. 北京：商务印书馆，1951

［5］王竹溪. 热力学简程［M］. 北京：人民教育出版社，1964

［6］同经典力学部分之［6］，第一章

［7］Sommerfeld A. Thermodynamics and statistical mechanics. (Lectures on theoretical physics.vol.V)

［8］陈仁烈. 统计物理引论（修订本）［M］. 北京：人民教育出版社，1978

［9］Holman JP. 热力学［M］. 李黎明等译. 北京：科学出版社，1986

［10］Zemansky MW. Heat and thermodynamics. 5thed. 1968

［11］程守洙，江之永. 普通物理学（1，2，3 册）. 第 4 版［M］. 北京：高等教育出版社，1982

［12］熊吟涛. 统计物理学［M］. 北京：人民教育出版社，1982 年版. 第 4 章 3-5.

［13］A.L.King.Thermal.physics 1962, Chap.14

［14］J.F.Lee.W.Sears, D.L.Turcotte, Statistical thermodynamics, 1963, Chap.14

［15］R.A.Smith.F.E.Jones&R.p.Chasmar,The detection and measurement of infra-red. radiation, 1957, V, 5.1-5.4.

［16］F.R.Connor.Noise, 1973.

常用物理常量

根据国际纯粹物理与应用物理联合会（IUPAP）第 19 次大会（1987）给出的基本物理常量的最新推荐值，除光速 c 及真空电容率ε_0外，其余各值均仅取小数点后 5 位，以下四舍五入。

气体常数 R	$8.314\ 51\ \mathrm{J\cdot mol^{-1}\cdot K^{-1}}$
阿伏伽德罗常量 N_0	$6.022\ 14\times10^{23}\ \mathrm{mol^{-1}}$
玻尔兹曼常量 k	$1.380\ 66\times10^{-23}\ \mathrm{J\cdot K^{-1}}$
电子电量 e	$1.602\ 18\times10^{-19}\ \mathrm{C}$
电子质量（静止）m_0	$9.109\ 39\times10^{-31}\ \mathrm{kg}$
光速 c	$299\ 792\ 458\ \mathrm{m\cdot s^{-1}}$
普朗克常量 h	$6.626\ 08\times10^{-34}\ \mathrm{J\cdot s}$
$\hbar=\dfrac{h}{2\pi}$	$1.054\ 57\times10^{-34}\ \mathrm{J\cdot s}$
真空电容率ε_0	$8.854\ 187\ 817\times10^{-12}\ \mathrm{F\cdot m^{-1}}$